吴良镛院士主编：人居环境科学丛书

人居环境视野中的
游憩理论与发展战略研究

Research on the Recreation Theories and Integrated Strategies from Human Settlements Perspective

王 珏 著

中国建筑工业出版社

图书在版编目（CIP）数据

人居环境视野中的游憩理论与发展战略研究/王珏著. —北京：中国建筑工业出版社，2008
（吴良镛院士主编：人居环境科学丛书）
ISBN 978-7-112-10100-9

Ⅰ. 人… Ⅱ. 王… Ⅲ. 城市环境；居住环境-研究-中国 Ⅳ. X21

中国版本图书馆CIP数据核字（2008）第071496号

责任编辑：石枫华　姚荣华
责任设计：张政纲
责任校对：汤小平

吴良镛院士主编：人居环境科学丛书
人居环境视野中的游憩理论与发展战略研究
Research on the Recreation Theories and Integrated Strategies from Human Settlements Perspective
王　珏　著
*
中国建筑工业出版社出版、发行（北京西郊百万庄）
各地新华书店、建筑书店经销
北京中科印刷有限公司印刷
*
开本：787×1092毫米　1/16　印张：28¼　字数：680千字
2009年11月第一版　2009年11月第一次印刷
印数：1—2，000册　定价：**62.00**元
ISBN 978-7-112-10100-9
（16903）

内容提要

随着人类经济社会的发展，游憩已经逐步成为影响当前人居环境发展的核心要素之一。如何看待游憩、怎样应对游憩中出现的问题，从而引导游憩向健康的、可持续的方向发展，是当前人居环境研究中应当重视的内容，也对我国当前城市发展具有重要的意义。

从人居环境的视角出发，本书首先从理论上对游憩的品质、游憩系统、游憩空间进行了研究；并在此基础上，分析我国城市游憩发展中存在的种种问题，通过借鉴西方游憩发展政策与规划的相关经验，具有针对性地提出了相应的综合性策略与规划方法。

本书共分为4个部分：

（1）解读游憩：通过对西方心理学和东方哲学的游憩思想的比较与汇通、对我国传统游憩特征与文化精神进行深入剖析，归纳出游憩应当具有的内在品质；通过对人居环境中的游憩系统构成和游憩空间进行探索，总结影响游憩发展的系统因素。

（2）问题与困惑：阐明我国游憩发展的状况，指出并分析当前面临的种种问题。

（3）它山之石：通过对西方发达国家的游憩规划发展历程回顾，以及对已有的游憩规划与政策的梳理与研究，寻求可供借鉴的思想与方法。

（4）我国游憩发展的宏观策略与规划方法研究：结合我国国情，提出游憩发展决策中应当遵循的基本原则、思考方法，其中尤为强调游憩决策的公益性、综合性与科学性原则；强调游憩决策中的系统性和巧妙性，并针对目前国内普遍存在的矛盾提出系列解决途径；对我国游憩规划的整体框架建设提出近期与远期的建设建议，并从区域、城市层面进行相关的要点与方法总结与案例分析。

Abstract

Along with the improvement of the human civilization, recreation becomes one of the key roles which have a deep impact on the development of Human Settlements. The way to treat recreation, to deal with the problems of recreation and to direct it in a healthy and sustainable course should be a serious research-field in Human Settlements, and is a very important matter of China today.

Taking the viewpoint of Human Settlements, this book discusses the theories of recreation quality, recreation system and recreation spaces firstly. At the base of these theories, the book analyses the most serious problems of recreation that we are facing today, then takes the experiences of recreation policies and planning in western countries as references, and suggests the pertinent integrated strategies and planning methods to deal with them.

This book consists of four parts:

Part 1, Theories: with the comparison and syncretism of the recreation theories in western psychology and eastern philosophy, and the research on the Chinese traditional recreation character and culture spirit, this part defines of the quality of "recreation"; with the research on the recreation system and recreation space, this part defines the most important element impacting the development and quality of recreation, too.

Part 2, Problems: this part reviews the history of the development of recreation in China since 1949, and points out the most serious problems we are facing today.

Part 3, References of western courties: this part looks for some important inspirations by studying on the recreation policies and planning in western countries.

Part 4, The integrated strategies and planning methods suggested: according to the situation of China, this part studies the basic principles and methods in the recreation decision-making, which emphasizing the welfare, integration, and scientism as the principles, and to deal with recreation in a systemic and smart way. This part gives suggestions on the approachs handling with current problems and the way to build up recreation planning system. At last, this book sums-up the key-elements and methods of region scale and urban scale planning, by analysing the example of the regional-tourism-collaboration of Great-Beijing area and the four-rural national parks in Beijing.

“人居环境科学丛书”缘起

18世纪中叶以来，随着工业革命的推进，世界城市化发展逐步加快，同时城市问题也日益加剧。人们在积极寻求对策不断探索的过程中，在不同学科的基础上，逐渐形成和发展了一些近现代的城市规划理论。其中，以建筑学、经济学、社会学、地理学等为基础的有关理论发展最快，就其学术本身来说，它们都言之成理，持之有故，然而，实际效果证明，仍存在着一定的专业的局限，难以全然适应发展需要，切实地解决问题。

在此情况下，近半个世纪以来，由于系统论、控制论、协同论的建立，交叉学科、边缘学科的发展，不少学者对扩大城市研究作了种种探索。其中希腊建筑师道萨迪亚斯（C. A. Doxiadis）所提出的“人类聚居学”（EKISTICS：The Science of Human Settlements）就是一个突出的例子。道氏强调把包括乡村、城镇、城市等在内的所有人类住区作为一个整体，从人类住区的“元素”（自然、人、社会、房屋、网络）进行广义的系统的研究，扩展了研究的领域，他本人的学术活动在20世纪60～70年代期间曾一度颇为活跃。系统研究区域和城市发展的学术思想，在道氏和其他众多先驱的倡导下，在国际社会取得了越来越大的影响，深入到了人类聚居环境的方方面面。

近年来，中国城市化也进入了加速阶段，取得了极大的成就，同时在城市发展过程中也出现了种种错综复杂的问题。作为科学工作者，我们迫切地感到城乡建筑工作者在这方面的学术储备还不够，现有的建筑和城市规划科学对实践中的许多问题缺乏确切、完整的对策。目前，尽管投入轰轰烈烈的城镇建设的专业众多，但是它们缺乏共同认可的专业指导思想和协同努力的目标，因而迫切需要发展新的学术概念，对一系列聚居、社会和环境问题作进一步的综合论证和整体思考，以适应时代发展的需要。

为此，十多年前我在“人类居住”概念的启发下，写成了“广义建筑学”，嗣后仍在继续进行探索。1993年8月利用中科院技术科学部学部大会要我作学术报告的机会，我特邀约周干峙、林志群同志一起分析了当前建筑业的形势和问题，第一次正式提出要建立“人居环境科学”（见吴良镛、周干峙、林志群著《中国建设事业的今天和明天》，城市出版社，1994）。人居环境科学针对城乡建设中的实际问题，尝试建立一种以人与自然的协调为中心、以居住环境为研究对象的新的学科群。

建立人居环境科学还有重要的社会意义。过去，城乡之间在经济上相互依赖，现在更主要的则是在生态上互相保护，城市的“肺”已不再是公园，而是城乡之间广阔的生态绿地，在巨型城市形态中，要保护好生态绿地空间。有位外国学者从事长江三角洲规划，把上海到苏锡常之间全都规划成城市，不留生态绿地空间，显然行不通。过去在渐进发展的情况下，许多问题慢慢暴露，尚可逐步调整，现在发展速度太快，在全球化、跨国资本的影响下，政府的行政职能可以驾驭的范围与程度相对减弱，稍稍不慎，都有可能带来大的“规划灾难”（planning disasters）。因此，我觉得要把城市规划提到环境保护的高度，这与自然科学和环境工程上的环境保护是一致的，但城市规划以人为中心，或称之为人居环境，这比环保工程复杂多了。现在隐藏的问题很多，不保护好生存环境，就可能导致生存危机，甚至社会危机，国外有很多这样的例子。从这个角度看，城市规划是具体地也是整体地落实可持续发展国策、环保国策的重要途径。可持续发展作为世界发展的主题，也是我们最大的问题，似乎显得很抽象，但如果从城市规划的角度深入地认识，就很具体，我们的工作也就有生命力。“凡事预则立，不预则废”，这个问题如果被真正认识了，规划的发展将是很快的。在我国意识到环境问题，发展环保事业并不是很久的事，城市规划亦当如此，如果被普遍认识了，找到合适的途径，问题的解决就快了。

对此，社会与学术界作出了积极的反应，如在国家自然科学基金资助与支持下，推动某些高等建筑规划院校召开了四次全国性的学术会议，讨论人居环境科学问题；清华大学于1995年11月正式成立“人居环境研究中心”，1999年开设“人居环境科学概论”课程，有些高校也开设此类课程等等，人居环境科学的建设工作正在陆续推进之中。

当然，“人居环境科学”尚处于始创阶段，我们仍在吸取有关学科的思想，努力尝试总结国内外经验教训，结合实际走自己的路。通过几年在实践中的探索，可以说以下几点逐步明确：

（1）人居环境科学是一个开放的学科体系，是围绕城乡发展诸多问题进行研究的学科群，因此我们称之为“人居环境科学”（The Sciences of Human Settlements，英文的科学用多数而不用单数，这是指在一定时期内尚难形成为单一学科），而不是“人居环境学”（我早期发表的文章中曾用此名称）。

（2）在研究方法上进行融贯的综合研究，即先从中国建设的实际出发，以问题为中心，主动地从所涉及的主要的相关学科中吸取智慧，有意识地寻找城乡人居环境发展的新范式（paradigm），不断地推进学科的发展。

（3）正因为人居环境科学是一开放的体系，对这样一个浩大的工程，我们工作重点放在运用人居环境科学的基本观念，根据实际情况和要解决的实际问题，做一些专题性的探讨，同时兼顾对基本理论、基础性工作与学术框架的探索，两者同时并举，相互促进。丛书的编著，也是成熟一本出版一本，目前尚不成系列，但希望能及早做到这一点。

希望并欢迎有更多的从事人居环境科学的开拓工作，有更多的著作列入该丛书的出版。

吴良镛

1998 年 4 月 28 日

序

游憩是城市的四大基本功能之一，随着我国经济社会的发展，人们对休闲游憩的需求日益提高，这对城市发展提出了越来越高的要求。同时，由于游憩对城市的环境空间、产业经济、基础设施、社会教育等等方面都有不同程度的影响，游憩也被认为是推动人居环境发展的“伟大资源”，若处理不好，游憩则可能成为城市发展中的一种破坏性力量。因此，如何更好地引导游憩发展，以满足人们不断增长的游憩需要，这已成为当前城市宜居环境建设中的重要问题。

王珏同志的这本《人居环境视野中的游憩理论与发展战略研究》是她在优秀论文的基础上形成的，可以说为人们打开了一扇从城市和人居环境整体发展的视角来综合地认识游憩的窗口；书中所论述的游憩的基础理论、发展战略与规划方法等，为游憩研究建构了一个相对系统的学术框架。特别值得指出的是，该书对中国传统游憩文化进行了深入的探讨，对传统游憩中“东方心灵”的分析和呼吁颇有见地；该书指出我国游憩发展中面临的问题与误区，并通过借鉴西方游憩规划经验，对我国游憩发展、游憩规划提出了中肯的建议；书中结合自己调查研究与生活体会而提出的一些见解，如自驾车旅游带来城市空间发展的变化与生活需求等，有亲身体验亦有创建。

从人居环境的视角来综合地研究游憩是一个很值得开拓的研究领域，希望该书出版能够起到抛砖引玉的作用，引发更多关于游憩方面的思考，推动人居环境科学的进一步充实和完善。

吴良镛

目　录

绪　论

第一篇　解读游憩

第二篇 问题与困惑

第三篇　它山之石

绪 论

“如果无法理解和创造性地运用我们最伟大的资源之一——我们的休闲游憩，我们将无法维系民族的强大和繁荣”。

——美国总统 J · F · 肯尼迪[①]。

① Clayne R. Jensen, Jay Naylor. Opportunities in Recreation and Leisure Careers. USA: NTC/Contemporary Publishing Company, 1999. 12. 这段话的原文为：
“Yet we certainly cannot continue to thrive as a strong and vigorous free people unless we understand and use creatively one of our greatest resources——our leisure”.

0.1 游憩是影响当前城市发展的核心要素

0.1.1 闲暇时间的增加改变人类生活方式

1999年，英国著名建筑师理查德·罗杰斯(Richard Rogers) 所领导的英国城市建设委员会（Urban Task Force）完成了一份具有里程碑意义的报告——《迈向城市的文艺复兴（Towards an Urban Renaissance)》。这份研究报告在第一部分中明确指出：人们生活方式的改变是促使当今城市变革的三个重要力量之一①。而“生活方式的改变”首先反映在人们游憩状况的变化中(图0-1)。

图0-1 游憩中的生活②

由于经济的发展、技术的进步、社会制度的不断完善，**人们生活的时间结构发生了巨大的变化**。一个多世纪以来，闲暇时间的不断增长成为社会发展中最具有标志性的内容。从工业革命初期“工人劳动时间每天达15~17小时，没有假期”③，到今天每周工作时间不到40小时，人们的工作时间几乎减

① 在该报告中，促进城市变革的三大因素分别为：(1) 技术革命：以信息技术为中心的这场技术革命，为人们建立了将地方和全球的人类都联系起来的新网络；(2) 生态威胁：随着人们对人类对自然资源消耗问题的有了逐步深入的了解，可持续发展的重要性逐步为人们所认识；(3) 社会变革：生活模式的改变反映了人们对生活水平的需求、对多元化生活方式的发展的需求有所提高。(见：Urban Task Force. Towards an Urban Renaissance. London: Taylor & Francis Group plc, 1999. 27.)

② 图片来源：Urban Task Force. Towards an Urban Renaissance. London: Taylor & Francis Group plc, 1999. 28.

③ 吴承照．现代城市游憩规划设计理论与方法．北京：中国建筑工业出版社，1998. 16

少到原来的一半，人们获得了更多的可自由支配时间；随着人类寿命的增加，在退休之后还能够有很长一段时间处于闲暇状态。图 0－2 以英国为例，对比了人们闲暇的增加与生活方式的变化。

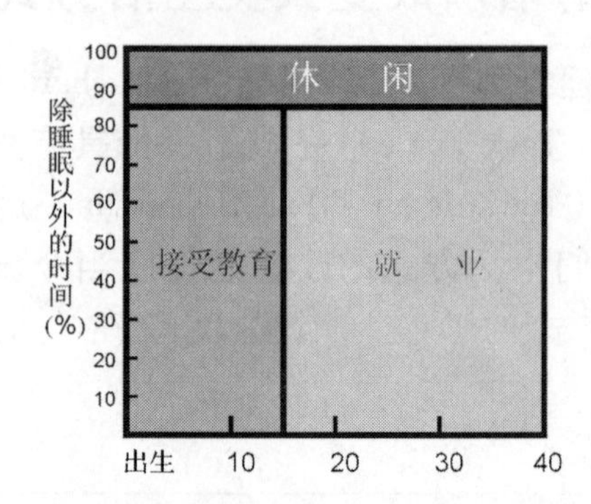

(*a*) 1840～1880 日常生活模式，英国人平均生活满意程度为 41

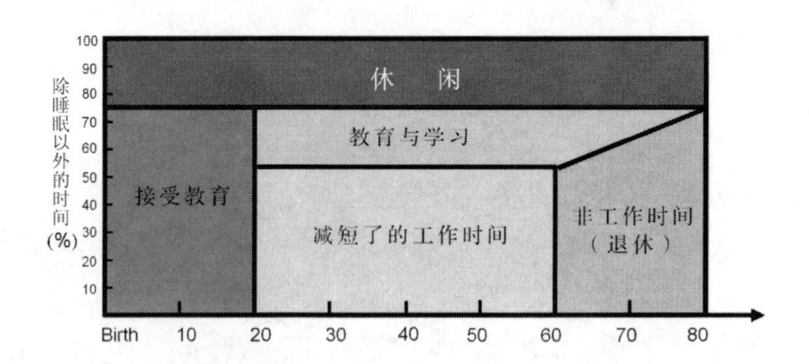

(*b*) 2000～设想的日常生活模式，英国人平均生活满意程度超过 80

图 0－2　对比：闲暇的增加与生活方式的变化①

当游憩在人的生命中所占有的比重越来越大②的同时，能够享受游憩所带来的幸福与快乐的人数也越来越多。**游憩摆脱了少数人“专享”状态而呈现出“大众化”的趋势来。** 19 世纪的后半叶，工人阶级为争取减少劳动时间的斗争风起云涌。从 20 世纪 20～30 年代到二战后，8 小时工作制在多数国家陆续得到实行，普通人也能得到起码的喘息③。从 1970 年代中期起，一些西方国家的政府开始承认闲暇是与工作同等重要的人生组成部分，并且闲暇生活与休闲产业

① 图片来源：Urban Task Force. Towards an Urban Renaissance. London：Taylor & Francis Group plc，1999. 29

② 注：闲暇的增加就意味着游憩的增加，其两者之间的相互关系请参看后面的相关概念释义。

③ 劳资之间关于工作时间的斗争的具体过程请参看：陈鲁直．民闲论．北京：中国经济出版社，2004. 116－118

的良性运行是社会富有的一个标志①。

此外，随着经济的发展和社会的进步，在多数的发达国家中，中产阶级已经形成一个庞大的群体，成为社会的核心力量。“每 10 个美国人中，已经有多达 7 个人属于中产阶级，这意味着有很广泛的人群有了充足的经济资源”②。社会经济的发展与福利制度逐步改善，特别是传媒技术的突飞猛进，使得以这些中产阶级为核心的“大众娱乐文化”在西方社会乃至全世界迅速发展起来。

在我国，为“共同创造我们的幸福生活和美好未来”③，满足人民日益增长的物质文化需求、推进社会进步和人的全面发展是现阶段我国工作的重要目标。

闲暇时间的逐步增加，使**游憩的品质在人们的生活中所具有的重要性越来越强**。种种迹象表明，游憩在使人类获得“幸福”方面扮演了越来越重要的角色，它还是一种“成为人”的过程，只有“在闲暇中，人们才能更多地依随心理的时间去安排自己的生活，自由地选择符合当时内心感受和需要的有意义的活动方式。人们正是在这一过程中，独特地、完美地表现出一个真实的、真正的自我，有更好的机会使自己成为生活的主人”④。换句话说，**除了获得快乐外，游憩还在人的发展完善、寻找生命价值的过程中做出了重要贡献**。值得注意的是，随着技术的进步，人们需要花费在工作方面的时间越来越少，游憩的重要性还将继续增加。根据相关预测：2015 年前后，发达国家将进入“休闲时代”，发展中国家将紧随其后；高技术和其他一些趋势将可以让人们生命中 50% 的时间用于休闲⑤；“一个以休闲为基础的新社会有可能出现”⑥。

人类与生俱来的对美好生活的向往，是推动社会不断变革和发展的最核心力量。闲暇带给人们强烈的对快乐和幸福的追求，驱使人们对整体的物质与精神环境的要求“水涨船高”。伴随着整体的生活方式的巨大变化，游憩对城市的方方面面都产生了越来越重要的影响。图 0－3 所示为闲暇与社会变革之间的相互推动和促进关系。

0.1.2 游憩需求的增长推动城市空间演变

与闲暇的增加同时到来的还有工业革命后交通工具的飞速发展。闲暇的增加为人们提供了时间上的可能；而交通工具的进步则成为了城市居民活动

① Patmore J. A. Recreation and Resources，Oxford：Basil Blackwell，1983. 3

② ［美］杰弗瑞·戈比. 你生命中的休闲. 康筝 译. 昆明：云南人民出版社，2000. 71

③ “十六大”报告结束语。

④ ［美］J·曼蒂，L·奥杜姆. 闲暇教育理论与实践. 叶京 译. 北京：春秋出版社，1989. 6

⑤ 马惠娣. 休闲：人类美丽的精神家园. 北京：中国经济出版社，2004：133－134

⑥ 未来预测学家雷厄姆·莫利托的预测。转引自：刘锋，施祖麟. 休闲经济的发展及组织管理研究. 中国发展，2002（2）：47－49

范围扩大的必然途径①。这两者的结合使游憩本身和城市都发生了翻天覆地的变化。

一方面，人们的活动范围逐步扩大。生活不再局限于一个狭小的范围内，而是逐步向外拓展，从社区到市区、从城区到郊区、从城市到区域、从国内到国外。因为活动范围的扩大，城市与乡村有了更广泛的接触，不同行政区域之间产生了更为密切的联系，而国家之间也有了更多的交流。根据笔者进行的调查，今天，只要时间允许，以小汽车为交通工具的普通旅游爱好者的平均出游距离已达到450公里（图0-4）。

交通工具的发展改变了人们的出行方式，也成为影响当前世界游憩发展的重要因素。举例来说：火车的出现和铁路的建设改变了人们的生活，成为了现

---

① 西方近代以来交通发展简史如下：

- 1712年英国制成实用的蒸汽机，这是人类继发明用火之后，在驯服自然力方面取得的一个伟大的胜利。第一台蒸汽机是由英国铁匠纽科门和锡匠卡利，在斯塔福那达德利城堡附近的煤矿制成的，用于排除矿井内的积水。1782年瓦特对纽科门的蒸汽机作了重大改进，使蒸汽机成为可以广泛使用的动力机。
- 1803年英国发明火车，最初的列车是用马车拖动，仅在矿区使用。1803年英国煤矿机械工程师特拉维西克造出第一台蒸汽机车，牵引5节车厢，以时速8公里的速度在轨道上行驶，它是用煤或木炭作燃料。有意思的是，这台机车上没有驾驶座，司机跟在机车旁，边走边驾驶。后来1815年英国的煤矿机械师斯蒂芬逊先后选出二台机车，第二台结构比较合理，速度较大，这就是现代蒸汽机车的雏型。1825年4月27日世界上第一条投入使用的铁路建成并正式通车。
- 1807年富尔顿发明汽船。
- 1862年法国工程师罗沙在本国科学家卡诺研究热力学的基础上，提出四冲程内燃机的工作原理，四个冲程周而复始，可以驱动机器不断转动。1876年德国发明家奥托设计成功了四冲程内燃机，这种内燃机体积小，转速大，用汽油作燃料，所以也叫汽油机。
- 1863年，地下铁道问世。
- 1882年，蒸汽缆车在芝加哥出现。
- 1884年，电车问世。
- 1885年德国本茨发明汽油内燃机汽车。这是现代汽车的祖先；能快速启动，时速为13~16公里，有三个轮子，就像一辆脚踏三轮车，只是前轮子很小。同年，英国人戴姆拉制造的世界上最早的汽缸发动机装在木制的两轮车上，试车也成功了。
- 1890年，轻轨铁路运输问世。
- 1903年美国莱特兄弟制造了飞机，于1903年12月17日实现了人类第一次驾驶飞机飞向蓝天的愿望。飞机用内燃机发动，在北卡罗米纳州试飞了4次，其中一次在59秒里飞行了260米。
- 1914年，斯蒂芬森发明机车，实现了用蒸汽发动机车的铁路运输。
- 19世纪下半叶，英国开始建设地下铁路。

以上内容大致引用自3处：（1）http：//www. pep. com. cn/200406/ca446592. htm；（2）沈玉麟．外国城市建设史．北京：中国建筑出版社，1989. 97；（3）[美] 肯尼斯·弗兰姆普敦．现代建筑：一部批判的历史．张钦楠 等译．北京：生活·读书·新知三联书店，2004. 18-24

代旅游业开始的前提条件；而小汽车的广泛使用，更是推动了当前世界旅游业的大规模发展。

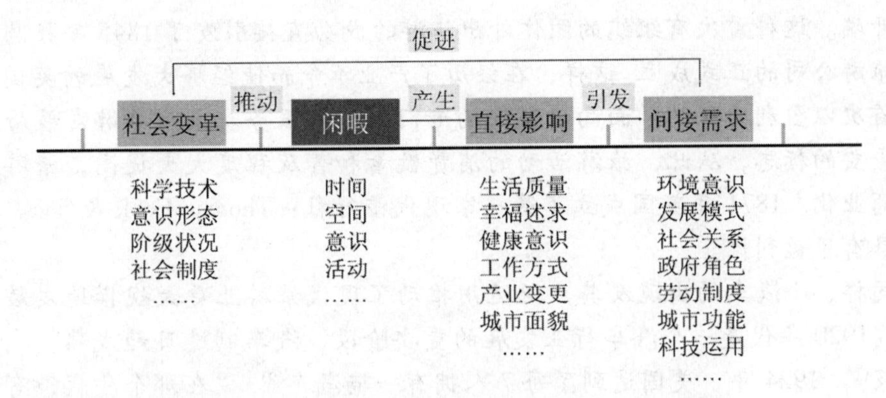

图 0－3　闲暇与社会变革之间的相互推动和促进关系示意①

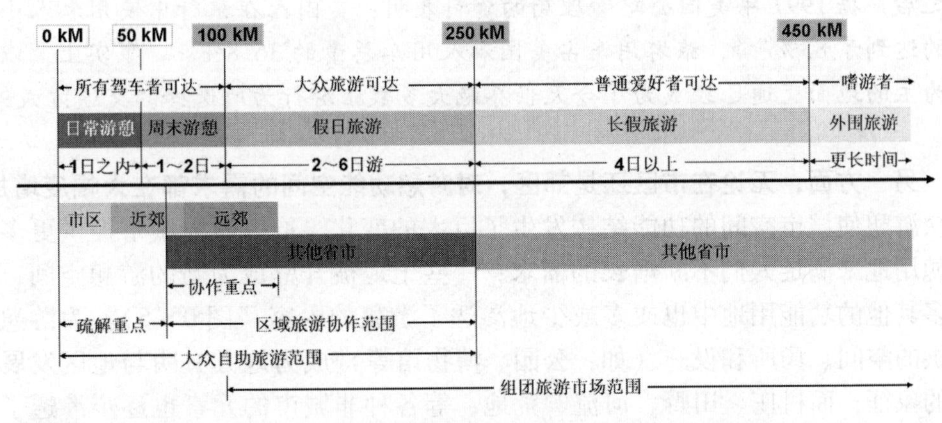

图 0－4　以小汽车为交通工具的游憩活动所涉及的距离与范围②

在英国，铁路最初在 1825 年进行了“由乔治·斯蒂文森（George Stephenson）主持的从斯托克顿到达灵顿的试运行。在以后 25 年中获得飞速进展。在英国，不到 20 年间铁路就超过了 3200 公里”；“1860 年，英国铁路的基础建设实际上已告完成”③。铁路的迅速铺开使得人们的生活的范围变得广阔。铁路很快成为人们到各地旅游的工具 1841 年 7 月，英国人托马斯·库克（Thomas

① 图片来源：笔者绘制。

② 图片来源：根据笔者进行的“北京自驾车旅游调查报告”（2003）绘制

③ ［美］肯尼斯·弗兰姆普敦. 现代建筑：一部批判的历史. 张钦楠 等译. 北京：生活·读书·新知三联书店，2004. 24

Cook）包租了一列火车，运送了570人从雷斯特（Leicester）到洛赫伯勒（Loughborough）参加禁酒大会，往返行程24英里，团体收费每人1先令，免费提供带火腿肉的午餐及小吃，还有一个唱赞美诗的乐队跟随，成为公认近代旅游的开端。这种首次有组织的团体外出旅游的成功直接引发了1845年托马斯·库克旅游公司的正式成立。这样，在经历了产业革命而使经济大发展的英国，出现了首次以盈利为目的、面向普通人的专门化旅游服务。成为旅游发展历史上一个重要的标志，从此，旅游活动的消费数量和普及程度大大提高，旅游服务逐渐商业化。1871年英国成立了第一家现代旅行社：Thomas Cook & Son。旅游开始具有了盈利性。

同样，小汽车的出现及其广泛运用推动了现代旅游业更大规模地发展。在美国，1920年代是一个汽车行业发展的重要阶段，汽车制造日趋成熟，汽车迅速普及①。1924年，美国达到了每7人拥有一辆汽车②，"在那个年代，有记者曾问发明家爱迪生：如果今后20年汽车发展如同过去25年一样快，日常生活中最惊人的变化是什么？爱迪生答道：每个能去野营的人将在夏天去野营。50年之后，据1997年美国公路管理局的资料表明：美国人在旅行中使用私人小轿车的达到了83%"③，旅游用车占美国私人用车总量的36.8%④。事实上，以汽车为主的地面交通已经成为了今天世界绝大多数旅游行为所选择的交通方式⑤。

另一方面，无论在市区还是郊区，对游憩功能空间的需求都在大幅度增加。大众游憩使城市空间的功能结构发生了巨大的变化，迫切需要城市提供更多的游憩用地来满足人们不断增长的需求：一些土地被开辟成为新的游憩空间，而许多其他的功能用地中也或多或少地渗透了游憩的内容（图0-5）。为游憩而提供的空间、场所和设施（如：公园、博物馆等）成为地方文明与地区发展水平的象征；而村庄、田野、河流、荒地，等各种非城市的元素也逐步渗透了游憩的功能。由于可达性的提高，原本人迹罕至的"荒山野岭"，有的已经变成了结合自然保护与游憩功能的重要空间（图0-6），成为镶嵌在各国家、各民族"皇冠上的明珠"，

由于游憩中渗透了人们对自然环境与文化、艺术体验的鉴赏与追求，也充满了为体验而消费的行为。**因此，游憩空间涉及了几乎所有重要的生态区域、**

① 美国汽车工业的发展历史. http://info.auto.hc360.com/HTML/001/002/005/185378.htm

② 汽车百年史话. http://auto.sohu.com/20000817/file/000, 000, 100098.html.

③ 周萌，汽车露营 诱惑谁的心，http://auto.163.com/channel/editor/031128/031128_22295.html，2003-11-28

④ Oxford Economic Forecasting, World Travel & Tourism Council, WTTC/OEF TRAVEL & TOURISM SIMULATED SATELLITE ACCOUNTING RESEARCH, 2004.

⑤ ［澳］克里斯·库珀，［英］大卫·吉尔布特 等. 旅游学——原理与实践. 张俐俐，蔡利平 主译. 北京：高等教育出版社，2004.3

历史遗迹、文化艺术及商业地区，游憩与生态环境、历史遗产保护、文化艺术、经济的发展等产生了密切关联（图0－7）。

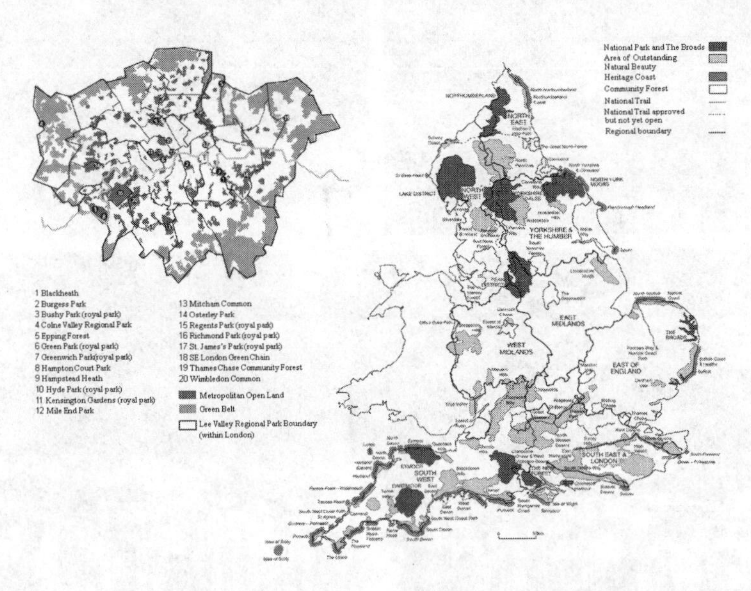

（*a*）伦敦的开放空间分布图　（*b*）英格兰国家游憩地分布图

图0－5　结合自然与文化保护的游憩空间已成为城市和国家中极为重要的内容①

（*a*）黑龙江的五大连池

（*b*）广西德天瀑布群

图0－6　原本人迹罕至的郊野在游憩需求和交通推动下成为重要的国家公园②

① 图片来源：

·图0－5（*a*）：Greater London Authority. The London Plan：Spatial Development Strategy for Greater London［R］. London：Greater London Authority，City Hall，2004. 143.

·图0－5（*b*）：Hall，Colin Michael. Geography of Tourism & Recreation：Environment，Place & Space（Second Edition）. Florence，KY，USA：Routledge，2001. 305.

② 图片来源：梁寅鹏摄影、提供。

图0－7　游憩场所已成为人民生活不可或缺的空间[①]

0.1.3　休闲产业的兴起重写整体经济格局

休闲的兴起引发了新产业链的出现，改变了各部分经济结构之间的比例。

马克思曾经指出，大机器生产带来的生产效率提高使得“以前需要使用100资本的地方，现在只需要使用50资本，于是就有50资本和相应的必要劳动游离出来；因此必须为游离出来的资本和劳动创造出一个在质上不同的新的生产部门，这个生产部门会满足并引起新的需要”[②]。根据这个理论，**闲暇将带来新的产业链条和新的社会文化关系的变化**[③]。事实也是如此。从现有情况来看，由现代科技带来的生产效率提高而游离出来的资本和劳动所创造出的新的产业正是休闲产业，它满足并引起人们越来越强烈的游憩需求。

尽管“游憩（休闲）”本身并不意味着消费，但事实上，游憩催生出了新兴的经济类型，撬动了最大的经济板块。**“为休闲而进行的各类生产活动和服务**

① 图片来源：上面两图为北京植物园：笔者摄影。
下图为纽约中央公园冬景，摄影：Anders Brownworth. 来源：http：//www. anders. com

② 原载：马克思恩格斯全集（第46卷）．转引自：马惠娣．走向人文关怀的休闲经济．北京：中国经济出版社，2004. 12－13.

③ 马惠娣．走向人文关怀的休闲经济．北京：中国经济出版社，2004. 12

活动正在日益成为社会经济繁荣的重要因素”、“各类休闲活动的开展已经成为经济活动得以运行的基本条件”①。在游憩的发展中，城市经济模式早已发生转变，从对制造业的完全依赖，逐步转向以游憩活动为核心的信息、体验、服务等方向发展，衍生出复杂的产业链。最常见的休闲产品和服务如表0-1所示。

与休闲相关的产品和服务项目② **表0-1**

演 出	小艇和摩托	野营设备	设 备
1. 电影； 2. 戏剧、音乐会、博物馆等； 3. 体育比赛、马戏、宾果游戏	1. 帆船； 2. 独木舟； 3. 观赏赛艇； 4. 摩托	1. 帐篷； 2. 睡袋； 3. 冷藏器、路子、灯，等等	1. 游泳池； 2. 网球场； 3. 滑冰场及冰球场； 4. 保龄球场； 5. 公园、操场、体育馆； 6. 大型运动场、跑道
食品与饮料	**业余爱好和手工艺品**	**电子家庭娱乐**	**出版物**
1. 啤酒、白酒、葡萄酒； 2. 软饮料； 3. 在进餐场所而不是在工作和学校中食用的食品	1. 手工艺工具； 2. 乐器； 3. 其他爱好	1. 留声机； 2. 录音机、卡式收录机、CD机； 3. 电视； 4. 卡式录音机； 5. 激光唱盘播放机； 6. 组合音响	1. 书； 2. 杂志； 3. 报纸
照相器材和设备	**电动工具和草坪管理**	**运动物品**	**运动服和运动鞋**
1. 照相机； 2. 放映机； 3. 胶片； 4. 闪光灯，等等	1. 家庭工作间需要的动力工具； 2. 园艺工具； 3. 草坪修剪工具和除雪工具； 4. 园艺设备、种子，等等	1. 游泳池； 2. 自行车； 3. 渔具； 4. 猎具； 5. 团队体育设备； 6. 体育馆设备； 7. 其他体育设备	1. 运动衫、运动衣，等等； 2. 运动鞋
旅 游	**玩具和游戏**	**交通工具**	**杂 项**
1. 假日背包旅行； 2. 跨城市旅行； 3. 行李； 4. 其他假期消费	1. 儿童玩具和游戏； 2. 三轮车或四轮车； 3. 涉水池； 4. 雪橇	1. 汽车； 2. 摩托车； 3. 有动力脚踏车和单脚滑行车； 4. 雪地摩托； 5. 野营拖车和度假屋	1. 珠宝； 2. 彩票； 3. 宠物和宠物看管

在经济研究中，休闲产业的发展涉及到两个新兴的名词：“体验经济”与

① [美] 杰弗瑞·戈比.你生命中的休闲．康筝 译．昆明：云南人民出版社，2000.154，160

② 表格来源：[美] 杰弗瑞·戈比.你生命中的休闲．康筝 译．云南人民出版社，2000.156

“娱乐经济”。根据“体验经济”[①] 的精神，“时间的价值浓度是不等的。较高的体验使单位时间的价值上升”[②]；体验将是继产品→商品→服务经济之后的新经济形态[③]。而对“娱乐经济”[④] 的研究则指出：今天，“娱乐业——而不是汽车制造、钢铁、金融服务业——正在迅速成为新的全球经济增长的驱动轮”[⑤]；(例如：1990 年，全美国消费者在娱乐性商品和服务方面总共花掉了 2800 亿美元，占全部消费开支的 7%，是 1990 年购买新车花费的 3 倍[⑥]。) 由娱乐产生的经济，成为未来发展中最具影响力的部分。——体验和娱乐之所以能够成为推动经济的力量，其根本原因在于人们大体解决了威胁生存的经济忧患之后开始产生对快乐与幸福的述求。随着社会的进步、对人关怀程度的提高，“经济学发生了演变，痛苦和快乐变成成本和收益了”[⑦]。“人对快乐的需求，才是世界上最大的市场”[⑧]。休闲产业正是在这样的基础上发展、壮大的，它是人们在追求快乐与幸福的过程中形成的一种经济现象，因此，也可以说：**游憩带动的经济是涉及快乐与幸福的经济，是一种以人为本的经济。**

---

① “体验经济”的概念最早由美国著名未来学家阿尔文·托夫勒(Alvin Toffler) 在 20 世纪 70 年代提出。按照他的观点，经济发展在经历了农业经济、制造经济、服务经济等浪潮后，“来自消费者的压力和希望经济继续上升的人的压力——将推动技术社会朝着未来体验生产的方向发展”；“服务业最终还是会超过制造业的，体验生产又会超过服务业”，体验经济将是最新的发展浪潮。继托夫勒之后，许多学者开始了对这一经济形式的探索。1999 年，美国的约瑟夫·派恩(B. Joseph Pine II) 和詹姆斯·吉尔摩(James H. Gilmore) 合著的《体验经济》一书出版，成为在体验经济方面较为系统的经济研究成果。这是一门“把体验视为一种独特的经济提供物提供了开启未来经济增长的钥匙”的学问。尽管体验并不仅仅指游憩方面的体验，但不可否认的是，游憩中人们会更加强调体验。以上参考并引用自：

·［美］阿尔文·托夫勒 第三次浪潮. 朱志焱 译. 北京：商务印书馆，1982

·［美］B·约瑟夫·派恩,詹姆斯·H·吉尔摩. 体验经济. 夏业良，鲁炜 等译. 北京：机械工业出版社，2002

② 姜奇平. 姜奇平：信息空间——建立辨识财富地图的感觉. 互联网周刊 http：// www. enet. com. cn / ciweekly / inforcenter / A20031031269721. html. 2003 - 11 - 03

③ ［美］B·约瑟夫·派恩,詹姆斯·H·吉尔摩. 体验经济. 夏业良，鲁炜 等译. 北京：机械工业出版社，2002. 3

④ 1999 年，美国娱乐业顾问、经济学家米切尔·沃尔夫(Michael. J. Wolf) 出版了《娱乐经济 (The Entertainment Economy)》一书，成为谈论“娱乐经济”的代表作品。娱乐经济更关注于娱乐项目所引发的经济效应，其核心思想在于：“娱乐因素”将成为产品与服务的重要增值活动及市场细分的关键；创新是娱乐的生存之本；娱乐经济最终将走向个性化。娱乐、尤其是由新技术带动起来的、具有创新的娱乐，创造着巨大的经济财富。见：

［美］米切尔·J·沃尔夫. 娱乐经济. 黄光伟，邓盛华 译. 北京：光明日报出版社，科文(香港) 出版有限公司，2001

⑤ ［美］米切尔·J·沃尔夫. 娱乐经济. 黄光伟，邓盛华 译. 北京：光明日报出版社，科文(香港) 出版有限公司，2001. 14

⑥ ［美］杰弗瑞·戈比. 你生命中的休闲. 康筝 译. 昆明：云南人民出版社，2000. 157

⑦ 姜奇平. 体验经济——来自变革前沿的报告. 北京：社会科学文献出版社，2002. 354

⑧ 秦朔. 从国内生产总值到国民幸福总值. 南风窗，2004 (10)

游憩还有不可忽视的另一个方面在于带动新时期的消费需求。在今天的经济发展中，人们逐渐认识到“生产”和“消费”对发展经济具有同样重要的作用。传统的“先生产，后生活”的概念逐步发生变革，消费成为促进社会生产力发展的动力。——“实际上，是休闲不是劳动使得工业资本主义走向成熟”①。休闲的消费一方面促进货币回笼，加快资金运转，另一方面促进了各种服务业的发展，为社会提供了就业机会。财富在二次分配中，使更多人从中受益，同时缓解了失业的社会压力②。

以美国为例：当前，休闲娱乐产业已成为美国第一位的经济活动。1990年，美国人用于休闲的花费超过10000亿美元，大约占全部消费支出的1/3，美国的旅游业开支6210亿美元，是全美开支最大的产业③。人们将1/3的时间用于休闲，1/3的土地面积用于休闲④。由休闲消费直接创造的职位占美国就业职位的1/4，而相关联的职位差不多占到所有职位数的一半；根据不同的统计方式，美国整个休闲产业的规模是汽车产业规模的5倍到20倍⑤。

在未来，休闲——或者说游憩将成为最强大的经济力量，而绝不仅仅是最强大的力量之一。

0.1.4 游憩引导的方向关系民族文化兴衰

文化是维系国家的精神纽带，与民族兴衰息息相关。民族的觉醒，首先是文化的觉醒；民族的沉沦，多始于文化的沉沦。今天“在文化作为城市发展动力而备受关注的同时，世界范围内城市之间基于文化的竞争正在激烈的进行”⑥。游憩作为与文化关系最为密切的内容之一，极大地影响着民族文化的发展。

---

① [美] 托马斯·古德尔，杰弗瑞·戈比. 人类思想史中的休闲. 成素梅，马惠娣 等译. 昆明：云南人民出版社，2000. 118－119

② 参考：马惠娣. 走向人文关怀的休闲经济. 北京：中国经济出版社，2004. 13－14

③ [美] 杰弗瑞·戈比. 你生命中的休闲. 康筝 译. 昆明：云南人民出版社，2000. 157
这里的“休闲花费”中包含了除前文中提到的2800亿美元的娱乐性商品和服务的花费、以及其他许多方面的内容，例如：1990年用于交通运输方面的4580亿美元中，就有1/3以上花在了休闲旅行上，在机动车的运行里程数上，也有1/3的行程是休闲的产物，在飞机上有60%的乘客是在做休闲旅行而非业务旅行；用在住房、服装、餐饮和教育方面的消费，也有相当可观的部分可视为休闲开支。

④ 马惠娣. 休闲：人类美丽的精神家园. 北京：中国经济出版社，2004. 145

⑤ 参考：[美] 杰弗瑞·戈比. 你生命中的休闲. 康筝 译. 昆明：云南人民出版社，2000. 157－158

⑥ 黄鹤. 文化规划：运用文化资源促进城市整体发展的途径：[博士学位论文]. 北京：清华大学建筑学院，2004. 38

从古至今，游憩的方式与状况都深深地影响着国家和民族文化的兴衰。

在我国无数的古代典籍的记载中，一个王朝由盛而衰，多是由统治阶层贪图享乐、不思进取、奢侈腐化开始的。古训云："玩物丧志"。隋朝、唐朝、明朝的灭亡，都是典型的由玩物而误国的代表。在西方，由于奢侈浮华、精神堕落的游憩方式造成的民族文化毁灭的案例也屡见不鲜。

美国著名城市学家刘易斯·芒福德在《城市发展史》一书中曾深刻地分析了强大的古罗马文明衰败的原因。其中，奢侈淫荡、好大喜功、意志消磨的游憩活动，是导致古罗马文明发展走到终点的最重要原因之一。"在荒淫无度的破坏性活动中，生活走向了自己的反面"①。

根据芒福德的描述，堕落的游憩方式几乎表现在罗马的各个地方。在罗马的浴池中，洗澡成为了有闲阶级消磨时间的"仪式性惯例"，甚至在浴池里饮酒嫖妓寻欢作乐；而罗马的斗兽场，也逐步成为了欣赏人杀害人的场所："为了补偿生活中的某些不足感，罗马的人口，无论上层还是下层，无论统治者还是被统治者，都涌向斗技场亲自去领略那些生动、真实的表演。罗马人每天都可以在斗技场上目睹残忍的折磨和大批的屠杀"；"为寻求感情刺激以暂时掩盖其寄生生活的无聊和空虚，罗马人沉湎于举行战车比赛，在人工湖中举行蔚为壮观的海战表演，以及各种夸张的哑剧，其中公开表演种种脱衣舞和猥亵的性行为。但由于人们对这些表演逐渐习惯了，感情刺激便需要经常加强，因而这整套表演便在斗剑表演中达到了高峰"。为了这样的活动而建设的公共建筑，体量巨大、装饰繁琐，"他们宁可要各种形式的装饰物，贵重的大理石和缟玛瑙，错综复杂的嵌线，喜用柯林斯柱式而不尚好陶立克或图斯坎柱式，路面讲究细工镶嵌成复杂的图案，而尤其注重镀金，大面积使用镀金装饰"。这虽然炫耀了罗马的文治武功，却也是耗费巨大人力物力的象征。一种基于寄生方式的生活磨灭了人的意志，也消耗着可能用于进取的时间。奢侈享乐成为了一部分人的身份标志，而另外一部分人却生活困苦，反差巨大，加剧了社会的动荡。奢侈、空虚、社会不公，"这些都是厄运临近的征候"。当城市所承载的生活内容腐朽时，偌大的罗马文明也一天天走向衰亡。

对比古罗马的灭亡与今天游憩中所存在诸多负面现象，芒福德早已发出了警告，他尖锐地指出："如今的情况正是这样：竞技场、高耸的公寓楼房、大型比赛和展览、足球赛、国际选美比赛、被广告弄得无所不在的裸体像、经常的性感刺激、酗酒、暴力等等，都是地道的罗马传统。同样，滥建浴室，花费巨资筑成宽阔的公路，而尤其是广大民众普遍着迷于各种各样耗资巨大而又转瞬

① 本段关于古罗马文明的衰落部分，均参考并引用自：[美] 刘易斯·芒福德. 城市发展史——起源、演变和前景. 倪文彦，宋俊岭 译. 北京：中国建筑工业出版社，2005. 219－259

即逝的时髦活动，也都是道地的罗马作风，而且是以极先进的现代新颖技术来实现的"①。——我们同样需要以此自省、引以为戒。

早先的游憩只是有闲阶级才能享受的生活方式，却已经对社会有了如此之大的影响力，在今天"大众游憩"的时代，游憩对民族文化的影响只会更强烈。"玩物丧志"是一种不良的游憩方式。反过来，如果能够保持良好的游憩状态，并积极主动地发挥游憩的综合效益，游憩也会成为促进民族文化繁荣、城市进步的一项重要手段。

随着城市间文化竞争的日益激烈，游憩在城市综合竞争力方面扮演了越来越重要的角色。文化是城市的核心竞争力量，而文化的经济价值，很大程度是通过游憩来实现和体现的；文化对社会的影响，也有多数是依靠人们的游憩活动来贯彻执行的。事实上，在新的一轮文化竞争中，无论是采取何种手段来发展文化、带动城市整体发展；无论是"结合文化设施建设"、"结合文化活动举办"、还是"结合文化产业发展"② 来进行城市的更新，归根结底都是通过发展与文化相关的游憩活动来实现的。——**文化发展，在今天城市发展的多数场合中，就是游憩的发展。**

英国著名城市学家彼得·霍尔(Peter Hall) 曾经指出，"在城市发展史中有十分难得的'城市黄金时代'现象。这特别的窗口同时照亮了世界内外，如公元前5世纪的雅典，14世纪的佛罗伦萨，16世纪的伦敦，18~19世纪的维也纳，以及19世纪末的巴黎等等，清晰可见"③。霍尔在其著作《城市的文明(Cities in Civilization)》中对"黄金时代"所进行的更深入的分析表明：文化艺术的相关技术的创新运用，是形成城市黄金时代的重要条件④。而由于文化艺术通常是由游憩来体现其价值的，因此，大众游憩活动的健康与多元也是城市进入"黄金时代"的必要表现。在城市的黄金时代中，游憩促进了文化——诸如体育运动、戏曲、音乐、美术等方面的繁荣，也同时带来了地区经济与社会进步。梳理相关"黄金时代"的特征和形成因素，不难发现：

(1) 游憩活动的繁荣是城市进入黄金时代的标志和推动力量

---

① [美] 刘易斯·芒福德. 城市发展史——起源、演变和前景. 倪文彦，宋俊岭 译. 北京：中国建筑工业出版社，2005. 259

② 这三种方式是现代西方国家进行城市更新的重要模式。见：黄鹤. 文化规划：运用文化资源促进城市整体发展的途径：[博士学位论文]. 北京：清华大学建筑学院，2004.

③ 转引自：吴良镛.《中国建筑文化研究文库》总序（一）——论中国建筑文化的研究与创造. 华中建筑，2002. 20 (6)：1-5

④ 在《城市的文明（Cities in Civilization)》中，造就"黄金时代"的城市被归结为4个种类：(1) 作为文化熔炉（Cultural Crucible）的城市；(2) 提供创新氛围（Innovative Milieu）的城市；(3) 艺术与技术相结合（Marriage of Art and Technology）的城市；以及 (4) 具有良好秩序（Urban Order）的城市，而如果要造就未来新的黄金时代，那么就需要将艺术、技术和城市秩序融合在一起（Union of Art，Technology，and Organization）

以上参考自：Peter Hall. Cities in Civilization. New York：Pantheon Books，1998

城市黄金时代固然有不同的社会发展背景，但良好的游憩状态、尤其是伴随游憩而形成的对文化艺术和健康的追求，是推动城市向前迈进的重要条件。

（2）广大群众对艺术的喜好是培育文化的土壤

一种或若干种文化艺术的繁荣是城市进入黄金时代重要的标志，而以这些艺术的创造与欣赏作为重要游憩选择的广大群众，是其能够得以发展的土壤。

艺术能够得以蓬勃地发展起来，很重要的一点是它所具有的群众土壤。大众能够在闲暇中形成品味文化艺术的热情，是城市的文化得以发展、城市迈向黄金时代的重要前提。

维也纳是群众游憩生活中渗透了文化的典型案例之一。18～19世纪，维也纳开始了它令人至今仍然振奋的音乐革命，无论是高雅的古典音乐，还是通俗的华尔兹，都在维也纳的土地上找到了生长点。大量与音乐相关的演出厅，也应人们的需求而陆续落成。根据霍尔的研究："维也纳的黄金时代也许是所有城市中时间最长的，延续了一个多世纪"，而"在这个城市中，人们乐于感受更微妙的愉悦。音乐、舞蹈、戏剧、交谈、彬彬有礼的举止在这里都是作为一种特殊艺术来进行培养的。这不是出于纪律、或是政治、或是商业的需要，它在大众的生活中已经很自然地占有支配的地位。普通的维也纳人第一眼看的早报内容既不是国家的会议、也不是世界大事，而是剧院的节目单，对于维也纳人来说，艺术在他们的生活中扮演了如此重要的角色，是任何其他城市所无法相比的"①。

（3）发展与艺术和技术结合的游憩产业对城市迈向黄金时代具有重要意义

在"大众游憩"蓬勃发展的今天，通过艺术和技术的结合为游憩打开新的发展道路、创造新的文化产业，成为了催生城市黄金时代的重要途径。

随着大众化的休闲时间出现，一些将推动大众文化作为重要功能的城市，在新的时期焕发了生机。1910～1945年的洛杉矶，由于好莱坞电影业的兴起而进入了黄金时代。这是一种融合了艺术和技术的、针对于大众娱乐和游憩的经济形态，在为大众闲暇活动提供相关内容的同时也获得了经济和城市发展上的巨大进步。而美国田纳西州西南部的孟菲斯（Memphis），则由于在美国流行音乐、摇滚乐和乡村音乐上引领潮流，并发展相关的广播、录制产业而在美国二战之后出现了城市的黄金时代，——和好莱坞一样，它结合了艺术和技术，并因为引领大众文化潮流获得了发展的契机。

相比起居住、工作和交通，游憩无疑是城市的四大基本功能中最活泼而多变、最精彩而有趣的内容。游憩之所以能够使人感到"活泼而多变"、"精彩而

---

① Peter Hall，Cities in Civilization，New York：Pantheon Books，1998. 159.

有趣”，多数在于它的文化。或者说，由于游憩所引导的文化是活泼多变、精彩有趣的，因此，游憩才具有了能够使人感受真正快乐和幸福的可能。由无数个“个体”游憩方式汇成的宏观的游憩潮流，正左右着国家、民族与城市的兴衰变化：**腐朽的游憩、败落的文化，导致的结果是国家的衰亡；健康的游憩、积极的文化，会促使城市和民族走向“黄金时代”**。对此，如何把握与引导大众游憩，是摆在当前社会经济发展前面的大问题。

从某种意义上说，游憩的精神影响与文化方向，是比休闲产业带来的经济效益更需要重视的内容。当然，这两者本身是需要很好地结合在一起的。

（4）小结：游憩是城市走向和谐发展之路的核心要素

正如开篇所引用的、美国的肯尼迪总统的话：“如果无法理解和创造性地运用我们最伟大的资源之一——我们的休闲游憩，我们将无法维系民族的强大和繁荣”①。“正如社会、政治和技术变革带来的新机遇一样，娱乐业已经在经济增长和文化演进的前沿占据了不可否认的重要位置”②。

为了尽可能充分地展现游憩对当前城市发展的重要性和综合意义，笔在者前文中不惮繁赘地对人类闲暇时间的趋势、游憩空间的拓展、休闲产业的力量和游憩文化的意义进行了叙述。**需要树立的认识是：一方面，游憩正逐渐成为影响城市整体发展的核心力量，“不能积极使用闲暇与没有闲暇同样是不健康的”③；另一方面，游憩本很是具有强大的经济、社会、文化、生态等方面的综合影响力的、集诸多功能为一身的代名词。因此，我们必须对游憩加以高度重视，同时也必须采用整体的、综合的眼光来看待它。**

0.2　我国进入游憩发展的关键阶段

0.2.1　基础条件业已具备，游憩需求显露端倪

墨子云：“食必常饱，然后求美；衣必常暖，然后求丽；居必常安，然后求乐”④。从现实情况来看，我国已经大体进入了一个经济稳定增长、城市化进程加快的年代，经济的发展为城市的各类游憩设施建设奠定了良好基础，而一些关注于人民的健康与生活质量、重视社会文化发展、推动旅游产业发展的相关

① Clayne R. Jensen, Jay Naylor. Opportunities in Recreation and Leisure Careers. USA: NTC/Contemporary Publishing Company, 1999. 12

② ［美］米切尔·J·沃尔夫. 娱乐经济. 黄光伟 邓盛华 译. 北京：光明日报出版社，科文（香港）出版有限公司，2001. 15

③ 吴承照. 现代城市游憩规划设计理论与方法. 北京：中国建筑工业出版社，1998. 17－18

④ ［汉］刘向.《说苑·反质》，引《墨子闲诂·附录佚文》

政策措施出台，更推动了游憩的进步。游憩发展面临良好的历史机遇，游憩也已经成为我国大众生活的重要组成部分。

从闲暇时间方面看：1995 年，我国开始实行每周 40 小时工作制，1999 年开始实施“7 天长假”制度，公民每年享受的法定休息日在 114 天左右，差不多达到了全年的 1/3；加上寿命的延长，人们退休后将会有很多年处于闲暇状态，为大众游憩发展提供了时间上的前提条件。

从经济方面看：随着经济的发展，我国人民生活水平经历了一个从求基本生存、到解决温饱、到整体小康的过程，人们开始普遍关注生活的质量，游憩需求也有较大的增长。我国城乡居民的恩格尔系数逐步下降（图 0－8）、居民生活中的教育文化娱乐支出不断增加（图 0－9），休闲产业日益强大。2006 年我国国内旅游人数 13.94 亿人次，出游率超过了每人一次而达到 106.1%（农村 86.4%，城镇 156.7%），国内旅游收入 6230 亿元人民币①，极大地带动了相关行业的发展。

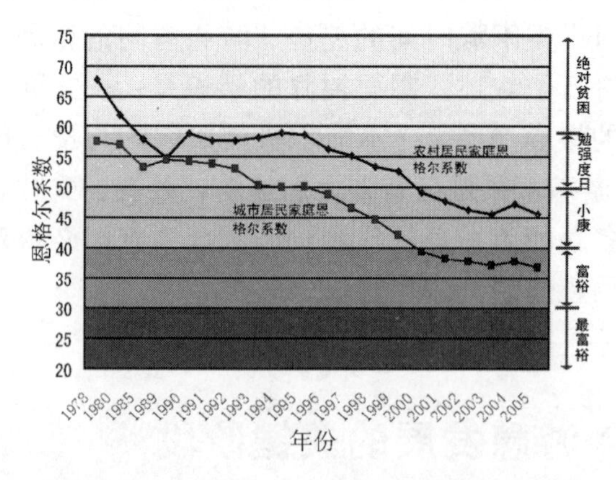

图 0－8　我国农村与城镇居民恩格尔系数变化图②

从游憩空间与设施的建设发展上看，游憩需求的扩大推动了城市游憩空间与游憩设施的建设需求，而经济的发展为城市的各类游憩设施建设奠定了良好

---

① 数据来源：2006 年中国旅游业统计公报，国家旅游局官方网站，http：//www. cnta. gov. cn/news_ detail/newsshow. asp？ id = A20071023110273962782，2007 年 9 月

② 根据联合国粮农组织的一个划分贫困与富裕的标准，恩格尔系数在 59% 以上为绝对贫困，50% ~59% 为勉强度日，40% ~50% 为小康水平，30% ~40% 为富裕，30% 以下为最富裕。数据来源：

· 2003 年以前：中华人民共和国国家统计局．中国统计年鉴 2004．北京：中国统计出版社，2004；

· 2003 年以后数据：中华人民共和国国家统计局．中华人民共和国 2005 年国民经济和社会发展统计公报．http：//www. stats. gov. cn/32 - lydy/ 2005/lytj/2005 - 1. htm.

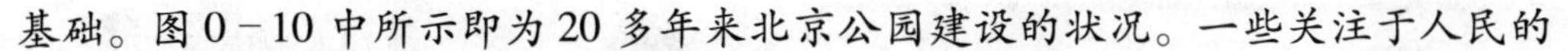
基础。图0－10中所示即为20多年来北京公园建设的状况。一些关注于人民的

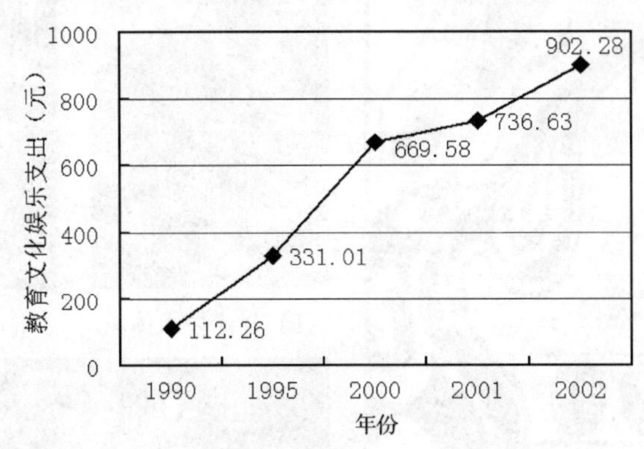

图0－9　我国城市居民生活中教育文化娱乐服务支出的变化①

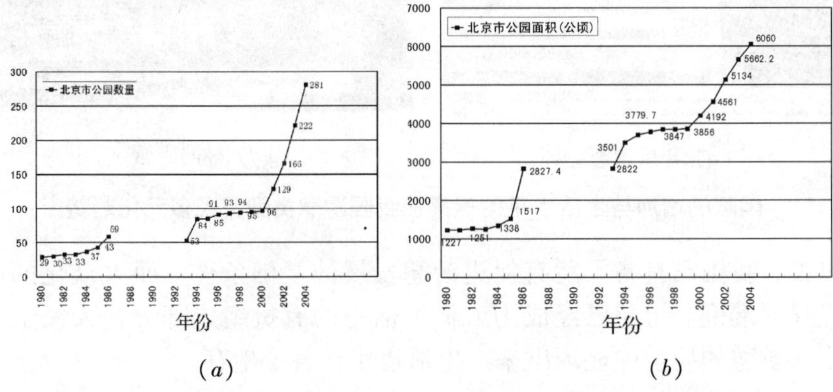

图0－10　北京市公园数量（*a*）与面积（*b*）变化曲线图②

健康与生活质量、重视社会文化发展、推动休闲产业发展的政策措施出台，更进一步促进了游憩空间与设施建设的发展。我国的游憩空间和设施的建设涌现出一个新的建设高潮。城市游憩空间和设施迎来了一个新的“春天”。

相关调查表明：我国公众的闲暇时间利用与分配形式趋于多元化；生活实态、时间结构、生活质量发生变化；闲暇的增加促进了生活中非物质形态的变化(图0－11)。人们的行为动机在更大程度上选择文化精神生活的享受，一些可以体现个性追求的休闲方式也越来越受到青睐③。

① 图片来源：
- 1980～1986年数据来源：《中国城市建设年鉴》编委会．中国城市建设年鉴1986～1987．中国建筑工业出版社，1989.207；
- 1993～2004年数据来源：中华人民共和国国家统计局．中国统计年鉴．中国统计出版社，1994～2005年各年资料。

② 数据来源：中华人民共和国国家统计局．中华人民共和国2003年国民经济和社会发展统计公报．北京：中国经济出版社，2003.345

③ 马惠娣，张景安．中国公众休闲状况调查．北京：中国经济出版社，2004.12－21

（*b*）现代技术体验

（*c*）灯光展览

（*a*）音乐舞会　　（*d*）林间野营

图 0－11　闲暇的增加与生活水平的提高使我国游憩类型呈现多元化趋势①

可以说，我国已具备了所有促进游憩发展的基础条件，而大众化的游憩需求也已经显露端倪。游憩已经成为人们生活中的有机组成部分，人民生活水平很大程度在游憩的质量中显现出来。生活逐步代替了生存。

0.2.2　希望与矛盾同在，机遇和挑战共存

大众游憩的到来，无疑为中国的发展带来了一种新的契机。首先，游憩可以视作未来经济发展的重要动力，可促进社会进步，创造更多就业岗位，为人民带来快乐，让人们感受生活的幸福；其次，因为游憩的发展，人们对游憩活动的环境、文化氛围、景观要求提高，因此也有益于城市的生态保护、文化发展与环境美化的全面进步。

但是，我们也必须意识到："充分的自由时间并不一定就能产生出更高级的文化。人们曾经相信，只要能提供出足够量的食品解决温饱问题，人们会自发地去从事那些标志着'高级'文化的活动，比方说艺术、数学、文学，而实际情况通常并非如此"②。而"技术进步了，经济水平提高了，人们未必都能获得

① 图片来源：图 0－11（*a*）为什刹海电声音乐舞会的宣传广告；其余照片为笔者摄影。
在我国的多数城市中，随着游憩在人们生活中的重要性不断提高、需求逐步扩大，使得城市中所能够提供的相关活动日渐丰富，人们的选择性也大为拓宽。在科技的帮助下，一些新兴的游憩形式大量涌现，一定程度上为现代人增添的新的体验。

② ［美］杰弗瑞·戈比. 你生命中的休闲. 康筝 译. 昆明：云南人民出版社，2000. 35

一个较为良好的有人情味的环境"[1]。游憩是一把"双刃剑"，它在给城市带来发展契机的同时，也带来了一些不可忽视的负面效应；在"仓廪足而知礼仪"的时候，也出现了许多"温饱思淫欲"的问题。

对游憩发展而言，一个不可忽视的情况在于：**在经济上，我国刚刚迈进人均GDP1000美元和人均GDP3000美元的门槛；而从城市发展来看，我国进入了一个城市化高速发展的关键时期。这正是一个经济社会发展的关键时期和城市化进程的特殊阶段。**"归纳起来，这个阶段特点有两个：既是关键发展期，同时又是矛盾凸显期"[2]。

国际经验表明：人均GDP1000美元是一个具有标志性的经济数据，它标志着国民消费需求升级、生活要求开始出现多样化倾向，对公共服务、社会设施等方面的要求提高，游憩、文化需求增强。**人均GDP 1000美元以后，居民用于文化娱乐的消费支出比例显著提高，增长速度逐步上升**[3]。我国情况也是如此：2003年，我国实现了人均GDP1090美元的跨越，农村家庭的恩格尔系数45.6%，城市家庭恩格尔系数37.1%[4]，消费结构升级，人们开始转向对文化精神的消费与追求，教育文化娱乐的支出逐步增加，大大促进了文化娱乐产业的发展。这种**"由物质消费向非物质消费和精神消费转变，标志着人开始从有限的发展转向全面地发展自我的历史阶段"**[5]。2006年，随着我国人均GDP达到2004美元，这种"全面地发展自我"的倾向已非常凸显。

人均GDP3000是另外一个经济门槛。根据世界银行的划分标准衡量，GDP3000属于上中等收入（2996~9265美元）的阶段；它意味着经济已进入工业化中后期。这个阶段将出现以下的变化[6]：**（1）经济发展的速度加快，经济增长的稳定性增强**[7]；**（2）经济结构优化升级，高级化特征日益明显**[8]；**（3）消费**

---

① 日本建筑师Kai在A. O. F. 的发言。转引自：吴良镛. 人居环境科学导论. 北京：中国建筑工业出版社，2001. 68

② 杨桃源，杨琳. 构建和谐社会需消除目前所存的不和谐因素. 瞭望周刊，2005-02-24

③ 参见：黄良浩. 人均GDP突破1000美元后：国外居民消费结构分析. 经济参考报，2004-09-01

④ 数据来源：中华人民共和国国家统计局. 中华人民共和国2003年国民经济和社会发展统计公报. http://www.stats.gov.cn/tjgb/ndtjgb/qgndtjgb/t20040226_402131958.htm.

⑤ 马惠娣，张景安. 中国公众休闲状况调查. 北京：中国经济出版社，2004. 21

⑥ 参考：北京市统计局研究所. 人均GDP3000美元后北京市社会经济发展趋势分析. 北京联合大学学报，2003，17（1）：109-112

⑦ 从国外经验看，人均GDP3000美元前后，往往是一个国家或地区开始经济高速增长的时期，而且这一高速增长期持续的时间普遍较长。随着经济的发展，人均GDP每增加1000美元所用的时间不断缩短，而且较晚开始经济起飞的国家，其人均GDP提高的速度相对更快。经济增长波动减小，稳定性增强。

⑧ 第三产业成为主导产业，工业化开始进入成熟期。城市化率达到70%以上，并在第三产业推动下继续攀升。

结构显现富裕型特征，大额消费需求明显增加[①]；**（4）资源环境压力加大**。此外，人均 GDP 达到 3000～5000 美元后，经济的增长给人们带来的幸福感也将开始递减[②]。我国很多的城市和地区正处于人均 GDP 已经超过或将要到达 3000 美元的关键时期[③]。而根据近年的发展状况，有学者预计我国人均 GDP 将在 2010 年达到 3000 美元[④]。

与此同时，**我国城市化也进入加速发展的时期，城市人口快速增长，城市蔓延与扩张的速度加快**。“城市化率已从 1993 年的 28% 提高到 2004 年的 42% 以上。近几年来，我国城市化水平保持年均 1 个多百分点的速度增长。……城市化水平每提高 1 个百分点，新增加的城市人口大约为 1500 万”[⑤]。城市人口的增长对城市的基础设施造成了巨大的压力；而城市化的快速发展也助长了城市蔓延与扩张的速度，对生态环境造成了巨大影响。

从一些发达国家的经验来看，如果不能在游憩迅猛发展之际对游憩给予及时的、良好的引导，大众化的游憩发展很容易带来生态环境资源的破坏、社会文化败落和精神方面的困惑。对于人口众多的中国，在现有的经济社会和城市发展的背景之下，审慎对待游憩发展就更为重要。我国人均资源占有量本来就很低，资源环境压力将成为跨入新发展阶段以后面临的最重要问题之一。如果控制不力，发展就有可能出现前所未有的危机。相比起任何一个其他的国家，我国的环境资源状况是最不能允许走“先破坏后恢复”、“先污染后治理”的道路的。对城市来说，我国的大众游憩也必将给城市发展带来严峻的考验。而事实上，在游憩需求高涨的今天，多数的城市都已经或多或少地暴露出一些问题：原有的游憩空间与设施严重不足、资源的破坏、文化庸俗化现象泛滥、精神与

---

① 人均 GDP3000 以后，基本生活消费比重明显下降，发展享受型消费上升，大额消费需求快速增加。世界银行和主要国家和地区消费结构的统计资料表明：人均 GDP3000 美元后，人们的基本生活（包括食品、衣着）消费比重明显下降，而住房消费、交通通讯类支出、文化教育服务类支出上升，小汽车拥有率迅速提高，住房需求量增大。

② 从总体上说，经济增长确实能够提高人民幸福，但是，二者之间的关系非常复杂，决不是简单的“正相关”关系。在经济发展水平很低的情况下，收入增加能相应带来一定的快乐。但当人均 GDP 达到一定水平（3000 美元到 5000 美元）后，快乐效应就开始递减。
秦朔．从国内生产总值到国民幸福总值．南风窗，2004（10）

③ 根据 2002 年中国统计年鉴的资料，我国已经有 36 个城市的人均 GDP 超过了 3000 美元；而到 2005年，除港澳台之外，我国人均 GDP 超过 2000 美元（16000 人民币）、进入快速发展时期的省（市、自治区）达到了 10 个，其中，GDP 超过 3000 美元（24000 人民币）的省市则有 6 个。具体数字如下（单位：元）：上海 52378；北京 44969（按常住人口计算）；天津 35791；浙江 28318；广东 26134；江苏 24584；山东 20118；辽宁 18781；福建 18476；内蒙 16032。（数据来源：2005 中国统计年鉴．）

④ 萧灼基．我国经济存在难得的发展机遇．人民日报，2007－09－28：11

⑤ 李培林．构建和谐社会：科学发展观指导下的中国——2004～2005 年中国社会形势分析与预测．中国社会科学院“社会形势分析与预测”课题组．2005 年中国社会形势分析与预测（社会蓝皮书）．北京：社会科学文献出版社，2005. 1

心理问题突出、幸福感下降，等等；面对高速的经济增长，大众在精神生活方面显现出来贫乏更值得人们深思："为什么生活在物质富饶的城市却感到生活的贫乏？为什么作为文明中心的城市人际关系却不断'沙漠化'，在忙碌的工作和生活的享受之后，还是逃避不了精神上的失落感？①"要使得我国游憩能够健康地发展，我们必须持格外谨慎的态度。

相比起来，由于技术、文明的推进，我国比一些西方发达国家在游憩发展方面具有更多更好的优势：我们有更多更新的技术来丰富游憩活动的内容；有更多更好的手段和方法来进行游憩发展的引导；从许多西方国家的"前车之鉴"中，我们也可以吸取到许多的经验和教训，在未来的发展中少走弯路。但由于我国的人口基数大、地区之间的经济水平和社会文化差异大、生态环境资源有限，我国游憩发展面临的问题也更复杂、矛盾更激烈。可以说，我国的大众游憩发展中，希望与矛盾同在，机遇和挑战共存。当前，探索并了解游憩的本质特征，认清现有游憩发展中存在的问题，努力寻找发展中各种问题的解决途径，注重游憩资源的保护、提高人民的生活质量、充分发挥并利用游憩的综合效益为城市各方面可持续协调发展贡献力量业已经成为我国城市发展中紧迫而且重要的事情。

0.3 研究目的与意义

2004年，彼得·霍尔曾在一次报告中给中国的城市发展开过一个"处方"，在他看来，我国要跨入新的发展行列，"解决问题的办法就是保持与加强城市发展的四个动力：一是商业与金融，二是政府的政策，三是休闲、文化产业，四是城市旅游业"，"只要做好这四个方面，以目前的发展趋势，50年后，（包括长江三角洲、珠江三角洲、北京及其周边的）这三大地区可以与伦敦、纽约并肩，成为世界第一流的大都市圈"②。而这"休闲、文化产业"和"城市旅游业"，都是与城市游憩密切关联的。

满足人们的游憩需求、通过各种途径提高居民的生活品质，是我国城市在新的历史时期所需担负的重要责任。不仅如此。由于游憩具有多方影响力，我们还必须意识到：积极地通过相关的政策与规划、利用游憩这个"伟大的资源"来促进地方生态环境保护、社会文化发展、地方经济发展和城市的整体进步具有重要意义。结合游憩，可以在更好地保护生态与文化资源的同时，使土地资

① 吴承照．现代城市游憩规划设计理论与方法．北京：中国建筑工业出版社，1998. 14

② 注：这是2004年10月彼得·霍尔在东南大学所做的一个题为"21世纪中、欧城市间的相互学习"的报告中所谈论的。资料来源：李明．彼得霍尔为中国城市发展指路．建筑时报－网络版，http：//www. cein. gov. cn/home/ad/jssb/guanli/neirong. asp？id＝9166，2004－11－01

源发挥更好的经济和社会效益，发展地方的文化，增强地区的活力并达到城市复兴的目的。

游憩对当前的城市发展如此重要，但从目前情况来看，我国城市规划研究对它的重视却远远不够。由于我国特殊的发展历史，游憩在城市发展中长期处于被忽视的状态，相关研究薄弱。对游憩方面的研究多数停留在旅游、景区景点方面，而对“游憩“本身的理论探讨、以及如何能够“满足人民日益增长的游憩需求，为群众提供多元化的、积极健康的游憩场所和设施，并同时有效引导游憩文化发展方向、控制游憩的不良影响、实现城市整体协调发展”是当前城市发展中遇得到、看得到但却很少有人试图回答的问题。“游憩”是一个与多门学科密切关联的综合现象，需要不同学科的人们共同进行积极的研究与探索。笔者的研究，立足于城市规划、景观规划、建筑学的学科背景，在对游憩本身进行深入、系统的基础研究的基础上，力图寻找能够解决当前问题的政策与规划途径。

总的说来，本书的研究目的包括以下3个：

（1）探讨游憩的基础理论；特别对我国传统游憩的文化精神进行提炼与研究；

（2）梳理国外游憩规划与政策的发展历史，找寻对我国游憩发展有益的经验；

（3）寻找能够解决我国当前游憩发展中面临的问题，并积极发挥游憩的综合效益，使其与城市协调发展的政策与规划的途径。

通过这项研究，希望能够为我国休闲游憩理论添砖加瓦，促进我国城市的游憩发展。

0.4 研究内容与框架

本书所涉及的内容大体包含了5个方面，具体结构如图0-12所示。

本书的写作思路如下：

（1）首先是对当前游憩发展的时代背景与未来的发展趋向的背景分析，说明游憩的重要性与研究游憩的意义；

（2）由于游憩本身一个综合性强、涉及面广的事物，因此，要想使得城市的游憩能够健康发展，必须先对“游憩”自身有一个深入的了解，接下来是对游憩的深入解读，对游憩基础理论、特别是我国传统游憩文化精神进行相关的探索与研究。寻找“好”的游憩活动应该具备的品质。

（3）回过头来看我国游憩发展的历史与现状，对当前游憩发展过程中面临的诸多矛盾进行梳理，寻找问题的根源所在。

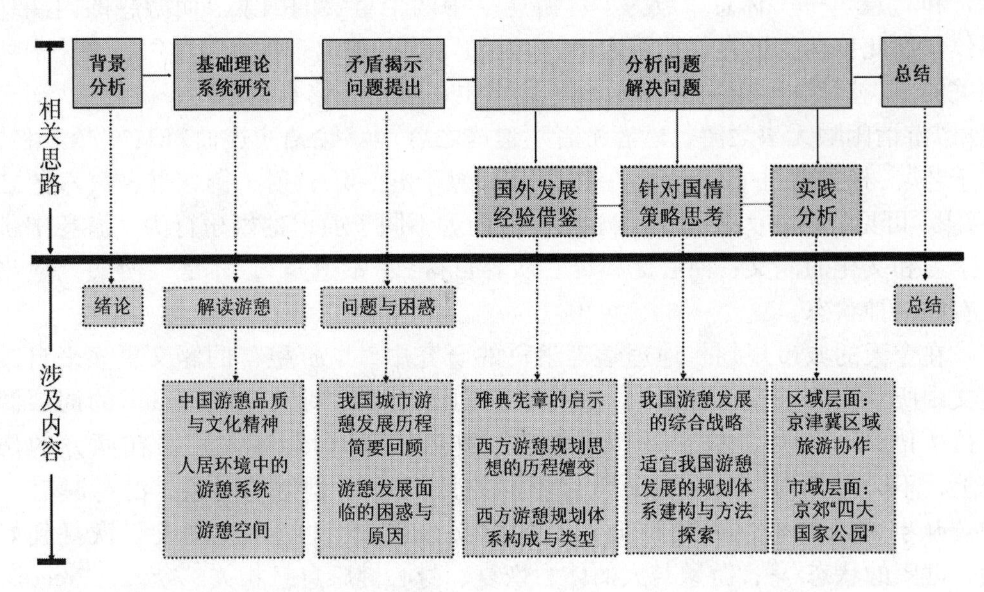

图0－12　本书的思路与内容结构

（4）面对当前的矛盾，寻找解决的途径。先从国外的规划政策中吸取经验，通过对西方发达国家已有的游憩规划与政策的发展历史梳理和现状规划系统研究，寻找能够对我国有所借鉴的方法；再对照中国的国情，研究相关决策的原则与思考方法，根据我国普遍存在的矛盾，提出具体的解决方法；然后基于我国的规划发展现状对我国的游憩规划整体框架以及规划的方法提出相关的建议，归纳不同层面规划应当注意的内容，重点对区域和市域的总体规划进行研究和案例分析。

（5）最后进行全文总结。对本书进行全盘梳理和核心观点的强调。

0.5　游憩及其相关概念辨析

0.5.1　游憩的综合涵义

认识游憩本身的涵义，是更清晰地认识并研究游憩的前提。

在中文的语境中，"游憩"一词具有深厚的文化底蕴。从字面上看，"游，行也"①（《礼记·曲礼》），"憩，息也"（《尔雅》）。因此，"行"——走出居

① 注："游"字本应是走之底的"遊"字，在实行简化字以后统一采用了三点水的游泳的"游"。

所，和“息”——休息，成为了“游憩”中两个重要的因素。而游憩的内涵却不仅仅如此！在我国古代典籍之中，“游憩”最初的出现都是与学习、文化密切相关的。《礼记·学记》曰：“故君子之学也，藏焉，修焉，息焉，游焉”。郑玄注：“游谓闲暇无事之游，然者游者不迫遽之意”。《论语·述而》曰：“依于仁，游于艺”。杨伯峻注：“依靠在仁，而游憩于礼、乐、射、御、书、数六艺之中”①。可见我国古人所说的“游憩”一词远不同于简单的娱乐行为，游憩中带有学习和文化的涵义；而心无羁绊、从容自得，“不迫遽”，才是“游憩”应当具有的精神状态。

在今天的城市规划、地理学等学科的研究中，“游憩”的涵义更多来自其英文中所对应的“recreation”。从英语的词源上看，对“recreation”的词根源自拉丁语“creare”，本意是“再创造、重新恢复（to create）”。在西方的历史上，不同时期对“recreation”有不同的认识：14 世纪的时候，游憩具有一种“从事快乐的事情而精神振作”的意义，在 15 世纪，被说成“恢复到好的、健康的状态”②；游憩与人的体力恢复、身心健康息息相关。今天，“recreation”早已融合了更多的、深层次的涵义。而对于游憩的认识和理解也是仁者见仁、智者见智。——对游憩词义的多样性，曾有人进行过专门的研究，在一篇名为“游憩词义追溯（Wanted：a new word for recreation）”的文章中，作者甚至列举出了近两百多个相关的词汇来解释不同的人是如何认识“游憩”的③。

正因为游憩的这种复杂性，有学者甚至认为“要为游憩下一个所有人都能接受的定义是不可能的”④。它“就像其他一些单词，是一种抽象的概念，具有很多的意思，需要根据所在的上下文来加以鉴别”⑤。从现在的研究来看，随着人们对游憩的认识越来越全面，游憩的定义也逐步更为广义。加拿大学者史密斯在《游憩地理学：理论与方法》一书中指出：“每个人都对游憩有一个直觉的定义；随时将这一定义用言词表达出来，是难以做到的，也是没有必要的。换句话说，研究‘游憩’的地理学家，需要建立一个实用的定义，来解释在一特定的研究课题中，他怎样选择并评价所要研究的现象。不过这一定义仅是个工具，它常常是对各种包含着‘游憩’意味的事物的不完善的、甚至在哲理上不全面的陈述”；史密斯还同时强调：**“对游憩的理解不能太狭窄。也就是说，游憩还包括被称为‘旅游’、‘娱乐’、‘运动’、‘游戏’、以及某种程度上的**

---

① 马惠娣．走向人文关怀的休闲经济．北京：中国经济出版社，2004. 169

② Richard Broadhurst. Managing Environments for Leisure and Recreation. London：Routledge，2001. 29

③ Gray，D. E.，Greben S. Wanted：a new word for recreation. Parks and Recreation，1979（3）：23

④ Hall，Colin Michael. Geography of Tourism & Recreation：Environment，Place & Space（Second Edition）. Florence，KY，USA：Routledge，2001. 3

⑤ Torkildsen，G. Leisure and Recreation Management. London，UK：Spon Press，1999. 57

‘文化’等现象”①。

尽管对游憩的定义不一而同，但从游憩所涉及的不同学科的研究视角和内容来看，笔者认为：对游憩的理解大致可以用这样的两个方面来加以概括②：

（1）游憩是人类自身的需求并对个人发展具有重要意义；

（2）游憩是人们在闲暇时间内的活动并与外部环境具有综合的相互影响力。

这两个方面的视角，前者更关心人进行游憩的动机和不同游憩选择对人的影响，因此常见于哲学、社会学、医学、心理学等相关学科中；后者更关心大众游憩活动内容及其与外界事物的相互关系，因此常见于城市规划、地理学、经济学、社会学等学科中。

0.5.1.1 游憩是人类自身的需求并对个人发展具有重要意义

这种立足于“人”本身的、对游憩的理解，大体关注4个方面的问题：人为什么要游憩、不同的游憩活动对不同的人会产生何种影响、人应当如何理解游憩、我们应当如何安排我们的闲暇时间。这个方面研究的一个重要基础就是人的动机与需求的相关理论。

游憩动机（motivation）与亚伯拉罕·马斯洛（Abraham Maslow）的“需求层次”是今天被经常运用来解释人们游憩活动行为的理论。其中，对相关游憩动机的归纳与分析一直被用来解释人们进行并选择不同类型游憩活动的原因，不同的学者曾经对游憩活动的动机进行过不同的归纳。表0-2是克兰德（Crandall，1980）与卡巴诺弗（Kabanoff，1982）的游憩动机分类。尽管具体的分类方式和内容各有千秋，但游憩动机的“多元化”却是一种基本共识。

---

① ［加］斯蒂芬L.J. 史密斯．游憩地理学：理论与方法．吴必虎 等译，保继刚 校．北京：高等教育出版社，1992.2

② 注：西方有许多学者也曾对游憩的各类观点进行过分类和整理，英国学者Torkildsen在《休闲与游憩管理（Leisure and Recreation Management）》一书中将人们对“recreation”的种种认识和定义大致归纳为如下的4个方面，基本上反映出人们对“游憩”一词的主流理解：

- 游憩作为人类自身的需求：将游憩视作“人”本身的一种本能，通过游憩活动以获得快乐、自我修整、发挥创造力等；
- 游憩作为闲暇时间内的活动：将所有的人们在闲暇时间内的活动直接视为“游憩”，它涉及到人们在闲暇时间内的活动本身，也涉及因这些活动而产生的各种相关影响、所需要的设施等；
- 游憩作为对个人和社会具有重要意义的因素：游憩是影响人们生活的重要力量，同时也是影响社会利益的重要力量，它在人们健康、丰富生活体验、人格塑造等方面有积极意义；也对增强社会凝聚力、提高人民生活质量起到了良好的推动作用；
- 游憩作为人类的体力恢复与创造力的源泉。

以上内容参考自：Torkildsen G. Leisure and Recreation Management. London，UK：Spon Press，1999.47-59.

克兰德与卡巴诺弗的游憩动机分类对比① 表0-2

克兰德的游憩动机分类	卡巴诺弗的闲暇需求表
1. 逃离城市，享受自然； 2. 从例行的日常事务与责任中解脱； 3. 锻炼身体，保持健康； 4. 发挥创造力； 5. 身心放松； 6. 进入某社交圈层或躲避周围人群； 7. 结交新人； 8. 异性接触； 9. 家庭成员接触； 10. 获得赏识、树立个人形象； 11. 获得权利、提高威望； 12. 无私为他人服务； 13. 寻求刺激； 14. 发挥才能、实现自我价值； 15. 迎接挑战、自我认识、自我提高； 16. 打发时间、避免生活贫乏； 17. 提高思想境界	1. 独立自主； 2. 放松； 3. 家庭活动； 4. 逃避日常事务； 5. 交往； 6. 刺激； 7. 发挥技能； 8. 健康； 9. 尊重； 10. 竞争与挑战； 11. 领导能力、社会影响力

人们的游憩动机组成了一个多元化的、丰富的体系，而产生这些动机的根本原因，则是不同层次的心理和生理需求。——当我们的脑海中开始设想一个快乐的游憩场景时，游憩的需求就产生了。在日常生活中，需求的内容非常具体，比如说是去打乒乓球、到河边散步、爬山、看书、与朋友聊天、参加义务劳动，等等。而根据马斯洛的理论，这些需要存在着层次上的差别。人们的需求大体可以分为五个层次，其中：生理需要是最低层次的需求，然后是安全需要、归属和爱的需要、尊重的需要、自我实现的需要（图0-13）。

按照马斯洛的理论，高级需求一般是在满足了低级需要之后产生的。从游憩产生的多元化动机来看，这些动机中尽管有一小部分归属于基本生理需要，但在更多的情况下，游憩中归属与爱的需要、尊重的需要和自我实现的需要更加突出。因此，游憩在多数情况下可以理解为人类的高级需求。

根据马斯洛的理论，尽管高级需求从人的主观上说并不像其他需求那样迫切，甚至可以长久地推迟、容易永远消失，但是，如果生活在高级需求的水平上，则意味着对个人与社会将产生更大的影响。需求越高，对个人和社会的正面作用越显著（表0-3）。因此，无论是个人还是社会，将游憩的目标由低级需要向高级需要提升发展都具有重要意义。由马斯洛的这种理论而演化出来的游憩层次模型（图0-14），也显示了根据游憩活动对个人和社会的意义，人们需要对不同的游憩内容采取相关的激励、引导和限制态度。

① 表格内容来源：Hall，Colin Michael. Geography of Tourism & Recreation：Environment，Place & Space（Second Edition）. Florence，KY，USA：Routledge，2001. 33-34.

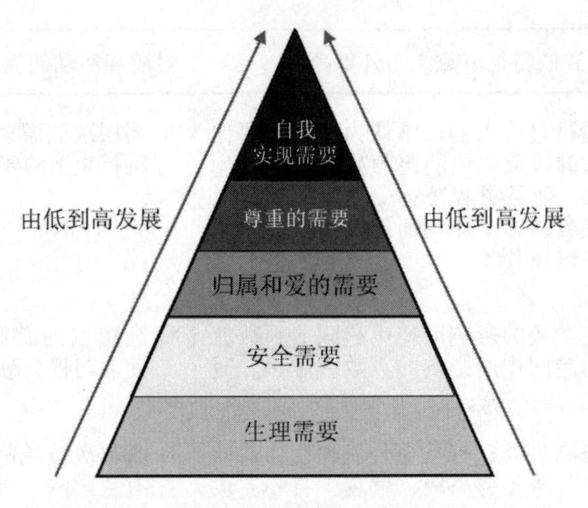

图 0－13　马斯洛需要层次模型①

从马斯洛的需求层次理论看不同层次游憩活动的影响与效果　　表 0－3

马斯洛阐述的高级需要的特征、意义与外部条件②	对游憩活动的启示
1. 越是高级的需要，对于维持纯粹的生存也就越不迫切，其满足也就越能更长久地推迟；并且，这种需要也就越容易永远消失；	1. 游憩的需求对生存而言并不迫切，不加以重视就可能长久推迟，或永远消失；
2. 生活在高级需求的水平上，意味着更大的生物效能，更长的寿命，更少的疾病，更好的睡眠、胃口等等；	2. 高质量、高层次的游憩能够对人体产生更大的效益，使人们长寿、健康；
3. 从主观上讲，高级需要不象其他需要一样迫切。它们较不容易被察觉，容易被搞错。能够辨清自己的需要，即知道自己真正想要什么，是一个重要的心理成就；	3. 游憩应当有明确的目的、了解自己真正的需要；
4. 高级需求的满足能够引起更合意的主观效果，感受更深刻的幸福感、宁静感，以及内心生活的丰富感；	4. 越是高层次的游憩越能够带给人们幸福和宁静，使内心丰富；
5. 追求和满足高级需要代表了一种普遍的健康趋势，一种脱离心理病态的趋势；	5. 大众游憩的出现，代表了一种普遍的健康追求趋势；
6. 高级需求的满足，需要有更多前提条件和外部条件；	6. 游憩的满足需要建立在良好的经济社会条件下；

① 图片来源：笔者根据［美］克里斯·库珀 等著. 旅游学——原理与实践. 张俐俐 等译. 北京：高等教育出版社，2004. 36. 绘制

② ［美］马斯洛. 动机与人格. 许金声等译. 北京：华夏出版社，1987. 113－117

续表

马斯洛阐述的高级需要的特征、意义与外部条件	对游憩活动的启示
7. 那些两种需要都满足过的人们通常认为高级需要比低级需要具有更大的价值。他们愿为高级需要的满足牺牲更多的东西，而且更容易忍受低级需要满足的丧失。如，比较容易为了原则而抵挡危险，为了自我实现而放弃钱财和名声；	7. 高层次的游憩对人的影响比其他维持生活的要素具有更大价值；
8. 需求的层次越高，受爱的影响而产生趋同的人数就越多；即，受爱的趋同作用影响的人数就越多，爱的趋同的平均程度也就越高；	8. 高层次的游憩需求能够引导爱、使人与社会融合；
9. 高级需求的追求与满足具有有益于公众和社会的效果。在一定程度上，需要越高级，就越少自私。饥饿是以我为中心的，但是，对爱以及尊重的追求却必然涉及他人。寻求友爱和尊重（而不是仅仅寻找食物和安全）的人们，更倾向于发展诸如忠诚、友爱等品质；	9. 高层次游憩将对社会和公众产生有益影响，对建设和谐安宁的社会具有重要意义；
10. 高级需求的满足更接近自我实现；	10. 游憩是自我实现手段之一；
11. 高级需求的追求与满足导致更伟大、更坚强、以及更真实的个性。	11. 对高层次游憩的追求影响人们的个性。

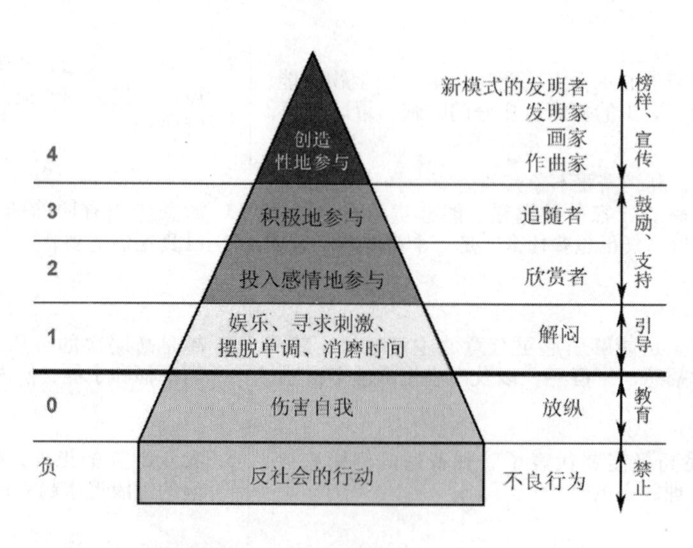

图 0－14　游憩活动的层次与态度[①]

总的看来：对于个人，游憩在使人健康长寿、追求幸福生活、完善人格个

① 图片来源：笔者根据有关资料——［美］杰弗瑞·戈比. 你生命中的休闲. 康筝 译. 昆明：云南人民出版社，2000. 103. 绘制，有改动。

性、促进自我实现等方面具有重要的意义；而对于整个社会，游憩能够产生良好的人际关系和引导和谐的社会氛围。正因如此，在今天的经济社会发展条件下，游憩对个人和社会都是不可或缺的。1970 年，联合国在布鲁塞尔召开的国际闲暇会议通过了《消遣宪章》，其中明确指出："消遣和娱乐为弥补当代生活方式中人们的许多要求创造了条件，更为重要的是，它通过身体放松、欣赏艺术、科学和大自然，为丰富生活提供了可能性。无论在城市或农村，消遣都是重要的。它为人们提供了激发基本才能的变化条件：意志、知识、责任感和创造能力的自由发展"①。

0.5.1.2 游憩是人在闲暇时间内的活动并与外部环境具有综合的相互影响力

站在这个视角上来看游憩，游憩是一种基于大众闲暇的行为。由于人们需求的差异，形成了丰富的游憩活动体系，而为满足这些活动所需提供的场所和设施条件也各不相同。大众游憩活动产生了深刻的社会、经济、文化和人类生活空间方面的影响，使得人居环境本身发生了改变。

"闲暇时间"本身指的是指除上班者的工作时间（包括上下班时间）、学生的学习时间（包括上下学时间）、个人生活必需时间（如：睡眠、进餐、医疗等）、必要的家务劳动和家庭责任时间（如：烹饪、必要的购物、照看儿童等）后，人们可以自由支配来进行休息、娱乐、学习、交往等活动的时间②。游憩活动随着人们的闲暇时间长短、出行距离远近形成了一个连续的、不能人为割裂的"游憩活动谱"（图 0-15）。随着游憩距离的逐步变化，大众游憩形

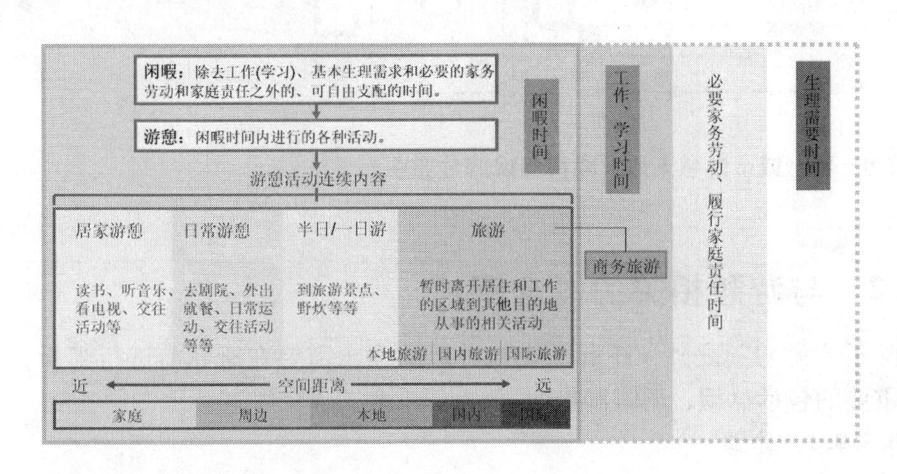

图 0-15 游憩活动图谱③

① 马惠娣．休闲：人类美丽的精神家园．北京：中国经济出版社，2004.64.

② 参考：[英] 曼纽尔·鲍德-博拉，弗雷德·劳森．旅游与游憩规划设计手册．唐子颖，吴必虎等译校．北京：中国建筑工业出版社，2004.1

③ 图片来源：笔者根据 B. G. Boniface, C. P. Cooper. The Geography of Travel and Tourism, Heinemann, 1987: 2 绘制，有改动。

成了自身特有的统计规律，产生了游憩人数在空间上的差异，在距离不同的空间中，具体的设施需求也存在着差异（图0-16）。人们正是通过“游憩”这种由近及远的活动，形成了自身融合时空的生活圈（图0-17）。

由于科技、经济与社会的发展，越来越多的人开始拥有闲暇时间，并获得了外出游憩的机会。这大众化的游憩活动于是开始反作用于城市和社会，产生了前面所提到的、游憩对人们生活方式、城市空间、经济结构和民族文化方面的诸多影响。而今，游憩已经成为影响城市整体发展的一支重要力量，具有不可忽视的综合影响力。

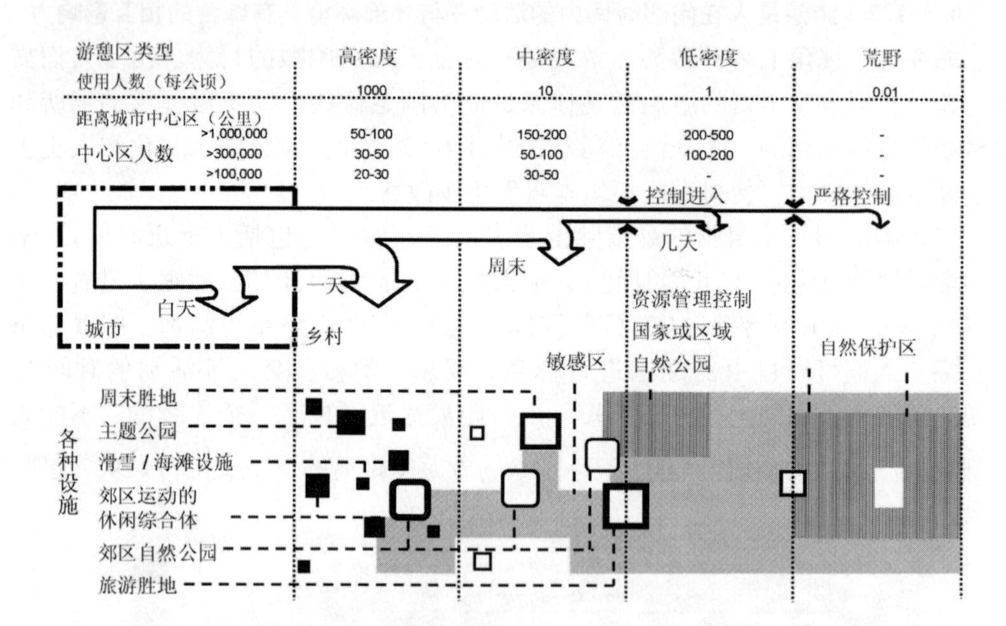

图0-16　城市游憩人数、距离与设施分布①

0.5.2　与游憩相关的概念阐述

除了“游憩”之外，还有一些相类似的概念需要在研究前进行辨析，其中比较重要的包括休闲、闲暇和旅游。

0.5.2.1　休闲

休闲是一个基本上可以与“游憩”互换的概念。在西方，休闲一词对应“Leisure”，来自拉丁语“licere”，在西方带有“教育”的意思，与文化水平的提高相辅相成。中国对“休闲”的解释同样带有浓厚的文化色彩：“休”，人倚木而休，强调人与自然的和谐，带有“吉庆”和“欢乐”的意思；“闲”通

① 图片来源：［英］曼纽尔·鲍德-博拉，弗雷德·劳森. 旅游与游憩规划设计手册. 唐子颖，吴必虎 等译校. 北京：中国建筑工业出版社，2004. 2

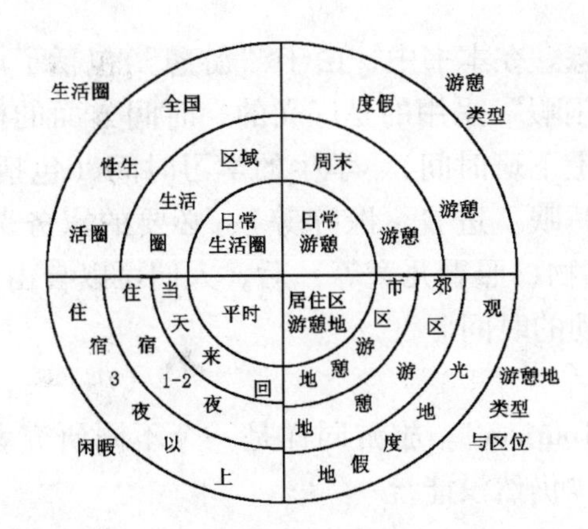

图 0-17　游憩时空体系与生活圈①

“娴”，带有娴静、思想的纯洁与安宁的意味②。休闲强调人的轻松和宁静状态，“休闲是从文化环境和物质环境的外在压力中解脱出来的一种相对自由的生活，它使个体能够以自己所喜爱的、本能地感到有价值的方式，在内心之爱的驱动下行动，并为信仰提供一个基础”③。

在相关的社会学、心理学的研究中，休闲一词出现得更为频繁。而在城市规划和地理学科体系中，游憩使用得更多。美国的《社会学词典（Dictionary of Sociology)》把“游憩”定义为“休闲中进行的所有活动”④，可见“休闲”更强调人的精神状态，而“游憩”更强调由于人的活动而产生的、与社会、经济、环境等方面的相互关系。由于本书的写作目的及其所涉及的内容更与城市相关，因此在表述方面更倾向于使用“游憩”而不是“休闲”，但由于相关社会学方面的研究多用“休闲”一词，因此在引用和解释这些内容、特别是在关于游憩活动与人的研究方面，本书也会在一些行文中部分以“休闲”来代替“游憩”的概念。

0.5.2.2　闲暇

在英文中，“闲暇”与“休闲”同样为“Leisure”，原意为“自由的没有压力的状态”⑤，但由于闲暇在现代的许多研究中就是“闲暇时间”的意思，因此，闲暇与“Free Time”同样具有对应的关系。在中文里，“闲”与“暇”是相同的意思，《说文》：“暇，闲也”，而《贾注国语》云：“暇，闲也，安也”，

① 图片来源：吴承照．现代城市游憩规划设计理论与方法．北京：中国建筑工业出版社，1998.55

② 以上对休闲的中西方解释参考并引用自：马惠娣．休闲：人类美丽的精神家园．北京：中国经济出版社，2004.77

③ ［美］杰弗瑞·戈比.你生命中的休闲．康筝 译．云南人民出版社，2004.14

④ Torkildsen，G. Leisure and Recreation Management. London，UK：Spon Press，1999.48

⑤ 吴承照．现代城市游憩规划设计理论与方法．北京：中国建筑工业出版社，1998.14

更强调一种无事的状态。在本书中，由于“游憩”包括了闲暇时间内的相关活动，因此，本书的“闲暇”采用的是广义的、时间方面的概念。闲暇指除上班者的工作时间（包括上下班时间）、学生的学习时间（包括上下学时间）、个人生活必需时间（如：睡眠、进餐、医疗等）、必要的家务劳动和家庭责任时间（如：烹饪、必要的购物、照看儿童等）后，人们可以自由支配来进行休息、娱乐、学习、交往等活动的时间。

0.5.2.3　旅游

旅游，英文为“Tourism”。旅游同样是一个不同研究者持有不同理解的宽泛概念，其定义至今“仍然没能统一”①。

长期以来，许多的国际组织和学者对旅游下过多种定义，其中比较有影响力的包括②：

（1）旅游是非定居者的旅行和暂时居留而引起的现象和关系的总和。这些人不会导致长期定居，并且不涉及任何赚钱的活动。

（2）旅游是人们出于日常上下班工作以外的任何原因，离开其居家所在的地区，到某个或某些地方旅行的行动和活动。

（3）旅游是流动人口对接待地区及其居民的影响。

（4）旅游是人们出于非移民及和平的目的或者出于导致实现经济、社会、文化及精神等方面的个人发展及促进人与人之间的了解与合作等目的而作的旅行。

（5）旅游是们为了休闲、商务和其他目的，离开自己的常居环境、连续不超过一年的旅行和逗留活动。

---

① ［澳］克里斯·库珀，［英］大卫·吉尔布特 等. 旅游学——原理与实践. 张俐俐，蔡利平 主译. 北京：高等教育出版社，2004.9

② 编号为（1）～（4）的定义主要参考并引用自：李天元. 旅游学. 北京：高等教育出版社，2002.20

其中：

1. 在1942年，由瑞士学者汉泽克尔和克拉普夫（Hunziker and Krapf）提出，并在20世纪70年代被“旅游科学专家国家联合会（Association Internationale d' Experts Scientific in Tourism）”所采用，被称为“艾斯特”（AIEST）定义。
2. 由美国参议院（United States Senate）一份名为《国家旅游政策研究报告（National Tourism Policy Study Final Report）》的文献中提出。
3. 为英国旅游局前执行主任里考瑞什的观点。
4. 源自世界旅游组织（WTO）在1980年马尼拉会议之后，提出的用“人员运动（Movement of Persons）”的观点。

编号为（5）的定义为1994年世界旅游组织和联合国统计署的定义。［澳］克里斯·库珀，［英］大卫·吉尔布特 等. 旅游学——原理与实践. 张俐俐，蔡利平 主译. 北京：高等教育出版社，2004.9

编号为（6）的定义参考并引用自：B. G. Boniface，C. P. Cooper. The Geography of Travel and Tourism，Heinemann，1987.2

(6) 旅游是人们暂时离开平时居住和工作的区域到其他目的地从事的相关活动，包括在外停留期间所进行的活动以及为这些活动的需求所建的相关设施。

尽管对旅游的认识存在区别，但其定义所强调的共有特征是明显的：第一，离开居住地；第二，非长期停留。在我国，“旅游”一词最早见于我国沈约（南北朝诗人，441～513）的《悲哉行》中的诗句：“旅游媚年春，年春媚游人”①。唐代学者孔颖达曾对旅游下过一个定义：“旅者，客寄之名，羁旅之称，失其本居而寄他方”②，可见中文里的旅游同样强调离开居住地的外出行为。

尽管旅游的概念在研究中表现得相对宽泛，但出于统计的方便，在国际和国内采用的官方旅游统计中都只涉及了其中非短途旅游的部分：根据世界旅游组织和联合国统计署的技术要求，旅游统计中只记入那些：逗留时间至少24小时、至多1年；出行距离通常在160公里以上的旅游③。——也就是说，旅游统计对人们离开的时间加了一个必须在外过夜的限定、对离开居住和工作区域的距离加了一个160公里（或根据各地方确立的统计标准）的限制。这种方法虽然能够在一定的程度上方便数据的获取，并在一定程度上反应出旅游的经济影响，但也存在着许多的问题。尤其是对出行24小时才能成为旅游者的规定，成为了人们争论的对象④：

对于是否应该以24小时为界限，存在着两种截然不同的观点。

赞成的观点认为：外出旅行必须超过24小时以上才成为旅游者，因为现代旅游者和旅行者最大的不同，是他到异地进行综合性较高的消费，超过24小时以上，为他提供的游览、交通、饭店、餐饮、商店、娱乐等设施，尤其是像旅游业支柱之一的旅游饭店就能发挥综合作用。旅游者与旅游业间是通过旅游消费联结起来的。一般人的消费是社会消费，他往往是单一的或部分的，消费层次也是大众化的。而且有了时间的限制，也便于旅游统计，有利于分析研究和市场预测。

反对的观点认为：算不算旅游者不应以24小时作为标准。因为当今旅游交通快捷、便利，扩大了旅游者的活动空间范围，再加上旅游者类型多，需求不

---

① 孙文昌，郭伟．现代旅游学．青岛：青岛出版社，2000.1

② 喻学才．旅游文化．北京：中国林业出版社，2001.1

③ 参见：［澳］克里斯·库珀，［英］大卫·吉尔布特 等．旅游学——原理与实践．张俐俐，蔡利平 主译．北京：高等教育出版社，2004.9－10

对于出行距离的要求，不同的国家有不同的规定；例如：加拿大政府部门、美国国家旅游资源评价委员会的规定是80公里；而加拿大的安大略省的标准为40公里。（资料来源：李天元．旅游学．北京：高等教育出版社，2002.43）

④ 相关观点引用自：孙文昌，郭伟．现代旅游学．青岛：青岛出版社，2000.61

另外：对于出行距离的规定也存在相关的问题与争论，因为不是重点，本文中不再累述。

统一，纵使一部分旅游的人没超过24小时，同样可以完成除饭店以外的游览、娱乐、餐饮、购物等消费活动，而且消费水平是可观的（图0－18）。特别是欧洲一些国家，由于交通便利，国土面积不大，在相邻国之间参加旅游活动、进行旅游消费是国家旅游经济收入的重要来源。所以不能忽略这部分旅游者。

图0－18　在某些情况下，游憩者和旅游者本身是很难完全区分开的①

笔者在此并无澄清"旅游"概念之意，这并非研究的目的也非能力所及。提出这个争论，更多是为了说明本文为什么要将"旅游"包含在"游憩"的概念之中。事实上，"人类在闲暇时间内的游憩活动是连续的、不可人为割裂的，它包括从家庭内游憩、居室周围的户外游憩、社区游憩、一日游、国内旅游何国际旅游等渐变的游憩活动谱。人们定义各种条件来分辨何谓旅游，何谓游憩，仅仅是为了统计上的需要和方便以及分析旅游经济影响的需要，而不是游憩者或旅游者本身的行为具有截然不同的本质特征"②。

站在城市的角度来看问题：要使得城市的游憩功能能够有效发挥，就需要使得这个"游憩活动谱"中的、相互连续的内容都能够给人带来良好的影响和体验。一方面，城市需要为发生在本地区域内的游憩活动提供各方面的条件；另一方面，对于本地居民发生在行政区域之外的游憩活动，也可以通过区域协作和改善服务的方法使人们得到更多的便利。

此外，笔者认为：**旅游是一种更为"高端"的游憩活动，它的发展情况是"游憩"这个庞大系统的"晴雨表"**。虽然本书的研究重点更多在于城市日常的游憩，但由于我国长期缺乏游憩发展方面的统计数据，因此，在本书中的某些部分将采用旅游的统计数据来作为整体游憩发展状况的参考。

---

① 图片来源：笔者摄影。

注：从王府井（左）的经营来看，多数商品还是同时针对旅游者和本地居民的；而香山公园（右）的环境容量，则不仅需要考虑本地居民，也必须注意外来游客。

② 吴必虎．区域旅游规划原理．北京：中国旅游出版社，2001.11

0.5.3 本书对游憩定义与研究重点

站在人居环境科学研究的视角，本书的研究也准备采用一个“实用的定义”来“选择并评价要研究的现象”。这里的概念源自游憩地理学中多数研究者所接受的广义概念，并根据具体的研究有所拓展。在本书中：**游憩是“人们在闲暇时间所进行的各种活动”①、这些活动涉及的物质环境、相关支持体系及其所产生的相关影响。本书的“游憩”在概念上包含了“旅游”**。从研究的重点来看，**本书的研究侧重于站在人们生活质量提高和城市综合发展的视角和立场上来审视游憩。研究的重点是城市本地城市居民所进行的户外游憩活动，其中包括本地城市居民在市区范围内的游憩、也涉及本地居民在市郊及相邻省市进行的区域内中短途旅游（图0-19）**。此外，由于一些外来游客与本地游客将同时大量并存在某些公共空间和景区内，因此，本书也将部分涉及这些内容。

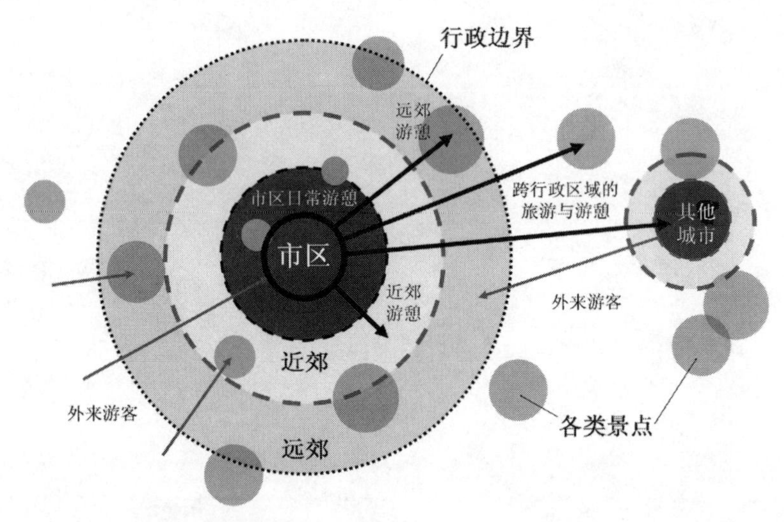

图0-19 城市游憩所涉及的人流②

0.5.4 本书对游憩规划的一个定义

游憩规划，英文为“Recreation Plan”，如图0-20所示，游憩是为**合理配置和建设游憩活动的空间与设施、引导游憩活动方向与内容、提升相关游憩服务的质量以及为游憩发展提供政策、资金等的相关支持而进行的综合性规划。游憩规划将结合游憩需求以其在生态、社会、文化、经济等方面的影响，对相**

① B. G. Boniface, C. P. Cooper. The Geography of Travel and Tourism, Heinemann, 1999
② 图片来源：笔者绘制。

关的人居环境要素进行统筹安排、促进城市向"宜居"方向发展①。它是"将人们的闲暇时间与空间连接在一起的过程","既是一门艺术,又是一门科学,……游憩规划是物质规划与社会规划的综合"②。

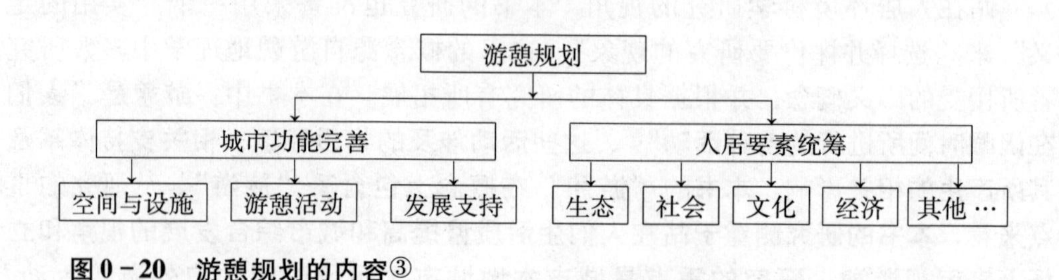

图0-20　游憩规划的内容③

① 我国学者吴承照对游憩规划也有相关定义,他认为:"城市游憩规划是对市民闲暇生活的规划,以户外生活空间为对象,是城市规划、居住区规划、风景区规划中的专项规划,以人为中心,以闲暇资源的科学开发利用、优化生活结构、提高城市空间的生活价值为目标";游憩规划具有4个性质:层次性、动态性、渗透性、综合性。(吴承照. 现代城市游憩规划设计理论与方法. 北京:中国建筑工业出版社,1998. 143-144)

② [英]曼纽尔·鲍德-博拉,弗雷德·劳森. 旅游与游憩规划设计手册. 唐子颖,吴必虎 等译. 中国建筑工业出版社,2004. 3-4

③ 图片来源:笔者绘制。

第一篇

解读游憩

“休闲时间用来做什么才是有价值的？这是一个古老的问题。对此问题我们必须作出回答，而且必须作出很好的回答。休闲行为不仅要寻找快乐，也要寻找生命的意义”。

——杰弗瑞·戈比[①]

① ［美］杰弗瑞·戈比. 你生命中的休闲. 康筝 译. 昆明：云南人民出版社，2000. 1－2. 中文版序与前言部分。

第1章　游憩的理想与理想的游憩

1.1　唤醒古老的梦想

“拥有闲暇是人类最古老的梦想”①。

两千多年前，《论语·先进第十一》中记录了这样一个场景：孔子与他的学生，子路、曾皙②、冉有、公西华来探讨人生的志向。子路想去拯救一个内忧外患的千乘之国，三年内使将士勇敢、人民正直；冉有要治理一个方圆六七十里的小国、让人民丰衣足食；公西华想学习礼教、在祭祀会盟时当司仪。孔子最后问到曾点：

> “点，尔何如”？
>
> 鼓瑟希，铿尔，舍瑟而作，对曰：“异乎三子者之撰”。
>
> 子曰：“何伤乎？亦各言其志也”。
>
> 曰：“暮春者，春服既成，冠者五六人，童子六七人，浴乎沂，风乎舞雩，咏而归”。
>
> 夫子喟然叹曰：“吾与点也”！③

——春天，约上几个年轻人，带上几个孩童，在沂水中沐浴，在舞雩台上吹风，悠闲地唱着歌漫步，这正是圣人孔子所赞赏的理想！

对于“曾点之志”，宋代理学家朱熹曾进行过专门的点评：“曾点之学，盖有以见人欲尽处，天理流行，随处充满，无稍欠缺。故其动静之际，从容如此。而其言志，则又不过即其所居之位，乐其日用之常，初无舍己为人之意，而其胸次悠然，直与天地万物，上下同流，各得其所之妙，隐然自见于言外。视三子之规规于事为之末者，其气象不侔矣。故夫子叹息而深许之”④。在朱子的所谓“动静之际，从容如此”、“即其所居之位，乐其日用之常”的评价中，表达出的是对那种优雅而自由的生活状况的赞许。

循着朱熹的视角来理解“曾点之志”，它无疑是一种道地的、扎根在心灵深

---

① ［美］杰弗瑞·戈比. 你生命中的休闲. 康筝 译. 昆明：云南人民出版社，2000. 1

② 曾皙，名点，字子皙。孔子的学生，曾参的父亲。

③《论语·先进第十一》

④ ［宋］朱熹 注. 四书五经（上册）论语章句集注. 天津：天津古籍书店，1988. 48

处的、自然洒脱的个人“生活理想”。这种理想每个人都有，而且往往在受到某种外部条件触动时就会翻江倒海似地涌出来，形成一种生活的幻象，人们从中仿佛看得到某种饱含感情与希望的场景，场景虽因人而异，却多是在寻求一种自由而快乐的境界。在西方，类似的期望被休闲学家杰弗瑞·戈比表述为：“从无休止的劳作中摆脱出来；随心所欲，以欣然之态做心爱之事；于各种社会境遇随遇而安；独立于自然以及他人的束缚；以优雅的姿态，自由自在地生存……以自己的方式生活，做自己想做的事”①。这几乎就是朱子批注的现代表述版本。——闲暇的生活不仅仅是对心灵的一种慰籍，也是一种充满智慧的生活理想与人生哲学。“它是一种理想，也是一种生活方式”②。正如美国“休闲学之父”凡勃伦在他的《有闲阶级论》中所写的：“在一切文明人的心目中，闲暇的生活，无论就其本身或其结果而论，都是美丽而高尚的”③。

对“曾点之志”的看法是仁者见仁、智者见智的。除朱子之外，历史上还有很多其他的点评，不一而同。如：北宋经学家邢昺曾对此疏曰：“善其独知时而不求为政也”④。而明代心学大家王阳明则认为，夫子赞同曾点，是因为“三子是有意必，有意必便偏着一边，能此未必能彼；曾点这意思却无意必，便是‘素其位而行，不愿乎其外’，‘素夷狄行乎夷狄，素患难行乎患难，无入而不自得’矣！三子，所谓‘汝器也’；曾点，便有‘不器’意”⑤，等等。

在对本研究的指导中，吴良镛先生也对此提出了他的看法，认为夫子之所以“喟然叹曰”，是“因为在当时的历史条件下，社会动荡不安，人民生活困苦，曾点之志中带有的这种洒脱，在现实生活中并不容易实现，因此它暗示着一种实现‘大同世界’的理想韵味，是一种追求‘大同世界’的社会理想，其境界远超乎另外三者之志，所以孔子才会‘喟然叹曰’的”。循着吴先生的视角来看“曾点之志”，它代表的正是孔子倡导的那种至善至美的社会理想状态。在《礼记·礼运》中，孔子认为“大同世界”是这样的一种状况：“大道之行也，天下为公。选贤与能，讲信修睦。故人不独亲其亲，不独子其子。使老有所终，壮有所用，幼有所长。鳏寡孤独废疾者皆有所养。……是故谋闭而不兴，盗窃乱贼而不作，故外户而不闭，是谓’大同’”⑥。这是一种政通人和、博爱共济、安定和平的高度文明的社会状况，是更高层次的人居理想，同样也是中华民族当前所共同努力的目标：和谐社会。在西方，类似的追求被称为“理想

① ［美］杰弗瑞·戈比. 你生命中的休闲．康筝 译．昆明：云南人民出版社，2000. 1

② ［美］杰弗瑞·戈比. 你生命中的休闲．康筝 译．昆明：云南人民出版社，2000. 15

③ ［美］凡勃伦．有闲阶级论：关于制度的经济研究．蔡受百 译．北京：商务印书馆，1997

④ ［魏］何晏等注，［宋］邢昺疏，［唐］唐玄宗注，［宋］邢昺疏．十三经注疏·论语注疏. 上海：上海古籍出版社，1990. 100

⑤ 王守仁 撰．王阳明全集（上）·传习录. 上海：上海古籍出版社，1992

⑥《礼记·礼运第九》.

国”。在这样的社会里，人们精神愉悦，洒脱自在，可以心无羁绊地“浴乎沂，风乎舞雩，咏而归”。——回过头来，这种理想的“大同世界”所要实现的状态，正是大众皆可自在欢乐地享受生活。

1.2　游憩的哲学境界

“在历史上，休闲一直有一种理想的意味”①。这是我们开篇便追寻游憩的理想的原因。但是，我们也必须认识到，即便是“理想”，也会有境界的高下。游憩本身是有层次之分的。前文中已经提到：马斯洛将人的需要分为了不同的层次，这些层次上对应的游憩状态自然也会有根本的差别。在现实之中，首先，我们必须依靠休息来恢复体力和精力，这是人最基本的需求；其次，不同的人有不同的游憩动机，有自身不同的游憩活动选择，其思想境界从普通到高尚，不一而同。那么，人类的思想中是否存在着某些值得孜孜以求的、可以代表游憩最高境界的“终极目标”呢？是否存在某种理想的状态值得我们在思想中或是在实际行动中去追寻呢？

这个问题似乎已经上升到了哲学的境界。

这里，通过对已有的研究进行梳理与归纳、通过一番寻章摘句与文字比较，笔者选取了这样的两组词汇来概括游憩的状态，它们或许能够称得上触发人们进行游憩选择的终极理想，当然也就是指引城市游憩发展方向的辉煌的“灯塔”所在。这两组词汇是：

“畅·高峰体验”；“大·天地境界”。

1.2.1　畅·高峰体验

“畅”与“高峰体验”来自西方心理学方面的相关研究。

美国心理学家奇克森特米哈依（M. Csikszentmihalyi）在 1982 年发表了一篇名为《建立最佳体验的心理学》的论文，并在此基础上于 1990 年发表了休闲心理学方面具有影响的专著《畅：最佳体验的心理学》，提出了“畅（Flow）”的概念，成为了今天休闲学研究中非常重要的一个词汇②。“畅”是“在工作或休闲时产生的一种最佳体验”、是“人在进入自我实现状态时所感受到的一种极度兴奋的喜悦心情”、是：

“一种感觉，当一个人的技能能够在一个有预定目标、有规则约束并且能

---

① ［美］杰弗瑞·戈比. 你生命中的休闲. 康筝 译. 昆明：云南人民出版社，2000. 23

② 参考自：马惠娣. 休闲：人类美丽的精神家园. 北京：中国经济出版社，2004. 206

够让行为者清楚地直到自己做得如何之好的行为系统（action system）中充分地应付随时到来的挑战时，就会产生这种感觉。这时，注意力高度集中，没有心思注意与此无关的事，也不考虑别的问题。自我意识消失，甚至意识不到时间的存在。能让人获得这种体验的活动实在是让人陶醉，人们总想做这件事，不需要别的原因，也根本不考虑这件事会产生什么后果，即使有困难、有危险，人们也不在乎”①。

“畅”强调全身心的投入，需要所做的事情具有适当而不过度的挑战性，使人能够深深地沉浸于其中，它建立在人们有能力、也有信心通过努力来实现某些本身难以轻松完成的目标之上。因此，**“畅”本身是一种挑战自我过程中产生的、对自身能力的满足，感受到的是“人在进入自我实现状态时所感受到的一种极度兴奋的喜悦心情”**②。它作为今天休闲学中重要的一个概念，业已成为诸多游憩活动项目策划与设计希望能够带给人们的体验目标。

另一个概念是马斯洛提出来的“高峰体验（peak experience）”。这同样是以心理学方面的研究为基础的、可以用来作为游憩品质的一种状态。马斯洛通过深入调研（包括谈话与书面问答等方式），从诸多人士的生活经历中发现了这样状态：它是一种让人“感受到一种发自心灵深处的颤栗、欣快、满足、超然的情绪体验”③，“这种体验可能是瞬间产生的压倒一切的敬畏情绪，也可能是转眼即逝的极度强烈的幸福感，或甚至是欣喜若狂、如醉如痴、欢乐至极的感觉”④。**在“高峰体验”中，人们比平时更深地感受到自身的和谐、处于自身能力与才智的颠峰状态，做事情感觉顺利、得心应手、游刃有余，因此，活动与感知更具有主动性并富于创造力；人们有强烈的“此时此地”感，快乐并超过快乐，留下深刻的幸运、侥幸、恩遇的感受**⑤。

“高峰体验”与“畅”的概念在令人陶醉、幸福快乐、忘我、自由发展与自我实现方面具有极为相似的特性，不过“高峰体验”比“畅”更多地伴随一种哲学的味道，并在哲学意义和一些感悟的表征方面上与后面的“天地境界”有颇多相似之处。对“高峰体验”的研究与叙述，多从心理学的角度出发，强调“高峰体验”中的人所表现出来的自我发展、富于创造的特性，对人在其中

① [美] 杰弗瑞·戈比. 你生命中的休闲. 康筝 译. 昆明：云南人民出版社，2000. 21

② [美] 杰弗瑞·戈比. 你生命中的休闲. 康筝 译. 昆明：云南人民出版社，2000. 1，注脚内的译者加注内容。

③ 李子勋. 高峰体验. http：//cctv. com/program/xlft/20050520/101381. shtml. （央视国际网站）. 2005－05－20

④ [美] 马斯洛.（陈维正 译）. 谈谈高峰体验. 林方 主编. 人的潜能和价值. 北京：华夏出版社，1987. 366

⑤ 参考自：[美] A·H·马斯洛. 存在心理学探索. 林方 译. 昆明：云南人民出版社，1987. 94－105

的欢乐、自由、忘我等感知状态进行了深入的刻画，对其能够带给人们的身心健康、个人发展方面的意义进行了分析。这种研究以心理学的实证方式为基础，用“自由自在、悠然自得、洒脱出尘、无往不适、不为压抑、约束和怀疑所囿、以存在认知为乐、超越自我中心和手段中心、超越时空、超越历史和地域”①等等词汇，把高峰体验描述为“最高快乐实现的时刻”②，表达出一种“存在欢悦”。在感受过高峰体验的人群中，“纯真快乐的高峰体验是……终极生活目标和生活的终极证明和证实”③。

1.2.2　大·天地境界

与西方心理学的研究并行的、可用于阐述游憩最终追求的另一个方面是来自东方的哲学思考。可用“大·天地境界”来表达。

从这个角度来思考游憩的品质，其立足点在于“游憩（休闲）是一种人生的哲学”。对人类思想发展的历程进行梳理，我们不难发现：休闲首先是一种理想、一种自由的象征、一种关于快乐与幸福的认识和对伦理的认知。人们最初对休闲的感悟和思考，体现在智圣先贤们闪光的哲学智慧中，也体现在许多相关的宗教信仰中。休闲认识从来都是与人生的哲学密切联系在一起，休闲观即人生观。——在这一点上，中西方的游憩（休闲）哲学具有特殊的相似性。在我国传统的思想中，“休闲就是过一种符合‘中道’④ 原理的生活。它本质上是一个人生哲学的概念。因此谈休闲，就是谈人生哲学；休闲哲学与人生哲学同义”⑤。同样，西方游憩（休闲）思想的发展历史，也经历了一个从哲学出发再回到哲学的过程。西方著名的休闲学研究《人类思想史中的休闲》对人类休闲的思想历史过程进行了一个整体而全面的论述。从该书的脉络中表现出来一个有趣的现象就是有关游憩与哲学之间的关联。该书的第一章就是“休闲、哲学与我”，而谈论的首要问题，就是“休闲是什么”和“哲学有什么益处”⑥。在通过对从希腊时代至今的人类休闲思想进行了梳理与挖掘之后，最终以“充分发展”为全书的结尾。而“充分发展”意味着在“生活中达到最高的伦理和道

---

① ［美］马斯洛．自我实现的人．北京：生活·读书·新知 三联书店，1987. 269

② ［美］A·H·马斯洛. 存在心理学探索．林方 译．昆明：云南人民出版社，1987. 65

③ ［美］A·H·马斯洛. 存在心理学探索．林方 译．昆明：云南人民出版社，1987. 72

④ 注：“中道”是佛教认为最高的真理。所说道理，不堕极端，脱离二边，即为中道。“中道”不同于儒家的“道德”概念，是中国古代儒、道、佛三家都共同认可的关于道德的基本义。

⑤ 胡伟希，陈盈盈．追求生命的超越与融通——儒道禅与休闲．昆明：云南人民出版社，2004. 3

⑥ ［美］托马斯·古德尔，杰弗瑞·戈比. 人类思想史中的休闲．成素梅，马惠娣，季斌，冯世梅 译．昆明：云南人民出版社，2000. 2

德状态”，而“唯有在休闲之中，人类的目的方能得以展现”[①]。哲学成为贯穿始终的“休闲思想”话题。

什么是“大”？“大”本身具有多重的涵义[②]。在这里所探讨的东方哲学的语境中，“大”是一个经常被用来形容“圣人之道”的词。所谓“大哉孔子”[③]，“大”本身包含有对渊博的知识、超凡的智慧、宽广的心胸和伟大的人格加以褒扬的涵义，“大哉圣人之道，洋洋乎发育万物，峻极于天”[④]。“大”是圣人的思想与言行中表达出来的、令人崇敬的、高尚的品质。但即便就从“圣人般的品质”这个角度来看，对“大”的认识历来也是见仁见智的。不同的人解读圣人之“大”，其强调的侧重点也有所不同。孟子认为：“可欲之谓善，有诸已之谓信，充实之谓美，充实而有辉煌之谓大”[⑤]，而“大人者，言不必行，行不必果，惟义所在”[⑥]，“义”是“大人”重要行为准则。在《易传》中，“大”则表达出了一种与天地万物相互和谐交融的特征：“夫大人者，与天地合其德，与日月合其明，与四时合其序，与鬼神合其吉凶”[⑦]。大，在东方文化的熏染下，糅合了壮阔、浩荡、伟岸、博学、高尚、宽厚、智慧的特质，成为与人的气度、修养、道德和见识息息相关的内容。

那么，什么是“天地境界”？根据我国著名哲学家冯友兰的境界学说，人生的境界由低到高大致可分为四个层次：自然境界、功利境界、道德境界和天地境界。其中的“天地境界”又称为“同天境界”，是人生所追求的最高境界，能够带给人们长久的幸福[⑧]。

对冯友兰提出的这四种境界，胡伟希先生在《追求生命的超越与融通——儒道禅与休闲》一书中曾进行过这样的概括与说明：“有些人浑浑噩噩地

---

① ［美］托马斯·古德尔，杰弗瑞·戈比．人类思想史中的休闲．成素梅，马惠娣，季斌，冯世梅译．昆明：云南人民出版社，2000. 281－282

② 注：“大”的本意是用于形容体积、面积、数量、力量、规模、程度等方面超过一般或超过所比较的对象，与“小”相对，所对应的英文为“big”或者“large”。但在东方古代哲学中所表达的“大”却包含了丰富的内容。古文中出现的一些常见情况，如：“大人”、“大方之家”（《庄子·秋水》）、“大有”（《易》）、“大匠不为拙工改废绳墨”（《孟子·尽心上》）、“愿牢定大计”（《资治通鉴》）。等等，对应的英文大致包括了“great”、“noble”、“high prestige”、“have great learning”、“important”等多种涵义，常常需要在独特的语境中加以辨析。本段中所言的“大”，强调圣人那般崇高的智慧、道德、人格等内容。

③ 《论语·子罕》

④ 《中庸》

⑤ 《孟子·尽心下》

⑥ 《孟子·离娄下》

⑦ 《易传·乾·文言》

⑧ 处于天地境界的人心灵平静、宽容并体谅他人、达到真正地自我实现、超越自我，因此它将为人们带来长久的幸福而并非短暂的快乐。（关于这个方面的详细内容请参见：胡伟希，陈盈盈．追求生命的超越与融通——儒道禅与休闲．昆明：云南人民出版社，2004. 14－19）

活，他对自己为什么这样活，以及周围事物的清还，都没有很清楚的了解，一切都听任自然。这种人生境界是自然境界。现实世界中，处于自然境界中的人是很少的；社会中大多数人，是处于功利境界。所谓功利境界，就是有了生活的目的和打算，知道为什么要活，如何去活；但是，他为什么活，以及如何活，都是围绕着个人的利益来考虑的。社会中还有一些人处于道德境界。道德境界的人，其行为与对事情的考虑都从道德出发。道德境界的人不是不讲利益，而是其所追求的利是社会之利。……人生所追求的最高境界，应当是天地境界。在天地境界中的人不是不讲道德，但他之所以讲道德，却并不仅仅为了道德；也不是像自然境界的人那样，有时做了符合道德的行为，却仅仅出于自己的本能或天性。在天地境界的人，他之所以作出道德行为，是因为他对宇宙本体有了真正的觉解。因此，天地境界中的人，其行为是超道德的"①。

分析天地境界的特征与条件，可以发现：天地境界首先需要的是人对宇宙万物更深刻的了解，即所谓"知天"。在冯友兰看来，人生境界的高下不同于马斯洛的"需求层次"的高低，它不是根据人的生理心理的需要与满足来进行评价，而是根据"觉解"来加以区分的。"解是了解，……觉是自觉"，"人生是有觉解底生活，或有较高程度底觉解底生活。这是人之所以异于禽兽，人生之所以异于别底动物的生活者"②。觉解的深浅造成境界的高低，"需要觉解多者其境界高，其需要觉解少者，其境界低"③。因此，"自然境界及功利境界是海格尔所谓自然的产物。道德境界及天地境界是海格尔所谓精神的创造。自然的产物是人不必努力，而即可以得到底。精神的创造，则必待人之努力，而后可以有之"④。当人们通过努力对事物有了更深的洞察觉解之后，"则可从大全、理及道体的观点，以看事物"⑤。觉解的深浅影响到对事物的认知与态度，也决定了人生的价值。所谓"仁者见之谓之仁，智者见之谓之智，百姓日用而不知"⑥，就是这个道理。

在对客观世界有了深刻觉解的基础上，天地境界还强调"道"。这个

---

① 胡伟希，陈盈盈．追求生命的超越与融通——儒道禅与休闲．昆明：云南人民出版社，2004. 12
② 冯友兰．"新原人·觉解"篇．引自：张海焘 编．中国哲学的精神 冯友兰文选．北京：国际文化出版公司，1998. 467
③ 冯友兰．"新原人·境界"篇．引自：张海焘 编．中国哲学的精神 冯友兰文选．北京：国际文化出版公司，1998. 497
④ 冯友兰．"新原人·境界"篇．引自：张海焘 编．中国哲学的精神 冯友兰文选．北京：国际文化出版公司，1998. 502
⑤ 冯友兰．"新原人·天地"篇．引自：张海焘 编．中国哲学的精神 冯友兰文选．北京：国际文化出版公司，1998. 562
⑥ 《易·系辞》

"道"，一方面指道德、并超越道德。——之所以能够超越道德，是因为"道德"是人作为"社会"一分子的觉解；而"天地"则是人作为宇宙万物一分子的觉解。因此在天地境界中的人，其所遵守的规范，并不仅仅着眼于人，是"人道"更是"天道"，其行为带有一种"事天"的意味、"有一种超道德底意义"①。"道"，另一方面是融于自然并顺应自然的所谓"通天人之际"、"天人合一"、"道法自然"② 态度。处于天地境界中的人，"人与己、内与外、我与万物，不复是相对待底。在这种境界中，仁者所见是一个'道'"。在与外界和谐相处中，人的内心是无比欢愉的，人们将"自觉享受其中底乐"："万物皆备于我矣，反身而诚，乐莫大焉"③，达到所谓"乐天"。由于人与万物相知相融，因此生命超越了自我、超越了时空："他觉解人虽只有七尺之躯，但可以'与天地参'；虽上寿不过百年，而可以'与天地比寿，与日月齐光'"④。

——这样，"知天然后可以事天、乐天，最后至于同天"⑤，天地境界正是这种对宇宙万物有了深切的洞察与觉解，主动而有意识地顺应自然的超越自我、超越道德的行为，而它带给人们完全发展的条件和可能、带给人们心灵的平静和长久的幸福。"中国休闲哲学，无论是儒家、道家还是佛教，虽然其对于休闲的方式、方法，以及其对于休闲的具体内容的理解上有很大不同，但有一点是共同的，就是它们认为休闲的目的就是要人如何去达到'天地境界'。或者说，追求天地境界的实现，就是儒、道、佛三家休闲哲学的共同目标与要求"⑥。

1.2.3 比较与会通

从前文中的分析来对比"畅·高峰体验"和"大·天地境界"，我们不难看出其中的区别：

---

① 张海焘 编．中国哲学的精神 冯友兰文选．北京：国际文化出版公司，1998. 566

② 注："道法自然"中的"自然"，在老子提出的"人法地，地法天，天法道，道法自然"中是"自然而然"的意思；道法自然就是说道的本性就是自然而然。人取法于道，就是要顺应自然条件和客观规律，不做超越客观条件，违逆客观规律的事。因此，中国古代哲学思想中所说的"自然"不是现代科学中所指的自然界，而是一种哲学意义上的自然，这种"自然"包含了科学中的物质世界，还涉及到规律、变化、过程等，是宇宙的一种"大全"。自然是无所不包的，其中包括人。这里的"天"，本身也就是哲学上的"自然"。

③ 《孟子·尽心上》

④ 冯友兰．"新原人·境界"篇．引自：张海焘 编．中国哲学的精神 冯友兰文选．北京：国际文化出版公司，1998. 496－573

⑤ 冯友兰．"新原人·天地"篇．引自：张海焘 编．中国哲学的精神 冯友兰文选．北京：国际文化出版公司，1998. 565

⑥ 胡伟希，陈盈盈．追求生命的超越与融通——儒道禅与休闲．昆明：云南人民出版社，2004. 11

“畅·高峰体验”源自心理学的科学研究体系，它的研究采用的是调研与实证的方法。“畅·高峰体验”注重人在特殊条件下的身心感受，强调这种条件所激发出来的创造力及其对自我价值实现的意义；强调整个体验过程中所具有的自由、心无羁绊的特征；强调快乐的感受。（值得注意的是：在感受“畅”和“高峰体验”的过程中包含了不同形式的快乐，有平静的欢愉，也有极度兴奋、激动的状态。此外，它同样也包含了其他一些感受，如敬畏、战栗等，但快乐仍然是最突出的特征。）**一言以蔽之，“畅·高峰体验”追求的是一种在创造与自我价值实现中的自由与快乐，它的关键在于快乐、创新、发展，它立足于“人”，关注人的价值实现。**

“大·天地境界”源自哲学的思想体系，它出自人们对生命和万物的思考与追寻。“大·天地境界”注重人的“学养”，认为人可以通过不断获取知识、思考、并提高自身的修养来达到一种“圣人”的境界。它强调人的“觉解”；强调人的行为应当是高尚的、甚至超越道德的；强调人与万事万物的和谐相处，并从这样的和谐中达到个体的平静愉悦，获得永恒的幸福。**相比而言，“大·天地境界”追求的是一种因为具有了大智慧[①]和崇高品德之后的幸福，它的关键是智慧、修养、和谐，它立足于“心”，关注心的境界高下。**

在对理想的游憩状态的研究中，这两个方面——“人”与“心”——都是不可偏废的。而且作为人们追寻的“至高”境界，“高峰体验”与“天地境界”在许多方面本来就极相似。马斯洛曾指出：高峰体验中，“哲学的蕴涵是惊人的”，获得过高峰体验的人，“都声称在这类体验中感到自己窥见了终极真理，事物的本质和生活的奥秘”，带有一种“最终的、乌托邦的、优美精神的、超然的”哲学色彩。人在其中也自然而然地表现出更纯粹的精神而较少世故，人们察觉的是“世界万物的价值，而不是我们自己的价值”[②]。在这点上，“高峰体验”已经具有了许多类似“天地境界”的特征。而冯友兰在描述“天地境界”的时候，也对人的发展等方面进行了充分的论述，认为人们在高层次的境界中才能够真正实现“完全的发展”。“在天地境界中底人知天，知天则知‘真我’在宇宙中底地位，则可以充分发展‘真我’”；而“人的‘真我’，必在道德境界中乃能发展，必在天地境界中，乃能完全发展”[③]。两者这许多方面的相互叠

---

① 注：这里所说的智慧，一方面指的是由于对万事万物有了深刻的了解与洞察之后，人说具有的渊博的知识和高妙的处事方法；另一方面，“哲学具有无用之大用”、“哲学的用处，本不在于求知识，而在于求智慧”。（引自：王鉴平．冯友兰哲学思想研究．成都：四川人民出版社，1988. 132）所以，哲学的认知本身就是一种对智慧的求索。从这两个角度来说，笔者认为“大智慧”是“大·天地境界”的一个最重要的特征。

② 以上参考并引用自：［美］A·H·马斯洛. 存在心理学探索．林方 译．昆明：云南人民出版社，1987. 73－74，99，103

③ 冯友兰．“新原人·境界”篇．引自：张海焘 编．中国哲学的精神 冯友兰文选．北京：国际文化出版公司，1998. 502

合，科学和哲学在最高的层次上达到了“殊途同归”①。

事实上，东西方这两种思想的融贯，早已在更深刻的层次上开始了。从西方的心理学发展角度来看：马斯洛所提倡的这种“人本主义心理学（Psychology of Humanism）”，本身就“是在借助于东方思想的基础上来提出其‘自我实现’主张的”②。除了马斯洛以外，西方一些著名的心理学家，包括荣格③、弗洛姆④等都与中国的古典哲学有着深厚的缘分。荣格的研究与中国的诸多古典哲学密切相关，尤其以《易经》为甚。荣格指出：“《易经》中包含着中国文化的精神和心灵；几千年中国伟大智者的共同倾注，历久而弥新，仍然对理解它的人展现着无穷的意义和无限的启迪”⑤。他与维尔海姆⑥合著了《金花的秘密：

---

① 注：对“高峰体验”与“天地境界”，如今已经有一些学者进行了针对性的研究与比较，并指出了两者在多种方面的类似之处。如：刘东超的“天地境界和高峰体验的比较和会通”一文，就对这两者“从认知方式、认知到的意义、超越自我、超越时空、精神愉悦、价值特征、本真自我等七个方面”对高峰体验和天地境界进行了比较，发现这两者“有着诸多共同之点”，“二者在本质上有着相同之处”。而在《追求生命的超越与融通——儒道禅与休闲》一书中，胡伟希先生更是直接将马斯洛的自我实现、需求层次以及高峰体验中的“物我两忘”用于阐释“天地境界为什么值得追求”的原因。以上参考并引用自：

· 刘东超．天地境界和高峰体验的比较和会通．http：//www. confucius2000. com/confucian/td-jjhgftydbjhht. htm. 2002－6－28

· 胡伟希，陈盈盈．追求生命的超越与融通——儒道禅与休闲．昆明：云南人民出版社，2004. 16－18

② 申荷永．中国文化心理学心要．北京：人民出版社，2001. 216

③ 卡尔·吉斯塔夫·荣格(Carl Gustav Jung，1875～1961)：瑞士心理学家和精神病学家，分析心理学的创始人。荣格的著作，不仅对心理学和精神病学有极大的影响，而且对宗教、历史、艺术和文学也有明显的影响，他的研究领域涉及诸如玄妙主义、神秘主义、意识扩张和自我满足等。他本人的研究与中国的诸多古典哲学密切相关，尤其以《易经》为甚。他指出：“《易经》中包含着中国文化的精神和心灵；几千年中国伟大智者的共同倾注，历久而弥新，仍然对理解它的人展现着无穷的意义和无限的启迪”。他把《易经》比喻作“阿基米德点”，认为“这一‘阿基米德点’，足以动摇我们西方对于心理态度的基础”。这个“阿基米德点”也正是荣格心理学发展的关键。在荣格的眼中，“‘东方’蕴藏着人类心灵的秘密．他所追求的是物质与精神，肉体与灵魂，外在生活与内在生活，客观实在与主观实在，以及西方与东方之间的和谐”。以上参考并引用自：

· Richard Wilhelm，C. G. Jung. Secret of the Golden Flower：A Chinese Book of Life. NewYork：Routledge，1999

· 刘耀中．荣格与中国文化．大众心理学，1992. 62（5）：20，35－36

· 申荷永．中国文化心理学心要．北京：人民出版社，2001. 219－221

④ 艾瑞克·弗洛姆(Erich Fromm，1900～1980)：美国著名心理学家，新精神分析学派（社会文化学派）的代表人物之一，对精神分析的发展作出了重要贡献。

⑤ 申荷永．中国文化心理学心要．北京：人民出版社，2001. 219

⑥ 理查德·维尔海姆(Richard Wilhelm，1873～1930)，德国人，国际著名汉学家，中文名为“卫礼贤”。维尔海姆从1899年来中国，在青岛任教，从事于教育和慈善事业，1924年回德国，在中国生活了20余年。维尔海姆在中国期间，曾与康有为有交往，与清末学者劳乃宣相识颇深，并在劳乃宣的帮助下，着手翻译《易经》，于1922年在德国以德文出版。卡尔·荣格曾为该书的出版撰写了序言，并称其为维尔海姆一生最伟大的贡献。以上介绍参考并引用自：申荷永．中国文化心理学心要．北京：人民出版社，2001

中国生命与生活之书（Secret of the Golden Flower：A Chinese Book of Life）》一书，成为关注东方的精神顿悟和智慧升华的重要心理学著作。书中的“金花”作为一种特殊的心理或心灵现象，窥探的是“人的真正内在生命的秘密”①。而弗洛姆与日本著名禅学家铃木大拙等人共同编著的《禅宗与精神分析》更是将西方的心理学与东方的禅宗哲学交融互通②，从东西方的思想中洞察生命的内在本义。今天，心理学的学科中一个新的方向——“心灵的心理学（Psychology of Heart）”正日益发展壮大，其中的“Heart”，心，“是人类之心，是人类所禀赋的天地自然之心”③，“人类肉体上的生存取决于人能否从根本上改变自己的心灵”④。当西方的心理学说开始重视东方思想的同时，东方的哲学研究也正积极借鉴西方的思想与方法。冯友兰提出“境界学说”、提出“新理学”的中国哲学理念，本身就是通过引进西方哲学的逻辑分析方法来改造中国哲学的一种实践，使西方的方法与中国哲学注重总体观念和人生境界的传统相结合。在冯友兰看来，“哲学虽不能提供积极的知识，但能提高人的境界，只要获得了理、气、道体、大全的概念，就能达到道德境界、甚至天地境界，从此方面说，哲学具有无用之大用。‘用西洋哲学家的话说，哲学的用处，本不在于求知识，而在于求智慧’”⑤。可见无论东西方的研究，正是在这两者之间寻求一种融通的道路，并最终使其交汇到一起。——从今天的休闲学发展来看，学者们把休闲最终看作一个“成为人”的过程，强调“让每一个人都得到充分的发展”，而这“充分发展”本身“意味的是在你的生活中达到最高的伦理和道德状态”⑥。

---

① 在荣格的理解中，“金花”是对道家练功时，通过禅坐和沉思，在体内出现的一种神秘光感，其会导致一种精神的顿悟，一种智慧的升华。金花也就是道家的“内丹”，这是一种特殊的心理或心灵现象；而金花的秘密，也就是人的心灵的秘密，是人的真正内在生命的秘密。在其独特的评论中，荣格所提出的第一个问题，是“一个欧洲人面对试图理解东方时的困难”。荣格提出，尽管西方有科学和逻辑，但是东方，教给了我们另一种更为广泛，更为深刻，以及更高层次的理解，那就是通过，或者说是透过生活的理解。因此，荣格提出了他所阐述的第二个问题——“当代心理学为理解东方，提供了可能”。在任何一种文化的发展中，都必然包含着深刻的心理学的意义，而从心理学入手，也就能够对于文化的理解，提供独到的视角。在此基础上，荣格着重分析与评价了“道”和“太极”的概念，以及“道”的现象和思想。在其评论的结语中，荣格说：“我的评论的目的，是要建立一种在东方和西方之间进行心理学理解的桥梁”。以上引用自：申荷永．中国文化心理学心要．北京：人民出版社，2001. 243

② 该书收集了日本著名佛学家铃木大拙的《禅学讲演》、弗洛姆的《精神分析与禅宗》，以及铃木大拙的学生，东方文化专家理查德·马蒂诺的《人的境遇与禅宗》三篇精彩文章。将东方禅学与西方精神分析学融合在一起。书中深刻剖析了东西方文化思想的根源，通过一种积极的尝试，寻找东西方文化共同的精神实质。具体请参看：［美］弗洛姆，［日］铃木大拙，［美］理查德·马蒂诺. 禅宗与精神分析．王雷泉，冯川 译．贵阳：贵州人民出版社，1998

③ 申荷永．中国文化心理学心要．北京：人民出版社，2001. 228

④ 弗洛姆．占有还是生存．关山 译．北京：三联出版社，1989. 12

⑤ 王鉴平．冯友兰哲学思想研究．成都：四川人民出版社，1988. 132

⑥［美］托马斯·古德尔,杰弗瑞·戈比. 人类思想史中的休闲．成素梅，马惠娣，季斌，冯世梅 译．昆明：云南人民出版社，2000. 281

综上所述，“畅·高峰体验”的核心在于快乐、创新、发展，而“大·天地境界”的核心则是智慧、修养、和谐。这两个方面的交融会通之日，便是“人”与“心”通达圆满之时；也唯有这两方达到了交融会通，人的游憩才可能真正获得至妙至高至美的理想境界。因此，对于“游憩的理想状态是什么”这个问题，“人”与“心”的相交互融无疑是不可少的。它有如远方辉煌的“灯塔”，是游憩的理想之所在，是我们向往的地方。

1.3 东方传统游憩特征与文化精神探索

1.3.1 研究东方游憩传统的特殊意义

谈论“人”与“心”的通达圆满，就不能不提及马斯洛曾经说过的一句话：“我们面临一个巨大的挑战，就是如何把东西方文明中关于自我实现和内在和谐的观念结合起来”①。这句话用在游憩方面真是再精辟不过了。话中提到的两个要素：自我实现和内心和谐，无疑正是人们游憩活动中的核心课题。其中，“自我实现”是贯穿马斯洛心理学中的重要内容，马斯洛本人将其定为“最高层次的需求”②。而对于“内在和谐”，马斯洛写下了这样一段文字：“东方文明中的出世者，如禅师与和尚等，是否比西方文明中的自我实现者在情感上更加和谐呢？答案很可能是肯定的”③。

马斯洛没有忘记东方文明，荣格更是将对“东方心灵”的崇拜推向了新的高度。看到“两次世界大战摧毁了西方人对自己文化的大部分信念，物质的每一次进步都造成了随之而来的人类的灾难，西方人因此而陷入了精神的空虚、迷惘”，荣格提出了心理学要研究人的内心世界——心灵。而“这种对心灵的渴

---

① 霍夫曼 编著．洞察未来：马斯洛未发表过的文章．许金声 译．北京：改革出版社，1998. 32－34

② 马斯洛指出：“一位音乐家必须作曲，一位画家必须绘画，一位诗人必须写诗，否则他就无法安静，人们都需要尽其所能，这一需要就成为‘自我实现需要’”，“自我实现也许可以大致描述为充分利用和开发天资、能力、潜力等等。这样的人似乎在竭尽所能，使自己趋于完美”。以上引用自：马斯洛．自我实现的人．许金声，刘锋 等译．北京：生活·读书·新知三联书店，1987. 2

③ 注：马斯洛通过格式塔心理学的创立者韦特海默接受了东方思想的影响。韦特海默认为，西方心理学存在过于看重“目标寻求”的问题，应当借鉴东方思想家对人类经验的“无动机的”和“无目标的”的重视。“这一演讲对马斯洛正在形成中的人格理论产生了极大的影响”，使他“开始阅读论述东方哲学的书籍，尤其是关于中国道家的书籍。”

霍夫曼 编著．洞察未来：马斯洛未发表过的文章．许金声 译．北京：改革出版社，1998. 32－34

求和探索，并非西方的文化传统或宗教形式能解决的，因此荣格满怀信心地在他的心理学中引入了东方的思想”，**“‘东方’蕴藏着人类心灵的秘密”**①。

“至少到近代以前，中国的精神与欧洲的精神在许多基本的方面具有本质的区别”②。根据铃木大拙的分析，东西方的文化特征各有千秋：“西方的心灵是：分析的、分辨的、分别的、归纳的、个体化的、知性的、客观的、科学的、普遍化的、概念化的、图解的、非人性的、墨守法规的、组织化的、应用权力的、自我中心的、倾自于把自的意志加诸他人之上的，等等”；而“东方的特点可以说是综合的、整体化的、合一的、不区分的、演绎的、非体系的、独断的、直观的、非推理的、主观的、精神上个性化而社会上则是群体心理的，等等”③。——正是这种“心灵”的差别，在面对现代社会的诸多问题的时候，西方的学者将他们的眼光投向了中国、将信心寄托在中国文化之上。

但问题恰恰出于“近代之后”。随着工业化、信息化的全球浪潮的推动，中国人的行为方式正日益形成一种让人“爱恨交织”的大众文化④，传统的游憩生活方式面临着严峻的挑战。当西方学者开始寻觅东方传统文化的“金花”之时，我们的民族文化正经历着前所未有的变迁。面对纷繁复杂的世界，无数人正为“人在名利行走，心在荒村听雨”而悲吟：那值得骄傲的“东方心灵”的特征正渐渐离我们远去。——从某种意义上看，**“东方文化的优秀传统中的确含有医治现代社会疾病的许多有用的东西”**⑤。站在学术研究与学科发展的角度，我们需要读西方思想和科学方法进行研习与借鉴，而作为中华民族的子孙，重新找回传统“东方心灵”的内在深意，则是另一个艰巨的任务。

——在此，我们不妨从游憩的角度，**“研寻其意境的特构，以窥探中国心灵的幽情壮采”**⑥。

1.3.2　东方游心的幽情壮采

林语堂先生曾说过：“倘不知道人民日常的娱乐方法，便不能认识一个民族，好像对于个人，吾们倘非知道他怎样消遣闲暇的方法，吾们便不算熟悉了

① 本段中的引用部分均来自：刘耀中．荣格与中国文化．大众心理学，1992. 62（5）：20，36

② Richard Wilhelm，C. G. Jung. Secret of the Golden Flower：A Chinese Book of Life. NewYork：Routledge，1999. 4

③ ［美］弗洛姆，［日］铃木大拙，［美］马蒂诺．禅宗与精神分析．王雷泉，冯川 译．冯川 校．贵阳：贵州人民出版社，1998. 7－8

④ 这种观点引用自：胡大平．崇高的暧昧：作为现代生活方式的休闲．南京：江苏人民出版社，2002. 4

⑤ 于光远．论普遍有闲的社会．北京：中国经济出版社，2004. 34

⑥ 宗白华．艺境．北京：北京大学出版社，1999. 139

这个人"[①]。中华民族的游憩行为确实是具有明显区别于其他民族的品质特征的。由于受到东方哲学思想的深刻影响，尽管俗世之中鲜有人能够真正达到"知天然后可以事天、乐天，最后至于同天"的圣人境界，但古人对此却常常有一种"虽不能至，然心向往之"的企盼。在笔者看来，在思想中执着地追求超凡脱俗的"境界"、从心底里热爱"诗一般的生活"，正是我国古人之所以能够创造出具有与其他任何民族都不相同的东方传统游憩特征的、最重要思想文化根源。在这样的思想驱动下，东方的传统游憩中包含了更多的精神的理想，而人们"试图在现实中实现这种理想"的行为，蕴育出的正是富有中国精神的独特游憩文化。从整体上看，有这样三个特点在传统游憩中显现得格外突出：

内外兼修、广大和谐、情景交融。

1.3.2.1　内外兼修

"修养"是绽放在我国传统文化中的一朵奇葩。经过两千多年的发展，我国已经演变出了许多丰富而精致的修养体系。从历史上看：孔子提出了"修身正己"的思想；孟子认为人心固有良知善性，"人皆可以为尧舜"，因此道德修养强调人的主观能动性，提出存心养性、养心寡欲、养浩然之气的修养主张；荀子提出学以成性、积善成德；墨子提出兼爱劝善、修身行俭、爱国利民；道家则提倡逍遥天放、恬淡自由的方式；《大学》提出"明明德、亲民、止于至善"的三纲领和"格物、致知、诚意、正心、修身、齐家、治国、平天下"的原则和思想；宋明理学提出了格物致知、正心诚意、居敬穷理、知先行后、变化气质、切己自反、省察克治、发明本心等修养方法，以天理与人欲之辨，结合义利、公私、性情之辨，构筑了更具实践意义的修养体系[②]……

纵观诸多"古训"，**中国的修养体系关注的是人的身与心、内与外、德与智、知与行的全面的和谐统一。**"修"有修道、修身、修心之说，而"养"亦有养身、养心、养性之论。**修养中包括了道德、知识、体魄和才艺等诸多方面的内容。而这"修"与"养"，有很大部分正是通过人们的游憩活动来进行的。**——"养国子以道，乃教之六艺"[③]。六艺是中国古代教育中重要的内容。在这"六艺"中，"礼"代表了品德的修养；"乐"是艺术修养；"射、御"是体魄的锻炼（也是当时重要的技能）；"书、数"则是一种知识的修养。孔子曰："依于仁，游于艺"[④]，杨伯峻注："依靠在仁，而游憩于礼、乐、射、御、书、数六艺之中"[⑤]。可见在我国的传统文化中，"修"与"养"的过程，正是人们通过游憩活动来全方位提高自我的过程（用今天休闲学的术语就是"成为

---

① 林语堂．吾国与吾民．北京：宝文堂书店，1988. 299

② 参考：张锡生．中华传统道德修养概论．南京：南京大学出版社，1998. 2－5

③ 《周礼·保氏》

④ 《论语·述而》

⑤ 马惠娣．走向人文关怀的休闲经济．北京：中国经济出版社，2004. 169

人”的过程）。

在我国传统修养中，道德无疑是其中最核心的要素之一。关注人的德性圆满、人格完善，使人走向道德自觉、人性自由、境界高远，是我国智圣先贤的共同思想，也是古人在游憩活动中所推崇和提倡的一种胸怀。这样的倾向使得东方的游憩休闲带上了更多的道德色彩。子曰：“仁者乐山，智者乐水”①，而这种乐山乐水的游憩方式，在朱子的点评中却无不依据道德而来：“知者达于事理而周流无滞，有似于水，故乐水；仁者安于义理而厚重不迁，有似于山，故乐山”②。庄子更是将圣人的休闲与德联系在一起：“故圣人休焉，休则平易矣，平易则恬淡矣。平易恬淡，则忧患不能入，邪气不能袭，故其德全而神不亏”③。通过平易恬淡的休闲游憩，人可以摆脱物欲困惑，“心明则道通”④，达到“饭疏食饮水，曲肱而枕之，乐亦在其中矣。不义而富且贵，於我如浮云”⑤的境界。我国古代的游憩理论更强调心灵之游，游憩“是心灵的安闲自适，因而也有精神自由之义”⑥。所谓“游心于淡”⑦、“游心于物之初”⑧、“游心乎德之和”⑨、“游心于无穷”⑩ 等。游憩使人在高层次的境界中获得“和畅之乐”与“自得之乐”，使道德能够最终成为一种内心的欢愉与行为自觉。

其次，“贵知”是我国的修养体系中的一种传统。要达到“修善尚德”的目标，必须“以知为本”，“古之修道者，以恬养智。智生而无以知为也，谓之以智养恬。智与恬交相养，而和理出其性。恬智则定慧也，和理则道德也。有智不用，以安其恬。养而久之，自成道德”⑪。《礼记·大学》将“格物致知”作为修养的第一条途径，而程朱理学更是强调“知先行后”，认为“君子之学，必先明诸心，知所养，然后力行以求至，所谓自明而诚也”⑫。“知”，包括“见闻之知”和“德性之知”，而“知”的获取，一方面来自学习，另一方面则来自静思与内省。“学而不思则罔，思而不学则殆”⑬，修养虽然在儒道禅各家的思想体系中有不同的理解，但其通过学习来获得更多觉解、通过深刻自省来澄

① 《论语·雍也》
② ［宋］朱熹.《四书章句集注》.
③ 《庄子·刻意》
④ 柴毅龙. 畅达生命之道——养生与休闲. 昆明：云南人民出版社，2005. 65. 原文引自：《内观经》（《云笈七籤》卷十七）.
⑤ 《论语·述而》
⑥ 刘笑敢. 庄子哲学及其演变. 北京：中国社会科学出版社，1988. 155
⑦ 《庄子·应帝王》
⑧ 《庄子·田子方》
⑨ 《庄子·德充符》
⑩ 《庄子·则阳》
⑪ ［唐］司马承祯.《云笈七籤·坐忘论》
⑫ 《二程集·河南程氏遗书》卷三
⑬ 《论语·为政》

明心境，却是极为相似的。所谓“君子之学也，藏焉，修焉，息焉，游焉”①。游憩是学习的一个有机组成部分，也是获取知识的重要途径。

再次，保持健康的体魄也是中国传统的修养思想中不可忽视的方面，是“修身”与“养生”中主要的目的之一。在我国传统的修养观中，身与心、形与神本是交融互通的，“形者神之质，神者形之用”②，人们身体的健康很大程度上决定于心灵的健康程度，“悲哀愁忧则心动，心动则五脏六腑皆摇”③，因此，“养生”与“养心”是密不可分的。身体的健康需要精神愉悦与心灵畅达，而要获得此种愉悦与畅达，合适的游憩方式必不可少。如宋代的《养老奉亲书》中就将“静坐、观书、看山花木、与良朋讲论、教子弟”奉为五种重要的舒畅情志、修身养性的重要方法④。此外，为达到健康长寿的目的，传统的养生观中还融合了对人的整体生活方式的思考。传统中医关注人的经络与气血，更提倡顺应自然、内外调和、动静相宜的养生之道，“法于阴阳，和于术数，饮食有节，起居有常，不妄作劳，故能形与神俱，而尽终其天年，度百岁乃去”⑤。这里面，“和于术数”指的是根据正确的养生保健方法进行调养锻炼；而“不妄作劳”强调的则是劳逸结合。可见，神形兼备、动静结合的游憩方式在使人拥有健康体魄方面扮演了不容忽视的重要角色。

最后，在中国古代的传统修养中还有一个不可忽略的环节就是对艺术⑥修养的重视。一方面，艺术有伦理教化之功。远在上古之时，舜就叫乐官夔用典乐来教育青年，《尚书·舜典》云：“帝曰：夔！命汝典乐，教胄子，直而温，宽而栗，刚而无虐，简而无傲”⑦，典乐可以教人正直而温和，宽宏而庄严，刚正而不暴虐，平易而不傲慢。《周礼》提倡“以乐德教国子，……以乐语教国子，……以乐舞教国子”⑧。《左传》中曾对青铜器图案进行评述，认为“昔夏之有德也，远方图物，贡金九牧，铸鼎象物，存物而为之备，使民知神奸”⑨，通过“图物”和“象物”可教育人们审辨善恶。孔子主张“礼乐治国”，所谓

---

① 《礼记·学记》

② 《梁书·范缜传》

③ 《灵枢·口问》

④ ［宋］陈直 编著. 养老奉亲书. 陈可冀，李春生 订. 上海：上海科学技术出版社，1991

⑤ 《黄帝内经·素问·上古天真论》

⑥ 根据丰子恺的分类，艺术大体可以分为十二种：即：1. 绘画，2. 书法，3. 金石，4. 雕塑，5. 建筑，6. 工艺，7. 照相，8. 音乐，9. 文学，10. 演剧，11. 舞蹈，12. 电影。（丰子恺. 艺术修养基础. 长沙：湖南文艺出版社. 2000：13.）这里所说的“艺术修养”涉及的我国古代的主要文学艺术门类，包括：文学、绘画、书法、音乐、舞蹈等。

⑦ 《尚书·舜典》

⑧ 引自：《周礼·春官·大司乐》。
注：乐舞包括了：《云门大卷》、《大咸》、《大韶》、《大夏》、《大濩》、《大武》，为“六艺”中“乐”的主要内容，称“六乐”，是黄帝以下六代之古乐名。

⑨ 《左传·宣公三年》

"兴于诗，立于礼，成于乐"①。《礼记·经解》云："入其国，其教可知也。其为人也，温柔敦厚，诗教也"②，褒扬"诗教"能够使人性情温和、深得教养。因此，《礼记·内则》更主张人到十三岁就当"学乐，诵诗，舞勺"③；而清朝吴雷发所著的《说诗菅蒯》中更认为"好诗乃是俗人之药"④。可见我国古人历来就重视艺术对培养人格秉性的作用。反过来，人的艺术才华与品味的高低也是与品性修养密切相关的。古人多有"人品即画品"的论述，"文要养气，诗要洗心"⑤，"诗乃人之行略，人高则诗亦高，人俗则诗亦俗，一字不可掩饰，见其诗如见其人"⑥，艺术与人格具有深层次的紧密联系。另一方面，艺术一个更为重要的作用在于怡情畅怀、创造生命之大美。诗歌可抒情言志⑦；绘画可畅神养生⑧；琴瑟可悦耳娱神⑨，这些艺术皆由人的灵魂炼就，互溶于一体，使心灵与情感得以升华，为人们带来了"美"的感受。艺术于是成为游憩活动中重要、而且备受推崇的内容。东方艺术尚"意"求"趣"，因此也需要品赏之人具备一定的审美能力，于是，"才须学也，非学无以广才"⑩，艺术修养又与学习结合在了一起。

可见，修养——对人的道德、心灵、精神、知识、艺术才能与审美的内在培养与对健康体魄外在修炼——是我国传统游憩文化中的一大重要特征，而游憩正是达到内外兼修的一种必然途径。在我国古代，游憩始终与学习密切联系、与人的德智体美的全面发展息息相关。

1.3.2.2　广大和谐

"'和'是古典中国哲学在探究'天－人'、'人－人'、'人－我'等关系中总结出来的人生智慧"⑪。**东方文化中对"修养"的倡导，是对人的内心和谐的倡导，同时也是对人际和谐、人与自然万物的和谐的倡导，是一种地道的**

---

① 《论语·泰伯》

② 《礼记·经解》

③ 从《礼记·内则》的记载中，"乐"是"六艺"之中较早对孩子自小加以培养的内容。学射、御是在"成童（十五岁）"时进行的、系统的学礼也是在二十而冠时开始的。可见文化艺术修养，在我国的古代是渗透在儿童教育之中的重要内容。

④ ［清］吴雷发，说诗菅蒯．［清］何文焕，丁福保 编．历代诗话统编（第五册）．北京：北京图书馆出版社，2003

⑤ ［清］吴雷发，说诗菅蒯．［清］何文焕，丁福保 编．历代诗话统编（第五册）．北京：北京图书馆出版社，2003

⑥ ［清］徐增．而庵诗话．清诗话（上）．上海：上海古籍出版社，1982

⑦ 注：《尚书·尧典》中就提出了"诗言志，歌永言，声依永，律和声"的说法。

⑧ 南北朝宗炳在其《画山水序》中就提出了绘画的"畅神"之说；而唐代的张彦远《历代名画记》则有"内可以乐志，外可以养身"的说法。
引用自：吴廷玉，胡凌．绘画艺术教育．北京：人民出版社，2001. 2

⑨ ［清］李渔．《闲情偶寄·丝竹》.

⑩ ［东汉］诸葛亮．《诫子书》.

⑪ 管向群．中国传统和谐思想探源．光明日报，2005－12－27，8

“广大和谐”。

从人内心的角度来看，注重自我内心的安宁和谐、强调个人的觉悟与精神自由、所谓“净除心垢”，历来是“修养”的目标。所谓“养生者，其身清；修心者，其神静。静则不劳，清则无染，不劳不染，与道同身”①。而人际和谐、人与自然万物的和谐同样是生命的追求。在中国的古典文献中，诸如“与人和者，谓之人乐；与天和者，谓之天乐”②、“大乐与天地同和，大礼与天地同节”③、“天地与我并生，而万物与我为一”④ 等等辞句所在皆是。广大和谐成为了融合在人们思想和现实中的“生命的乐境”。

在这样一种广大和谐的哲学思想下，中国古代在生产劳作、休闲游憩中皆表达出一种朴素的生态观念。所谓“圣人达自然之至，畅万物之情，故因而不为，顺而不施”⑤。在耕作生产上，人们推崇的是一种尊重自然、顺应自然的劳作生产方式。“不违农时，谷不可胜食也。数罟不入洿池，鱼鳖不可胜食也。斧斤以时入山林，材木不可胜用也”⑥。先民们早就认识到掠夺性的开发方式终非长久之计，把破坏资源看成是有违天意做法⑦。同样，游憩活动也是我国祖先朴素的、对自然的热爱和生态保护的观念的集中表现。游憩之乐，乐在和谐，乐在自然而然，清雅到了一种“抱琴观鹤去，枕石待云归。野坐苔生席，高眠竹挂衣”⑧ 的境界。古人认为“流水之声可以养耳，青禾绿草可以养目，观书绎理可以养心，弹琴学字可以养脑，逍遥杖履可以养足，静坐调息可以养筋骸”⑨，世间本来就蕴涵了值得人去享用的无穷乐趣。宋代欧阳修有一首“画眉”诗曰：“百啭千声随意移，山花红紫树高低，始知锁向金笼听，不及林间自在啼”。无独有偶，清代郑板桥对“笼鸟”也曾经发过这样的感慨：“欲养鸟，莫如多种树，使绕屋数百株，扶疏茂密，为鸟国鸟家。将旦时，睡梦初醒，尚展转在被，听一片啁啾，如《云门》、《咸池》之奏。及披衣而起，頮面漱口啜茗，见其扬翚振彩，倏往倏来，目不暇给，固非一笼一羽之乐而已。大率平生乐趣，欲以天地为囿，江汉为池，各适其天，斯为大快；比之盆鱼笼鸟，其巨细仁忍何如也”⑩。从这种以天地为笼、获得自然真趣的思想中，可以看出古人

---

① 柴毅龙．畅达生命之道——养生与休闲．昆明：云南人民出版社，2005. 65. 原文引自：《西升经》（《道藏精华》第一册）

② 《庄子·天道》

③ 《礼记·乐记·乐论篇》

④ 《庄子·齐物论》

⑤ ［汉］王弼．《释老子·二十九章》．

⑥ 《孟子·梁惠王上》

⑦ 罗桂环．中国古代的自然保护．北京林业大学学报（社会科学版），2003. 2（3）：34－39

⑧ ［唐］李端．《题崔端公园林》．

⑨ 马惠娣．休闲：人类美丽的精神家园．北京：中国经济出版社，2004. 97

⑩ ［清］郑板桥．《一封家书》．

“顺天地以养万物，必欲使万物得遂其本性而后已”① 的、善良的自然感悟。这种思想，被尊为“圣人之仁”。

在我国土生土长的道教思想中，蕴藏着对天人和谐的深刻思考。它摆脱了“唯人独尊”的意识，承认各种生物都具有生存的权利，并把护养万物、维持生命的最佳状态作为圣人的重大责任。提倡观察天地变化之机，分辨万物生长之利，以促进生命的发展，使万物各尽其年。其《尽数篇》中认为：天地精气集聚，必有所生所附。集于珠玉，就明亮精莹。集于树林，就茂盛成长。集于圣人，就化为卓识。天子的责任就是让小鸟飞得更轻更高，让野兽跑得更快更远，让珠宝更加美丽，让植物更加茁壮，让圣人更加聪明，这是治理天下的“圣道”。在《太平经》中有一段《分别贫富法》，更是进一步阐释了别具“东方”特征的价值观点：

“天以凡物悉生出为富足，故上皇气出，万二千物具生出，名为富足；中皇小减，不能备足万二千物，故为小贫；下皇物复少于中皇，为大贫；无瑞应，善物不生，为极下贫。……此天地之贫也。……是故古者圣王治，能致万二千物，为上富君也；善物不足三分之二，为中富之君也；不足三分之一，为下富之君也；无有珍奇善物，为下贫君也；万物半伤，为衰家也；悉伤，为下贫人。古者圣贤乃深居幽室，而自思道德所及，贫富何须问之？坐自知之矣”②。——在道教看来，人类财富的多寡，并不是以金钱珠宝为标准，而是以自然界的生命兴旺与物种多少为评判的。所谓“富”，是指万物备足，生命各尽其年，物种延续发展下去而不绝。上皇的时代物种有一万二千多种，是为富足。中皇时代物种减少，不足一万二千种，故为小贫。至下皇时物种更少，为大贫。此后，物种难以足万，为极下贫。天地为人之父母，此父母贫极，则人子亦大贫，结果天地人皆悉被伤，“为虚空贫家”。圣王要治理天下也应以此为理，思考“道德所及”。——我国先人在一千八百余年前就提出了这种视物种的丰富与生态平衡为财富的价值观，无疑是值得今人在经济社会发展过程中思考与借鉴的③。

受此和谐之道的濡染点化，在我国传统的游憩空间营造中所推崇和追求的也恰是这样一种“天人合一”的境界。风景中的建筑则强调依山就势，要讲求意境、讲求藏而不露、讲求自然而然，更有对景、框景、点景等手法，来达到建筑与环境的和谐与呼应。虽为人造，宛若天开，使其最终所见乃是一幅“天然图

① ［南宋］赵时庚．《金漳兰谱》．

② 杨寄林．译注．《太平经》今注今译（上卷）·太平经卷三十五·丙部之一·分别贫富法第四十一．石家庄：河北人民出版社，2002. 77－78

③ 本段主要参考和引用自：张继禹，李远国．道教重人贵生的理念．http：//www. chinataoism. org/01－98/daojiaoluntan/art2. htm.

画”。对这种建筑与自然的和谐与呼应的哲学观念，我国著名文学家曹雪芹自有妙文（他借宝玉之口，在评论大观园中的“稻香村”农家小筑时，阐述了这样一种观念）：“……此处置一田庄，分明见得人力穿凿扭捏而成。远无邻村，近不负郭，背山山无脉，临水水无源，高无隐寺之塔，下无通市之桥，峭然孤出，似非大观。争似先处有自然之理，得自然之气，虽种竹引泉，亦不伤于穿凿。**古人云‘天然图画’四字，正畏非其地而强为地，非其山而强为山，虽百般精巧而终不相宜……”**①。建筑与环境要达到水乳交融，前提是自然而然，仅仅因追求某种场景而刻意模仿，反而容易穿凿扭捏，弄巧成拙。所谓“天地之道而美于和”、“天地之美莫大于和”②，东方思想中对和谐之美的推崇已经深刻入骨髓之中。

1.3.2.3 情景交融

作为东方游憩活动中一种独特的心灵体验和主客体之间相互关系的精彩表现，“情景交融”本身就是一道不可不看的风景。

“人之所以灵者，情也”③。情景交融中的“情”，是古人的所谓“情志”，是热情，更是真情。人的情感是中国古人所强调的内容之一。对于这种真情，林语堂先生曾有这样的文字描述：（中国人有）“一种浪漫的敏感性，如果我们不可以把这种情感当做热情的话。这可说是一种圆熟的，温和的热情。所以，中国哲学家有一种特点，就是他们虽然贬视人类的‘情欲’（即‘七情’的意思），却不贬视热情或情感本身，反而使之成为正常人类生活的基础”④。真情，是发自内心的、最为原始而真实的自然心灵感受。当西方古典哲学宣扬“人是理性的动物”的时候，东方却认为“人首先是情感的存在，就是说，人是有情感的动物”⑤。“言悦豫之志，则和乐兴而颂声作；忧愁之志，则哀伤起而怨刺生”⑥。不加以矫饰的真情，是使人与人之间了解信任、彼此和谐的基础，是人生自然畅达的条件，更是思接千载的载体。“樊迟问仁。子曰：‘爱人’”⑦；“仁者，谓心中欣然爱人也”⑧。子曰：“诗三百，一言以蔽之，曰：思无邪”⑨。“思无邪”，即“无不出自真情”。“真情”可概括三百篇诗经，这足以说明真情对东方心灵的重要意义。

情景交融中的“景”，是人在特定的游憩空间中所能感知的一切外界因素。它包括了能够通过视觉、听觉、嗅觉、触觉等感知得到的各种事物，有天然的、

---

① 引自：[清] 曹雪芹.《红楼梦》第十七回：大观园试才题对额 贾宝玉机敏动诸宾
② [西汉] 董仲舒.《春秋繁露》.
③ [五代] 徐铉.《萧庶子诗序》.
④ 林语堂. 人生的盛宴. 长沙：湖南文艺出版社，1988. 23
⑤ 蒙培元. 人是情感的存在——儒家哲学再阐释. 社会科学战线，2003. 2
⑥ [唐] 孔颖达.《毛诗正义》(卷一).
⑦ 《论语·颜渊》.
⑧ 《韩非子·解老篇》.
⑨ 《论语·为政》.

有人工的；有静态的、有动态的，共同组合成为个综合而完整的系统[①]。景虽然有动有静、有看到的有听到的还有肌肤感受到的，但终究还需容纳于某个特定的空间中的，所谓“游憩空间”。从东方的习惯来看，人们的游憩场所——景，主要包括了：自然山水、园林、街巷、肆市、寺观等内容（见第 2 章）。

当人的“真情”遇到了“景”、达到“交融”之时，情因景而升华，景因情而灵动，一种超越与融通就产生了。“情以物兴，故义必明雅；物以情观，故辞必巧丽”[②]。心灵与空间溶成一片，撩拨起生命的琴弦，弹奏出无尽溢彩流光的精彩篇章[③]。中国古人在游憩中渗透的情感从来是丰富的，并不独限于今天西方休闲学所追逐的“快乐（Happiness）”。“人禀七情、应物斯感；感物吟志，莫非自然”[④]；“人禀五行之秀，备七情之动，必有咏叹以通性灵，故阴惨阳舒，其途不一，安乐哀思，厥源数千”[⑤]。愉悦、感慨、悲伤、忧虑，都是“情景交融”中发自内心的、自然而然的感情，也是中国人坦然面对与接受的[⑥]。

当“情”与“景”交融在一处时，有趣的事情就发生了。由“情”之不同，人们眼前的“景”也发生了改变。景物被情赋予了灵性，显露出百态千姿。同是桂林的山水，在韩愈看来是“江作青罗带，山如碧玉簪”[⑦]，而在柳

① 对于“景”的认知，不妨来看这样一些诗句：“白日依山尽，黄河入海流”是视觉景观；“蝉噪林逾静，鸟鸣山更幽”构成独特的山林“声景”；“遥知不是雪，为有暗香来”是嗅觉体验；“沾衣欲湿杏花雨，吹面不寒杨柳风”是肌肤的触觉感知……而正是这些白日、黄河、蝉噪、鸟鸣、暗香、杏花雨、杨柳风等或实或虚的客观存在，构成了游憩活动中完整的感受，也形成了对“景”（即游憩空间）的良好诠释。

② [南朝·梁]刘勰．《文心雕龙》．

③ 古人的诗词歌赋，许多都采用上阙写景、下阙抒情的方法，此景此情，正渗透着游憩中的无穷心灵感慨。元好问的一曲“骤雨打新荷”是写景与抒情的典范篇章，在此不妨一读：

绿叶阴浓，遍池亭水阁，偏趁凉多。海榴初绽，朵朵蹙红罗。乳燕雏莺弄语，有高柳鸣蝉相和。骤雨过，琼珠乱撒，打遍新荷。

人生百年有几，念良辰美景，休放虚过。穷通前定，何用苦张罗。命友邀宾玩赏，对芳樽浅酌低歌。且酩酊，任他两轮日月，来往如梭。

上阙写景。有自然之景、有人工之景；有可观之景，有可听之景；有静景，有动景。意趣清雅，跃然纸上。下阙写情。苦良辰之短，叹生命如梭，与友寄情于游憩之中，对酒当歌。

④ [南朝梁] 刘勰．《文心雕龙·明诗第六》．

⑤ [唐] 李商隐．《献相国京兆公启》．

⑥ 从我国诗歌来看，这里面充满了丰富的情感表达。这里不妨列举一些：一句“最喜小儿无赖，溪头卧剥莲蓬”充满了家庭生活之乐；一句“笑渐不闻声渐悄，多情却被无情恼”带有几许轻快调皮；“无可奈何花落去，似曾相识燕归来”，透露出莫名惆怅与淡淡忧伤；“知否？知否？应是绿肥红瘦”，却有几多哀婉与凄凉；而“念天地之悠悠，独怆然而涕下”，悲壮到了刻骨，却千古流传。……这些脍炙人口的篇章是人们用心去找寻生活的哲理、品味人生真谛的结果，至今读来依然撩动心弦。情感逾真，其人人也逾深；痴心逾切，其共鸣也逾强烈。真情是使人能活得有“诗意”的前提。

⑦ [唐] 韩愈．《送桂州严大夫》

宗元眼里却成为了“海畔尖山似剑芒，秋来处处割愁肠”①。前者看景感觉清丽秀美，欢悦宜人；后者看景却锋利险峻，惹得人愁慵满腹。中国人游憩中的这种情与景的交流几乎无处不在，所谓“登山则情满于山，观海则意溢于海”，“思理为妙，神与物游”②。本来自然的山水，在人的眷顾中被赋予了多元的性格。

情与景交融，其效果远远超越了普通的“景”的意义。在游憩之中，除眼前真实的景物（实境），还有另一景在心间（虚境），正如方士庶《天慵庵随笔》所述：“山川草木，造化自然，此实境也，因心造境，以手运心，此虚境也”③。实境虚境交相辉映，有趣的事情又发生了：苏州拙政园中的海棠春坞，院子小，房子貌不惊人，“实境”只算稀松平常，但若联想起苏东坡的《海棠》诗：“东风袅袅泛崇光，香雾空蒙月转廊。只恐深夜花睡去，故烧高烛照红妆”，立刻意境全出，而廊、花台、海棠及树木也就因此充满了生命的气息。这种实境与虚境的胶着，使得中国的游憩行为和空间营造中渗透着“悟”性追求：看到某种景致，心有所动，产生某种对生命的感慨，获得某种启迪思考，是为“感悟”；而游憩之中，对自然、书画、诗文，无论是审美还是创造，往往“非悟无以入其妙”④，是为“妙悟”。——日本的铃木大拙曾有如下妙文：“禅如果没有悟，就像太阳没有光和热一样，禅可以失去它所有的文献，所有的寺庙及所有的行头，但是只要有悟，就会永存”⑤。同样，东方的游憩中也离不开悟，人可以失去所有的游戏与玩具、所有的游憩设施及所有的相关服务，但是只要有悟，就一定会有“美”有“趣”，并“常常有诗意的性情”⑥。

情与景的胶着，使东方人的游憩脱离了一种普通的“形游”范畴，达到物我两忘、天人合一的境界，所谓“神游”。“悠悠乎与灏气俱，而莫得其涯；洋洋乎与造物者游，而不知其所穷。引觞满酌，颓然就醉，不知日之入，苍然暮色，自远而至，至无所见，而犹不欲归。心凝神释，与万化冥合，然后知吾向之未始游，游于是乎始”⑦。“形游”中未得游山之真趣，感觉“未始游”，而只有在“与万化冥合”的“神游”中才悟到的畅游之真意，“游于是乎始”。这样，山水之游早已超出了普通玩乐的价值，人们在沉思深省与“推天道以明人事”中获得了快乐与生命的启示。这时候，“人把自然领悟为真、善、美，……理解为一种人的自我认识或自我体验，理解为个体自身存在和充分发挥潜能的

---

① ［唐］柳宗元．《与浩初上人同看山寄京华亲故》

② ［南朝梁］刘勰．《文心雕龙·神思第二十六》

③ ［清］方士庶．《天慵庵随笔》

④ ［明］谢榛．《四溟诗话》

⑤ ［日］铃木大拙．禅与生活．北京：光明日报出版社，1988.67

⑥ 林语堂．生活的艺术．合肥：安徽文艺出版社，1988.132

⑦ ［唐］柳宗元．《始得西山宴游记》．

一种方式，理解为安适自如的一种方式"，"不仅人是自然的一部分，自然是人的一部分，而且人必须与自然多少有那么一点同型，以便在自然中能够存活。自然使人演化发展"①。

这种人与自然的浑然一体、与自然"同型"的观念，影响到造园与造城之中，催生了我国独特的"体象天地"、"模山范水"的营造思想。在一种"通天人之际"的宇宙观的指导下，人工创造的亦是一种精神与时空共融的天地艺术。始皇筑咸阳宫，"因北陵营殿，端门四达，以则紫宫，象帝居。引渭水灌都，以象天汉；横桥南渡，以法牵牛"②；汉代的太液池，以"一池三岛"的布局，象征海中"瀛洲、蓬莱、方丈"三座神山，上林苑中的昆明池，亦有"左牵牛而右织女，似云汉之无涯"③ 的思想；清朝圆明园则以九座岛屿象征华夏九州、喻"九州清宴，皇心乃舒"④。这种"同型"的象征手法不但在城市和大型皇家园林的建设中得到广泛运用，在小的园林设计中也有所体现，产生了具有特殊哲学境界的"壶中天地"。而这种思想传到日本之后，经过提纯，更创造出以"枯山水"为代表的、具有哲学象征意义的东方园林形式。

最后，出于这种对"托物言志，寓情于景"的特殊眷顾，中国人的"情景交融"向全人类馈赠了一份尊贵而精美的特殊礼物：文化。这是一种源自东方游憩哲学的特殊文化，它驻足于人的心灵，扎根于自然万物。我们至今仍可以在山川河流里、在一草一木里、在鸟儿的羽翼里、在时间与季节的变换里、在日里月里星辰里、在风里雨里霜雪里……找寻到它的踪迹。它是人类创造的艺术，却也是人与自然与环境的和谐奏鸣曲。在我国，文化的产生必离不开感情，当集聚在人们胸中丰富的情感需要寻找某种方式来切实表达时，"志之所至，诗亦至也"⑤，于是有了诗；"哀乐之心感，而歌咏之声发"⑥，于是有了歌；"丘壑成于胸中，既寤发之于笔墨"⑦，于是有了绘画。情与景的交融，为我国古代的这些艺术文化中贯注了情感、真趣、妙悟，让这些作品"随手写来，都成妙谛，境与神会，真气扑人"⑧。而人与山水的和谐统一，更强化了文化艺术创造中"外师造化，中得心源"⑨ 的境界。北宋山水画家范宽认为"前人之法未尝不

① ［美］马斯洛．人的潜能和价值．北京：华夏出版社，1987. 226－228

② 《三辅皇图·咸阳故城》

③ ［汉］班固．《西都赋》．

④ ［清］《圆明园四十景图咏·九洲清宴》乾隆九年（1744 年）修订．

⑤ 《礼记·孔子闲居》

⑥ ［东汉］班固．《汉书·艺文志》．

⑦ 宗白华．艺境．北京：北京大学出版社，2004. 143－144

⑧ 宗白华．艺境．北京：北京大学出版社，2004. 124

⑨ ［唐］张彦远．《历代名画记》．

近取诸物。吾与其师于人者，未若师诸物也；吾与其师于物者，未若师诸心"①，于是移居山林，师法造化，"对景造意，不取繁饰，写真山骨，自为一家"②，达到了"放笔时，盖天地间无遗物矣"③ 的效果。而石涛在其《画语录》中强调"夫画者，形天地万物者也"④，同样也强调"夫画者，从于心者也"⑤。后人称其"至其画笔之超然脱然，既无一定系统之传承，又无一定技巧之匠饰，故实不以当时之好尚相间杂，更说不到客观束缚，真永久之艺术也"⑥（图1-1）。

［宋］范宽．溪山行旅图

［清］石涛．山窗研读图

［清］石涛．卓然庐图

图1-1　致力于"外师造化，中得心源"的绘画名作⑦

东方艺术本身妙谛无穷、自有高格，这一点毋庸多言。而艺术与游憩空间、自然环境之间的特殊关系，却又成为一个有趣的话题。文学艺术作品千

---

① 于安澜．画史丛书（第二册）．上海：上海人民美术出版社，1982.《宣和画谱》卷
② ［宋］刘道醇．《圣朝名画评》．
③ ［宋］董逌《广川画跋》．
④ ［清］石涛．《苦瓜和尚画语录·了法章》．
⑤ ［清］石涛．《苦瓜和尚画语录·一画章》．
⑥ 刘海粟．刘海粟美术文选．上海：上海人民美术出版社，1987. 71
⑦ 图片来源：左图：［清］高士奇．江村销夏录．邵彦 校点．沈阳：辽宁教育出版社，2000. 中、右图：［清］石涛 绘．中国古代名家作品丛书·石涛(上)．北京：人民美术出版社，2003.

古传唱，作品中包含的情感也就源远流长，而游憩的空间也就因这些作品而声名远扬。**所谓“山以贤称，境缘人胜”①、“山水藉文章以显，文章凭山水以传”。——在中国大地上，乡村田园、山川河流、市井人家，那些有前人的足迹踏过、有不朽作品传唱的地方，今天多已成为炙手可热的景区景点。而那些精彩绚烂的文辞、诗句与绘画，正是这些景点的灵魂所在。“有风景，不如有统领风景的文化”②。文化是中国诸多地方所以引人入胜的地方**。余秋雨先生在《文化苦旅》中曾有过这样的文字：“我发现自己特别想去的地方，总是古代文化和文人较深脚印的所在，说明我心底的山水并不完全是自然山水而是一种‘人文山水’。这是中国历史文化的悠久魅力和它对我的长期熏染造成的，要摆脱也摆脱不了”③。这或许正代表了我国数千年历史中的、文化旅者的心声。

有了前人的足迹，往往就会有绝妙的诗篇、有了旷世的美景，也就会生出文人笔下的传神图画。回想从我国历史形成的诸多风景名胜，似乎都积淀着诸多脍炙人口的诗篇。山、水、楼台、甚至城市，无不如此。今天，当置身在许多风景与古迹中时，人们会不知不觉地寻觅那些诗中曾令人动容的意境、触动前人有过的感慨。而正是由于人的情感与文心，万物亦被赋予了灵性。**可以说，我国广袤土地上的山山水水，在我国古代游憩的博弈中都可算作一种“人化山水，文化山水，诗画山水，情化山水”；而积淀了厚重历史的亭台楼阁、繁华都市，也无不充满了文化的精神。**

泰山：会当凌绝顶，一览众山小。
庐山：不识庐山真面目，只缘身在此山中。
雁荡山：雁荡经行云漠漠，龙湫宴座雨蒙蒙。

长江：孤帆远影碧空尽，唯见长江天际流。
黄河：黄河之水天上来，奔流到海不复回。
桂林漓江：分明看见青山顶，船在青山顶上行。
杭州西湖：若把西湖比西子，淡妆浓抹总相宜。

滕王阁：落霞与孤鹜齐飞，秋水共长天一色。
岳阳楼：先天下之忧而忧，后天下之乐而乐。
黄鹤楼：黄鹤一去不复返，白云千载空悠悠。

苏州：水道脉分卓鳞次，里闾棋布城册方；
杭州：水光潋滟晴方好，山色空蒙雨亦奇；

---

① 引自：喻学才．旅游文化．北京：中国林业出版社，2002：73. 原载：［清］王恽．《秋涧集·游东山记》

② 沙林．有风景，不如有统领风景的文化．中国青年报，2002-9-24

③ 余秋雨．文化苦旅．上海：东方出版中心，2003.1

南京：据龙蟠虎踞之雄，依负山带江之胜；
常熟：七溪流水皆通海，十里青山半入城；
济南：四面荷花三面柳，一城山色半城湖；
桂林：群峰倒影山浮水，无山无水不入神；
肇庆：借得西湖水一圜，更移阳朔七堆山；
重庆：片叶浮沉巴子国，两江襟带浮图关；
……

——文化，是中华游憩的内涵与精髓。它带给人们那种虚实辉映、情景交融的境界体验，反过来，又是人们在游憩中所创造的精彩乐章。可以说：在东方的心灵境界中，游憩本身就是一种融合了时间、空间与人间的文化。它融解在博大精深的中华文明之中，与整个民族的兴衰发展血肉相联，不可分割。

总的看来，东方的传统游憩表现出了这样的特性：

它强调人与世间万物的和谐，也强调人自身肉体与精神的和谐；
它讲求道德与人格的修养、也强调全面的知识与技能的获取；
它不仅仅是自我发展的途径，也是诗意栖居的方法；
它是心灵的体验，也是各种艺术的源头；
它赋予山水以文化的灵性，也借山水凝固了情感与时间；
它通过空间营造来表达情感，通过整体布局以效法天地；
它视自然而然为美，以万物之乐为乐；
它充满了曼妙的趣味，也饱含了哲学的思考；

相比而言，中国古代传统的游憩思想甚至比今天的西方休闲学的诸多研究成果有更深刻、更耐人寻味的所在。正如晋陶渊明《闲情赋》曰：“佩鸣玉以比洁，齐幽兰以争芬；淡柔情于俗内，负雅志于高云；悲晨曦之易夕，感人生之长勤。同一尽于百年，何欢寡而愁殷”。东方的心灵，正是在“比洁”与“争芬”之中、在“柔情”与“雅志”之间，感悟诗意的人生。

1.4　游憩的核心品质

回到现实中的“人”的本身来看游憩。我们不妨结合中国传统游憩的特征和西方的休闲学思想，来寻找游憩应当具有的品质。分析游憩核心品质的目的，一方面是为了更加明晰游憩在现实生活中的意义，从而更有效地提高人们的游憩质量、让人们享受到更多的生活情趣；另一方面在于点明当前游憩发展中应当切实注意的关键要素、树立一种激励与促进的目标，使人在游憩中有的放矢，获得更大的充实和提高。笔者将游憩品质大致归纳为这样六个关键词：

健康、快乐、学养、创新、发展、和谐①。

1.4.1　健康 (Health)

游憩（Recreation）本义中就包含着"恢复到好的、健康的状态"的意思，对人体健康具有突出的贡献，是游憩最基础的功能。

世界卫生组织认为：健康是物质、精神和社会生活的完美结合而不只是没有疾病和身强体壮②。**"健康"，除了身体机能上的"无恙"之外，还包括了智力、心理等方面的全面的健康**③。

从身体健康的角度来看，现代医学研究早已证明：游憩中的"静"与"动"，即：疲劳之后的适当休息与有意识的体育锻炼，都是维持肌体健康、协调和充满活力的重要途径。"过劳"和"不运动"都会对人体产生负面的影响，而这两种情况恰恰又是今天我国城市人群面临的具有代表性的问题。人们需要根据自己的实际情况，通过具体的游憩活动选择，来对疲劳的肌体进行调整和休息；或是锻炼以维持身体各部分机能的正常运转，做到张驰有度、劳逸结合。

智力方面的游憩活动同样是人类健康的重要保障。对于儿童来说，进行一定的益智游戏和活动，能够启发孩童的多种思维，有利于儿童思维的培养和智力水平的提高；而成年人、"尤其是进入中老年以后，记忆力减退、反应迟钝、思维不敏捷，甚或痴呆的现象随着年龄的增长而有所增加……大脑功能的衰退，意味着整个身心的衰老。大脑功能健全，是健康长寿的基础。益智健脑的目的，就是要延缓大脑的衰退过程"④。通过参与智力型的游憩活

---

① 注：每个人都有自己进行游憩活动的前提条件，"好"的游憩因人而异。一个体育运动员和一位大学教授的游憩内容选择显然是不同的。本书在此并不对每个人应当如何游憩进行评论，而是对普遍现象进行的一种要素概括和重点梳理，提出游憩的核心品质，这些品质也许并不对每个人都适用，但却是可为多数人所共同借鉴的。

② 吴承照．现代城市游憩规划涉及理论与方法．北京：中国建筑工业出版社，1998. 2

③ 此外，"健康是最大的节约，核心就是和谐"。我国健康教育专家洪昭光指出：2001 年，中国在医药费方面、卫生资源总消耗是 6140 亿人民币，占 GDP 的 6. 4%，因病、因为伤残过早死亡损失了 7800 亿，占 GDP 的 8. 2%，加起来一共 1400 亿，占 GDP 的 14. 6%。如果人们少得一半的病，就能够为国家省下 7000 亿，这比其他方面能够节约下来的开支要大得多。所以健康是最大的节约。此外，健康也是和谐的重要条件。不顾惜自己的身体，导致疾病、甚至猝死，结果就是整个家庭的不和谐，所以健康对我们构建一个和谐社会是最大的贡献。
本段参考并引用自：
洪昭光教授：健康是最大节约 中年健康是焦点．http：//news. xinhuanet. com/newscenter/2005 - 11/25/content_ 3833446. htm. 原载：《北京参考》. 2005 - 11 - 25
东方时空健康调查．http：//news. sina. com. cn/c/2005 - 12 - 29/23248728317. shtml. 原为央视《东方时空》2005 - 12 - 29 日播放的"健康调查"节目。

④ 王启才，王伟佳．老年人益智健脑．上海：上海中医药大学出版社，2002. 3

动，有意识地进行思维的运动，尤其对于老年人来说，不仅仅是健脑的过程，也是长寿的条件。

游憩更是维持人们心理健康①的最重要途径之一。我国古代讲求“养生”必须“养心”，这“养”的过程，便是通过相关活动维持个人身心健康的过程。身心本是互通的，人们身体健康很大程度上决定于心理的健康程度，而“养心”也是比“养生”内涵更广的一项内容。它涉及到人的情操、气质、修养、知识等等方面，是追求人格完善的一种哲学。游憩作为繁忙生活中的喘息空间，是人们重要的精神和心理健康通道，对人的心理健康至关重要。根据弗洛姆的研究：“人要达到精神的健全，必须首先满足人所特有的那些需要”②，游憩本身就是人们的需要。通过游憩来放松精神、缓解压力、消除烦恼，是获得内心宁静的重要途径，同时，参与相关社会活动对个人的性格、心理素质、意志力的锻炼也是人格完善所必须经历的过程。

可以说，游憩是人获得身体、智力和心理上全面健康的必要条件。合理休息、适度锻炼、益智健脑、心态平和，是游憩中“健康”关键词的内涵所在。对每个人而言，健康都将是游憩过程中最基础的、而且极为重要的目标；在人们的闲暇安排中，也必须保证足够的时间来达到这一目标。这是游憩中最不容商量的内容。

1.4.2 快乐（Happiness）③

快乐是人与生俱来的权利，它能够为生活渲染上幸福的美感。“无论每个人

① “心理健康”是一种良好的、持续的心理状态与过程，表现为个人具有生命的活力，积极的内心体验，良好的社会适应，能够有效地发挥个人的身心潜力以及作为社会一员的积极的社会功能，等等。心理健康本身有许多的标准，尚无一个公认的界定。其中：马斯洛（Abraham Maslow）与贝拉·米特尔曼（Bela Mittelman）合著的《变态心理学原理》一书，对正常的心理进行了专门分析与评述，形成了心理健康评定的相关标准。包括：（1）了解并认识现实，持有较为实际的人生观；（2）悦纳自己、别人以及周围世界；（3）情绪与思想表达比较真实自然；（4）有较宽广的视野，以问题为中心，而不是以自我为中心；（5）有超凡脱俗的本质、静居独处的需要；（6）有自主的、独立于环境和文化的倾向性；（7）有永不衰退的欣赏力；（8）曾有引起心灵震动的高峰体验、浩瀚澎湃的心灵感受；（9）爱人类并认同自己为全人类的一员；（10）与为数不多的朋友建立深重的个人友谊；（11）有民主风格，尊重他人意见；（12）有高度德行，能区别手段与目的，绝不为达到目的而不择手段；（13）带有哲学气质，有幽默感；（14）有创见，不墨守成规；（15）对世俗，合而不同；（16）对生活环境有时时改进的意愿与能力。以上引用并参考自：Maslow，Abraham and Bela Mittlemann. Priciples of Abnormal Psychology：The Dynamics of Ppsychic Illness. New York：Harper，1941

② ［美］埃利希·弗洛姆. 健全的社会. 北京：中国文联出版公司，1988. 65

③ 在英文中，“快乐”与“幸福”是同一个单词“Happiness”，而在中文中，长久的快乐，就是幸福。著名经济学家黄有光说：“幸福是指一个比较长的过程，是长期的快乐。但在给定的时间内，快乐和幸福的意思是一样的”。（参考自：秦朔．跨越快乐鸿沟——关于快乐的历史观察．南风窗．2004（10）．）本文在这段内容中谈论的快乐与幸福代表相似的概念。

在追求什么，例如财富和声望；无论人类在追求什么，例如和平与自由；其终极的目的，都是幸福快乐。……金钱、财富、自由、民主，不过是实现幸福这个终极目标的手段而已”①。

从心理机制上讲，人是生而趋乐避苦的。“在正常的身心条件下，当人体受到不良物刺激时，一般会引起中枢神经的抑制过程，产生消退、逃避或排斥行为，即‘避苦’。当感受到良性物刺激时，则会引起脑中枢的兴奋过程，产生或加强对某事物的需要和响应，即‘趋乐’”②。趋乐避苦，是促进人类不断进步发展的动力，而苦与乐本身是反映人的生命状态的一种标志。——快乐对人们的健康大有裨益，甚至可以作为治病的药方。不仅如此，快乐还是驱使人们发挥更大潜能的途径。“快乐是神圣之火，她让我们的目标温暖，让我们的智慧闪光。保持快乐的心情，你会在困难面前战无不胜”③。

快乐对人非常重要，而整个国家公民的所获得的愉悦也是反映整体经济社会发展和国家福利状况的标志。澳大利亚著名华裔经济学家黄有光曾经指出：“经济增长未必增加快乐；如果经济增长不能增加人们的快乐，则经济增长并不重要，如何增加快乐才重要”，因此，“城市政府应当增加公共支出以完善城市环境、创造良好社会、提高人民福利”④。当一个国家的“国民幸福总值⑤”增加的时候，反映出来的其实是人们对发展的信心、是一种整体经济社会的良性发展的趋势。

今天，作为人们获得快乐的最重要来源之一，游憩的发展必不可少。闲暇为人们提供了获得“乐”、享受“乐”的前提条件。无论古今中外，人们都将游憩视作快乐的来源。清代张潮曾有名句：“人莫乐于闲，非无所事事之谓也。

---

① 这是曾任美国政治学会会长的罗伯特·莱恩教授的话。引自：秦朔．跨越快乐鸿沟——关于快乐的历史观察．南风窗，2004（10）．

② ［美］弗兰克·梯利. 伦理学．北京：中国人民大学出版社，1987. 158

③ 海伦·凯勒的话。引自：［美］斯图尔特．你也能快乐生活．张宝钧 译．北京：北京出版社，2003. 78

④ ［澳］黄有光．经济与快乐．大连：东北财经大学出版社，2000. 1

⑤ 国民幸福总值（Gross National Happiness，简称GNH）就是用来衡量国民幸福和快乐的标准。GNH的概念最早由不丹王国的国王提出，他认为“政策应该关注幸福，并应以实现幸福为目标”，“我们必须要知道，推动新世纪前进的这些剧烈变革（信息技术的发展，生物多样化与文化发展的多样性的萎缩，急速发展的社会与经济自动化）将对未来的幸福产生怎样的影响”。他提出，人生“基本的问题是如何在物质生活（包括科学技术的种种好处）和精神生活之间保持平衡”。在这样的思想下，不丹的政策依据是“在实现现代化的同时，是否会失去精神生活，平和的心态和国民的幸福”。不丹的这一创举受到了世界银行南亚地区的副总裁的高度评价，“不丹在40年以前还处于没有货币的物物交换的经济状态之下。但是，它一直保持较高的经济增长率，现在已经超过印度等其他国家，在南亚各国中是国民平均收入最多的国家。在世界银行的排行榜中也大大超过了其他发展中国家成为第一位”，“该国所讴歌的‘国民幸福总值’远远比国民生产总值重要得多”。

以上参考并引用自：秦朔．从国内生产总值到国民幸福总值．南风窗，2004（10）

闲则能读书，闲则能游名胜，闲则能交益友，闲则能饮酒，闲则能著书。天下之乐，孰大于是!”①，爱尔兰剧作家萧伯纳也曾经说过：“劳作是我们必须做的事，休闲是我们喜欢做的事”②。在一些西方国家中，游憩已逐步替代其他生活要素成为了人们获得快乐的最重要途径③；对我国来说，从游憩中体验幸福和快乐、感受生活的美好，也成为个人生活和整体社会发展所不容忽视的内容。

1.4.3 学养（Learning and Morality）

通过在游憩活动中的学习与锻炼来获得更多的知识并提高人的修养，是“游憩”一词在汉语语境和东方传统游憩精神中最重要的内涵（这一点在前文中已经非常详细地论述过），同样是西方休闲哲学中所持有的主要观点。冯友兰就把“觉解”的高低作为区别人生境界层次的重要根据、强调要达到提高自身知识水平、达到“知天然后可以事天、乐天，最后至于同天”的境界。

生活是一个大学校，而游憩本身就是一种学习的过程。这在闲暇时间增加之后尤其如此。游憩是人们获得必要的生活信息并形成个人思想和观点的方法，是自觉的知识获取和自我提高。闲暇为人提供了得以集中精力、发挥特长、实现个人目标的时间，人与人的交流也增加了目标实现的途径和机会，因此对人的发展具有重要意义。通过更愉悦的方式、系统地、有针对性地不断获取新的知识，提高对自然与社会的认识；通过有计划、有意识地安排自己的游憩，提高个人的能力，为个人的发展做出贡献，这是游憩的重要功能。

从教育的观点来看，要使人的主观能动性能够真正积极有效地发挥出来，

---

① ［清］张潮．幽梦影．段干木明 译注．合肥：黄山书社，2005.85

② 北京大学中国经济研究中心 简报 1999（19）．中美经济发展之比较．http://old.ccer.edu.cn/newsletter/99/099.htm.1999-06-27

③ 有关游憩给人带来的幸福感受的案例很多，例如：

（1）1989年，美国洛普机构（The Roper Organization）就工作和休闲的重要性排序上进行民意测验时发现：认为休闲比工作重要的人数，第一次超过了认为工作比休闲重要的人数。

（2）1976年法国SOFRES组织对本国15～25岁年龄组进行调查，发现14%的人从工作中获得满足，67%的人从工作外获得满足。游憩对于妇女的意义更为重要，SOFRES在1982年对法国妇女进行抽样调查，“从社会时间的哪个部分获得最大的愉悦?”答案是游憩第一、小孩第二、婚姻第三、工作第四。

（3）在德国发生的一些劳资纠纷中，工人拒绝高薪加班，给多少钱也不愿将休闲时间转化为工作时间。在更“有钱”和更“快乐”之间，发达社会的人们越来越多选择后者。

以上内容分别引自：

（1）［美］杰弗瑞·戈比.你生命中的休闲．康筝 译．昆明：云南人民出版社，2000.81

（2）吴承照．现代城市游憩规划设计理论与方法．北京：中国建筑工业出版社，1998.17

（3）姜奇平．国民幸福总值：八小时之内和之外的价值机会——全面小康“待发现价值”的分布．信息空间，2004（7）：82-88

"寓教于乐"是一种比较好的途径。所谓"知之者不如好之者，好之者不如乐之者"。在"闲"的前提下，人们可以根据自身的情况和爱好进行自由选择，使人真正地从实践中获得某种技艺、或是达到某种个人专长的培养。根据自己的目标和需要来建构个人的知识系统，使学习更具有针对性、更灵活。此外，在游憩营造的宽松自由的氛围下，在与他人的交流、与外界历史和自然环境的交流中，人的思维往往可以摆脱常规的约束，接受能力与思考能力更强，更容易产生出超越平常的思维、碰撞出思想与智慧的火花。

游憩中的交流对启发人的智慧具有重要的意义。国际高等教育中流行"风暴式交流"，这种方式为人们提供了宽松的交流环境和各抒己见的宽容条件，结果教学更容易获得好的效果。"据对诺贝尔科学奖金获得者调查结果显示，他们创造性思维的50%以上得益于发散性的讨论"①。英国剑桥大学自 17 世纪在校园有"下午茶"，以这种既普通、又特殊的形式，让人们在自由、放松、随意、平等的氛围中进行交流，激励师生们迸发灵感、产生思想的火花。"下午茶"喝出了英国众多的诺贝尔奖获得者②。

古人云："读万卷书，行万里路"。人们许多知识的获取是在与外界的不断交流中得到的。与他人进行积极的沟通与交流，或是走出家门，去体验社会、品味不同地方的历史文化、风土人情，可以开阔眼界、心胸，是面壁读书和局促一室之内所不能及的。"纸上得来终觉浅"。今天，我们虽然有先进的媒体与网络工具可以获得外界信息，但，媒体的外部施予的力量远远没有亲身体验来得深刻。

"学养"的"养"，是游憩活动中另一个重要的目标。人的品格和道德修养是东方游憩传统中一项极为重要的内容，而西方的休闲哲学亦将对道德的锤炼视为休闲的核心。在古希腊，良好的修养就被亚里士多德称为"心智的美德"，认为"心智的美德……具有它自身特有的愉快，具有自足性，悠闲自适，持久不倦以及其他被赋予最高幸福的人的一切属性。……是人的最好、最愉快的生活"③。"培养人的美德或优秀品质"，是"达到幸福的方法，……美德本身是愉快的真正源泉"④。而今天的休闲哲学，则将休闲的目标定为人的充分发展，而"充分发展"，意味着"生活中达到最高的伦理和道德状态"⑤。

---

① 沈爱民．闲暇的本质与人的全面发展．自然辩证法研究，2004. 20（6）：96

② 有关"下午茶"的内容均引用并参考自：马惠娣．"下午茶"与诺贝尔奖．人民日报．2004-05-20.

③ 张传有．西方智慧的源流．武汉：武汉大学出版社，1999. 88-89

④［美］托马斯·古德尔，杰弗瑞·戈比．人类思想史中的休闲．成素梅，马惠娣，季斌，冯世梅译．昆明：云南人民出版社，2000. 28

⑤［美］托马斯·古德尔，杰弗瑞·戈比．人类思想史中的休闲．成素梅，马惠娣，季斌，冯世梅译．昆明：云南人民出版社，2000. 281-282

1.4.4 创新（Innovation）

创新是人类最高层次的思维模式，是人类前进和发展的动力，是使人获得幸福和快乐的根本源泉。人类的每一点进步都离不开创新的头脑。事实上，如果没有创新的思想，人类根本无法谈及“发展”。

在创新意识、创新精神和创新能力的培养方面，游憩具有举足轻重的意义。当人们与大千世界有了更多接触之时，必然会产生与更多新鲜事物的接触，也必然会面临一些需要解决的新问题。这是促使人们去发现、去观察、去思考的途径，而创新则是认识新的事物、学习新的知识、形成新的思想、掌握新技巧的方法。在对新事物进行观察、思考、努力探索并掌握其客观规律、采用新的途径解决问题的过程中，人们才能有进行创新的需要、并培养创新的意识与能力。游憩为人们提供了创新所必须的宽松自由的环境、提供了促使人们产生创新需求的条件、提供了创新思考和实践的时间，具有积极的意义。

游憩对创新的促进，尤以文化艺术见长。文化艺术本身是人的情感与心灵的产物，而游憩正是人们情感所系、是开启心灵的所在。在放松的心情下、在与外界的接触中，最容易激发人们的感情、勾起人们的回忆、引发想像的空间。艺术的创作离不开这种真情，也只有出自真情的创作，才能够亘古不朽。在游憩中，在合适的氛围下，当人们的心中情感升腾，一种艺术创作的强烈渴望就会由衷地产生。这正是让每个人——无论是男人还是女人，老人还是儿童，穷人还是富人——都能够加入到文化艺术创新之列的重要途径。对于专业的设计师、艺术家而言，游憩还是一个很好的创作素材积累、构思与升华的过程。

通过激发创新需求、培养创新能力，是游憩使人能够更好地自我发展、感受深切的愉悦的途径。而在闲暇时间逐步增加、文化在城市的综合影响力中的比重越来越大的今天，游憩对文化创新方面的影响也正日益彰显出来。

1.4.5 发展（Development）

根据马斯洛的理论，自我发展的需求是人类的最高需求，而游憩正是满足这一需求的重要途径。

从哲学上看，人类的游憩“应被理解为一种‘成为人’的过程，是一个实现个人与社会发展任务的主要存在空间，是人的一生中的一个持久的、重要的发展舞台”①，其最终的目标在于人的充分发展。

马克思曾经对人的闲暇进行过深入的研究。在他的理论中，人的生命活动

---

① ［美］约翰·凯利. 走向自由——休闲社会学新论. 赵冉 译，季斌 校译. 昆明：云南人民出版社，2000. 104

由劳动时间和自由时间（Free－time）两部分组成，其中，自由时间是为人们的自由活动和发展开辟广阔空间的一个部分，它“是为全体社会成员本身发展所需的时间”①。可见在马克思的认识中，闲暇对人的发展具有极为重要的意义。

游憩是“使个人全面发展，克服职业分工所产生的人的片面发展的弊病，实现人的解放的重要途径”②。人们通过游憩中的学习来促进人的各种能力的提高，并通过人与人的交往来获得更多的发展机会。游憩的价值，也是因人的发展而得以体现的。人的发展，意味着③：（1）人的多方面的需要得到充分满足；（2）人的能力的全面发展；（3）人的社会关系的充分丰富和全面占有。

1.4.6　和谐（Harmoniousness）

和谐是一种美好的社会理想，是我国上下今天齐心努力的方向，也是游憩中应当保持的一种精神。

东方的游憩传统讲求人与万物的“广大和谐”，并因此形成了一种可持续的、社会生态友好的发展理念。这里面蕴涵种种哲理，因在前文中已经有详细的描述，在此不再重复。而今天休闲研究中所提倡的“可持续的生活方式”④，更强调一种“度”的观念的把握。在每个人的生活里，需要“持度”的方面很多：运动的度，静养的度，娱乐的度，消费的度，等等。从现实生活来看，由于人们时间、人的生理承受能力、个人的收入……都是有限的，没有约束的结果不但不会快乐，还往往适得其反。因此，无论是看电视、锻炼身体、娱乐、旅游还是学习，都不应“过度”。不“过度”才可能“和谐”。在这样的观点指导下，人们持有的是一种理性、平和而中庸的思想，需要：

（1）保持个人适当的闲暇时间，不是完全被工作所挤占，也不是整日游手好闲；

（2）适当的运动与适当的休息；

（3）适当学习并兼顾娱乐；

（4）合理地、不吝啬也不奢靡地消费；

（5）做自己喜欢的事情，也兼顾与家庭、朋友的交流；

（6）……

---

① 马克思．马克思恩格斯全集（第47卷）．北京：人民出版社，1972. 281

② 季相林．人的全面自由发展与闲暇时间．当代世界与社会主义，2003（6）：98－102

③ 邢媛，蔡萍．休闲——实现人的全面发展的有效途径．中共山西省委党校学报，2004. 27（3）：10－12

④ ［美］杰弗瑞·戈比．你生命中的休闲．康筝 译，田松 校译．昆明：云南人民出版社，2000. 404

持度，是使得人们不受各种诱惑的影响、保持自身的判断力、保持身体健康与心态平衡、获得快乐并且体会更为长久的幸福的途径。从宏观上看，这与环境生态保护、社会人际和睦一样，也是创造和谐环境、和谐社会的重要前提。

1.5 小结

“闲暇是每一个人的生命存在开出的花朵，或者毋宁说是果实”①。

因为寄托了人们对生活的美好愿望，“游憩”往往带有浓厚的理想色彩。本章的开篇就从对游憩理想的寻求出发，首先是对“曾点之志”的探讨，然后从人们对游憩的期望与理想中，引出对人类而言的、“好”的游憩品质的寻找。

从对游憩理想的研究中，本章进行了一个有关西方心理学和东方哲学的对比与会通，其中，“畅·高峰体验”是西方心理学的代表；而“大·天地境界”则是东方哲学的思想。这个比较得到了一个有趣的结论：西方游憩追求的是创造与自我价值实现中的自由与快乐，立足于“人”，关注人的价值实现。而东方哲学则更强调因为具有大智慧和崇高品德之后的幸福，立足于“心”，关注心的境界高下。

要达到“人”与“心”的通达圆满，就必须把东西方文明中关于自我实现和内在和谐的观念结合起来。这其中，对中国传统游憩精神的研究必不可少。通过对东方游心的深入研究，本章总结并归纳了其中三个重要的特点：内外兼修、广大和谐、情景交融。正是因为传统游憩中的这些特点，使人们的游憩活动达到了人的自我完善与发展，达到人与自然、社会的整体和谐，并创造出了我国灿烂的文化与艺术，使游憩整体呈现出灿烂辉煌的文化精神。

在此基础上，融合西方的休闲研究，本章归纳了游憩核心品质的六个关键词：健康、快乐、学养、创新、发展、和谐。这些关键词表达了对于现实生活中的人来说的“好”的游憩状态。这六个词是个人游憩应当努力实践的目标，同样也是在人居环境建设中努力引导的方向。——值得再多说一点的是：从人的需求来看，健康与快乐是人的基本述求；而学养、创新、发展、和谐则是高级的需要；因此，就人居环境的建设目标来看，满足人们游憩活动的健康与快乐是一个首要的、应当做到的最基本的要求，而在此基础上，人居环境的良性发展，也必须提供合适的条件，积极引导人们的游憩走向学养、创新、发展、和谐。

① 叔本华语。

适宜居住的城市（livable city），文字简朴，内蕴深刻。适宜居住的环境是人类最基本的、最普遍的要求，但在当今世界里，并非轻而易举的任务，它需要人们做极大的努力才能实现，中国的情况也是如此。①

——吴良镛

第2章　人居环境中的游憩系统与游憩空间

2.1　从游憩的理想到人居环境的理想

为了获得更全面的发展、感受幸福美好的生活，游憩中寄托着人们无穷的梦想。但是，理想的游憩状况本身是无法孤立存在的。要使游憩活动能够具有令人满意的质量，其整体的环境载体也应当是令人满意的。当人们幻想着“浴乎沂，风乎舞雩，咏而归”的时候，我们的眼前呈现的是一幅有河流、有高台、有春风拂过柳枝的图景。要想使得这项活动真正具有幸福美好的效果，沂河水应当更清澈、舞雩台应当更壮美，而河边的树木也应更有生气……。同样道理，要使人们“健康、快乐、学养、创新、发展、和谐”地游憩，我们必须创造出包含更好的经济、社会、文化、景观和生态等综合条件的、更好的人居环境。因此，**人们对游憩抱有的理想，在很多的情况下也同样是人居环境的理想。**

当游憩在人类的生活中变得越来越重要的时候，人居环境的建设也相应地进入了一个新的阶段。绝大多数情况下，人们对美好游憩生活的追求是建立在满足了温饱的基础之上的。当社会生产力不高、人们还为生计发愁之时，多数人无法顾及游憩（或者说，游憩仅仅作为体力恢复的休息而存在），对环境条件质量的要求也可以很低；而在生产力逐步发达、人的生存基本无虑之后，人们才可能开始追求生活品质、追求游憩的质量，也才会对生活环境有越来越高的种种需求。从某种意义上说，**游憩需求的增长与游憩文化的繁荣是人居环境发展迈向新阶段的征兆。**在这个新的阶段中，经济要发展，收入要增加，物质产品还需要进一步丰富；环境条件要更加宜人；而精神文化产品地位也越来越高……。**当游憩成为大众的普遍追求之时，人居环境必然需要有新的变革。**

---

① 吴良镛. 吴良镛学术文化随笔. 北京：中国青年出版社，2002. 46

2.2 人居环境中的游憩系统结构研究

要为人们的游憩创造出良好的环境，必然需要从人居环境的角度来对游憩加以分析。**对人居环境中的游憩进行系统化梳理，可以使我们更清晰地了解人们的游憩活动与周围环境条件的关系、剖析那些左右人们游憩质量的因素，使我们能够更清晰、更完整地认识并了解游憩，包括游憩活动自身、影响游憩活动的因素以及游憩所具有的影响力。**

系统论的创始人、美籍奥地利生物学家L·V·贝塔朗菲曾经指出:所谓系统，“是指一定要素组成的、具有一定层次和结构、并与环境发生关系的整体”①，这里所指的“游憩系统”也正是由与人们的游憩活动相关的多种要素组成的、具有一定层次和结构的体系。

2.2.1 广义的游憩系统与人居环境

人居环境有“五大系统”：自然环境、人类系统、社会系统、居住系统、支撑系统。游憩是人类生活中与这五大系统都存在着极为紧密的联系的一个组成部分。从广义的角度来看，在某种意义上，游憩系统正是换一个角度来看的人居环境系统（图2-1）。

从自然系统来看，人们的游憩活动本身与区域环境、生态系统、生物多样性保护、自然环境保护等相关方面是密切联系的。良好的生态环境是提供良好游憩环境的前提条件。更重要的是，由于接触自然是今天生活在城市中的人游憩的一个重要内容，因此，对于城居者而言，游憩比起工作、日常家务等其他活动与自然系统有更紧密的联系。事实上，在人居环境的最核心区域——城市——中，绿色空间与游憩的空间在很大程度上是叠合在一起的。

从人类系统来看，游憩的需求是“人类的基本需要”，游憩已经成为人类生活中越来越重要的部分，它最集中体现人们的生活质量，也最清晰地表达出人们的身心状态。

从社会系统来看，人们在游憩活动中的交往是形成人与人之间的相互关系网络的重要条件，它的发展本身与社会的制度、文化、福利、意识形态等等内容密切关联。

从居住系统来看，游憩空间本身是人们生活的空间之一，游憩空间的良好组织是使人们能获得良好的游憩机会、使人们在游憩活动中感受人情味的重要保障。

① 王鹏. 城市公共空间的系统化建设. 南京：东南大学出版社，2002. 9

“人居环境研究的一个战略性问题就是如何安排共同空地（即公共空间）和所有其他非建筑物及类似用途的空间”①，而这些空地大体上就是“游憩空间”。

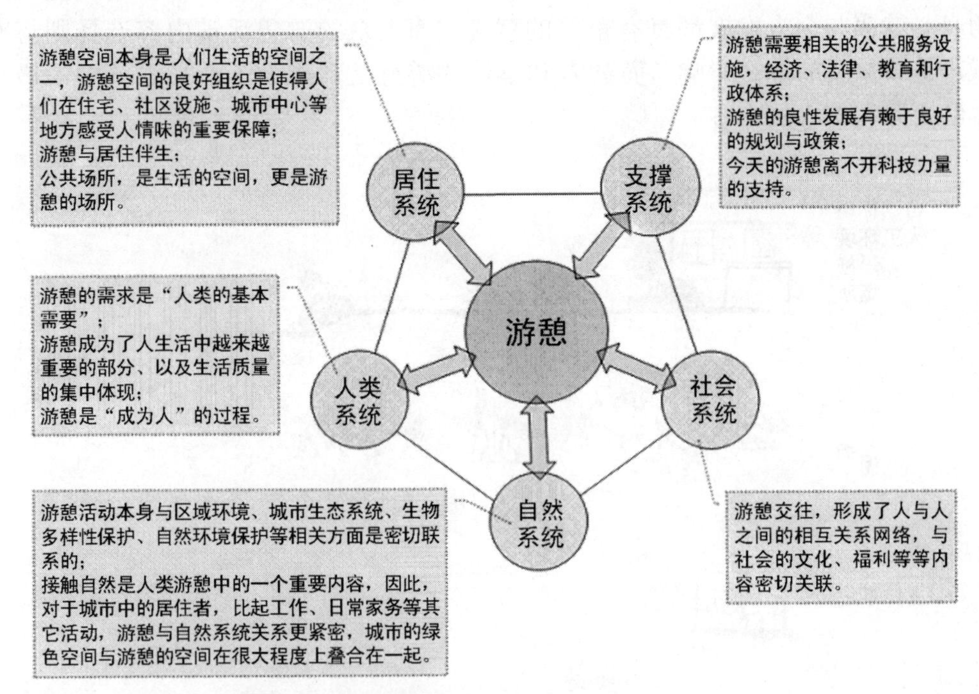

图 2-1　广义的游憩与人居环境系统要素的关系②

从支持系统来看，现有的多数公共服务设施，都为游憩做出了贡献；游憩的发展带动了服务的发展，而它同时也给公共服务提出了更新更高的要求。

因此，当我们从一个更宽泛的视角来看游憩的时候，我们真正审视的是人居环境这个巨系统。在广义的层面上，游憩质量的提高意味着人的生活水平和质量的提高，人们有更多的愉悦和更强烈的幸福感，每个个体的人也有更好的发展；而各方面游憩条件的改善意味则着人居环境各系统状况的改善，人与自然、社会达到高度的和谐。

2.2.2　游憩系统构成分析

换一个角度，从一个适于研究、具有可操作、却又不至过于狭隘的层面来分析游憩系统，我们可以大体梳理出人居环境中的游憩系统结构（图 2-2）。

首先，游憩是人的一种行为活动。“人”作为游憩活动的主体毋庸置疑是游

---

① 吴良镛. 人居环境科学导论. 北京：中国建筑工业出版社，2001. 45

② 图片来源：笔者绘制

憩系统中最基本的部分。

其次，由于每个人的具体条件不同，游憩的需求不同，游憩活动的内容也存在根本的区别，因此形成了丰富多彩的游憩活动体系。游憩活动的质量对人的身心健康与个人发展都具有重要的意义；而大众的游憩活动内容选择则将对城市造成重要的综合影响。游憩者和具体的游憩活动成为了游憩系统中的最基本的要素和核心的内容。

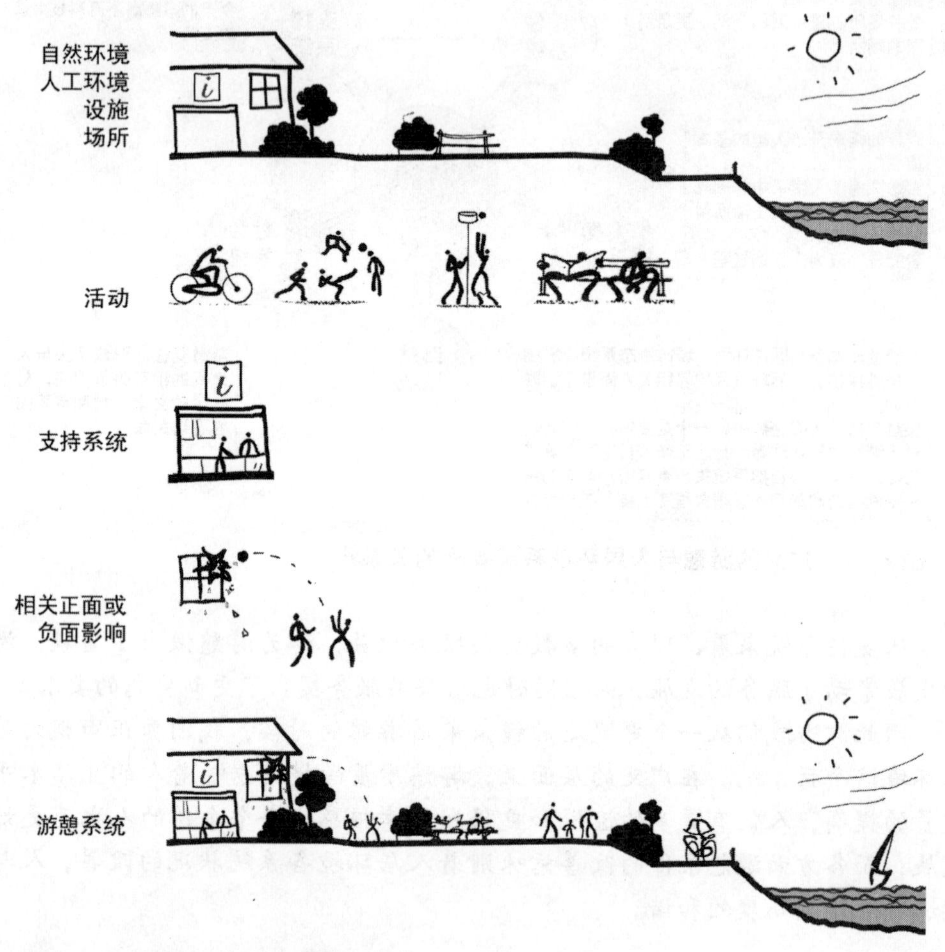

图2-2　游憩系统基本要素构成①

第三，人们的任何游憩活动，都是发生在某些特定的环境中的。游憩活动的开展需要有相应的地点——无论其具体是在室内还是室外、在市区还是郊区、是陆地还是水域；同时，游憩也需要一些具体的公共设施，如：网球场、足球场、博物馆、剧院等。这些设施的存在是使得某些类型的游憩活动得以开展的前提。除了作为承载活动的空间功能之外，游憩场所建设还具有重要的文化和

① 图片来源：笔者绘制。

精神方面的意义。一个成功的场所营造，往往可以给人带来心灵和精神方面的享受与升华；反之也可能让人身心疲惫。游憩场所与设施状况好坏，是直接影响人们日常游憩质量的最基本条件，甚至有研究认为：狭义的游憩系统就是"游憩地、游憩设施与游憩空间"①。游憩的物质空间系统是多数游憩规划研究中所关注的最主要对象，也是人类文化发展和"宜居"与否的重要体现。

第四，游憩的开展离不开与游憩相关的服务，细致的服务可以大大方便人们的游憩、丰富人们的选择。在物质空间资源有限的情况下，采用优化服务的方法，可以克服一些"硬件"方面的不足，带来更好的游憩效果。

第五，为了解决游憩发展中面临的诸多问题、更好地发挥资源的效率、利用游憩的综合效益为整体发展服务，还需要为游憩活动的开展提供相关的支持与引导，采取相应的经济手段、政策措施或者进行相关的规划，来引导游憩向人们希望的方向发展。游憩支持系统对游憩活动的质量具有重要的意义，它就像整个游憩活动的神经中枢，为游憩活动的健康有序和高品质起到了极为重要的作用。本书后面部分要研究的游憩战略和规划，就是游憩支持系统中重要的内容。

最后，对于游憩这样一个具有综合效益的事物，还应当突出强调其在生态、社会、文化、经济方面的正面与负面影响。游憩所具有的这些影响不仅仅是游憩活动的一个结果。相关的负面影响必须通过一定的措施加以避免；而一些正面的影响却是不可忽视的、应当加以综合利用的、对人居环境具有重要意义的综合发展力量。如：在历史街区的保护中，巧妙利用游憩的文化和经济影响，可以起到促进城市复兴的作用；而对于一片即将被城市扩张所蚕食的郊区湿地，巧妙利用游憩的综合影响，也许能起到保护湿地生态、增加城市游憩选择、增强城市环境特色、产生良好经济效益的"一举多得"的效果。

综上所述，一个完整的游憩系统大致应当包含这样6方面的内容，见表2－1。

游憩系统要素　　　　**表2－1**

内　容	说　明
1. 游憩者：人，人群	游憩主体 具有不同游憩动机和需求的个人和群体
2. 活动体系：游憩的具体类型与活动内容； 3. 物质体系：游憩资源、承载游憩活动的物质空间环境与相关设施； 4. 服务体系：为游憩提供的相关服务； 5. 支持体系：相关基础研究、经济、政策、规划支持等；	外部条件 对游憩质量 产生影响的主要因素
6. 综合影响：游憩给地方的经济、社会、文化、生态等方面带来的正面或负面影响。	影响与效果 作为人居环境发展中可积极利用的因素

① 俞晟．城市旅游与城市游憩学．上海：华东师范大学出版社，2003．14

2.2.3 各基本要素间的相互关系

如图2-3所示，游憩系统的不同要素之间具有密切的相互关联。其中：

（1）游憩活动是游憩系统中诸多要素的核心内容，游憩空间与设施、游憩的支持系统都是为游憩活动服务、并围绕游憩活动的需求和具体内容展开的；游憩的综合影响则由游憩活动直接或间接产生。

（2）游憩空间与设施是承载游憩活动的物质环境条件，是游憩系统成立的基础，它因游憩活动的需求而变化，反过来也将影响到游憩活动的质量；

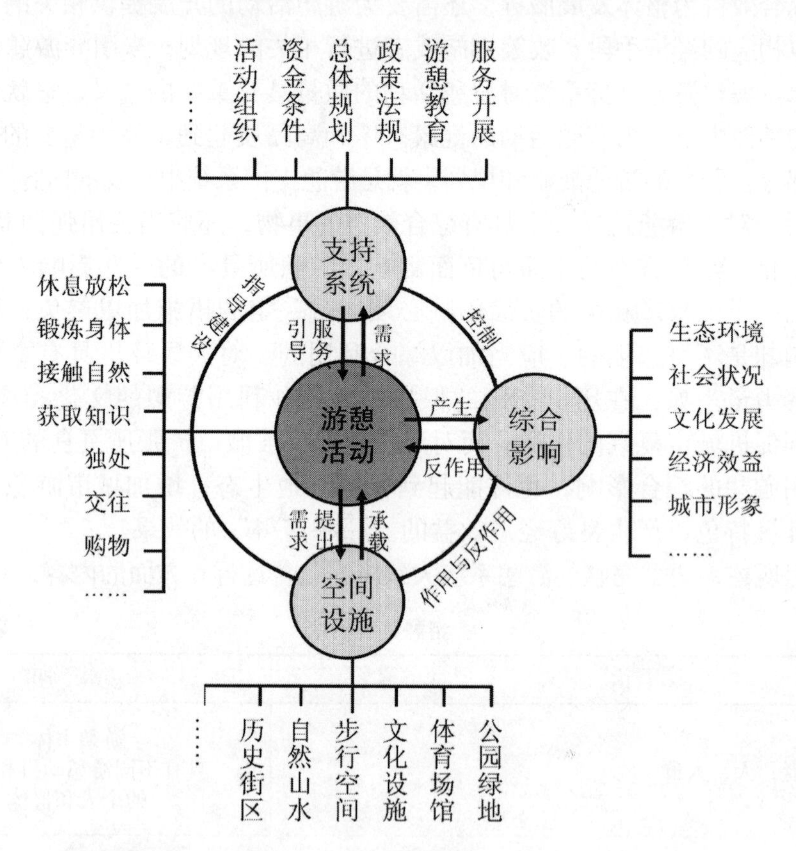

图2-3 游憩系统基本要素的相互关系示意①

（3）游憩支持系统为人们的游憩活动提供了更多的机会和选择，同时又是游憩活动得以良性发展的保障。它需要引导游憩活动的方向、保障游憩空间设施的供给，并通过相关的政策法规等手段来影响游憩活动的内容，从而左右游憩产生的相关影响。

① 图片来源：笔者绘制。

（4）游憩对经济、社会、文化、生态方面带来的影响是游憩活动的结果，也是相关游憩研究的意义所在。减少负面影响、积极发挥有益的综合效益，是游憩支持系统存在的根本目标。

2.3 对游憩系统质量评价的初步思考

在梳理了游憩系统的相关构成要素之后，还需要建立对这些要素的科学的评价体系。因为游憩系统本身是一个开放复杂的巨系统，因此，要对它进行整体而综合的评价并不容易——即便从狭义（游憩空间）上来进行都很困难。本节试图探讨的仅仅是游憩系统质量评价的一个初步的设想框架，目的在于更深刻地揭示每个要素的相关属性，明确整个系统良性发展所需要的、方方面面的注意事项。

2.3.1 游憩系统质量评价的两个层次和价值观引导

对人而言，游憩是具有层次上的差异的，其中的基础层次强调的是恢复体力、维系健康，而更高的层次则在于人的充分发展。有趣的是：这样的层次对人居环境同样适用。**——对人居环境而言，游憩首先是一种必要的功能，环境建设与发展应当为人们的活动提供必要的条件；而在更高的层次上，游憩是一种会对整个人居环境产生综合影响的力量，通过对游憩的引导和利用，可以更好地推动发展。**

从某种意义上说，这两个层次本身是不能截然分开的。一般而言，采取相关措施来满足人们的游憩需求的同时都或多或少会产生一些边际效应（side effect）。它可能是造成矛盾的缘起，也可能是解决问题的钥匙。如：在不同的具体情况下，游憩地建设可能会对地方的生态环境造成破坏，也很有可能会反过来优化地方的生态环境；游憩活动开展可能会导致某些人群的心理健康问题，也很有可能成为激发大众积极向上的力量，等等。但如果能够有意识地关注并运用游憩的这种综合影响力、对游憩可能产生的整体效果有一个大致的估计和总体的把握，游憩发展中的问题就会少一些，而正面的影响效果就会多一些。因此，对于游憩的评价体系建构，也需要在这个方面加以正确的引导。这就需要关注游憩评价的价值观问题。

由于“任何的评价都是需要建立在一定的价值观基础上进行”[①] 的，因此，游憩系统质量评价的具体因素及其权重的确定非常重要。从创造“理想人居环境”、建设“宜居城市”的高度来看，游憩评价的指标应当体现出可持续发展、以人为本、社会公平和公益性等最基础的方向引导。在制定相关评价指标的时候，应当对

---

① 孙施文，周宇．城市规划实施评价的理论与方法．城市规划汇刊，2003（2）：15－20

能够表达出这些价值观的因素给予更高的权重，并在整体的框架中加以综合权衡。

2.3.2 复杂系统评价的方法——AHP法

对复杂体系进行评价有多种模型与算法①，AHP法（Analytic Hierarchy Process，又称为层次分析法）是其中最常用的一种。该方法由美国Thomas L. Saaty教授在20世纪70年代首次提出，是一种将定性与定量相结合、把复杂问题分解为若干有序层次的系统分析方法。它按照重要性给予相关要素以一定的权重，可以较好地表达出不同元素的相对重要性次序。AHP方法主要通过专家判断进行相关指标的定量化，从而将人们对复杂系统的评价的思维过程数学化、系统化，并且便于人们接受，其所需定量的数据信息相对较少，是解决不确定问题的有效工具②。本书中选择AHP法，原因在于其具有清晰的表达系统的逻辑结构和相互关系的优势、具有一目了然的可读性而便于进一步的讨论与细化。

AHP强调评价内容的有序化，因此，从纷繁而且相互纠缠的内容中整理出具有代表性的关键要素，以有限的、但覆盖面较全的元素组合来做为评价的依据是评价中最为重要的过程之一。除了通过相关要素的分析导出对整个问题的综合结果之外，AHP的层次设定本身就代表了系统内部元素所存在的逻辑关系。

AHP法一般有4个基本步骤③：

(1) 对构成评价问题的目标、准则、标准、指标等要素建立多层次结构模型；

(2) 在多级递阶结构模型中，对属同一级的要素，用上一级的要素为准则进行两两比较后，根据判断尺度确定权重，并据此建立判断矩阵；

(3) 分层次计算元素的相对权重并进行一致性检验；

(4) 计算组合权重及检验。

2.3.3 游憩系统质量评价的综合框架建构

AHP框架是表达游憩系统结构的科学逻辑方法。按照AHP原则，笔者将游

---

① 评价类似的综合系统有多种方法和模型。由于数学、统计学、系统工程等方面的快速发展，可以进行定量评价方法还包括：模糊综合法、灰色聚类法、价值工程法、综合指数法、可持续发展指数模型、以及元胞自动机模型等。

吴承照，曹霞．景观资源量化评价的主要方法（模型）——综述及比较．旅游科学，2005．19（1）：32－39

② 以上参考：李昆仑．层次分析法在城市道路景观评价中的运用．武汉大学学报（工学版），2005．38（1）：143－147

③ 李昆仑．层次分析法在城市道路景观评价中的运用．武汉大学学报（工学版），2005．38（1）：143－147

憩体系发展质量的评价结构进行了梳理，如表 2－2 所示。

从这个评价结构的逻辑上看，前文中所分析的游憩系统要素——活动体系、物质空间与设施体系、服务体系、支持体系和综合影响——都有了进一步的评价因子。例如：数量与容量、布局合理性、安全性、可达性、服务范围与受益群体、舒适与美感、资源的内涵与价值这七个因素，是用来评价游憩的“资源、空间与设施配置条件”的内容；而对“游憩的综合影响”的评价，则进一步划分为生态、社会、文化、经济、形象等方面，而这些方面又有了更细一层的相关指标。

在 AHP 的框架中：对游憩系统发展质量综合评价 A 是体系构建的目标层；游憩条件提供与相关支持 B1 与游憩对城市的综合影响 B2 组成了准则层，这两个因素是评价目标 A 的基本方面。其中，B1 由空间与设施配置条件 C1、游憩活动开展 C2、相关支持系统 C3 三个方面体现；B2 由生态环境 C4、社会状况 C5、文化发展 C6、经济效益 C7、城市形象 C8 五个项目来共同完成，组成了标准层 C 的构架，而更多的相关指标 D 来完成对 C 中具体评价项目的定量与定性评价。

城市游憩发展质量综合评价的 AHP 模型层次结构表　　　　表 2－2

目标层	准则层	标准层	指标层	
城市游憩发展质量综合评价 A	游憩条件提供与相关支持 B1	资源、空间与设施配置条件 C1	D1	数量与容量
			D2	布局合理性
			D3	安全性
			D4	可达性
			D5	服务范围与受益群体
			D6	舒适与美感
			D7	资源内涵与价值
		游憩活动开展 C2	D8	市民主要休闲类型选择与闲暇时间分配
			D9	艺术文化与大众体育活动开展
			D10	城市节庆
			D11	社区活动组织
			D12	相关活动的参与度
		相关支持系统 C3	D13	基础调查研究的开展
			D14	相关 NGO 组织、志愿者团体与文化机构状况
			D15	资金条件
			D16	人力资源
			D17	游憩教育
			D18	政策法规与管理措施
			D19	相关规划与发展策略制定

续表

目标层	准则层	标准层		指标层
城市游憩发展质量综合评价 A	游憩的综合影响 B2	生态环境 C4	D20	游憩空间发展促使城市绿地数量与质量的增加（或减少）
			D21	游憩发展对城市生态廊道与动植物生境的保护（或破坏）
			D22	游憩地建设对城市蔓延趋势的控制（或加剧）
			D23	大众环保意识的增强
		社会状况 C5	D24	游憩引起的生活方式、行为的变化
			D25	大众生活水平与生活质量的提高
			D26	大众行为准则、价值观、信仰的影响
			D27	社会风气的变化
			D28	对区域平衡发展的影响
		文化发展 C6	D29	对地区教育状况的改善
			D30	人口文化素质的提高
			D31	新兴艺术文化培育和发展
			D32	传统文化艺术的传承
			D33	对物质与非物质文化遗产的保护、利用与发展（或破坏）
			D34	城市创新能力的提高
			D35	新技术的运用
		经济效益 C7	D36	游憩解决的人口就业数量
			D37	游憩对 GDP 的贡献
			D38	相关产业链的带动
		城市形象 C8	D39	对城市面貌的促进（或破坏）程度
			D40	地方认同感、自豪感和凝聚力的增强
			D41	良好的公共关系与城市口碑
			D42	城市知名度的提高

需要专门声明的是：游憩系统质量综合评价是一个具有多层次、多系统的复杂整体，因此，这里提出的 AHP 框架是笔者把系统中各种影响因素及层次关系明确表达出来的一个尝试。在这个表格中，指标层的一些元素的评价，还需要更下一层次的指标来加以支持。例如：对“空间与设施”中的“布局合理性（D2）”的评判，需要考虑其“空间网络连贯性、有效服务覆盖范围”的内容，而对“可达性（D4）”的评判，则需要继续深入地给予诸如：“标识系统、公交系统、步行系统、停车场、无障碍设施”等更进一步的指标。

2.3.4　AHP 框架综合评价的难点与进一步的工作

将 AHP 法引入游憩系统评价，本书进行的工作主要在评价框架建构的第 1 步，即对系统结构的梳理和模型建立上。但要真正地进行评价，还有海量的工作要做。对庞大的系统加以科学的评价本身就是一件复杂的事情。除了建立递阶层次结构之外，AHP 法还需要通过同一层次不同因素两两比较的方式确定层次中诸因素的相对重要性，按九级定标法对其进行赋值，然后根据所得数据通过计算机程序进行单排序及总排序计算，得到各因素的权重值。而且，尽管 AHP 模型在理论上有着精巧的构思及严格的数学证明，但“在实际运用过程中经常遇到诸如标度如何选择、判断矩阵不一致如何处理以及群组判断如何求权值更合理等问题。这些问题直接影响着评价结果的可信度和准确性，且无一定的模式可遵循”。因此，在权衡不同评价因素的权重和进行一致性校验时，必须掌握一定的技巧：包括“正确选择咨询对象以及足够的专家人数”，并合理掌握“定性判断的尺度”，并在一致性校验中采用优化的计算方法，等①。此外，对于一些难以进行直观判断的指标，还需要针对单项采用综合的计算机辅助评估的方法②。如：可达性指标 D4，仅仅依靠人的主观思考难免以偏概全，只有通过 GIS 技术和相关的数据库支持，才可能客观地进行判断、并赋予有效数值。

在 AHP 评价中，各指标的“可获得性”是其中另外一个难点。一种简化的技巧是通过调查问卷的方法，根据人们对某些方面的“满意程度打分”来对一些具有复杂内涵的指标元素加以评价与衡量。但如果评价的目的中包含了“找出问题的真正所在”，那就必须有更多、更细致的科学工作要做。

AHP 评价并非万能、有时甚至会因为过于庞大的层次结构和数据统计而变得没有意义，但它给我们开启了一个依靠数据来更科学地表达整体系统状况的途径。借助日益发达的信息技术，这项工作中的大量计算可以越来越多地交给计算机解决。但整体系统框架的建构毕竟还是需要人们来深入研究、思考与建构的，这是对游憩系统进行评价所迈出的第一步、也是最关键的一步。

总之，本书在此对游憩系统提出了一个最初步的评价结构，作为一种“抛砖引玉”的尝试，希望能够唤起人们对游憩评价的认知与重视。通过这个框架的建构，笔者想强调的是：**游憩功能的满足需要多方面的共同作用；而游憩对于人居环境的综合影响力亦不可忽视。因此，在游憩与人居环境的发展过程中，政策和规划应当注意这两者之间的相辅相成，要思考“发展注重游憩”的同时也要思考“游憩促进发展”，游憩的发展必须与地方的具体条件相结合，以更加健康的、更为有机的方式生长，带动城市在文化、经济、社**

① 牛学勤，赵中旺，李向国．AHP 模型实用过程中若干问题的考虑．石家庄铁道学院学报，1999．12（6）：19－22

② 关于可达性的相关计算方法，请参见以下两片文献：

（1）俞孔坚，段铁武，李迪华，彭晋福．景观可达性作为衡量城市绿地系统功能指标的评价方法与案例．城市规划，1999．23（8）：8－11

（2）宋小冬，钮心毅．再论居民出行可达性的计算机辅助评价．城市规划汇刊，2000（3）：18－22

会、生态等等方面的整体进步。在促进游憩发展的同时，应适当利用游憩的综合效益来对一些现存对矛盾与问题加以解决，利用游憩的综合效益来为地方整体发展服务。

2.4 游憩空间的发展历史及其相关要素研究

前文中已经提到：游憩空间因素是影响人们日常游憩质量的最直接也最基本的条件，因此往往成为游憩地理学和游憩规划研究中的核心部分。甚至有学者将狭义的游憩系统直接定义为“游憩地、游憩设施与游憩空间”。游憩空间对游憩发展的意义可见一斑。

快速城市化的进程和大众游憩需求的迅速增长，使游憩空间中城市建设中具有了特殊的重要性和紧迫性。游憩空间的缺乏也日益成为当前城市发展中一个极为严肃的问题①。因此，在游憩系统的各要素中，游憩空间应当成为一个研究的重点，本节中将对中西方游憩空间的历史发展进行梳理和对比（尤其是对古代游憩空间的对比），从中得出对今天的游憩空间体系建设和发展的启示。

2.4.1 人类游憩空间演变的整体概述

从整体上看，人类游憩空间的发展演变大体包含了两条特征明显的脉络，第一条是公共的游憩空间体系的发展脉络；第二条是非公共的游憩空间体系演变的脉络，东西方的这两条脉络相互交织与融合，形成了丰富而有趣的游憩空间的体系与内容。

如图2－4所示，游憩空间发展的大致过程如下：原始人类最初的游憩空间中已出现了朦胧的公共空间和非公共空间的区别，但在后来的发展中，由于文化哲学上的分野，东西方游憩空间的发展走上了两条完全不同的道路，相比而言，东方古代游憩在非公共空间的领域得到了较强的发展，而公共空间则处于发展的弱势，显示出相对内向的性格；西方古代游憩空间则以公共空间主导，显示出相对外向的特征。进入近代以后，随着我国整体的经济文化发展处于弱势，西方公共游憩方式开始舶入中国，我国一些地区开始出现具有西方特色的游憩场所。现代以后，随着城市化的发展和人口的增加，属于非公共空间的庭院园林在整个游憩空间中的比重越来越少，而家庭室内的游憩功能在娱乐技术的支持下变得重要，公共空间的体系在进入现代之后发生了巨大的变化，从人居环境的角度上看，这些公共空间成为了游憩空间的主流。

---

① 详见第3章中的相关内容。

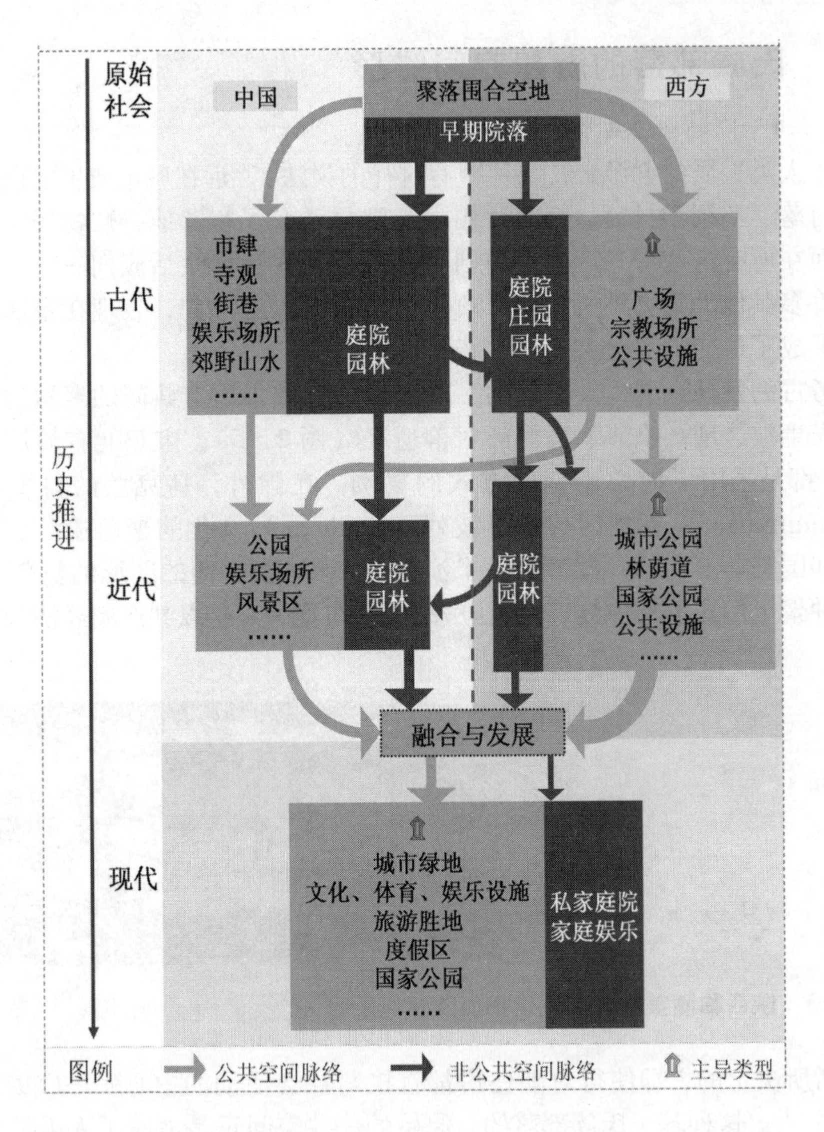

图 2-4　游憩空间发展脉络示意①

在整个游憩空间的发展过程中，公共空间与非公共空间的界限有时是模糊的，发展中更是有许多相互借鉴、相互渗透、相互融合的过程。值得强调的是：尽管全球化的过程使得东西方公共空间的类型趋于一致，但在空间具体设置和风格设计方面，依然渗透、也应当渗透其各自原有的文化内涵。游憩空间历来是体现民族文化和精神的场所。它必须从其文化的根源中，寻求现代的表达。

① 图片来源：笔者绘制。

2.4.2　氏族部落的游憩空间雏形

2.4.2.1　广场：公共游憩空间的萌芽

对于人类聚居的起源，芒福德曾有这样的说法："远在城市产生之前就已经有了小村落、圣祠和村镇；而在村庄之前则早已有了宿营地、贮物场、洞穴及石冢；而在所有这些形式产生之前则早已有了某些社会生活倾向——这显然市人类同许多其他动物物种所共有的倾向"①。这种社会倾向，表现在聚居的空间中，就形成了最初的"公共空间"模式。

从考古的发现来看，人类最初多以围合的方式来建造共同的聚居地。在我国，西安半坡遗址、临潼姜寨仰韶村落遗址（图2－5）、宝鸡北首岭原始村落遗址②，都是采用了向心围合的方式的案例。在国外，乌克兰的科罗米辛那（Коломийщина）新石器时代特里波列（Триполь）文化的聚落遗址、非洲扎伊尔共和国基乌（Kivu）湖畔的一个渔村③，印第安部落的圆形的村落④等等，都是这种聚居形式的集中体现。"住房的环形布置……是以共产制经济为基础的

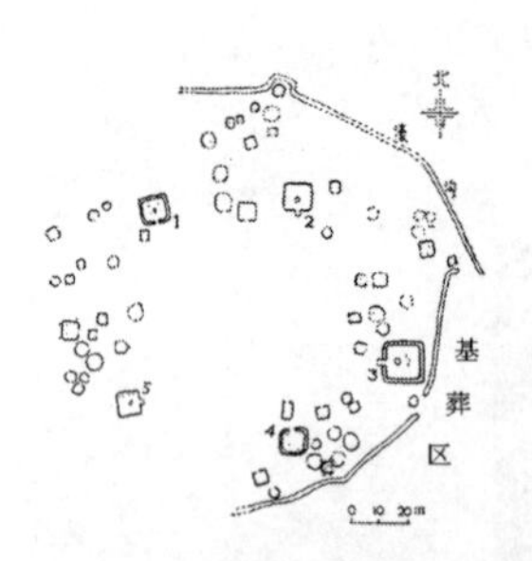

图2－5　陕西临潼姜寨村落遗址平面及复原图⑤

集体生活所决定的，即使得对隅住房都直接与社会活动的中心——广场，有方便的联系"⑥。这种基于氏族部落的、原始的公共空间正是适应了人类社会早期集体劳动的生活方式的一种介于本能和自发而形成的居住形式。中心空地的用途，从现在一些原始部落的情况看，大体包含了集体劳作、交流、舞蹈、宗教

① ［美］刘易斯·芒福德. 城市发展史. 倪文彦，宋峻岭　译. 北京：中国建筑工业出版社，1989. 2

② 陕西考古学会. 陕西考古重大发现（1949～1984）. 陕西人民出版社，1988. 16－17

③ 西安半坡博物馆. 半坡仰韶文化纵横谈. 北京：文物出版社，1988. 47

④ ［前苏联］柯斯文. 原始文化史纲. 张锡彤　译. 北京：生活·读书·新知三联书店，1957. 119

⑤ 图片来源：王克林，陈哲英. 山西旧石器时代文化　山西新石器时代文化. 山西古籍出版社，1999：34.

⑥ 西安半坡博物馆. 半坡仰韶文化纵横谈. 北京：文物出版社，1988. 47

活动等方面。而这种空间——“广场，喻示着公共性”①。

有时候，氏族村落中间会出现一些不同与普通住宅的“大屋子”，被猜想为首领的房子、仓库、宗教建筑或公共活动建筑等见图 2-6。这样，中心广场成为了室外公共空间的原型；而“大屋子”，则大体被推测为“公共建筑”和“室内公共场所”的原型。

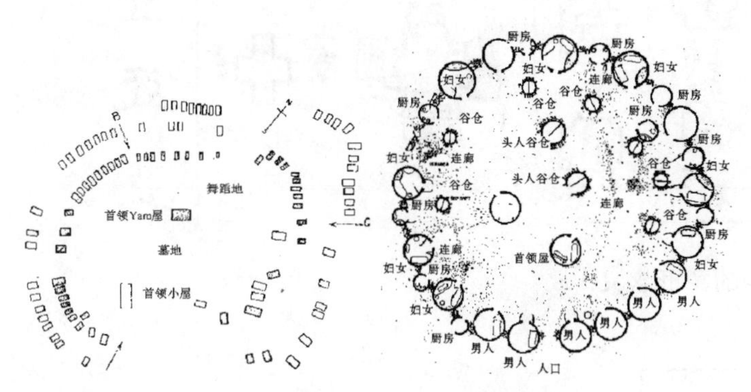

（*a*）新几内亚 Tro briand 岛 Omarakana 村平面示意图
中心作为墓地、舞蹈地和首领小屋

（*b*）非洲喀麦隆雅瓜（Yagoua）群落平面图
中心地作为谷仓和首领屋

（*c*）非洲喀麦隆毛斯圭姆（Mousgoum）群落平面
中心地是首领住屋和贮存

图 2-6　不同民居群落中心的不同用途②

2.4.2.2　庭院：非公共游憩空间的开始

庭院的起源或许与祭祀等活动有关，因此，它可能最初源于公共用途。根据任军的《文化视野下的中国传统庭院》的分析，中国象形文字，尤其是“亚”字中提供了一些庭院最初发展的线索。如图 2-7 所示，“‘亞’形中隐藏着传统庭院起源的秘密。……古文字学家普遍认为‘亞’形为古代建筑之象形。‘本像四室相对，中为庭守之开’”③。

无论庭院最初是否源自公共用途，随着阶级的产生和发展，氏族逐渐瓦解，它表现出“私有”的倾向，昭示了“家庭”意识的觉醒。进入奴隶社会之后，以家庭为主的庭院得到发展。在中国，我们可以从许多出土的遗址中看到这种空间存在。从考古发掘的证据上看，早在公元前 11 世纪～前 771 年的西周时代，我国已经出现了最早的严整的四合院实例（图 2-8）。

① 朱文一. 空间·符号·城市：一种城市设计理论：[博士学位论文]. 北京：清华大学建筑学院，1992，11：92

② 图片来源：荆其敏，张丽安. 世界传统居民——生态家屋. 天津科学技术出版社，1996：116，118，119.

③ 任军. 文化视野下的中国传统庭院. 天津：天津大学出版社，2005. 165

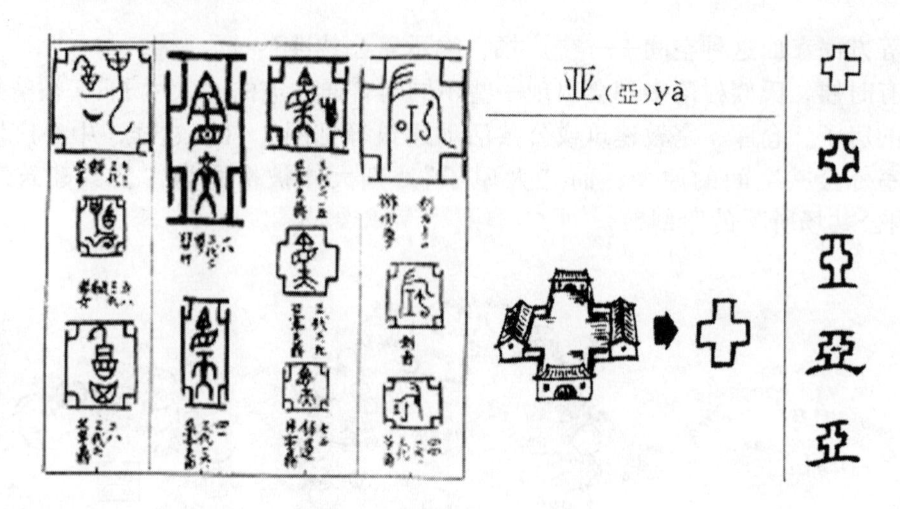

图 2－7　“亞”字的象形含义①

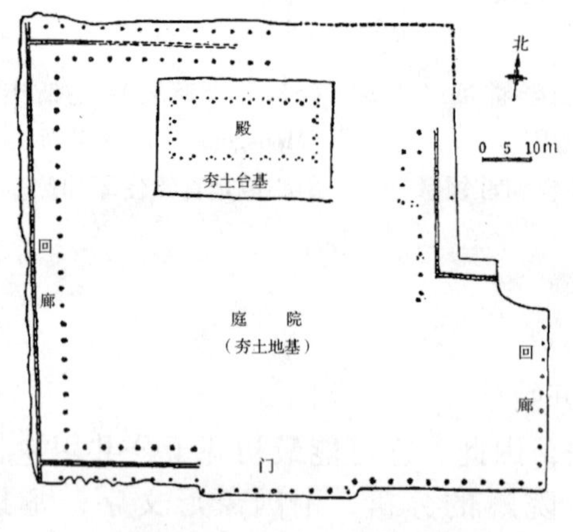

（*a*）河南偃师二里头二里头文化晚期宫殿建筑基址平面图（夏商时期）

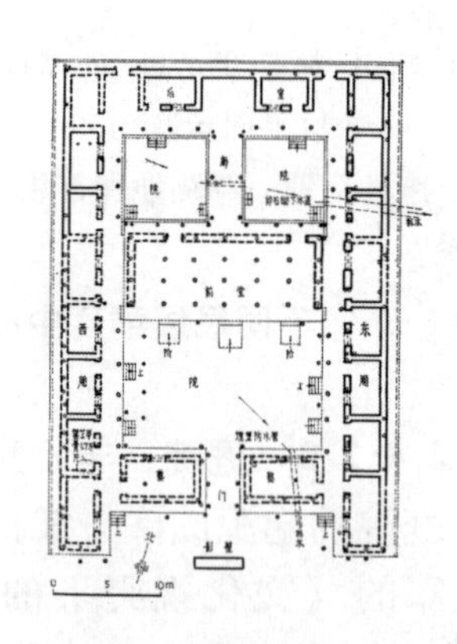

（*b*）陕西岐山凤雏西周早、中期第 1 号房基平面图

图 2－8　我国早期庭院式建筑遗址示例②

无独有偶，许多其他的古文明中也同样孕育出了具有自身特色的院落形态。古埃及底比斯的阿克塔顿城的富人住宅中，出现了比较完整的庭院建筑类型见图 2－9。在卡洪城（Kahum），这种由宽敞豪华的院落作为基本单元的模式成为了当时（约公元前 1900 年）富人们的选择，而城市也因此形成了特殊的肌理与格局。

庭院，使得以家庭为单位的生活可以几乎在一套建筑内完成，居住、游憩、甚至生产：在阿克塔顿城的富人住宅院落中，就包含了一定耕种的功能。

① 图片来源：任军. 文化视野下的中国传统庭院. 天津：天津大学出版社，2005：165.

② 图片来源：北京大学历史系考古教研室商周组. 商周考古. 文物出版社，1979：25，182.

相比起原先在氏族部落中形成的公共空间，这种形态使得家庭或家族得以相对独立。因为院落是“与外部世界隔绝的”，“它充满了生活的内容，因而它是个人的、‘自己的’空间。……在这里感受到比其他地方更多的安全感、舒适感——‘居家感’。……作为基本社会单位的家迈进巨大的、复杂的人类社会的第一个台阶”①。相比起广场，庭院突出地具有一种“领域属性”。

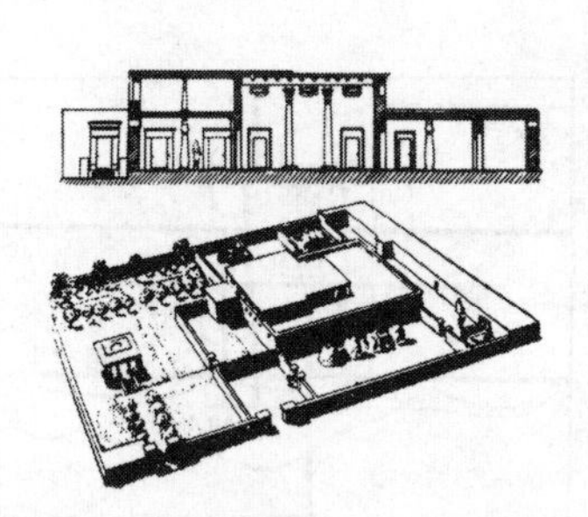
(a) 阿克塔顿城富人住宅庭院

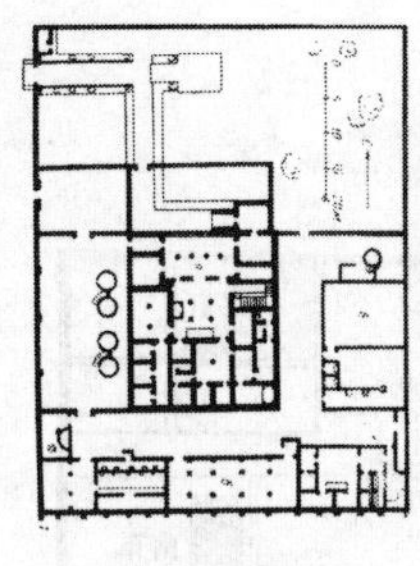
(b) 住宅平面

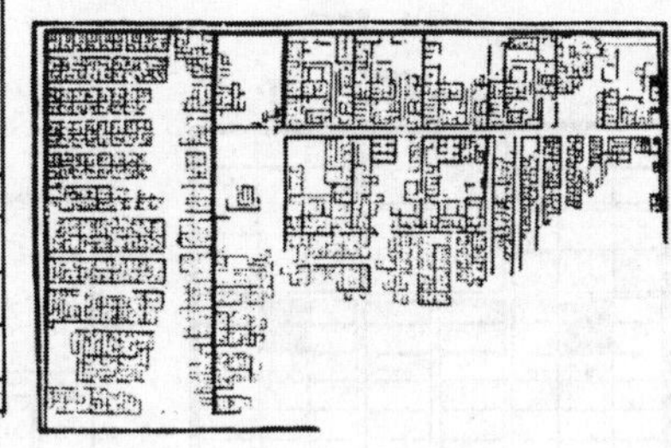
(c) 卡洪城平面

图2-9　古埃及庭院住宅及城市肌理图②

2.4.3　中国古代游憩空间的要素分析

2.4.3.1　市肆、寺观、街巷、娱乐文化设施、自然山水资源——中国古代公共游憩空间要素

1. 以商业功能存在的城市公共空间——市肆的发展

刘易斯·芒福德曾经指出：“大概在所有城市市场中，消息和意见的交流都与货物的交流有着同等重要的作用……市场作为人际交往与社会娱乐的功能都一直没有完全消失”③。中西方的游憩公共空间发展无不如此。事实上，由于封建中国的政治体制曾极大限制了其他公共空间和公民场所的发展，因此，商业空间在中国古代城市游憩中具有相对更为重要的意义。

在中文中，“城市”一词的表示两个不同的概念。“城”是防御的功能；“市”是人们聚集起来进行商业活动而的地方④，是进行贸易的公共空间。换句话说，城市本身就是因为其具有防御功能和公共空间而存在和发展起来的。

从我国的城市历史来看，“市井”从来就是古代老百姓重要的商业与公共

① 朱文一. 空间·符号·城市:一种城市设计理论:[博士学位论文]. 北京：清华大学建筑学院，1992. 11：93

② 图片来源：罗小未，蔡琬英. 外国建筑历史图说. 上海：同济大学出版社，1995：13.

③ [美] 刘易斯·芒福德. 城市发展史——起源，演变和前景. 倪文彦，宋俊岭　译. 北京：中国建筑工业出版社，1989. 114

④ 注：城市的起源有多种说法，以“市”为源的是其中的一种。就中文“城市”一词的来源看，城是防御之用；市为商贸之用。此外，“宗教”也会在特殊的情况下形成城市。

交流场所。“古未有市，若朝聚井汲，便将货物于井边买卖，曰市井”①。而到《周礼·考工记》时，“市”已经成为了城市建设和管理的制度：“左祖右社，前朝后市，市朝一夫”。从西周至春秋战国，乃至到唐代，我国古代城市沿用了这种“市”的建设方法和手工业者列“肆”经营的商业模式，“市”作为重要的商业活动中心和公共空间在城市中确定下来（图2-10）。

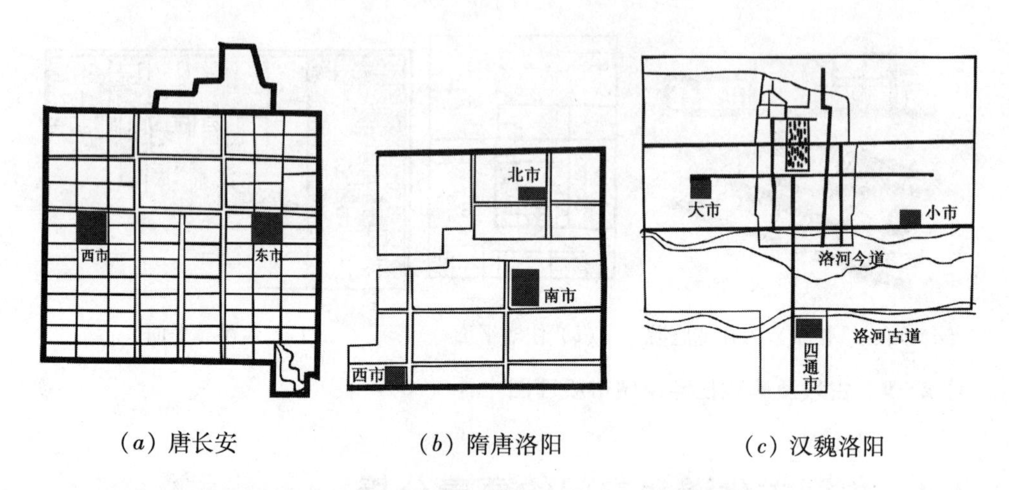

（a）唐长安　　（b）隋唐洛阳　　（c）汉魏洛阳

图2-10　我国古代城市商业市肆分布②

宋代以前，由于城市建设采用了坊里制度，公共空间极为缺乏，因此，虽然“市”不大、商业活动也有一定的时间限制，但却往往成为城市生活中最具活力的元素。随着商业发展和交流的扩大，城市的商业活动已经无法仅仅依靠几个“市”来满足，因此，到了唐代，在“市”之外，大街小巷也出现了许多的服务性的商业店面。如：“长安虽有东西两大市，但酒店早已突破两市，发展到里巷郊外。从春江门到曲江一带游兴之地，沿途酒家密集”③。商业也冲破了原有的时间限制，开始有了夜市。中唐诗人王建《夜看扬州市》诗云：“夜市千灯照碧云，高楼红袖客纷纷，如今不是时平日，犹自笙歌彻晓闻”。可见当时夜市已颇具规模。之后，越来越繁荣的商业活动和游憩生活终于在宋朝冲破了坊墙，市井开放的时间约束取消，城市逐步形成了沿街开放的商业街形式，并在人流集中的道路交叉路口形成了闹市，如明清北京就在东单、西单、东四牌楼、西四牌楼、鼓楼前门及珠市口等处形成了多处商业中心（图2-11）。从当时绘制的一些描写道路场景的图画中可以看出，在没有机动车为主要交通工具的年代，商业街道其实就是人们交往、寒暄和儿童玩耍的地方（图2-12）。

① 参考：吴承照．现代城市游憩规划设计理论与方法．北京：中国建筑工业出版社，1998．61

② 图片来源：董鉴泓．中国城市建设史．北京：中国建筑工业出版社，1989：171．

③ 张先成．中华酒楼．http://qiwa.smx.com.cn/yswh/jdwh/ShowArticle.asp?ArticleID=389．

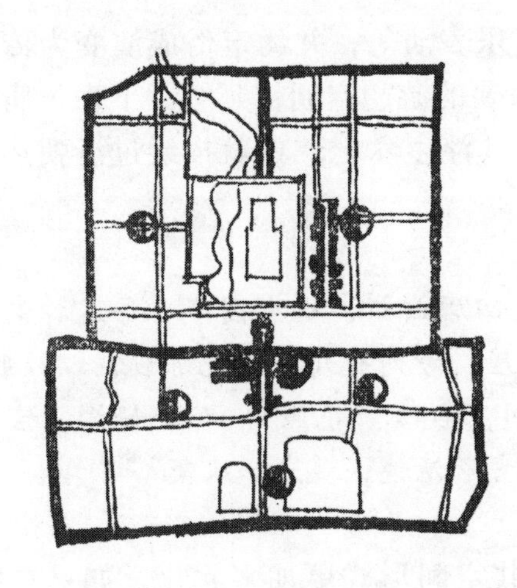

(a) 商市与商业区

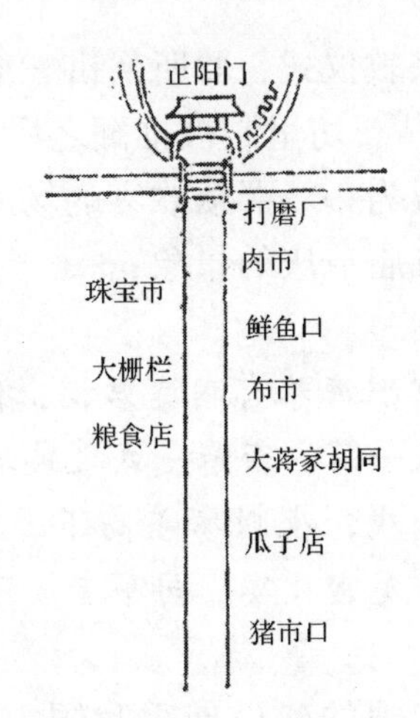

(b) 乾隆时期前门外大街商业市场分布

图 2-11　明清时北京主要商市分布示意①

图 2-12　清代前门大街图②

2. 以宗教功能存在的公共空间——寺观的发展

东汉时期，随着佛教传入、道教形成，佛寺、道观开始大量出现于城市，逐渐成为人们重要的公共空间和游憩场所。

在实施坊里制的历史中，市民阶层的游憩和交往活动空间是极为有限的。因此，当作为信仰中心的寺观在坊里之间建设起来后，人们很自然地开始利用这些难能可贵的公共区域渗透人与人的交往，使其最终成为具有丰富游憩内容的空间。"寺观与市井的结合形成了集祭祀、娱乐、商业、消闲于一体的庙会活

① 图片来源：董鉴泓. 中国城市建设史. 北京：中国建筑工业出版社，1989：172

② 图片来源：林岩，黄燕生等. 老北京店铺的招幌. 北京：博文书舍，1987：彩图版

动，宗教仪式、聆听俗讲、商人设摊、娱乐表演等，并约定俗成演变为传统的节日”①。坊里制被推翻之后，寺观作为重要的游憩空间被延续了下来，庙会之时更成为一场群众欢宴的场所。沈复在其《浮生六记》中就描绘过清朝热闹非凡的寺庙节庆的景象：

“醋库巷有洞庭君祠，俗呼水仙庙。回廊曲折，小有园亭。每逢神诞，众姓各认一落，密悬一式之玻璃灯，中设宝座，旁列瓶几，插花陈设，以较胜负。日惟演戏，夜则参差高下，插烛于瓶花间，名曰‘花照’。花光好影，宝鼎香浮，若龙宫夜宴。司事者或笙箫歌唱，或煮茗清谈，观者如蚁集”②。

寺观的建设使得我国古代城市的公共空间形式更加多元化。如：在我国漫长的封建社会中，“广场”多是受到压制的空间形态，但为庙会之用，许多庙前都保留了广场的空间；庭院与园林多是家庭或者少数统治阶级的私家领域，但在寺观中却成为了市民重要的游憩公共空间。我国古代的寺观园林可分为两类，一是在城市中；二是在自然山水中。在城市中建设的寺观园林是城市居民重要的精神领域、聚会场所和“公共游憩空间”。而在城市以外的山野修建寺庙和道观则逐步形成了城市外围的宗教胜地和游憩地。“天下名山僧占多”，在山野幽静清寂之所，晨钟暮鼓与松涛鸟语交鸣并响，名山古刹相得益彰。寺观的建设创造出人工与自然的绝妙配合。最初为静心之人所修建的静谧之地，却往往伴随着道路的开凿、前来朝拜的信徒的增加而逐步演变为宗教胜地和郊野名胜区。城市内外的游憩空间因此密切联系在了一起。

3. 以交通功能存在的公共空间——街巷的发展

在坊里制度解除以后，沿街商业的兴起，街道除了具有交通功能之外，也开始成为城市中重要的线性的公共游憩空间，前文中关于清代前门大街的图已经非常清晰地表达了这一点。而在街道与家庭居住的宅院之间，巷道作为一个半公共的过渡区域，也逐渐演变为邻里之间相互交流的场所（图2－13)。

随着街道的公共意义逐步增强，其中容纳的商业和游憩内容越来越丰富之后，城市道路的景观和绿化开始受到重视。据《东京梦华录》载：

坊街御街，自宣德门一直南去，约阔二百余步，两边乃御廊，旧许行人买卖其间，自政和间官司禁止，各安立黑漆杈子，路心乃安朱漆杈子两行，中心御道，不得人马行往，行人皆在廊下朱漆杈子以外，杈子里有砖石瓷砌御沟水

① 吴承照. 现代城市游憩规划设计理论与方法. 北京：中国建筑工业出版社，1998。64
② ［清］沈复. 浮生六记. 南昌：江西人民出版社，1980. 11

两道，宣和间尽植莲荷，近岸植桃李梨杏，杂花相间，春夏之间，望之如绣①。

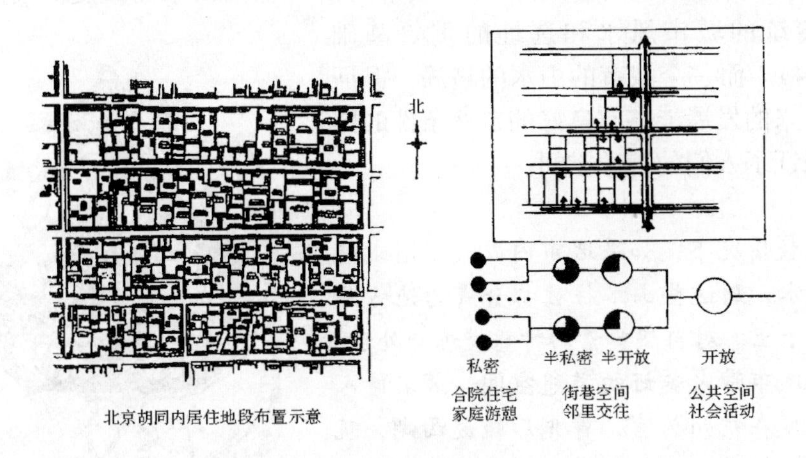

图2-13　街巷空间体系及其结构简图②

道路空间在城市游憩功能中扮演了重要的角色。此外，许多道路的节点，如：城门口、渡口、桥头等，也往往成为汇集商业与游憩活动的场所。

4. 以娱乐文化为主要功能的公共场所——公共设施的发展

坊里制度的瓦解也带来了勾栏、瓦子等游乐场所的涌现，市井文化因此得到了更大的繁荣。"宋东京瓦舍主要分布在里城四周的城门口处，大者可容纳观众数千人；临安城有瓦舍25座，其中规模最大的瓦舍有构栏13座。……南来北往的各路商客'终日居此，不觉抵暮'"。瓦子构栏中盛行各种活动和演出，杂技成为其中重要的内容。一些专门的休闲场所，如茶馆、酒楼等也蔚为风气。"《津沽春游录》载：'商肆之多且盛者，首推酒席馆，茶店、鞋店次之'"。此外，学校、书馆增加，东京"有三馆（昭文馆、史馆、集贤馆），藏书8万卷"③。

5. 自然文化资源带动的游憩空间——山与水

"仁者乐山、智者乐水"。中国人对山水的喜好和追求几乎是与生俱来的。我国的山水游憩历来具有强烈的精神文化特性，使其区别于单纯的景致而成为"人化山水，文化山水，诗画山水，情化山水"。这在前文对东方游憩传统的相关研究中已经阐述过。

从空间的角度来看，城市中的山水，一般来说都很自然地成为人们游憩的场所；而城市外的山水，尽管有城墙为界，却也承载了人们许多的生活内容。游憩历来是沟通城市与乡村、城市与自然的重要途径。山水空间通过人们的游

① 董鉴泓．中国城市建设史．北京：中国建筑工业出版社，1989．61

② 图片来源：吴承照．现代城市游憩规划设计理论与方法．中国建筑工业出版社，1998．68

③ 吴承照．现代城市游憩规划设计理论与方法．北京：中国建筑工业出版社，1998．63-64

憩活动与城市精神联结在一起。在对山水的品味和体察中，通过人们心灵和自然的交融，城市被赋予了新的精神，城市的格局也因山水而改变。山形水势，是我国传统的城市风水和选址的重要基础（图2－14）。而一个城市的山水的格局，保证了城市未来的发展能够有良好的自然条件的同时，也保证了人们的游憩空间。

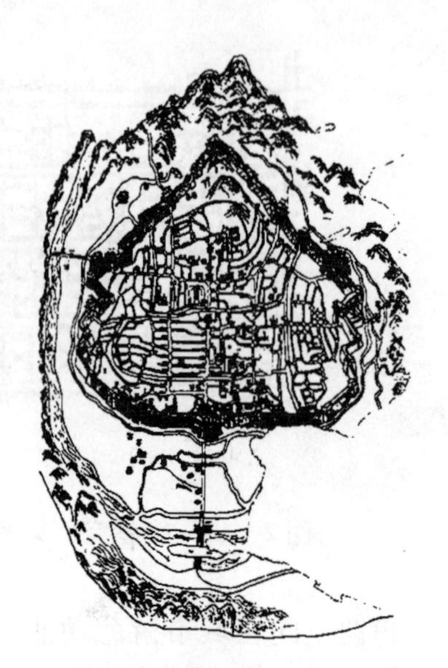

图2－14　清朝嘉庆年间绘制的福州城传统城市山水格局图①

在多数情况下，如果城市内或城市附近能够有山有水，则这些山水往往都会成为地方居民的游憩乐土。对自然要素的特意提炼与处理，也可以为城市带来美好的游憩空间：著名诗人苏东坡两度在杭州为官，曾先后疏浚西湖，筑苏堤，修石灯塔，造各种亭台，形成了历代著名的西湖风景区。而唐长安城东南隅曲江，也形成了游者如云的风景名胜区。"平时可供居民游赏，春天踏青禊饮，秋天重阳登高，天旱祈雨，都可在曲江进行。各官府在江边设有休息观赏的亭子。……每逢盛会，轰动长安，城中居民，几乎半空，各种买卖行市，罗列江边，车马填塞，热闹异常"②。

2.4.3.2　庭院与园林③——中国古代非公共空间要素

我国古代城市的公共空间在历史中无疑是在不断的进步和发展的，但是，在整个封建礼制的统制环境下，城市的公共空间总的来看是受到压制的，这些空间对于城市居民的生活来说远远不够，因此，另外一些非公共的游憩空间，以家庭为主的、伴生于居住的庭院空间以及不同类别的园林空间等，在我国古代得到了长足发展。

1. 生活与心灵的空间归属——庭院

在中国的文化中，庭院不仅仅是一种居住空间与游憩空间伴生的现象，更不止是采光和通风的物理作用，它已经成为了人们可以交付身心的理想天地。

---

① 图片来源：吴良镛先生提供。

② 中国建筑史编写组. 中国建筑史. 北京：中国建筑工业出版社，1986. 134

注：关于曲江盛况，杜甫就有两首《曲江对酒》来描写：

其一：一片花飞减却春，风飘万点正愁人。且看欲尽花经眼，莫厌伤多酒入唇。江上小堂巢翡翠，苑边高冢卧麒麟。细推物理须行乐，何用浮名绊此身。

其二：朝回日日典春衣，每日江头尽醉归。酒债寻常行处有，人生七十古来稀。穿花峡蝶深深见，点水蜻蜓款款飞。传与风光共流转，暂时相赏莫相违。

③ 这里的庭院与园林不包括具有公共性质的寺观园林。

这种概念扩大到不同的范围，形成了东方特有的生活艺术哲学。

我国汉代出土的许多画像砖和明器是集中表达来古人对“庭院”的特殊情感的证据。在成都出土的东汉画像砖所描绘的庭院（图2－15（*a*））中，主人盘坐在开敞的屋内，一边欣赏仙鹤翩翩起舞，一边与友人高谈阔论。庭院中鸡犬相闻，还有仆人洒扫。俨然是超凡脱俗的理想生活场景。而郑州出土的“庭院”画像砖（图2－15（*b*）），则表达了庭院中人们活动的场景。后院廊下有人抚琴，而前面院子里的儿童却在快乐的游戏。汉代出土的许多明器也非常清晰地反映出同样的思想来。在明器“庭院”（图2－15（*c*））中塑造的是一个典型的院落，院子有大门，门内趴着一条狗。院内有居室，有猪圈（圈中有猪一头），有望楼，有谷仓。这些画像砖和明器中所表现出来的，活生生是庭院中充满文化与理想的生活游憩场景。在中国的文化背景中，庭院不仅仅是一个人们进行日常活动的地方，也是心的空间归属。

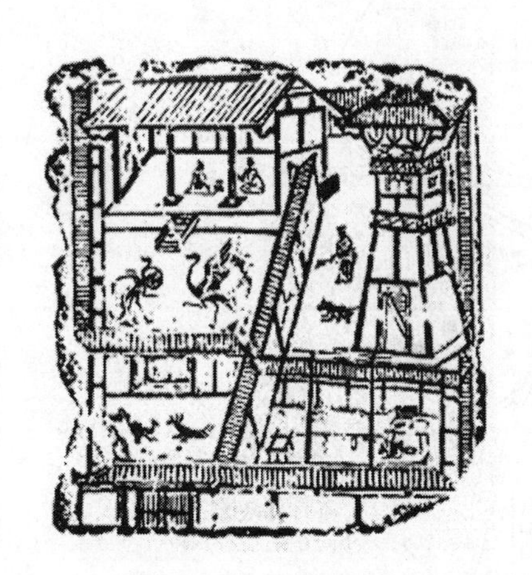

（*a*）成都出土东汉画像砖所示宅院　（*b*）郑州西汉“庭院”画像砖　（*c*）汉代出土的庭院式明器

图2－15　汉画像砖表现的庭院场景①

2. 自然与人工的景物升华——园林

相比起庭院，风景园林更有一种人与自然交融的意境。中国的园林大体分为三种类型：皇家园林、私家园林和寺观园林。其中皇家园林和私家园林是少数统治阶层、文人墨客的游憩场所；而寺观园林则具有公共性，是我国古代公共空间的一种重要形式（前文中已经对作为公共空间的寺观园林进行了分析，这里主要来看皇家园林和私家园林）。

---

①　图片来源：a图：中国建筑史编写组．中国建筑史．北京：中国建筑工业出版社，1986．117．b、c图：http：//download．21manager．com/printpage．asp？BoardID＝99&ID＝51602

皇家园林的出现可以上溯到商、周时期，周代都城丰镐的灵囿、灵沼、灵台也就是最早的宫廷园林的萌芽，发展至今已有3000多年的历史。此后，从战国时期吴王阖闾的姑苏台、秦汉时期的苑囿，到明清的颐和园、避暑山庄，随着历史的演进不断地完善、成熟、精美。对于都城的发展来说，从秦咸阳（图2－16）、汉长安、唐长安、到明清北京城，皇家园林的布局都皇家园林和皇城的宫殿一样，一直是重要的、影响到都城格局的重要内容。在西汉长安城内，长乐宫、未央宫、桂宫、北宫、明光宫等五个宫苑占长安城总面积的2/3（图2－17（*a*）），而东汉洛阳则有上林苑、广成苑、平乐苑、灵昆苑、光风园等分布（图2－17（*b*））可见皇家园林对城市整体结构的影响之大。而园林的功能由从最初的狩猎、通神、生产、游乐逐步演变为单纯的游赏娱乐，游憩功能居于主导地位①。

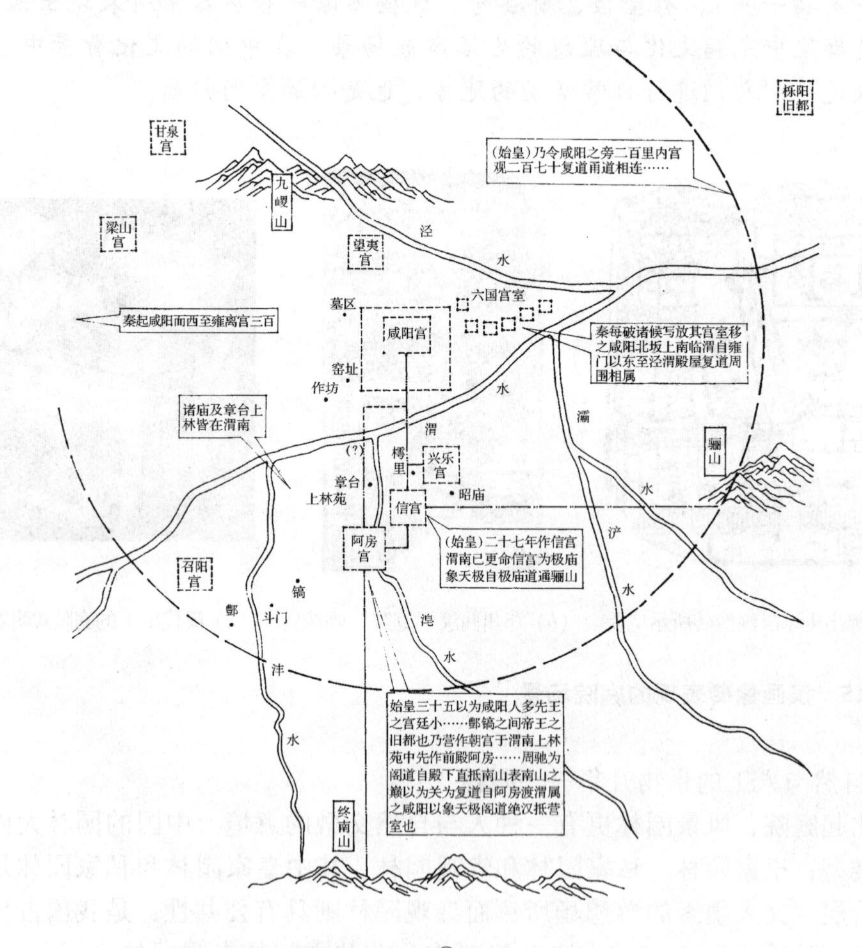

图2－16　秦咸阳城市规划示意图②

---

① 吴承照. 现代城市游憩规划涉及理论与方法. 北京：中国建筑工业出版社，1998. 65
② 图片来源：贺业钜. 中国古代城市规划史. 北京：中国建筑工业出版社，1996. 313

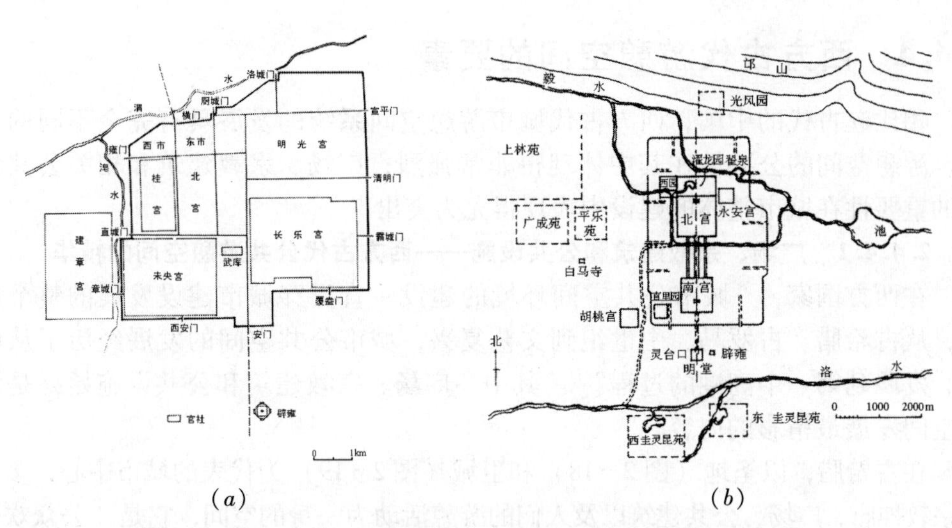

图 2－17　西汉长安城总体布局概貌图与东汉洛阳主要宫苑分布图①

皇家园林多数规模宏大，为完善城市结构意义深远，表达的是帝王在整个国家中对绝对统治地位。相比而言，私家园林则多数小巧玲珑，表达出来的更多是文化和人的情感。

私家园林是中国古代园林的代表形式之一。晋南北朝时，中国社会动荡，社会生产力下降，人心不安，为寻求精神方面的解脱，士大夫阶层转而逃避现实，希冀隐逸山林，开池筑山建造园风气大盛，成为我国私家园林的第一个高潮。此后，人们试图将许多自然的元素引入其中，在有限的空间内感受自然无穷的情趣，因此形成了私家园林尚小巧而贵情趣、小中见大的特征，造就了许多所谓的“壶中天地”。私家园林的营造，追求的是中喧闹中创造一片宁静自然的心灵的空间，因此往往不施彩画，却淡雅精深，空间虽小，却在匾额、楹联、勒石、诗词书画中蕴藏深刻的内涵。一般来说，私家园林往往布置在城内或近郊都一些重要的自然景观要素附近，如河流、山坡等。因此也常常能够形成城市中一道亮丽的风景。“乾隆南巡时，扬州瘦西湖至平山堂一带，沿湖两岸不满官僚富商的园林，‘楼台画舫，十里不断’，连寺庵、会馆、酒楼、茶肆都叠石引水，栽植花木，蔚为风气”②。

---

① 图片来源：图 2－17（*a*）：贺业钜．中国古代城市规划史．北京：中国建筑工业出版社，1996．332．图 2－17（*b*）：吴承照．现代城市游憩规划涉及理论与方法．北京：中国建筑工业出版社，1998．77

② 中国建筑史编写组．中国建筑史．北京：中国建筑工业出版社，1998．136

2.4.4　西方古代游憩空间的要素

相比起古代的中国，西方古代城市游憩空间系统的发展具有完全不同的特点，游憩空间的公共性在其中体现得非常强烈；广场、宗教建筑和相关公共设施的重要性在城市整体的建设中表现得尤为突出。

2.4.4.1　广场、宗教建筑和公共设施——西方古代公共游憩空间的精华

在西方国家，“城市公共空间环境的建设一直贯穿城市建设发展的整个历史，从古希腊、古罗马、中世纪到文艺复兴，城市公共空间的发展经历了从萌芽、发展到第一个高潮的过程”①。其中，广场、宗教建筑和公共设施始终是游憩空间发展最精彩的内容。

在古希腊，以圣地（图2－18）和卫城（图2－19）为代表的城市中心，多是集宗教神庙、广场、公共建筑以及人们的游憩活动为一身的空间，它是“公众欢聚的场所，是公众活动的中心”②。圣地和卫城建筑随地形而建，空间活泼多样。“广场无定形，建筑群排列无定制，广场的庙宇、雕像、喷泉或作坊或临时性的商贩摊棚自发地、因地制宜地、不规则地布置在广场侧旁或中心”③，形成了独具一格的公共空间特征。人们“已经有意识地将城市公共空间进行调整和完善，

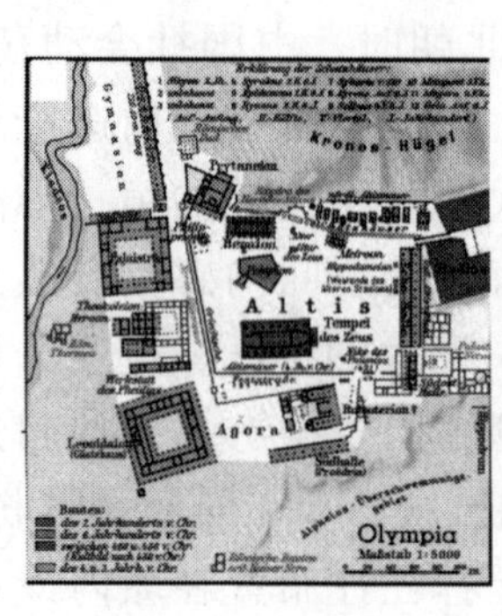

（a）奥林匹亚圣地

（b）德尔斐阿波罗圣地

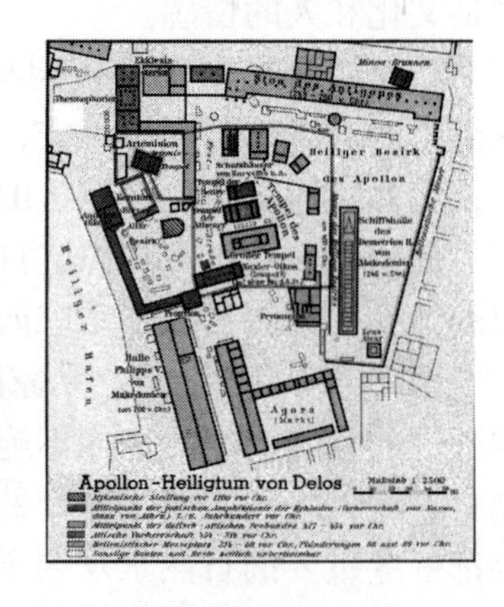

（c）德拉斯阿波罗圣地

图2－18　希腊古风时期－不同圣地的平面图④

① 王鹏. 城市公共空间的系统化建设. 南京：东南大学出版社，2002. 23

② 圣地在公元前8－6世纪希腊共和制的城邦里发展起来。圣地里定期举行节庆，人们从各地汇集，举行体育、戏剧、诗歌、演说等比赛。节日里商贩云集，圣地周围也建起了竞技场、旅舍、会堂、敞廊等公共建筑。参见：外国城市建设史. 北京：中国建筑工业出版社，1989. 23

③ 沈玉麟. 外国城市建设中. 北京：中国建筑工业出版社，1989. 25

④ 图片来源：http：//deposit. ddb. de/ep/netpub/91/53/58/964585391/_ data_ dyna/_ snap_ stand_ 2001－10－10/Auditorium/BAntMyth/SO2/AltgrMs/GrKultZ. gif

使空间形态更加完整和有机。城市公共空间经过调整和动态发展，形成有整体感的城市空间”①。

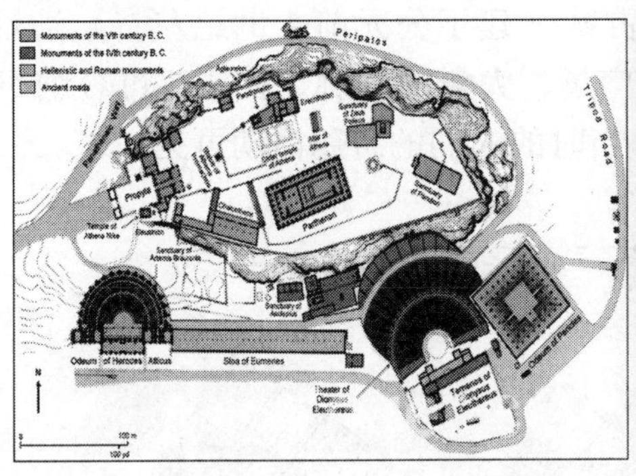

图 2－19　希腊古典时期－雅典卫城平面与模型②

在罗马，广场与公共娱乐设施也同样重要。古罗马的城市中最引人注目的特点就是城市中许多宏伟而重要的建筑物与它们之间的广场图（2－20）。罗马的广场发展，经历了一个由强调单体建筑物、整体混乱而不协调，向强调广场空间、整体更为完整的过程。随着城市的进步，这些广场群也逐渐变得辉煌、明朗而有秩序”③。公共空间，成为了帝王树碑立传的地方。

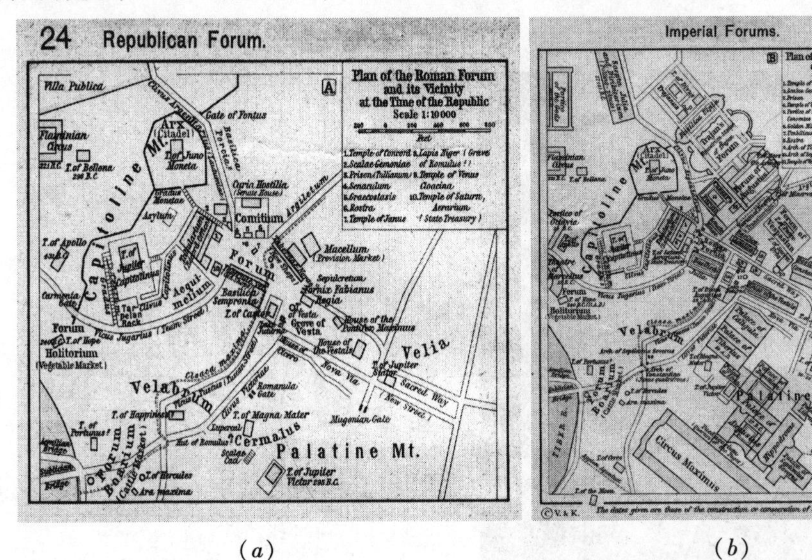

（*a*）　　　　（*b*）

图 2－20　罗马共和广场（Republican Forum）帝国广场（Imperial Forum）④

---

① 王鹏. 城市公共空间的系统化建筑. 南京：东南大学出版社，2002. 24

② 图片来源：左图：http：//mkatz. web. wesleyan. edu/public_ html/wescourses/2002f/cciv210/01/lysistrata_ images/pages/12. acropolis. htm。

右图：http：//www. hfac. uh. edu/mcl/faculty/armstrong/cityofdreams/texts/acropolis. model. jpg

③ 沈玉麟. 外国城市建设史. 北京：中国建筑工业出版社，1989. 43

④ 图片来源：http：//www. lib. utexas. edu/maps/historical/shepherd/

罗马另外一个非常重要的城市就是庞贝古城（图 2－21，图 2－22）。庞贝始建于公元前 4 世纪，它原来是规则的营寨城市，后来逐渐发展为古罗马重要的商港和休养城市。从现在出土的庞贝古城（建于公元前 4 世纪左右）遗址来看，这座城市拥有不止一个的、漂亮的广场，大量的柱廊、神庙，可容纳 5000 人和 1500 人的两个剧院、大斗兽场等，当时的人们的游憩活动可见一斑。

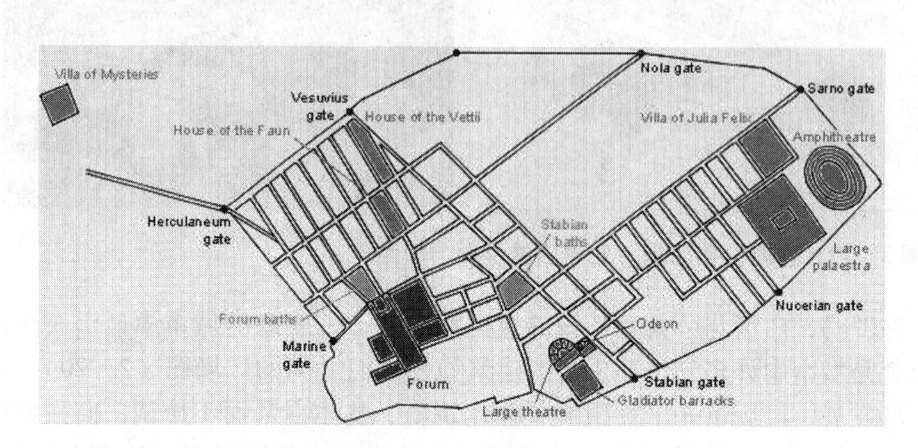

图 2－21　庞贝古城平面图①

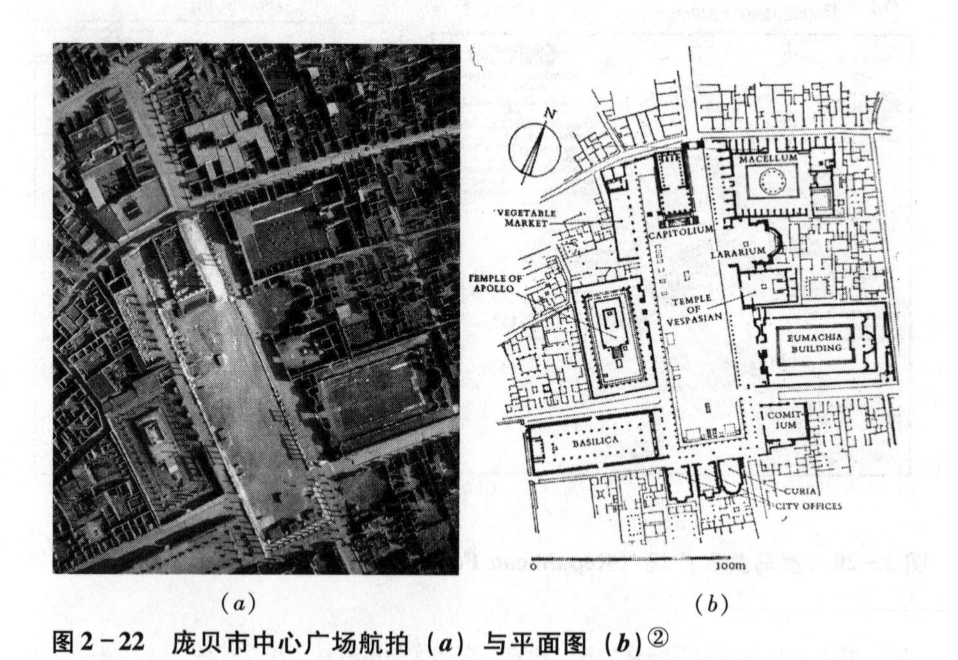

（*a*）　　（*b*）

图 2－22　庞贝市中心广场航拍（*a*）与平面图（*b*）②

① 图片来源：http：//www. pompeii. co. uk/explore/

② 图片来源：图 2－22（*a*）：http：//pompeii. virginia. edu/page－1. html；图 2－22（*b*）：http：//darkwing. uoregon. edu/jnicols/Rom－pix/principix/

到了中世纪，尽管城市的风格发生了重大的变化，但教堂、广场仍然是城市市民集会、狂欢和从事各种文娱活动的中心。广场均采取封闭构图，平面不规则，建筑群组合、纪念物布置与广场、道路铺面等构图各具特色[1]，如图2－23所示的锡耶纳坎波广场就是其中的典型代表。

图2－23　锡耶纳（Siena）城平面图，坎波（Campo）广场及其平面图[2]

多数的中世纪城市被评价为“有美好的城市景观”。一些具有代表性的城市，包括：佛罗伦萨、威尼斯、锡耶纳、巴黎、纽伦堡等，成为中世纪留给今天的伟大遗产。

14～15世纪，由意大利开始了最早的文艺复兴。“人”的意识再度树立，“人”被认为是现世生活的创造者和享受者。思想文化的各个领域得到了全面繁荣。文艺复兴的城市空间建设，秉承了古希腊和古罗马的一些特点——对城市露天广场的注重，一时间涌现出了许多重要的城市和知名的广场，如：佛罗伦萨、威尼斯（图2－24）等，再度将城市的公共空间的建设推向了高潮。

2.4.4.2　庭院、庄园、园林——西方古代非公共游憩空间要素

在公共空间得以长足发展的同时，古代西方的庭院、庄园和园林作为非公共的游憩空间要素也逐步发展起来。它们与中国庭院和园林有着截然不同的风格特征。

在古希腊和罗马的民居中，很早就出现了与居住伴生的庭院。西方古代的庭院对于住宅除了具有采光通风的物理作用之外，也同样具有游憩的价值。所不同的是，由于古希腊人的住房小，居住相对拥挤，因而位于住宅中心位置的庭院往往成为全家人生活起居的中心（图2－25）。早期的中庭完全是铺

---

① 本段主要引用和参考自：沈玉麟．外国城市建设史．北京：中国建筑出版社，1989．48

② 图片来源：左图：http：//www．sharandkim．net/wedding/img/siena_ detailmap．jpg

中图：http：//www．dannemiller．net/pictures_ tuscany．html

右图：http：//www．galeit．com/siena．htm

装地面，随着生活发展才逐渐出现种植着各类花草的“柱廊庭院”[①]（图2－26，图2－27）。

图2－24　圣马可广场（*a*）与圣马可广场航拍图（*b*）[②]

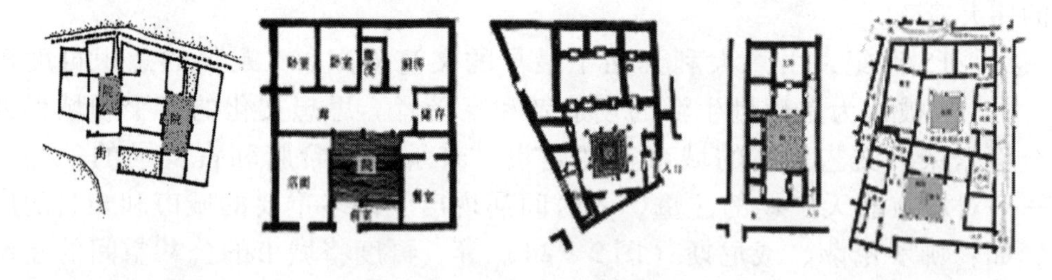

（*a*）公元前3世纪　（*b*）公元前3世纪　（*c*）公元前2世纪　（*d*）4世纪民宅和双户住宅

图2－25　古希腊民居[③]

从很多保留下来的建筑遗址看，西方古代的柱廊庭院讲求的是人的意志和秩序的表达。因此，即便在私人府邸的庭院周边，柱廊也建设得庄重而整齐。柱子粗大、柱廊空间宽阔，而庭院则相对较小。庭院多布置喷泉、雕塑、壁画等装饰小品。即便种植，也往往施以人工剪修，使其成为整齐的几何形状，人工感觉强烈。

---

① 参考：郦芷若，朱建宁．西方园林．郑州：河南科学技术出版社，2001．17

② 图片来源：图2－24（*a*）吴良镛．吴良镛画记．北京：三联出版社，2001．
图2－24（*b*）：http：//www．salas53．com/annex/pictures/venice_ italy．jpg

③ 图片来源：荆其敏，张丽安．世界传统民居——生态家屋．天津：天津科学技术出版社，1996．31．

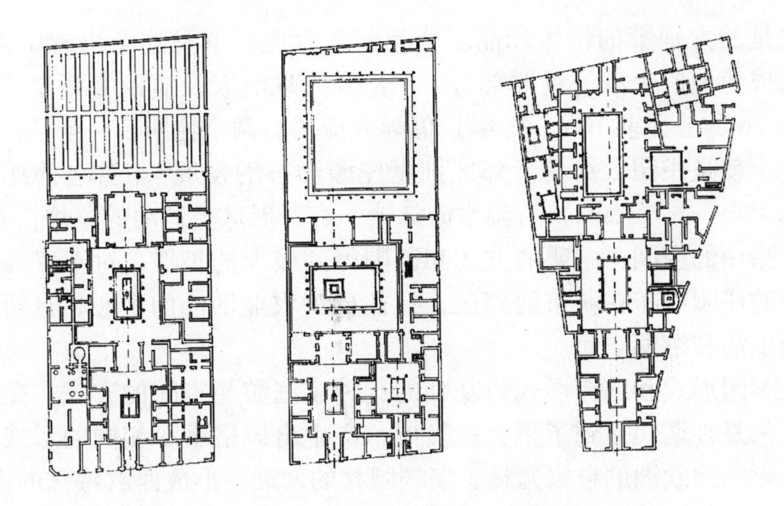

图 2－26　带有柱廊庭院的庞贝遗址建筑平面图①

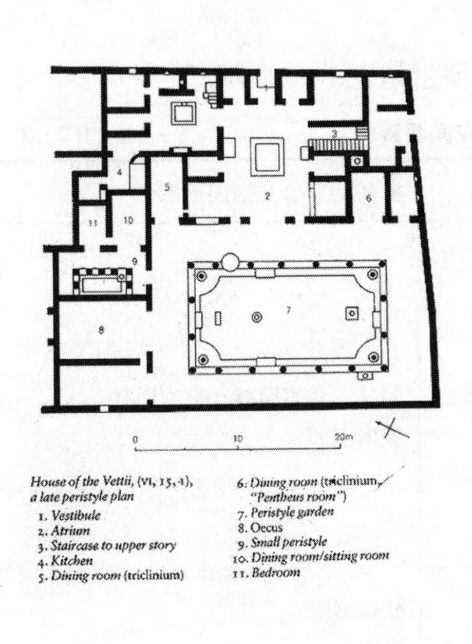

（*a*）庞贝维蒂府邸平面图

（*b*）庞贝维蒂府邸整体结构示意图

（*c*）维蒂府邸内院

图 2－27　庞贝维蒂府邸（House of Vettii，1 世纪）建筑与庭院关系图②

---

① 图片来源：丽芷若，朱建宁．西方园林．郑州：河南科学技术出版社，2001．22

② 图片来源：*a*、*b* 图：http：//arts - sciences．cua．edu/gl/department/Roman_ Art．html．
c 图：http：//biggianthead．com/art_ resource/arthistl/rome/arthistoryroman．html

庄园是西方别墅的衍生产品。公元前2世纪，罗马逐渐出现了大地产主，别墅庄园成为他们生活的重要部分①。著名的政治家及演说家西塞罗（Marcus Tullius Cicero，公元前106～43年）倡导人应当有两个住所，一个是日常生活的家，另一个就是庄园，推动了郊区别墅庄园形态的发展②。著名的托斯卡那庄园（Villa Pliny at Toscane）有温水游泳池、有开展球类运动的草坪，有供散步、骑马和狩猎用的空间，游憩的方式和范围得到极大的扩展。对于罗马的城市来说，这样的庄园散布在城市的郊区，往往成为农业活动的中心，自给自足，形成了新的生活和游憩空间。

以柱廊园形式和庄园形式为基础的这种家庭游憩空间的方式，在后来的中世纪和文艺复兴期间得到了更大的发展，产生出风格不尽相同的形式。这些风格同样也影响到欧洲的皇家园林、宗教园林的发展，形成西欧特殊的园林体系。意大利的台地园、英国的风景式园林以及法国勒诺特尔式园林成为其中鲜明的代表。意大利巴洛克式的园林倾向于使用繁琐的细部装饰，大量使用雕塑和浮雕作品，台地花园讲究由高而下的气势。法国将几何形的园林形式发挥到极至，强调建筑物的气势，采用绣花纹样的花坛，图案由简及繁。而英式园林则强调风景的美好。这三种类型的园林相互借鉴、相互融合，创造出西欧魅力独具的园林文化来。

总的概括起来，东西方传统游憩空间要素如表2-3所示。

传统游憩空间要素 **表2-3**

	游憩的公共空间要素	游憩的非公共空间要素
中国	商业空间：市场与商业街道（步行）； 宗教空间：寺观、寺观园林 交通空间：街巷；景观道路； 文娱场馆：勾栏瓦子；酒馆茶社；书馆；…… 自然山水与郊野空间；城市内外自然资源；郊野名胜；	心灵庭院； 园林：私家园林、皇家园林 室内空间；
西方	城市广场 宗教空间 公共设施	柱廊庭院； 庄园 园林； 室内空间；

① 参考：[意]贝纳多·罗格拉. 古罗马的兴衰. 济南：明天出版社，2001. 55

② 参考：郦芷若，朱建宁. 西方园林. 郑州：河南科学技术出版社，2001. 20

2.4.5　中西方近代[①]游憩空间发展

2.4.5.1　西方近代游憩空间发展概述

1784 年，瓦特发明蒸汽机，标志着西方工业革命的开始。受其影响，西方城市也发生了巨大的变化，使得西方近代游憩空间的发展经历了一个从逐渐衰败到重新振奋的过程。

最初的产业革命建立在资产阶级的“圈地运动”之上，大量丢失了土地的农民涌入城市，城市人口迅速增长、城市面积快速铺开、污染严重，居住条件恶化，游憩空间严重不足。恶劣的环境引发了疾病的流行，使得城市统治者和新兴的资产阶级产生了对城市环境改良的愿望。19 世纪中叶，经济的发展也使资产阶级逐步意识到：“保证工人阶级最起码的经济生活条件和政治民主自由，是资本主义制度得以维系下去的必要条件”[②]。各国开始着手改善普通工人的生活、生产条件，以缓和矛盾、提高工人的工作效率。在早期一些城市公园建设的鼓舞下，“城市美化运动”开始兴起，游憩空间作为城市形象和民主的体现，重新开始得到重视并成为城市建设中非常重要的核心内容（有关西方近代游憩空间发展的过程，在第 5 章中有详细讲述）。

2.4.5.2　中国近代城市游憩的发展

1. 西方娱乐方式的导入与娱乐设施的兴起

1840 年鸦片战争，是我国近代历史开端的标志。这一点与西方的“近代”意义有所不同。由于清政府的腐败无能、闭关锁国，导致鸦片战争的节节败退，最后签定割地赔款的协定，中国沦为半殖民地半封建社会。因此，在我国的近代，在租界城市和独占城市中，大量西洋的游乐方式传入我国的特征尤为突出。根据吴承照的研究：上海在五口通商之后，西洋游憩方式大量出现。各类体育活动场地和城市公园出现，19 世纪 50 年代相关赛马、划艇、板球、足球、棒球、网球、高尔夫球、游泳、越野跑等运动项目出现，修建跑马场、公共运动场、健身房等场地。1926 年举办万国运动会。出现游乐场所，活动场所项目包括溜冰场、弹子房、餐厅、茶室等。1896 年，电影传入上海，开创了最早放映电影的记录。影戏院和影戏公司出现。另外，图书馆、博物馆、天主教堂、基督教堂、教会学校等公共文化设施也在中国陆续出现。租界一带更是形成了完全西洋风格的商业生活区域[③]。

---

① 由于世界上各个国家和地区的发展情况不同，本文中的“近代”的概念，在讲述西方的时候指工业革命以后到二战结束之前；在讲述我国的时候指鸦片战争之后到新中国成立之间。

② 本段主要引用和参考自：顾兴斌．论英国中产阶级的形成、发展与作用．江西社会科学．1995（11）：63－68

③ 本段参考：吴承照．现代城市游憩规划理论与方法．北京：中国建筑工业出版社，1998．82－86．

上海租界部分西方娱乐方式的导入① 表 2-4

项目名称	传入年代	活动方式	影　响
西方戏剧	19 世纪 40 年代	40 年代已在上海上演，1860 年成立 ADC 剧团	对上海戏曲的改变和舞台的改造产生深远影响
跑马	19 世纪 50 年代	1850 年建立上海第一座跑马场	成为上海最有影响的体育博采娱乐活动形式之一
跳舞	19 世纪 40 年代	1850 年举行上海开埠以后第一次舞会	成为夜上海最有影响的娱乐活动形式之一
城市公园	1868 年	黄埔公园是游憩的场所，也是侨民举办周末音乐会的地方	上海地区第一座城市公园，不同于传统的私园
马戏、魔术	19 世纪 60 ~ 70 年代	表演团体主要是来自英国和美国	领略了不同于传统戏法的西方经典的魔术节目
电影	1896 年	主要在娱乐场、茶馆、酒楼、溜冰场等场所放映	中国最早的放映记录。大众化娱乐活动形式之一

2. 民族的游憩空间规划与建设的尝试

除了西洋化日益盛行的游憩倾向之外，在未被外国人控制的中国领土上，中国的一些有识之士也开始努力地尝试新的城市发展道路。在近代的南通，张謇开始了“中国人在自己的地区根据自己的实际情况进行的卓越探索”，在他对南通的城市建设的推动中，除了铺路、兴修水利，建立工厂和学校、为工人带来福利之外，从城市游憩功能的角度来看，张謇还设立了博物馆，并在城市外围建设了风景名胜区。张謇所创造的是一种理想的社会体系，是一个具有民族自立自强信号的、良好的示范②。

2.4.6 现代游憩空间简述

技术的发展、社会的进步、生活方式的改变，使得城市的游憩空间得到了更大的拓展。二战之后，许多国家进入了城市化高速发展阶段③，为满足大量集聚在城市中的人口的游憩需求，各个城市都建设了城市内外的不同类型的游憩空间和各种游憩文化设施。城市游憩空间的类型因此得到了新的发展。**公共游憩空间系统的拓展和家庭室内空间游憩功能增加**，成为现代游憩空间的发展重要的特点。

① 楼嘉军. 上海娱乐研究（1930 ~ 1939）：[博士学位论文]. 华东师范大学，2004. 28 - 29

② 有关近代南通的介绍，请参见：于海漪. 南通近代城市规划建设. 北京：中国建筑工业出版社，2005

③ 根据各个国家具体情况的不同，各国的城市化进程有早有晚、有快有慢。这里谈及的二战只是一个大体的时间段。

就公共空间系统来说，游憩公共空间的类型在新时期中更加丰富了。随着相关学科，特别是景观和建筑学的发展，城市空间的构成已经出现了以下的一些特征：

（1）功能的多元化：可塑环境，随机应变；

（2）规模的多样化：不同层次需求，不同服务半径；

（3）空间的立体化：边界消失，形式多样；

（4）环境的生态化：与自然资源、绿地的紧密结合；

（5）立意的场所化：对文化和精神的表达；

（6）整体的网络化：形成包含了自然文化资源、步行道路系统、绿化系统、商业空间等诸多因素在内的网络。

此外，随着公共空间需求增强，城市周边也出现了度假区繁荣；历史文化遗产的重要性增强；文化、体育、娱乐设施的类型与数量增加；区域之间联系紧密；等等新的现象，“室内外公共空间在质量和规模上都前进了一步”①。

在非公共的游憩空间中，由于城市人口的增加使得城市中以家庭为单位的“庭院”空间逐渐减少，但随着现代娱乐技术手段的提升，家庭室内空间的游憩功能大大增加，人们已经可以依靠各种新的媒体手段在家中足不出户地娱乐，各种现代化的娱乐电器，已经成为家庭中不可缺少的游憩装备。

现代城市游憩空间的系统构成如表 2－5 所示。

现代公共游憩空间分类系统②　　**表 2－5**

<table>
<tr><th></th><th>主　类</th><th>干　类</th><th>支　类</th></tr>
<tr><td rowspan="9">面向本地居民</td><td rowspan="3">城市公园</td><td>市、区级综合性公园</td><td>市级公园、区级公园</td></tr>
<tr><td>居住区公园、动物园、植物园、儿童公园</td><td></td></tr>
<tr><td>其他专类公园</td><td>体育公园、交通公园、雕塑公园、盆景公园、专类植物园</td></tr>
<tr><td>道路及沿街绿地与环境设施</td><td>沿街小游园、道路红线内绿地、街旁绿地及设施</td><td></td></tr>
<tr><td>大型城市绿地</td><td>环城绿带（游憩带）、郊野公园、市内大型绿地、公墓陵园</td><td></td></tr>
<tr><td rowspan="4">文娱体育设施</td><td>文化娱乐场所</td><td>工人文化宫、劳动人民文化宫、工人俱乐部、民族文化宫、青少年宫、地区文化馆、社会公益活动机构</td></tr>
<tr><td>艺术剧场</td><td>多功能剧场、歌舞剧场、话剧院、音乐厅、杂技厅、电影院</td></tr>
<tr><td rowspan="2">体育场馆</td><td>体育场馆</td></tr>
<tr><td>高尔夫球场</td></tr>
</table>

① 参考：王鹏．城市公共空间的系统化建设．南京：东南大学出版社，2002．15

② 表格来源：吴必虎，董莉娜，唐子颖．公共游憩空间分类与属性研究．中国园林．2004（3）：48－50

续表

主类		干类	支类
面向本地居民	公共游憩空间城市步行空间	小区游憩空间	宅旁绿地、邻里游憩园、儿童游戏场、小区体育运动设施
		单位内部游憩空间	
		城市广场	交通集散广场、市政广场、市民广场、纪念性广场
		步行街	商业步行街、步行林荫道
面向外来游客及本地居民	城市滨水游憩空间	滨海游憩区、滨湖游憩区、滨江、河游憩区	
	文博教育空间	博物馆、展览馆、美术、艺术馆	
	商业游憩空间与商业设施	城市商务中心区、城市特色商业街区、食宿娱乐场所	
	城市特色、建筑、构筑物	建筑综合体（群）、独立建筑	
	旅游景区（点）及设施	城市旅游公园	主题公园、名胜公园、野生动物园、水族馆（海洋公园）、观光农业园、游乐园
		城市史迹旅游地	历史地段（街区）、纪念地、遗址
		城市风景名胜区、旅游度假区（休疗养区）、宗教寺观	

2.4.7 塑造富于文化特色的游憩空间系统

吴良镛先生曾经指出："无论在城市还是郊野，总有一些趣味隽永、人们乐于逗留之处。在城市中，广场、绿地、某些富有特色的街苑等，在郊野中，一些风景名胜等，它们或是历史地形成，经过时代的积淀，增加了时间的斑痕，富有意境；在新的时代里，随着生活的发展，其内涵又在不断地增补着，这些多是城市的精华，西方建筑学称之为'场所'、'场所精神'，中国美学称之为'环境的意境'、'会心处'，即人们共同心领神会的环境境界。如果是历史遗迹，当然要加以保护并审慎地加以发展，如上海的城隍庙、南京的夫子庙就是佳例；如果是新规划地区，则更要精心塑造，形成新的饶有意趣的中心"①。这些"城市的精华"所在，正是我们所梳理的游憩空间的构成要素。（前文中，笔者之所以不惮繁琐地对游憩空间的发展历史、尤其是中国古代游憩空间进行了详细的分类描述，其原因也正是在此。）而一个值得注意的现象在于：今天，全世界的游憩空间建设似乎走上了殊途同归的道路，无论东西方的城市，都越来越多地包含了广场、绿地、公园、体育馆、电影院等等。作为一个地区的

① 吴良镛. 吴良镛学术文化随笔. 北京：中国青年出版社，2002. 40－41

"城市精华"所在、作为未来应当"精心塑造"的区域，游憩空间集中体现着一个民族的文化与时代精神。如何在新时期的游憩空间体系中体现民族的特色，是一个需要同时在政策、规划、空间建设上考虑的问题。在引入西方的游憩模式的时候，不能只顾眼前的经济效益，必须明辨其优劣、并从整体的生态环境和社会文化影响方面权衡利弊。而当空间体系的构成越来越趋同的时候，更需要强调在游憩活动引导、城市规划和相关的设计之中对民族文化内涵的挖掘。——设计将成为铸造城市风格、体现地方精神的至关重要的因素。

2.5　小结

游憩的发展需要良好的环境条件，而游憩需求的增长将推动人居环境迈向新阶段，这是本章从人居环境视角来分析和研究游憩的出发点。根据笔者对游憩相关要素的研究，游憩的系统结构大体由作为活动主体的人、作为环境条件的活动体系、物质空间与设施体系、服务体系、支持体系，以及游憩最终的综合影响共同构成。

对人居环境而言，游憩首先是一种必要的功能，环境建设与发展应当为人们的活动提供必要的条件；而在更高的层次上，游憩是一种会对整个人居环境产生综合影响的力量，通过对游憩的引导和利用，可以更好地推动发展。因此，对游憩系统的质量评价，也需要强调"环境条件的提供"和"游憩的综合影响"两个方面来进行。本章初步借助 AHP 层次分析的方法，对游憩系统结构进行了更进一步的探索。

游憩空间是游憩系统中最重要的因素之一，中西方游憩空间的发展由文化的不同而走过了两条不同的道路，相比而言，东方特征的游憩空间强调心灵与内在，因此在非公共空间的领域得到了较强的发展，而西方游憩空间则以公共空间主导，强调人的意志和秩序。今天，随着城市化的发展和人口的增加，属于家庭的庭院在整个游憩空间中的比重越来越少，而公共空间的重要性却越来越强。在全球化的发展中，中西方的公共空间的体系正逐步趋同，如何将我国优秀的游憩空间传统文化渗透入现代游憩空间的建设中，成为一个必须思考的问题。

第二篇

问题与困惑

“从生活本身提出的问题出发进行研究是出于社会责任感。人居环境科学研究也是针对具体的人居环境问题，特别是一些发人深省、甚至惊心动魄的例证，对一些习惯对看法、做法提出质疑、思考，待有明确的观点后，进而勇敢起来，提出‘挑战’，待研究成熟后提出合理的解决方案”。

——吴良镛[1]

① 吴良镛．人居环境科学导论．北京：中国建筑工业出版社，2001．108

第3章 我国游憩发展面临的问题与困惑

3.1 来之不易的幸福：我国现代游憩发展的两个重要变化

追寻往事，忆苦思甜，或许能令人更珍惜今天来之不易的幸福。

回顾新中国建国后的游憩发展，这样的两个方面的变化非常明显：**从生活的态度上看，人们的思想普遍经历了一个从苦行到人本的转折；在对待游憩空间与设施建设的态度上，我国大体走过一个从初步发展到抵制再到推进的过程。**

3.1.1 生活态度：从苦行到人本

人的思想与客观环境条件是密切相关的。经济水平与社会制度都会在很大的程度上影响着人的思想、尤其是对游憩的态度。

新中国是在一穷二白、满是战争创伤的大地上建立起来的。在最初普遍贫困的日子里，许多人连最起码的温饱问题都无法解决，更不可能谈及“追求生活品质”。事实上，直到1987年，我国才算在总体上解决了人民的温饱问题，也就是说，只有到了1990年代，我国的多数人才从“生存”的压力下释放出来、思考更高层次的“生活”问题。

另一个方面，对于我们的国家而言，要想从一个极端贫困的农业国开始起步、摆脱“落后就会挨打”的局面是极不容易的。1949年中国的经济中，工业净产值仅占全国经济比重的12%①，而其中的“手工业”则占了绝大部分的比例，生产率极为低下②。在一种“赶超”的意识之下，“中国并没有沿用其他国家一般采用的轻纺工业起步的工业化道路，而是采取了重化工业起步的超常规道路”③开始了向工业化进军的转变。重工业是一种相对资本密集型的产业，中国当时正处于贫穷落后而缺乏外援的状态，要走上这条道路，“只能采取

① 冯飞．新中国的工业化进程．国务院发展研究中心信息网．http：//www. drcnet. com. cn. 2003－03－25

② 吴承明，董志凯．中华人民共和国经济史 第1卷（1949～1952）．北京：中国财政经济出版社，2001. 53－54

③ 冯飞．新中国的工业化进程．国务院发展研究中心信息网．http：//www. drcnet. com. cn. 2003－03－25

‘自我剥削’的方式，依靠社会内部完成积累。这意味着中国必须长期实行高积累、低消费的发展战略”①，也意味着必须通过“艰苦奋斗”才能够真正地“站”起来。

——这样，从50年代到70年代，在我国特殊的政治和经济条件的共同影响下，人们普遍形成了“先生产，后生活”、“先治坡，后治窝”的一种主流意识。崇尚吃苦的精神达到了一个前所未有的高度。

这个时期对“苦行”的崇尚，一方面来自摆脱贫困和落后的愿望，另一方面也来自这个时代远大的理想。在这样的环境下，人们甘愿付出的程度是前所未有的。

大跃进期间，“苦行”的精神在我国发展到了一个至高点。基于“15年内赶超英国”的期望，在“鼓足干劲，力争上游，多快好省地建设社会主义”的总路线的指引下，“快”，速度，成为了“总路线的精髓”②，中国“从此进入了一个‘一天等于二十年’的伟大时期”③。“大跃进”带着一种“让高山低头，河水让路”的慷慨激昂，在“破除迷信，振奋精神”的信心中，准备迎接一个“全国规模的工农业生产高潮”④的到来。虽然各行各业为了“卫星齐上天，跃进再跃进”⑤、凭着一腔热情、脱离实际地制定高指标的方式完全违背了发展的规律，但是，人民苦干的热情却是至今令人敬仰和感动的。翻阅相关的资料，我们常常能看到这样一些文字形容当时人民的工作热情：

“全国到处摆开了大炼钢铁的战场，各行各业从党委书记到广大干部、工人、农民、解放军指战员、大中小师生，甚至七八十岁的老人，毫无例外地夜以继日，奋战在矿山和炉旁”⑥。“人们的勇气、热情和干劲令现在的人们难以置信。据参观过河南修武县大炼钢铁场面的人回忆，晚上，在一个炼铁点，人山人海，火光映天，人们通宵不眠，大干特干。指挥者不断地作鼓足干劲工作，嗓子都喊哑了，说那天夜里要放‘卫星’。场面蔚为壮观”⑦（图3-1，图3-2）。

---

① 祝东力．反传统主义与现代化——以中国革命为中心．
http：//www. wyxwyx. com/xuezhe/zhudongli/ShowArticle. asp？ArticleID = 56

② 注：这是1958年6月21日，人民日报发表社论《力争高速度》中的内容。该文章强调“快”是多快好省的中心环节。转引自：肖冬连，谢春涛，朱地 等．求索中国——“文革”前十年史．北京：红旗出版社，1999. 328

③ 樊天顺，李永丰，祁建民．中华人民共和国 国史通鉴 第二卷（1956～1966）．北京：红旗出版社，1993. 145

④ 从进．曲折发展的岁月．郑州：河南人民出版社，1989. 109

⑤ 1958年10月1日《人民日报》社论题目。

⑥ 樊天顺，李永丰，祁建民．中华人民共和国 国史通鉴 第二卷（1956～1966）．北京：红旗出版社，1993. 145

⑦ 肖冬连，谢春涛，朱地 等．求索中国——“文革”前十年史．北京：红旗出版社，1999. 391

图3-1 昼夜加班加点，力争取得更大成就（1953年）①

图3-2 壮观的大炼钢铁运动（1958年）②

“人们夜以继日，不计酬劳。官员们的口号是‘需要干多久，就干多久’。

① 图片来源：张静如，李松晨．图文共和国史记（第一、二卷）．当代中国出版社，1999.452

② 图片来源：http：//www.defokus.com/historygallery/glforward.htm#steel－making.

突击队员们真的可以四五天不睡觉。后来《人民日报》觉得有必要发表一篇社论说明休息的必要性。要求农民们每日睡六个小时。孕妇还可以睡得更多一些。即使突击队员，连续工作也不得超过四十八个小时”①。

在这样一种精神的鼓舞下，“中国以世界史上最快的速度完成了工业化”，“重工业在整个工业总产值中的比重由1952年的35.5%，上升到1957年的45%，1978年的56.9%。到第二个五年计划期间，中国的机器设备自给率已达到80%”②。而与此形成强烈反差的是轻工业及其他产业严重落后，消费品严重短缺，消费需求受到抑制，一二三次产业之间、轻重工业之间的积累与消费之间的关系极不协调，广大人民的基本生活水平提高缓慢，在某些方面甚至还有了倒退。

当然，缺乏追求生活品质的条件，并不等于人们完全没有游憩活动。建国初期，为社会主义精神建设的需要、使劳动者感受新生活的气息，国家开始实施由部门、厂矿和企业为单位的文化福利制度，贯彻“为生产为工人服务的观点”③，使职工的福利事业和文化福利设施得以发展。在毛泽东提出的“文艺为人民服务，首先为工农兵服务”④ 的思想指导下、在相关单位的组织下，人民有了不少的游憩机会。而在文革期间，作为一种“政治任务”，人们甚至还必须去看电影、看样板戏。但是，有游憩活动也不等于就有了好的生活品质。在当时的经济条件和社会发展状况下，人民的生活总的来说是比较艰苦的。游憩在人们生活中的重要性很低，生活的重心还是在谋求生计上，“艰苦奋斗”的意识占统治地位的。**这个年代的“艰苦奋斗”之所以被称为“苦行”，是因为这个时期中，人们为了达到某种“理想”往往会不顾一切、尤其是不顾健康地付出，而且自觉地压制自身的游憩欲望，认为“闲”是一种不高尚的、甚至错误的作为。**

从1950到1970年代，出于民族生存的需要、以及后来某些的政治路线的影响，我国在经济发展的目标上走过了一段曲折的路程，我们曾经为全面跃进而生产、为超英赶美而生产、为争先进而生产、为献礼而生产，……却长期忽略了人民的生活。在一种崇高的“苦行”意识引导下，人们默默承担着生存的艰苦。

1978年拨乱反正以后，我国的经济社会发展进入了一个新的时期。在这个

---

① 肖冬连，谢春涛，朱地 等. 求索中国——“文革”前十年史. 北京：红旗出版社，1999. 391

② 祝东力. 反传统主义与现代化——以中国革命为中心.
http://www.wyxwyx.com/xuezhe/zhudongli/ShowArticle.asp? ArticleID=56

③ 1949~1952中华人民共和国经济档案资料选编·基本建设投资与建筑业卷. 北京：中国城市经济社会出版社. 1989：584. 转载自：吴承明，董志凯 主编. 中华人民共和国经济史（第1卷）1949~1952. 北京：中国财政经济出版社. 2001：488.

④ 注：这是毛泽东在1942年延安文艺座谈会上所强调的文艺发展思想。

转折点，一段关于社会主义生产目的的讨论开始进行。1979 年，于光远先生在《关于社会主义生产目的》的讨论会上指出："我们的生产活动要符合社会主义的本性。什么是社会主义？如何评价社会主义？以前流行的是看生产增长的速度，也对。生产是个基础。但光那样看是不够的。生产不能包括一切。要从人的角度、从人民群众的利益角度、从一个个活生生的人的角度来看问题。这就是人本主义。过去把人道主义打翻在地踏上一只脚，是反马克思主义的。马克思从来是关心人的。社会主义生存的目的是什么？是人的幸福"①。——人们开始认识到：社会主义生产是需要考虑人的本身需求的，"贫穷不是社会主义"。在新的时期，满足人民的生活需要开始成为经济发展的目的。随着生活条件的改善、人们对生活的态度与认识也开始渐有改观。2000 年，我国人民生活总体上已经达到了小康水平②。为人民追寻生活的品质打下了良好的基础。从苦行到人本，标志着我国经济、社会、制度的全面进步。今天，从以"共同创造我们的幸福生活和美好未来"作为结尾的十六大报告中，每个人也能够从中感受到中国欣欣向荣的、以人为本的发展脉搏。

3.1.2　游憩建设：从初步发展到抵制再到推进

城市游憩空间和设施的发展同样也会受到经济条件和政治制度的影响。

建国初期，我国城市游憩空间和文化活动设施的规划建设曾经出现过一个短暂的辉煌时期。

1949 ~ 1952 年，作为经济恢复与调整工作中的重要内容，城市的卫生运动和基础设施改造成为了国家一项重要的工作。在资金极其紧张③的客观条件下，结合一些城市卫生方面的基础项目、特别是河道疏浚和改造工程，许多地方因势利导地巧妙安排了公园建设，成为建国初期城市公共游憩空间建设的典范④。1953 年后，随着大规模经济建设的到来，城市基础设施建设开始走上了整体规划、计

---

① 冯兰瑞．关于社会主义生产目的讨论．凤凰网．
http：//www. phoenixtv. com/phoenixtv/76585404395945984/20050225/509426_ 6. shtml

② 范强威．浅析小康社会理论的发展．邓小平理论研究动态．2003，（1）

③ 从 1950 到 1952 年的 3 年间，能够用于基本建设的资金总计只有 78 亿元。而这些资金更多地被用在铁道、水利和重工业建设的恢复、改建与新建方面。因此，可用于城市基础设施建设的资金就更少了。（吴承明，董志凯．中华人民共和国经济史 第 1 卷（1949 ~ 1952）．北京：中国财政经济出版社，2001. 441）

④ 例如：1950 年北京政府开始组织进行了著名的龙须沟治理改造，并在 1952 年用以工代赈的方式，组织失业市民在原龙须沟的下游挖了东、中、西三个人工湖，沿湖绿化造林，建成了"龙潭湖"公园。在中央驻京机关和部队的配合下，北京市组织全市人民"先后疏浚了北海、中南海，整治了紫竹院、陶然亭、龙潭湖，形成了广阔的水面和美丽的公园"。（吴承明，董志凯．中华人民共和国经济史 第 1 卷（1949 ~ 1952）．北京：中国财政经济出版社，2001. 489 - 490）

划的发展轨道①。“一五”期间，全国共计有150个城市编制了初步规划或总体规划②。在这个期间的规划中，已经包含了对城市的游憩设施和空间构架的思考。

受到前苏联规划的影响，城市规划与计划中对城市基础设施与公共空间的建设多采用定额指标的方式，城市“总图常常由众多的广场和轴线对称式道路系统组成，如1956年经国家建委批准的沈阳市城市初步规划，共有60多个广场”③。这个时期也有一些因地制宜的规划，巧妙结合了地方自身的条件，来创造更美好的城市环境。为了“城市建设不但要从满足我们这一代的需要和可能出发，同时还要考虑到后代发展的需要”，在北京市委1954年的《关于早日审批改建与扩建北京市规划草案的请示》中就对城市绿化建设进行了如下说明：“除了把窑坑、洼地、苇塘等不适于建筑的地点规划为人工湖或公园外，还规定每个区都设立区公园，增设公共绿地，并计划在市区外围和西山建造大防护林带。……绿地要留得多些，将来如果经验证明用不了这样多，可以在分期建设计划中逐步修改”④。根据原有的资源条件，城市或者城市郊区原有的一些许多风景名胜区域在规划中得到了保留，如北京1954年的郊区规划中，就保留了门头沟、西山和十三陵等区域作为“游览修养区”（图3-3）。通过“一五”期间的建设与实施，我国许多城市的结构和公共空间格局在这个时期被大体确定下来，特别是城市公共空间的格局，有很多直到20世纪90年代才有了较大的改变。

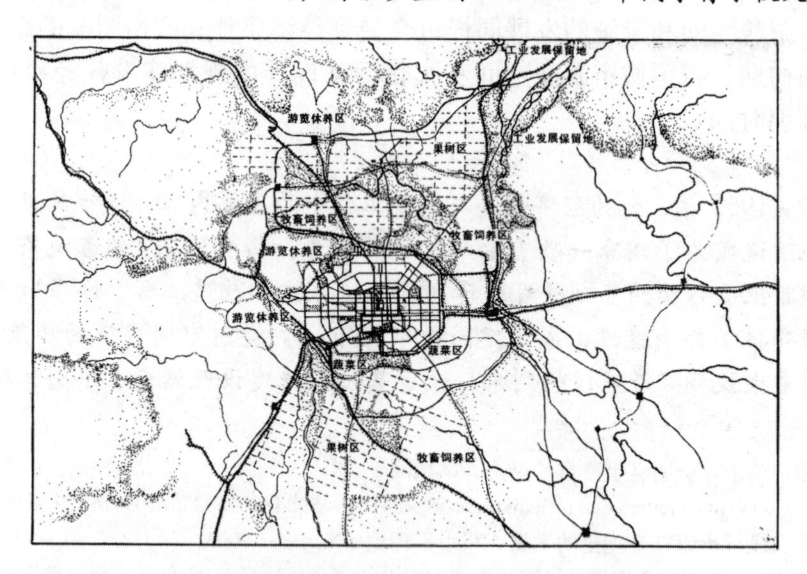

图3-3 北京市规划草图——郊区规划（1954年修正稿）⑤

① 吴承明，董志凯．中华人民共和国经济史 第1卷（1949～1952）．北京：中国财政经济出版社，2001.488

② 汪德华．中国城市规划史纲．南京：东南大学出版社，2005.161

③ 汪德华．中国城市规划史纲．南京：东南大学出版社，2005.281

④ 北京建设史书编辑委员会．建国以来的北京城市建设（内部资料），1986.32，35

⑤ 图片来源：北京建设史书编辑委员会．建国以来的北京城市建设（内部资料），1986.33

建国后实施的文化福利制度，也使得文化福利设施，如：文化宫、俱乐部、图书馆、阅览室等，得到了迅速的发展。相关数据显示：全国的工人文化宫、俱乐部从1950年的789个增加到1952年的7 329个；全国图书馆由1950年的360个，到1952年增加为4 544个[①]；其中企业图书馆藏书2 103 586册，俱乐部座位295 060个。在此期间内，集体福利设施中，有休养所44个、业余休养所135个、疗养院43个；而工矿企业也建设了作为福利的疗养室1 144个[②]。此外，从1949年到1952年间，全国电影放映单位由646个增加为2 285个，艺术表演团体由1 000个增加为2 084个，剧场由891个增加为1 510个[③]。文娱体育活动得到了丰富与发展。

虽然从数量上看，我国在建国初期的确为人民建设了不少的福利设施，但由于受到当时的经济水平所限，国家对建设标准进行了严格的控制，强调"坚决降低非生产性建筑的标准"[④]。因此，公共空间和文化建筑的建设采用的多是低标准，有的甚至堪称简陋（当这种简陋的方式被用到风景名胜区的建设时，也造成了相当程度的景观环境破坏）。但是，我们也不能用今天的标准来看待当时的发展。基于当时的条件，我国的游憩建设需要解决的是最必要的公共空间与设施的"有没有"的问题，还无法上升到"够不够"，或者"好不好"的阶段。对中国而言，发展脚步虽然蹒跚，但毕竟还是迈出了现代城市游憩空间规划与建设的第一步。

但是，随着"高积累，低消费"和"优先发展重工业"政策的推进，工业成为一切发展的中心。工业是主体，城市是配套。要处理好"骨头"和"肉"的关系，其中的"骨头"指工业，"肉"指城市。城市基础设施被认为是"非生产性建设"，在"先生产，后生活"的思想影响下，每当调整规模，往往首先压缩城市建设。文革以后，城市建设更是受到了完全的否定，游憩空间与设施建设受到公开批判。市政公用基础设施几乎完全停顿、游憩空间减少、资源破坏严重。随着人口的增加，1952年人均居住面积4.5平方米，到1977年降到了3.6平方米。在这种连住都没有地方的时候，游憩空间建设更是受到抑制，基础设施欠债累累。

到80年代初，由于国家经济水平仍然不高，而且更尖锐的矛盾在于居住建筑的严重缺乏。因此，对公共游憩设施与场所建设的态度非常明确，不准搞

---

① 这里的图书馆包括了公共图书馆和各类企业、单位等所设立的图书馆。

② 吴承明，董志凯．中华人民共和国经济史 第1卷（1949～1952）．北京：中国财政经济出版社，2001.918

③ 林蕴晖，范守信，张弓．凯歌行进的时期．郑州：河南人民出版社，1989.272

④ 1955年6月19日人民日报社论．转载自：《中国建筑年鉴》编委会．中国建筑年鉴1984～1985. 北京：中国建筑工业出版社，1985.575

“楼堂馆所”建设①，要求：计划、基建部门不予列入计划，银行不拨资金或贷款，物资部门不供应设备材料，施工单位不得施工；这项政策在1988年改为建设的严格审批②。对于游憩设施建设的态度渐渐发生转变。

今天，随着经济社会的发展，人们的精神文化游憩需求日益增长，国家已经将文化设施的建设作为一项积极推进的内容，2002年3月，文化部、国家计委、财政部《关于进一步加强基层文化建设的指导意见》，我国开始了文化设施建设的又一个高潮。

另一方面，城市绿化也在新的时期中日益受到重视。1992年5月20日国务院第一〇四次常务会议通过《城市绿化条例》，把城市绿化建设纳入国民经济和社会发展计划；到2001年，国务院发出了《关于加强城市绿化建设的通知》，实行了严格的最低指标制度。该文件指出：“绿化是城市重要的基础设施，是城市现代化建设的重要内容，是改善生态环境和提高广大人民群众生活质量的公益事业。……今后一个时期城市绿化的工作目标和主要任务是：到2005年，全国城市规划建成区绿地率达到30%以上，绿化覆盖率达到35%以上，人均公共绿地面积达到8平方米以上，城市中心区人均公共绿地达到4平方米以上；到2010年，城市规划建成区绿地率达到35%以上，绿化覆盖率达到40%以上，人均公共绿地面积达到10平方米以上，城市中心区人均公共绿地达到6平方米以上。加强规划编制，并严格执行《城市绿地系统规划》”。我国的城市绿化从此走上了一个新的台阶。

3.2 我国城市游憩发展面临的种种问题

从一个曲折的路程走到今天，我国人民的游憩条件得到了迅速的改善，迎来了一个“游憩的春天”。但是，在这样的一个特殊时期，还是有很多的问题和困惑摆在我们的面前。总体上看，我国当前游憩发展中所遇到的最突出的问题包含了以下6个方面：

（1）闲暇利用存在误区，游憩生活质量堪忧；

（2）游憩空间普遍不足，公共环境建设粗放；

（3）城市蔓延缺乏控制，盲目发展破坏资源；

（4）高档场所重复建设，公益设施缺乏投资；

（5）游憩文化躁动庸俗，精神家园危机重重；

（6）自驾旅游初露端倪，交通模式必须思量。

---

① 1981年3月25日：国家计委、国家建委和财政部《关于制止盲目建设、重复建设的几项规定》

② 1988年7月26日：国务院第十四次常务会议通过《楼堂馆所建设管理暂行条例》

3.2.1 闲暇利用存在误区，游憩生活质量堪忧

"时间就是生命"。从每个人的时间分配——尤其是闲暇时间的利用方式中，最容易清晰地反映人们的思想意识和生活状态。因此，在社会学的研究体系中，就普遍采用通过对人们时间的利用状态的考查的方法、来研究地方居民生活状态。近年来，我国一些休闲学的先行者们从闲暇时间利用方面对一些城市的居民进行了几轮问卷调查。从相关的调查报告结果看，尽管闲暇条件在逐步改善，我国人们的游憩仍然处于一种令人担忧的状况。大众的闲暇时间虽然明显增加，但对时间的利用却存在误区，游憩的质量不容乐观①。

居民的游憩活动单一，"看电视+上网"占据闲暇时间四成左右，体育锻炼少，文化活动少，与外界交往少。游憩生活质量不高。

人们的闲暇的时间虽然增加了，但主要的闲暇时间却被看电视占据了，锻炼身体的时间仅仅是很小的一个部分。

以如图3-4所示的北京市民闲暇时间分配为例：2001年，北京居民人均每天的闲暇时间为5小时45分钟，比1996年增加了42分钟，但平均每天有

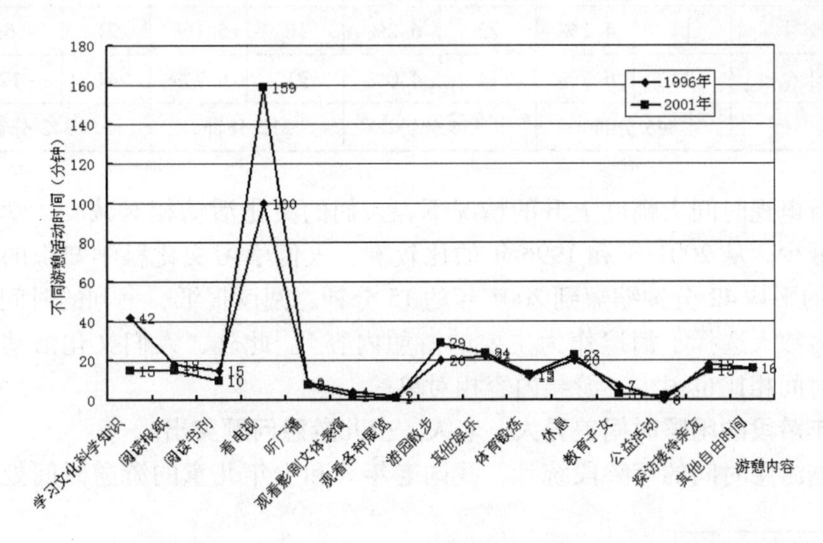

图3-4 2001年与1996年北京市民部分游憩活动时间比较②

159分钟用在看电视上，比1996年多了55分钟，占总闲暇时间的46.22%，看电视成为了人们闲暇中占有时间最长的活动。而2001年的体育锻炼的时间平均每日只有13分钟（不包括散步时间），占总闲暇时间的3.9%。60岁以上的老

① 如无特殊标注，游憩问题表现的相关内容主要参考自：马惠娣，张景安．中国公众休闲状况调查．北京：中国经济出版社，2004

② 数据来源：马惠娣，张景安．中国公众休闲状况调查．北京：中国经济出版社，2004.146.

人每天看电视约为4小时16分。老年人高发的心血管疾病、“三高”（血压高、血脂高、血糖高）、偏瘫、肥胖、癌症、痴呆等疾病，在很大程度上是由于整日坐在电视机前，缺少体育运动和精神运动而导致的。据北京城区老年痴呆问题流行病学调查显示，中度和重度痴呆患病率60岁以上人口为1.28%，80岁以上人口患病率高达10%①。

对比上海、天津、哈尔滨（表3-1），这三个城市居民锻炼身体和散步的时间分别为16.4、21.4、23.8分钟，分别占总闲暇时间的4.5%、6.7%和7.0%。

北京、上海、天津、哈尔滨的平均每日闲暇时间分配的对比②　　表3-1

	北京		上海		天津		哈尔滨	
	分钟	比例	分钟	比例	分钟	比例	分钟	比例
看电视时间	159	46.1%	109	30.8%	109	34.9%	118	34.5%
体育锻炼与散步	13③	3.9%	16	4.5%	21	6.7%	24	7.0%
学习与自修	15	4.3%	20	5.6%	12	3.8%	14	4.1%
公益活动	2	0.6%	2	0.6%	4	1.3%	4	1.2%
社会交往	14	4.1%	22	6.2%	16	5.1%	21	6.1%
无事休息	23	6.7%	14	4.0%	21	6.7%	41	12.0%
总闲暇时间	345分钟		354分钟		312分钟		342分钟	

在看电视时间大幅度上升的情况下，人们的文化活动相对减少，学习热情也逐渐减少。从2001年和1996年的比较看，人们学习文化科学知识的时间由1996年的平均42分钟缩短到2001年的15分钟，阅读报纸、书刊的时间都有所减少。多数人选择了消遣作为主要的游憩内容④。此外，人们文化活动与对外交往的时间相比也很少，游憩内容相对单一。

各年龄段的闲暇时间差异大，老人、少儿游憩问题突出。

根据游憩时间的年龄段统计，我国老年人和少年儿童的游憩时间处于两种

① 参考：刘中．北京市民闲暇生活质量有待提高．中国网．http：//www. nanning. china. cn/chinese/diaocha/730833. htm. 2004-12-16.

② 数据来源：北京数据来自：刘中．北京市民闲暇生活质量有待提高．中国网．http：//www. nanning. china. cn/chinese/diaocha/730833. htm. 2004-12-16. 为“首都居民生活质量实证研究”课题组2001年9月调查结果；上海、天津、哈尔滨数据来源于：王雅林．城市休闲——上海、天津、哈尔滨城市居民时间分配的考察．北京：社会科学文献出版社，2003. 52-53. 对相关数据采取了四舍五入的计算方法。

③ 该数据不包括对应的室外散步时间。

④ 马惠娣．“我国公众闲暇时间文化精神生活状况的调查与研究”结题报告．http：//www. taosl. net/ac/mahd33. htm. 2004-03-14.

不同的极端。退休后的老年人游憩时间相对较长，而少儿的闲暇时间却畸短（图 3-5）。

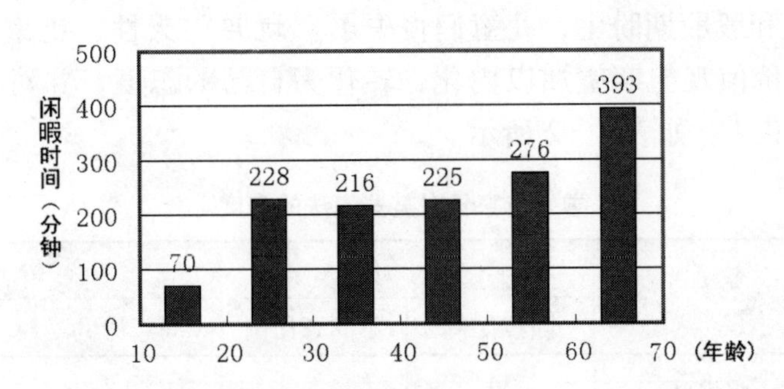

图 3-5　分年龄组的闲暇时间①

尽管老人闲暇时间相对较长，但很多退休后的老人没有对退休以后大块的闲暇时间做好充分的思想准备，又缺乏对游憩的正确认识，只是处于“打发时间”的状态。再加上体力减退，儿女不在身边、居住环境条件不理想、社区保障不足等等，问题显得相当突出。

以北京市为例，北京市区有高达 34% 的老人因子女远走高飞而静守“空巢”。1999 年一项对北京市 50 位退休老年人的调查显示：他们当中 90% 的人全年足不出市，66% 的仅在家门口附近活动，46% 的老人每天要从事 3 小时以上的家务活动②。许多退休者家庭住房使用面积仅在 40 平方米以下的占 65.4%，其中在 30 平方米以下的占 30.8%。很多老人近 2/3 的闲暇时间就是在这狭小的空间度过的③。这些因素及老人自身生理变化带来的行动能力的下降，使很多城市老人的寂寞感增强，造成了很多老人的身体和心理疾病。

在少儿的游憩方面，我国少年儿童学习压力大、自由发展空间狭小，闲暇时间的利用与分配单调、畸形，自然天性受到压抑，思想创造性明显不足④已经成为影响成长的重要因素。

根据一份名为“我国城市儿童休闲状况调查”的报告数据显示：我国儿童一周平均休闲时间仅为成年人的 60%，在校时间却超过成人工作时间的 48%。在所有 2 400 个被调查者中，接近 20% 的初中生和 14% 的小学生没有随意玩的时间。儿童除了正常上课外，放学以后还要参加各类学习补习班、特长培训班

---

① 数据来源：王琪延，雷弢，石磊．北京居民休闲中的文娱活动——北京居民生活时间分配调查系列报告（之十一）．北京统计．2003（6）：32

② 孙樱，陈田，韩英．北京市区老年人口休闲行为的时空特征初探．地理研究．2001，20（5）：537-546

③ 马惠娣．“我国公众闲暇时间文化精神生活状况的调查与研究”结题报告．http：//www．taosl．net/ac/mahd33．htm．2004-4-23

④ 马惠娣．“我国公众闲暇时间文化精神生活状况的调查与研究”结题报告．http：//www．taosl．net/ac/mahd33．htm．2004-03-14．

以及完成作业。有35%的孩子感觉课业负担较重或很重，随着年级的增高，课业负担也加大。在家长和老师引导的、“只有学习是第一位的，游戏与休闲可有可无”的认识和殷殷期盼中，儿童们丧失了“玩耍”天性，更重要的是，孩子逐渐将外界的价值观与期望加以内化，转化为自己的态度，并对自己的休闲活动加以自我约束①。如表3－2所示。

学生与家长对某些说法的态度②　　表3－2

说法＼态度	孩子		父母	
	同意比例	不同意比例	同意比例	不同意比例
看电视导致学习下降	34		35.2	
上网对学生没有好处	32.7		39.3	
学习最重要，有时间才能运动	40		35.3	
玩是儿童的权利		35.6		22.6
对儿童来说，玩也是学习		38.4		21.9

课业压力与家长的“望子成龙、望女成凤”使得：海口78.3%的学生睡眠时间不足③；武汉50%的孩子找不到小朋友玩④；江苏3成高三学生想逃学⑤……

各阶层游憩问题各异，低收入者与高知阶层游憩状况堪忧

在我国，不同文化水平、收入水平的人群面临着不同的游憩问题。从笔者获得的相关资料看，低收入者与高知阶层是其中两个问题更为突出的部分。低收入者与前面所谈论的“老年人、少儿”一起，大体代表弱势群体的闲暇情况。而高知阶层，则可看作“强势群体”的代表。

低收入家庭中，游憩问题突出的主要包括以下两种类型：

闲暇时间缺乏的类型，比如：有的家庭经济条件差（或者家庭发生了一些特殊情况，如家庭成员生病等，造成生活困难），家庭的成员白天需要上班，干活比较劳累，但收入很少，回来还需要料理家庭，完成这些劳动之后

① 数据来源：王小波．儿童休闲：被遗忘的角落——我国城市儿童休闲状况调查．青年研究．2004（10）：35－41

② 表格资料来源：王小波．儿童休闲：被遗忘的角落——我国城市儿童休闲状况调查．青年研究．2004（10）：35－41

③ 黄晓华，高丽 等．调查显示：海口七成多中小学生睡眠不足．http：//www.china.org.cn/chinese/diaocha/746477.htm．原载：海南日报．2005－01－04.

④ 翁晓波．调查显示：50%的孩子找不到小朋友玩．http：//www.china.org.cn/chinese/diaocha/748772.htm．原载：武汉晚报．2005－01－06.

⑤ 张福新，钱红艳．江苏3成高三学生想逃学 逃学者4成进网吧．http：//www.china.org.cn/chinese/diaocha/749117.htm．原载：南京日报．2005－01－05.

早已疲惫不堪。这类家庭成员的闲暇时间极为缺乏，生活相当辛苦。谋生计和谋家务是他们生活的重心，因此，游憩需求不强烈，文化精神生活和非物质消费不高。这类家庭在低收入家庭中占据一定的比例，需要国家政策和社会的关心和帮助。

另外一种类型是闲暇时间长而缺少利用的类型，比如：很多家庭的贫困是由于家庭成员的下岗而造成家庭收入的减少，下岗人员呆在家中，闲暇时间相对比较长，但由于缺乏对时间的系统思考，闲暇时间的分配往往是以闲置形态出现。调查显示，我国低收入家庭仅看电视一项平均每天就达 132.25 分钟，占闲暇时间总量的 1/3，而城市下岗失业者平均每天用于学习和自修的时间为 3.97 分，仅占其闲暇时间的 1.03%，可以说是微乎其微①；而上海的城市下岗人员，每天看电视时间为 139 分钟，闲逛 39 分钟；对于“近两年来您是否参加过或者正在参加某种专业或技能的学习”的问题，占 90.6% 的下岗失业者回答为“否”②。另外，调查也显示，我国非在业者近 2/3 的闲暇时间是在家中度过的，在户外度过的时间约占 1/3，且户外活动中约 40% 的时间是用于逛商场、超市、夜市。21.5% 的非在业者出游过市区及附近风景区；2.9% 的出游过郊区度假村；5.7% 的出游过省内风景区；14.8% 的出游过省外风景名胜区③。

高知阶层作为我国建设中流砥柱，被看作社会的“精英”，受教育层次高、社会地位高、收入高、责任重是这个阶层的重要特点。高知阶层做为“高端人群”，受到多数人的羡慕，在人们的眼里可谓光彩夺目。但是，见于报端的，却是这样的一些消息：“80% IT 界人士精神压力达到极限”；“中国知识分子平均寿命为 58 岁，低于全国平均寿命 10 岁左右”；“北京中关村地区知识分子的平均死亡年龄为 53.34 岁，寿命比十年前缩短了 5.18 岁”；“新闻工作者死亡年龄集中在 40 至 60 岁年龄段的占 78.6%，平均死亡年龄 45.7 岁”；“20 年间 1 200 名企业家自杀，高端人群生存堪忧”④ ……

从普遍的规律看：学历越高，工作时间越长，闲暇时间越短（图 3-6）。而学历越高，在闲暇时间中用于学习的时间也相对更多。因此，可以说，这个阶层的闲暇是一种更注重学习和自我提高的类型，主要的问题存在于缺乏闲暇时间。由于高知阶层所从事的工作相比更为重要，而个人在工作方面需要负的责任也相对较大，因此，工作压力比一般人也大。工作时间长、闲暇时间短、

---

① 马惠娣．“我国公众闲暇时间文化精神生活状况的调查与研究”结题报告．http：//www.taosl.net/ac/mahd33.htm．2004-03-14．

② 数据来源：马惠娣，张景安．中国公众休闲状况调查．北京：中国经济出版社，2004.27．其中的分钟数按照小时数换算得到。

③ 马惠娣．“我国公众闲暇时间文化精神生活状况的调查与研究”结题报告．http：//www.taosl.net/ac/mahd33.htm．2004-03-14．

④ 脆弱的“白骨精”．http：//tech.163.com/special/i/itdie.html

缺乏锻炼、缺乏适当的调整和休息，导致许多身体疾病的发生。体育锻炼和心理压力的缓解对高知阶层极为重要，据报道：导致中关村知识分子死亡的前四种疾病是恶性肿瘤、心血管病、呼吸系统病和脑血管病，这些疾病与缺乏锻炼密切相关①。

高知阶层的拼命工作来源于这个阶层面对的更为激烈的竞争，为了在竞争中获得更有利的位置，得到更好的发展，人们多数都采用更努力的工作的形式。也有一些高学历者本身的工作相对清闲，但由于个人本身的劳动价值和人力资本水平高，因此，在有闲暇的时候，为获得更多的收入或得到其更大的成就，也有很多人会去兼职或从事更多方面的研究；结果，"不能积极使用闲暇与没有闲暇同样是危险的"③，"人们拼命地想从有限的时间中挖出无尽的财富，……在榨取时间的同时，实际上却是在榨取自己"④。

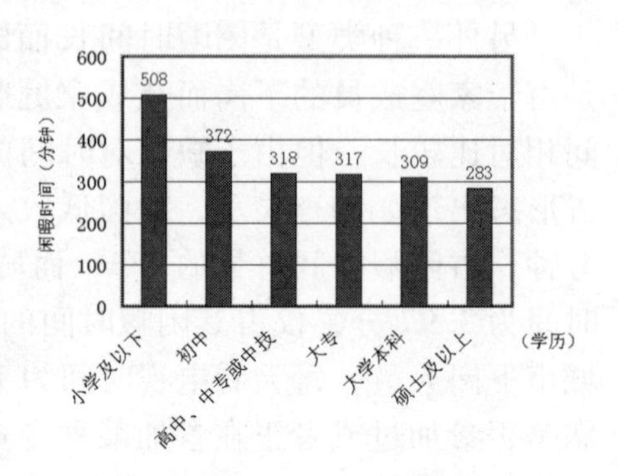

图3-6　闲暇时间分配与文化程度的关系②

3.2.2　游憩空间普遍不足，公共环境建设粗放

在我国，随着城市化进程的推进，城市规模逐渐扩大、城市人口迅速增加。但是，城市游憩空间却没有得到相应的增长，公共游憩场所远远不能满足人民大众的游憩需求。尤其是以城市公园、街头绿地、社区绿地为代表的公共空间匮乏，成为我国城市面临最为突出的问题之一。

我国城市中普遍存在着人口多、公园数量少、公园面积小的问题。在一些大中型的城市中、尤其是老居住区集中的地方，由于社区缺少游憩空间、开放公园也很少，各地居民为寻找各自不同的休闲纳凉之地，甚至形成了具有不同风格的"城市休闲风景"（图3-7），对城市管理者和规划师而言，这种常常被媒体标榜为"城市生活特色"的城市现象，其中实际包含了许多值得思考的深

---

① 赵新培．中关村白领寿命比十年前缩短5岁 四种疾病是主因．http：//it．sohu．com/20040917/n222089965．shtml．原载：北京青年报．2004-09-17．

② 数据来源：王琪延，石磊．北京市城市居民休闲状况分析．科学对社会的影响，2004（3）：48-50

③ 吴承照．现代城市游憩规划设计理论与方法．北京：中国建筑工业出版社，1998．3

④ 马惠娣．休闲：人类美丽的精神家园．北京：中国经济出版社，2004．27

层次问题。

（a）江边人行道①

（b）地下商场台阶上

（c）商场旁边、广告牌下

（d）防空洞口

图3-7　天热了，百姓何处纳凉？②

游憩空间的不足给市民日常生活带来了不便，也造成了相关场所的管理中的困惑。这里有一个有趣的小例子：2003年，北京玉渊潭公园因为公园内游客过多曾经取消了一段时间的月票，在市民中引起了很大的反响。当时，有市民给相关的园林管理部门写了这样的一封信③：

① 由于人行道太窄，许多老人其实正坐在街道的中间的。

② 图片来源：图3-7（a）：锚，生命中两座江边的城．时尚旅游．2005（9）：111.
图3-7（b）：http：//health. asiaec. com/news/liebiao/449480. html.
图3-7（c）：http：//news. sina. com. cn/o/2004-07-17/21153114812s. shtml.
图3-7（d）：http：//news. sina. com. cn/s/p/2005-06-30/23197094575. shtml

③ 市民的信和园林局的回复信件均来自：北京园林局网站．领导信箱反馈．
http：//www. bjbpl. gov. cn/sysfolders/1001/printinfo. aspx？ iid=558.

尊敬的领导：

公园应方便周边群众锻炼和休息，可是玉渊潭公园最近实行的月票制度实际上是在排挤群众游园。其他公园都可以买月票，可玉渊潭公园现在不卖月票，其理由更牵强，说是为了限制游人数量，我们实在无法理解。公园不对群众开放，还要公园干什么。公园可以提高月票价格，提高门票价格，但不能不卖票，不然干脆关门算了。这不符合“三个代表”的精神，您说是不是。

北京市民

2003年8月14日

园林局的回复如下：

先生：您好！

感谢您对园林事业的关心。对您提出的意见，现答复如下：

“非典”过后，进公园休憩、娱乐、健身的游人越来越多，尤其购月票入园的游客较去年同期成倍数增长，造成有些公园游客密度较高，高峰期甚至达4倍以上，游人人均占有公园陆地面积不足5平方米。由此导致踩踏绿地、破坏园容设施、游人健身占用通道以及因使用健身场地游客间发生争执的现象不断增多。根据国家建设部颁布的《公园设计规范》(CJJ48－92) 第3.1.3条、《北京市公园条例》第二十条“最低游人人均占有公园的陆地面积不得低于15平方米”的规定和维护正常游园秩序、确保游人安全的要求，以及公园绿色环境养护的需要，玉渊潭公园采取了限制月票发售的办法，虽给有些游人带来不便，但保证了大多数游人正常安全地游园。

目前，北京市1公顷以上公园绿地有400多处，建议北京市民可以选择性地前往市级公园、区级公园、居住区公园、带状公园、街旁绿地游憩、健身，不要集中到几个公园，造成个别公园压力过大，给游人正常游览带来影响。

北京市园林局公园处

2003年8月18日

市民理直气壮地认为：公园不能让群众享受游憩的机会是不顾人民的切身利益，与我国发展的指导思想不相符；园林局的回答也理直气壮：国家法规已经规定了公园人数的标准，我们现在的情况已经违反了相关规定，为了安全必须限制，你们自己去找别的地方吧①。群众与公园管理都有苦衷，而最大的症结就在于城市内的游憩空间已经不能满足今天城市人口规模的需要。

① 事实上，需要购买月票入园的人，一般来说多是住在附近、并将公园作为日常游憩场所的人，对他们而言，如果这个日常游憩地不对其开放，其他较远的公园绿地也都是没有意义的。

根据相关的数据：在北京旧城内的东城、西城、崇文、宣武四区中，旧城总面积62.5平方公里，户籍人口与暂住人口共计197.6万人，其中老龄人口比例较高①，不包含水面的绿化总面积为512.418公顷（不计中南海内的绿化面积），人均绿化面积不到2.6平米。而其中北海公园、景山公园、中山公园、天坛4个重要的文物保护单位就占了263.7公顷（不包含水面）③。如果真的按照人均15平米的公园管理标准来计算，北京旧城能够容纳的游憩者总人数为34万人（包括4个文保单位），只占到旧城人口总数的17%。再加上大量的外来旅游者，可供日常游憩的空间就更少（图3-8）。游憩空间的缺乏一方面造成了很多人足不出户；另一方面也加大了公园的负荷，造成园内设施使用周期缩短，绿化植被毁坏率高。例如："已列入世界文化遗产的国家级文物保护单位的天坛，有年票、月票的6万多人，每天有几万人早6点就入园晨炼，不利于文物古树保护。景山公园游人多时，每人活动空间不足1平方米，大大影响了游览效果，同时存在不安全因素"④。

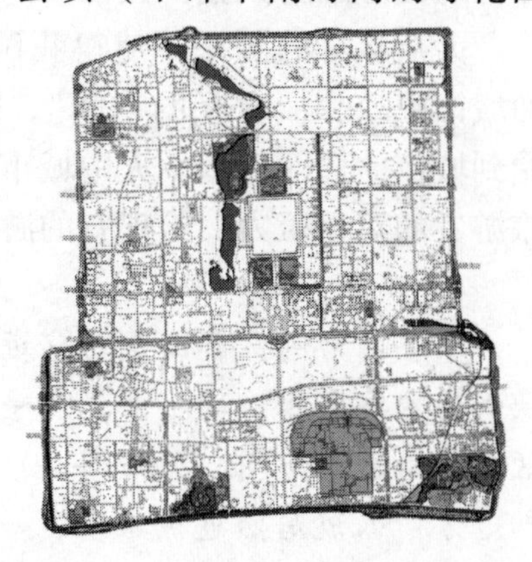

图3-8　北京旧城区域内成规模绿地分布图②

城市内日常游憩空间不足，造成了人们生活中的诸多不便；而另一方面，随着国内大众旅游的到来，原有的一些著名旅游目的地、风景名胜区的容量无法满足人数的需要，也成为我国游憩发展中的一大矛盾。对中国人而言，各类公园和景点人满为患已经是司空见惯的现象，景区拥挤、道路拥挤成为伴随游憩发展的日常话题。

不妨用数字来做一个比较。相关资料显示：2002年北京市民到京郊旅游达到3 700万人次，全国各地7 800万人次来北京旅游，两项相加有1.15亿人次之多⑤；而根据世界旅游组织的统计资料显示：全美洲2002年接待国际旅游人数为1.14亿人次。即便在美国9·11事件前、美洲旅游最发达的2000年，美洲接

---

① 2003年数据，来源于：清华大学建筑学院．北京总体规划修编·历史名城部分．
注：旧城区一般是老龄人口比较集中的地区。以2003年对北京什刹海烟袋斜街地区居民774人的调查为例：什刹海地区居民的平均年龄为41.96岁，60岁以上的老人占19.2%，大于北京市的平均水平。

② 图片来源：北京总体规划修编·旧城组提供。

③ 清华大学建筑学院．北京总体规划修编·历史名城部分．旧城现状集中绿地情况调研数据。

④ 景长顺，北京市公园发展管窥——略论北京市公园在城市大园林中的地位和作用．
http：//www.cwi.gov.cn/include/cmarticle_detail.jsp？cmArticleID=10724103800015．2002-08

⑤ 吕班．奔向世界旅游强市．北京支部生活杂志电子版．
http：//bjzbsh.bjdj.gov.cn/data/list.asp？id=2066．2003-06

待的国际旅游人数为1.28亿人次①。而到了中国，**单纯在北京发生的旅游数量，就已经相当于包含了美国、加拿大等旅游发达国家在内的、整个北美加上南美接待的国际旅游人数**！其面临的压力之大可想而知。

大众旅游的到来，使得我国多数著名景区景点都面临着旺季浩瀚的人流，而城市中缺少“呼吸的空间”，使得闲暇增加后的人们在有条件的情况下也开始到城市的郊区休闲。大中城市近郊区风景区更是承受着来自市民游憩与外来旅游者的双重压力，给现有的游憩资源和游憩设施带来了新的考验（图3-9）。

以香山为例：香山是北京近郊区的重要景点，也是外地人旅游和北京市民秋游的重要内容，近年来，几乎每到观赏红叶的季节的周末，总会爆出香山景区人满为患的新闻。2003年10月26日，香山涌入了7万多的游人，造成了局部地方“人流居然也被堵塞，一步行进不得”……自驾车前往香山游览的车辆达4 500余辆，各种旅行车、公交车达500余辆。……大多数车辆都陷入了上不来下不去的境地，拥堵12小时，山下道路成了停车场②；2004年10月23日也是周末，更甚一筹的是：当日到香山公园的机动车达到了6 200辆，山下堵车极为严重。而爬香山的人则多数都挨得紧紧的并排站在上山的石阶上，有时候需要5分钟才能上一级台阶③。

游憩空间的缺乏造成了人们日常活动的不便和旅游地的拥挤，而另一方面，已有开放空间的设计粗放、不为“人”而考虑、缺乏细节关怀、不亲切，也大大影响了已有的和新建开放空间的游憩功能。

前些年，我国城市中公共空间建设缺乏人情味、缺乏设计的现象几乎达到了极至。很多城市大街的拓宽改造，会将原来长得好好的大树砍光，街面宽了、人行道宽阔了、中间和两边用不同植物拼出各种色彩的花坛——但就是没有一点树荫可以蔽日、也没有一个椅子可以休息，在骄阳下令人炽热难耐。而全国范围内兴起的城市广场建设热潮，本来可以为群众提供良好的公共空间，但往往的结果只是偌大的广场上没有一棵树、没有座椅，有的只是费水的草地和拼成图案的盆花，居民和游客到此根本无处庇荫、无处可坐（图3-10）。

除了设计粗放、缺乏人性化考虑以外，有时候，一些公共空间的设计表达出来的，还有一个重要的、值得对许多城市决策者进行置疑的现实问题：那些打着“为人民提供休闲去处”、拿着纳税人的钱建起来的公共空间到底能够为“公众”带来多大的福利？从一些有失尺度、大而无当的大广场的兴起中，我

① WTO. Tourism Highlights Edition 2003.

② 参见：孟环，刘国栋．香山公园迎来旅游高峰7万人周末赏红叶，北京晚报．2003-10-27

③ 参看：中国网．6.5万人赏红叶让香山不堪重负．http：//www.china.org.cn/chinese/kuaixun/687487.htm. 2004-10-24.

们可以读出一些发展观念的问题（表3－3）。

（*b*）北京香山公园道路上的拥堵

（*a*）上海南京路商业街的拥挤

（*c*）游客极为拥挤的周庄

图 3－9　我国游憩发展过程中司空见惯的拥挤现象①

图 3－10　天安门广场与前门地区难觅坐处②

① 图片来源：*a* 图：http：//news. sina. com. cn/c/2001－11－22/404837. html.
b 图：笔者摄影
c 图：2004 中国苏州昆山周庄国际旅游艺术节 . http：//www. elegance. com. cn.

② 图片来源：笔者摄影

中外一些广场的面积对比① 表3-3

广场名称（国外）	面积/公顷	广场名称（国内）	面积/公顷
普利也城集会广场	0.35	沈阳大东广场	11.8
庞贝城中心广场	0.39	平顶山鹰城广场	12.8
佛罗伦萨长老会议广场	0.54	临沂人民广场	21.6
威尼斯圣马可广场	1.28	长治开元广场	33（烂尾）
巴黎协和广场	4.28	天安门广场	44
莫斯科红场	5.0	大连星海广场	110
梵蒂冈圣彼得广场	8.1	武汉汉口江滩广场	150

马建业所著《城市闲暇环境研究与设计》一书中，曾对我国著名的一些巨型广场的辛辣描绘②：

“星海广场：规模之大作者始料未及，所以从广场一端的星海会展中心走到另一端的百年城雕用了约一个小时，亲身体会了‘望山跑死马’的古语，因为广场视野开阔，目光所及之处实际距离很远。后来深入调查才了解，据说这个广场是为了在飞机上看而建设的，所以尺度非人。而且当时现场中其他参观者都是乘车游览的外地游客，没有当地人，当地人多在会展中心附近活动，不深入广场内部。作者建议星海广场改称‘星海大地景观广场’，以免与普通尺度的广场混淆，令一些单独出游的外地游客慕名而来，疲惫而返。因为作者在现场遇到了一对老夫妻，终于走不动了，老太太等在原地，老头去看看还有多远，是否走错了路……”。

“人民广场：这个大连市政府前的广场气魄之大也适合航拍，草坪的面积蔚为壮观，因为广场是政治性为主的，所以很合适。在绿地边缘有部分步行空间，服务于人们闲暇行为，但由于良好的环境吸引了很多人，所以这部分空间无法满足需要，很多老人都是有备而来，自带小马扎，随意聚合……”（图3-11）。

对于广场的缺乏人性和奢侈摆阔，俞孔坚也曾尖锐地指出：“广场风在中国的大江南北盛行着，中心广场、时代广场、世纪广场、市民广场，一个比一个气派，一个比一个恢弘，却只是一些没有人性的广场、无人的广场。许多城市广场，根本就不是为老百姓建的，是为了美化城市，是为了展示、纪念或面子，是为了炫耀政绩，而不是为了功用，是为了广场而广

① 国外广场面积数据来源：王珂，夏键，杨新海．城市广场设计．南京：东南大学出版社，1999.
国内广场面积数据主要来源于国内相关官方网站。

② 马建业．城市闲暇环境研究与设计．北京：机械工业出版社，2002. 76-78

场。……你会突然在郊外稻田里，看见一块花岗石铺地的广场；烈日炎炎下，广场成了可怕的去处——能晒死你！是一块连蚂蚁都不敢光顾的热锅。没有树阴供人遮阳，没有座椅供人歇息，铁丝网将人拒草地之外；为了美化广场，不惜巨资，修建大型喷泉、华灯以及各种莫名其妙的机关，但又不堪沉重的日常运行费，不得不闲置或偶尔做做展示。将户外广场当成室内厅堂来做，金玉堆砌，以贵为美，抛光的大理石和花岗石铺地，整得比抽水马桶还要光滑。好了，下雪了，下雨了，成了溜冰场，老人孩子是决不敢上去的。因为将商业活动、老百姓的日常生活排斥在外，夜晚的广场，华灯下也是一片死寂……”①。

图3-11 “人民广场”，谁的广场？②

① 俞孔坚．五千年来未有之破坏：谁在“糟蹋”中国的城市？——土地在哭泣！．http：//www. dalu. com/news/2005-04/0421-1. htm.

② 图片来源：互联网上照片。为减少针对性恕不将具体网址列出

今天，在我国城市发展中，已出现了一种可以称为“地方政府广场模式”的开放公共空间建设方式，多数是用地面积巨大、中间一幢大楼、前面铺地、基本没有树荫、很少有能坐的地方、轴线上有喷泉，周边陪衬大面积草坪。一切只为显示大楼的威严。这样的广场常常被冠名为“人民广场”，而事实反应出来的恰恰是地方决策者观念中根本没有人民的一面、是花钱费地而又无法真正改善人民生活的面子工程。——“在挂着为人民服务标语的市政大楼前，广场是一个摆设，市府主楼是最好的观景点。就像路易十四从凡尔赛的窗户里看到花园最好的图案一样”①。

当我国一遍一遍地刷新最大广场纪录的时候，却因为其目的不在人民的需要、缺乏人性化设计而难以起到公共空间应有的游憩功能。其中的症结，值得人们细细思量。

3.2.3 城市蔓延缺乏控制，盲目发展破坏资源

快速城市化，带来了城市居住密度的增长，也带来了城市“摊大饼”式的蔓延扩张，近郊成为城市扩张最大的牺牲品。

以北京的城市扩张为例：城市化的快速发展、加上由于特殊历史原因造成的住宅严重匮乏，使得近年来北京房地产的开发量极为惊人：2001 年北京市的房屋建设开复工面积约为 7 000 万平方米，其中住宅开发量达到了 4 000 多万平方米，房屋竣工面积约 2 500 万平方米，是整个欧洲房屋竣工面积的两倍多②。城市规模迅速扩大，城市建设向外蔓延（图 3－12）。由于北京人口的增长在 20 多年来主要发生在城市近郊（表 3－4），因此主要的城市建设量也集中在近郊区。相关数据表明：北京市的近郊住宅面积在全市的比重由 1949 年的 5.5% 升至 2004 年的 43.8%③。此外，工业的郊区化和商业的郊区化也起到了不可忽视的推波助澜的作用。80 年代初，北京城市中心区集中了全市工厂数的 50% 左右，而至 2000 年，工厂数降至全市的 9% 左右，外迁工业企业大部分搬至郊区④。

---

① 俞孔坚．五千年来未有之破坏：谁在“糟蹋”中国的城市？——土地在哭泣！．http：//www.dalu.com/news/2005－04/0421－1.htm.

② 莫春．世界建筑舞台移到中国．北京晨报，2002－03－26.

③ 蒋云峰．北京市房地产未来发展模式探究．北京房地产，2004（4）.

④ 详见：朱良，张文新．北京城市郊区化对郊区生态环境的影响与对策．环境保护，2004（1）.

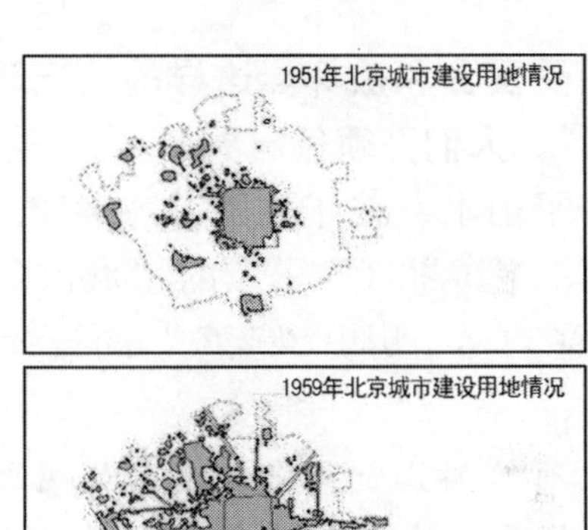

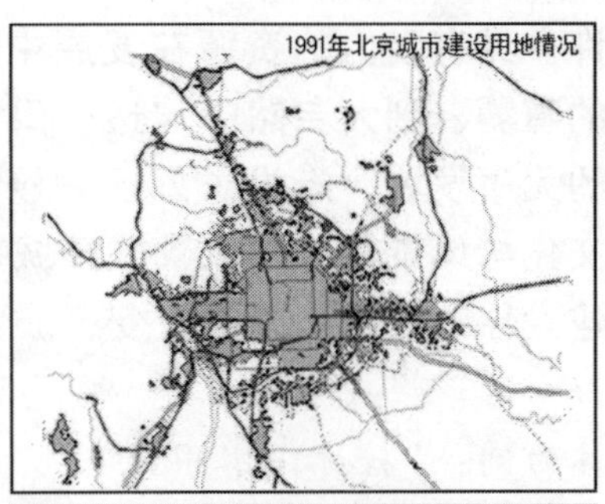

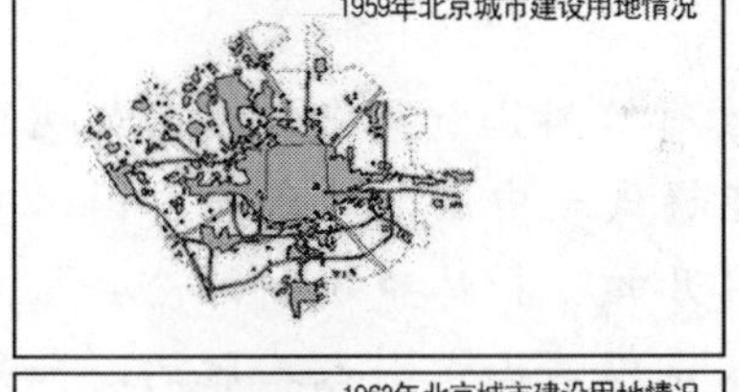

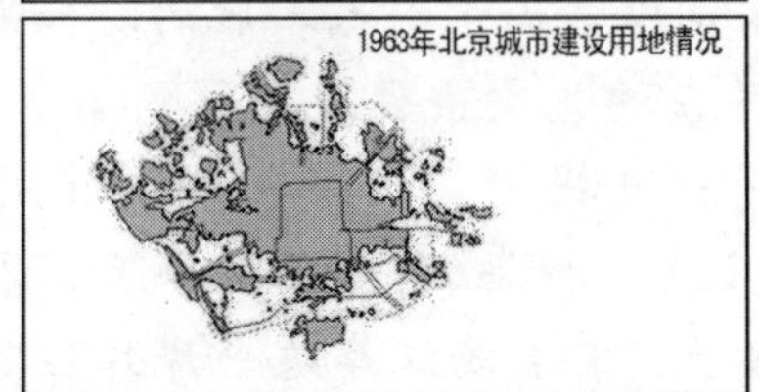

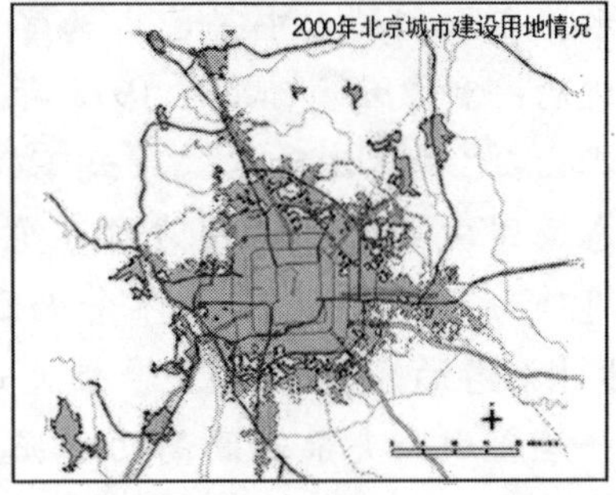

图 3－12　1951～2000 年北京城市建设用地“摊大饼”式发展①

北京市人口郊区化状况表②　　　　**表 3－4**

人口增长 / 年份	中心区	近郊区	远郊区	全　市
1982～1990	－3.38%	40.46%	13.12%	17.20%
1990～2000	－8.16%	45.52%	10.25%	21.73%

城市蔓延，“不仅严重破坏城市生态系统中人与自然的平衡，而且由于市区交通动脉瘫痪加速中心区衰亡，使城市进一步向外蔓延造成土地资源的极大浪费”③。河道污染、土地沙化、热岛现象等在近郊的城市化过程中格外突出④。如何维持近郊生态、控制都市连绵发展，成为城市发展中备受关注的话题。而**对游憩而言，城市的蔓延扩张的最大弊端在于：自然距离城市居民越来越远，**

① 图片来源：清华大学建筑学院建筑与城市研究所．北京空间发展战略规划［R］，2004

② 朱良，张文新．北京城市郊区化对郊区生态环境的影响与对策．环境保护，2004（1）．

③ 宗跃光．城市景观生态规划中的廊道效应研究——以北京市区为例．生态学报，1999（3）：145－150

④ 以热岛现象为例，随着北京城市‘摊大饼’式的蔓延，“城市热岛面积正在以每年 5.38 km^2 的速度向外扩张。从 1987 年到 2002 年，北京二环路以内热岛面积比例每年都超过 40% 以上，……1987 年，四环路以外至规划市区边界之间的热岛面积仅为 45.1 km^2，到 2001 年上升为 120.4 km^2。……被热岛效应加剧的高温酷暑，已影响到了城市人居环境的质量”，北京“成为华北乃至全中国最高温城市之一”。

以上参考并引用自：吴庆才．北京城市热岛面积正以年五平方公里的速度扩张．http：//www.chinanews.com.cn/news/2004year/2004－06－24/26/451852.shtml.2004－06－24.

城市周边许多具有潜力的资源在发展中遭受蚕食和破坏。这样的情况下，要想远离城市的喧嚣，到大自然中“透一口气”，人们必须付出更多。

城市的无序发展，淹没了郊区、侵吞了山水、破坏了城市的格局，也破坏了地方的文化与风景。许多风景旅游城市、旅游景区、景点的“城市化”和不合理规划建设导致的整体景观改变，成为了自然与历史“意象”的最大杀手。

以桂林为例：“桂林山水甲天下”。素有“游山如读史，看山如观画”之称的漓江山水，在人们的心中早已成为了能够代表中国的、代表中国水墨山水画和山水文化的一种象征①。早在1978年召开的“桂林市规划讨论会”上，吴良镛先生就指出：“桂林之所以‘甲天下’，是以其山水引人入胜的。如果风景失色了，生态遭到破坏了，那就毁掉了它存在的先决条件。说得危言耸听一点，担心终久将作为历史陈迹使人怀念而已”；并提出“必须控制城市的规模”、“恰当地估计旅游的容量问题”等相关建议②。时隔20多年的今天，看着桂林城市里面一座座小山夹杂着高高的水泥盒子、看着漓江岸边一片片住宅区象蜜蜂窝一样挤作一团（图3-13），再回头看20多年前吴良镛先生的建议，才发觉“作为历史陈迹使人怀念”绝非危言耸听。

图3-13　桂林：城市与山水的冲突③

山水与文化“意象”在我国的传统游憩中历来是极为讲究的内容，对一个城市极为重要，对于一个景区来说也是如此。相比对风景区的直接破坏来说，

① 韩国金溪澈教授曾经和笔者谈起对中国旅游的看法，谈起在中国刚刚改革开放的时候，他荣幸地成为对华交流的青年代表、第一次踏上中国大陆，坐上漓江游轮时的心情。他说：“我站在那艘船的船头，完全被眼前的景色震住了，我原来看过一些中国的山水画，认为那种情况只是画者的想象，但是，那时候，我却真正的在画里走，我不相信自己，完全处一种‘Culture Shock’的状态。后来我没有去过漓江，但那是我心目中的、中国最美的地方”。

② 吴良镛．风景 旅游 城市建设．城市规划设计论文集．北京：北京燕山出版社，1988.484-501

③ 图片来源：张清华提供，2003年。

“意象”的丧失，似乎因为没有产生物质的机械毁损而显得更加“合理合法”，但事实上，“意象丧失”的破坏力一点都不差。

奉化溪口是我国的国家级风景名胜区，位于潭墩山顶的文昌阁，被形容为“登阁凭窗四眺，远看青山，俯睇烟市，景色迷人[①]”；“崖下有溪水萦回，隔溪翠竹和岭上苍松的倒影映在清明澄澈的水中，实在是个难得的优美幽静的去处[②]”。但现在如果“凭窗四眺”，更为明显的可能应当是剡溪对面的武岭宾馆。这丑陋的建筑完全打破了剡溪对面的自然和宁静，使得人们从文昌阁、溪口镇往溪水那头观望时，视野中总是避不开这座红瓦房（图3－14）。当然，从宾馆看过来就截然不同了：宾馆的选址“讲究”，得天独厚，几乎是对文昌阁的最佳观赏位置，从宾馆看过去，溪水、文昌阁、桥、老镇溪口交相辉映，景色优美。这种自私的、只考虑自身优势而破坏文化意象的情况，在我国风景区内并不少见。为了吸引消费、获得更多的利益，商家总是想方设法，弄一块观赏景物“最佳位置”的土地进行建设，将最好的风景据为己有，而设计者却根本不考虑建筑自身的风格与环境的协调，错误的选址加上拙劣的设计，最后成为整个景区最大的败笔。

图3－14　溪口文昌阁和它的“对景”[③]

这又引出了一个城市蔓延扩张中值得高度重视的、房地产开发对郊区风景资源及资源周边的侵占和破坏的问题。今天，在我国多数的大中型城市，在郊区风景优美的地方进行大规模房地产开发的现象屡见不鲜。包括高档别墅区、度假区、高档游乐场、时尚运动场等在内的各种项目在郊区、特别是城市景观资源和一些风景名胜区的周围有如“雨后春笋”般兴旺起来。

---

① 溪口旅游网．文昌阁．http：//www. xkonline. com/guanggao/wzg. htm.

② 张受祜．如烟往事 溪口留痕．风景名胜．2004（9）：110－119

③ 图片来源：笔者摄影，2002年8月。

据统计，“目前（2005年9月）北京市在售别墅项目（包括Townhouse）总计为155个，其中82%的项目集中分布在昌平、顺义、朝阳、海淀、大兴、通州六区县如图3-15所示。别墅项目的分布初步形成了一定的区域格局，即‘**一山’、‘二河’概念。‘一山’指西山，从门头沟到八大处、香山直至温泉永丰乡；‘二河’指潮白河、温榆河两河流域别墅带**”①。而北京近郊区的重要风景资源，已经几乎悉数在此。

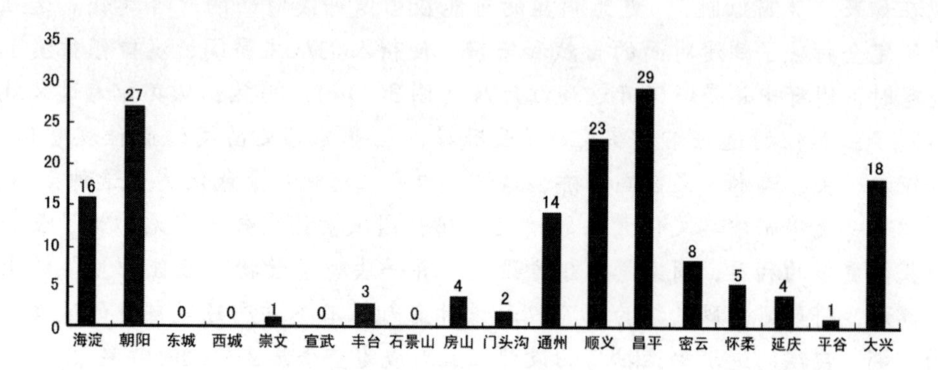

图3-15　北京2005年在售别墅项目分布②

2002年，正是北京香山周边别墅群迅速崛起的时代。当时，京城有媒体以“数千别墅狂飙香山，打造京城第二富人区”为题，认为：“继亚北的富人区之后，香山别墅区有望成为北京第二块富贵人士聚集之地”，房地产商纷纷着手圈地，“一场精彩的香山别墅争霸赛即将拉开帷幕”③。若没有国家的严令制止，时至今日，香山一定已经成为“城中之山”，它“将不再是北京的后花园，而只是部分富人的乐土”④（图3-16（*a*））。

香山只是诸多名山大川的一个缩影。除香山之外，“北起长白山，南到海南三亚，东始上海，西至四川，诸如泰山、崂山、华山、武夷山、长白山、峨眉山等名山大川都已成为开发商的眼中猎物”⑤，如：

青城山：“为了申遗，当地农民搬走了；申遗成功后，太多的楼盘别墅让山上原有的数千只仙鹤飞走了”（图3-16（*b*）），而开发商却在宣扬：“拥有了

---

① 清华大学房地产研究所，五合国际.2005中国高档别墅产品形态及发展趋势报告.中国地产蓝图，2005（9）：38

② 图片来源：清华大学房地产研究所，五合国际.2005中国高档别墅产品形态及发展趋势报告.中国地产蓝图.2005（9）：38.

③ 刘春生.数千别墅狂飙香山 打造京城第二富人区.北京娱乐信报.2002-06-14.

④ 数千别墅狂飙香山肆意涂鸦 建设部将重点检查.
http：//villa.focus.cn/news/2005-08-02/120040.html.2005-08-02.

⑤ 数千别墅狂飙香山肆意涂鸦 建设部将重点检查.
http：//villa.focus.cn/news/2005-08-02/120040.html.2005-08-02.

‘青城’，你就等于收藏了一座名山，收藏了一种生活！”①

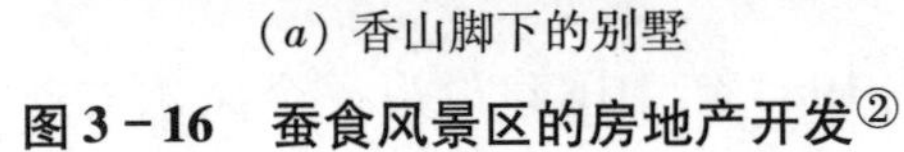

（*a*）香山脚下的别墅　　（*b*）青城山的房地产开发

图3－16　蚕食风景区的房地产开发②

上海松江佘山：“圈走1 300亩地，建造了150余栋超豪华别墅，在这个号称‘江南第一’的‘紫园’中，一栋别墅的最低售价为1 800万，其中最大者竟占地20余亩，标价1.15亿元”③；……

大量高档“旅游地产”④的发展，在形成了城市的“环城游憩带”的同时，也造成了许多本来应该属于大众的游憩资源被少数人垄断、成为富人独享的奢侈场所和摇钱树的局面。只要有利可图，就可以大兴土木，结果造成了太多自然生态的破坏、历史遗产毁损的情况。当许多重要的游憩资源成为摇钱树以后，很多的风景区也就“变成城市化商业开发区和庸俗的游乐场”⑤。由于紧邻重要的风景资源成为了许多房产标榜的“卖点”，其最后的结果只能是“山山水水都成了富人的后花园”，“公共湖泊成了富人的泡脚盆”。本来应当归市民共同

① 曹笑，万金龙．层层蚕食 青城山“世遗”喊痛．华西都市报．2004－06－21．第5版．摄影：郑骏．

② 图片来源：左图：北京——香山怎能成为富人的后花园？．
http：//house. people. com. cn/xinwen/051206/article_ 5431. html. 2005－12－6.
右图：曹笑，万金龙．层层蚕食，青城山“世遗”喊痛．华西都市报．2004－06－21：5

③ 数千别墅狂飙香山肆意涂鸦 建设部将重点检查．
http：//villa. focus. cn/news/2005－08－02/120040. html. 2005－08－02.

④ 旅游地产包含四类：第一类是旅游景点地产，主要指在旅游区内为游客活动建造的各种观光、休闲、娱乐等非住宿性质的房产；第二类是旅游商务地产，主要指在旅游区内或旅游区旁边提供旅游服务的商店、餐馆、娱乐城建筑物及关联空间；第三类是旅游度假地产，主要是指为游客或度假者提供的、直接用于旅游休闲度假居住的各种类型的地产，如度假村、产权酒店等；第四类是旅游住宅地产，主要指与旅游区相连接的各类住宅建筑。
以上分类参考：中国别墅网．旅游地产．
http：//www. villas. com. cn/zhuanti/dujiabieshu/.

⑤ 叶清．风景旅游区应自然化．北京联合大学学报，2001. 15（1）：37

享有的、公益性的大自然，成了少数富人的独占区。捍卫山水自然资源的公益性，已经成为一个刻不容缓的事情。

3.2.4 高档场所重复建设，公益设施缺乏投资

标榜着“高档”的各种房产与游乐设施大量建设，除吞噬郊区土地之外，一个很严重的后果则造成了大量奢侈场所的重复建设而公益设施缺乏投资的不公平局面。这里不妨选取两者中最具有代表性的案例——高尔夫和图书馆，来进行对比分析。

3.2.4.1 “高尔夫之灾”

高尔夫球一向被称为“贵族运动”。从1984年中国建设第一个高尔夫球场（中山温泉高尔夫球场）至今，新中国的高尔夫球总共经历了20多年的发展历史，其迅速发展至今只有不到10年的时间。但“根据‘中国市场信息调查’报告显示，到2003年，中国现有球场（包括在建而没有完工的）达到219个，比2001年141个球场的统计数据多出55.3%；中国内地18球洞的平均负担人口数量是540万左右，这个数据，已经接近了世界平均水平”①。2002～2003年，我国高尔夫球场建设在全国掀起了一个高潮。在2003年底，曾经有专业人士披露更惊人的数字：“除已有的195个高尔夫球场外，全国大约有500～1 000个高尔夫球场在建或即将完工”，“中国将成为第五大高尔夫国家”②。

高尔夫球场的扩张，尤以大城市周边为甚。“2004年初，北京市已建成的高尔夫球场有19个，在建的有10个。已建、在建的29个球场总规模为540洞，相当于18洞标准高尔夫球场30个，球场总占地面积3 708公顷”③。而围绕北京周边而建的球场数量亦不在少数。打高尔夫球到目前仍属于“天价娱乐”，“一张终身会员证一般在3万到9万美元。会员打一次球还要收车童费280元到380元；嘉宾（会员所带客人）打一次680元至980元；一般客人打一次980元到1 380元”④，远非普通百姓能够消费。因此，尽管我国高尔夫球人口号称每年以20%的速度增长，但直到2005年，全国打高尔夫球的人数也只有100万，相比而言，在英国打高尔夫球的人口占总人数的7%，美国则超过总人口的10%⑤。高尔夫在中国成为了比西方发达国家的“贵族”还要更“贵族”的运

---

① 郭炜．中国高尔夫产业白皮书（一）．新京报．2005－01－08.

② 杨青．40亿催生新市场，中国成为第五大高尔夫国家．北京青年报．2003－12－02.

③ 北京全面暂停新建高尔夫球场．http：//www. people. com. cn/GB/shizheng/14562/2400794. html. 2004－03－20.

④ 陈芳，张洪河．不赚钱的高尔夫球场建设为何如火如荼．http：//news3. xinhuanet. com/house/2004－05/13/content_ 1467855. htm. 2004－05－13.

⑤ 殷奎．200余高尔夫球场60%运营不佳，高球经营者期待高球“姚明”救场．北京日报．2005－04－05.

动。具有讽刺性对比的是：由于球场运营“高投入、高税收、高消费、高亏损”，中国的高尔夫球场一半以上处于亏损状态。“在号称‘未来 3 年要建 50 个高尔夫球场’的上海，现有的 20 多个球场亏损或接近亏损线的高达 80%。广东有 60 多个高尔夫球场，但平均利用率还不到 60%”①。

投资大、亏损多的高尔夫球场建设火爆，其醉翁之意往往并不在“球”，“而是与高尔夫‘层次匹配’的其他商品，如汽车、地产、电信、金融等等”；多数的高尔夫球场捆绑高级房地产，明为体育休闲项目，实为变相房地产开发，合法审批的高尔夫用地只占 5%。“最极端的例子是，位于廊坊的东方大学城的首期规划 1 万亩用地中，竟然有 6 640 亩是划给高尔夫球场的，虽然这个聚集了别墅、度假村、美食街的‘城市’打出的牌子是‘以教育为龙头’”②。而湖南长沙的龙湖高尔夫球场，更是圈占耕地 1 000 多亩、山地 2 000 多亩，许多村民因此失去了住房和土地（图 3－17）。

此外，因为具有生物多样性单一、引入外来物种、大量施肥和杀虫剂造成土壤和水体的污染、耗水量大等缺陷，高尔夫球场成为了城市周边生态环境的“绿色荒漠”③。

除高尔夫外，我国还有许多其他高档游乐设施的建设面临着类似的问题。这些奢侈场所的重复建设，除了费钱费地、破坏生态之外，还有一个重要的问题：一些本来应当让市民共享的空间变成了少数人的奢侈消费场所，能够让普通大众感受生命、体验自然美的朴素的空间却越来越远。因此，城市有必要为大众提供一些完全福利的、或者低功利化的体验自然的场所，来满足城市居民的游憩需求。这是一个严肃的问题。

形成讽刺性鲜明对比的是：我国仅仅用了大约 10 年的时间就使得“贵族运动”高尔夫球的建设数量从凤毛麟角发展到“世界平均”、“世界第五”；而另外一些有利于公众的重要公益设施，却面临着完全不同的冷遇。

3.2.4.2　图书馆之伤

图书馆，普遍被认为是“关系到民族的素质”、具有“文明社会基本特征”的基础设施。图书馆的建设标准，国际上的要求是：“平均 2 万人左右拥有一所公共图书馆，图书馆人均藏书量 2 册”④。在西方发达国家，图书馆是城市中最重要的基础设施之一。“英国有公共图书馆 5 183 家，平均每 1 万人有 1 家图书馆”⑤，而“美国每 1.3 万人拥有一家公共图书馆”⑥（其他一些国家的相关数据见表 3－5）。

---

① 时捷．高尔夫球场非法占地大调查．国际先驱导报．2003－12－12.

② 时捷．高尔夫球场非法占地大调查．国际先驱导报，2003－12－12.

③ 许秀华．中国高尔夫 20 年：来自生态的质疑．科技中国，2004（9）．

④ 我国公共图书馆建设任重道远——图书馆人均藏书量远低于国际标准．文汇读书周报 2004－03－30.

⑤ 赵毅衡．无书可读还是无处读书：中国人需不需要图书馆．南方周末，2004－12－28.

⑥ 刘县书．中国人需要什么样的图书馆．中国青年报，2005－01－05.

(*a*) 廊坊东方大学城圈占耕地建设的亚洲最大高尔夫球场

(*b*) 山东平度市云山高尔夫球场

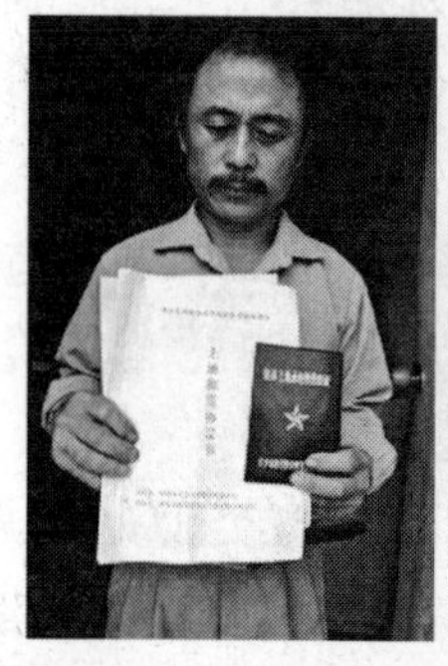

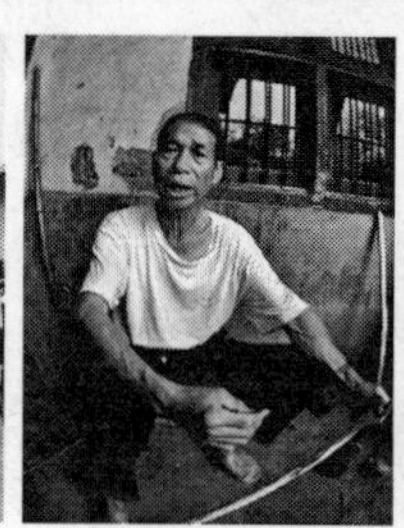

(*c*) 毁田建设的湖南“龙湖高尔夫”球场

图 3-17　到处圈地的高尔夫球场[①]

与此相比，我国的图书馆数据令人汗颜。2002 年，中国共有公共图书馆 2 697 家，平均 48 万人 1 家，人均藏书量仅 0.3 册[②]，“全国公共图书馆一年的购书经费，人均不足 0.3 元，……2002 年，全国共有 733 个公共图书馆无购书经费，占公共图书馆总数的 27.2%，陈旧图书对读者没有吸引力。尤其是可供

① 图片来源：图 3-17（*a*）：苏杨．高尔夫球场环境效益功不抵过．http：//www. tt65. net/ readnews. php? id=3243. 2004-07-30.

图 3-17（*b*）：山东平度顶风圈地建造高尔夫球场．

http：//news. eastday. com/eastday/dftp/szly/node12203/userobject1ai83401. html.

图 3-17（*c*）：龙弘涛．湖南龙湖高尔夫球场仍在毁田建设．http：//www. people. com. cn/GB/tupian/1098/2595826. html. 2004-06-23.

② 中国图书馆学会．中国图书馆年鉴 2003. 北京：科技文献出版社，2004：784.

广大农民消费的文化资源总量偏少、质量不高，远远不能适应农民群众的文化需求。2002 年全国县级图书馆人均藏书量仅为 0.1 册，远远低于国际图联人均 2 册的标准，也低于全国图书馆人均藏书量 0.3 册。2001 年有 697 个县级图书馆全年没有购进一册新书，占总馆数的 25.9%。西部地区县级馆由于多年未购进新书，书架上多是六七十年代的书，需剔除下架的占 30% ~60%，根本无法满足读者对现代科技知识的需求"①（图 3 - 18）。根据《2005 年度零点中国公共服务公众评价指数报告》的调查结果，公共图书馆在农村的普及率仅为 5.9%，90.3% 的农村居民表示当地没有任何可借阅图书或音像的公共图书馆②。

图 3 - 18　15 年没订过新书的西部县公共图书馆"穷"得没人来③

各国平均拥有一座图书馆的人数④　　**表 3 - 5**

国　家	平均拥有 1 座图书馆的人数（万人）
美　国	1.3
加拿大	1
英　国	1

① 我国公共图书馆建设任重道远——图书馆人均藏书量远低于国际标准．文汇读书周报 2004 - 03 - 30.

② 秦颖．中国公共服务：欢笑之外的五种哭笑．
http：//www. horizonkey. com/showart. asp? art_ id = 526&cat_ id = 6. 2006 - 03 - 09.

③ 图片来源：侯德强．15 年没订新书 西部图书馆穷得没人来．
http：//news. xinhuanet. com/book/2005 - 01/05/content_ 2417027. htm. 2005 - 01 - 05.

④ 数据来源：
· 刘县书．中国人需要什么样的图书馆．中国青年报．2005 - 01 - 05.
· 赵毅衡．无书可读还是无处读书——中国人需不需要图书馆．南方周末．2004 - 12 - 28.
注：其中，中国的数据根据官方资料《中国图书馆年鉴 2003》。

续表

国　家	平均拥有1座图书馆的人数（万人）
德　国	0.66
芬　兰	0.5
奥地利	0.4
挪　威	0.4
瑞　士	0.3
法　国	2.2
意大利	2.6
中　国	48

在西方一些较为发达的国家，“儿童教育几乎是图书馆的一个最重要的功能，图书馆常常组织故事会，有时能请知名的儿童作家来给孩子讲故事，还组织阅读竞赛，读完一定的书，孩子就有奖品”，图书馆带着一种**“只要是个还在喘气的人，就有权利走进任何一家公共图书馆”、“再穷的人也能够成功，图书馆就是成功的第一个台阶”**①的哲学思想，贯彻到城市的建设中。相比而言，我国的图书馆却更多的是层层设卡，将其资源“变成奇货可居的垄断资源，将图书借阅演变成‘租书’、‘抵押’，限制或剥夺低收入者、低职位者、低职称者、低学历者、无职业者和外地人的阅览权或外借权”②，由于“没有办理身份证”，甚至将未成年人拒之门外③，这“无疑是对公共图书馆理念的践踏和对中国图书馆事业的误导”④。其结果：一方面，一些勤奋的爱书之人于是常常会在周末找一家书店的一个角落坐在冰冷的地面上品读图书，形成一道新的求知风景（图3－19）；而另一方面，全国“五年来国民阅读率持续走低，仅5%有日常读书习惯”⑤。这不禁令人疑惑：“民众无处读书，无需读书，无书可读，似乎也不必读书，这样的国家，如何成为21世纪的主人”？⑥

图书馆发展建设的这种令人失望的局面只是我国诸多文化设施建设的一个缩影。从各年数据来看，我国大众文化设施数量少、而且长期变化不大；由于文化活动长期缺乏重视、资金不足、经营管理不善、设施陈旧、缺乏活力、缺少更新等原因，一些相关设施数量不升反降（图3－20）。从公众调查结果来

① 薛涌．公共图书馆是公民的基本权利．南方都市报．2005－01－07.

② 周继武．中国国家图书馆的门槛到底有多高？．南方周末．2004－10－14.

③ 木木，李悦．没有身份证不能进 图书馆是少儿不宜场所吗？．http：//cul. sina. com. cn/t/2004－11－11/92669. html. 2004－11－11.

④ 周继武．中国国家图书馆的门槛到底有多高？．南方周末．2004－10－14.

⑤ 张弘．五年来国民阅读率持续走低，仅5%有日常读书习惯 新京报．2004－12－07.

⑥ 赵毅衡．无书可读还是无处读书——中国人需不需要图书馆．南方周末．2004－12－28.

图3-19　周末西单图书大厦一角①

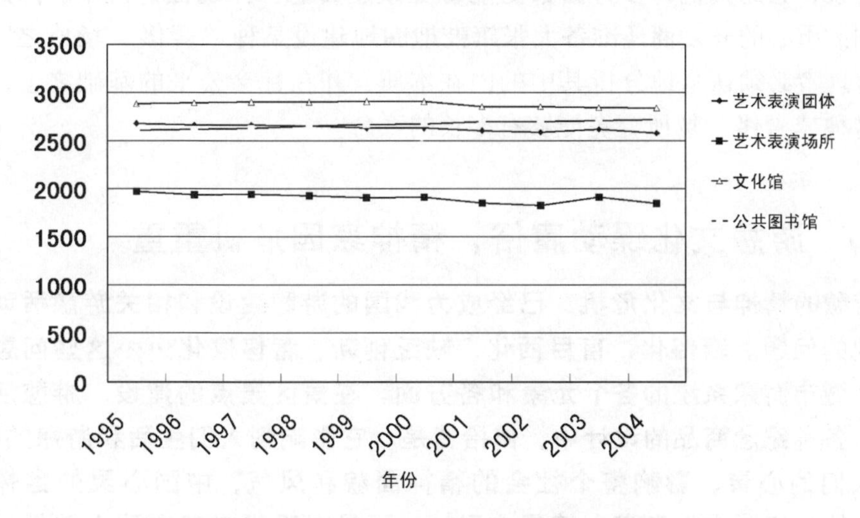

图3-20　我国诸多大众文化基础设施和文化团体数量变化图②

看，人们对文体娱乐设施和资源的建设存有诸多不满（图3-21）。

① 图片来源：笔者2005年摄于北京西单图书大厦。
② 数据来源：国家统计局．各年《中国统计年鉴》。

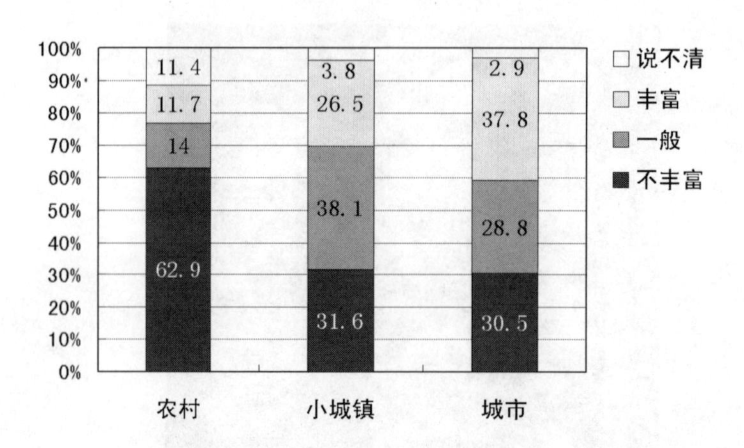

图3－21　人们对当地可供老百姓选择的文体娱乐设施资源满意度①

在公益性的基础服务设施依然十分匮乏的时候，我国的奢侈场所和庸俗的游乐设施却常常是“野火烧不尽，春风吹又生”，这其中暴露出许多社会问题，值得人们深入思考。从建设“和谐社会”的角度来看，**城市有责任为老百姓提供必要的文化、体育、娱乐设施，而这些设施应当是有益于文化与社会的进步、有利于人们的自我发展与提高的。这是城市的基础功能。另外，游憩活动就像一面明镜，它比其他许多方面都更能彰显众生百态，体现社会公平。**因此，当某些利欲熏心的开发商还准备大张旗鼓地圈地建设某种“奢侈”场所之时，城市的管理者必须认真地分析其中的内在本质，并在社会公平的基础之上，掂量一下这种“奢侈”场所究竟能够有多长的寿命。

3.2.5　游憩文化躁动庸俗，精神家园危机重重

游憩的精神与文化危机，已经成为我国的游憩建设和相关游憩活动中必须重视的问题。庸俗化、盲目西化、缺乏创新、奢侈腐化……这些问题全面渗透在城市游憩系统的各个元素和各方面，在景区景点的建设、游憩活动的内容、各种纪念商品的设计中，俯拾皆是。它影响到人们生活和游憩的质量、毒害人们的心灵、影响整个社会的精神面貌和风气，中国心灵的幽怀壮采——内外兼修、广大和谐、情景交融——更是在现代在商家的大肆炒作和铺天盖地的视觉轰炸中消逝殆尽（图3－22）。在这样轻浮和躁动的驱使下，是与非可以颠倒、美与丑可以混淆。人们如痴如醉地寻求刺激、以种种畸形的逗笑满足求乐的心理；奢侈而品味不高的各种游乐场所、花费弥多而庸俗无

① 图片来源，笔者根据：秦颖．中国公共服务：欢笑之外的五种哭笑．http：//www. horizonkey. com/showart. asp? art_ id＝526&cat_ id＝6. 2006－03－09. 绘制。

聊的各种游戏项目铺天盖地；人的内心宁静与自我发展早已被抛到九霄云外，而舶来的种种游乐，却成为炙手可热的追捧目标、众人追逐的时尚；甚至一种需要撒谎才能瞒天过海的“杀人游戏”都可以被包装为“益智”娱乐……难怪冯骥才先生尖锐地指出：“中华文化正在走向粗庸化，这是一个灾难性的问题”①。

图 3-22　经媒体大肆炒作的种种娱乐行为②

游憩中的庸俗化现象，“在齐国故都临淄的众多古代遗迹旁，新建了一所大型游乐宫，采用现代声、光、电自动控制技术，臆造出了神鬼天堂及恐怖的地狱场景，它不但冲淡了历史文化，也有损青少年的心理健康。仅在北京，10 余家被游客戏称为‘妖魔鬼怪宫’的人造景观，在闹腾了几年后，如今已很少有人问津了。人们在大叹‘无聊’之余，纷纷呼吁：搞这些‘鬼宫’、‘鬼洞’、‘鬼都’非但不能弘扬中华民族的优秀文化，反而会愚弄群众，毒害青少年，污染环境，花费那么多的人力、资金，又占用那么多的土地资源，付出如此代价，值得吗！”③。

低层次的旅游发展，更是带来了文化上的危机。在很多少数民族地区尤其如此。“本土文化在发展旅游的幌子下被庸俗化。旅游能使传统的或民间的舞蹈

---

① 凤凰卫视专访：冯骥才谈《寻找远去的家园》2001 年 5 月 21 日
转载自：http：//www. phoenixtv. com. cn/zhuanti/web/yuanqudjy/yqdjy_ pssl_ fyc01. html

② 图片来源：左图：2005 年第 5 期（总第 15 期）《动感地带》杂志封面；
右图：环球嘉年华官方网站 . http：//www. china - carnival. com/.

③ 李湘洲，王伟 . 旅游人造景观建筑刍议 . 新建筑，2000（6）：24 - 26

变成粗俗的肚皮舞，并使其丧失神圣性或象征性；鬼文化被刻意渲染，地方特色文化被改头换面或大肆模仿；当地的建筑丧失其原有价值，人们将建的是假塔、新摩尔式建筑和假热带茅屋；宗教的礼拜场所世俗化，使宗教仪式变质，使圣物受到亵渎，人们在现场录下或摄下各种仪式，从而妨碍了仪式的进行。由于游客对当地文化的内容和实质并不关心，而仅仅关注其外在形式，满足其猎奇心理，这导致了本土文化的商品化和庸俗化"①。

"模仿术乃是低贱的父母所生的低贱的孩子"②。不幸的是：在我国的今天，缺乏创新的大批量仿造和复制已经成为社会的一大公害，加上拙劣的工艺和庸俗的立意，使得整个文化呈现出单薄而且平庸，削弱了许多真正宝贵的创意的价值，也浪费了许多不可再生的资源。

在这场大规模的、低层次粗劣仿造的浪潮中，我国的各种手工产品、尤其是具有悠久历史和传统民族工艺品受害至深。"世界第一瓷厂威治伍德在大厅里庄重地陈列着一只展示柜，里头放了一对中国宜兴茶壶，说明上面题写着'从这里我们得到整个产业工艺的灵感'。今天，整个宜兴已经把紫砂土挖掘空了，而挖出的紫砂土会做成满坑满谷一模一样的壶。听说西施乳这一种壶型好卖，转眼整条街连地摊上都是西施乳。原来一只叫价一两千人民币，一夜间用草绳串起来卖，一串8只100块"③。

前些年，全国各大旅游区与旅游景点，到处泛滥着相同的、廉价而且质量拙劣的旅游纪念品：大量的、从不多的几个地方批发来的、工艺和造型都很差的、被染过色的各种翡翠、玛瑙和玉石的小佛像；从一个模子里面倒出来的"各个朝代"的"古董"；一蘸水就掉毛的毛笔；印制着"某某地旅游纪念"几个大字的T恤衫；……。

这些年，旅游纪念品的品种稍稍多一些，也还算有了一些"本地化"的倾向，偶尔能碰得到有新意的"艺术品"。但重复、庸俗、缺乏创新还是没有太大的改变：走到砚台的产地，满眼满街还是差不多的砚，只是有的砚台大得惊人，需要三四个人才扛得动，上面很草率地雕个龙画个凤，贴一个打折的标签来卖；走到玉石的故乡，几乎每家店里面都放着很多玉雕的白菜，说是为了与"百财"谐音；……而那些泡在水里号称"雨花石"的彩色玻璃、硬塑料制成的所谓'檀木佛珠'、各种蜡染的无腰身肥大女式连衣裙、一打开盒盖就跳出来叫的铁丝小虫、灌上水就会撒尿的小陶人，……居然因我国人口较多，需求

① 谢贵安，华国梁．旅游文化学（高等院校旅游类专业教材）．北京：高等教育出版社，1999.355

② ［古希腊］柏拉图．理想国．郭斌和，张竹明译．吉林：延边教育出版社，2004.188

③ ［马来西亚］冯久玲．文化是好生意．海口：海南出版公司，2003.241

广泛而经久不衰。

只可惜我国那么多的玛瑙、翡翠、玉石、汉白玉、花岗岩、陶土，都被做成了多少重复、拙劣而庸俗的造型！

笔者曾经在河北蔚县的一个小工厂中一睹“闻名海内外”的民族手工艺品“蔚县剪纸”的出炉过程（图3－23）。在见识了一群女工在简陋的小屋中分工协作、进行批处理的加工过程之后，人们一定不会再为一套十多张脸谱的剪纸工艺品的零售不超过6元钱而表示惊讶。

图3－23　大批量刻制点画出来的蔚县剪纸俨然不能被称为“艺术品”①

在这场粗劣仿造的浪潮中，另一个受害者是我国的娱乐业，尤其以主题公园和游乐园为甚。前些年，全国“流行”建主题公园。于是，主题公园有如雨后春笋一般地出现，“在短短十几年的时间内，全国仅世界公园就达18个；‘锦绣中华’24个；野生动物园33个；民俗文化村48个。最让人瞠目结舌的是‘西游记宫’，全国竟有460个之多。从山海关到秦皇岛坐火车不过一个多小时，但两地之间海岸线上建了30个‘西游记宫’，平均每隔5公里一个”②。缺乏创意、遍地开花的重复建设，大多数在建成之后就出现了问题。“十多年的时间跨度内，全国共建各种规模和类型的主题公园3 000多个，其中投资最大的超过100亿元，投资最小的也有几千万元。但从经营状况看，

① 图片来源：笔者2003年摄于蔚县。

② 刘汉洪．谁来策划中国旅游？．http：//finance．sina．com．cn/g/20040412/1607714112．shtml．2004－04－12．

70%明亏、暗亏或倒闭，20%维持经营运作，只有10%盈利业绩表现尚可。到目前为止，全国至少有1 000多个亿的不良资产躺在主题公园的病房里，一部分在呻吟，一部分就这样或悲壮或糊里糊涂地死去”①。缺乏创新、缺少内涵，低水平重复建设，已成为今天中国娱乐策划中一大毒瘤，它祸害无穷，必须着力根除。

游憩精神的贫血与社会文化的粗俗化，导致了人的精神贫血与人们内涵修养的不足；而广告、媒体对各种奢侈游憩项目的炒作宣传，也给人们的精神家园造成了潜移默化的影响。很多人对物质的享受已经处于一种无度追求的状态，认为只要消费的增加、物质的丰富、获得享受就意味着幸福，结果却适得其反虽然人们的收入越来越多，闲暇时间越来越多，环境越来越好，但我国公众心理健康与社会道德问题却越来越突出。

“拥有得越多越好。钱越多越好。财富越多越好。商业行为也是越多越好。越多越好。越多越好。我们反复地对别人这么说——别人又反复地对我们这么说——一遍又一遍，直到人人都认为这是真理。大多数人会受它迷惑而失去自己的判断能力”②。随着传统的“精神自由”状态被“消费自由”所取代，金钱在许多人的眼中成为了用以衡量幸福的尺度。在追求体面的消费和更高的物质享受的过程中，“所谓‘道德’已经由精神层面滑向了物质层面，由创造层面滑向了享受层面”③。人类贪婪到不分轻重，为了更阔绰的生活，“社会的良知、肩担的道义、历史的责任通通可以以钱为尺度”④。生活简单地变成了赚钱然后消费的过程，人为物质所累，失去了健康、失去了自由，失去了判断的能力，也失去了幸福。

今天，根据相关调查结果：我国公众的金融意识越来越高，人们的社会生活的感受趋向量化，人们精神越来越紧张⑤；青少年心理健康问题严峻：我国十七岁以下的青少年中，有三千万青少年面临着心理健康问题⑥；在我国公众所感受到的社会环境压力中，对社会公德的忧虑名列前茅⑦；而快速增长期的

---

① 刘汉洪．谁来策划中国旅游？．http：//finance. sina. com. cn/g/20040412/1607714112. shtml. 2004－04－12.

② ［美］米奇·阿尔博拇. 相约星期二．吴洪 译．上海：上海译文出版社，1998. 120－121

③ 马惠娣．休闲：人类美丽的精神家园．北京：中国经济出版社，2004. 25－29

④ 马惠娣．休闲：人类美丽的精神家园．北京：中国经济出版社，2004. 25－29

⑤ 东民，王星．民意调查显示：城市人幸福感下降 金融意识上升．http：//www. china. org. cn/chinese/2004/Dec/743866. htm. 2004－12－31.

⑥ 马惠娣．“我国公众闲暇时间文化精神生活状况的调查与研究”结题报告．http：//www. taosl. net/ac/mahd33. htm. 2004－03－14.

⑦ 中国人精神压力大调查 不同人群压力差别大．http：//www. china. org. cn/chinese/diaocha/749112. htm. 2005－1－6

社会心态变化已经成为我国亟需关注的重要问题之一①。……

3.2.6　自驾旅游初露端倪，交通模式必须思量

随着经济的发展，私家车在我国已经成为部分高收入阶层的代步工具。在一些发达的省市和地区，自驾车出游开始成为一个比较普遍的现象。但是，自驾车也开始给交通带来了许多问题。其中包括交通压力的增加、能源消耗与环境污染的增大、由于修路与停车带来的大面积土地占用、汽车带来的人身方面的伤害，等等。

以北京为例：北京是人均拥有汽车数量较高的地区，2003 年，北京汽车保有量超过 200 万辆，其中私人机动车 128 万辆②。以“五普”统计的北京市总人口 1 382 万计算，平均每 6.9 人拥有一辆汽车；而 2005 年，北京的汽车保有量已经接近 300 万辆③，达到了 4.6 人拥有一辆汽车的程度。根据相关的调查，自驾车已经成为了北京郊区旅游的主要出行方式④。这一方面强化了城市与郊区之间的联系、提高了城市与郊区的交流，而另外一方面，大量城市人口的驾车外出也成为了周末和节假日的主要堵车原因（图 3－24）。在周五下午或周六上午，许多人开车去京郊旅游度假或到自己的郊区住宅中度周末，造成了京昌高速、京顺路等路段出京方向的拥堵；而周日中午以后正相反，大量外出车辆赶回城里，又造成了进京方向的车流拥堵。节假日期间，由于城市居民的外出旅游和购物等游憩活动，拥堵的路段将发生在许多著名景区景点附近的路口、市区商业中心周边（图 3－25）。“游憩拥堵”已经形成了自己明显的“钟摆效应”⑤。

对于许多郊区的风景名胜区来说，停车无疑是汽车发展以后必然面临的问

---

① 李培林．构建和谐社会：科学发展观指导下的中国——2004～2005 年中国社会形势分析与预测．中国社会科学院“社会形势分析与预测”课题组．2005 年中国社会形势分析与预测（社会蓝皮书）．北京：社会科学文献出版社．2005：1.
注：根据《社会蓝皮书》的总结，我国当前面临的重要问题包括：农民失地引起的社会矛盾加剧、收入差距进一步扩大、就业局面依然面临长期困难、减少贫困仍然是新世纪的重任、反腐败要注重政治体制改革、可持续增长受到资源能源和环境的严厉约束、注意快速增长时期的社会心态变化等。

② 于威．北京汽车拥有量超 200 万辆 堵车成为北京最大的社会问题．
http：//unn. people. com. cn/GB/22220/30701/30904/2241189. html. 2003－12－11.

③ 高巍．京汽车保有量近 300 万 增速已超过交管部门预期．北京娱乐信报，2005－09－23.

④ 北京市旅游局政策法规处．2003 年北京市旅游局调研成果综述．国家旅游局政策法规司：旅游调研，2004（2）.

⑤ 贾婷，京顺路周末出城有“点”堵，北京青年报，2003－11－22

题。在美国的许多重要游憩地区，为解决停车问题开辟了大面积的停车场地，大大破坏了景区景点的风貌，而我国的一些重要风景区，随着驾车旅游者越来越多，停车场也已经越修越大。

图3－24　周末游憩引发交通的“钟摆效应”①

图3－25　商业街还是超大停车场？节日西单大堵车②

随着自驾车旅游者越来越多，我国许多地方的景区景点停车位供不应求，一些具有“远见”的景点开始在停车场的修建上下功夫。在著名的北岳恒山上，停车场总面积14 000多平方米，“是国内最大的、档次较高的山岳型停车场”，可同时容纳5 000多辆各类旅游车辆（图2－26），“即使是在‘五一’、‘国庆’等重大旅游节日高峰期，它那宽大的胸怀也能将来自五湖四海的车流包容”③。悬空寺的山崖一边，总面积11 000多平方米的悬空寺第二停车场也已经建成。

---

① 图片来源：笔者摄影。

② 图片来源：http：//news. tom. com/Archive/1006/1127/2002/10/2－33827. html

③ http：//www. byhs. net/。

图 3-26　可容纳 5 000 辆车的恒山巨型停车场①

20 世纪 40 年代，美国著名学者刘易斯·芒福德预测了未来城市的“四大爆炸”，即人口爆炸、郊区爆炸、高速公路爆炸和旅游地爆炸②，而今看来，这四大“爆炸”在我国的许多大城市正以尖锐的方式显示出来。而自驾车旅游，正是加剧“郊区爆炸、高速公路爆炸、旅游地爆炸”的重要原因。国外发展的教训告诉我们，私人小汽车的增加除了带来交通问题、停车问题之外，还将带动私人住宅的郊区化发展，城市迅速蔓延。不受限制的发展使得城市“自由式布置的平面图迅速扩张，这就必须建一个巨大的道路网，但这使郊区原来吸引人的大多数因素都受到了损害。……一旦郊区的布局形式普遍化了，到处都是，那么，它原先引以自豪的那种优点也就开始消失了”③。郊区化最终造成了：“经济成本居高不下、生态环境的破坏愈演愈烈、土地资源浪费严重、城市中心破败衰落的结果”④。

如何发展未来的交通，既能为人们的游憩带来方便，又能避免现有小汽车交通方式带来的资源、环境、交通等问题，是摆在我国城市面前的大事情。

综上所述：经过 20 多年的发展，我国人民的游憩生活确实得到了改善与提高，但相比我们的远大理想，当前的成绩仍不足道。今天，我国大众游憩成长中伴随着许多严肃的问题，城市的游憩条件远未完善，游憩对人的健康、快乐、自由、学养与发展等方面的作用还远远没有发挥出来，而其产生的负面效应却值得深思。为了让人们的生活中能够有更多的“幸福的美感”，让游憩更好地促进人的发展，城市责无旁贷。如何科学地发展城市的游憩，已经成为多数中国城市面前的大课题。

---

①　图片来源：http：//www. byhs. net/

②　引自：吴良镛．大北京地区空间发展规划遐想，北京规划建设，2001（1）：9-13

③　[美刘易斯·芒福德. 城市发展史——起源、演变和前景．转引自：仇保兴．国外城市化的主要教训（续）．国外城市规划，2004，28（5）：8-19

④　仇保兴．国外城市化的主要教训（续）．国外城市规划，2004，28（5）：8-19

3.3　导致我国大众游憩困境的原因分析

芒福德曾经说过："人生中每一天都应当过得美好；而它的每一分钟也应当是过得美好的"①。我国大众的游憩发展面临着种种问题令人困惑，其原因渗透在人们工作与生活的方方面面，也涉及到城市的方方面面。

这里，不妨先站在"人"角度，来分析影响游憩发展原因。

3.3.1　游憩障碍

在休闲学，影响人们进行游憩活动的原因被称为"游憩障碍（Recreation Barriers）"。对于游憩障碍的分类，不同的学者有不同的见解，如：Torkildsen将其分为个人因素、周边社会环境因素和机会因素（表3－6）；而美国著名休闲学家托马斯·古德尔和杰弗瑞·戈比等人则将其分为心理障碍、人际交往障碍和结构性障碍（表3－7），等等。更深入的调查表明，**除了体力和健康因素以外，"游憩障碍"因素基本上都可以通过相关的途径加以解决**②。因此，对于我国民众目前闲暇利用中存在的问题，我们也可以树立起解决的信心。

Torkildsen对影响闲暇活动参与的相关因素分类③　　**表3－6**

个人因素	周边社会环境因素	机会因素
年龄	职业	可获得的资源
生命周期阶段	收入	设施的类型与质量
性别	可支配收入	常识
婚姻状况	物质财富	对机遇的洞察力
赡养条件	汽车拥有及其灵活性	游憩服务
生活的愿望与目标	可以获得的时间	设施分配
个人职责	责任与义务	选址与可达性
资源丰富，足智多谋	家庭与社会环境	活动选择
对闲暇的理解	朋友与伙伴群	交通
态度与动机 兴趣爱好	社会角色与对外联系 环境因素	活动之前、过程中、以及活动之后的花费

① ［美］刘易斯·芒福德. 城市发展史——起源、演变和前景. 宋俊岭，倪文彦 译. 北京：中国建筑工业出版社，2005. 562

② Hall，Colin Michael. Geography of Tourism & Recreation：Environment，Place & Space（Second Edition）. Florence，KY，USA：Routledge，2001. 37

③ 表格来源：Hall，Colin Michael. Geography of Tourism & Recreation：Environment，Place & Space（Second Edition）. Florence，KY，USA：Routledge，2001. 37

续表

个人因素	周边社会环境因素	机会因素
身体、社会、智力方面的技巧与能力	大众闲暇方式	管理：政策与支持 市场
个性与自信心	教育与成就	
文化传统	人口因素	计划安排
生活与教育背景	文化因素	组织与领导
		社会认同
		政策措施

托马斯·古德尔，杰弗瑞·戈比对游憩障碍的分类①　　表 3-7

类型	相关解释	特征	例子
心理障碍	影响人们的活动取向的心理和精神性的特征，包括：压力、焦虑、沮丧、宗教信仰、个人能力评价等	不稳定，一直随着时间的变化而变化	十年以前，许多妇女认为驾驶赛车和攀岩是只适合男性的活动，而现在，她们认为这些运动对妇女也是适合的
人际交往障碍	由人与人之间的关系所导致	和人们的休闲活动（和他人一起做出的活动）取向及随后而来的参与行为之间会发生相互影响；影响来源于家庭、朋友等相关群体。	一个人喜欢下棋，而他的朋友们都喜欢扑克，这个人慢慢地开始喜欢扑克而不是下棋
结构性障碍	表达一些具有普遍意义的障碍或阻隔。包括：气候、工作日程安排或是可获得的机会等	在人们的爱好和参与行为之间发生作用	一个人想学习驾驶帆船，但却找不到船，或附近没有合适的水域。

3.3.2　对我国大众游憩的主要影响因素分析

“游憩障碍”因素众多，如图 3-27 所示。几乎与个人相关的各种条件，都会直接或间接地影响人们的游憩状况和游憩选择。但是，就导致我国大众“闲暇利用存在误区、游憩生活质量堪忧”的问题而言，主要的影响因素不外乎来自两个方面：主观意识和客观条件。

从主观因素上看，对游憩的认识不足是其中的关键。游憩本身是一个个体差异比较大的、富有个性化的活动，因为这个方面不太涉及人的“生存问题”，因此主观能动性的作用显现得较为强大。（除了少数人因为家庭贫困而造成的游憩缺失之外）大多数人在游憩中所表现出来的问题，诸如“看电视时间长而锻炼身体少”、“退休人员一味打发时间”、“精英阶层游憩状况堪忧”等等，其结

① 根据：[美] 托马斯·古德尔，杰弗瑞·戈比. 人类思想史中的休闲. 成素梅，马惠娣，季斌，冯世梅 译. 昆明：云南人民出版社，2004. 276-278

果都指向了人们的主观因素、尤其是对游憩的认识上。

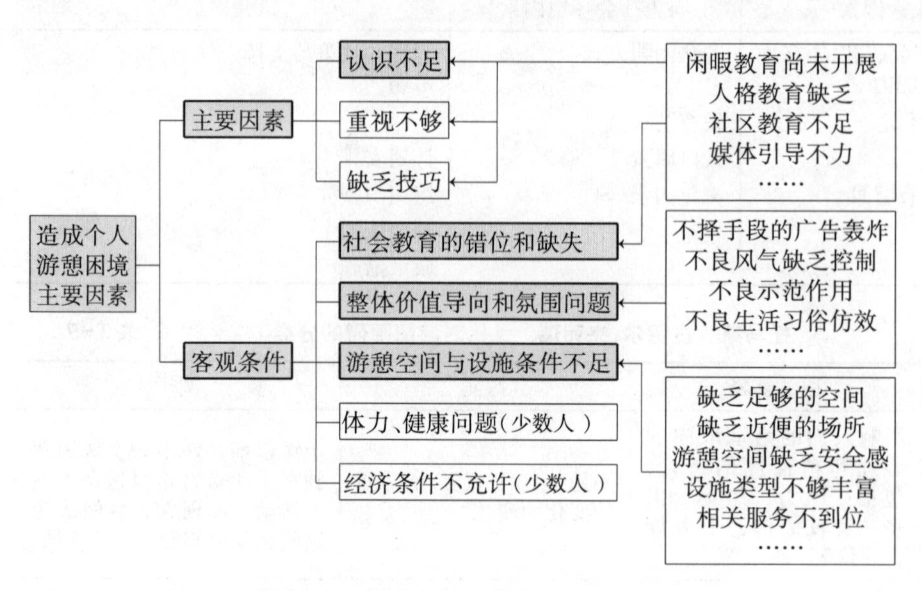

图 3－27　对个人游憩活动产生影响的主要因素①

对于那些对游憩缺乏重视和正确认识的人，既便家财万贯、居住环境条件良好、出门就是公园，他也可能把自己的时间每天耗费在没完没了的应酬和吃喝上，周边的环境对他的身体健康根本没有作用；而如果对游憩有了充分的、正确的认识，即便家中清贫、工作劳累，也还是会努力地找出时间放松、学习、锻炼并体会生活中的快乐——事实上，我们也看到，即便一些社区周边没有良好的设施和理想的绿化，但重视锻炼的人们也可以在人行道、街角找到让自己漫步、放松的空间。精英阶层的确工作忙碌、身负重任，但他们本身是有足够的物质条件来进行游憩活动的，如果对游憩能够有正确的认识，对自己的健康和快乐足够重视，那么，他们很有可能会发现：如果有意识地每天保证一定的游憩时间、特别是锻炼时间以及与人进行放松的交流，而不是完全成为工作和责任的奴隶，那么心情会舒畅、工作的效果可能更好，思维也更加开阔。唯有如此，辛辛苦苦的劳动成果，才能够转化为真正幸福的生活。

可以说：**只有对游憩具有了充分的、正确的认识，反映到行动上，才能够重视游憩、为自己寻找游憩的时间、空间以及合适的活动内容，才能够努力地去学习和思考利用闲暇时间的技巧，最终才能够真正地拥有美好的生活。**而要使得人们能够对游憩有更深刻的认识，最终还需要社会的教育、媒体的共同引导。——于是，话题又回到了作为客观外部环境的“游憩系统”之上。

① 图片来源：笔者绘制

对游憩产生影响的客观条件包含了个人和家庭的因素，更涉及到游憩系统的相关外部条件。相比起来，在我国经济社会发展的趋势下，由于家庭经济状况而影响人们选择健康的游憩活动的情况会逐步减少。**对于绝大多数人而言，外部游憩系统条件中存在的相关问题，将成为影响人们游憩发展的最核心因素。**

值得注意的是：由于经济发展的不平衡和诸多复杂的因素，我国依然有不少的贫困人口。时至今日，"全国农村仍有2 365万人没有解决温饱问题，而处于年收入683元至944元的低收入群体还有4 067万人，两者合计6 432万人"①。对于这部分人口，高质量的游憩仍然遥不可及，核心问题在于谋求生计。而针对其中一部分人的闲暇时间闲置情况，游憩政策中或许应更多考虑在其青壮年的闲暇时间中渗入提高个人技能的教育和培训，使他们能够通过闲暇中的自我能力提高而走出阴霾。

游憩系统对人们游憩质量的影响，主要表现在**社会教育、整体价值导向和氛围、以及游憩空间与设施条件**三个方面。而这些外部条件也在很大程度上左右并造成了人们主观认识不足、重视不够、缺乏技巧的问题。这些外部条件因素，有的是"硬件"方面的故障，有的又是"软件"方面的问题。造成这些问题的原因，则是当前最需要加以研究和解决的。

3.3.3　导致游憩系统问题的相关因素分析

游憩系统的状况将对每个人的幸福感受有重要的影响，而其中间有任何环节出了问题，都将影响到游憩的发展。如图3－28所示，是对城市游憩系统产生影响的主要问题。

从物质系统方面看，游憩系统的空间、资源和设施等方面存在的问题是影响和约束大众游憩的重要方面，也是直接形成前文所谈到的诸多游憩发展尴尬局面的重要原因。但是，如果再加以分析，这些物质方面问题的因素最主要的根源还是在管理、政策制度等支持系统中。

● 就空间问题来看：游憩空间不足和布局不合理，很大的根源在于缺乏对整体空间布局发展的统筹安排、规划技术不够、对人们游憩需求了解不够；

● 游憩资源被浪费、不合理占用、或是受到破坏，往往原因植根于地方管理不科学、政策法规不健全或是没有很好执法；

● 设施问题更是如此。这里面分为两种情况。第一种情况，文化设施数量少，难以满足人们的文化精神生活需要。究其原因，规范滞后、缺乏重视、规划不科学、缺乏资金投入是重要的原因。许多原有的规范早已无法满足今天人

① 姚润丰，江毅．中国2 365万人仍未解决温饱．新京报．2006－3－29

们增长的需求，而规范却又长期没有变化，造成了一定的供应不足。而一些地区在发展建设中轻视人民的文化游憩需求，在文化设施方面长期欠债，造成了设施缺乏的局面。另一种情况是设施建设后利用率低，似乎有些“过剩”的倾向，但究其原因，这种门庭冷落的状况还是因为支持系统不足导致的。文化设施建成之后就没人再管、经营管理不善、长期没有更新、缺乏宣传引导，等等，都使得许多带有教育和非营利性质的设施，如：一些专业博物馆、美术馆等陷入了为资金而奔忙的状况，难以维持，更难以发展，——许多博物馆和展览馆变成“家具销售厅”就是很好的例子。而一些文化设施的选址缺乏合理规划，交通不便，可达性差，大大降低了市民利用和享受文化的机会，这又是规划的问题。

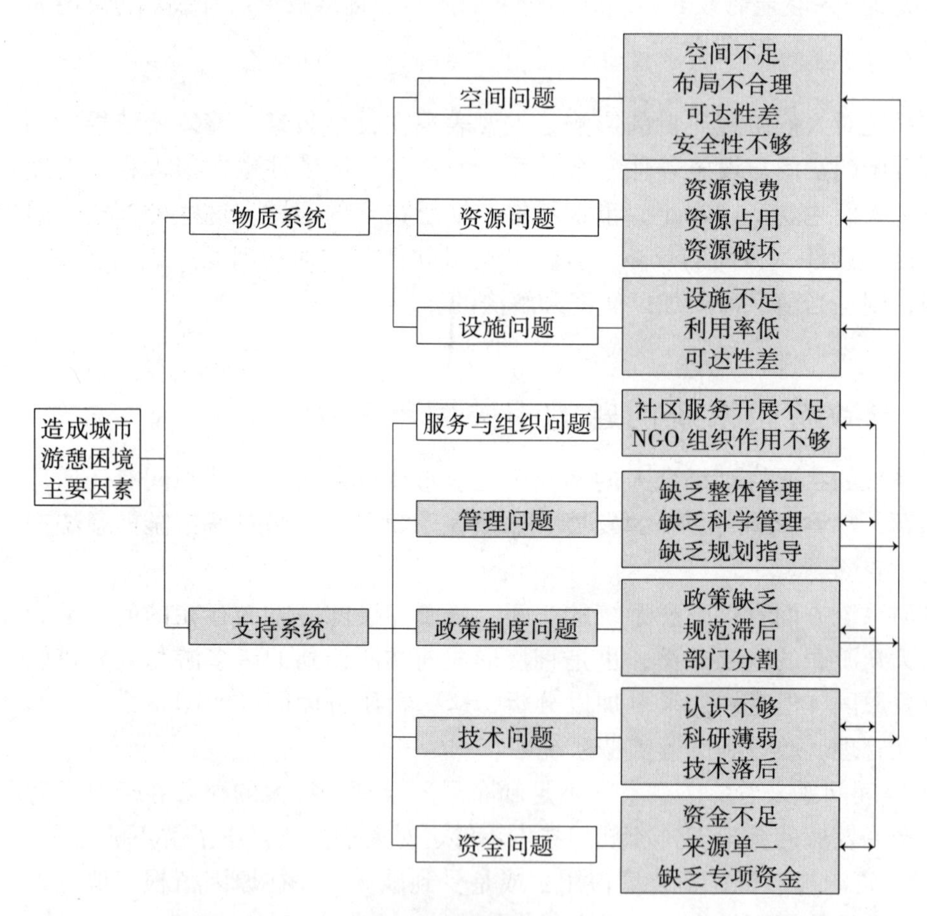

图 3－28　对游憩系统产生影响的主要因素①

归纳起来：**支持系统的问题是影响并导致游憩的物质问题的主要因素。而就当前的情况而言，我国游憩支持系统发展不足，最根本的源头还是在当前对**

① 图片来源：笔者绘制

游憩的认识不够、研究不足上。

根据杨锐的研究，“管理不到位是我国国家公园和保护区体系中产生诸多矛盾与问题的根源”①。同样，管理不到位也是直接导致游憩发展中各种问题和矛盾的重要原因②。但就现状来看，游憩方面管理的不到位，还是因为我国管理者对游憩本身的认识还远不充分、对游憩发展的规律和趋势还缺乏深入的了解、对其综合影响力不够重视甚至忽视而导致的。在我国，游憩作为一种大众的需要，从其蓬勃兴起至今不过10年。迄今为止，我国休闲学的研究可以说才刚刚起步，而对游憩方面的研究又长期锁定于旅游的方面（即使是对旅游的研究也远未成熟），贴近人民生活的休闲游憩研究少、尚未形成学术界的共识、缺乏指导游憩发展的相关理论研究，当然也就难以在管理者心中引起重视、形成共识。而由于缺乏研究、缺乏技术支持，相关的管理、政策与制度当然也就无从谈起，而游憩重要性不被认识，对游憩研究、游憩规划、游憩建设的资金投入自然也难以提高。笔者之所以在本书开头绪论中用大量篇幅详细剖析游憩作为当前城市发展的核心力量和“伟大资源”，其目的正是希望能够引起人们的重视。而选择游憩作为博士论文方向，也是希望能够在这个方面能够进行更深入的探讨，寻找医治我国当前病症的药方。

3.4　小结

从贫穷落后的经济条件中成长起来，我们的国家在50多年的建设中发生着翻天覆地的变化。出于对历史背景的梳理和“忆苦思甜”的目的，本章回顾了建国以来我国游憩思想的两个主要转变：在对待生活的态度上，我们经历了由苦行到人本的转变；而在对游憩建设方面，我们走过了从初步发展、到抵制、再到推进的曲折的历程。总的来看，今天，我国的游憩发展已经大步流星地走上新的轨道，而未来游憩的重要性仍将继续增加。

但是，来之不易的生活条件的改善并没有让人们过上理想的、健康的生活。从相关调查来看，我国居民闲暇利用存在误区，游憩生活质量不高；无论在空间设施建设、资源保护、精神文化、社会公平还是交通模式选择上，我国仍面临非常严肃的问题。本章对我国当前游憩中的最重要的问题进行了剖析、立场鲜明地对其中一些不良现象进行批判，并对导致这些问题和困境的主要原因进行了分析和总结。

---

① 杨锐．建立完善中国国家公园和保护区体系的理论与实践研究：[博士学位论文]．北京：清华大学建筑学院，2003，04. 论文分析并总结出管理不到位的7项原因：认识不到位、立法不到位、体制不到位、技术不到位、资金不到位、能力不到位和环境不到位。

② 原因与杨锐研究相同，具体内容请参见他的博士论文。

笔者认为，当前，对于我国的绝大多数人而言，对游憩的认识不足，是导致其生活方式不健康、不科学的主观原因，而这些主观原因，又源自于外部的游憩系统条件的影响。而在游憩系统中，支持系统的问题是导致游憩物质系统问题的根源，而其中的关键仍然在于对游憩发展的认识不足重视不够、对其发展规律和趋势还缺乏深入的了解。今天，缺乏研究和技术支持，已成为游憩管理和政策、制度无法实现良性管治的重要原因。

对游憩的重视是我国游憩发展必须迈出的第一步；中国游憩的发展呼唤游憩的研究。

第三篇
它山之石

王国维先生曾经说过："居今日之世，讲今日之学，未有西学不兴而中学能兴者，亦未有中学不兴而西学有兴者"①。在前面的叙述之中，本书对东方游憩传统的精华进行了分析，而面对我国今天的游憩发展中所出现的诸多困惑，我们还应当抱着谦虚的心态，向已经走过这段历程的西方发达国家学习，积极地借鉴前人的经验、吸取相关的教训，从中获得启示，来更科学、更有效地解决当前的问题。"学术本天下公器，各国之民，因其处境之异，而发明者各有不同"②。西方文化中在"归纳、客观、科学"的方面相比东方的思维有更多的优势，因此，在科学地分析并解决城市游憩问题、发挥游憩综合效益等方面的科学思维与手段方法，无疑是我们需要学习和借鉴的重要内容。

它山之石，可以攻玉。

从西方现代游憩规划与政策发展的历程来看，当《雅典宪章》提出"游憩"是城市的四大功能之一的时候，西方的许多国家正经普遍经历着一个快速的城市化过程；也就在这个时候，经济发展、大众闲暇时间增加、服务于游憩的技术发展、游憩需求快速增长，因此而引发的城市问题也日益凸显，——这与今天的中国有许多极为相似的地方。严峻的城市游憩问题促使游憩与城市规划、城市政策产生了密切的联系。此后的岁月中，人们对城市游憩功能的认识经历了重要的嬗变。游憩功能从原有的、为人们提供接触自然、进行健身运动或是做为儿童游戏场使用的"游憩空间"的概念，逐步被发展成为包含了资源保护、空间保障、游憩活动引导、相关服务与政策提供等在内的动态与静态相结合的系统

---

① 王国维.《国学丛刊》序. 姚河铭，王燕 编. 王国维文集（第四卷）. 北京：中国文史出版社，1997. 367

② 吕思勉. 先秦学术概论. 北京：中国大百科全书出版社，1985. 3

概念。游憩在城市生态、景观、经济、形象等方面发挥着综合的效益，与整个城市的和谐健康发展具有密切关系。

历史条件不同、社会环境不同，西方城市游憩的规划与政策中也表现出了不同的侧重点。西方的城市游憩规划与政策经过近70年的发展，已经大体形成了一套规划的理论与方法体系，也积累出了一些可供我国参考的经验。而强调文化的、整体的游憩规划与政策，正是当前最为重要的处理城市游憩问题并对游憩效益加以综合利用的多赢方法。

在本篇中，笔者将尽量梳理并展现游憩相关的规划发展的思想脉络，并从中归纳总结可资借鉴的手段方法。

仍需要强调的是：由于我国与西方发达国家在经济、社会、文化等方面本身存在着较大的差异，因此，西方的经验也不可能为我国的游憩发展提供现成的答案，对于我国的游憩发展更重要的是在“拿来”之后，结合我国实际情况的思考与创新。

“影响城市发展的基本因素是经常在演变的。……居住、工作、游憩与交通四大活动是研究及分析现代城市设计时最基本的分类”①。

——CIAM，雅典宪章，1933

第 4 章　《雅典宪章》的启示

在建筑与城市规划的学科中，将“游憩”一词引入人们视野的无疑当属1933 年 CIAM（国际现代建筑协会）通过的《雅典宪章》。这份当时被译作“都市计划大纲”的文献明确指出：“居住、工作、游息②与交通四大活动是研究及分析现代城市设计时最基本的分类”。游憩被提到了城市基本功能的高度上。

《雅典宪章》不仅仅是将“游憩”一词引入城市规划学科视野的重要文献，更为重要的是，它是以城市的眼光来审视城市矛盾、试图采用规划手段来解决成为游憩问题的一个里程碑。针对当时西方国家快速城市化过程中出现的城市游憩的种种问题，当时的城市建筑师提出了“对人性的需求就是对城市游憩空间规划的需求”③ 的观点，将解决游憩问题的希望寄托在游憩空间的规划上。对游憩的规划因此成为城市规划中重要的内容。

值得特别注意的是：《雅典宪章》的出台，源于其特殊的经济社会和城市化发展的背景，而这个特殊的背景给当时西方发达国家的城市发展带来了诸多矛盾。当时的背景与今天中国的经济社会、城市化发展有诸多相似之处。而当时西方国家所面临的问题中，也恰恰有许多与我国眼前类似的地方。作为一种对比研究，对《雅典宪章》的背景陈述是非常必要的。为此，笔者专门查阅了许多当时留下来的诸多经济社会发展的历史资料，试图将对《雅典宪章》的研究，放到一个更宏观的历史背景中进行陈述。

4.1　《雅典宪章》：对城市“呼吸空间”的关怀与思考

CIAM 对游憩的关注主要在城市中的“呼吸空间”上。从具体内容上看，

---

① 引自：雅典宪章中的“游憩”一词，在最初由清华大学营建学系 1951 年 10 月译成的文件中被译为“游息”，后经改动，被最后正式确认为“游憩”。

② 雅典宪章中的“游憩”一词，在最初由清华大学营建学系 1951 年 10 月译成文件中被译为“游息”，后经改动，被最后正式确认为“游憩”。

③ J. LSert & CIAM. Can Our Cities Survive?. Cambridge: The Harvard University Press, London: Oxford University Press, 1942. 78

《雅典宪章》所涉及的游憩内容包含了两个方面：一个是对游憩问题的概述，另一个是针对问题提出的相关建议。它对城市中心区普遍缺乏空地、空地面积不足、距离太远、或是成为“建设备用地”的现象进行了强烈地批判，并针对这些问题提出了相应的改进方法，包括将公园、运动场所和儿童游戏场地作为新建居住区的必要条件、拆除密集区的破旧房屋作为游憩之用、设立相关公共游憩设施以及将城市附近的自然元素加以保存来作为周末游憩场所等，图为人们提供必要的游戏场所和运动场地。原文如下：

游憩问题概述：

(1) 在今日城市中普遍地缺乏空地面积。

(2) 空地面积位置不适中，以致多数居民因距离远，难得利用。

(3) 因为大多数的空地都在偏僻的市外围或近郊地区，所以无益于住在不合卫生的市中心区的居民。

(4) 通常那些少数的游戏场和运动场所占的地址，多是将来注定了要建造房屋的。这说明了这些公共空地时常变动的原因。随着地价高涨，这些空地又因为建满了房屋而消失，游戏场等不得不重迁新址，每迁一次，距离市中心便更远了。

改进的方法：

(5) 新建住宅区，应该预先留出空地作为建筑公园运动场及儿童游戏场之用。

(6) 在人口稠密的地区，将败坏的建筑物加以清除，改进一般的环境卫生，并将这些清除后的地区改作游息用地，广植树木花草。

(7) 在儿童公园或儿童游戏场附近的空地上设立托儿所、幼儿园或初级小学。公园适当的地点应留作公共设施之用，设立音乐台、小图书馆、小博物馆及公共会堂等，以提倡正当的集体文娱活动。

(8) 现代城市盲目混乱的发展不顾一切的毁坏了市郊许多可用作周末的游息地点。因此在城市附近的河流、海滩、森林、湖泊等自然风景幽美之区，我们应尽量利用它们作为广大群众假日游息之用。

《雅典宪章》对游憩所提出来的这些改进的方法，事实上已经被或多或少地运用到我们今天的城市规划、居住区规划、公园绿地规划等相关规划当中。直至今日，在城市中保留“呼吸的空间”依然是城市规划与设计的重要基础。

4.2 城市游憩问题是现代经济社会发展和城市化共同作用的产物[①]

《雅典宪章》之所以提出“游憩”的问题并将其作为城市的四大基础功能之一，是有其深刻的历史背景的。1942年，J. L. Sert出版了《我们的城市能否生存（Can Our Cities Survive?）》一书，对《雅典宪章》的相关素材进行了编辑与总结，揭示了当时西方城市所面临的时代性问题，并对城市的发展进行了反思与质问[②]。就其对游憩方面的研究来看：**CIAM所关注的矛盾，主要来自游憩需求的增长和公共空间的减少**。那么，游憩需求为什么会增长？公共空间为什么又会减少？在此，本书将梳理一些描述当时经济社会城市等方面发展情况的文字，希望能够从对这两方面因素的分析中寻找到一些启示。

4.2.1 经济发展、闲暇增加、新技术的游憩性使用是游憩需求增长的基本动力

大众游憩需求的增长，是由1920~1930年代西方经济社会和科技发展的整体大背景所促成的。经济发展、大众闲暇时间的增加、新技术的游憩性使用，是促进增长的三大动力。在这个方面，最典型的案例当数美国。

一战之后的1920年代是资本主义经济发展的一个黄金时期。从1923~1929年秋天，美国“每年的生产率增长幅度达4%”，10年间，美国经济规模增长了50%以上，创造了资本主义经济史上的奇迹。汽车、建筑、电影和无线电等工业部门迅速发展，“工业帝国”逐步壮大。美国人开始变得富有，“据统计，在1923~1929年间美国人工资收入增长了11%”[③]。这种情况甚至使得1928年胡佛在总统竞选演说中乐观地给出了“美国人家家锅里有两只鸡，家家有两辆汽

① 注：尽管从时间点上看，1933年8月《雅典宪章》出台之际，正是西方国家29~33年的经济危机之时。而且城市游憩与经济危机之间也具有重要的关系，但就《雅典宪章》中重点谈到的城市游憩空间的发展问题来看，CIAM所指出的游憩空间问题更多是1920年代整个西方经济社会发展日积月累的结果，与经济危机的相关性反而更少。因此，本文对《雅典宪章》的背景分析考虑的是包含了1920-30年代这样一个时间的跨度，并将其看作一个完整的时间阶段来进行分析，希望对这个历史的分析能够更加强我们对城市游憩问题的认识。

② 参考：吴良镛．以城市研究与实践推动规划发展——在2004城市规划年会上的发言．城市规划，2005，29（4）：9-13，82

③ 余志森．美国通史（第4卷）崛起和扩张的年代1898~1929．北京：人民出版社，2002．471

车”的承诺①。——尽管随后到来的一场经济危机粉碎了美国的汽车梦，锅里的鸡也不翼而飞，但这足以表现出当时的经济发展给了人们怎样的心态！在这样的一个时期内，这种“非理性的乐观情绪”② 感染着美国人，“整个美国社会的价值观念都在发生变化”③。

经济的发展伴随着闲暇时间的增加。大机器生产使得工人们的工作时间逐渐减少。1900 年，美国工业工人的平均劳动时间为每周 60 小时；1929 年为 50 小时；1937 年为 40 小时，带薪休假制度的实施，更增长了人们的闲暇意识④。由于家务劳动被一些节省时间的机器代替，家庭劳动的时间消耗逐步减少，人们从繁重的家务劳动中解脱出来⑤。

工人工作时间的减少，最先是从一些大型的生产企业中开始的。“1923 年美国钢铁公司放弃了每天 12 小时的工作制度，让其所属的加里工厂实行每班 8 小时的工作制。而后 1926 年，福特公司又宣布实行每周 5 天工作的制度”⑥。值得一提的是，除了由减少工时而形成的闲暇时间增加外，还有一个重要的、制造社会闲暇的因素就是经济危机中大量人群的失业。据相关资料的显示：1929 年，美国的失业率为 3.2%；到了 1933 年，这个数字已高达 24.9%，而且在危机后的若干年内一若安居高不下。1931 ~ 1940 年的 10 年间，失业率平均为 18.8%，其范围从 1937 年低的 14.3% 到 1933 年高的 24.9% 之间⑦，高失业率造成了大量的社会闲暇，下层民众生活艰苦，社会不安定因素增加。为提高就业率而减少每个工人的工作时间成为了其中的重要举措。1937 年，罗斯福向国会提出了《公平劳动标准法令》，对

---

① 蔡跃蕾，张伟．史海回眸：罗斯福“新政”复兴美国．环球时报．2002－03－18．13

② 陆甦颖．试论 1920 年代美国经济繁荣中的泡沫问题．历史教学问题．2002（01）：34－37

③ 蔡跃蕾，张伟．史海回眸：罗斯福“新政”复兴美国．环球时报．2002－03－18．13.

④ J. LSert & CIAM. Can Our Cities Survive?. Cambridge：The Harvard University Press，London：Oxford University Press. 1942. 78．注解部分。

另外：根据笔者查阅的其他数据显示：1910 ~ 1950 年代是美国平均工作时间缩短最快的时期，在 1913 年，美国年工作小时数从平均每周 50 小时（年工作 2 605 小时），到 1950 年缩短到不到 36 小时（年工作 1 867 小时），年工作时间降低了近 800 小时。

以上数据来源：Angus Maddison. THE WORLD ECONOMY：A MILLENNIAL PERSPECTIVE. OECD PUBLICATIONS，2001. 347

⑤ J. L. Sert & CIAM. Can Our Cities Survive?. Cambridge：The Harvard University Press，London：Oxford University Press. 1942. 78

⑥ 余志森．美国通史（第 4 卷）：崛起和扩张的年代 1898 ~ 1929．北京：人民出版社，2002. 471

⑦ 注：现在国际上通常将 12% 的失业率作为临界线，因而大萧条时期持续 10 年之久接近 20% 的失业率确实称得上奇高的失业率。数据资料来源：

北京大学中国经济研究中心宏观组．美国 30 年代大萧条及对中国当前宏观经济政策的启示．战略与管理．1998（3）.

雇主必须遵守最高工时进行了强制性规定[①]，从法律上保障了工人的休息权利[②]。

新兴技术在大众游憩中的广泛使用，无疑是现代游憩发展中一个重要的特点。这些蕴涵在新技术中的力量一旦迸发出来，就显现出极强的影响力量，人们的游憩活动内容因为相关技术的广泛使用而改变，大众游憩活动的开展也因为这些新技术带来的新体验而受到鼓舞。对《雅典宪章》的年代而言，当时的广播和电影技术就好比今天的电视、CD、DVD和互联网络；而汽车制造业的发展成熟，使得小汽车成为人们外出游憩的主要交通工具。

1920年代，收音机在美国已经普及。“在每个夜晚，每个地方的空气中都弥散着广播音乐，任何人能在家通过收音机听到”，由于“这种设备任何一个男孩都可以在一个小时内装配出来”[③]，因此，无论对于富人还是穷人，要想足不出户，听广播无疑是最佳消遣。

与广播同样流行的是电影。1920年代正是美国电影业技术不断发展的时期。电影拍摄投资日益加大、故事情节日趋丰富。看电影作为一项日常游憩活动风靡了西方世界。1928年有声电影开始出现，更增强了影片的吸引力。当时的社会和今天一样，已经涌现出了人们追捧的“影星”，而一些重要的电影制作地区，如：好莱坞，焕发出一种新产业基地的特有活力。

平民化是电影发展的重要特征，有的观察家甚至认为：“电影院，自始至终是一种平民的艺术；也是唯一的一个”[④]。电影是富人也是穷人茶余饭后的重要的游憩项目。不但每个城市、镇都有电影院，很多的乡村也有。到1925年，美国“全国有2万家电影院，有些豪华的大型影院拥有7000个座位”[⑤]。美国电影工业在1929年的“年收益达到了10亿美元，而每周的观众上升到了约1.1

① 当时对工时的规定为：每周最多工时为44小时，在以后三年减到40小时。杨目，赵晓，范敏．罗斯福“新政”：评价及启示．国际经济评论．1998（4）：18-24

② 注：《公平劳动标准法令》是罗斯福在1937年提交的，但由于当时争议太大，到1938年6月25日才得以通过。该法令又被称为《工资工时法》。另外：事实上，美国国会在1868年就通过了8小时工作制的法令，但并未真正实行。1886年5月1日，美国芝加哥城20万工人举行大罢工，要求实现8小时工作制。1919年，国际劳工组织大会通过的第一号公约中规定，工业企业工作时间，一天不得超过8小时，一周不得超过48小时。（以上资料来源：中国大百科全书）尽管有关工时的问题往往在实施环节出现问题，但却正是这一次次的斗争，才最终推动人们的工作时间逐步减少下来。

③ 余志森．美国通史（第4卷）：崛起和扩张的年代1898~1929．北京：人民出版社，2002．472

④ Foster Rhea Dulles. A history of recreation：Ameria learns to play（Seond Edition）. New York：Appleton-Century-Crofts. 1965. 198

⑤ 余志森．美国通史（第4卷）：崛起和扩张的年代1898~1929．北京：人民出版社，2002．618

亿人之多——相当于整个人口的4/5在每年的每个星期中都要看一场电影"①。

广播、电影的进步，使得大众基于室内的日常消遣得以发展；而汽车的普及，则造就了周末和假日户外游憩、特别是郊区游憩活动的繁荣。

1928年，胡佛之所以在总统竞选中提出"家家有两辆汽车"，是因为当时美国的汽车产业实在发展得如火如荼。这时候的汽车产品设计已经摒弃了早期车型的诸多不舒适的地方，而且由于工业化大生产的作用，小汽车价格趋于平民化，汽车开始进入普通家庭。1920年代的美国是汽车行业发展的重要阶段，汽车制造日趋成熟，汽车迅速普及②。1924年，美国达到了每7人拥有一辆汽车③。外出的自由推动了美国自驾车旅游的发展，但也带来了一系列道路交通问题。——今天的中国大城市恰恰也正承受着类似的、由游憩而引发的交通压力。"1914年的200万的汽车保有量在1921年变成了900万，而5年后又翻了一翻。……到1930年，美国汽车保有量达到2500万，整个国家2/3的家庭拥有了汽车"④。快速发展的私家车为人们的游憩活动带来了新鲜的气息。——事实上，**美国最初的汽车发展就是由游憩开始的，是游憩而不是通勤或其他的用途使汽车产业日趋成熟**⑤。当时的社会出现了这样的意识："一个一周工作了六天的人如果还将第七天耗费在自家门口，他就不可能感受到生活给人类的特别恩赐"⑥。于是，"人们似乎重新具有了人类祖先们对空间的需要、对不同景色的好奇，人们希望在每个周末能够改变一下生活的氛围，就像电话和收音机一样，旅行进入了我们的生活并与我们的文明发展不可分割"⑦。1930年，美国到森林公园的游客中有92%的人用小汽车作为交通工具，而到国家公园的游客中有85%是开小汽车的。与此相关的各种活动与设施迅速发展，宿营、汽车旅馆等逐步普及。根据美国国家森林公园服务部门的数据，1929年有组织的宿营者人

① Foster Rhea Dulles. A history of recreation：America learns to play（Second Edition）. New York：Appleton－Century－Crofts. 1965. 299

② 美国汽车工业的发展历史. http：//info. auto. hc360. com/HTML/001/002/005/185378. htm

③ 汽车百年史话. http：//auto. sohu. com/20000817/file/000，000，100098. html.

④ Foster Rhea Dulles. A history of recreation：America learns to play（Second Edition）. New York：Appleton－Century－Crofts. 1965. 317－318

⑤ 根据《A history of recreation：America learns to play》一书的介绍，最初的气车，只是服务于少数有钱人的娱乐工具。"在20世纪的头十年中，驾驶是一项冒险而且刺激、费用昂贵的富人活动"，为了一天的外出，人们需要做大量的准备，开敞的车身无法挡风避雨，速度慢，而汽车又往往会出现许多机械故障。因此，"开汽车"本身就是一种游憩性的活动。直到1914年之后，汽车的发展才克服了这些问题，越来越成为大众外出游憩的交通工具。因此，笔者认为：汽车产业的成熟，最初是建立在将其作为游憩工具的基础之上的。

⑥ Foster Rhea Dulles. A history of recreation：America learns to play（Second Edition）. New York：Appleton－Century－Crofts. 1965. 319

⑦ J. LSert & CIAM. Can Our Cities survive?. Cambridge：The Harvard University Press，London：Oxford University Press. 1942. 95

数为1142500人；到了1930年升至1980736人①。在1929年一项对妇女的调查结果中，有人甚至认为："汽车是我们唯一的快乐"；"如果放弃了汽车，我宁可绝食"②。小汽车成为城市游憩中至关重要的因素。

上述各种条件的改善激发了人们的游憩欲望，刺激了游憩产业的发展。1934年，直属于美国总统的"社会发展趋势研究机构"发布了一本《近日美国社会发展趋势报告（Recent social trends in the United States)》，报告指出："对美国而言，游憩已经成为民众日常生活中一种正常的需要，就像对食物的需求一样"；而"不断增长的与游憩相关的产业对美国的经济贡献已经达到每年100~120亿美元"，"如何对我们越来越多的闲暇时间加以良好的利用已不仅仅是个个人问题，它已成为整个社会需要考虑的重要的问题（a large stake)"③。

4.2.2 城市蔓延、建设挤占、游憩资源的私有化是游憩空间缺乏的核心原因

当人们的游憩需求迅速扩大的时候，城市内部和郊区一些承载游憩活动的公共空间没有相应得到扩大，却恰恰在这个时候减少了。于是，游憩的问题就产生了。——这是J. L. Sert在《我们的城市能否生存》一书中指出的、导致《雅典宪章》中所述的游憩问题的症结所在。从该书的分析来看，在当时西方国家快速城市化的背景下，城市蔓延、建设挤占、游憩资源的私有化成为了导致城市游憩空间缺乏的最主要原因。

在"影响城市发展的基本因素经常演变"的条件下，CIAM将游憩定为现代城市中需要重视的基本功能之一，是因为城市化的发展已经大大改变了城市本身。如果将城市空间的发展过程放到历史的长河中来看，问题就会变得清楚：早期的城市扩大是一个缓慢的过程，在几百年甚至更长的时期内，城市中容纳的人口数量不多，多数城市的规模也大体还保持在步行的尺度范围内，居民们可以通过步行达到所需的活动空间，游憩并不存在太多的问题；直到工业革命以后，城市规模急遽膨胀、人口迅速增加，城市建设密度加大，游憩空间才成为了城市中一个尖锐的矛盾。从图4-1中不难看出，伯尔尼在1300~1800年500年间的城市变化，远没有其后200年间的变化来得猛烈。

---

① President'sResearch Committee on Social Trends. Recent social trends in the United States: report of the president's research committee on social tredns. New York: Whittlesey House, 1934. 922

② Foster Rhea Dulles. A history of recreation: America learns to play (Second Edition). New York: Appleton-Century-Crofts. 1965. 319

③ President'Research Committee on Social Trends. Recent social trends in the United States: report of the president's research committee on social trends. New York: Whittlesey House, 1934: li-lii ('Committee Findings'), 921-922

由于各自的发展状况不同，西方各国城市化发展的阶段也不一样。一战前后，世界工业的中心从欧洲移到了美国，美国进入城市时代。1920 年，美国已经有 53% 的人口在城市居住，城市面积以每 10 年 5% ~8% 的速度扩大①，也正是这个阶段，城市中心人口的急剧增加、建筑密度增大、城市边缘快速扩张。在"人口密集的中心地区，随着自然被挤出城市，越来越多的人失去了与自然的联系"②。没有控制的、城市化的铁蹄，踏碎了城市生活的神话；城市居民的户外游憩成为其中最大的牺牲品。

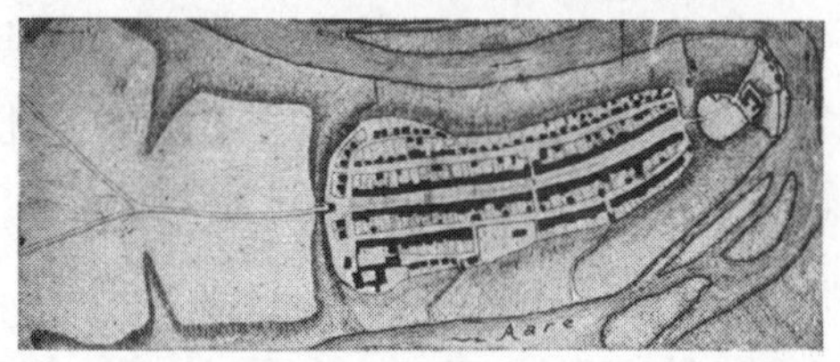

(*a*) 1300 年

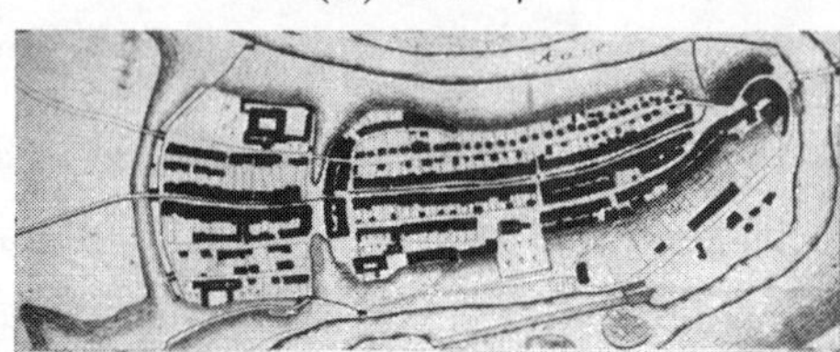

(*b*) 1600 年

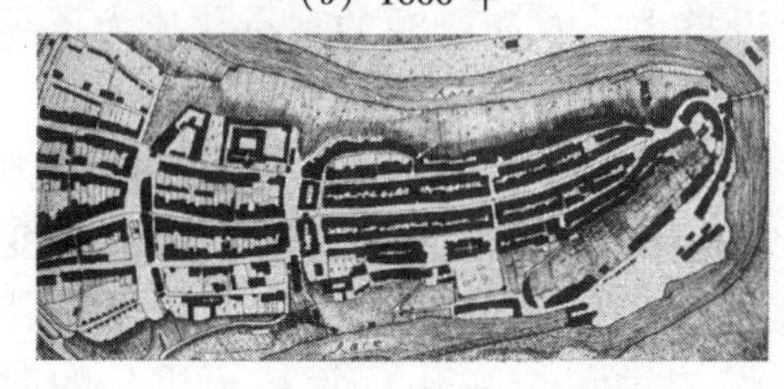

(*c*) 1800 年

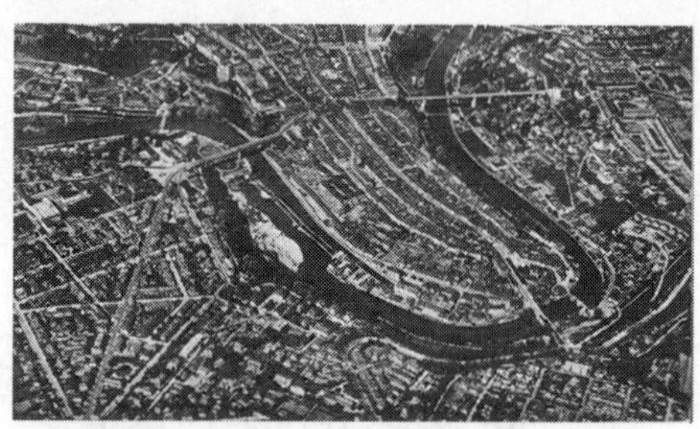

(*d*) 1930 ~ 1940 年代

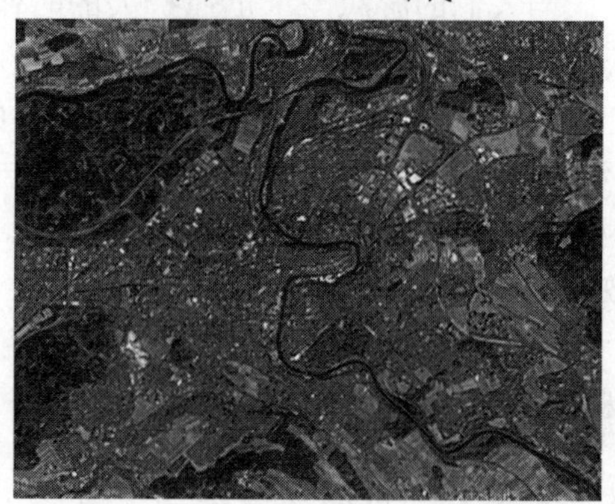

(*e*) 今天的发展规模

图 4-1　瑞士首都伯尔尼的城市扩张过程③

① Jay B. Nash. The organization and administration of playgrounds and recreation. New York：A. S. Barnes & Co.. 1931. 7

② J. L. Sert & CIAM. Can Our Cities Survive?. Cambridge：The Harvard University Press, London：Oxford University Press, 1942. 78

③ 图 4-1（*a*） ~4-1（*d*）来源：J. L. Sert & CIAM. Can Our Cities Survive?. Cambrdge：The Harvard University Press, London：Oxford University Press. 1942. 85.

图 4-1（*e*）来源：Google Map Search.

注：这一系列有关瑞士首都伯尔尼的城市扩张过程的图可以说明城市的游憩问题是在城市化快速发展、城市规模迅速扩张的情况下才出现的。早期的伯尔尼扩张缓慢，规模小，人们能够比较轻松地到达城市内外的空地中。但进入现代社会以后，城市规模急遽扩大、人口与建筑密度增加，在这个时候，如果城市内部无法提供足够的游憩空间，游憩需求与空间供给的矛盾就会变得尖锐起来。

城市的蔓延使城市居民的日常游憩活动多数只能在城市内部进行，但在城市的内部，随着建设密度的加大与地价的提高，原有空地被新的建筑物挤占。"在那些已经非常缺少呼吸空隙的地方，地上的东西刚被清理干净，六层的楼房马上就盖了起来"。这样的情景不停地重复着。只要有地是"空"着的，就会有人试图对其加以建设，以换取经济的收益。在大众的福利与少数人的既得利益之间，斗争和妥协不断上演。"1789 年，巴黎拥有 391 公顷的公园空间，但是到了 1908 年，同样大小的区域内公园面积已经缩减到 137 公顷，'100 年内，巴黎失去了 2/3 的公园面积'"；"在伦敦，'1927 年时，查令十字街（Charing Cross）11 公里的范围内还由 32000 英亩的开放空间，等到了 1933 年，这个数目减少到 8000 英亩'"①。根据当时的城市用地情况分析：住宅占 39.33%，道路占 33.60%，办公与商业占 8.29%，与游憩相关的空间（包括公共区域、公园和游戏场）占 13.94%，其余为其他用途的用地②。

人口增加了、闲暇时间增加了，而城市内部的公共空间却恰恰在这个时候被挤占、面积越来越少，这成为了城市居民日常户外游憩活动的最大障碍。虽然看电影成为了当时人们很重要的游憩项目，但由于户外活动意味着健康、与自然的接触、与人的交往，而"健康、公民的权利、道德和智慧……正是从人们的活动中产生出来的"③，因此，对任何人来说，户外活动都是不可替代的。城市内部游憩空间的缺乏，使人们必须花费很长的时间和更多的成本才能够获得接触自然的机会，而到这些地方进行日常游憩对多数的普通居民来说又是不可能的，于是，街道成为了许多人的休闲场所和儿童的游戏场地，青年人在街上闲逛，儿童在街上玩耍，"原来主要为车辆交通开辟的光秃秃的铺装道路，变成了又是公园，又是散步广场、又是孩子们的游戏场地，但是，这是一个肮脏的公园，一个满是尘土的散步场所，一个危险的游戏场地"④。

问题不仅仅在城市中心区。当日常游憩空间严重匮乏时，"离开城市是对城市游憩空间无法满足人们游憩需求的最好例证"⑤。周末闲暇时间稍长，寻觅"呼吸空间（Breathing Places）"成为了人们外出的最重要目的之一。在多数人的眼里，到城市周边的乡村游憩是满足这一需求的最直接方法。那些距

---

① J. L. Sert & CIAM. Can Our Cities Survive?. Cambridge：The Harvard University Press，London：Oxford University Press，1942. 82

② J. L. Sert & CIAM. Can Our Cities Survive?. Cambridge：The Harvard University Press，London：Oxford University Press，1942. 78

③ Jay B. Nash. The organization and administration of playgrounds and recreation. New York：A. S. Barnes & Co，1931. 7

④ ［美］刘易斯·芒福德. 城市发展史——起源、演变和前景. 倪文彦，宋俊岭 译. 北京：中国建筑工业出版社，2005. 443

⑤ J. L. Sert & CIAM. Can Our Cities Survive?. Cambridge：The Harvard University Press，London：Oxford University Press，1942. 95

离适度、并且保持了良好的自然景观效果的城市周边空间，成为了很受欢迎的游憩区域。私人交通工具的发展拓宽了人们的活动范围，“一些原先不可及的森林、山川、河流都成为了可能的露营地。小汽车的出现为总是希望活动的人们提供了假日旅行的一种理由”①。但遗憾的是：城市的周末游憩和度假也演变出了新的问题。

由于缺乏对城市与周边的统筹规划，城市郊区可以用作公众游憩的地方越来越少。一方面，城市的无序蔓延无情地吞噬了郊区大量的土地，导致了游憩的获得必须以更远的出行距离为代价（这个代价从经济、环境等各方面来看都是不合理的）；另一方面，许多游憩资源在发展过程中也由于经济利益的驱动而变成了私人的用地。游憩资源的私有化，使得本来已经不多的、可以为公众提供游憩机会的场所又大大减少（图4-2）。如：根据美国农业部的报告，1939

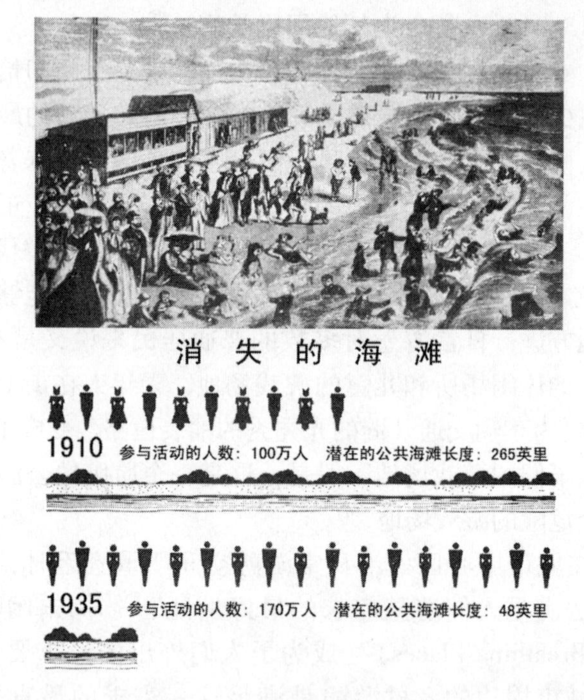

图4-2 海滨的可游憩用地减少②

注：除了参与活动的人数增加以外，公共游憩资源的私有化成为了导致拥挤的罪魁祸首。以“B-W-A区域”为例，图中显示了从1910~1935年25年间，该区域中82%的海滨游憩空间成为私人的专用度假地，但参与海滨游憩活动的人数却从100万人增加到170万人，人口增加与公共海滩由于私有化而逐渐减少形成强烈对比。

① Foster Rhea Dulles. A history of recreation: America learns to play (Second Edition). New York: Appleton-Century-Crofts, 1965. 319

② 图4-2来源：J. L. Sert & CIAM. Can Our Cities Survive?. Cambridge: The Harvard University Press, London: Oxford University Press, 1942. 99

年，全美能够供给公众使用的海滩只剩下 1%①。结果，在那些不多的公共游憩空间中，拥挤成为了令人头疼的问题（图 4－3）。而在那些出售给私人的沙滩上，为了使得土地获得最大收益，许多地方往往被搭建的构筑物的建筑完全覆盖，一些自然的元素，如：树木被清除，自然美景于是不复存在②。

图 4－3 人满为患的海滨地区③

注：1940 年 7 月的一个周日，在纽约科尼岛的沙滩上，数以百万计的纽约人拥挤到沙滩上。

4.2.3 交通压力增大与郊区环境变化是现代游憩不可忽视的影响

城市的各种因素影响了游憩的发展；游憩的方式也反过来改变了城市。

大众游憩需求增长、交通工具发展，人们的外出旅行的欲望也必然随之增加，再加上城市内部游憩空间缺乏，更多的人需要到郊区才能达到与自然的沟通。因此，长途与短途的外出游憩开始给城市交通造成巨大的影响。车

---

① J. L. Sert & CIAM. Can Our Cities Survive?. Cambridge：The Harvard University Press，London：Oxford University Press，1942. 99

② 同上.

③ 图 4－3 来源：J. L. Sert & CIAM. Can Our Cities Survive?. Cambridge：The Harvard University Press，London：Oxford University Press，1942. 99，101

站、道路、停车场，到处人满为患、车满为患（图4-4）。在一些经济发达的大城市，这种大量的车辆和游客在短暂的时间内迅速流动的情景尤为壮观。在1940年的纽约："周末，250多万外来的游客涌入了纽约，而当他们准备回家的时候，几乎同等数量的纽约人也从周围的乡村和海滨回来，纽约发生了规模空前的迁移"①。游憩引起的交通问题，成为城市发展中必须关注与面对的重要问题。

（*a*）伦敦滑铁卢车站的周末外出人流车流拥挤情况

（*b*）周末从长岛（Long Land）返回的车流

（*c*）游憩地周边出现的大面积停车场②

图4-4　由于游憩发展带来的交通压力③

郊区自古就是城市人游憩的目的地。而在今天，当越来越多的人可以较为容易地开车到郊区旅行之后，人们的游憩给郊区带来了巨大的影响。**汽车"把城市带到了乡村，把乡村带到了城市，它使许多乡下人第一次看到了摩天大楼的阴影和大城市中的罪恶，使很多城市居民生平第一次看到了牛、绿树、青山和大海，它使乡村的比例与过去相比缩小了"**④。在工业城市中被逐步忘却的、许多人类与生俱来的渴求：阳光、空气、水、树木、花草、鸟虫的奏鸣曲，在乡村的环境中被重新唤醒。郊区成为了现代人生活中不可或缺的空间（图4-5）。

① J. L. Sert & CIAM. Can Our Cities Survive?. Cambridge：The Harvard University Press，London：Oxford University Press，1942. 102

② 在《Can Our Cities Survive?》一书中，这个例子是被当作一种布局良好的、公共游憩场所的实例来介绍的，但从今天的眼光来看这个巨大的停车场地，它对景观环境的破坏还是非常明显的。在一些热门的公共游憩地，停车场是小汽车普及之后面临的重要问题之一。

③ 图片来源：J. L. Sert & CIAM. Can Our Cities Survive?. Cambridge：The Harvard University Press，London：Oxford University Press，1942. 103，101

④ 余志森. 美国通史（第4卷）：崛起和扩张的年代1898~1929. 北京：人民出版社，2002. 464

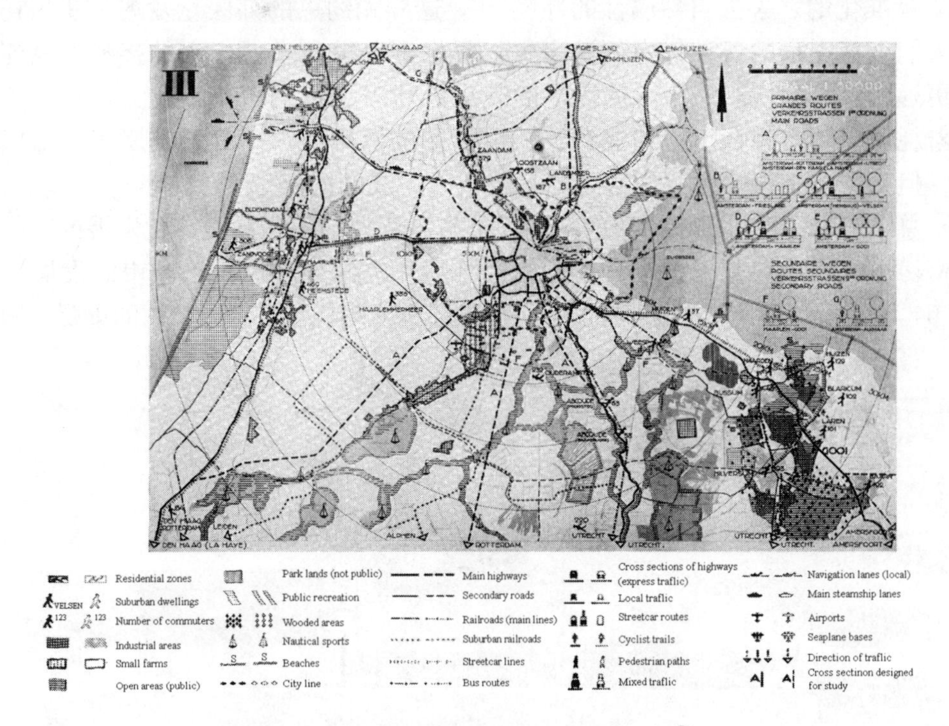

图4-5　阿姆斯特丹：城市与郊区的联系由游憩牵动①

建立在汽车交通基础上的、由大批城市居民到郊区的游憩活动而产生的对郊区的影响力，比以往其他任何时候都要大得多。在郊区的发展中，一部分土地被法律保护下来，作为风景优美之地，不但让今人大饱眼福，也可供子孙世代享用；一部分建成了户外游憩设施和度假场所，成为部分人的娱乐活动与消费空间；一部分地方变成为一些有支付能力者或特权者的私人专属用地，建起了“许许多多式样一律，难以辨别的房屋，刻板地排列着”②，闲人免进；而还有一部分，伴随着郊区化的浪潮，“每个单位的平房懒洋洋地占着尽可能多的土地，与相邻的单位之间，有一个日趋扩大的露天停车场相隔开着”③，造成了土地的极大浪费。——在很少数的土地能够有幸保存下来、真正体现出郊区魅力并获得非凡生命力的时候，更大片的郊野已经沦为成为了车轮下的牺牲品，“大规模的生产，大规模的消费和大规模的娱乐游玩”，在郊区产生出了与城市同样

① 图片来源：J. L. Sert & CIAM. Can Our Cities Survive?. Cambridge：The Harvard University Press，London：Oxford University Press，1942. 9

② ［美］刘易斯·芒福德. 城市发展史——起源、演变和前景. 倪文彦，宋俊岭　译. 北京：中国建筑工业出版社，2005. 499

③ ［美］刘易斯·芒福德. 城市发展史——起源、演变和前景. 倪文彦，宋俊岭　译. 北京：中国建筑工业出版社，2005. 520

的“标准化的、失去自然属性的环境”①。这样无约束的郊区化发展，使当初吸引人们到其中来的各种优点逐渐丧失，要想再获得与自然山水的接触，只能走得更远些、再远些。城市游憩需求的满足必须以更远的出行距离为代价，这意味着耗费更多时间、土地和能源，产生更多的污染。——游憩发展了、郊区变了，但其中还有很多是我们必须思考或引以为戒的内容。

总结起来：现代城市游憩的问题，是与经济社会发展和城市化发展的整体过程密切相关的。它源于整个城市的社会环境，也深刻地影响了城市的发展（图4－6）。但无论从哪个方面来看，游憩都已经成为现代城市不可忽视的重要问题。

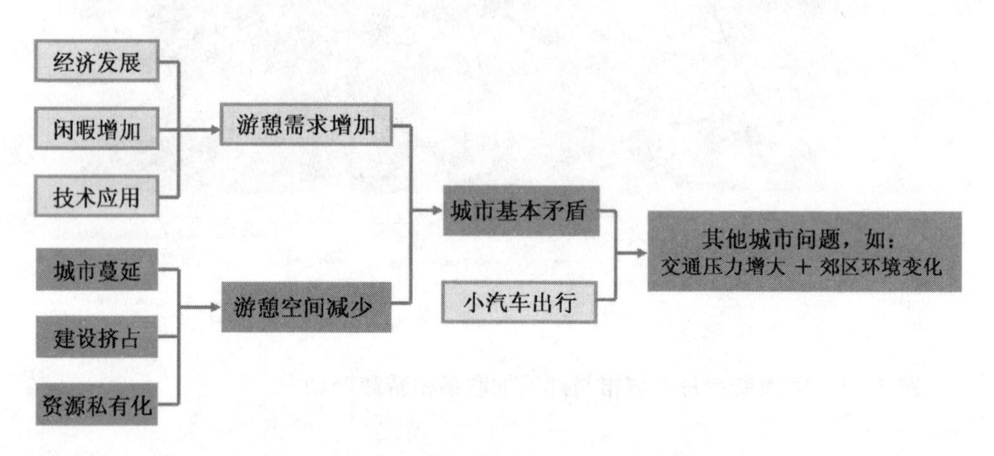

图4－6　CIAM涉及的城市游憩问题与游憩对城市影响②

4.3　“对人性的需求就是对城市游憩空间规划的需求”

通过对“大多数城市中的生活情况，未能适合其中广大居民在生理上及心理上最基本的需要”的现实情况的分析，《雅典宪章》将问题归纳到了：“因为缺乏管制和未能应用现代城市计划所认可的原则，所以城市的发展遭受到极大的损害”的方面上来。提出通过相关的规划的手段、尤其是区域规划的方法来平衡不同的功能、并使大众的利益得到保障，成为了宪章的重要贡献。这样，对城市游憩空间的规划——特别是对居住密集区域的公共空间的规划以及城市与城市郊区自然空间的统筹安排，成为了城市发展中必须加以重视的内容。由于“对游憩的追求不是特权人士所独有的，它满足的是所有

① ［美］刘易斯·芒福德.城市发展史——起源、演变和前景.倪文彦，宋俊岭　译.北京：中国建筑工业出版社，2005．508

② 图4－6来源：笔者绘制

人的正常需要”，因此，**“对人性的需求就是对城市游憩空间规划的需求”①，游憩空间规划的目的“应保证即便城市还将继续扩大，但总有足够的空间供人们游憩之用”②。**

4.4 对《雅典宪章》的评述与思考

4.4.1 黑暗中的火炬

作为现代主义建筑思想的代表，《雅典宪章》对于当时的世界无异为“黑暗中的火炬，是对人类前途的一个肯定”③。尽管许多现代主义建筑的思潮在后来的推进过程中因为欠缺社会、政治、经济与生态因素的考虑，缺乏对城市有机性生长和地域特性的认识，破坏了原有的社区活力和文化遗产等等原因受到了许多的抨击，但对宪章中关于“城市游憩功能”与“呼吸空间”的思考却似乎少有疑议，除此之外，宪章还提出了“建立居住、工作的游息各地区间的关系，务必使在这些地区间的日常活动可以最经济的时间完成”的观点，以及用三维空间的方式进行游憩空间规划的思想④，这即便在今天也是应当重视和遵循的原则。

从对当时历史状况的梳理中，我们不难接受这样一个观点：**《雅典宪章》具有一种难能可贵的“拓荒精神”⑤，它站在人本主义⑥的立场上，为**

---

① J. L. Sert & CIAM. Can Our Cities Survive?. Cambridge: The Harvard University Press, London: Oxford University Press, 1942. 78

② J. L. Sert & CIAM. Can Our Cities Survive?. Cambridge: The Harvard University Press, London: Oxford University Press, 1942. 77

③ 梁鹤年. 城市理想与理想城市. 城市规划. 1999 (23), 7: 18-21

④ 《雅典宪章》中提出：“城市计划是一种基于长宽高三度空间而不是长度两度的科学，必须承认了高的要素，我们方能作有效的及足量的设备以应交通的需要和作为游息及其他用途的空地的需要”。这一点充分表现了现代主义建筑思想的特征。

⑤ 梁鹤年. 城市理想与理想城市. 城市规划. 1999 (23), 7: 18-21

⑥ 《雅典宪章》中指出：“人的需要和以人为出发点的价值衡量是一切建设工作成功的关键”。这充分表达了人本主义的城市建设思想原则。但《雅典宪章》中的这种人本主义却因为缺少在生态、文化方面的思考，在今天看来显得单薄。根据程方炎、贺雄的《从人本主义到人本主义的理性化——雅典宪章与马丘比丘宪章的规划理念比较及其启示》一文中的说法：“雅典宪章的基本思想是人与自然是统治与被统治的关系，人类通过征服和改造自然来满足其不断增长的需求”，因此，后来的马丘比丘宪章在这一点上对其进行了修正。

以上参考：程方炎，贺雄. 从人本主义到人本主义的理性化——雅典宪章与马丘比丘宪章的规划理念比较及其启示. 城市研究. 1998 (3): 23-26

当时城市发展所面临的现实问题进行思考，“依据城市活动对城市土地使用进行划分，对传统的城市规划思想（例如古典形式主义）和方法进行了重大的改革——突破了过去城市规划中追求平面构图与空间气氛效果的形式主义局限，引导现代城市规划向科学方向发展迈出了重要的一步”①。就游憩方面而言，《雅典宪章》分析并发现造成现代城市游憩空间问题的根源、提出了用规划的手段来引导城市游憩功能发展的思想，这无疑是人类在城市和游憩方面迈出的一大步。

4.4.2 现代主义的理想

《雅典宪章》如同一种美好的理想，它和人类其他的许多追求一样，也是对幸福生活的向往与追求。不同的是：这种理想更多地建立在现代主义建筑师的思维方式上，关怀的是城市中最大多数人的利益，并对“如何实现理想”的手段进行了更多的探寻，因此更添加了许多实在操作的意义。换句话说，**《雅典宪章》的贡献不是在描写理想国中的幸福生活，它描绘的是一张指明了通往理想国道路的地图。而这条道路的名字就叫做“规划”。理想国中的阳光、空气、游戏地，在现代主义的诠释中演绎得分外动人（图4-7，图4-8）。**

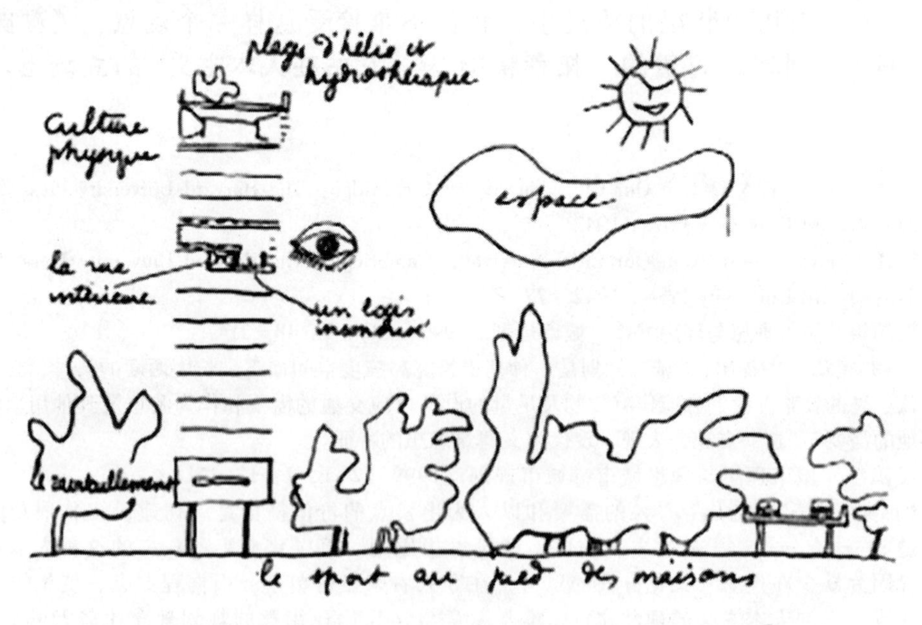

图4-7 阳光、空气、绿树——柯布西耶的现代主义理想诠释②

---

① 仇保兴．19世纪以来西方城市规划理论演变的六次转折．规划师．2003（11）：5-10

② 图片来源：Le Corbusier. The Radiant City. Viking Press. 1970

(*a*) 1872年英国拥挤而阴暗的贫民窟

(*b*) 缺少阳光的住宅漫画

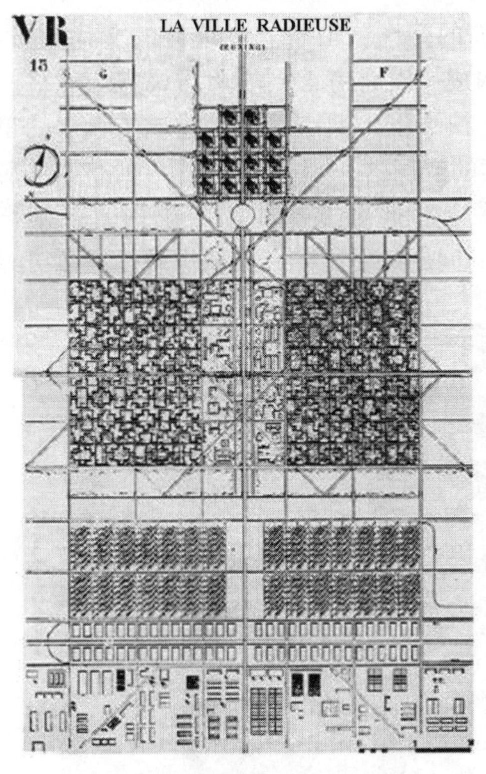

(*c*) 柯布西耶的“光辉城”设想

(*d*) 从黑暗的小巷走向快乐的开敞空间

(*e*) 从狭窄阴暗的街道到宽阔的马路

图4-8 现代主义城市和现代主义的理想①

① 图片*b*来源于：J. L. Sert & CIAM. Can Our Cities Survive?. Cambridge：The Harvard University Press，London：Oxford University Press，1942. 49.
其余图片来源：Ein Kongress，ein Dekret und die Konsequenzen. Gefolgschaft und Kritik. CIAM und die“Charta von Athen”1943.

4.4.3 人文精神与环境意识缺失的遗憾

站在今天的角度来看《雅典宪章》，它的贡献无疑是巨大的。它代表了一个时代的“精英思想”，其根本出发点是对下层民众的深切关怀。但是，由于受到建筑空间思维的影响，宪章的局限性同样是明显的。

在习惯了对物质空间进行思考的现代主义建筑师的眼里，“城市规划就是要描绘城市未来的终极蓝图，并且期望通过城市建设活动的不断努力而达到理想的空间形态。……城市发展中只要有一套良好的总体物质环境设计理论和方案，其他经济、社会乃至文化的一系列问题就可以避免”①。但这种“非常自然地将建筑看作是机器，将城市看作是一种产品”② 的结果只能是建筑师本身的美好愿望而已。

实践中，现代主义暴露出了许多方面的问题：由于忽视地区的文化脉络、为追求功能分区清楚而牺牲城市的有机构成、没有考虑到城市居民人与人之间的关系，“结果使城市生活患了贫血症；在那里，城市里建筑物成了孤立的单元，否认了人类的活动要求流动的、连续的空间这一事实”③。因为柯布西耶对巴黎城市的历史中心区采取了一个几乎全部推翻重来的改建规划方案（图4－9），使得现代主义无视历史文化脉络的问题备受批判；而依据现代主义功能

图4－9　伏瓦生规划：不切实际的规划④

---

① 张京祥．西方城市规划思想史纲．南京：东南大学出版社，2005．126

② 张京祥．西方城市规划思想史纲．南京：东南大学出版社，2005．126

③ 国际建协．马丘比丘宪章（1977年12月通过）

④ 图4－9来源：Simon Sadler. The Situationist City. USA：The MIT Press，Cambridge. Massachusetts. 1999. 24

理性思想建成的昌迪加尔、巴西利亚等新城规划，则在很长的一段时间中因为缺少社会文化精神而缺乏活力；……种种现象使人们意识到：单纯依靠物质空间规划来解决复杂的城市问题是不可能的，因此，对现代主义的批判、反思和对《雅典宪章》的置疑越来越多。

就游憩而言，现代主义对城市游憩空间是极为重视的，对绿地的建设的态度也是十分“慷慨”的。在柯布西耶的巴黎改造方案中，他甚至考虑要“留出90%以上的土地进行绿化”①。在这种“对人性的需求就是对城市游憩空间规划的需求”的规划理念引导下，游憩强调的是场地和设施，游憩本身也“变成了高档体育设施的同义词”②。但是，**现代主义没有认识到：“空间与设施建设”只是城市游憩健康发展的一个必要条件，而远远不是充分条件。因此，由于忽略了游憩的综合性、无视人的情感因素、不顾游憩自身的生长逻辑，现代主义式的游憩规划的理想往往会被许多一些非空间的问题破坏。**

这里面一个典型的案例就是巴西利亚的新城。1960 年代，巴西利亚的新城规划采用了完全现代主义的方式建设起来，设计规划在当时世界上获得了很高的评价。在游憩方面，规划为城市慷慨地设置了商业中心、文化娱乐中心、体育场、动物园、植物园等游憩场所与设施，整个城市有大片绿地和水面围绕，游憩的物质条件不能说不好。“没有想到的是，到了 1980 年代实行双休制度以后，问题一下子就凸现出来了，一到周末，人们就迫不及待纷纷离开这座新城，回到里约热内卢，从而留下一座空城。……当时巴西媒体报道说；巴西利亚的人都到哪里去了？回家去了”③。——人类就是这样一种具有情感记忆的生灵，对人而言，“幸福”除了意味着物质空间需求的满足之外，还需要寻找到精神与情感的归属。而缺乏精神与情感、缺乏交流与记忆，正是生活在巴西利亚的人在周末放弃更好的设施条件而逃之夭夭的原因。这个例子也说明：试图依靠单纯的游憩空间规划来解决城市游憩问题的方法是有缺陷的。因此，随着游憩研究的深入和城市规划的发展，游憩规划和城市规划一样，越来越强调将游憩作为一个综合性的整体加以考虑。游憩规划，不仅要有对空间的思考，还要对整个城市游憩系统进行全盘的综合把握。

4.5 小结

游憩对于城市的意义是与人们生活方式的改变息息相关的，这是人类经济

---

① 邹德慈. 城市设计概论——理念·思考·方法·实践. 北京：中国建筑工业出版社，2003. 33

② [美] 克莱尔·库珀·马库斯，卡罗琳·弗朗西斯. 人性场所——城市开放空间设计导则（第二版）. 俞孔坚，孙鹏，王志芳等译. 北京：中国建筑工业出版社，2001. 79

③ 谢友宁，盛志伟. 国外历史文化名城名镇保护策略鸟瞰. 现代城市研究，2005（1）：39－45

社会发展的一个内在规律。随着经济的发展、技术的提高、社会的进步，游憩对今天的城市发展越来越重要，而游憩的发展给城市带来的矛盾也越来越尖锐，势必需要寻找相关的途径加以解决。《雅典宪章》根据当时西方国家的历史发展情况，明确把游憩列为城市的四大功能之一。针对当时城市游憩发展面临的问题，宪章把问题的原因归纳为城市游憩需求的增大与游憩空间不断减少之间的矛盾，并据此提出了用城市规划和区域规划手段来解决游憩空间问题的方法。它站在为广大人民谋利益的立场上，为城市发展描绘出充满了阳光、绿地和欢乐的理想图景。这对于当时来说是具有重要现实意义的，而它对于中国游憩空间问题的解决也同样具有参考价值。今天，在我国，虽然科技使得人们的生活方式有了翻天覆地的改变，但城市所遇到的矛盾却仍与《雅典宪章》的时代有许多相似之处。因此，宪章对这些矛盾的探索，无疑为我们提供了一个分析问题的视角，值得我们认真的比较思考。

当然，在今天重温那个时代的“精英理想”时，我们不会忘记其中闪烁的智慧，也不难发现其中的缺陷与不足，西方游憩思想发展至今，过程中有许多值得研究、需要记取的教训。这些教训中，最值得我们今天注意的无疑是：由于游憩本身是一个融合了各类因素的综合事物，因此，要想让城市游憩健康发展、让人民感受生活的幸福，单纯依靠物质空间规划是不行的，必须用综合的手段，来解决复杂的问题。——换句话说：**空间规划的提出，是《雅典宪章》对城市游憩发展的一大贡献；而试图单纯以空间规划的方式解决复杂的游憩问题，却又是宪章的一大弊端。**这给我国今天的游憩发展带来了重要的启示，也需要加以认真反思。

"如果我们要为城市生活奠定新的基础，我们就必须明了城市的历史性质，就必须把城市原有的功能，即它已经表现出来的功能，同它将来可能发挥的功能区别开来。如果没有历史发展的长远眼光，我们在自己的思想观念中便会缺乏必要的动力；不敢向未来勇敢跃进；因为我们当前相当大一部分规划方案（其中许多还自诩为'先进的'或'进步的'），较之经过我们努力可以实现的城市和区域形式来说，简直是枯燥呆板的讽刺画"。

——刘易斯·芒福德①

"时代在发展，规划理论思想也在变化中。……西方国家的规划历史也许可以看作是，根据社会变化的需要和愿望，为改进一个演变着的社会的空间结构所进行的持续的努力。……有必要对规划理论进行粗略地巡礼"。

——吴良镛②

第5章　由空间规划到综合策略——西方近现代游憩规划思想的历史嬗变及其启示

《雅典宪章》在1933年提出"游憩"是城市的四大功能之一、提倡城市通过适当规划对城市扩张进行限制、并提出了通过"增加城市绿地，降低旧区人口密度和在市郊保留良好风景地带"③ 的相关建议，是规划历史上一个重要的"里程碑"，但在《雅典宪章》之前，对游憩的规划实践却是早已有之。而且，随着相关研究与规划思想的发展，人们对于游憩的认识逐步深入，西方的规划中已经越来越注重对游憩的综合考虑。除了为游憩提供足够的场地和设施外，也开始积极利用游憩的综合效益。

从整体上看，在西方近现代游憩与游憩规划发展过程中，对游憩规划的需求是随着游憩的发展而发展的，而游憩规划的思想则随着整个城市规划思想和人们对游憩认识的变化而变化。结合游憩规划在各个历史阶段的发展特点，笔者将19世纪以后的游憩规划与政策发展大致分为五个阶段，并结合这个阶段的划分，详细地从经济社会发展历史背景、规划思想转变和规划方法变化等角度，回顾两百年来游憩规划的历程。希望能够梳理出其发展的脉络，寻找到具有借

---

① ［美］刘易斯·芒福德. 城市发展史——起源、演变和前景. 倪文彦，宋俊岭 译. 北京：中国建筑工业出版社，1989.2

② 吴良镛. 人居环境科学导论. 北京：中国建筑出版社，2001.121－122

③ 沈玉麟. 外国城市建设史. 北京：中国建筑出版社，1989.140

鉴意义的经验思想与方法。

五个阶段分别为：

1. 萌芽时期（1800～1840年代）；
2. 美化时期（1840～1910年代）；
3. 干预时期（1900～1960年代）；
4. 重组时期（1950～1980年代）；
5. 复兴时期（1980年代～至今）。

5.1 萌芽时期（1800～1840年代）

5.1.1 城市环境严重恶化，公共卫生问题严峻

19世纪初期，正是资本主义原始积累过程中一段极为黑暗的日子。这时候，“买与卖是毫不考虑任何社会责任和义务的”①，大量失地农民涌入城市，使得城市无论在人数还是面积上都在惊人地迅速成长。以纯粹的金钱为出发点的发展方式，使得城市“坚决无情地扫清日常生活中能提高人类情操、给人以美好愉快的一切自然景色和特点。江河可以变成滔滔的污水沟，滨水地区甚至使游人无法走近，为了提高行车速度，古老的树木可以砍掉，历史悠久的古建筑可以拆除”②。城市污染严重，居住条件恶化，拥挤、肮脏、疾病流行、基础设施匮乏、到处都是贫民窟。由于土地投机严重，许多工业城市中原有的空地被蚕食。早期工业化带来的城市环境恶化与城市游憩空间的衰落。

恶劣的生活环境和卫生条件使初期的工业城市成为了人间地狱，“1841年，利物浦居民的平均寿命只有26岁，1843年曼彻斯特居民的平均寿命只有24岁。与这些数字相关联的是大量因传染病死亡的青年，以及极高的婴儿夭折率”③。水源污染造成了1832年欧洲霍乱流行。而资本主义发展所必须的频繁商业流动则使传染病散布得更快更广。这一切威胁到所有人的利益，穷人生活状况恶化，富人也难以自保。

城市公共卫生状况的恶化引发了环境改善的需求，它迫使政府必须实施控制和提供公共服务。因此，“1833年，英国议会内置的公共散步道委员会首次

① ［美］刘易斯·芒福德.城市发展史——起源、演变和前景．倪文彦，宋俊岭 译．北京：中国建筑工业出版社，1989.310

② ［美］刘易斯·芒福德.城市发展史——起源、演变和前景．倪文彦，宋俊岭 译．北京：中国建筑工业出版社，1989.317

③ 柏兰芝．城市与瘟疫之间的对抗．经济观察报．2003－04－28.

提出应该通过公园绿地的建设来改善不断恶化的城市环境"①；1833～1843 年英国议会通过了多项法案，准许动用税收来进行下水道、环卫、城市绿地等基础设施的建设。1845 年英国的一份官方报告首先建议各地要有单一的公共卫生主管机构，负责有关排水、铺路、净水、供水等工作，并且要求主管当局规范新建筑物的兴建准则②。公共卫生问题成为环境改善的动力。

5.1.2　环境改造开创新局，公园建设初见成效

拥挤的居住条件和不断恶化的环境卫生状况触动城市富有阶层的神经。人们对城市呼吸空间的需求开始日益高涨。在这个黑暗的时期，一些对城市环境改造的尝试为城市发展带来了新的希望。以公园为代表的城市游憩空间突破了私家花园和公共广场的局限，成为新时期游憩空间的重要代表。

5.1.2.1　摄政大街（Regent Street）与摄政公园（Regent Park）

1811～1830 年，建筑师约翰·纳什（John Nash）为伦敦边缘的摄政大街与摄政公园进行了规划设计。摄政大街中间穿过一些的广场，沿街建筑立面整齐漂亮，随着道路的弯曲，道路空间尤其精彩（图 5－1（*a*）），成为了同时具备了商业、游憩功能的道路，将摄政公园和圣·詹姆斯公园（St. James Park）联系

（*a*）

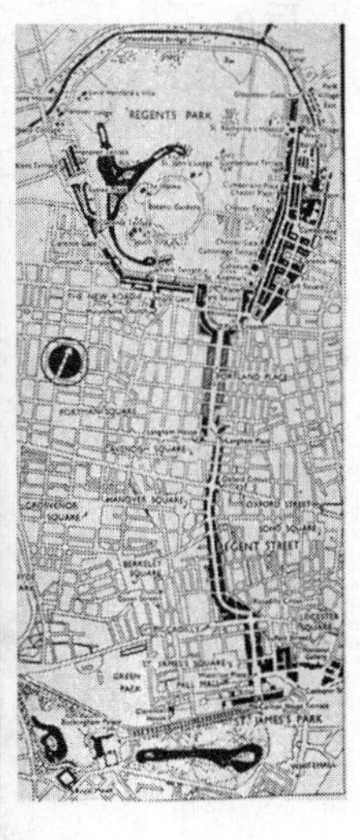

（*b*）

图 5－1　纳什的伦敦摄政大街表现图（*a*）与规划图（*b*）③

到一起（图 5－1（*b*））。在建设过程中，摄政大街整治环境、振兴商业所获

① 许浩．国外城市绿地系统规划．北京：中国建筑工业出版社，2003.4

② 柏兰芝．城市与瘟疫之间的对抗．经济观察报．2003－04－28

③ 图片来源：http：//www. ar. utexas. edu/Courses/glossary/building/regent. html

得的收入成为了公园的建设预算，而摄政公园的设计则体现了英国园林的特点，配置了大面积的水面和林荫道。公园周边建设了住宅区，并尽量做到从每栋建筑物均可看到公园，成为了伦敦一个富有阶层生活的中心。——摄政公园的经验证明：公园的建设不仅能提高环境的质量，还能够获得经济效益。

5.1.2.2 第一个城市公园：伯肯海德公园（Birken－head Park）

利物浦市伯肯海德区，1820 年人口仅为 100 人，几年后发展为 2 500 人，1841 年猛增至 8 000 人。1841 年，利物浦市议员豪姆斯（Isaco Holmes）率先提出了建造公共园林（Public Park）的观点。2 年后，市政府动用税收收购了一块面积为 185 英亩的不适合耕作的荒地，用以建造一座向公众开放的城市园林，计划以基础中部的 125 英亩土地用于公园建设，周边的 60 英亩土地用于私人住宅的开发。出人意料的是，公园所产生的吸引力使周边土地获得了高额的地价增益。周边 60 英亩土地的出让收益，超过了整个公园建设的费用及购买整块土地的费用之总和。以改善城市环境、提高福利为初衷的伯肯海德公园（Birken－head Park）的建设，结果取得了经济上的成功。伯肯海德公园 1843 年由帕克斯顿（Joseph Paxton）负责设计，1847 年工程完工并投入使用，成为世界园林史上的第一个城市公园（图 5－2）。公园实行了人车分流，绿化以疏林草地为主。在此后的历史上，它不仅为当地居民提供了板球、曲棍球、橄榄球、草地保龄球、射箭运动的场地，还提供了军事训练、学校活动、地方集会、展览及各种庆典场所①，在公园发展历史上具有重要意义，向城市政府建设、管理公园迈出了坚实的一步。

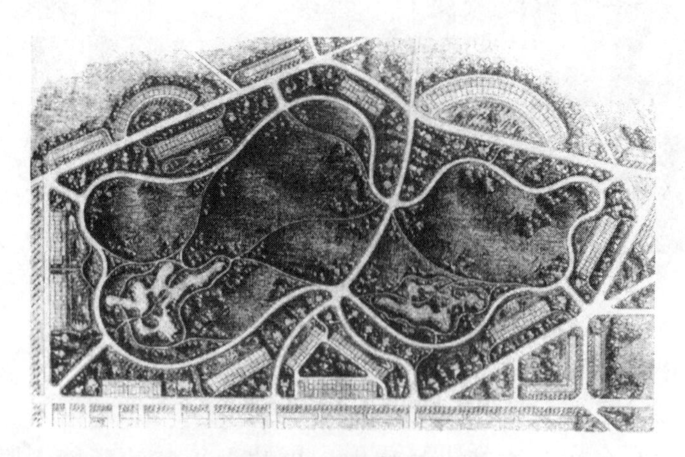

图 5－2 伯肯海德公园平面图②

① 资料来源：http：//www.bhhflower.com/wx/sj503.htm。

② 图片来源：http：//www.wirral.gov.uk/er/birkenhead park map high resolution.htm

5.1.3 思考与评论

从工业化初期的梦魇中走来，19世纪上半叶是第一道黎明的曙光。公共卫生的恶化使得城市环境成为了关系到所有人的重要问题，通过公园的建设，人们不仅感受到城市中公园绿地的重要性，同时也尝试到游憩空间建设带来的经济效益。相比起后来的游憩规划来说，这个时期零星的公园建设充其量只能算是一个实验的“开端”。但是，这种对城市局部地区环境优化改善的做法在当时城市的背景下具有重要的意义，尽管当时的公园建设基本上还是沿袭了传统风景园林的设计基础，但其所添加的社会意义却非同寻常。

在这段萌芽的时期中，游憩空间虽然没有系统性的规划思想出现，但这时候的一些规划设计作品却成为了后来城市公园运动、城市美化运动的兴起的序幕，对城市游憩空间建设产生了积极而深远的影响。在西方，传统园林原本多由皇室与贵族所建，仅仅供皇室与贵族所用，是私家娱乐场所。而19世纪上半叶兴起的这种具公共性质的园林出现，一方面改变了以往的开发主体方式，园林建设可以自主开发，另一方面，这样的公共园林是应城市卫生环境状况而产生的，因此，公园对城市卫生与健康的意义更为重大。在这些公园最初的实践中，如伯肯海德公园的人车分流的设计方法，对后来的景观设计和游憩规划具有很好的借鉴意义。

5.2 美化时期（1840～1910年代）

5.2.1 各种问题相互交杂，城市改革理想远大

5.2.1.1 公共卫生问题依然严峻

尽管在1832年的霍乱流行之后人们就已经开始意识到城市公共卫生问题的严峻性，但在当时的社会状况下，公共卫生的治理并非一蹴而就的事情，1848年和1866年英国又发生了2次霍乱的流行。工业的发展仍然在继续造就一个个肮脏、拥挤、污染的“焦炭城市”，城市的环境依然在恶化。“在纽约，1810年婴儿的死亡率是出生婴儿的120‰～145‰，到1850年时，上升为180‰，1860年时，为200‰，1870年时为240‰”①。

公共卫生问题的继续恶化使政府不得不采取更强硬、更彻底的措施来改变城市恶劣的环境状况。许多有关公共卫生、环境改善的相关的法律在这个时期

---

① ［美］刘易斯·芒福德. 城市发展史. 倪文彦，宋俊岭 译. 北京：中国建筑工业出版社，1989. 345

中竞相出台。在英国，继1832年的《改革议案”之后，出现了1847年的《城镇改善法》，1848年的《公共卫生法（Public Health Act)》，1855年的《消除污害法（Nuisance Remover Acts)》，以及1866年的《环境卫生法》，等等。“这些城市卫生法规的颁布，被视为现代城市规划立法的第一步”①。“1860年之后，英国开始实施一系列改良贫民窟的计划，大规模拆除或改建不合卫生的建筑物，制定了新的建筑规则，规范街道的最小宽度，以保证建筑物拥有基本充足的空气流通和日照”②。1870年代，医学和细菌学的发展使人们更深刻地意识到卫生的重要性，一些市政设施开始得到社会化运用，使得公共卫生状况有了一定程度的改观。

5.2.1.2 社会矛盾推动社会改革

在城市卫生状况不断恶化造成诸多社会问题的同时，社会上的诸多矛盾也推动着社会走向变革的边缘。由于在资本原始积累和产业革命的初期阶段，资产阶级是利用暴力推行“圈地运动”、迫使农民失去土地而成为雇佣工人的。因此，为求得温饱，工人阶级多次组织起来反抗资本的统治，独立意志分明。由捣毁机器发展到组织工会、政治罢工、筹建国际工人组织，资产阶级与无产阶级矛盾尖锐，斗争逐步加剧。资产阶级为保证自己的长远利益，在度过了产业革命最野蛮的公开掠夺阶段后，从19世纪中叶开始采取“糖饼加大棒”的政策，在继续加强剥削的同时，也考虑在一定程度上改善普通工人的生活、生产条件，以缓和矛盾，并适应社会生产高度发展的需要。资本家发现：工人的健康状况恶化和劳动效率低下，也对资本的发展大为不利。“保证工人阶级最起码的经济生活条件和政治民主自由，是资本主义制度得以维系下去的必要条件”③。在改善城市公共卫生的状况、调和社会矛盾、保证长久获益等种种目的之下，西方的社会改革运动风起云涌，城市改革的理想逐步推进，而政府也逐步成为了城市公益事业建设中重要的引导者和执行者。1909年，英国住宅与城镇规划法案（Housing and Town Planning Bill）郑重提出：“城市政府应当为一些市场力量所不愿涉足、但对社会发展意义重大的公益事业（如公共开放空间）提供更多的土地”④。

5.2.1.3 从“空想社会主义”到“田园城市”

19世纪末社会改革思潮的兴起，与1800年后著名的空想社会主义者罗伯特·欧文进行的相关社会改革的试验有密切的关系。欧文在担任苏格兰的拉纳克纺纱厂经理期间，决心要用自己的行动创立一个美好的世界，证明工业的进步

① 毛其智．从健康住宅到健康城市——人居环境建设断想．规划师．2003，19：18－21

② 资料来源：柏兰芝．城市与瘟疫之间的对抗．经济观察报．2003－04－28

③ 本段主要引用和参考自：顾兴斌．论英国中产阶级的形成、发展与作用．江西社会科学．1995（11）：63－68

④ Hall，Colin Michael. Geography of Tourism & Recreation：Environment，Place & Space（Second Edition）. Florence，KY，USA：Routledge，2001. 301

应该也可以给所有人带来幸福。他把新拉纳克厂办成巨大的试验场，试图表明：企业主在提高工人生活水平的同时仍可以为自己赚取大量利润。欧文对企业进行了一系列的改革：缩短工时，提高工资；禁止使用童工，为儿童开办学校和托儿所；开办商店，为工人提供便宜的生活品；修建工人住宅，改善工人居住条件，改进卫生设备；建立食堂，发放抚恤金，设立互助保险，提供医疗服务等等。由于经营得当，实行这些改革时，企业不仅没有亏本，而且产值提高一倍以上，工厂获得大量利润。试验的成功不仅震动了英国，而且名闻欧洲。达官贵人和富商巨贾纷至沓来，怀着好奇的心理来看新拉纳克这个尤物，看它如何能既取得利润又优待工人，欧文因此而成为尽人皆知的大慈善家[①]。在欧文的实验下，人们看到了对双方都有利的发展方式。此后，欧文又提出了他的“协和村”设想，按照欧文的设计，“协和村”将成正方形，中间是主建筑物，为公共场所，四周是住宅、饭堂、托儿所等，外围是花园，最外层是大片农场[②]（图5-3）。——公共建筑、公共空间、公园。出于一种对美好生活的追求，在1825年，欧文在美国印第安那所建设起来的“新协和村”中自然而然留有大片的公共空间。形成相对较好的游憩条件。

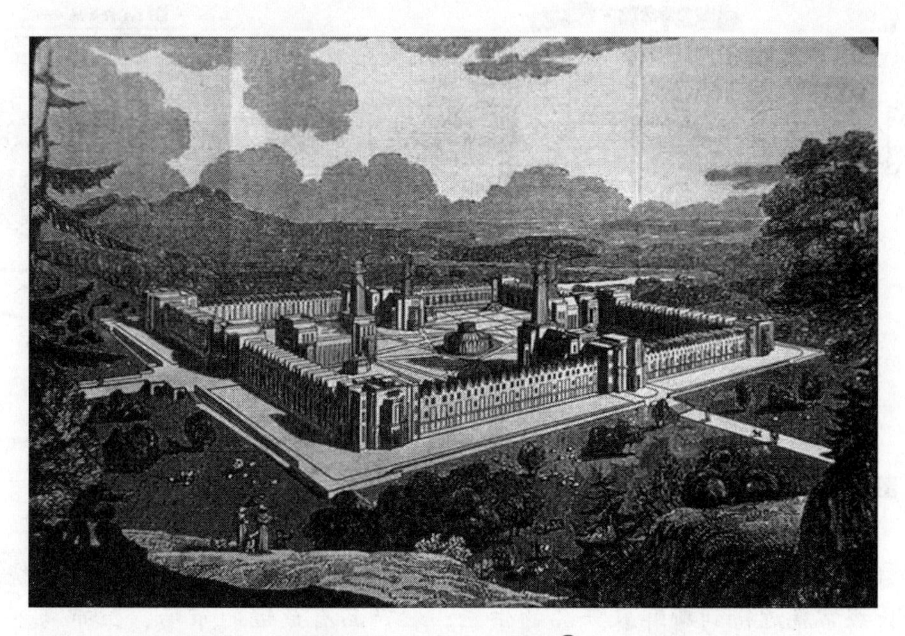

图5-3 罗伯特·欧文的新“协和村”方案图[③]

① 本段主要引用和参考自：http：//61.184.198.202/Resource/Book/Edu/JXCKS/ TS010063/0087_ ts010063.htm

② 本段主要引用和参考自：http：//61. 184. 198. 202/Resource / Book / Edu / JXCKS / TS010063/0087_ ts010063.htm

③ 图片来源：沈玉麟．外国城市建设史．北京：中国建筑出版社，1989.115

欧文的“空想社会主义”试验虽然在19世纪上半叶的社会条件下失败了，但是，通过社会改革、获得利润又可以缓和阶级矛盾的做法为后来的发展提供了参考，成为19世纪下半叶许多社会改革的推动力。

新的历史时期中涌现出新的社会理想，19世纪末，英国的埃比尼泽·霍华德(Ebenezer Howard) 提出的“田园城市”思想成为一个促使城市规划思想发展的因素。1898年，霍华德出版了《明日：通向真正改革的一条和平之路(Tomorrow：A Peaceful Path to Real Reform)》一书，1902年再版后改名为《明日的田园城市（Garden City of Tomorrow)》。在书中，霍华德详尽地陈述了有关田园城市的理论，旨在通过在中心城市周围建立能够自给自足的田园城市，并用城市绿带将中心城市和田园城市相互隔离来控制中心城市的无限发展(图5-4)。

在《明日的田园城市》中，霍华德着力描绘了一幅环境优美、生活方便的城市景象，这样的城市里，人与自然、乡村与城市和谐共处，而“田园城市”对城市空间格局方面的构想，渲染出一种特殊“美好的生活”①：

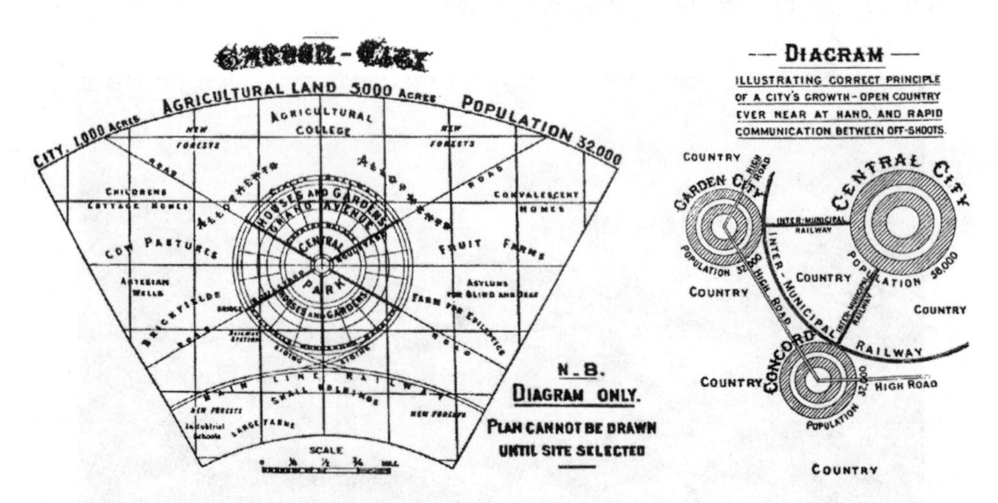

图5-4　霍华德田园城市构想②

(1) 田园城市包括城市和乡村两个部分。城市四周为农业用地所围绕；城市居民经常就近得到新鲜农产品的供应；农产品有最近的市场，但市场不只限于当地；

(2) 城市的规模必须加以限制，使每户居民都能极为方便地接近乡村自然空间；

① 以下内容主要引用和参考自：[英] 埃比尼泽·霍华德. 明日的田园城市. 金经元 译. 上海：商务印书馆，2000

② 图片来源：[英] 埃比尼泽·霍华德. 明日的田园城市. 金经元 译. 上海：商务印书馆，2000

(3) 建议田园城市占地大概为6 000英亩(1英亩=0.405公顷,6 000英亩合24.30平方公里)。城市居中,占地1000英亩;四周的农业用地占5 000英亩,除耕地、牧场、果园、森林外,还包括农业学院、疗养院等;

(4) 农业用地是保留的绿带,永远不得改做他用;

(5) 在这6 000英亩土地上,居住32 000人,其中30 000人住在城市,2 000人散居在乡间。城市人口超过了规定数量,则应建设另一个新的城市;

(6) 田园城市的平面为圆形,半径约1 240码(1码=0.914 4米,1 240码约为1 133米);

(7) 中央是一个面积约145英亩的公园;

(8) 城市中心有6条主干道路从中心向外辐射,把城市分成6个区;

(9) 城市的最外圈地区建设各类工厂、仓库、市场,一面对着最外层的环形道路,另一面是环状的铁路支线,交通运输十分方便;

(10) 若干个田园城市围绕中心城市,构成城市组群。中心城市的规模略大些,建议人口为58 000人,面积也相应增大,城市之间用铁路联系;

从游憩的角度来看,田园城市的构想试图解决的这样几个游憩方面的问题:**明确城市游憩用地和游憩系统结构;强调乡村的游憩功能①;注重居住与花园、公共设施等相关功能的相互渗透②;通过对城市规模的适度控制、和相关功能的合理布局,为每个城市居民提供较好的接触自然的机会;城市供水与水景系统的构建与整合③;城乡关系、城市环境生态的良好保持。**霍华德的田园城市和城市绿带等思想对20世纪英国的新城镇规划与美国1930年代以后的新城镇规划实践有相当大的影响。美国规划界普遍认为,霍华德的田园城市理论为美国城市规划理论的先驱。在"田园城市"思想的带动下,1909年,英国通过了《城市规划法》,并且在利物浦大学成立了世界上第一个城市规划系;同年,美国举办了第一次全国城市规划会议。

5.2.1.4 开放空间建设与城市美化思想渐入人心

早期一些公园建设的成功案例改变着人们的认识。人们开始注重作为游憩功能的空间保护。这个时期中,逐步增长的户外游憩需求推动着城市游憩空间的发展,其中以"游戏场所运动"(The Play - ground Movement),"公地(Public Common)保护运动"最具代表性,随着对城市开放空间的认识的逐步加强,保护开放空间的相关立法也开始出现。

---

① 在田园城市的周边乡村中,霍华德专门安排了类似儿童休养所、病休所等相关疗养的内容,

② 在田园城市设想中,"住宅"都是以"住宅与花园"的组合方式出现的。同时,商场、市场等也在中心公园的附近以及住宅与花园旁出现。

③ 在霍华德绘制的田园城市组群图中,运河系统是联系、并划分各个区域的重要内容。蓄水池与瀑布,成为了实现农业灌溉并塑造田园景观的重要内容。

1870年代，英国的公地保护运动开始，一些相关的组织与自治体从所有者手中购买公地以建设面向公众开放的娱乐用地，保留了许多重要的游憩空间①。1877年，伦敦制定了《大都市开放空间法（Metropolitan Open Spaces Act）》，为开放空间的获得与管理提供了法律的保障；1906年，英国通过了《开放空间法（Open Spaces Act）》，把"开放空间"定义为："围合或者开敞；没有建筑或者建筑物覆盖不超过1/20；整个空地作为花园、游憩、废弃物堆放等用途或未利用的任何土地"②。并规定了开放空间的公共性，"为保持这种公共性，开放空间由自治体或国家进行管理，对开放空间的设施维护也由自治体或者国家保证其财政来源"③。游憩空间至此已经逐渐成为城市发展中所需要关注的对象。

在美国，1830年代的公园墓地运动④使人们认识到了公园对于城市居民的重要意义。1844年，一些知识分子团体针对纽约的城市建设提出了"纽约不应该仅仅成为一个经济中心，更应该成为新文化中心，纽约如果想成为可以与英国伦敦、法国巴黎相媲美的城市，必须拥有美丽的花园"的思想。为了"体现和代表美国所宣扬的民权平等的思想"、建设"具有国际影响力的文明城市"，1851年，纽约州议会通过了第一个《公园法》，对公园用地的购买、公园建设组织化等进行了规定⑤，并因此催生了中央公园的建设和后来的城市美化运动。

1889年，奥地利建筑师卡米路·西特(Camillo Sitte）的《建筑艺术：遵循美学原则的城市规划（Art of Building Cities：City Planning According to Artistic Principles)》一书，"针对当时工业大发展时代中城市建设出现的忽视空间艺术性的状况——城市景观单调而极端规则化、空间关系缺乏相互联系、为达到对称而不惜代价等，提出了以'确定的艺术方式'形成城市建设的艺术原则"，并从人的尺度与活动的协调出发，建立丰富多彩的城市空间并实现人与活动空

---

① 许浩．国外城市绿地系统规划．北京：中国建筑工业出版社．2003：5.

② 原文为："any land，whether inclosed or not，on which there are no buildings or of which not more than one－twentieth part is covered with buildings，and the whole of the remainder is laid out as a garden or is used for purposes of recreation or lies waste and unoccupied"。
许浩．国外城市绿地系统规划．北京：中国建筑工业出版社，2003.6

③ 许浩．国外城市绿地系统规划．北京：中国建筑工业出版社，2003.6

④ 由于城市的快速发展和城市内部卫生状况的恶化，法国与美国在18世纪末和19世纪初开始了公园墓地运动。将墓地迁往城市风景优美的郊区。美国在1830年在波士顿郊外建设了第一个公园墓地——金棕山（Mount Auburn)，与自然风景结合取得了良好的效果。1838年，纽约郊外也建成了绿树公园墓地（Greenwood）成为了周围市民休闲的好去处。使人们意识到了公园的魅力。（资料来源：许浩．国外城市绿地系统规划．北京：中国建筑工业出版社，2003.10)

⑤ 许浩．国外城市绿地系统规划．北京：中国建筑工业出版社，2003.10

间的有机互动①，并对城市公园所起到的健康与卫生作用进行了肯定②。

5.2.2　美化运动热情高涨，游憩空间开始复苏

5.2.2.1　霍斯曼巴黎大规模改建计划

1853 年，法国开始了由霍斯曼（Haussman）主持的巴黎大规模改建计划。规划需要整治的问题很多，包括：城市卫生问题③、改造市容与妆点帝国风范的问题、交通问题、以及消灭星火燎原的街巷革命的问题，等等。改造形成了巴黎道路、广场、绿地、水面、林荫带和大型纪念性建筑物组成的完整统一体（图 5－5）。这次规划为巴黎市带来了现代化的供水、排水系统，创造一个适合逛街、消费的城市，将巴黎建造成全世界富人向往的橱窗。

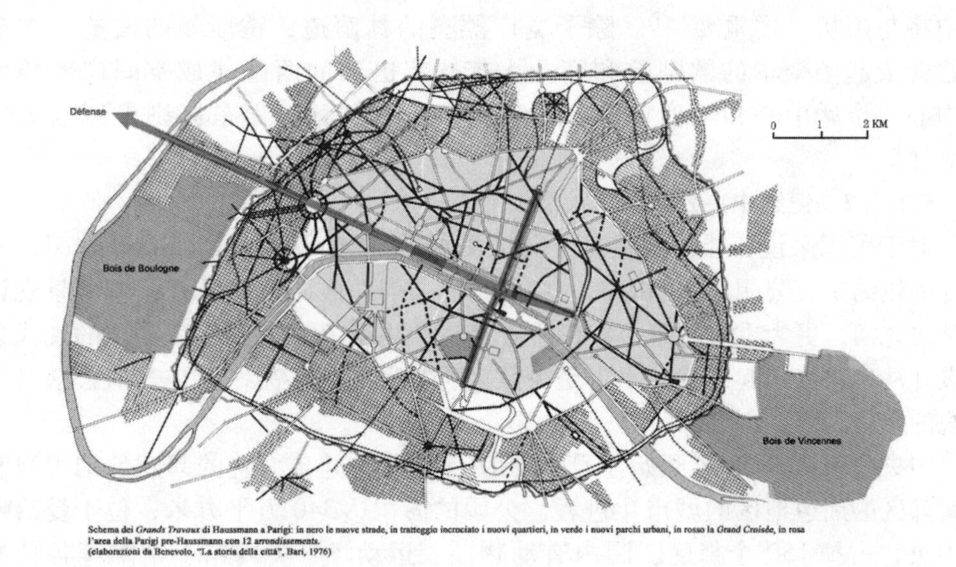

图 5－5　奥斯曼巴黎改造④

巴黎改造过程中，公园的建设成为重要的内容。在城市的两端，奥斯曼将 2 个已经日渐荒芜的王室花园——布洛尼林苑（Bois De Boulogne）和文塞纳林苑（Bois De Vincennes）改造成为了自然的森林公园。并在市区内建设了系列公

① 张京祥．西方城市规划思想史纲．南京：东南大学出版社，2005. 102－103

② ［美］刘易斯·芒福德. 城市发展史——起源、演变和前景．倪文彦，宋俊岭 译．北京：中国建筑工业出版社，1989. 350

③ 由于巴黎居民区城市供水、排水系统严重不足，住房短缺、交通混乱，城市环境状况极度恶化。1832 年霍乱大流行时，巴黎的死亡人数达到了 2 万人，是伦敦的四倍。（许浩．国外城市绿地系统规划．北京：中国建筑工业出版社，2003. 6）

④ 图 5－5 来源：http：//www. kosmograph. com/urbanism/industriale/industriale_ mod_ 1. htm

园并用宽阔的马路连接起来。

规划采用直线放射道路对巴黎旧城所作的大规模改造在百多年来毁誉不一，但在为城市提供绿化空间方面，这次规划却是令人赞赏的：不同地区都修建了大面积公园，并通过道路将郊区巨大的绿化面积引入城市中心，在塞纳河沿岸建设滨河绿地，并修建宽阔的花园式林荫大道。“新巴黎的林荫大道，……是传统城市的现代化进程中的决定性突破”，“站在马路上，能够看到林荫大道两边的远景，林荫大道的两端耸立着纪念碑，使得每次散步都能达到一个戏剧性的高潮。所有这些性质都有助于使新巴黎成为迷人的独特一景，使人赏心悦目”，“林荫大道创造了一种新的原始景象：创造了一个空间，在其中他们能够在公共场合中不被人打扰，不用将自己关在房间里就能亲密地在一起”，“从那时起，林荫大道在现代爱情的形成过程中将与闺房一样重要”①。除了宽广漂亮的林荫道，霍斯曼的改造还在市中心建造起了豪华的歌剧院和商业大街，将巴黎的西区建成空间广袤的商业中心、金融中心和工商业资产阶级的高级居住区，而东区则发展成为平民居住区。

5.2.2.2 纽约中央公园

对于美国来说，弗雷德里克·劳·奥姆斯特德(Frederick Law Olmsted) 所设计的纽约中央公园具有划时代的意义。这一事件被认为“既开了现代景观设计学之先河，更为重要的是，它标志着普通人生活景观的到来，美国的现代景观设计从中央公园起，就已不再是少数人所赏玩的奢侈品，而是普通公众身心愉悦的空间”②。

中央公园从 1858 年开始建设，到 1873 年全部建成，它的兴建带动了当时尚属郊区的周边地区的城市化进程。公园的面积达 340 万平方米，位于曼哈顿的中央，占掉 150 个街区。园内有动物园、运动场、美术馆、剧院等各种游憩娱乐设施。本来是一片近乎荒野的地方，成为了大片田园式的禁猎区，有茂密的树林、湖泊和草坪，甚至还有农场和牧场，里面“还有羊儿在吃草”。这种田园牧歌式的设计方式，对于 19 世纪美国越来越肮脏的城市来说，“不仅是一个野餐和行走的地方，而更能给人们带来精神上的振奋。……享受风景可以使人心灵放松而不感到疲倦，使人安静，并且使心灵的感受贯穿全身，让人得到愉快的休息振作起来”③。这片美丽的风景至今犹在（图 5－6，图 5－7）。

① ［美］马歇尔·伯曼，一切坚固的东西都烟消云散了——现代性体验．徐大建 译．北京：商务印书馆，2003

② 引自：http：//www. aaart. com. cn/cn/people/show. asp？ arch_ id＝125。

③ 本段主要引自：http：//www. xwhodesign. com/bbs/bbs/printpage. asp？ BoardID＝11&ID＝445。

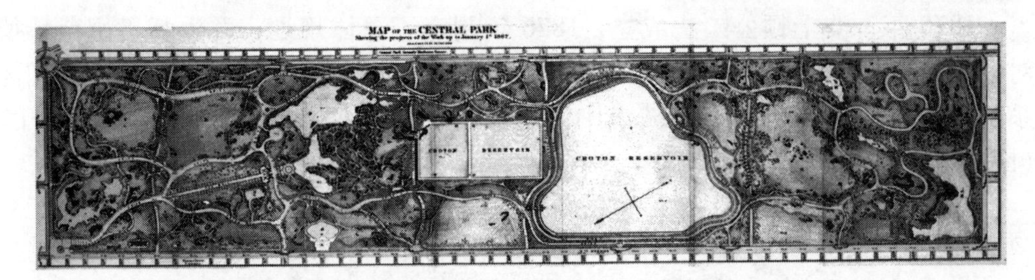

图5-6　纽约中央公园平面图①

(a)　　(b)

图5-7　纽约中央公园至今仍然发挥着重要的作用②

5.2.2.3　波士顿：从“翡翠项链”到区域公园系统③

在波士顿，公园的建设是在市民运动的推动下开始的。1869年，波士顿市民向政府递交了要求建设城市公园以改善波士顿城市环境的请愿书，获得了政府的许可。马萨诸塞州通过了相关的公园建设法令，并成立了公园委员会。

在“建设何种公园”的问题上，景观建筑师H·克利夫兰(Horace W. S. Cleveland)指出：“波士顿需要的不是一个中央公园，而是一个包括农场、郊野风景地的绿地系统”，提出了系统的建设绿地的主张。奥姆斯特德在1870年也提出了应当将公园建设与波士顿的城市化发展相适应的主张。这样，不是“一个公园”而是“公园体系”的思想在波士顿的规划中出现，标志着有意识地用绿地的系统来提高整体城市空间质量的做法开始起步。

① 图5-6来源：http：//www. amerika. nl/reizen/html /americana/kunst/olmsted. htm

② 图5-7来源：公园鸟瞰(a)：http：//www. freedesktopwallpapers. net/places/CentralPark - New York. shtml。
中央公园溜冰滑雪的场景(b)：http：//web. mit. edu/lgarrity/OldFiles/www/New York/central park ice skating. jpg。

③ 本段内容及图片主要参考并引用自许浩．国外城市绿地系统规划．北京：中国建筑工业出版社，2003. 15-16，26

1875年，波士顿公园法成立，1876年制定了总体规划，并委托奥姆斯特德对已经购买的土地进行了具体规划，1878年开始建设，到1892年这个城市公园体系建成，成为镶嵌在波士顿城市中的美丽的“翡翠项链”（Emerald Necklace）（图5-8）。

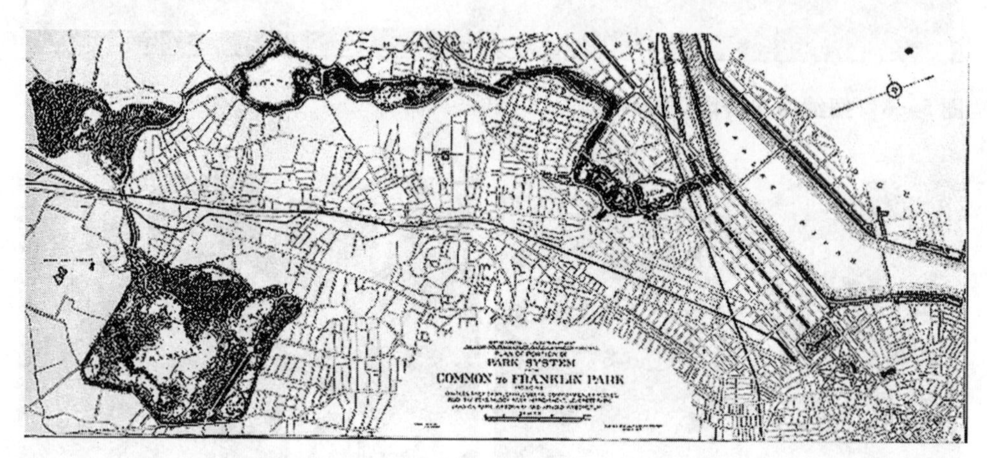

图5-8 波士顿“翡翠项链”规划①

但是，在城市的不断蔓延下，波士顿城市郊区受到蚕食。随着公园法的适用范围逐渐覆盖了整个马萨诸塞州，客观上要求在区域范围内建设波士顿的公园绿地系统。这样，在“翡翠项链”初见成效的时候，整个区域范围内的公园系统的规划与建设也在推进中。具体过程如表5-1所示：

大波士顿地区公园系统推进历史② **表5-1**

年代	重要人物与机构	具体内容
1890	查尔斯·埃利奥特③	公开建议：为了保护波士顿的自然环境免遭城市化进程的破坏，有必要成立以自然保护为目的、具有法人地位的市民团体
1891	马萨诸塞州议会	通过公共保护地区托管法案。规定了公共保护地区托管局的义务和权限。该托管局的基本任务是取得、保护、开放马萨诸塞州内部具有景观和历史价值的土地，在保护自然环境优美、生态价值高的土地方面起到积极作用
1892	马萨诸塞州议会	设置大波士顿区域公园委员会，在区域范围内对绿地进行统一的规划和管理
1893	埃利奥特	完成了大波士顿区域公园系统规划方案

① 图片来源：［美］查尔斯·A·伯恩鲍姆，罗宾·卡尔森 编著. 美国景观设计的先驱. 孟雅凡，俞孔坚 译. 北京：中国建筑工业出版社，2003. 279

② 本表格根据：许浩. 国外城市绿地系统规划. 北京：中国建筑工业出版社，2003. 26 整理。

③ 查尔斯·埃利奥特，Charles Eliot，为奥姆斯特德的学生，从哈佛大学毕业后曾参与波士顿公园系统的规划设计。

续表

年代	重要人物与机构	具体内容
1894	马萨诸塞州议会	通过林荫道法案，着手建设林荫道系统。
	马萨诸塞州政府	发行大量公园债券以筹集建设大波士顿地区公园系统和林荫道的资金。
1901	马萨诸塞州政府	筹集了 1 067 万美元资金。
1907		大波士顿区域公园系统格局基本建成，面积达到 4 082 公顷，公园路总长度为 43. 8 公里。

大波士顿的区域公园系统规划，从根本上拓宽了“公园”的涵义。一些重要的郊外绿地，包括：海岸线、林地、滨水绿地等具有一定自然特色的用地都成为了大波士顿区域公园系统的成员。“公园路”也成为了联系不同绿地的线型空间，加强了地区的生态和景观的格局完整性。如图 5－9 所示。

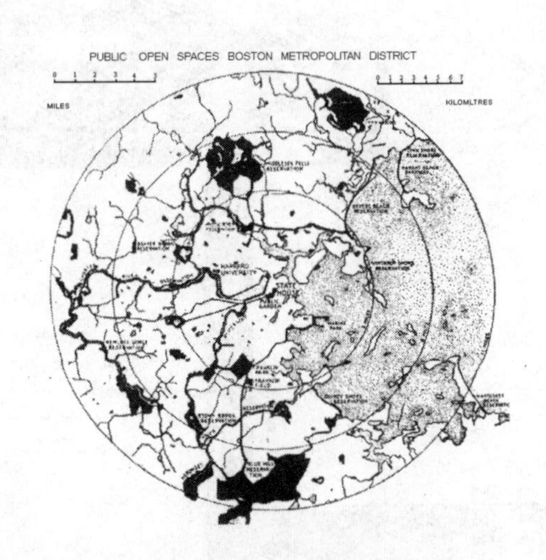

图 5－9　大波士顿区域公园系统[①]

5. 2. 2. 4　芝加哥城市美化运动

为纪念发现美洲 400 周年，美国 1893 年在芝加哥举办世界博览会成为了对城市改造的机会。除了商业上的成功，此次世博会最大的野心，就是建立一个真正的梦幻城市，而不只是一些展场或模型。城市美化运动从古典主义出发，在芝加哥的湖滨修建了宏伟的公共建筑、奢华的游憩绿地和广场，以改善整个城市的环境面貌。博览会的举办使人看到了规模宏大的规划可以在城市景观美化方面取得的成就，因此，芝加哥之后，旧金山、克里夫兰、华盛顿等城市也采取了相应的方法，为美化城市的面貌而进行城市改造。一时间成为了美国

① 图 5－9 来源：许浩．国外城市绿地系统规划．北京：中国建筑工业出版社，2003. 26

"先进城市的标志和宣传政治纲领、宣扬'政绩'的方式之一"①。

除了城市整体面貌的改善之外，在芝加哥的公园与公共空间建设中还注入了对防灾抗灾的考虑。早在1871年，芝加哥发生了著名的芝加哥大火，受灾严重，导致10万人无家可归。在灾后重建计划中，以绿地开敞空间来分隔原有的城市区域、形成秩序化的城市构造、引导城市的良性发展成为了重要的建设指导思想。在芝加哥南部公园规划中，一方面采用了公园的水系起到输导洪水的作用，另外也利用系统性的开放空间达到了防止火灾蔓延的目的，成为了防灾绿地系统规划的先驱。这种规划手法在芝加哥博览会召开的时候得到最终实现，并影响到了以后的绿地建设，意义重大（图5－10）。

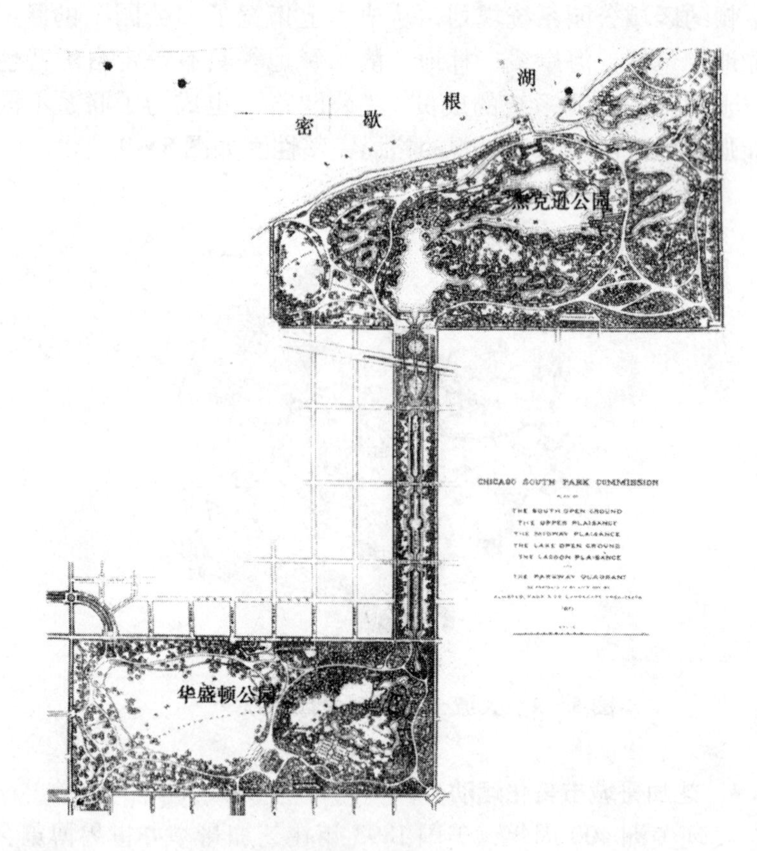

图5－10　芝加哥公园系统规划②

5.2.2.5　城市美化运动的功过评说

城市美化运动的产生出于人们对美好环境的渴望与追求，人们希望通过"City Beautiful"，将城市从工业社会初期肮脏混乱的面貌中扭转过来。但这种

---

① 清华大学建筑与城市研究所．城市规划理论·方法·实践．北京：地震出版社，1992．19

② 图5－10来源：许浩．国外城市绿地系统规划．北京：中国建筑工业出版社，2003．14

"试图以几何轴线和一系列的公园、广场和景观大道拯救沉沦的城市的方法"本身就存在问题，因此，多年来对城市美化运动的批评很多。

城市美化运动受到的最大的批评，就是它以为在视觉上美化了城市就是改革了城市，"消灭社会问题变成了'眼不见为净'"①，导致城市问题的根本症结没有解决。大规模的公园并不能完全解决城市居民的游憩问题，更解决不了城市发展中的其他相关问题，就像奥斯曼的规划迁走了穷人、拆除了大量旧的贫民窟，但贫民窟又很快在新拓干道的街道后院出现一样。沙里宁曾批评道：**"这项工作对解决城市的要害问题帮助不大。这种装饰性的规划大都是为了满足城市的虚荣心，而很少从居民的福利角度出发，考虑在根本上改善布局的性质。它并未给予城市整体以良好的居住和工作环境"**②。雷蒙德·昂温(Raymond Unwin)在他的《拥挤没有好处（Nothing Gained by Overcrowding)》中也同样指出："钱都花在过多的街道面积和昂贵的路面铺装上了，其实，同样数量的这些公共用地，如果好好利用，就可以省些下来设置居住区内小公园和游戏场地，从而大大改善居住环境"③。

对于那些居住在离开公园很远的、拥挤街区内的贫民来说，如果居住地附近没有近人的绿化空间，远处的公园再大，能够享用的机会也是很有限的。芒福德就曾经非常尖锐的指出："只要上层阶级能在中央公园内驱车遨游或是清晨在伦敦海德公园的骑马道上放马漫游，没有人会关心城市中广大市民缺少公园绿地和休息的地方"，"直到1870年，社会上才认识到儿童们需要游戏的场地，但那时为时已晚，地价上涨，必须付出大量金钱才能买到土地。因此，在商业城市的规划中过度发展的街道新增加了一种奇特的功能：街道被迫代替中世纪城镇上住宅的后花园和围起来的小广场，或者代替着巴洛克规划中的露天广场和公园。就这样，原来主要为车辆交通开辟的光秃秃的铺装道路，变成了又是公园，又是散步广场、又是孩子们的游戏场地，但是，这是一个肮脏的公园，一个满是尘土的散步场所，一个危险的游戏场地"④。

城市美化运动尽管存在诸多问题，它也并非一无是处。我们仍需要擦亮眼睛，总结美化运动为世界带来的新鲜气息。无论如何，**从城市的游憩角度来看，城市美化为缺乏绿化、公共空间的拥挤的工业城市打开了一扇呼吸新鲜空气的窗户。对于城市的居民——特别是当时已经跨入中产阶级的人，这个空间是至关重要的。从城市的公园运动和城市美化运动中，——即使是普通的人们——都能够体会到一种新的、开始注重"人"的生活和感受的氛围，让已经习惯了**

① 资料来源：柏兰芝．城市与瘟疫之间的对抗．经济观察报．2003－04－28.

② 清华大学建筑与城市研究所．城市规划理论·方法·实践.北京：地震出版社，1992.19

③ ［美］刘易斯·芒福德.城市发展史——起源、演变和前景．倪文彦，宋俊岭 译．北京：中国建筑工业出版社，1989.314

④ ［美］刘易斯·芒福德.城市发展史——起源、演变和前景．倪文彦，宋俊岭 译．北京：中国建筑工业出版社，1989.317

脏乱差的环境的人开始改变自己的思想和要求。让城市人已经迟钝的嗅觉、听觉、视觉和味觉重新寻找自然的气息。

此外，还需要强调的是**“城市美化运动”对城市艺术的需求驱动。它开始“尝试用艺术、建筑和规划的融合来超越19世纪末十足的功利主义，将城市建设成一个美丽的地方”**①。城市美化运动具体包括四个方面的内容②：城市艺术（Municipal Art），市容改善（Civic Improvements），户外艺术（Oudoor Art）和古典设计（Classical Design）③，而所规划内容主要着重三个方面：市中心，街道和公园，使得城市艺术发展成为了区别于其他纯粹的艺术的一种。“如果人们追求它，他们追求它不是出于对艺术的考虑，而是为了城市。因为他们首先是公民，然后，由于他们是公民而自发地成为装点城市的艺术家……他们联合在一起，为了城市艺术的辉煌而将雕塑家、画家、艺术家和景观设计师组织在一

---

① ［美］约翰·M·利维. 现代城市规划（第五版）. 孙景秋 等译. 北京：中国人民大学出版社，2003. 36

② 陈雪明. 美国城市规划的历史沿革和未来发展趋势. 国外城市规划. 2003，18（4）：33

③ 注：在俞孔坚，吉庆萍关于城市美化运动的文章中，从倡导者的愿望来说，城市美化应包括的四项内容：稍有不同，它们是：第一是城市艺术（Civic art）：即通过增加公共艺术品，包括建筑、灯光、壁画、街道的装饰来美化城市。第二是城市设计（Civic Design）：即将城市作为一个整体，为社会公共目标，而不是个体的利益进行统一的设计。城市设计强调纪念性和整体形象及商业和社会功能。因此，特别强调户外公共空间的设计，把空间当作建筑实体来塑造。并试图通过户外空间的设计来烘托建筑及整体城市形象的堂皇和雄伟。第三是城市改革（Civic Reform）：社会改革与政治改革相结合。城市的腐败极大地动摇了人们对城市的信赖。同样令人担忧的严重问题是城市的贫民窟。随着城市工业化的发展，使贫民窟无论从人口还是从面积上都不断扩大，工人拥挤在缺乏基本健康设施的区域，它们是各种犯罪、疾病和劳工动乱的发源地，这些都使城市变得不适宜居住。因此包括对城市腐败的制止，解决城市贫民的就业和住房以维护社会的安定。第四是城市修葺（Civic Improvement）：强调通过清洁、粉饰、修补来创造城市之美。尽管往往被人们所忽略，它却是城市美化运动对城市改进最有贡献的方面。包括步行道的修缮、铺地的改进、广场的修建等等，都极大地改善了城市面貌。

此外，从理论上讲，以上四个方面都或多或少地服务于城市美化运动的十个目标：

· 通过集中服务功能及其他相关的土地利用的设计，旨在形成一个有序的土地利用格局。

· 形成方便高效的商业和市政核心区。

· 创建一个卫生的城市环境，尤其是在居住区。

· 通过景观资源的利用，创造城镇风貌和个性。

· 将建筑的群体作为比建筑单体更为重要的美学因素来对待。

· 在街道景观中创造聚焦点来统一城市。

· 将区域交通组成一个清晰的等级系统。

· 将城市的开放空间作为城市的关键组成。

· 保护一些城市历史成份。

· 创造一种统一的系统，来将现代城市形态，如工业设施和摩天大楼结合在现有城市之中。

来源：俞孔坚，吉庆萍. 国际“城市美化运动”之于中国的教训（上）——渊源、内涵与蔓延. 中国园林，2000，16（1）：27－33

起——不仅因为它是艺术，更因为它是城市艺术”，**“财富和休闲使我们认识到，我们能够负担得起非纯粹功能性的东西”**①。城市美化运动推动了城市游憩的发展，“到 19 世纪末，美国至少有 14 个城市拥有公共游憩管理机构，建立较为完善的都市公园和游憩计划模式，各种娱乐、游憩活动作为一项产业来发展，在城市外围出现了很多游乐场”。1900 ~ 1904 年，芝加哥、洛杉矶、罗切斯特和波士顿 4 个城市发展了面向市民全年开放的游憩中心②。

5.2.3　现代旅游逐步兴起，国家公园拉开序幕

交通工具对游憩的发展一直具有重要的促进作用。在 19 世纪的下半叶，以火车为主的交通工具的发展引发了人类游憩活动内容与范围的一轮变革。铁路的迅速铺开使人们的生活范围变得广阔。英国于 1871 年率先成立了世界第一家现代旅行社——Thomas Cook & Son。旅游开始具有了盈利性，也具有了成为一种“产业”的可能③。人们的游憩方式有了新的变化，游憩空间也逐渐扩大。

旅游的发展和交通工具的进步使得人们的休闲能够得以在城市外部的空间大规模开展。在这样的情况下，在城市内部大举进行“城市美化”的同时，在美国的郊野，“国家公园运动”也拉开了序幕。在许多仁人志士的推动下，1872 年，第一个国家公园——黄石公园宣告成立，1909 年，美国通过了《荒野保护法》，开始建设国家荒野保护体系和国家公园体系。

“国家公园”概念一般认为是由美国艺术家乔治·卡特林(Geoge Catlin)首先提出的。1832 年，“在去达科他州旅行的路上，他对美国西部大开发对印第安文明、野生动植物和荒野的影响深表忧虑。他写到‘它们可以被保护起来，只要政府通过一些保护政策设立一个大公园，……一个国家公园，其中有人也有野兽，所有的一切都处于原生状态，体现着自然之美’”④。尽管当时还没有真正成立国家公园，但已经有了一些前奏。1832 年，为发展游憩业，美国在阿肯色州建立了热泉国家保留地（Hot Spring National Reservation）。但由于没有明确的自然保护思想，因此在历史上没有大的影响”。而与此同时，“被后人称为‘哈得孙河风景画派’的创始人柯尔·杜兰德等人来到了落基山和加利福尼亚等地，用凝重的笔调创造了《约塞米提大峡谷》和《山毛榉林》等画，反映了

---

① ［美］约翰·M·利维. 现代城市规划（第五版）. 孙景秋 等译. 北京：中国人民大学出版社，2003. 37

② 吴承照. 现代城市游憩规划设计理论与方法. 北京：中国建筑工业出版社，1998. 95

③ 现代旅游开端的详细过程请参看绪论部分相关内容。

④ 参考：杨锐. 建立完善中国国家公园和保护区体系的理论与实践研究.［博士学位论文］. 北京：清华大学建筑学院，2003. 1

西部地区伟美壮丽的原始风光。当这些画被带回东部地区后，极大地震撼了美国人民的心灵，他们惊讶于那‘史诗般的风光’。激动之余，美国人民开始着手于西部地区自然风貌的保护”①。1864 年，林肯总统签署法令，将约塞米提谷地（Yosemittee Vally）及其南面的北美红杉林作为加利福尼亚州的州立公园保护，“作为公共游乐和消遣之用，永远不得转让”②。1872 年，在美国很多仁人志士的努力下，美国国会通过了《黄石方案》，规定此片土地为国有修建成“供人民游乐之用和为大众造福”的保护地。美国总统格兰特于同年签署了建立黄石国家公园（Yellowstone National Park）的法令，世界上第一个国家公园——黄石国家公园宣告成立③。至此，美国国家公园运动真正兴起。

5.2.3.1 思考与评价

相比起“萌芽时期”，19 世纪末 ~20 世纪初的这段探索在游憩思想与空间建设方面都迈出了重要的一步，公园是这个阶段游憩发展中的核心关注点。“公园在很大程度上已不再只是作为个人与自然交流的环境，已经成为有助于公众休闲、健康，引导公民意识和增加其自然常识的环境”④。公园建设中渗透了对美学的关注和教化意义。这期间，这样的几个方面表现尤为突出：

1. 景观发展和城市游憩需求结合，公园的公共性开始得到贯彻

在对诸多城市公园和绿地景观设计的过程中，奥姆斯特德提出了“娱乐不是一种奢侈而是一种需要”的观点，“认为娱乐‘不是堕落，……是有尊严的，……（它）将尊重一种固定的自然法则，……（使它）溶于游戏中。这才是它所包含的尊严和快乐’。奥姆斯特德认为：**娱乐是治疗人们因生活压力和劳动强度所导致的精神疲劳的自然良方，而公园则是开展休闲娱乐活动的最佳舞台，因此公园成为一个政府在城市化进程中建设城市文明的标志”**⑤。景观由单纯的“设计”向“规划”发展，开始考虑与城市人民的游憩需求、与人们追求美好生活的渴望结合在一起。此外，尽管建设有各自不同的目的，但公园的建设者们已经普遍接受了“公共空间”的观点，公园的使用者从原则上来说是不分高低贵贱的（尽管对于一些底层人民来说，依然没有机会来享用这种福利）。公

---

① 董波．美国国家公园：起源、性质和功能．黑龙江水专学报．1996（2）：69

② 注：为开发美国西部地区，当时美国的《宅地法》对新发现的无主土地有一条规定：谁发现谁拥有”，即谁都有权力把自己发现的土地及土地上的资源据为己有。因此，对于特殊的土地，需要专门法令予以规定。

③ 陈苹苹．美国国家公园的经验及其启示．合肥学院学报（自然科学版）．2004，14（6）：55

④ 张翰卿 编译．美国城市公共空间的发展历史．规划师．2005，2（21）：111 -114

⑤ 陈晓彤．传承·整合与嬗变——美国景观设计发展研究. 南京：东南大学出版社，2005. 277. 原载：Albert Fein. Landscape into Cityscape：Frederick Law Olmsted’ s Plans For A Greater New York City. New York：Van Nostrand Reinhold. 1981.

园不仅是大众游憩的空间，也成为了地方政治和文明的体现（这点在波士顿的规划中体现得尤为突出）。绿化系统的建设打破了一个城市自身的行政框架，达成了生态系统中的协调一致。这是一个历史的进步。

2. 公共空间开始尝试进行系统化的建设，并开始以区域的和长远的眼光来规划绿地系统

在这段时期中，公园不再只是一个孤立园林的设计，它开始与其他开放空间一起，组成了一个大尺度的空间体系，共同构建整个城市乃至区域的框架。在这个时期中，公园的建设除了美化、健康、游憩娱乐的作用外，也开始承担城市的减灾防灾等综合功能。

3. 对城市景观艺术的追求深入人心

在“美化时期”，由于景观建筑学的发展，人们对城市环境美与环境艺术方面的认识有了长足的进步，对城市艺术方面的认同深入人心。这种追求带着人们美好的愿望与城市公共空间的建设结合在一起，形成了城市中最为重要的、宜人的空间序列。

因此，尽管城市美化运动中存在种种弊病，——尤其是试图以物质空间的改善来解决城市面临的种种社会问题、以奢侈和装饰性的规划来满足城市的虚荣心的做法需要在今后引以为戒，但是，从游憩空间历史的发展角度来看，“美化时期” 正是游憩规划与建设的关键转折时期、是人们从工业化的阴霾中走出来、开始追求美好生活的时期。从这时起，可以说，人们已经迈开了系统化的游憩空间规划建设的步伐，开创了游憩空间与城市发展之间相互结合的思维模式，并已经具备了许多积极而综合的思考方法、以及可以值得后人借鉴的措施。

5.3　干预时期（1900～1960 年代）

5.3.1　城市蔓延速度加快，游憩需求迅速增长

从一战以前到二战以后的这段时期中，西方国家的许多城市普遍经历一个快速的城市化过程。尽管有早期波士顿公园系统建设的良好例子存在，但更大多数的地方，由于工业化进程的加速，城市人口迅速增加，城市蔓的速度加快，城市内部原有的空间被发展的需求所消灭。城市的“大饼”摊开去，吞噬了大量的郊区土地。到 1920 年，美国已经有近半数人口在城市居住①。

同时，由于经济社会的发展和技术的进步，这个阶段也是人们闲暇时间

① 宁越敏，李健．让城市化进程与经济社会发展相协调——国外的经验与启示．求是，2005（6）

增加最快的一段历史。一些主要的西方国家，包括美国、法国、英国等，从一战到1950年，在职者的平均年工作时间下降了500小时以上，基本上达到了每周工作40小时（年工作时间2 085小时）以下的标准（表5-2）。因此，游憩需求大幅度增加，加上小汽车逐步普及，汽车在游憩领域发挥了日益重要的作用，人们的游憩有了更多的自由度和选择性。经济发展、闲暇增加、交通便利，一切条件都促成了人们游憩需求的大幅度增加，在这种需求的推动下，西方城市的游憩建设也在一战后的10年内发展到了一个新的高潮。游憩设施大量建设，“私人和公共游憩设施如新公园、社区活动中心、游泳池、舞厅、野餐地、高尔夫球场、沙滩、溜冰场、滚木球场等迅速发展，遍及全国”①。

美、德、法、英、日五国1870～1998年在职者工作时间变化表②　　表5-2

年份 国家	1870年	1913年	1950年	1973年	1990年	1998年
美国	2 964	2 605	1 867	1 717	1 594	1 610
德国	2 841	2 584	2 316	1 804	1 566	1 523
法国	2 945	2 588	1 926	1 771	1 539	1 503
英国	2 984	2 624	1 958	1 688	1 637	1 489
日本	2 945	2 588	2 166	2 042	1 951	1 758

5.3.2　经济建设政府干预，基础设施投入加强

在游憩空间和设施的建设方面，这个时期最重要的特征是政府的全面介入。通过大规模的国家资金投入，形成建设过程中的一个又一个高潮。

1929年，席卷西方世界的经济危机爆发，大量的失业人口使社会闲暇急剧增加，社会精神问题突出。在美国，罗斯福总统上台并推行新政，通过大规模建设公共工程，以扩大政府开支来弥补私人投资下降而出现的空白、解决部分就业问题。罗斯福新政的实施，改变了早期资本主义自由经济的发展模式，西方经济体制改革的结果将经济社会发展推进到政府干预的阶段，许多国家纷纷效仿。政府干预成为了推进城市规划、发展建设公共设施的重要保障。在大规模基础设施的开发建设中，也包含了大量有关城市的公共游憩设施的建设。

① 吴承照．现代城市游憩规划设计理论与方法．北京：中国建筑工业出版社，1998．96

② 数据来源：Angus Maddison. THE WORLD ECONOMY：A MILLENNIAL PERSPECTIVE. OECD PUBLICATIONS，2001．347

在实行新政期间，美国政府通过它的“国家公园局（National Park Service）”聘请了大批景观设计师参与到许多公园项目的建设与改造中，“新政期间几乎每个公园都至少有一个建设项目，这些项目不仅解决了失业问题，也使更多的人能方便地进入公园，享受公园提供的愉悦”①。

二战后，西方国家迎来了城市重建和经济的高速发展时期。为解决大量人口的就业、居住和经济发展的问题，许多国家依然奉行政府干预的基础设施建设与发展，美国联邦预算飙升到98.4亿美元，是1939年联邦预算9亿美元的10倍以上，政府的干预与国家资金的投入带动国民生产总值从1939年的的90亿美元升至213亿美元、实现了史无前例的飞跃②，同时也形成了游憩场所与设施建设的一个高潮。

5.3.3　规划思潮风起云涌，游憩功能备受关注

在霍华德提出了“田园城市”的思想标志着现代城市规划学科的开始。1908年，美国成立了最早的规划专业组织——田园城市规划协会，并陆续在1917年成立了美国城市研究院、1923年成立“美国区域规划协会”③。“1924年，国际田园城市规划协会在荷兰阿姆斯特丹召开的国际城市规划会议，通过了‘阿姆斯特丹宣言’，其中写道：为防止建筑物无限制地蔓延和膨胀，由必要在城区周围配置用于农业、畜牧、园艺的绿地带。宣言强调了大城市周围设置绿地带对于引导城市发展的重要性”④。城市规划思想在这段时期内风起云涌，达到一种“狂热状态”⑤。以至于英国著名规划学家彼得·霍尔(Peter Hall）将1916~1939这个阶段视作“从功能观察城市”的阶段。“功能”是重要的规划目的与基础⑥——而游憩就是这个阶段中正式提出来的、城市的基本功能之一。在西方城市规划理论发展中，1916~1945年出现了城市发展的空间理论、当代城市、广亩城市、邻里单元、新城理论、历史中的城市、城市社会生态理论等重要思想⑦。从游憩角度来看，现代建筑的思想、社区与邻里的思想、以及有机疏散的思想中都有许多重要的、具有启发价值的东西值得探讨。

---

① 陈晓彤．传承·整合与嬗变——美国景观设计发展研究．南京：东南大学出版社，2005.246

② ［美］罗伯特·T·埃尔森．时代生活丛书编辑．美国时代生活版·图文第二次世界大战史——战争中的美国．戴平辉 译．北京：中国社会科学出版社，2004.180

③ 陈晓彤．传承·整合与嬗变——美国景观设计发展研究．南京：东南大学出版社，2005.234

④ 许浩．国外城市绿地系统规划．北京：中国建筑工业出版社，2003.48－49

⑤ 陈晓彤．传承·整合与嬗变——美国景观设计发展研究．南京：东南大学出版社，2005.234

⑥ Peter Hall. Cities of Tomorrow：An Intellectual History of Urban Planning and Design in the Twentieth Century. London：Blackwell Publishers. 2002

⑦ 参考：吴志强．《百年西方城市规划理论史纲》导论．城市规划汇刊．2000（2）：9－18

5.3.3.1　现代建筑思想与《雅典宪章》

"一战"~1950年代，正是现代主义建筑思想与城市规划思想一个重要的发展阶段。1928年，国际现代建筑协会（Congres Internationaux d'Architecture Moderne，CIAM）在日内瓦成立，1933年通过了现代主义城市规划的宣言——《雅典宪章》，游憩作为城市的重要功能被明确提出来。

勒·柯布西耶作为现代主义建筑的代表人物，在他1922年的《明日城市（The City of Tomorrow）》、1923年《走向新建筑》、以及1930年的《光明城（The Radiant City）》中，提出了彻底改造城市、改造社会、以创造一种新的、具有强化的功能与秩序的城市的思想。在现代主义的思想中，城市的模式变得简单："工业、居住和办公用地严格分类，再用最便捷的交通把彼此连系起来。这种理论化的城市模式不受任何自然和现状条件限制，在一个完全平坦的用地上设计出网格状道路系统，两条宽阔的高速路纵横穿过城市中心，城市几何中心是摩天办公大楼，大楼周围是大片绿化，郊外是板式跃层花园公寓，公寓户外也是大片的绿化空间"①。现代主义企图通过技术手段来"适应人口集中趋势"，实现城市的高效，对解决当时城市空间过度密集、空地缺乏的问题具有现实意义，但因为无视城市是一个复杂实体、忽视城市的历史和文化而遭到了后来强烈的批判。但无论是《明日城市》还是《光明城》，**"阳光与绿地"都是其中非常强化与突出的概念。"从那以后，美国城市的公园和开放空间开始与休闲、生理与心理的健康、与自然界的交流等相关联，并成为一种公共产品和服务"②**。

5.3.3.2　城市社会学与城市文化学的发展

到了1920年代，人们在城市社会生活及文化方面的研究有了很大的发展，社会空间与城市物质空间发展结合起来，社会文化在城市中具有了重要的地位。1925年，W·布格斯（Burgess）发表了《城市发展：一个研究项目的介绍（The Growth of the City：An Introduction to a Research Project）》，提出著名的同心圆模式，成为"城市社会生态学"的开端，此后布格斯与同时期芝加哥大学的城市社会学家们为城市发展提出了多种空间模式（图5-11）。1938年，路易斯·维斯（Louis Wirth）发表《作为生活方式的城市化（Urbanism as a Way of Life）》一文，对城市中的"人"的相关活动所形成的城市生活方式进行了全面的分析和论述，并提出未来城市生活方式的一些特征。**"都市生活意义"成为城市规划理论的最高意义和逻辑基础③**。

1938年，芒福德出版了《城市文化（The Culture of Cities）》成为城市文化研究领域的一面旗帜，"它从城市历史发展的角度出发对广义的城市文化进行了

---

① 黄艳．论对历史城市环境的再创造——从柏林到巴塞罗那．规划师．1999，15（2）

② 张翰卿 编译．美国城市公共空间的发展历史．规划师．2005，2（21）：111-114

③ 张京祥．西方城市规划思想史纲．南京：东南大学出版社，2005. 132-133

研究，涉及的领域涵盖了众多的城市空间要素和城市生活的方方面面，对于城市历史的研究更是占到了整部论著的相当篇幅"①。芒福德从中阐释了他的观点：**"城市中人的精神价值是最重要的，而城市的物质形态和经济活动是次要的"②。"生命的意义"是城市发展的终极追求。这样，在城市发展与规划的理论中，也开始了对"人"的关怀与思考；游憩在城市中所具有的作用得到重视。**

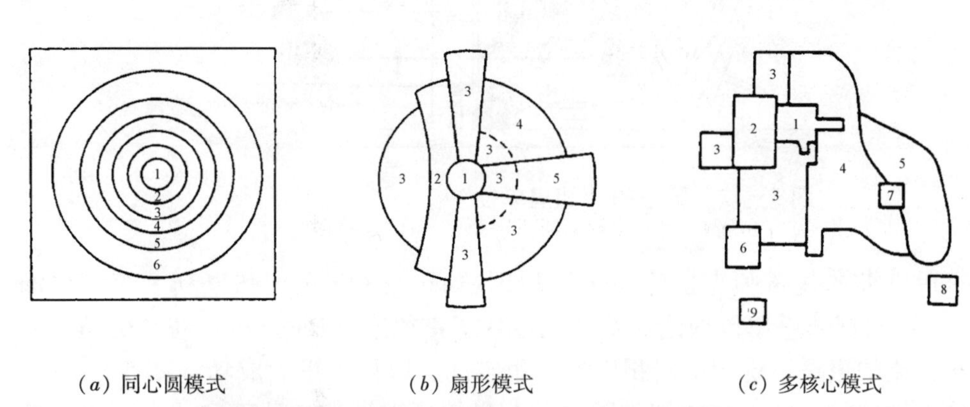

（*a*）同心圆模式　　（*b*）扇形模式　　（*c*）多核心模式

图5-11　芝加哥学派提出的城市空间结构三大经典模式③

1—中心商业区；2—批发商业区，轻工业区；3—低级住宅区；4—中等住宅区；5—高级住宅区；6—重工业区；7—外围商业区；8—近郊住宅区；9—近郊工业区

5.3.3.3　社区与邻里思想

一战后，随着城市生活的进步，人们对"生活社区"的认识逐步提高。1929年，佩里（C. A. Perry）提出了"邻里单位"（Neighbourhood Unit）的概念（图5-12）。邻里思想"以人的需求为出发点，以居住地域为基本构成单元，以创造完备的基本生活空间环境为主旨，把生活的安全、宁静、舒适和卫生等功能放在首位，特别强调邻里的亲和氛围与社区活动，是一种理想的城市居住生活空间模式"④。佩里认为，在住宅附近要配备必要的生活服务设施，设有这种设施的用地称为"家庭的邻里"。一个布局得当的小区应该是由住宅和生活服务设施网络组合而成的邻里综合体，公共生活会因邻里综合体的存在而活跃起来，居民在利用公共生活服务设施时的经常接触将产生邻里间的联系，而每个小区起码要有小学、商店和公共休息场所，1万人以上的小区还要设有图书馆等。

---

① 黄鹤．文化规划：运用文化资源促进城市整体发展的途径：［博士学位论文］．北京：清华大学建筑学院，2004. 16

② 张京祥．西方城市规划思想史纲．南京：东南大学出版社，2005. 132

③ 图片来源：张京祥．西方城市规划思想史纲．南京：东南大学出版社，2005. 133

④ 孙峰华，王兴中．中国城市生活空间及社区可持续发展研究现状与趋势．地理科学进展. 2002，21（5）：491-499

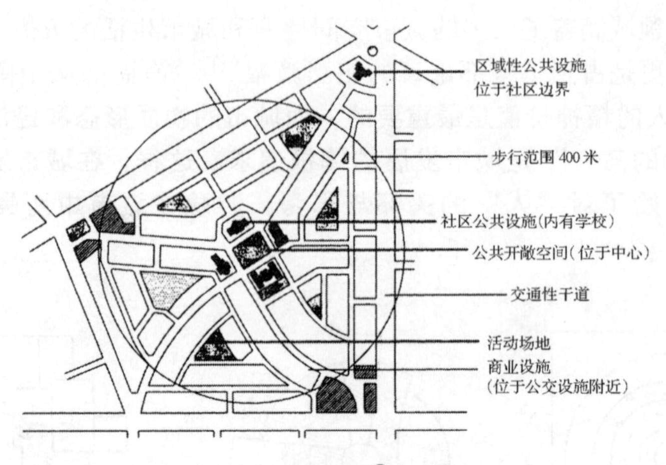

图5-12 佩里的"邻里单位"①

1933年，建筑师克拉伦斯·斯坦因(Clarence Stein)和亨利·莱特(Henry Wright)根据邻里单位理论在新泽西设计了雷德朋(Radburn)新镇街坊，采用人车分流的道路系统创造出积极的邻里空间，取得了重大成功(图5-13)。邻里作为构成整个城市的"细胞"，"将帮助居民对所在的社区和地方产生一种乡土观念，从而产生一种新的文化，新的希望"②。**在"邻里单位"中，游憩空间和相关的文化服务设施被作为核心的内容来设置；"住宅应防止面向喧闹的街道，而朝向安静的绿地"③。游憩场所成为了这个"细胞"中最重要的、主干(backbone)内容④。在有关"邻里单位"的内容中，游憩空间甚至可作为邻里单位的"细胞核"来看待，是影响居住者居住质量的最重要因素之一。**

5.3.3.4 "有机疏散"的思想⑤

1943年，著名美国建筑师沙里宁出版了《城市：它的发展、衰败与未来(The City：Its Growth，Its Decay，Its Future)》一书，阐述了"有机疏散"的理论。沙里宁认为：城市是一个有机的集合体，因此，也应当遵循相关的基本准则。"有机秩序的原则是大自然的基本规律，所以这条原则，也应当作为人类建筑的基本原则"。为缓解城市机能过于集中所产生的弊病，沙里宁将城市活动划分为日常性活动和偶然性活动，认为"对日常活动进行功能性的集中"和"对这些集中点进行有机的分散"这两种组织方式，是对原先密集城市实现有机疏

① 图5-12来源：张京祥．西方城市规划思想史纲．南京：东南大学出版社，2005. 135

② 张京祥．西方城市规划思想史纲．南京：东南大学出版社，2005. 135

③ Geoffrey Broadbent. Emerging Concepts in Urban Space Design. London and New York：Taylor & Francis. 1990. 126

④ Geoffrey Broadbent. Emerging Concepts in Urban Space Design. London and New York：Taylor & Francis. 1990. 128

⑤ 如无特殊注明，本段主要参考并引用自：E. 沙里宁．城市：它的发展、衰败与未来．北京：中国建筑工业出版社，1986

（*a*）新泽西雷德朋新城规划平面

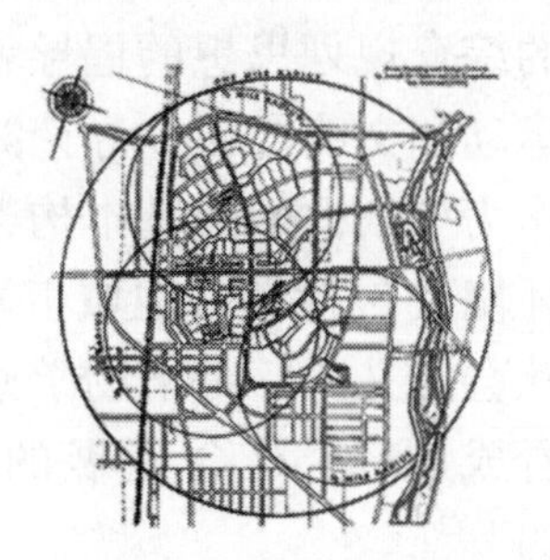

（*b*）以1/2英里的“细胞”构成的邻里单元

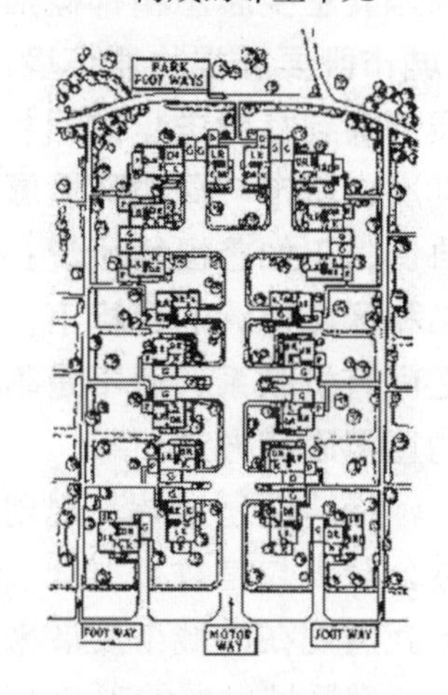

（*c*）人车分流的单元系统

图5-13 斯坦因设计的雷德朋新城①

散的两种最主要方法。“功能集中”能够给城市的各个部分带来适于生活和安静的居住条件，而“有机分散”则可以给整个城市带来功能秩序和工作效率。“**换一个角度讲，有机疏散就是把传统大城市那种拥挤成一整块的形态在合适的区域范围分解成若干个集中单元，并把这些单元组织成为‘在活动上相互关联的有功能的集中点’，它们彼此之间将用保护性的绿化地带隔离开来**”②。有机疏散的思想至今仍然在城市的规划空间结构中具有重要的指导意义。**对于游憩规划来说，功能集中意味着游憩空间与其他形式功能之间的密切联系；而有机分散则为游憩的系统又提供了良好广阔的自然、文化联系。**

5.3.3.5 综合规划与区域规划的思想的初步提出

苏格兰生物学家、社会学家和城市规划思想家格迪斯（P. Geddes）是重要

① 图5-13来源（*a*）图：Geoffrey Broadbent. Emerging Concepts in Urban Space Design. London and New York：Taylor & Francis，1990. 127.

（*b*）、（*c*）图：http：//www. wsu. edu/ - owenms/ URBAN/NOTES6. HTM

② 沈玉麟．外国城市建设史．北京：中国建筑工业出版社，1989

的综合规划思想的倡导者。1915 年，格迪斯出版了《进化中的城市：城市规划运动和文明之研究导论》一书，阐释了区域规划的系统思想，强调以自然地区作为规划框架的基本构架，指出城市从来就不是孤立的、封闭的，而是和外部环境（包括和其他城市）相互依存的。格迪斯在 1919 年发表的《生物学和它的社会意义：一个植物学家对世界的看法》演说中指出“城市改造者必须把城市看成是一个社会发展的复杂统一体，其中的各种行动和思想都是有机联系的”①。

分析格迪斯的综合规划的观点，**人本主义、区域协调、综合规划、有机联系是其主要思想精神概括**：首先，规划是为人服务的，人是城市的核心，因此，**“城市既要重视物质环境，更要重视文化传统与社会问题，要把城市的规划和发展落实到社会进步的目标上来”②，经济发展和社会文化的系统必须协调统一；其次，城市与周边环境唇齿相依，城市的发展必须与周围的环境、周边地区相协调，正如芒福德所说：“真正的城市规划，必须首先是区域规划”。在人本主义和区域协调的目标下，规划的视野也应当是综合而整体的，寻找不同的要素之间有机联系、而不是割裂彼此的关系，重视整体的有机构成成为了综合规划的重要思考方法。**

格迪斯还强调：规划是一种教育居民为自己创造未来环境的宣传工具。促进公众参与是教育群众、调动群众建设自己家园的积极性的做法。这些思想对于我国现在的城市发展来说，都具有重要的启示意义。

在区域发展的观念方面，除了格迪斯和芒福德以外，这个时期还有另外一些学者也取得了相关领域的研究成果。尤其是在地理学和经济学领域，出现了“中心地”理论（德国地理学家 W. Christaller 于 1933 年提出）③、产业的市场区位理论（德国经济学家 A. Lösch 于 1954 年提出）④，成为旅游学科中重要的经济分析基础。其中，“中心地”理论是进行旅游中心地分析的原始理论基础，用以分析旅游的中心地及其市场腹地；而 Lösch 的区位理论则引发了后来的旅游区位理论研究⑤。而贝瑞（B. Berry）等人则结合城市功能的相互依赖性、城市区域的观点、对城市经济行为的分析和中心地理论等，形成了城市体系（Urban System）理论⑥。

---

① 张京祥．西方城市规划思想史纲．南京：东南大学出版社，2005. 95

② 张京祥．西方城市规划思想史纲．南京：东南大学出版社，2005. 95

③ 张京祥．西方城市规划思想史纲．南京：东南大学出版社，2005. 139

④ 吴必虎．区域旅游规划原理．北京：中国旅游出版社，2001. 325

⑤ 根据相关研究：由于旅游自身的特性，一成不变地用原有的农业、工业和市场区位理论来作为旅游的区位基础是不合适的，因此，这些区位论只是一种基础，是引发旅游区位理论的重要因素。以上参考：吴必虎．区域旅游规划原理．北京：中国旅游出版社，2001. 326－328

⑥ 张京祥．西方城市规划思想史纲．南京：东南大学出版社，2005. 139

5.3.4　城市布局整体规划，游憩空间系统建设

5.3.4.1　整体性空间布局的探索

在相关城市规划思想的影响下，二战前后，一些城市开始尝试采取规划的手法，以医治大城市发展中面临的诸多问题、促使城市健康发展。其间进行规划的大城市包括纽约①、巴黎②、莫斯科、伦敦、东京等，这些规划以自上而下的决策方式，采用城市整体绿地空间布局的方法，为城市建立了具有一定规模的、包含主要游憩空间的布局，成为对城市游憩空间进行整体考虑、并通过游憩空间改善城市发展布局、控制城市蔓延的代表。其中，对我国今天的城市规划发展影响最大的包括1935年的莫斯科规划、1943/44年的伦敦“阿伯克隆比(Abercrombie)”系列规划等。在战后的重建过程中，对城市布局的整体规划思想更是得到了前所未有的发展。

1. 莫斯科规划

莫斯科规划是自上而下的城市整体规划的重要代表。1917年的十月革命为莫斯科乃至整个前苏联的发展带来了一个新的开端。1918年，莫斯科成为前苏联首都之后，如何能够在科学的基础上为莫斯科城市发展制订合理有效的规划

---

① 纽约在1920年代末、1930年代初进行了一系列区域研究，以解决就业与住房问题为主要目标，通过交通网络和聚居地的分布和组织，开创了早期区域规划的时间。1929年，纽约通过非政府组织（NGO）的形式开展了“纽约及其市郊区域规划（Regional Plan of New York and Environs)”，成为将城市与郊区整体考虑的尝试。其中提出了如下的建议：

1）完善交通基础设施，引导区域平衡发展；

2）推动郊外居住区建设，对大城市中心区进行改造；

3）实行区划制度，保护农业区，根据城市功能重新配置工业；

4）建设限制机动交通量的公园路连接城市和郊外大公园，以适应因使人机动车的拥有大量增加而造成的休闲出游方式的变化。

根据该规划，纽约州和其他地方建设了大量区域性的公园和州立公园。成为区域性公园路大发展时期。

以上引用自：

张京祥．西方城市规划思想史纲．南京：南大学出版社，2005. 141

许皓．国外城市绿地系统规划．北京：中国建筑工业出版社，2003. 29

② 1932年，法国颁布法令设立巴黎地区，将以巴黎圣母院为中心、方圆35公里的地域范围作为“巴黎地区”的区域概念。1934年，法国政府的巴黎地区空间规划出台，这个被称为“PROST规划”的文件（因为该规划由规划师Henri Prost和Raoul Dautry共同主持完成，故称为PROST规划）对巴黎地区的区域道路结构、绿色空间和城市建设进行了详细规定。该规划提出了对现有森林公园等空地以及重要的历史景观地段加以严格保护，在城市化地区内开辟新的休闲游乐场所，作为日后建设公共设施的用的储备。这种以绿色空间和非建设用的的形式保留的大面积空地，为未来的城市布局带来了可能。

以上参考并引用自：刘健．基于区域整体的郊区发展——巴黎的区域实践对北京的启示．南京：东南大学出版社，2004. 90－92

方案的工作进入了政府议事日程。1918年沙库林完成了莫斯科技术经济组织发展战略及其三环居住结构体系的制订工作，成为了第一位以综合的观点来对待象莫斯科这样的大城市的规划设计工作的先驱者。在1918年的规划中，莫斯科市区以及一、二环共同组成大莫斯科地区，两道环线之间是“绿色环带”（图5－14）。

1935年的莫斯科改造的总体规划方案在1918年规划的基础上确定了若干条重要的城市空间发展原则，其中包括：

（1）保留历史形成同心放射式城市格局，并通过整顿、改善街道和广场使城市得到根本改造的原则；

（2）疏散稠密区人口等措施，为居民创造良好的生活条件；

（3）在市区周围建立10公里宽的森林公园带，并以放射状的绿带将各点状绿带联系起来，等等①。

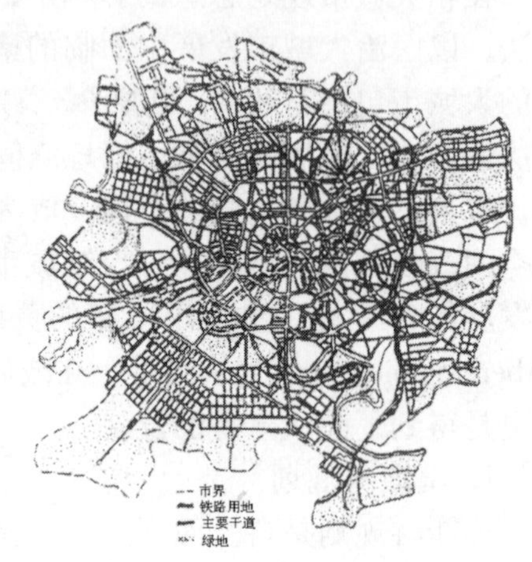

图5－14 1935年莫斯科总体规划②

尽管多数对1935年的莫斯科规划的评论是“政府意志的表达”，但其总体规划中的绿地系统的规划内容、在市郊保留大片绿地，并以楔形和放射环状的绿带进行不同地块的联系的方法，对今天依然有重要意义。在莫斯科的总体规划中，绿化除了生态、游憩和景观的意义之外，也同时成为了分割不同城市组团、架构城市总体格局的主要“材料”。1935年的莫斯科规划基本上确定了莫斯科城市发展的空间模式，此后的多次规划修整，都在此基础上进行的。

2. 伦敦阿伯克隆比（Abercrombie）系列规划

（1）历史背景

早在1829年，针对英国城市拥挤不堪、肮脏混乱的现状，英国人诺顿（John Claudius Loudon）曾经提出了通过政府购买土地，对不同等级城市采用不同的等级要求，来建设城市“呼吸空间（Breathing Places）”的建议，并提出了一个“呼吸区域（Breathing Zones）”的规划概念。虽然这个建议比霍华德的田园城市理论早69年，也比奥姆斯特德的景观理论早30年左右，但在当时并没有得到实际的采纳③。1887年，奥姆斯特德的波士顿“翡翠项链”公园系统建设的成功引起了英国的注意。在19世纪末到20世纪初，许多人就建设英国城

① 参考：吕富珣．莫斯科城市规划理念的变迁．国外城市规划．2000（4）：13－16.

② 图5－14来源：张京祥．西方城市规划思想史纲．南京：东南大学出版社，2005.145

③ 以上参考：Tom Turner. Introduction to John Claudius Loudon’s 1829 plan for London. http://www.londonlandscape.gre.ac.uk/1829.htm

市绿带的可能性提出了建议。1929 年，Raymond Unwin 向政府提交了一份关于伦敦地区区域开发的研究报告，其中涉及三项当时伦敦区域开发的主要问题：

1）伦敦地区内如何保护空地问题；

2）伦敦地区内绿带设置和控制问题；

3）伦敦地区沿主干道路两侧的开发控制问题。

（2）阿伯克隆比系列规划的出台

在以上的背景下，1943 年和 1944 年，由帕特里克·阿伯克隆比教授（Patrick Abercrombie）主持的伦敦郡（County of London）规划和大伦敦规划（the Greater London Plan），成为规划历史上划时代的作品，至今仍然让规划师们津津乐道。

在这系列的规划中，阿伯克隆比采取了整体的、区域的视角。规划首先强调对郊区空间的“保留”。保留大面积郊野绿地空间，为城市居民提供未来游憩发展所需要的空间，同时，在城市中以绿化空间网络系统的建构地区整体空间框架、为居民提供易于到达的游憩场所。其次，为缓解城市扩张的压力，在限制其空间扩张的同时也采取“疏导”的方法，在伦敦周边建设卫星城，以满足疏解城市中心人口、适应城市继续发展的需要。——“保留”绿地加上“疏导”人口，从逻辑上来看，既能做到满足城市发展的空间需求，又可以保护城市周边的自然生态环境不受破坏。这种通过绿化空间的系统化保护与利用，限制城市蔓延、为城市居民提供游憩空间、并且兼顾城市生态的手段具有重要的意义，成为后来许多大城市规划中所采用的基本方法。

（3）公园系统、开放空间体系、公园式景观道路与“Green Belt”

在 1943 年的伦敦郡规划中，阿伯克隆比教授提出了通过建构城市的公园系统和开放空间体系，来解决市民生活所需的游憩空间问题（图 5－15）。阿伯克隆比将城市公园与开放空间整合在一起，并通过公园式的景观道路（Parkway）来进行连接，以达成一个相互沟通的生态、景观、游憩空间的网络系统（图 5－16）。

在大伦敦规划中，阿伯克隆比在城市的周边采取了建设两道 Green Belt 的措施。如图 5－17 所示。其中第一条为“绿带圈（Green Belt Ring）”宽约 8 公里，中间以游憩功能为主；外围设置“近郊圈（Outer Country Ring）”，其中的功能以农业为主。绿化带与城市的公园系统、开放空间系统相互连接，形成了联系城市与郊区的有机的绿化与公共空间体系。Green Belt 的提出，最初是为了达到以下目的：

1）为城市居民提供与开放的自然空间（乡村空间）接触的机会；

2）为户外体育运动和城市周边的户外休闲娱乐提供机会；

3）保留人们居住空间周边具有吸引力的景观或提高景观质量；

4）改善城市周围被破坏或弃耕的土地；

5）满足生态保护的需要；

6）保持土地的农业、林业和相关用途。

图 5-15　1943 年大伦敦规划前人们在混乱的街道上活动的状况①

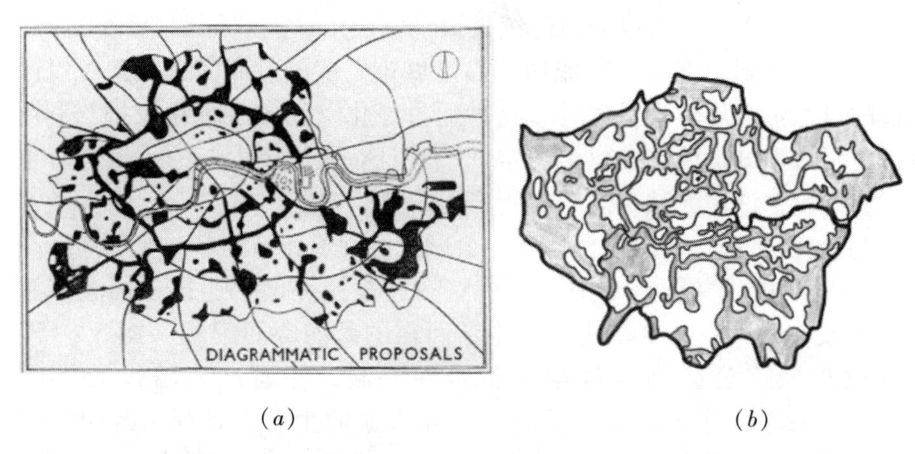

（*a*）　　（*b*）

图 5-16　伦敦郡公共空间体系（*a*）与公园体系（*b*）图②

从与 GreenBelt 相关的官方资料来看，大伦敦规划中的 Green Belt（绿带）最初并没有直接考虑要去“限制”城市蔓延，而更多的是为了保留郊区的空间以提供居民的日常游憩机会和生态保护（虽然如此大面积、具有相当厚度、几乎不留豁口地保留郊区空间就相当于限制城市发展，但在思维方式上，当时的规划并没有从主观上考虑对城市的限制。“控制蔓延”是在绿带政策执行

① 图 5-15 来源：Hall，Peter Geoffrey. Cities of Tomorrow：An Intellectual History of Urban Planning and Design in the Twentieth Century［M］. Oxford：Basil Blackwell Ltd. 1998：221
注：该图片为 1943 年伦敦郡规划的扉页插图，显示了当时伦敦人的游憩条件和混乱的街道场景，也表现出建设新公园必要性。

② 图片来源：http：//www. londonlandscape. gre. ac. uk

了许多年之后总结出来的效果之一)。所以，基本可以说，当时**大伦敦规划 Green Belt 措施的提出，其原意就是为了解决城市的游憩空间和生态环境问题。**

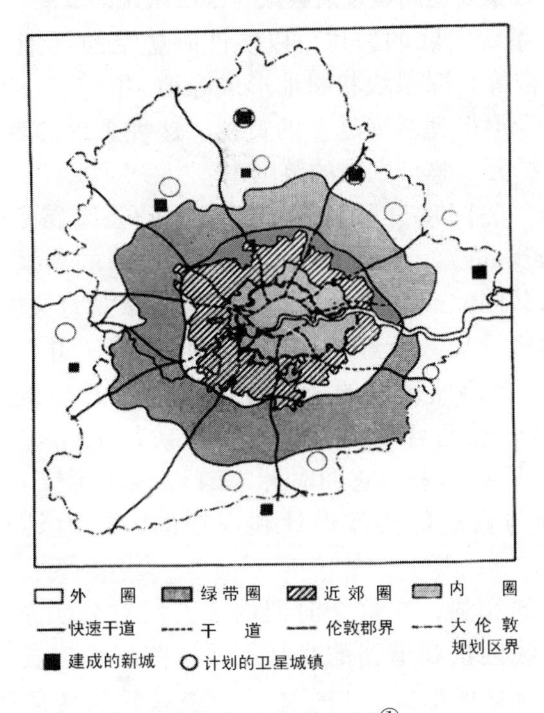

图 5-17　1944 年大伦敦规划[①]

大伦敦规划采用了 Green Belt 的规划方式以后，取得了良好的效果。——根据 Green Belt 在大伦敦的最终执行效果，英国的 Office of the Deputy Prime Minister 认为 Green Belt 在城市空间方面还具备 5 个非常重要的功能[②]：

1）限制大规模建设区域的自由扩张；

2）保证相邻的城市不会直接绵延在一起；

3）帮助郊区不被侵蚀；

4）保持历史城镇的格局与特色；

5）通过对城市遗弃的或者是其他土地的再利用，坚持城市复兴。

另一方面，随着区域规划理论的发展，一些地方也开始采用联合规划的形式来从大范围内对地方发展进行统筹考虑。“1944 年，英格兰地区和威尔士地区 71% 的地方局以联合规划委员会（Joint Planning Communittee）的形式

① 图 5-17 来源：清华大学建筑与城市研究所资料.

② 资料来源：Office of the Deputy Prime Minister：Planning Policy Guidance Note 2：Green Belts 2. 2001.

组织起来进行区域规划的研究。英国各地相继成立了179个联合规划委员会，城市规划大臣同时任命了10个区域规划官员"①。规划在实际操作中走向区域联合。

5.3.4.2 区域性景观道路建设的尝试与公园系统的发展

受到早期绿地系统实践的鼓舞，以线性游憩空间（如公园路（Parkway）、散步道、河道景观带等）联系块状绿地形成绿地"系统"的观念，在城市和地区的空间规划与建设中得到越来越多的重视。这种系统的观念在这个时期内突破了城市的限制，扩大到整个区域的范围中。

1912～1923年，美国建设了第一条区域性的公园路——布朗克斯河公园路（Bronx River Parkway），开启了区域性景观道路的新篇章，也成为道路工程师和景观建筑师共同完成的作品。除了生态与景观意义上的收获之外，"布朗克斯河公园路的建设导致所经过的城镇地价上升，并刺激了公园建设的发展"②（图5-18）。公园路建设的成功，许多地区开始效法，"将交通道改造成线状公园"的思想迎合了当时新兴中产阶级的需求。交通规划与景观建设、公园路规划联系起来，它同时标志着以汽车为交通工具的道路系统，开始通过道路工程与景观的协作设计和规划的方式而具有令人心旷神怡的游憩价值。

由于政府作用的加强，在这个时期内，人们对公园系统的认识也走向了一个新的阶段。在线性景观道路的联结下，一些城市、县（郡）层面的规划都开始采取这种系统化的形式。并产生了一些对后来具有重要影响力的案例，如：1932年韦斯彻斯特公园系统规划（Westchester Country Park System），1936年密尔沃基郡公园道规划（Milwaukee County Greenways）等，形成了以"线型公园路+块状公园"为主导思想的、典型的公园系统空间模式图（5-19）。

5.3.5 设施配置指标控制，管理体制初见雏形

城市的发展与人口扩张带来了一系列的城市问题。在政府为主导的前提下，西方许多国家和城市开始制定相关的标准，以指标形式保障城市游憩空间和设施的提供。除了佩里为"邻里单位"提出了相关的设想标准之外，一些国家也开始以不同的形式颁布有关的标准。

在美国，游憩的空间发展、设施建设和相关的服务被视为一种"公共产品"，在游憩设施与空间大规模建设的情况下，有必要为这种公共产品提供一

---

① 郝娟．西欧城市规划理论与实践．天津：天津大学出版社，1997.55

② 许浩．国外城市绿地系统规划．北京：中国建筑工业出版社，2003.30

定的标准。“1948年美国公众健康学会（The American Public Health Association）下属的卫生与健康住房委员会印制了《邻里规划》（Planning the Neighborhood）一书。这本书总结了城市区、示范地区和与地方学校有直接联系的邻里公园对开放空间的要求，……成为总体规划中开放空间和社区设施确定的原则”①。

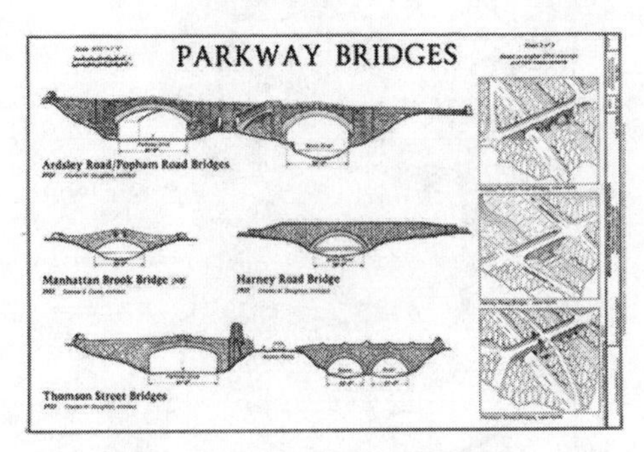

(a) 公园路桥梁工程与景观设计

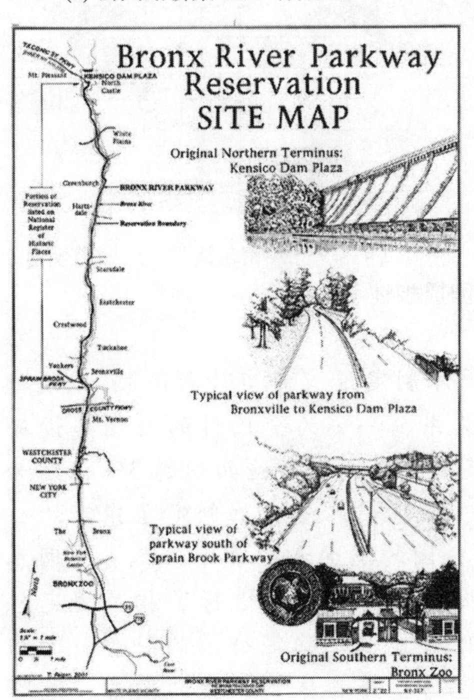

(b) 建成后的道路景观效果

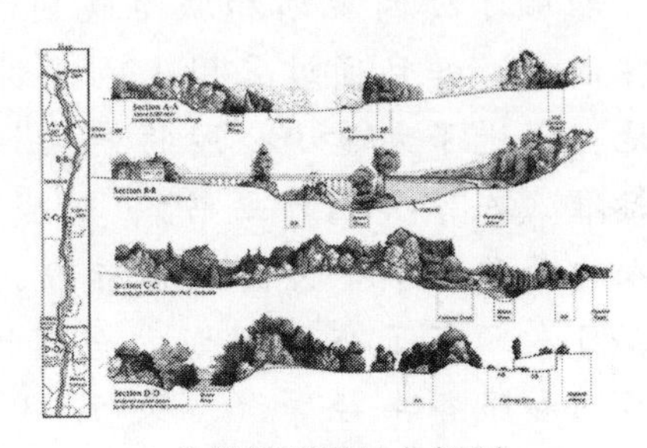

(c) 整体公园系统规划　　(d) 分段景观设计与规划

图5-18　布朗克斯河（Bronx River）公园路②

① 张翰卿．美国城市公共空间的发展历史．规划师．2005，21（2）：111-114

② 图5-18来源：http：//massengale. typepad. com 以及 http：//www. westchesterarc-hives. com。

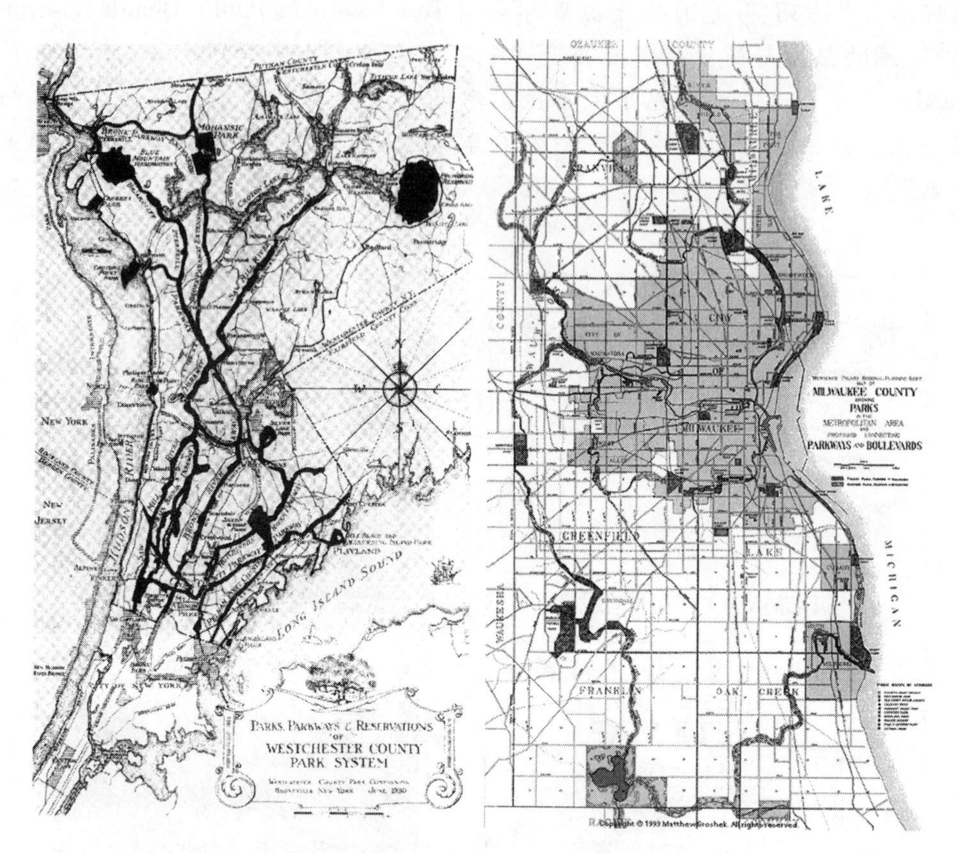

（a）1932年韦彻斯特公园系统规划　　（b）1936年密尔沃基郡公园道规划

图5－19　1930年代的公园系统和公园道规划①

在日本，1919年内务省都市计画课制定了《都市计画法》，以法律的形式"理顺了公园规划和城市规划的关系，……为全国性的公园建设提供了法律依据，并且通过采用土地区划整理制度，将实施面积的3%保留为公园用地，促进了大量小公园的产生"②。东京在此基础上制定了东京的公园规划标准《东京公园计画书》，对城市公园的总面积、类型、各类公园总面积和人均面积、单个公园面积标准、服务半径等方面进行了相关规定。1933年，日本颁布了公园规划的全国性统一标准，确定公园的种类、面积、使用目的和服务半径等（如表5－3所示）。并具体到相关的设备、道路宽度等细致要求。

① 图片来源：左图：许浩．国外城市绿地系统规划．北京：中国建筑工业出版社，2003.30.
右图：Milwaukee County Greenways：1936.
http：//www.wisconline.com/greenmap/milwaukee/greenways36.html

② 许浩．国外城市绿地系统规划．北京：中国建筑工业出版社，2003.44

日本1933年公园标准①　　表5－3

<table>
<tr><th colspan="3">种　类</th><th>面　积</th><th>使用目的</th><th>服务半径</th></tr>
<tr><td rowspan="3">大公园</td><td colspan="2">普通公园</td><td rowspan="3">10公顷以上</td><td>游戏、运动、观赏和教育</td><td>2公里</td></tr>
<tr><td colspan="2">运动公园</td><td>以运动为主</td><td>30分钟距离圈</td></tr>
<tr><td colspan="2">自然公园</td><td>欣赏自然风光、游赏</td><td>60分钟距离圈</td></tr>
<tr><td rowspan="4">小公园</td><td colspan="2">近邻公园</td><td>2～5公顷</td><td>居民的日常休闲娱乐</td><td>0.6～1.5公里</td></tr>
<tr><td rowspan="3">儿童公园</td><td>少年公园</td><td>0.6～0.8公顷</td><td>15岁以下儿童的娱乐、运动</td><td>0.6～0.8公里</td></tr>
<tr><td>幼年公园</td><td>0.3～0.5公顷</td><td>12岁以下儿童的娱乐、运动</td><td>0.5～0.7公里</td></tr>
<tr><td>幼儿公园</td><td>0.03～0.2公顷</td><td>学龄前儿童的娱乐、运动</td><td>0.25～0.5公里</td></tr>
</table>

在颁布各种标准的同时，西方各国也开始着手建立游憩进行专门管理的相关机构和体制。例如：1916年，美国设立国家公园管理局，开始“制定以景观保护和适度旅游开发为双重任务的基本政策，同时积极帮助扩大州立公园体系以缓解国家公园面临的旅游压力，并在美国东部大力拓展历史文化资源保护方面的工作，从而使美国国家公园运动在美国全境基本形成体系”②。同时，相关法律的建设也开始逐步进行，1916年，通过了国家公园局基本法（Organic Act），1935年和1936年，美国分别通过了《历史地段法》和《公园、风景路和休闲地法》③ 等等。从这段时期的相关立法内容来看，对相关游憩资源进行保护、在土地利用中保留足够的绿地已经成为一个主导思想。

5.3.6　闲暇教育应运而生，相关组织积极效力

随着人们闲暇时间的增加和相关游憩活动的逐渐繁荣，游憩无论对个人和对国家而言都具有了越来越重要的作用。游憩教育在20世纪初期成为美国社会教育所关注的内容。

1916年，美国著名教育家约翰·杜威(John Dewey) 指出：“富于娱乐性的闲暇不仅在当时有益于身体健康，更重要的是它对性情的陶冶可能有长期的作用。为此，教育的任务就是帮助人们为享受娱乐性的闲暇而做好充分的准备。这是最为严肃的教育任务”④。1918年，美国全国教育协会中等教育改造委员会

① 许浩．国外城市绿地系统规划．北京：中国建筑工业出版社，2003.48

② 杨锐．建立完善中国国家公园和保护区体系的理论与实践研究：［博士学位论文］．北京：清华大学建筑学院，2003.28

③ 杨锐．建立完善中国国家公园和保护区体系的理论与实践研究：［博士学位论文］．北京：清华大学建筑学院，2003.28

④ ［美］J. 曼蒂 等．闲暇教育理论与实践．叶京 等译．北京：春秋出版社，1989.23

提出的一份名为《中等教育基本原则》的报告指出，“有价值地利用闲暇时间”是教育中的一条“中心原则”，确定闲暇教育目标为“闲暇时间的善用，教育应使个人从其闲暇之生活中获得身心之休息与愉悦，并充实其精神生活而发展其人格”。这标志着西方闲暇教育领域进入了一个新的时期。

1930年代经济大萧条时期，严重的经济危机导致了上万人失业，社会的闲暇时间急剧增加，一时间带来许多社会问题。一批学者把挽救社会的希望寄托在闲暇教育上，社会开始重视学校系统中的闲暇教育。美国闲暇教育的研究达到了一个高潮。其中，杰克斯（L－P·Jacks）的研究提出了娱乐工作者应在闲暇教育中发挥作用、担负责任的观点，主张通过闲暇教育培养应有的创造性，主张娱乐应当更富于教育性，而教育则应更富于娱乐性。纳什（J·B·Nash）则认为学校应当把业余爱好教育提到与职业教育同等的高度，并希望通过修改教育计划来督促学校开展闲暇教育①。

1946年，琼斯（Anna May Jones）在对美国纽约6所初级中学和一所职业高中进行长达15年的闲暇教育实践研究的基础上，编辑出版了一本题为《闲暇时间教育（Leisure Time Education)》的手册。主张通过教授各种类型的娱乐科目，达到帮助青年养成明智地、有价值地利用闲暇的目的，成为早期闲暇教育研究的一项重要成果，为20世纪60、70年代娱乐科目的研究开创了先河。

在闲暇教育逐步开展的时候，许多官方和非官方的组织团体在这个时期中成为了推动游憩发展的积极力量。

“1906年，美国运动场和游憩联合会（the Playground and Recreation Association of American，简写为PRAA）成立，……它所倡导的‘社区运动（Community Movement)’是一次世界大战期间美国最有影响的运动。针对工业化所带来的日趋严重的城市社会问题，该联合会积极促进政府和社会各界关注邻里和社区游憩发展，试图形成一种强烈的社区精神（Community Spirit)，由此开始了游憩发展的‘邻里组织’阶段，创办公共学校中心，促进城市社会生活的发展和社区游憩开发，在公共学校举办文化、教育、社会和市民活动以满足成年人的游憩需求，成立各种青年组织：如美国童子军（The Boy Scouts of American，1910年)、女子军（The Girl Scouts of American)、营火少女团（Camp Fire Girl，1912年）等，促进游憩活动开展”。1941年，美国又成立了国家产业游憩联合会（The National Industrial Recreation Association)，积极促进、计划和组织游憩活动，也使游憩活动在各类人士中丰富多彩②。

---

① 张洁．美国闲暇教育的发展及启示：［硕士论文］．河北大学教育学，2000（9)：10

② 本段文字引用并参考自：吴承照．现代城市游憩规划设计理论与方法．北京：中国建筑工业出版社，1998.96

5.3.7　思考与评价

进入20世纪，西方发达国家对游憩发展的认识、规划方法和管理方式也迈上了一个新的台阶。这段历史中，城市游憩空间的规划无论在思想还是方法上都得到了一定发展的，同时发展的还有相关的管理制度、法律条文、闲暇教育和相关组织。这段时期中的规划思潮也为今日的发展提供了许多至今尚未过时的参考。相比起"美化时期"，20世纪上半叶的游憩发展虽然重点依然在"空间"上，却也在思想上有了更多社会、环境意识的萌芽。与早期游憩空间建设中对美学特点和教化目标的关注相比，这个时期中，人们更加关注游憩空间能够为人们带来的实用功能。

就游憩的空间建设而论，这个期间内有这样几个方面的特征尤为突出：

（1）开始对城市的布局进行整体的规划控制，并普遍采用了依靠绿地建设控制城市蔓延、满足人们游憩需求的方法

在这个时期中，人们已经认识到"仅仅在市区范围内维持绿地是不够的，有必要在更大区域范围内进行绿地规划"①，因此，这个时期的许多城市规划中开始考虑超出行政辖区的方式，从更大的尺度上进行城市的布局思考。

（2）公共空间的系统化建设形成了"景观道＋公园"的典型模式

不同尺度的景观道路建设，尤其是区域尺度的公园路的建设，满足了人们的游憩需求，也符合这个时期迅速发展的交通工具发展的需要，为地方的经济发展带来了新的契机。

（3）采用指标的控制方法

指标的控制方法是对城市化快速发展地区的最基本游憩保障。

总的看来，随着城市规划思想的发展，20世纪上半叶的游憩规划发展迈开了大的步伐。虽然经历了2次世界大战，但西方国家的生产力还是处于高速发展之中。政府的直接干预是这段时期游憩发展的最重要推动力量，也促使游憩空间的规划由简单的景观园林规划设计发展到与地区的整体发展联系起来。

但是，正如第4章中分析的现代主义思想所存在的问题那样，虽然在规划思想领域已经出现了许多综合的认识，但主流规划者关心的仍然只是空间——"规划师们普遍深信：他们在规划美好的城市空间和形态的同时，也在设计着美好的社会和美好的生活，他们将城市规划理解为建筑设计的扩大化。……1960年代以前的规划师绝大多数关心的是编制蓝图，……他们是从物质环境的角度来看待社会和经济问题的，似乎只要建设一个新环境来替代旧的环境，就能解

① 许浩．国外城市绿地系统规划．北京：中国建筑工业出版社，2003.49

决各种社会问题"①。——本段中专门分析了许多非"物质规划"的手段，不难看出，**规划对空间的改善是推动游憩发展的一个重要手段，但并不是所有的内容**。即便在这个十分强调"物质空间规划"的时期中，政府对游憩发展的措施，也多少采取了建立相应的管理机构和部门、出台相关的政策法规、通过闲暇教育和相关组织对人们的游憩活动方式进行综合性的引导，等等手段，这些手段也同样产生了积极的效果。对我国今天的游憩发展而言，这正是一个必须关注的要点。对于游憩这样综合而庞大的系统，要使其得以良好发展，社会学科所关注的城市政策和建筑学、景观学等学科所关注的城市空间，同样具有重要的价值。

5.4 重组时期（1950～1980年代）

5.4.1 政府预算由高转低，游憩发展目标多元

5.4.1.1 从全面干预到减少干预

二战前后，西方发达资本主义国家普遍采取了政府干预的方式，通过直接介入到经济与社会的运作过程来对经济和社会的运作过程进行组织和协调。国家通过建立国有企业、直接投资、财政和税收政策等各种途径，改变纯粹的自由市场经济的状况。国家为社会成员提供福利。在国家的指导监督下，组织劳资双方进行协商谈判，解决双方利益分配方面的问题，使劳资之间的关系由激烈的对抗转变成一种"合作伙伴"关系。这种"大政府"的做法"在很大程度上克服了19世纪以来西方社会一直存在并日益尖锐的两极分化趋势，从而逐步缓和了经济社会危机，使社会进入一个相对和谐的状态"。这保证了二战之后西方国家有一个相对稳定、繁荣的局面，西方发达国家的工业化进程在一个有序的环境下得以完成②。

这样，1950～1960年代，大幅增加政府的预算成为了国家发展的前提。而国家为主的福利体制又无疑给游憩发展带来了新的发展契机。在政府的支持下，各地的游憩地和游憩设施的建设如火如荼。从1956年起，美国实行的"66计划（Mission 66）"，预计用10年的时间花费10亿美元彻底改善国家公园的基础设施和旅游服务设施条件，把各地游憩设施建设推向了新的高潮。

高度的国家干预在很大程度上改变了发达国家的社会组织形式和运作机制。但这种体制转变也带来一些不可忽视的弊端，其中最重要的一个就是它导致了

① 张京祥. 西方城市规划思想史纲. 南京：东南大学出版社，2005. 167

② 本段参考并引用自：谢立中. 构建和谐社会 发达国家的启示.
http://theory.people.com.cn/GB/40536/3257146.html.

企业活力的下降和国际竞争能力的降低①。于是，在一些国家干预程度相对较低的国家，如：日本，由于企业对劳动者实行更有效的控制和管理，企业在制造方面成本较低、发展迅速，国际竞争力越来越强。1970～1980年代，日本的制造业产品涌入欧美市场，在一定程度上导致欧美制造业的不景气。在这种竞争的压力下，欧美制造企业开始谋求自身的出路。一部分企业选择了到成本较低的地方发展，还有一部分企业选择了改行，转到其他行业中。这些选择都使得政府的税收和财政受到了严重影响，国家提供的福利水平难以维持，传统制造业的工人大量失业，等等。欧美国家发展面临了新的危机。政府的全面干预体制由于"限制了市场经济的运行条件，限制了企业家的个人自由，降低了整个社会运作的活力，降低了本国企业的国际竞争能力"② 而受到批评。1970～1980年代，一些发达资本主义国家开始了新一轮的经济制度改革：降低国家对社会经济运作过程的干预程度，将原有的国有企业大量出卖给私人等措施来降低国有企业的比重、减少政府对经济的管制、降低税率；改革福利国家体制，降低福利支出在政府财政支出中的比重，等等，国家制度在一定程度上重新向自由市场方向转变。

政府预算的缩减，给游憩空间与设施的建设方式带来了巨大影响，许多地区甚至难以维持当时的公共空间数量。"纽约就是一个突出的例子，它拥有26 000英亩的公园，在这段时期（70年代中期）它的维护员工缩减了将近一半。随着维护能力的削弱，公园对不合理使用情况变得无能为力，公众开始避而远之"③。于是，在一些城市中，人们的重要交往和游憩空间被转移到了大型的购物中心（Shopping Malls）和一些"私有的"公共空间（如：位于城市中心区的公司广场）中；原先将游憩场所视为"公共产品"的认识也开始发生转变，游憩空间的建设和发展必须谋求新的出路。

5.4.1.2　游憩经营与多元化目标

回过头来再看这段时期的游憩发展。虽然二战之后、尤其在70年代之后西方国家遇到了诸多的问题，但从整体上看，由于技术的不断进步，多数国家的

---

① 政府对经济社会运作过程的各种规制降低社会的活力和效率的原因在于：福利国家的建设降低了国民财富中用于投资的那部分财富的比重，也降低了社会成员为生存而努力的积极性。通过劳资双方有组织的谈判来确定工资增长率，也是对企业自主权的一个很大限制，使企业家不能根据企业的生产、销售状况随行就市地对人力、物力和财力资源进行最有效的配置。从整个社会来看，市场经济自由运作的条件有所破坏。不仅造成了不同企业之间工资增长率和价格变化率的拉平化趋势，而且还造成了"能上不能下"的刚性的工资结构和价格结构，使产品成本日益上升，最后导致的结果就是使企业在国际市场上的竞争能力逐步下降。
以上引用自：谢立中．构建和谐社会 发达国家的启示．
http：//theory. people. com. cn/GB/40536/3257146. html.

② 本段参考并引用自：谢立中．构建和谐社会 发达国家的启示．
http：//theory. people. com. cn/GB/40536/3257146. html.

③ 张翰卿 编译．美国城市公共空间的发展历史．规划师．2005，2（21）：111－114

经济保持了增长的势头。1960～1970年代，西方社会“普遍进入了‘丰裕社会’阶段，生产水平提高、产品空前丰富都刺激了巨大的消费市场的形成，这时候人们更多地希望能够领略日新月异的生活，对于心理满足的要求日益强烈”①，这样的情况使得人们的游憩活动观念发生了巨大的改变，强调特殊体验的新兴游憩类型得到发展，一些商业性的游憩方式，如：主题公园，开始出现并迅速普及。“1955年洛杉矶的迪斯尼公园落成，成为了新兴娱乐方式和主题公园建设的新起点。到1970年代，美国主题公园的建设规模开始向大型的娱乐项目发展。……在1955～1974年这短短的20年时间里，美国就拥有了900多座主题公园，每年平均接待游客4.7亿人次，获得经济收益1.5亿美元”②。游憩娱乐以一种新兴的产业姿态表现出巨大的潜力来。

这样，当政府投入大幅度降低的时候，游憩便不再被视为一个纯粹的“福利”和“公共产品”，它很自然地被寄托了许多经济方面的希望。人们看到：通过对游憩资源和设施的良好经营，可以以一种更好的市场方式来为人们提供便利、增加人们的游憩机会，同时，它自身的经济效益，还能够在良好的经营条件下帮助解决就业问题，削减公共开支、吸引投资并促进城市经济效率的提高。因此，和其他产业一样，“企业式经营（Enterprise）”成为了这个时期游憩发展中的关键词汇③，**国家游憩政策开始表现出更综合的目标倾向。它已经不仅仅是需要城市建设来满足的一项功能，同时也成为了发展经济、增加收入、解决就业重要资源。**

5.4.2 经济社会深刻转型，城市理论重新反思

除了上文中论及的诸多背景之外，20世纪60年代之后，随着经济发展阶段、产业结构、人们需求和国际形势的变化，西方的社会产生了深刻的转型。“科技的进步不断带来社会的‘繁荣’，然而‘繁荣’的背后也深藏了危机”，20世纪70年代以后，“发达资本主义国家遇到了石油危机、通货膨胀、收支不平衡、失业等等问题”，进入了一种“危机的‘病态时期’”④。“社会生活的各个领域变化节奏加快、冲突加剧、不确定性增强，西方资本主义社会矛盾异常复杂”，“这种局面造成西方社会人群中普遍产生了愤怒、抗议、恐惧、悲观甚至是绝望的心理，同时也引发了西方思想家们对人、对社会、对未来的深切关

---

① 张京祥．西方城市规划思想史纲．南京：东南大学出版社，2005.178

② 陈晓彤．传承·整合与嬗变——美国景观设计发展研究．南京：东南大学出版社，2005.282

③ J. Spink, Ian P. Henry. Planning for leisure: The commercial and public sectors. Henry, I. (ed.). Management and planning in the leisure industries. Hampshire, UK: Macmillan. 1990.

④ 刘先觉．现代建筑理论：建筑结合人文科学自然科学与技术科学的新成就．北京：中国建筑工业出版社，1999.213

注和认真思考”①。在这个时期中，人们的思想和意识激烈交锋，对于城市的认识和对规划的看法也在批判和反思中转化、发展。相关理论与流派众多，形成了城市理论和与游憩相关的思想发展的新的高峰。

5.4.2.1　批判的声音

现代主义的思想在二战后到1960年代末的战后重建和快速发展中发挥了积极的作用，但是，由于采用了物质规划为主的思想路线，最终创造出的却是一个个缺乏情感现代主义的混凝土森林。“人类的生活越来越都市化，越来越多的人口居住在城市，而城市规划却没有能够提供一个温馨、自然的环境，反而造成了各方面的消极性问题”②。在1960年代之后，越来越多的人开始对现代主义进行批判与反思。简·雅各布斯(Jane Jacobs）的《美国大城市的生与死(The Death and Life of Great American Cities)》和克里斯托弗·亚历山大(C. Alexander）的《城市不是树》是其中的典型代表。

1961年，简·雅各布斯所著的《美国大城市的生与死》在社会上引起了轰动，对传统的城市规划理念与理想主义的思想进行了深刻的批判。她一针见血地指出：现代主义的建设和分区规划方式对城市的多样性造成了巨大的破坏。而所谓功能纯化的地区如中心商业区、市郊住宅区和文化密集区，实际都是“机能不良”的地区。雅各布斯认为，**“多样性是大城市的天性”**(Diversity is nature to big cities)**，因此，无论从经济还是社会角度来看，城市都需要尽可能错综复杂并且相互支持功用的多样性来满足人们的生活需求。**《美国大城市的生与死》对美国城市战后对旧街区的大规模改造进行了尖锐的批判，认为：大规模改造计划缺少弹性和选择性，排斥中小商业，必然会对城市的多样性产生破坏，是一种“天生浪费的方式”，它“只能使建筑师们血液澎湃，使政客、地产商们血液澎湃，而广大普通居民则总是成为牺牲品”，主张“资金使用的方式应该转化成城市再生的手段，从造成剧烈的、迅猛的变化转化成持续的、渐次的、复杂的和温和的变化”③。

1965年，美国学者克里斯托弗·亚历山大(C. Alexander）发表了他著名的文章《城市不是树》。在文章中，亚历山大把由历史积淀而形成的城市称为自然的城市，而将由设计者与城市规划学者着意创造的城市，称为人造城市。人造城市多以树那样的层级方式组织，而自然城市却以一种更为复杂、自然而精细的半格结构而发展延伸。“人们越来越充分地认识到，‘在人造城市’中总缺少着某些必不可少的成分。同那些充满生活情趣的古城（‘自然城市’）相比，我们现代认为地创建城市的尝试，从人性的观点而言是完全失败的”。树形结构的等级秩序破坏了城市活动必要的联系和交叠，无视生活的复

① 张京祥．西方城市规划思想史纲．南京：东南大学出版社，2005. 174

② 张京祥．西方城市规划思想史纲．南京：东南大学出版社，2005. 183

③ ［加拿大］简·雅格布斯. 美国大城市的生与死．金衡山 译．南京：译林出版社，2005. 353

杂性、多样性、交融性和随机性，使人们失去了在传统城市中可体验到的生动、丰富、愉悦的感受。因此，“对人的思维而言，树是进行复杂思考时最容易的工具。但城市不是、不能而且绝对不可以是一棵树”①。——此外，亚历山大也对早期邻里思想进行了批判，指出“从社会角度看，邻里单位的整个思想是谬误的，因为不同的居民对于地方性的服务设施有不同的需要，因此挑选的原则是至关重要的，规划师应该把再现这种多样性和自由的选择作为目标”②。早期完全依靠“指标体系”来指导游憩场地与设施建设的方式受到了置疑。

5.4.2.2 系统分析方法与理性主义的高峰

尽管后现代主义向现代主义发起了猛烈的攻势，但现代主义并未就此衰败下去。1960年后，随着系统论、信息论、控制论③三门学科（“老三论”）得到了重大发展，对自然和社会科学的各个领域发展都产生了广泛的影响，现代主义的规划理论也因此有了很大的变化。当系统分析方法的运用到城市规划上，城市被视为“一个多种流动、相互关联、由经济和社会活动所组成的大系统”④，而规划的实质也就变为了对系统的分析（Analysis）、控制（Control）和监控（Monitor）⑤。

系统分析方法的建立，使理性主义规划思想达到了一个新的高峰。受其影响，原来纯粹注重物质形态规划的功能理性思想发生了深刻的变化。彼得·霍尔对此专门指出：“在1960到1970短短的10年间，物质性规划学科的变化比以往100年，甚至1 000年的变化都要大。它从依靠个人对城市所具有的、不完善的一堆知识的一门手艺，变为了看上去更为科学的一种行为，其中，大量的准确的信息被收集起来，采用某种特定的步骤进行加工，规划师可据此设计出

---

① ［美］C. 亚历山大．城市并非树形．严小婴 译，汪坦 校．建筑师．1985（24）：206－224

② 张京祥．西方城市规划思想史纲．南京：东南大学出版社，2005. 137－138

③ 注：

系统论由美籍奥地利生物学家L·V·贝塔朗菲提出。系统论有三个原则：第一，系统的观点，是有机整体性的原则；第二，动态的观点，认为生命是有组织的开放系统，也就是自组织的原则；第三，组织等级观点，认为事物之间存在着不同的组织等级和层次，各自的组织能力不同。

信息论主要是研究信息本质的科学，研究如何运用数学理论描述和度量信息的方法以及传递、处理信息的基本原理。

控制论是研究各种系统的控制和调节的一般规律科学，其主要方法是信息方法、黑箱方法和功能模拟法。

以上引用自：张京祥．西方城市规划思想史纲．南京：东南大学出版社，2005. 150

④ 张京祥．西方城市规划思想史纲．南京：东南大学出版社，2005. 151

⑤ Nigel Tavlor. Urban Planning Theory Since 1945. London：SAGE Publications. 1998.

Hall，Peter Geoffrey. Cities of Tomorrow：An Intellectual History of Urban Planning and Design in the Twentieth Century. Oxford：Basil Blackwell Ltd. 1998：327.

引导与控制的敏感的体系，其结果可以被监测，并在需要的情况下也能够进行修改”①。

系统分析方法给现代主义的理性规划带来了显著的变化，相比原有的规划模式，采用系统分析的规划中更融合了对城市的复杂性的认识，在规划的方法上，**“系统规划思想强调将城市规划看成一个动态的适应性调整过程，因此应该由过去终极式的蓝图编制转变为过程型的规划”**②，规划开始从空间向方法转移，“运用系统方法研究各个要素的现状、发展变化与构成关系，改变了过去以‘城市设计’为导向的城市物质形态规划的主导地位，强调理性的分析、结构的控制和系统的战略”③，规划由此从分解走向综合的“系统分析时代”。在此基础上，“城市规划师也由原来的‘设计师’定位转变为‘科学系统分析者’的角色，采用综合预测办法，建立数学模型，运用计算机来模拟城市某系统的变化规律，以解决‘量化’的问题”③。

系统规划，将城市规划拉出了编制繁琐的、无所不包的综合规划（Comprehensive Planning）的困境。1968 年的英国《城乡规划法》在此基础上对城市规划做出了新规定，“要求以结构规划（Structure Plan）和地方规划（Local Plan）取代原来的发展规划、总体规划和详细规划，使得城市规划更具弹性、适应性和预测性。以城市多种可能的发展方案来适应城市未来的发展要求，使城市规划在整体上成为城市社会系统协同作用的基础和依据，在微观层次上又能揭示该系统各组成要素间相互作用的途径和结果”③。

但是，对于具有复杂社会文化问题的城市来说，想用纯自然科学的办法来加强规划，并不能达到完全解决问题的目的。到 1970 年代后，这种系统分析的理性思想遭到了挑战。随着科学认识领域的协同论、耗散结构论和突变论④这“新三论”的产生和发展，规划思想再次面临了新的转折。

5.4.2.3　后现代主义的崛起

伴随着对现代主义割裂历史、无视人的感受和地域特征的批判与讨伐，“后现代主义”发展成为了一支具有重要影响力的设计与规划思潮。注重社会文化考虑的“后现代城市规划”从功能理性的现代城市规划转变而来，将“人本”

---

① Hall，Peter Geoffrey. Cities of Tomorrow：An Intellectual History of Urban Planning and Design in the Twentieth Century. Oxford：Basil Blackwell Ltd. 1998：327.

② 张京祥．西方城市规划思想史纲．南京：东南大学出版社，2005. 152

③ 仇保兴．19 世纪以来西方城市规划理论演变的六次转折．规划师．2003（11）：5－10

④ 协同论是 1973 年德国物理学家哈肯首先创立的，主要研究开放系统普遍存在的有序和无序及其转化规律。

耗散结构论是 1969 年由比利时学者普里高津提出的关于非平衡系统的自组织理论，主要研究耗散结构性质以及它的形成、稳定和演变规律。

突变论 1972 年由法国数学家托姆提出，作为一门新兴的数学分支，突变论从微分拓扑学的角度研究那些连续的作用如何导致不连续的突变问题。

以上引用自：张京祥．西方城市规划思想史纲．南京：东南大学出版社，2005. 177

作为规划思想的核心，成为了“城市规划的两次根本转型”① 之一。

1966 年，罗伯特·文丘里(Robert Venturi) 发表《建筑的复杂性与矛盾性(Complexity and Contradiction in Architecture)》，成为建筑学科“后现代主义”诞生的标志。文丘里树立起对现代主义反叛的旗帜，以复杂性和矛盾性针对简洁性：意义的丰盛胜于简明，杂乱有活力胜于明显的统一②。一石激起千层浪，1972 年，当现代主义的代表作品、由山崎实（Yamasaki）设计的曾获 AIA 奖的帕鲁伊特伊戈公寓群（PruittIgoe Multsitory Housing Complex）因为引发了严重的社会问题，被市政当局认为不适合居住、易滋生犯罪而被炸毁之时，英国著名查尔斯·詹克斯(Charles Jencks) 更是在其《后现代建筑语言（The Language of Post - Modern Architecture)》中危言耸听地宣布了“现代主义在 1972 年 3 月 15 日下午 3:32 分死亡”③（图 5 - 20）。虽然这些炮轰并没有最终使得现代主义真正消失，但从城市规划的思想来看，后现代主义的产生使得人们的观念发生了很大的转型。人们发现：**如果没有良好的社会环境，即便有了阳光、空气和绿地，生活依然无法令人满意**。这样，在新旧思想的交锋中，规划向前迈进了重要的一步。

对比现代主义相关特征④，桑德库克（L. Sandercock）提出了后现代主义规划五项新原则⑤：

（1）社会公正（Social Justice）：社会公正与市场效应（Outcome）同等重要，而且不公正和不平等需要广泛定义，不限于物质范畴和经济范畴；

（2）不同性质的政治团体对一个问题的界定要通过不同政治团体之间的讨论达到共识；

（3）公民性（Citizenship），建立包容性道德观（Ethic）；

（4）社区的理想（The Idea of Community），去除传统社区的概念，代之以基于“我”的多重界面的多重性质的社区概念。由自下而上的社区治理方式取

---

① 张京祥．西方城市规划思想史纲．南京：东南大学出版社，2005. 183

② ［美］罗伯特·文丘里. 建筑的复杂性与矛盾性．周卜颐 译．北京：中国水利水电出版社，2006

③ ［美］查尔斯·詹克斯. 后现代建筑语言．李大夏 摘译．北京：中国建筑工业出版社，1986

④ 桑德库克提出的现代主义五大特征为：
- 城市、区域规划与公共政策的理性相关；
- 当规划最具有综合性的时候，它是最有效的；
- 规划具有科学和艺术两重性，基于经验，它更强调科学性。规划的知识与技术立足于实证科学，在模式建立和数量分析上，都带有这种倾向性（Propensity）；
- 规划作为现代化进程的一部分它是由国家、政府导向未来的一个计划；
- 规划在“公共利益”层面上运作。规划师的教育赋予规划师能够判断什么是利益所在的特权，规划师提供一个中立性的公共意向。

以上引用自：张京祥．西方城市规划思想史纲．南京：东南大学出版社，2005. 189

⑤ 这五项原则引用自：张京祥．西方城市规划思想史纲．南京：东南大学出版社，2005. 189

代自上而下的国家意志的表达，从以国家政策导向为主转向“以人为中心”的城市规划；

图5-20 “现代主义的死亡”——炸毁 PruittIgoe 公寓①

（5）从公共利益走向市民文化（From Public Interest to Civic Culture）。规划师理解的公共利益与实际的公共利益有差异，经济力量已经把社会分化，公共利益应该走向更多元化和更加开放的“市民文化”。

在此基础上，后现代主义的视角和重心主要集中在这样的几个关键方面②：

（1）对规划中社会公正问题的关注；

（2）对社会多元性和复杂性的重视；

（3）人性化的城市设计理念；

（4）对城市制度的思考。

在后现代主义规划思潮的影响下，游憩空间规划的思想中开始越来越多地融入了对“城市生活”的思考，**“争取生活的意义”在很大程度上融入到城市公共空间和游憩设施的建设之中。而“提供多样性选择”在这个阶段中成为了游憩发展的重要思想。**

5.4.2.4 对公共空间的人性化全新解读

早在1950年代初，“Team 10”就曾经提出了“以人为核心”和“人际结合”的思想，“主张把社会生活引入到人们所创造的城市空间中去，……人类活动是决定城市形式的基本要素，城市形式必须由社会活动产生，提出以人

① 图片来源：左图：1955年的帕鲁伊特伊戈公寓群照片，http：//www.jahsonic.com/Modernism.html

右图：1972年7月，帕鲁伊特伊戈公寓被炸毁，www.defensiblespace.com /book/illustrations.htm

② 详见：张京祥．西方城市规划思想史纲．南京：东南大学出版社，2005.183-187. 此外，对后现代城市规划思想的特征和具体情况，见于该书188-192页，笔者在此不再细述。

类和谐关系来反映城市结构，从中得到对城市环境的认同感”①。开启了以人为本的空间研究的序幕，1960 年代以后，城市空间的研究上了一个新的台阶，对城市空间的许多基础研究著作陆续出版，更深入、更系统的研究使人们的认识有了一个质的飞跃，同时也推动了城市设计、尤其是城市公共空间规划设计的发展。

1960 年，凯文·林奇出版了《城市意象（The Image of the City）》一书，把环境心理学引进了城市空间的研究，林奇通过多年细心观察和研究，对波士顿、泽西城和洛杉矶 3 座城市进行了分析，将城市景观归纳为道路（path）、边界（edge）、区域（district）、节点（node）和标志物（landmark）五个要素。在林奇看来，人们正是通过这五个景观要素去辨认城市的风貌特征的，因此，城市设计不应再是建筑师或城市规划设计师的主观创作，而应是探索每座城市的自然和历史条件及其特色，并加以组织挖掘，使每座城市都有自己的特点（identity）。林奇对城市的意象认知来源于体验者的切身感受，而城市意象正是个人印象经过叠加而形成的公众意识。因此，在林奇看来，城市应该是有特征、各个组成因素结合关系明确、连续统一、让人理解和感知的，即应具有识别性（Identify）和意义（Meaning）②。

1975 年，日本芦原义信的《外部空间设计》一书将城市公共空间分为了积极空间和消极空间，通过量化的方式对外部空间尺度给人的感受进行了研究，并对公共空间的设计手法和空间秩序的建立提出了方法建议。芦原义信指出："所谓城市，是应该从社区到私密阶段的空间秩序连续组合而成的。……不论是什么情况，如果没有能与人相会的愉快环境，或是没有能保持独自安静的适当环境，城市生活都会变得毫无趣味”。由于设计考虑的主体是环境的使用者，而非设计者或决策者的喜好，因此，设计时要注重使用者的特性和需求，达到人性化的设计目标③。此外：

1961 年，英国建筑师戈登·库伦（Gordon Cullen）在其《城镇景观（Townscape）》一书中提出了视觉、场所以及包括色彩、质感、比例、风格、性质、个性与特色等元素是人们理解环境的要素，也是使城镇景观产生具有趣味性、戏剧性的途径④。

1971 年，丹麦城市设计师扬·盖尔（Jan Gehl）的《交往与空间》从人及活动对物质环境的要求这一角度来研究和评价城市公共空间的质量，详细分析了吸引人们到公共空间中散步、小憩、驻足、游戏，从而促成人们的社会交往的

---

① 黄亚平．城市空间理论与空间分析．南京：东南大学出版社，2002. 45

② ［美］凯文·林奇. 城市意象．方益萍，何晓军 译．北京：华夏出版社，2001

③ ［日］芦原义信．外部空间设计．尹培桐 译．北京：中国建筑工业出版社，1985

④ Gordon Cullen. The Concise Townscape. Oxford：the Architectural Press. 2000.

方法，提出了许多独到见解①。

1972 年，安东尼（Tugnutt Anthony）所著的《城镇景观创造：一种文脉的途径（Making Townscape：A Contextual Approach）》从城市文脉、建筑个性与感知方式三个方面讨论了城市景观的塑造方法②。

1975 年，奥地利罗伯·克里尔（Rob Krier）所著《城市空间》（Urban Space）抨击了城市分区方式的简单思想，对众多的欧洲广场进行了分析研究，归纳出城市公共空间的形态，给城市公共空间赋予了个性和特征③。

1975 年、1977 年和 1979 年，克里斯托弗·亚历山大出版了著名的模式语言理论三部著作：《俄勒冈实验》、《模式语言》和《建筑的永恒之路》，提出了他的“模式语言”的理论。

……

一时之间，对城市公共空间规划设计的研究理论层出不穷，为城市公共游憩空间的规划设计提供了重要参考。这一时期的理论中已经普遍开始关注空间的历史感、归属感、文化特征（图 5 - 21）。从此，**人们对城市公共空间的态度，由传统现代主义的傲慢姿态开始转化为关注人的切身感受与实际需求。**——空间成为了具有精神文化意义的“场所”。

5.4.2.5　城市更新

随着交通工具的改进和城市化的发展，在 1940 ~ 1950 年代，郊区化浪潮逐步在美国及许多西方国家蔓延，中产阶级和富于阶层的迁出使得原先繁荣的中心城区逐步衰败，引发了城市中生活环境恶化、治安不良等问题。二战后，西方国家普遍开展了政府主导的大规模城市更新（Urban Renewal）运动，试图以消灭低标准住宅、建造优良住宅来达到使城市中心恢复活力、振兴经济的目的。最初的城市更新运动建立在“现代主义”的思想基础上进行，采取的多是大规模推倒重建的方式。由于这种方式无视城市是一个有机的整体，是一段延续发展的历史记忆，结果造成了“更新地区无法与城市融为有机整体，新的社会隔离又随着重建更多地产生出来”④ 的困境。1960 年代以后，随着人们对这种简单、粗暴、大规模改造方式的抨击日益增多，抨击者包括了刘易斯·芒福德、简·雅格布斯、克·亚历山大等⑤。在这种情况下，西方国家的城市更新方式开始尝试采用更加综合的方式来进行。更新中开始注重城市物质空间和相关政策结合，以多种方法来“促进经济发展、提高人口素质、改善生活环境和居住条件、

① ［丹麦］扬·盖尔 交往与空间. 何人可 译. 北京：中国建筑工业出版社，2002

② Tugnutt Anthony. Making Townscape：A contextual approach to building in an urban setting, London. Mitchell. 1972

③ Rob Krier. Urban Space. New York：Rizzoli. 1979

④ 张京祥. 西方城市规划思想史纲. 南京：东南大学出版社，2005. 197

⑤ 详见：方可. 当代北京旧城更新——调查·研究·探索. 北京：建筑工业出版社，2000：99 - 103

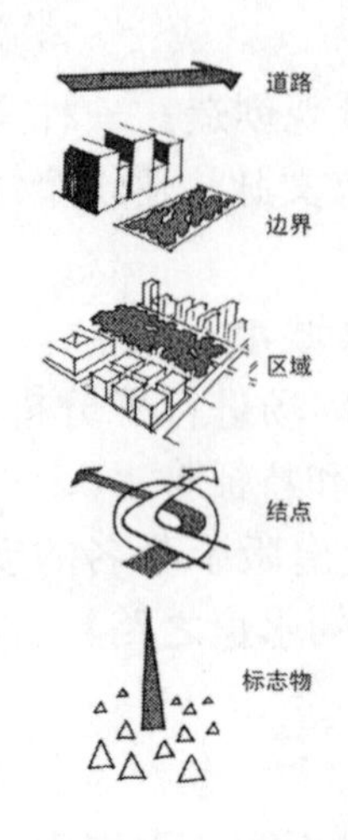

(*a*) 凯文 · 林奇的城市意象五要素

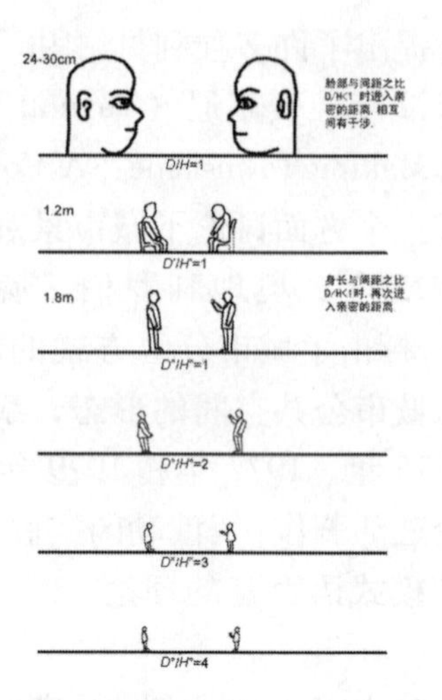

(*b*) 芦原义信对人的主观感觉与 D/H（距离/高度）的关系研究

(*c*) 戈登 · 库伦的城市空间序列分析

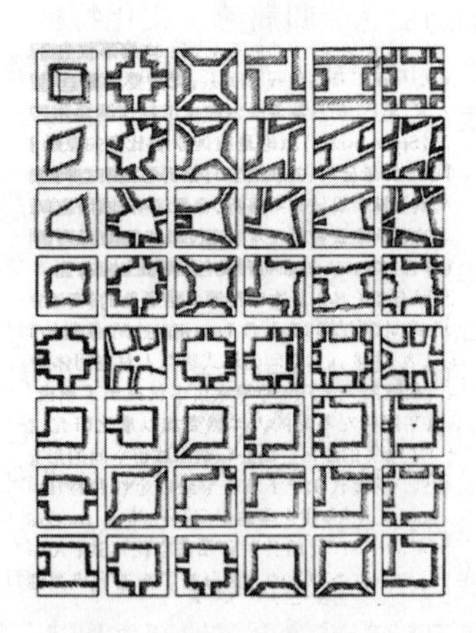

(*d*) 克里尔列举的欧洲广场形态

图 5-21　1960～1970 年代的公共空间研究①

为打开社会需求而开辟资源等等”。英国经济学家舒马克（Ernest Friedrich Schumacher）在 1973 年出版了《小的就是美的——考虑人的经济学（Small is Beautiful：Economicsas if People Mattered)》指出了大规模经济发展模式存在的问题，

① 图 5-21 来源：(*a*)：[美] 凯文 · 林奇. 城市意象 . 方益萍，何晓军 译 . 华夏出版社，2001.
(*b*)：[日] 芦原义信 . 外部空间设计 . 尹培桐 译 . 北京：中国建筑工业出版社，1985. 29.
(*c*)：Gordon Cullen. The Concise Townscape. Oxford：the Architectural Press. 2000.
(*d*)：Rob Krier. Urban Space. New York：Rizzoli. 1979.

"提出规划应当先'考虑人的需要'，主张在城市发展中采用'以人为尺度的生产方式'和'适宜技术'"①。1975年，亚历山大在《俄勒冈实验》中，对大规模改造采取了完全否定的态度。亚历山大认为：大规模改造"忽略和摧毁了城市历史环境中存在的诸多有价值的东西，不但不经济，而且导致了城市宜人环境的丧失"①。这些理论开启了小规模更新的序幕。1970年代以后，城市更新政策的重点由对贫民窟的清理转向社区邻里环境的综合整治和社区邻里活力的恢复振兴；城市更新规划由单纯的物质环境改善规划，转向社会规划、经济规划和物质环境规划相结合的综合性更新规划"②。至此，城市更新进入了一个从简单的大拆大建到综合的小规模更新的新阶段。

5.4.2.6　公众参与

规划中，"规划师和决策者与普通人一样，都具有自身的价值判断和独到的规划理念。什么样的人掌握了权力，有什么样的规划师，城市发展的模式和结果是不一样的。……人的观点影响着城市规划，……城市规划是一个充满价值判的政治决策过程"③。1960年代后期，西方社会面临的诸多矛盾使"规划的社会公正"问题倍受重视。人们认识到："在城市规划建设过程中，住宅和物质环境的建造只是全部工作的一小部分，更重要的是要建立广泛的规划公正制度"④。

当规划的重心越来越向城市社会问题和对策方向转移的时候，"社会公正"的思想成为了一个重要的支柱。规划师就不能将自己的思考凌驾于他人之上，而应当进行平等协商、沟通和谈判，为此，一系列强调公平的规划理念开始诞生⑤，而城市规划中的"公众参与"思想也蓬勃发展起来。1965年，英国首次

---

① 方可．当代北京旧城更新——调查·研究·探索．北京：建筑工业出版社，2000.101

② 张京祥．西方城市规划思想史纲．南京：东南大学出版社，2005.197

③ 仇保兴．19世纪以来西方城市规划理论演变的六次转折．规划师，2003（11）：5-10

④ 张京祥．西方城市规划思想史纲．南京：东南大学出版社，2005.202

⑤ 这些理念包括：

· 倡导性规划(Advocacy Planning)：追求制定规划过程的充分民主，突出为社会弱者的利益服务；

· 开放式规划(Permissive Planning)：强调在规划的过程中把社会的复杂性、多元性以及各种利弊暴露出来让不同的声音都被吸引，让不同的利益都得到考虑；

· 进步式规划(Progressive Planning)：侧重于怎样进行体制内改革怎样倡导一种新的专业主义，能够在体制内让规划追求一种民主的过程；

· 联络式规划(Communicative Planning)：在公众参与城市规划过程中，规划师最重要的技巧是"听"和"沟通"，组织不同利益代表者经交流协商达成共识；

· 行动性规划(Action Planning）弗里德曼（J. Fridmann）认为，通过公共决策和政策制订得出的方案并不能实际中得到很好的执行，应重视规划怎样才能很好地履行。规划师应该是这方面的管理者及"各种网络的缔造者"和联络者。

以上引用自：

张京祥．西方城市规划思想史纲．南京：东南大学出版社，2005.204

仇保兴．19世纪以来西方城市规划理论演变的六次转折．规划师，2003（11）：5-10

提出“公众应该参与规划全过程”的思想，要求规划体制将公众参与作为规划的手段。1968年，英国《城乡规划法》在将规划体系确定为战略规划、地方规划两个层次的时候，也同时要求将“为公众提供评议或置疑的机会”作为审批规划的前提①。1970年代之后，随着社会矛盾突出，公众参与更是成为了缓和社会矛盾的手段。

5.4.2.7 从《雅典宪章》到《马丘比丘宪章》②

鉴于《雅典宪章》出台之后世界城市化和城市规划过程中出现的新趋势、新问题，1977年12月，国际建协（IUA）在秘鲁利马（lima）召开了国际性的学术会议。与会者以《雅典宪章》为出发点，总结了近半个世纪以来尤其是二战以后的城市发展和城市规划思想、理论和方法的演变，展望进一步发展的方向，并在马丘比丘山的古文化遗址最后签署了《马丘比丘宪章》。

从总体思想上，《马丘比丘宪章》并不是对《雅典宪章》的否定和扬弃，而是对它的批判、继承与再发展。《马丘比丘宪章》专门申明：“雅典宪章仍然是这个时代的一项基本文件；它可以提高改进但不是要放弃它。雅典宪章提出的许多原理到今天还是有效的，它证明了建筑与规划的现代运动的生命力和连续性”。

从《雅典宪章》到《马丘比丘宪章》，城市规划思想经历了“从理性主义向社会文化主义思想基石的改变；从空间功能分割到城市系统整合思维方式的改变；从终极静态的思维观向过程循环的思维观改变；从精英规划观到公众规划观的改变”③。

《马丘比丘宪章》认为：“人的相互作用与交往是城市存在的基本根据，城市规划与住房设计必须反映这一现实。同样重要的目标是要争取获得生活的基本质量以及与自然环境的协调”。它批评《雅典宪章》的机械的功能分区破坏了城市的有机联系，“没有考虑城市居民的人与人之间的关系，结果使城市患了贫血症，在那些城市里建筑物成孤立的单元，否认了人类的活动要求流动的连续的空间这一事实”，看到了城市生活中人与人之间的交往要有一种“宽容和谅解的精神”，并指出：“在今天，规划、建筑和设计不应当把城市当作一系列的组成部分拼在一起来考虑，而必须努力去创造一个综合的，

---

① 张京祥．西方城市规划思想史纲．南京：东南大学出版社，2005.203

② 本段主要参考：

· 王宝君.从《雅典宪章》到《马丘比丘宪章》看城市规划理念的发展．中国科技信息，2005（8）：204，212.

· 张京祥.西方城市规划思想史纲．南京：东南大学出版社，2005.206－210

· 程方炎，贺雄．从人本主义到人本主义的理性化——雅典宪章与马丘比丘宪章的规划理念比较及其启示．城市研究，1998（3）：23－26

③ 张京祥．西方城市规划思想史纲．南京：东南大学出版社，2005.210

多功能的环境”，强调人本的、混合功能的、综合系统的规划思想。

《马丘比丘宪章》指出：“区域与城市规划是个动态过程,，不仅要包括规划的制定而且也要包括规划的实施。这一过程应当能适应城市这个有机体的物质和文化的不断变化”，因此要求“城市规划师与政策制定人必须把城市看作为在连续发展与变化的过程中的一个结构体系”。城市规划成为一种“不断模拟、实践、反馈、重新模拟……的不间断连续过程”①，通过动态的变化的规划，实现与城市系统动态变化的协调。

《马丘比丘宪章》摒弃了《雅典宪章》对规划师、专家等社会精英的主导作用的强调，对“规划师必须以专家所作的准确研究为依据”提出了反对的声音。它强调：“城市规划必须建立在各专业设计人员、城市居民以及公众和政治领导人之间的系统的不断的互相协作配合的基础上”，并“鼓励建筑使用者创造性地参与设计和施工”，提出“人民的建筑是没有建筑师的建筑”。

从《雅典宪章》到《马丘比丘宪章》，标志着城市规划“由单个城市走向区域；由单纯物质规划走向综合规划；由静态规划走向动态规划；由精英型规划走向公众参与”② 的转变，体现了更高更深刻的人本追求③。城市规划从此“不仅仅追求物质上的东西，而且追求文化上、精神上的东西，亦即人与物的亲和力——把人与人、人与社会、人与自然紧密地联系起来，更加注重人文内容的表达和追求，使科学、技术、规划更加智能化和人性化”④。

5.4.3 环境意识普遍树立，规划方法走向科学

对于生态与环境的规划而言，1960年代同样是一个具有重要意义的时期。在这个时期内，环境保护的思想逐步成熟，规划手段与方法得到了长足的进步，许多具有划时代意义的著作在此阶段内诞生。

5.4.3.1 《寂静的春天》

1962年，美国生物学家蕾切尔·卡逊(Rachel Carson) 出版了划时代的著作《寂静的春天（Silent Spring)》。这本书“犹如旷野中的一声呐喊，用它深切的

① 孙施文．城市规划哲学．北京：中国建筑工业出版社，1997

② 张京祥．西方城市规划思想史纲．南京：东南大学出版社，2005. 210

③ 注：根据程方炎、贺雄的“从人本主义到人本主义的理性化——雅典宪章与马丘比丘宪章的规划理念比较及其启示”一文的研究，《马丘比丘宪章》实质上体现了城市规划理念中传统的人本主义向理性的人本主义转变，反映出城市规划理论在认识和处理人与自然以及人与人之间关系上的突破。

以上引用自：程方炎，贺雄．从人本主义到人本主义的理性化——雅典宪章与马丘比丘宪章的规划理念比较及其启示．城市研究．1998（3）：23－26

④ 李龙生．“后”的设计．读书．1996（7）：84

感受、全面的研究和雄辩的论点改变了历史的进程”①，引发了整个现代环境保护运动。这部警示录通过深入调查、用确凿的证据对人类滥用杀虫剂而造成生物及人体受害的情况进行了抨击，对人类破坏环境而受到大自然惩罚的状态敲响了警钟。这本书的出版最终导致了美国政府农药政策的改变，并促成了美国第一个民间环境组织、以及1970年美国环境保护局的成立。美国各州相继通过立法来限制杀虫剂的使用，最终使剧毒杀虫剂停止了生产和使用，其中包括曾获得诺贝尔奖的DDT等。——对于西方国家而言，在此之前，大自然是一直被认为是人类征服与控制的对象。

5.4.3.2 《设计结合自然》

1969年，伊恩·麦克哈格（Ian L. McHarg）出版了他的《设计结合自然（Design with Nature）》一书，被视为城市环境生态学和景观生态学等相关学科的代表作。麦克哈格从多个方面解析人与自然的关系，清晰地揭示了景观规划会对环境产生的影响。麦克哈格对以前规划思想中错误的价值观进行了批判，他认为：“如果要创造一个人性化的城市，而不是一个窒息人类灵性的城市，我们须同时选择城市和自然，不能缺一。两者虽然不同，但互相依赖，两者同时能提高人类生存的条件和意义”。生态系统可以承受人类活动所带来的压力，但承受是有限度的。因此规划设计应当与自然相互协调。在《设计结合自然》中，麦克哈格把自然价值观带到城市设计中，将设计建立在了科学而非艺术的基础上，强调依靠全面的生态资料分析来获得合理的设计方案，并提出了对土地适用性加以分析、叠加自然与人文因子、以求得最适宜的土地使用的方法②（图5-22）。

5.4.3.3 环境廊道与环境资源分析

对于游憩规划的方法而言，另一个值得注意的理论来自菲利普·刘易斯（Philip Lewis）在1967年提出的环境资源分析法。

1964年刘易斯在编制威斯康星的一项远景规划时，对威斯康星220处重要的生态、休闲、文化及历史资源进行了相关研究，结果表明：这些资源中90%是沿着河流和主要水渠等廊道分布的。他在后来的规划经验也表明：一个地区具有重要历史和景观价值的资源有绝大多数都分布在包括水文、湿地以及特殊地形三种要素在内的“环境走廊”（Environmental Corridor）中。换句话说，环境走廊是该地区最具有游憩价值的空间。因此，只要采取措施将主要环境资源（Major Resources）中的水文、湿地、特殊地形三项要素加以合并，形成地理空间上线型带状分布的环境走廊，之后再将具有内在价值（Intrinsic Values）的自然资源与具有外在价值（Extrinsic Val-

① ［美］蕾切尔·卡逊. 寂静的春天. 吕瑞兰，李长生 译. 长春：吉林人民出版社，1997. 本句引用自美国副总统阿尔·戈尔为该书写的序言。

② ［美］I. L. 麦克哈格. 设计结合自然. 芮经纬 译. 北京：中国建筑工业出版社，1992

ues）的人文因素作为附加资源（Additional Resources），即可共同叠合成地区主要的游憩环境空间①（图5－23），这便是“环境资源分析法”。根据这个方法，可以比较容易地把握区域重要的生态资源和游憩空间。

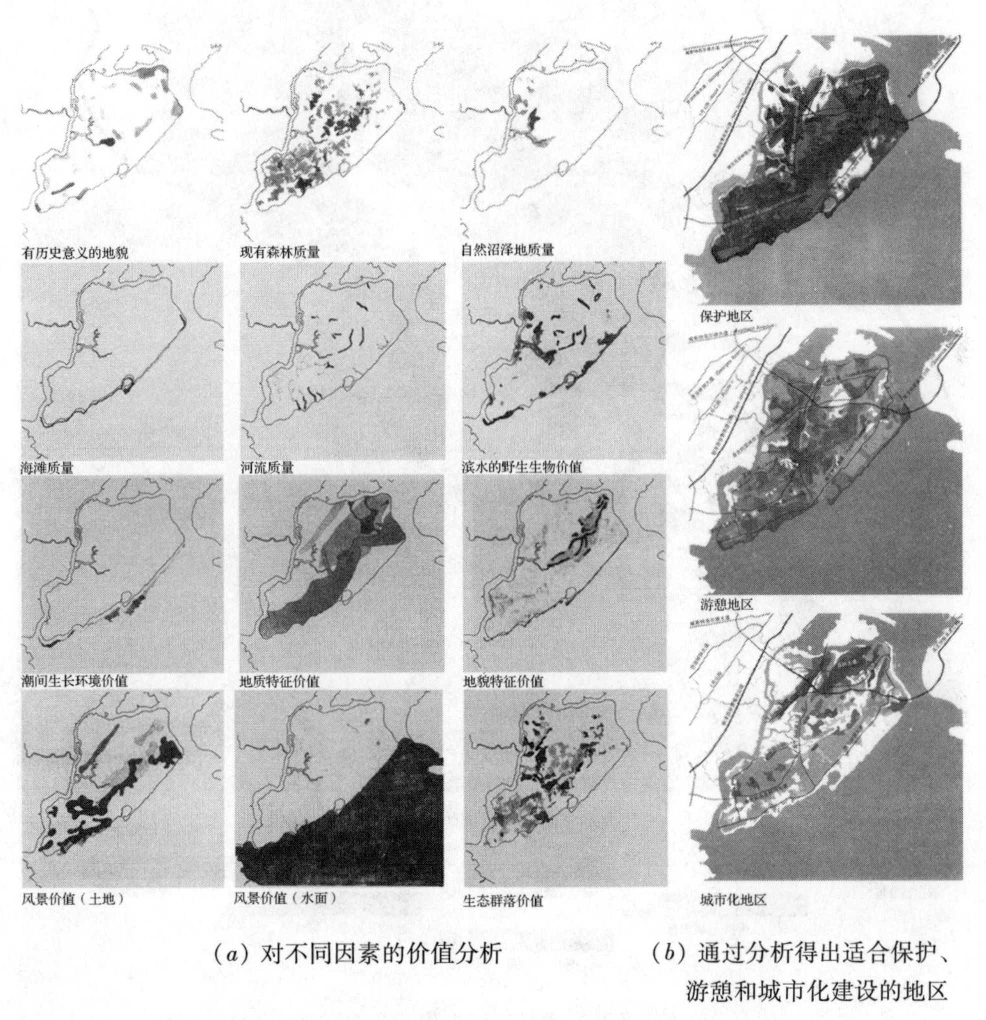

（*a*）对不同因素的价值分析　　（*b*）通过分析得出适合保护、游憩和城市化建设的地区

图5－22　麦克哈格通过多层生态景观元素叠合分析得到的科学布局图（一）

① Philip Lewis. Tomorrow by Design：A Regional Design Process for Sustainability. New York：John Wiley & Sons，1996.

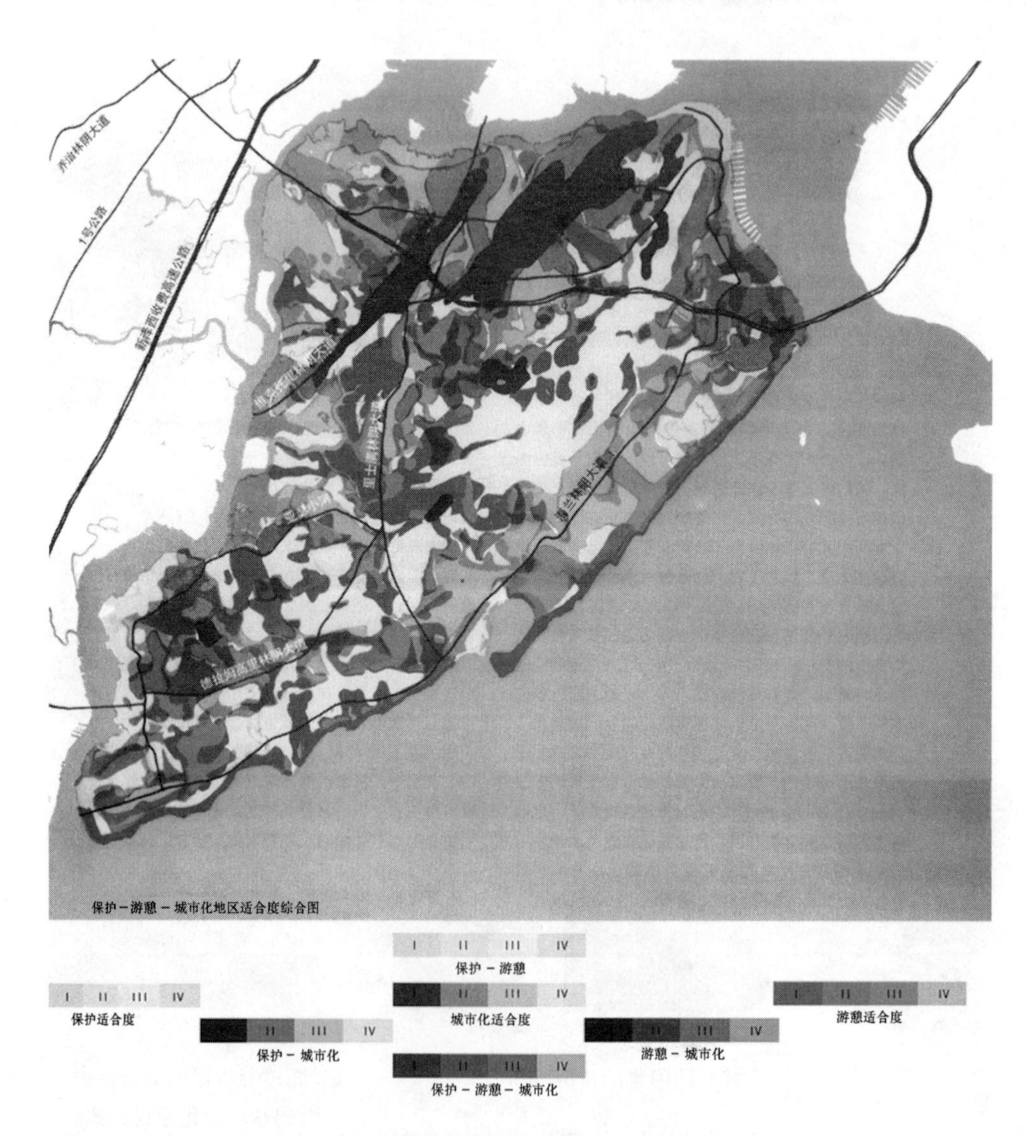

(*c*) 保护－游憩－城市化适合度综合

图5－22　麦克哈格通过多层生态景观元素叠合分析得到的科学布局图（二）①

---

① 图片来源：[美] 伊恩·伦诺克斯·麦克哈格. 设计结合自然. 芮经纬 译. 李哲 审校，天津：天津大学出版社. 2006. 133，134，136，137，139

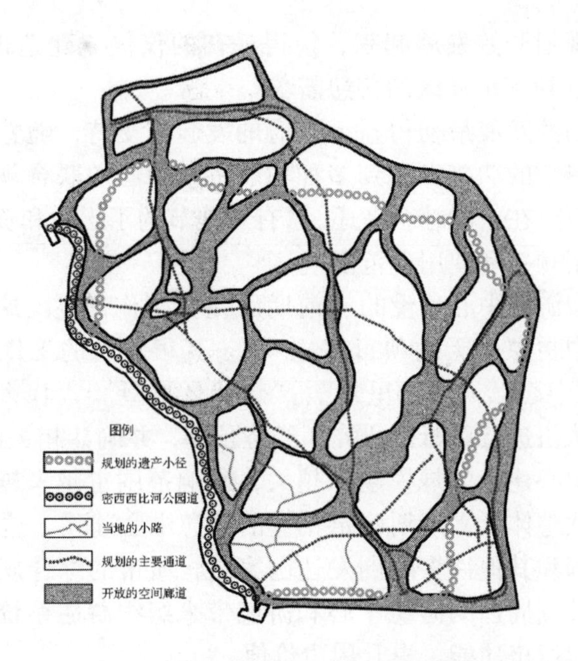

图5－23　刘易斯1964年威斯康星遗产廊道规划①

5.4.4　专项规划类型多样，需求调查全面开展

当游憩的综合效益越来越成为城市经济、社会、文化的重要影响因素之时，游憩也成为了城市发展中一个需要加以重视和利用的资源。在这个阶段中，人们在游憩规划的思想中都融合了许多更深层次的综合思考。本书开篇肯尼迪总统的这句话："如果无法理解和创造性地运用我们最伟大的资源之一——我们的休闲游憩，我们将无法维系民族的强大和繁荣"，正是在这个时期中提出的。为了有针对性地解决游憩发展中遇到的问题，一方面，城市的综合性规划中更加大了对游憩系统的考虑；另一方面，在原有融合在整体的城市规划中的、对游憩布局的相关综合性规划之外，一些具有针对性的专项规划开始出现，并逐步在发展中受到重视。游憩规划因此迈上了新的台阶。

5.4.4.1　游憩中心规划（Recreation Center Plan）②

1960～1985年，英国兴起了围绕休闲设施的"游憩中心运动"。游憩中心以提供运动场地为主要目的，并在1970年代发展迅猛。数量增加、规模扩大、类型多样的游憩中心建设的逐渐繁荣，使得人们意识到对其建设进行规划的必

① J. G. Fabos. Greenway planning in the United States：its origins and recent case studies. Landscape and Urban Planning，2004. 68（2/3）：321～342.

② 本段参考并引用自：吴志强，吴承照．城市旅游规划原理．北京：中国建筑工业出版社，2005. 73－74

要性，游憩中心规划开始发展起来，使得最初的仅仅“建造设施供人们使用”上升到“如何发现和满足社区的游憩需求”。

游憩中心规划的发展最初得益于政府的发起与支持，随着游憩功能的复杂化，规划由考虑单一的功能发展到多种功能游憩中心的联合规划。联合规划将多种游憩活动场所放在一起综合考虑，“有效地节约了土地和资金，极大地提高了游憩中心的使用频率和使用者范围”。

作为一种类似游憩中心建设的“前期研究”工作，英国这段时间内的游憩中心规划在操作中更象今天的项目“立项”。其很重要的工作内容包括了决定“为什么要建游憩中心”、“在哪里建”、“建什么类型”、“什么时候建”等决策性问题，并组织队伍进行可行性研究、经济预算，并确认相关的负责人选，等。但是，随着这些中心建设的规模越来越大，影响范围也越来越广，从城市的层面上看，有必要从整体上来规划确定相应的游憩中心建设。这样，1960 年代之后，在包括了英国和其他许多欧洲发达国家中，城市的综合规划中开始逐步重视通过建设城市及其周边的游憩中心和游憩带来组织游憩系统、满足人们的游憩服务需要、拓展城市功能、提升周边价值。

根据吴志强和吴承照的《城市旅游规划原理》：德国鲁尔在距离中心 20～30 km的环带内建了 6 个主要游憩中心；荷兰细部根据游憩需求研究确定的适宜游憩距离，特别设计了高容量的日游憩中心；1975 年巴黎区域规划对日游憩中心的开发制定了特别方案，并在同年在巴黎市中心 20～40 km 的范围内，用地规模在 8～40 km^2 之间规划了 12 个游憩中心，其中 3 个中心位于新城，加强新城的区域作用，增强其吸引力①。

对游憩中心的整体布局思考，标志着区域或城市综合规划中对游憩的考虑，已不仅仅只是绿地、公园，而开始真正关注城市的综合游憩功能。

5.4.4.2 户外游憩规划（Outdoor Recreation Plan）

随着城市闲暇需求结构发生变化，“传统公园已经不能适应大量游憩消遣活动的需求，游憩活动类型增加，除了公园以外，出现了大量其他的游憩设施如图书馆、游泳池、运动场、……野餐地、剧院和音乐厅等，游憩空间范围扩大，……游憩自发性逐步受到控制，向有组织有引导的方向发展”①。1960 年代之后，关注于人们游憩需求和游憩机会提供的西方国家户外游憩规划发展起来。

相比其他类型的规划（包括城市规划、开放空间规划、旅游规划），户外游憩规划的关注点更多地在于采用某些手段来达到满足大众日常游憩的需求。因此更强调：（1）游憩空间与场所的提供和相关土地储备的措施；（2）必要设

① 吴志强，吴承照．城市旅游规划原理．北京：中国建筑工业出版社，2005. 73－74

施的建立；（3）方便人们的使用的合理的布局和交通条件；（4）相关环境和资源的保护。

因为人们对游憩活动具有不同的偏好，因此，为更准确地掌握人们的需求及其发展趋势，更合理地配置相关的设施，户外游憩规划中多数采用了详细的需求调查方法。

1. 美国 SCORP 规划与 LWCF 基金

在美国，游憩专项规划的兴起得益于国家政策的支持。二战以后，游憩空间的建设“一度成为衡量一个政府是否有能力维持一个和谐民主的城市社会的标志”①。1958 年，美国成立了户外游憩资源管理委员会（Outdoor Recreation Resources Review Commission），开始进行大众游憩数据调查，对相关趋势、需求的数量、种类质量和交通条件进行研究；1962 年，内务部成立户外游憩管理局（Bureau of Outdoor Recreation），帮助各州政府、促进部门协作、协调各种规划；1962 年，成立游憩顾问委员会（the Recreation Advisory Council），包括农业部、内务部、国防部、健康教育和社会福利等部门的秘书长共同协商游憩事务；1963 年，美国白宫召开了以“自然之美（Natural Beauty）”为主题的白宫会议，强调游憩规划与发展中的原生景色；1964 年，通过郊野法（Wilderness Act）②。为美国各地游憩发展做出重要贡献的户外游憩规划正是在这样的条件下迅速发展起来的。

1958 年，公众健康意识的增长、对环境问题的日益关注和逐渐扩大的游憩空间需求促成了美国户外游憩资源管理委员会的成立。经过了 3 年的研究之后，这个委员会于 1961 年提交了一份报告，提议在全国范围内开展一个大规模的游憩运动（recreation program），希望国家与地方、政府与私人机构能够齐心协力，改善游憩的相关条件，让每个人都能够有获得户外游憩的机会。

这份 1961 年的报告建议③：

（1）国家应当建立一整套游憩政策来对相关资源进行合理的保护和发展、并为人们提供游憩利用的机会，让人们从中获得的愉悦，并保证这些资源的物质、文化和精神意义不受损害。

（2）与户外游憩资源管理的相关机构无论是公有还是私有，都应当采取相关的措施，从人们的需要出发，对可利用的游憩资源采取可能是最佳的利用方式。

---

① 陈晓彤．传承·整合与嬗变——美国景观设计发展研究．南京：东南大学出版社，2005. 277

② George H. Siehl. US Recreation Policies Since World War II. William C. Gartner, David W. Lime (Editor). Trends in Outdoor Recreation, Leisure and Tourism. USA: CABI Publishing, 2000. 91－109

③ 本部分相关资料来源：http://www.nps.gov/lwcf/

（3）每个州都应通过某个核心机构，来对户外游憩开展长期而且大范围的规划，为公众提供足够的游憩机会，在需要的地方获取更多的空间，并对精彩的自然场所加以保护。

（4）应当在内阁中为协调户外游憩建立一个中立的机构，通过协调政府计划、引导国家规划并帮助各级政府来调动全国的力量。

（5）为各州设立一个政府基金项目，来激励并协助它们来满足户外游憩的需求，追加联邦的游憩资产。

根据这项提议，1963年，美国通过了《游憩协调与发展法案（Recreation Coordination and Development Act）》，要求“为当代与后代子孙保留充足的户外游憩资源”，“为了美国人民的切身利益与愉悦，各级政府与相关私有机构……都应当采取及时而协调的行动……来保护、发展并使用这些资源”①。1964年，美国国会批准设立“土地与水资源保护基金（Land and Water Conservation Fund，简称LWCF）”来支持各州、各地方政府在规划、获取、发展并管理公园和开放空间的工作。作为拨款的一个前提条件，各州必须每5年进行一轮综合性的游憩规划——Statewide Comprehensive Outdoor Recreation Plan，简称SCORP规划。

因为土地的获取必须在地价上涨之前、或是土地被作为其他用途之前进行。在LWCF实施的头5年中，关注的重点主要在于规划和土地获取上，同时也必须对于人口密度极大的区域加以重视。LWCF是来自转让联邦财产、汽车燃料税、游憩设施使用者费用等途径，因此，具体的金额每年都会有波动（在一些特殊的情况下，如1982年、1996～1999年甚至分文未出），如图5－24所示。1980年代政府大幅度缩减预算的情况下，LWCF也受到了较大的影响，基金提供的额度下降。但是，对于美国的许多州来说，这个资金是唯一用来支持户外游憩活动项目的费用。因此，在经历了诸多波动之后，又重新在游憩发展中发挥起重要的作用来。**LWCF基金最大的贡献在国家的层面上保障了许多作为公共游憩之用的土地。根据相关的法律，无论是否有持续的政府资金支持，凡是由这项资金支持的公园区域都必须保持其公共公园的性质并永远作为游憩之用。**

在LWCF的支持下，美国各州开始着手编制SCORP规划。1965年，第一批SCORP规划出台，并在以后的时期内继续发展（关于SCORP的具体规划方法和案例见后文）。在SCORP规划的鼓舞下，美国许多地方、城市、甚至大学等机构也开始尝试采用这种户外游憩规划（Outdoor Recreation Plan）的形式，对本地的游憩资源、设施根据人们的需求进行规划，形成了不同层次的户外规划

① Digest of Federal Resource Laws of Interest to the U. S. Fish and Wildlife. Servicehttp：//www. fws. gov/laws/lawsdigest/lwcons. html

的专项规划。在此基础上，一些户外规划与生态、环境、水文等方面的保护规划相结合，又衍生出一些具有生态、历史文化保护意义的规划类型来。

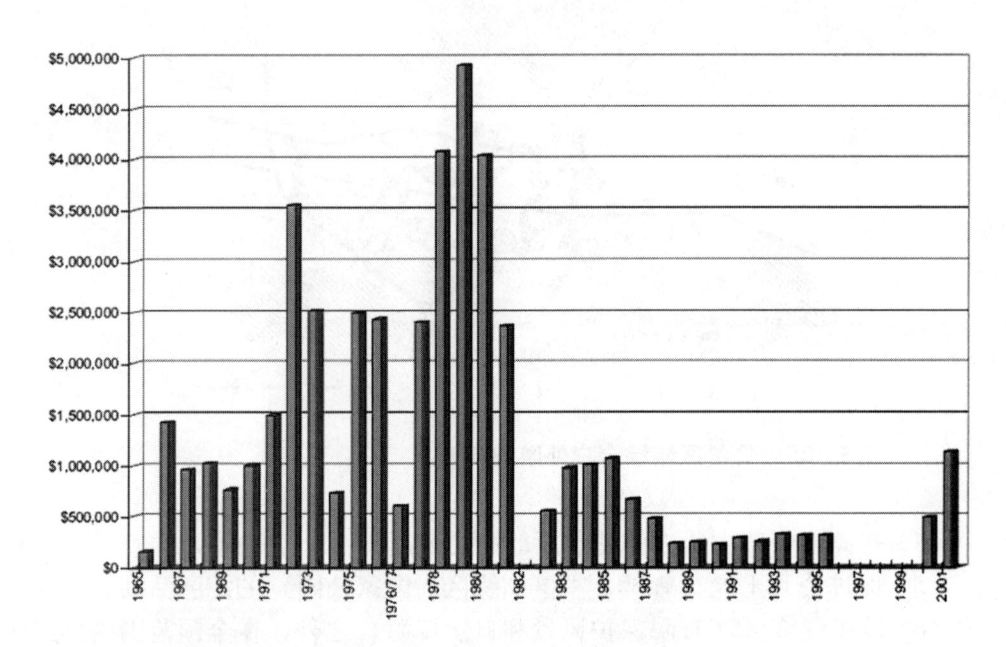

图 5-24　艾奥瓦州（Iowa State）所获得的 LWCF 基金变化①

2. 其他国家的户外游憩规划②

除了美国之外，在其他一些发达国家中也先后开始了户外游憩规划的尝试。例如：

1960 年代，德国鲁尔的区规划部门（the Siedlungs Verband Ruhrkohlenbezirk，简称 SVR）编制了一个综合户外游憩规划，提出对这个区域提出了建立完善的公路、步行道、自行车道的交通网络，将城镇与乡村、森林和一些分布各地的设施联系起来；建设与道路网络相联系的许多户外游憩中心，投合家庭休闲的需要（图 5-25）。

荷兰是世界上最早对户外游憩设施开发采取系统性规划政策的国家之一。1960 年代，荷兰完成了全国性的户外游憩结构规划，并每隔一段时间进行检测（图 5-26）。20 世纪 80 年代以来，政府对游憩发展树立了以下的目标：

（1）在拥有最大需求量的地区维护户外游憩空间的优先权；

（2）对于很少参与户外游憩活动的人群给予特别的关注；

---

① 图片来源：The Iowa Department of Natural Resources. 2001 Iowa SCORP，2001

② 本段参考并引用自：［英］曼纽尔·鲍德-博拉，弗雷德·劳森. 旅游与游憩规划设计手册. 唐子颖，吴必虎 等译校. 北京：中国建筑工业出版社，2004. 166

（3）开发一日游的目的地，使之尽可能与城镇和市中心相靠近；

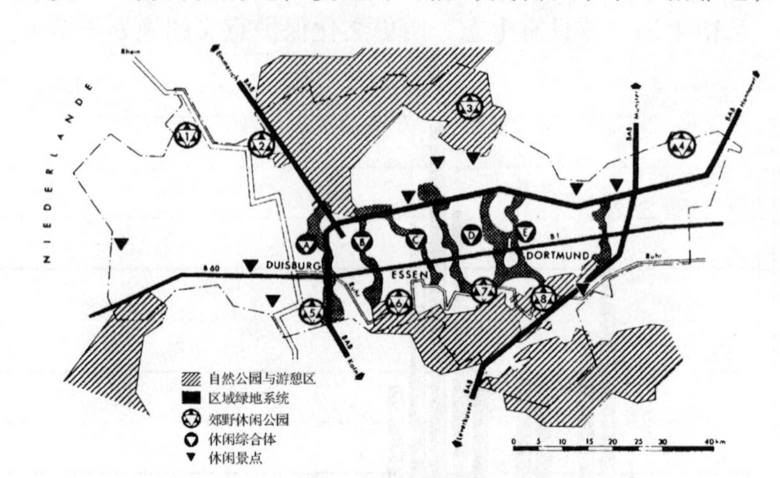

图 5－25 鲁尔区域综合户外游憩规划①

（4）提高面临较大压力的游憩区的利用强度；

（5）促进公共土地（森林、军事训练区、国家公园）的游憩活动；

（6）除了保育区（有限保护风景和自然资源）之外，在全国范围内推广居住区的游憩设施；

（7）将就有全国性意义的景观划分为不同类型，如多种野生动物、不同类型的乡村、历史或文化价值的地区。

对我国而言，荷兰的游憩发展目标同样值得我们今天的发展借鉴。

5.4.4.3 开放空间规划（Openspace Plan）

早期公园系统规划的思想在二战之后演变成为了“开放空间”体系的概念。1965 年，开放空间的思想得到了发展，从理论上，城市开放空间的建设需要将分散的地块，如小型公园、游戏场和城市广场等联系成一个系统②。这促成了开放空间规划的出现。相比起“线型公园路 + 块状公园”的公园系统方式，开放空间规划中开始渗透生态思想和“保护区域”的概念。这时候的开放空间规划，除了景观的道路和公园之外，还需要通过资源的生态分析，将需要保护的生态区域也确定为“开放空间”（关于开放空间的具体规划方法和案例见后文）。

5.4.4.4 旅游规划（Tourism Plan）

二战之后，随着西方国家经济社会的不断发展，旅游也逐渐成为人们日常

① 图片来源：［英］曼纽尔·鲍德－博拉，弗雷德·劳森. 旅游与游憩规划设计手册. 唐子颖，吴必虎 等译校. 北京：中国建筑工业出版社，2004. 104

② ［美］克莱尔·库珀·马库斯，卡罗琳·弗朗西斯. 人性场所——城市开放空间设计导则（第二版）. 俞孔坚，孙鹏，王志芳 等译. 北京：中国建筑工业出版社，2001. 79

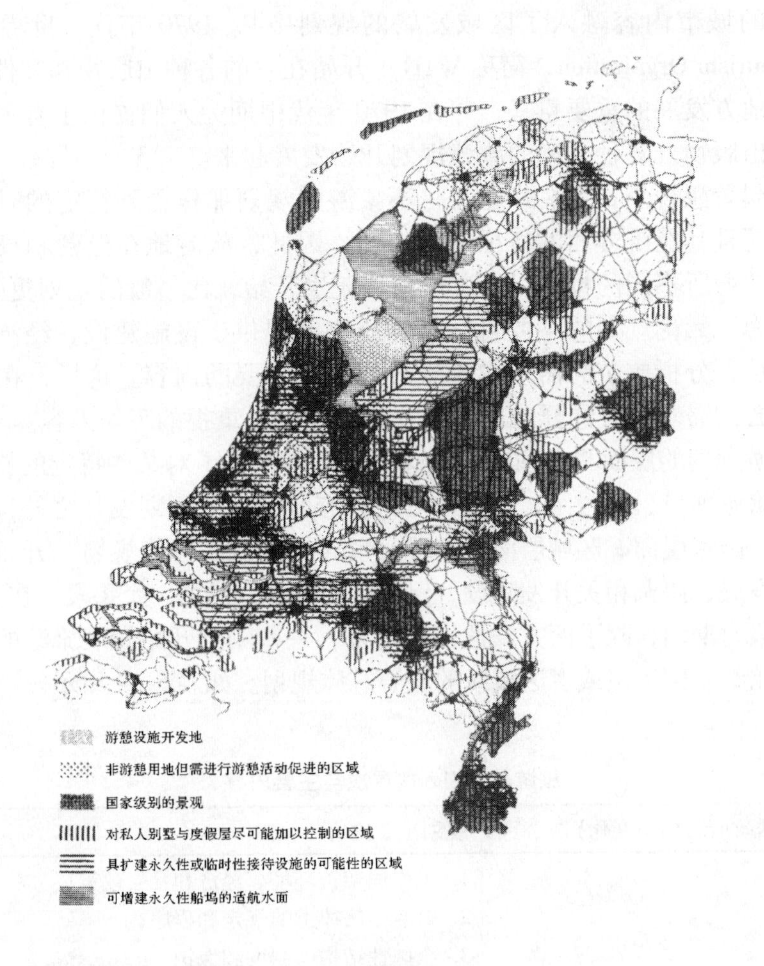

图5-26　荷兰户外游憩结构规划①

生活中重要的组成部分②。旅游“明显地将成为一种会同时带来效益与问题的社会经济活动，许多地区开始着手进行包括国家、区域、社区和旅游区层面在内的旅游规划”③，这对一些具有特殊风景资源的城市来说尤为重要。例如：夏威夷在其“1959年政府规划（1959 State Plan of Hawaii）”中，已经将旅游作为

① 图片来源：［英］曼纽尔·鲍德-博拉，弗雷德·劳森. 旅游与游憩规划设计手册. 唐子颖，吴必虎 等译校. 北京：中国建筑工业出版社，2004. 166

② 例如：国际旅游自1950年代起就表现出迅猛发展的势头，国际游客人数从1950年的2 500万，在1960年上升为6 900万，1970年16 000万。以上数据来源：Edward Inskeep. Tourism Planning：An Integrated and Sustainable Development Approach. New York：John Wiley & Sons. Inc. 1991：9.

③ Edward Inskeep. Tourism Planning：An Integrated and Sustainable Development Approach. New York：John Wiley & Sons. Inc. 1991. 9.

一个主要的城市内容融入了区域发展的规划中①。1970 年代，世界旅游组织（World Tourism Orgnization，简称 WTO）开始在它的各种出版物和文件中宣传旅游规划对地方发展的重要意义，并在 1970 年代中期为人们提供了有关综合性旅游规划的出版物。各种类型的旅游规划开始发展起来。

相比起游憩规划，“旅游规划”不象游憩规划那样受到特定的时间和距离的限制，而且其经济方面的特征更为强烈，因此，旅游地在经营和投资时候具有与日常游憩所不同的特点。旅游规划从诞生开始就比一般的规划更强调市场、强调吸引力。无论规划的主要目标是物质空间提供、设施建设、经济收益、还是环境保护，分析旅游的需求成为旅游规划中必要的内容。这样，在旅游规划中，对旅游的需求调查同样也成为了一项应当加以重视的工作内容。

从旅游规划的层面和类型来看，这段时期中，除了对某些特定的旅游区、旅游设施、旅游项目、度假区、综合体等进行有针对性的规划设计之外，在更高的层面，如：国家层面、区域层面上，政府主导的“旅游总体规划”开始成为引导整体旅游发展、协调相关开发建设、保护重要旅游资源的一个手段。在 WTO 的推动下，这段时期内，除了西方发达国家之外，一些刚刚开始发展旅游的发展中国家，也开始编制国家级或者区域级的旅游总体规划。如表 5－4 所示。

旅游总体规划的层次与主要内容② **表 5－4**

层次（根据政府结构而变化）	规划主要内容
国家级	1. 工作框架，环境、经济和社会政策； 2. 财政、法律上的规定和程序； 3. 全国性结构、制度和保护
区域级	1. 发展战略、区域结构规划； 2. 环境保护、文化保护区； 3. 区域基础设施，交通和旅游
地方级（私有或公共部门组织）	1. 地方开发规划、布局与保护措施； 2. 土地利用的分区、密度、开发条件； 3. 政策的协调和实施
具体项目	1. 市场和财政评估，投资组织； 2. 场地的获得、设施规划和建设； 3. 开发要求与经营要求之间的协调

① Edward Inskeep. Tourism Planning: An Integrated and Sustainable Development Approach. New York: John Wiley & Sons. Inc. 1991. 9.

② 表格来源：［英］曼纽尔·鲍德－博拉，弗雷德·劳森. 旅游与游憩规划设计手册. 唐子颖，吴必虎 等译校. 北京：中国建筑工业出版社，2004. 104

根据世界旅游组织的建议，对旅游开发进行总体规划的目的在于①：

（1）为旅游开发制定（短期或长期）目标，方针和实施步骤；

（2）把旅游开发纳入整体发展计划和政策中，以便加强旅游业与其他部门的联系；

（3）对各种要素的开发进行协调，以形成目的地、旅游设施、服务和不同旅游市场之间的良性关系；

（4）充分发挥与平衡旅游的经济、环境和社会效益，避免三者关系有失偏颇；

（5）对重点地段旅游开发的详细规划制定准则、步骤和标准；

（6）建立行政、法规和财政体系，使旅游开发政策和规划能够有效地执行；

（7）确保有效措施的实施，从而更好地管理、保护和维持旅游资源的吸引力；

（8）为协调旅游业投资过程中的公众和使人利益提供工作框架；

（9）制定开发程序，不断监控旅游开发的进展情况，并且能够进行必要的改进或修正。

法国 Languedoc - Roussillon 的规划是最早进行的区域旅游规划案例之一。1963年，法国建立了一个跨部委的委员会，对这片区域编制区域开发规划和6个主要旅游度假区的总体规划。这片原本人迹罕至的区域，通过国家的财政的直接投资，发展了10多座游船码头，建设了相关的道路，并进行了环境整治。各度假区的基础设施建设由非赢利的联合证券公司负责，经批准向政府主要信贷部门贷款修建，并通过土地出让方式来修建实际需要的度假设施。成为大规模综合项目的一种国际模式。如图5-27所示。

5.4.5 休闲研究逐步深入，闲暇教育再上台阶

随着游憩越来越成为人们生活中不可或缺的内容、对国家和社会的发展具有越来越强的影响力，休闲研究在这一时期中也得到了迅速的发展，大量的理

① 引用自：［英］曼纽尔·鲍德-博拉，弗雷德·劳森. 旅游与游憩规划设计手册. 唐子颖，吴必虎 等译校. 北京：中国建筑工业出版社，2004. 104

论和著述在20世纪60年代初出现，并在20世纪80年代中走向成熟①，从不同的视角和重点对人们的休闲进行剖析——尤其在休闲哲学、休闲社会学和休闲的文化学方面，建立起了休闲学科的框架。

与此同时，二战后的闲暇教育也迈上了一个新的台阶。1960年代，社会科学方面出现了"后工业社会"，"信息社会"，"福利社会"等形形色色的理论。教育的外延日益拓展，生涯教育、户外教育、环境教育等新的教育领域不断被开掘出来。闲暇教育再度得到发展与提高。20世纪60~70年代，教育的外延日益拓展，新的教育领域不断被开掘出来。闲暇教育因此得到发展与提高。关于闲暇教育的文章、论著和研究报告大量的出现，其理论逐渐成熟，发展走向了新的、操作性的阶段。

这段时期中美国闲暇教育的发展过程如下②：

1960年，美国《教育杂志》曾用一整期的版面专门讨论高校在闲暇教育中的作用。强调闲暇教育"必须是每一位教育者的任务，不论他从事的是哪一门学科的工作"。

1964年，查德·克劳斯(Richard Kraus）出版的《娱乐与学校》一书是迄今为止论述闲暇教育最全面最广博的著作，该书不仅提出了闲暇教育的具体目标，还涉及到了闲暇观念、闲暇知识、闲暇技能和闲暇行为。认为"闲暇教育工作是由数个社区办事机构共同承担、在各种不同的环境中进行的"；发展中需要注重闲暇训练的方法和闲暇教育的途径。应通过开设各种娱乐科目和活动，如：音乐、体育、舞蹈、绘画、游戏、娱乐、戏剧、各种体育活动、户外消遣

---

① 注：这段时期出版的休闲研究著作数量较多，以下摘录的是一些比较著名的书名，包括：
- Brightbill，Charles K. Man and Leisure：A Philosophy of Recreation. Englewood. Cliffs，New Jersey：Prentice Hall. 1961
- Sebastian de Grazia. Of Time Work and Leisure. New York：Twentieth Century Fund. 1962
- Dulles，Foster R. A History of Recreation：America Learns to Play（2nd ed）. New York：Appleton Century Crofts. 1965
- Johann Huizinga. Homo ludens：a study of the play - element in culture. Boston：Beacon Press. 1955
- Max Kaplan. Leisure in America：A Social Inquiry. New York：John Wiley and Sons，Inc. 1960
- Walter Kerr. The Decline of Pleasure. New York：Simon and Schuster. 1962
- Josef Pieper. Leisure：The Basis of Culture. New York：Random House. 1963
- Staffan Linder. The Harried Leisure Class. New York：Columbia University Press. 1970
- John R. Kelly. Freedome to be：A New Sociology of Leisure. New York：Macmillan Publishing. 1987

② 笔者根据：张洁. 美国闲暇教育的发展及启示：［硕士论文］. 河北：河北大学教育学系，2000. 9 - 12. 以及［美］J. 曼蒂 等. 闲暇教育理论与实践. 叶京 等译. 北京：春秋出版社，1989. 24 - 33. 整理

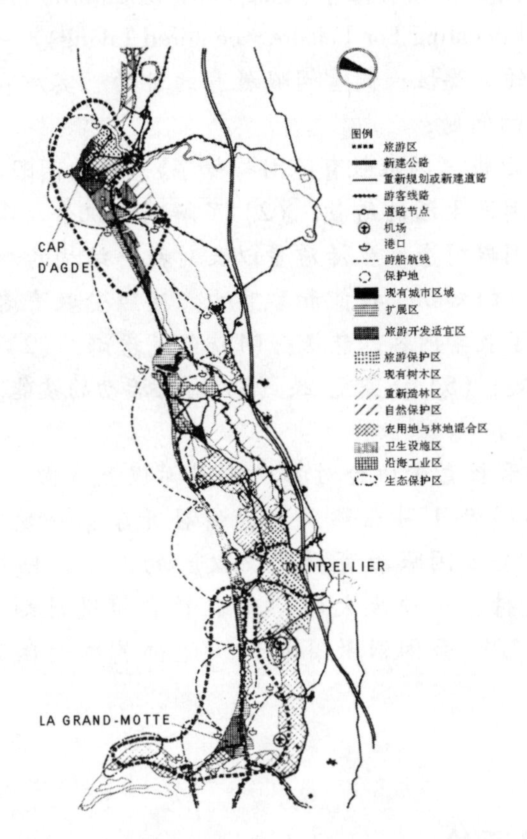

图 5－27　1963 年法国 Languedoc－Roussillon 区域旅游规划方案局部①

活动等，帮助大众掌握操持闲暇的技能。

1965 年，李伯曼（Lieberman）和西蒙（Simon）提出了确立闲暇价值观和闲暇生活方式在闲暇教育中的重要地位的思想，强调一个人闲暇生活质量的高低，取决于他们的闲暇价值观，而闲暇价值观的形成是一个长期的过程。因此，闲暇教育被视为一个完整的过程，在这一过程中，人们逐渐地理解自我、理解闲暇、认识闲暇与自己的生活方式及社会结构的关系，并在自己的生活中确定闲暇价值观和闲暇态度，掌握闲暇的基本技能。同年，麦登（Madden）为纽约地区助教师编写了闲暇教育指南，为把闲暇教育融汇到中等学校教学之中的教育工作者提供直接指导。该指南中设计了 148 项娱乐活动，为编写各种适合于大多数课程的闲暇学习单元教材奠定了基础。

① 图 5－27 来源：［英］曼纽尔·鲍德－博拉，弗雷德·劳森. 旅游与游憩规划设计手册. 唐子颖，吴必虎 等译校. 北京：中国建筑工业出版社，2004. 162（注：本图只包含了整个区域东段 2 个度假区的开发规划。）

1966年，查里斯·布赖特比尔(Charles K. Brightbill)出版了著名的《以闲暇为中心的教育（Educating For Leisure－centered Living)》一书，提出闲暇教育对人的情感和价值的重要性；侧重闲暇教育的目的、实质和意义，而不是明确具体的“如何做”的问题；

1970年，曼蒂出版《闲暇教育范围与程序》，提出闲暇教育的基本目的有4个：(1) 提高自己闲暇生活的质量；(2) 了解闲暇机会、闲暇的可能性和闲暇的要求；(3) 了解闲暇对个人生活质量以及对社会结构的影响；(4) 具备广泛开展闲暇活动所需要的知识、技能和鉴赏力。按照受教育者不同年龄阶段，从六个方面具体设计了教学内容，包括：(1) 自我意识；(2) 闲暇意识；(3) 闲暇态度；(4) 作决定；(5) 社会交往；(6) 闲暇活动的技能。6类目标中共包括107项具体的教学任务①。

全美公园和娱乐教育者协会对推动美国闲暇教育做出了重大贡献。在该协会的组织下，1975年1月在佛罗里达州召开了第一次美国的全国闲暇教育会议，拟定了《全国闲暇教育模式决议》的草案。1975年，该协会获得了一些基金会的支持，一项庞大的“闲暇教育推进计划”得到推行，在调查的基础上编制出了一套闲暇教育材料，使得美国的闲暇教育走向实际的操作阶段。

5.4.6 思考与评价

从二战后到1980年代，随着游憩在西方发达国家的高速发展、城市规划思想的巨大转折、游憩研究的逐步深入，游憩规划也得到了长足的进步。规划开始强调对生态、社会的综合思考，与“干预时期”相比，游憩由一个城市中应当具备的基本功能，向经济发展、生态保护的促进因素方向转变，游憩的综合效应得到了更多的重视和利用。

在游憩规划方面，这段时期的规划在思想和方法上产生了这样几个方面的明显进步：

(1) 除了为人们的游憩提供必要的场地和设施之外，游憩规划中融入了对经济收益、生态环境和社会文化的综合思考，对游憩发展的认识已经不简单限于物质层面。这个时期中，规划已经不再是单纯的“空间”思想模式，随着后现代规划思潮的兴起，游憩规划中也逐步渗透了多元化的思想，游憩的综合效应得到认识和利用。

---

① 详见：张洁．美国闲暇教育的发展及启示：［硕士论文］．河北：河北大学教育学系，2000.16－17

（2）公共空间的布局具有更加系统的理论基础和结构方式。随着公共空间理论的发展、生态思想的发展、游憩理论的发展和规划、管理技术的不断进步，公共空间开始建立在更为系统的理论基础和技术方法之上。表现出来的空间布局也改变了"景观道＋公园"的基础模式，而形成了包含重要生态景观资源的、根据资源分析而获得的、更为科学的整体系统。

（3）游憩规划范围包含各种不同目标、内容与层次，为解决不同的问题而产生的各种专项规划发展迅速。

（4）规划目标关注社会公平，规划过程强调公众参与。

（5）基础研究加强，为游憩发展提供了良好的依据。

二战后西方国家经济的发展，为游憩的繁荣创造了条件，政府的重视和引导为游憩规划和游憩研究的发展带来了契机。虽然这段时期内政府对游憩的支持力度由强转弱，但总的看来，游憩发展还是保持了一个比较好的势头。这段时期内城市规划思想的转折，同样引起了游憩规划思想的转型。游憩规划的目标开始走向综合、多元。

5.5　复兴时期（1980 年代至今）

5.5.1　经济模式亟待改变，持续发展深入人心

世纪之末，人类的发展来到了一个新的十字路口。20 世纪的"大发展"和"大破坏"酝酿着 21 世纪的"大转折"。大自然的报复、混乱的城市化、技术的"双刃剑"和地域特色的渐趋衰微成为人类直面的挑战①。

5.5.1.1　可持续发展概念的提出与发展②

环境问题不只是一个国家自己的问题。随着对环境问题的全球关注日益加深，联合国和相关世界组织在环境保护的全球协作方面扮演了重要的角色。1987 年，世界环境与发展委员会在《我们共同的未来（Our Common Future）》报告中正式阐述了可持续发展（Sustainable Development）的概念，提出了"从一个地球走向一个世界"的总观点，并从人口、资源、环境、食品安全、生态系统、物种、能源、工业、城市化、机制、法律、和平、安全与发展等方面比较系统地分析和研究了可持续发展问题的各个方面。该报告第一次明确给出了可持续发展的定义：可持续发展是既满足当代人的要求，又不对后代人满足其

---

① 吴良镛．世纪之交的凝思：建筑学的未来．北京：清华大学出版社，1999. 3－6

② 关于"可持续发展"思想的发展，参考自：

可持续发展的研究历程．中国网．http：//www. china. org. cn/chinese/zhuanti/295930. htm

吴良镛．人居环境科学导论．北京：中国建筑工业出版社，2001. 22－23.

需求的能力构成危害的发展①。

可持续发展概念的提出，引起了世界的共同关注。1989 年 5 月联合国环境署理事会通过的“关于可持续发展的声明”中再次明确了“可持续发展”的思想；1992 年联合国在巴西里约热内卢召开的《联合国环境与发展会议》通过了《里约环境与发展宣言》和《21 世纪议程（Agenda 21）》两个纲领性文件。会后成立了联合国可持续发展委员会（Commission on Sustainable Development）。2002 年，《可持续发展世界首脑会议》在南非召开。这次会议回顾了《21 世纪议程》的执行情况、取得的进展和存在的问题，并制定新的可持续发展行动计划，通过了《可持续发展世界首脑会议实施计划》。走向可持续发展，需要人类的共同联手。

5.5.1.2 从“增长”走向“发展”

环境意识的增加和人本关怀在这个时期内也开始影响到经济发展的思想。长期以来，经济的增长——尤其是一度用以衡量经济水平的 GDP 数值的增加成为了人类评估自身发展的尺度。在工业化的浪潮之下，对 GDP 的崇拜甚至忽略了生态、忽略了文化、忽略了人的精神世界。“GDP 并没有考虑到我们孩子的健康、他们的教育质量、或者他们游戏的快乐。它也没有包括我们的诗歌之美或者婚姻的稳定，没有包括我们关于公共问题的争论的智慧或者我们公务员的廉政。它既没有衡量我们的勇气，我们的智慧，也没有衡量我们对祖国的热爱。简言之，它衡量一切，但并不包括使我们的生活有意义的东西”②。

在 1995 年出版的《四倍跃进：一半的资源消耗创造双倍的财富（Factor Four - Doubling Wealth, Halving Resource Use)》一书中，有一个很经典的例子来描述以 GDP 指标衡量人类发展所存在的问题：“乡间小路上，两辆汽车静静

① 可持续发展思想的提出源于全球环境的日益恶化。早在 1972 年，在瑞典斯德哥尔摩召开的《联合国人类环境会议》就针对日益恶化的环境状况和日益加剧的贫富差异等问题通过了《人类环境行动计划》。1980 年，国际自然保护联盟（International Union for Conservation of Nature and Natural Resources）、联合国环境规划署、以及世界野生基金会（World Wildlife Fund）等国际组织共同发表了另一份有关国际环境的重要报告《世界保护策略：可持续发展的生命资源保护（Living Resources Conservation for Sustainable Development)》。该报告分析了资源和环境保护与人类发展之间的关系，并指出，如果发展的目的是为人类提供社会和经济福利的话，那么保护的目的就是要保证地球具有使发展得以持续和支撑所有生命的能力，保护与发展是相互依存的，二者应当结合起来加以综合分析。“保护”意味着使得生物圈在给当代人提供最大持续利益的同时保持其满足未来世代人需求的潜能；“发展”则意味着改变生物圈以及投入人力、财力、生命和非生命资源等去满足人类的需求和改善人类的生活质量。以上参考并引用自：可持续发展的研究历程．中国网．http：//www. china. org. cn/chinese/zhuanti/295930. htm

② 1968 年，美国前参议员罗伯特·肯尼迪在竞选总统时强烈抨击了传统的 GDP 的话。引自：魏庄．GDP 的回归的几层含义．新京报，2004－01－25

驶过，一切平安无事，它们对GDP的贡献几乎为零。但是，其中一个司机由于疏忽，突然将车开向路的另一侧，连同到达的第三辆汽车，造成了一起恶性交通事故。‘好极了’，GDP说。因为，随之而来的是：救护车、医生、护士，意外事故服务中心、汽车修理或买新车、法律诉讼、亲属探视伤者、损失赔偿、保险代理、新闻报道、整理行道树等等，所有这些都被看作是正式的职业行为，都是有偿服务。即使任何参与方都没有因此而提高生活水平，甚至有些还蒙受了巨大损失，但我们的‘财富’——所谓的GDP依然在增加”，“GDP并没有定义成度量财富或福利的指标，而只是用来衡量那些易于度量的经济活动的营业额”①。

当大自然和人类社会自身开始对人类施行报复的时候，人类开始反思经济的发展轨迹，开始觉悟到经济必须由“增长”走向“发展”。1983年，法国经济学家弗朗索瓦·佩鲁(Francois Perroux)在其著作《新发展观（A new concept of development)》中强调了经济发展的“人本”思想，经济与社会发展的核心是“人”，“市场是为人而设的，而不是相反；工业属于世界，而不是世界属于工业；如果资源的分配和劳动的产品要有一个合法的基础的话，即便在经济学方面，它也应依据以人为中心的战略”②。

1992年，新福利经济学的重要代表、诺贝尔经济奖得主保罗·萨缪尔森(Paul A. Samuelson）提出了纯经济福利（净经济福利，Net Economic Welfare）的概念，指出：“纯经济福利建立在传统GNP的基础上，但是有两个主要的不同之处，其一，减去那些不能对个人的福利作出贡献的项目，其二，加上那些对人们的福利作出了贡献而没有计入的项目”③。如：超过国防需要的军备生产、污染、环境破坏和对生物多样性的影响、都市化影响都是其中需要减去的内容；而不通过市场的经济活动像家务劳动和自给性产品、闲暇的价值则是其中需要加上的内容。——相比起来，“纯经济福利”的概念比我国今天提倡的“绿色GDP”加入了对个人福利和社会意义的内容。而“闲暇的价值”成为社会经济中的有益项目而被加入到对福利的贡献中。

诺贝尔经济学奖得主阿玛蒂亚·森(Amartya Sen）通过经济学和哲学手段，“从道德范畴去讨论重要的经济问题”④，对福利经济学进行了批判性的重建。1999年，在出版的《以自由看待发展（Development as Freedom)》一书中指出：财富、收入、技术进步、社会现代化等是为人的福利、人的目的价值服务的，

① ［德］厄恩斯特·冯·魏茨察克，［美］艾墨里·洛文斯，亨特·洛文斯.四倍跃进：一半的资源消耗创造双倍的财富．北京大学环境工程研究所，北大绿色科技公司 译．北京：中华工商联合出版社，2001

② ［法］弗朗索瓦·佩鲁.新发展观．张宁，丰子义 译．北京：华夏出版社，1987.92

③ P. Samuelson，WD Nordhaus. Economics. NewYork：McGraw-Hill，1992.430

④ 邓翔．福利经济学的批判性重建．学术研究．1998（12）

它们固然可以是人们追求的目标，但这些充其量只是发展的手段而已，最终只属于工具性的范畴，而以人为中心，最高的价值标准就是自由①。

……

种种研究观点表明：在经济学的视野中，人们已经意识到经济的“增长”和“发展”是两个不完全相同的概念。“经济增长”仅仅是更多的产出。它是一个明确的可度量标准；而“经济发展”则既包括更多的产出，同时也包括人的健康、社会公正、生活质量、经济结构、道德、人与社会和自然的和谐。“发展”具有了更深刻更广泛的内涵。

从增长到发展，人类由对“量”的关注，开始转向对“质”的思考。从粗放的模式走向更科学合理的模式。

5.5.2 文化竞争深度开展，休闲产业肩负重任

随着信息时代的到来，“文化已经上升为最具活力的成分，其能量超过了技术本身”②。对每个地区的发展而言，文化决不是可有可无的东西。佩鲁指出：“企图把共同的经济目标同它们的文化环境分开，最终会以失败而告终”，“如果脱离了它的文化基础，任何一种经济概念都不可能得到彻底的思考”③。

5.5.2.1 文化是可持续发展的重要内容

联合国教科文组织（UNESCO）是将文化作为可持续发展中一项重要内容的主要倡导者之一。1982 年，联合国教科文组织在“世界文化政策大会”明确把“人文 - 文化发展”纳入全球经济、政治和社会的一体化进程，并把推动文化发展当作各国政府面临新世纪所应当做出的承诺；1997 年，联合国教科文组织出台《联合国世界文化发展 10 年：1988 ~ 1997》，进一步提出要促进经济 - 政治 - 文化的融合，此后的 1998 年，在斯德哥尔摩举行的“促进发展的文化政策”会议制定了行动方案，“敦促世界各国设计和出台文化政策或更新已有的文化政策，将它们当作可持续发展中的一项重要内容”。此外，许多国际组织和机构也开始出台相关政策，并利用不同的手段敦促和支持文化发展。世界银行发布的《文化与可持续发展：行动架构》报告中这样来描述文化的作用：“文化为当地发展提供新的经济机会，并能加强社会资本和社会凝聚力”④。文化与

---

① ［印］阿玛蒂亚·森. 以自由看待发展. 任赜 等译. 北京：中国人民大学出版社，2002

② ［美］贝尔·丹尼尔. 资本主义文化矛盾. 赵一凡 等译. 北京：三联书店，1989. 79

③ ［法］弗朗索瓦·佩鲁. 新发展观. 张宁，丰子义译. 北京：华夏出版社，1987. 165 - 166

④ 以上内容主要参考：李河. 以“创造性”的姿态面向未来 ——发达国家文化政策的主旋律（节选）. http：//www. china. org. cn/chinese/zhuanti/2004whbg/503924. htm. 2004 - 02.
其中；斯德哥尔摩举行的“促进发展的文化政策”会议所制定的行动方案英文为：Action Plan on Cultural Policies for Development；文化与可持续发展：行动架构的英文为：Culture and Sustainable Development：a framework for action；

地方的发展、社会环境紧密联系。

5.5.2.2 基于文化的城市竞争全面展开

"全球化进程推动了文化在城市发展中的核心作用，这引发了全球范围内基于文化的城市竞争"①。通过文化来综合地促进地区的经济、社会全面进步逐渐成为许多发达国家发展战略的重要部分。**今天，"一种新的力量——城市文化的力量正取代单纯的物质生产和技术进步而日益占据城市经济发展的主流"②。从发达国家和地区文化发展看，许多国家开始审视和思考自己的文化，并采取积极的行动来加以推动。利用文化手段带动产业更新、利用文化产业发展促进社会和谐、利用文化资源促进城市复兴、创造文化优势提高地方影响力和竞争力，已经成为文化发展的重要目标。**今天，已经有越来越多的国家和地区将文化作为重要的产业进行扶持。包括伦敦、新加坡、韩国、香港等地方的政府都已经在政策中明确了通过文化发展，以提高国际影响力并增强竞争力的发展途径。

5.5.2.3 休闲产业的社会文化和环境责任

在休闲游憩对人民的健康、生活质量等方面具有了越来越重要的意义的同时，1990年代以来，休闲产业在西方国家也逐渐发展成为一支最重要的经济力量，在美国，人们将1/3的钱用于休闲，1/3的时间用于休闲，1/3的土地面积用于休闲③。由休闲消费直接创造的职位占美国就业职位的1/4，而相关联的职位差不多占到所有职位数的一半；根据不同的统计方式，美国整个休闲产业的规模是汽车产业规模的5倍到20倍④。在新的时期中，休闲已经不再是一个朦胧、弱小、可有可无的东西，它已经逐步成为肩负了经济、文化、社会和环境责任的重要角色。

5.5.3 规划思想百花齐放，东方哲学力主潮流

"1990年代，国际环境的转化、生产方式的变化、生活方式的转型等都使得城市问题极其复杂、变化莫测，已经没有一种理论、方法能够被运用来整体地认识城市、改造城市"⑤。在全球化、可持续发展、文化发展的背景下，这时期兴起了许多诸如：生态城市、人文主义城市、新城市主义等等思潮。而在人

① 黄鹤．文化规划：运用文化资源促进城市整体发展的途径：［博士学位论文］．北京：清华大学建筑学院，2004.1（中文摘要部分）．

② 吴缚龙，李志刚，何深静．打造城市的黄金时代——彼得·霍尔的城市世界. 国外城市规划，2004，19（4）：1－3

③ 马惠娣．休闲：人类美丽的精神家园．北京：中国经济出版社，2004. 145

④ 参考：［美］杰弗瑞·戈比. 你生命中的休闲．康筝 译．昆明：云南人民出版社，2000. 157－158

⑤ 张京祥．西方城市规划思想史纲．南京：东南大学出版社，2005. 221

们越来越关注生态、文化的可持续发展的背景下，“空间”再度成为城市发展中重要的内容。

5.5.3.1 城市与区域管治（Governance）对空间资源的再认识①

随着后工业社会的发展和经济全球化的进程，经济发展的各个层面开始重新探讨适应时代要求的制度管理模式。集中管理开始向多元、分散、网络的模式——“管治”——的方向发展。管治具有四个基本特征：（1）管治不是一套规章制度，而是一种综合的社会过程；（2）管治的建立不以“支配”、“控制”为基础，而以“调和”为基础；（3）管治同时涉及广泛的公私部门及多种利益单元；（4）管治虽然并不意味着一种固定的制度，但确实有赖于社会各组成间的持续相互作用。受其影响，规划开始更多地具有了“咨询和协商的特征”。“城市规划与规划师开始从与国家权力紧密结合的统一体中分离出来，他们在政府与社会之间、公共部门与私人部门之间寻求对话，寻求解决问题的相互作用”。

在管治的背景下，由于“空间资源的分配是政府掌握的为数不多而行之有效的调控社会整体发展的手段之一”，因此，**在地方整体经济社会发展的过程中，对空间的把握再度成为了协调城市整体发展的核心要素、而空间资源的分配也再度成为了协调城市整体发展的最重要方式之一，以“空间资源管治”为核心的城市与区域规划，“成为了政府管治手段中重要组成内容和基本实现渠道”**。相比起早期自上而下的空间资源控制模式，对空间的管治更强调多方的参与与合作、强调各利益相关者的协调、强调整体的良好发展与共赢。

5.5.3.2 区域协调

伴随着经济全球化的到来，城市间的竞争在今天已经发展演变成为了更大范围的区域间竞争。相比起早期的区域发展与规划中强调政府作用、重视地区边界的思想，新的区域协调中融合了更多的综合考虑、强调自上而下和自下而上的结合。新的区域规划，目的在于使得地方各自为政的单打独斗的竞争关系，转变为相互协作、各取所长的联盟，通过多方的联手协作，在经济、社会、生态环境等诸多方面发挥整体的力量优势、集约发展、以更经济的投入获得更大的效益。

区域的思想在1990年代以后极大影响了规划的发展。在欧洲，1992年的大巴黎规划、2004年的伦敦规划，都将眼光放大到了区域的范围。1999年，为促进欧盟各国的合作与集约发展、提高欧盟区域内经济与社会的凝聚力（economic and social cohesion），“欧洲空间发展规划（European Spatial Development Perspective，简写为ESDP）”的跨国规划出炉，成为了跨国区域合作的重要尝试。

---

① 如无特殊注明，本段主要参考并引用自：张京祥．西方城市规划思想史纲．南京：东南大学出版社，2005.219，223

该规划所提出凝聚力，依靠共同的价值观和自豪感基础上的多元主体之间的合作来形成，希望这种凝聚力能够在国土和地区建设的各个层面发挥作用。例如：在生活领域，通过区域社区的形成和凝聚力的提高，在治安、医疗看护、商务等多方面发挥互助互利作用，达到提高社区和地区活力的目标；在生态环境整治领域，通过促进以流域为单位的城乡交流，促使城市居民更加积极地参与和支持生态环境整治活动；在国际交流领域，促进地方政府在国际机场建设等方面的跨区域合作，等等①。

根据英国卡迪夫大学（Cardiff University）城市与区域规划学院对欧盟跨区域空间规划研究项目“INTERREG III C”的研究报告，一个优秀的区域发展战略应当具备以下的特征②：

（1）能够融入到组织机构、经济社会的背景中；

（2）能够建立广泛的、具有共识的区域未来发展的目标和远景；

（3）能够在区域发展战略的编制过程中为各利益团体（stakeholders）的参与提供一个开放的，具有建设性的形式；

（4）能够将战略的主要观点明确地解释给不同类似的听众，语言能使他们听懂和了解；

（5）能够明确战略政策的传播（宣传）和实施机制；

（6）能够明确实施和行动的分期内容和主要的投资阶段；

（7）能够建立一个简明的，却是有效的实施监督控制框架。

5.5.3.3　从《雅典宪章》到《马丘比丘宪章》到《北京宪章》

新的时期，新的问题，新的气象。

1933年，《雅典宪章》在雅典——西欧文明的摇篮诞生，它代表的“是亚里士多德和柏拉图学说中的理性主义”；

1977年，《马丘比丘宪章》在马丘比丘——作为另一个世界的一个独立的文化体系的象征的地方诞生，它代表的“是理性派所没有包括的，单凭逻辑所不能分类的种种一切”。

1999年，《北京宪章》在北京——东方文化的中心诞生，它代表了新时期在可持续发展的背景下城市发展所需要具备的、综合而辩证的哲学思想，突出“发展中国家的声音”。

《北京宪章》的诞生，是一个新的规划时代的标志。它融合了东方深厚的文化底蕴，洞察世纪之交的变化，《宪章》指出：对建筑学加以广义而整合的

① 林家彬．日本国土政策及规划的最新动向及其启示．城市规划汇刊．2004（6）：34－37

② 欧盟区域空间规划研讨会和“区域发展和空间规划的最佳实践导则”．中国城市规划行业信息网．http：//www. china－up. com/temp/51. htm

定义是新世纪建筑学发展的关键。由于我们所面临的多方面的挑战，是社会、政治、经济相互交织的结果。因此，要真正解决问题，就不能头痛医头，脚痛医脚，而必须有一个高屋建瓴的、综合而辩证的观点。要真正实现可持续发展这一人类社会的共同目标，就需要综合考虑政治、经济、社会、技术、文化、美学等各方面，提出整合的解决办法。“建筑、地景、城市规划三位一体的建构使得建筑师能在较为广阔的范域内寻求设计的答案”，新的、广义的建筑学将驾驭远比单体建筑物更加综合的范围；“逐步地把单个的技术进步结合到更广、更为深远的有机的整体设计概念中去”，以东方哲学中的综合观念和整体思维，在广阔天地里寻找新的专业结合点①。

5.5.4 城市复兴全面推动，精明增长广泛开展

5.5.4.1 城市复兴

由于战争的创伤、规划的破坏、经济结构转型的冲击、自然灾害的作用、以及城市郊区化等原因，1970 年代左右的西方国家中，一些城市或部分城市地区出现了衰败的迹象。经历过早期大拆大改的更新运动之后，人们开始注意到：单纯对物质环境的改善，并不能为这些城市地区的发展带来持久的活力，而对历史街区而言，采用大规模重建的方法更容易造成巨大的破坏。因此，城市要重新获得持续的生机，需要的不仅仅是物质环境的改善，而是融合了社会、经济、环境和文化的全面复兴。这样，在后来进行的许多相关案例中，对城市衰退地区的发展方式，也由“推倒重来变为修复、填补和调整”②。

1999 年，英国城市建设委员会（Urban Task Force）完成了《迈向城市的文艺复兴（Towards an Urban Renaissance)》的著名报告，使城市复兴的理论再次向前迈进了一步。这份报告的出版，旨在“为英国寻找到城市衰败的原因，并在此基础上提出可行的解决方法，让人们再度回到都市、城镇和邻里。它将在可行的经济和法律框架下，为城市的更新创造一个以优秀设计、社会福利和环境友好为基础的新的视角”③。而它对整个城市发展思想的作用却是巨大的。

新的时期，城市复兴所要解决的问题是：积极促进城市经济结构的战略性重组，为高新技术产业、先进制造业和旅游服务业等支柱产业的发展提供空间

---

① 参考：吴良镛. 世纪之交的凝思. 建筑学的未来. 北京：清华大学出版社，1999.

② ［英］肯尼斯·鲍威尔. 城市的演变——21 世纪之初的城市建筑. 王珏 译. 北京：中国建筑工业出版社，2002. 24

③ Urban Task Force. Towards an Urban Renaissance：Final Report of the Urban Task Force. London：London：Taylor & Francis Group plc，1999. 1.

保证；着眼于加强区域合作，完善中心城市功能，优化城市结构。城市规划和城市复兴的实践要突出地方特色和文化内涵，努力建设良好的城市面貌和生态环境，以旗舰项目为突破点进而推动城市全面的复兴；要合理调控土地开发，引导土地利用均衡有序发展；要逐步调整探索和形成切合当地城市复兴的战略，进行旧城改造和新城建设规划①。其中，文化在城市复兴里扮演了重要的角色。许多“城市正是利用文化和文化产业，成功地扩展了经济基础、提升了城市形象、改善了基础设施与环境质量，并促进了社会团结与社区凝聚力”②。此外，“城市复兴需要建筑设计的技巧，对现有建筑的修整以及再利用成为问题的要点”③。

5.5.4.2　精明增长

当“城市复兴”欧洲全面推动的时候，在美国的大陆上，为了遏制二战后放任的郊区化的发展所造成的畸形的城市蔓延（Urban Sprawl）、实现经济、社会和生态的良性发展，以更加集约的方式发展，“精明增长（Smart Growth）”被作为一种新的发展模式逐步开展起来。并成为美国《21世纪的可居议程（New Livability Agenda for the 21st Century）》的重要内容。

由于长期以来对郊区化的放任发展，美国城市不断蔓延扩张的状况严重。数据表明：1990年美国60%的人口生活在郊区，1960年到1990年城市人口增长不到50%。增长土地相当美国总土地的面积1/6④。城市的扩张造成了交通拥挤、环境污染、土地资源大量浪费、社区情感缺乏的等等问题，以美国为代表的西方国家开始了对城市郊区化⑤的反思（图5－28，图5－29）。“精明增长”正是在这样的背景下提出来的。

① 参考：吴晨．西欧城市复兴研究及对中国的借鉴：［博士论文］．清华大学建筑学院，2004.

② 吴晨．文化竞争：欧洲城市复兴的核心．瞭望，2005.（2）

③ ［英］肯尼斯·鲍威尔．城市的演变——21世纪之初的城市建筑．王珏 译．北京：中国建筑工业出版社，2002. 25

④ International City/County Management Association with Geoff Anderson. Why Smart Growth：A Primer. Washington：ICMA －Smart Growth Network. http：//www. smartgrowth. org

⑤ 美国19世纪初才开始工业化进程，19世纪中期起工业化进程加速，其工业发达地区也成为城市化发展最快的地区。1920年，美国近半数人口在城市居住，已进入城市时代。20世纪20～70年代。其中50～70年代是美国城市化进程最为迅猛的阶段。该时期城市化有两大特点。一是郊区化现象出现。郊区化在很大程度上是罗斯福新政大规模推动公共工程建设的结果。高速公路的建设带动人口从中心城市向郊区迁移，促使城市向郊区蔓延，由此出现了城市向大都市区的转化。二是城市化发展的重点逐渐转向早先经济较为落后的西部和南部。大批新的城市中心在新兴高科技行业以及国防工业的支撑下崛起。从20世纪70年代至今。美国郊区化进程更加迅速，部分地区甚至出现逆城市化现象，即城市人口向农村迁移。（以上引用自：宁越敏，李健：让城市化进程与经济社会发展相协调——国外的经验与启示．求是，2005（6））

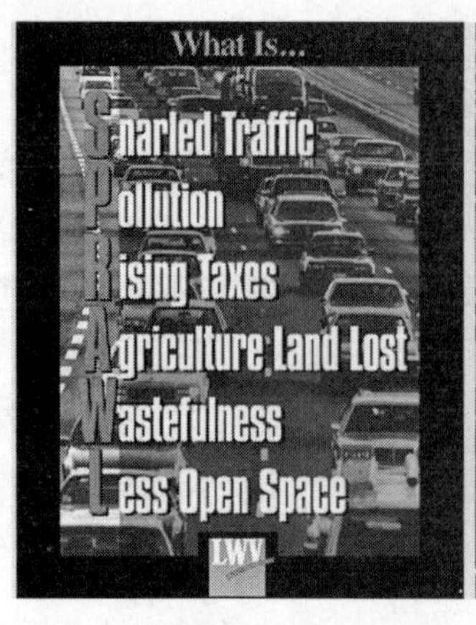

(*a*) 什么是“SPRAWL”①　　(*b*) 当推土机推平一块地的时候，新的蔓延就产生了

图 5-28　城市的蔓延②

图 5-29　对比：浪费与集约的建设模式③

精明增长共有十大的原则，包括④：(1) 混合土地功能；(2) 紧凑的建筑设计模式；(3) 多种居住选择方式；(4) 创造步行的街坊；(5) 富有强烈场所特色的具有个性和吸引力的社区；(6) 保护开放空间；(7) 强化并引导现有社区的发展；(8) 提供多种的交通方式选择；(9) 注重发展决策的预见性、公平性和节约性；(10) 鼓励社区和利益相关者的联合。其中，社区生活质量、城市与

① 图 5-28 文字表示：混乱的交通、污染、税收增加、农业用地丧失、浪费、开放空间的减少

② 图 5-28 来源：(*a*) 图：http：//lwvbn. org/sprawl/sprawl_ presentation.
(*b*) 图：http：//www. co. lancaster. pa. us/planning/lib/planning/photolibrary/sprawl. jpg

③ 图 5-29 来源：http：//www. nrdc. org/cities/smartGrowth/default. asp

④ ICMA - Smart Growth Network. Getting to Smart Growth：100 POLICIES FOR IMPLEMENTATION. http：//www. smartgrowth. org

建筑设计、经济、环境、健康、住宅和交通是重点关注的问题。而采用相关手段来控制城市蔓延成为了城市发展日益重视的问题。“精明增长”的规划控制手段包括：建立城市发展边界、以公交线路而不是高速公路为发展轴线、对城市中心进行投资和再建设、注重对已建设地区的整合性开发而不是开辟新建设区、以新城市主义步行尺度的社区为设计原则等等。其中，为城市划定一条“城市增长界限（Urban Growth Boundaries，简写为 UGBS）”，将所有城市发展限定在界限之内，其中包括已建设用地、闲置土地以及未来 20 年城市增长所需要的土地，而在其外部只发展农业、林业和非城市用途，成为了一个重要的手段。俄勒冈州的波特兰（Portland，Oregon）成为了“精明增长”的全国的试点和榜样①，如图 5－30 所示。

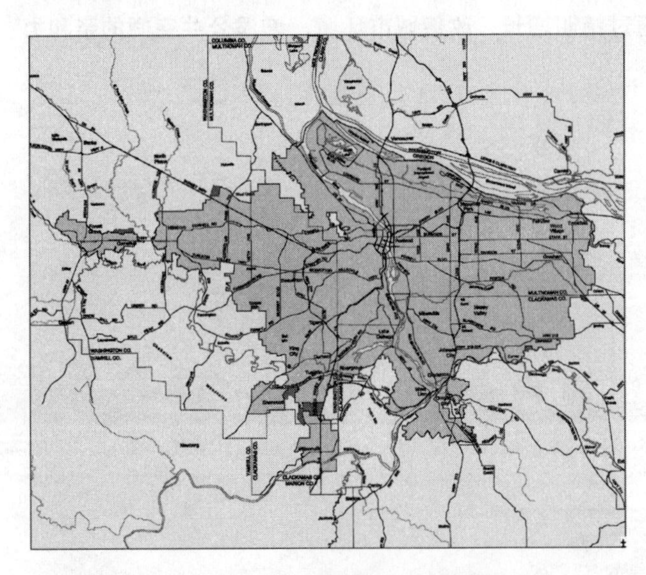

图 5－30　俄勒岗波特兰城市增长界线图②

根据精明增长的原则，美国许多地区开始进行地方发展的精明增长规划，或采取措施来改变原先不合理的发展状况。精明增长的推行“在一定程度上遏制来城市的蔓延，保护了土地和生态环境；有助于保护与改善社区质量，保证老街坊和商业区的活力；确保各社区之间的财政与社会公平；政府借此拓展了住房和就业机会，降低了公共、私人开发过程中的投资风险，等等”③。Blacksburg 城市精明增长规划是其中一个重要的代表。Blacksburg 通过对城市道路结构的人性化调整、对城市街区的整体设计等途径，创造出一个更紧凑也更人性化

① 单皓．二战后美国城市的发展．城市规划，2003. 27（6）：72－80

② 图片来源：http：//www. metro－region. org/library_ docs/land_ use/2004_ expansion. pdf

③ 王朝晖．“精明累进”的概念及其讨论．国外城市规划，2003.（2）：33－35

的地方中心（图 5-31～图 5-33）。

（*a*）Blacksburg 地区主要街道现状　　（*b*）精明增长规划后效果

图 5-31　通过精明增长，改善城市环境、增添公共空间的亲和力①

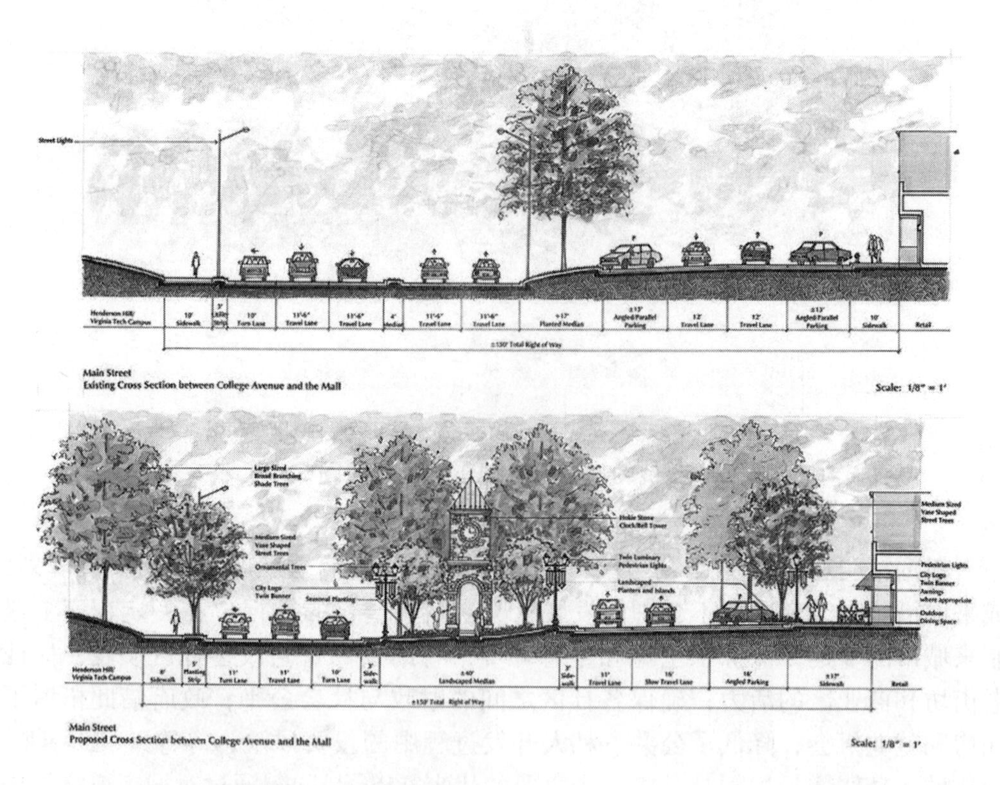

图 5-32　对道路结构进行的调整对比②

① 图 5-31 来源：Blacksburg 精明增长规划 . http：//www. blacksburg. gov

② 图 5-32 来源：Blacksburg 精明增长规划 . http：//www. blacksburg. gov

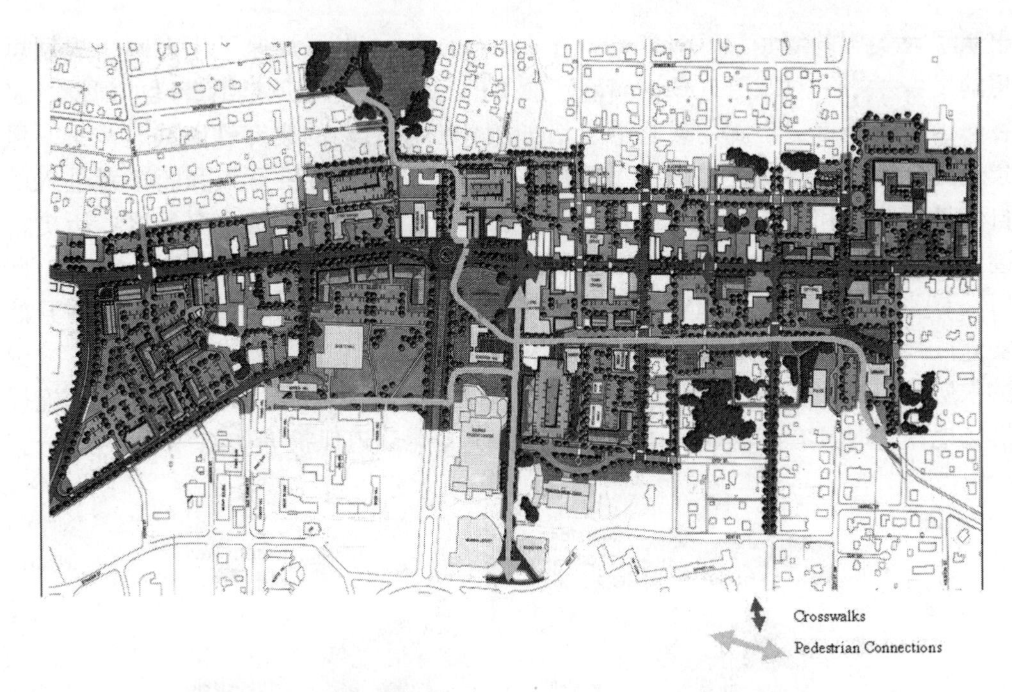

图5-33　建立街坊中的步行空间①

5.5.5　生态网络叠加构建，步行空间再度回归

生态环境意识的逐步发展，使得“生态网络”和“绿道网络”② 成为规划领域研究的重点。1987年，在美国总统委员会出台的《美国户外环境报告》第一次提出了整体建构生态网络的思想。该报告展望：“一个充满生机的生态网络……，使居民能自由地进入他们住宅附近的开敞空间，从而在景观上将这个美国的乡村和城市空间连接起来……，就像一个巨大的循环系统，一直延伸至城市和乡村”③。此后，有关生态网络的研究日益深入。1990年，Charles E. Little

① 图5-33来源：Blacksburg精明增长规划. http：//www. blacksburg. gov

② 根据王海珍的相关研究：生态网络（ecological network）和绿道网络（greenway network）有着相同的内涵，都是一种应用保护生物学、景观生态学等生态学思想，能从空间结构上解决环境问题的规划范式。其中，西欧学者主要关注高度开发的土地上建设生态网络的意义，特别是如何削减城市化及农业发展对生态环境造成的负面影响，研究中倾向于用生态网络这一术语；北美学者则把更多的注意力放在基于乡野土地、未开垦的自然保护区及国家公园的生态网络建设，研究中则较多采用绿道网络一词。

以上引用自：王海珍. 城市生态网络研究——以厦门市为例：[硕士学位论文]. 上海：华东师范大学资源与环境科学学院. 2005. 4

另外：类似的概念还有绿网（Green web）、绿地系统（Green System）等等。

③ President's Commission of American Outdoors. Report and Recommendations. Reprinted as：American Outdoors：the Legacy，the Challenge. Washington，D. C.：US Government Printing Office，1987

出版了《美国的绿道（Greenways for America）》一书，加速了生态网络规划思想的发展。书中对绿道（Greenway）所下的定义："绿道就是沿着诸如河滨、溪谷、山脊线等自然走廊，或是沿着诸如用作游憩活动的废弃铁路线、沟渠、风景道路等人工走廊所建立的线型开敞空间，包括所有可供行人和骑车者进入的自然景观线路和人工景观线路。它是连接公园、自然保护地、名胜区、历史古迹，及其他与高密度聚居区之间进行连接的开敞空间纽带"①（图5－34）。此后，有关生态网络规划和实施的思想得到认同。不同尺度的生态网络规划开始实施。"绿色通道出现了多目标、多功能，为野生动物提供廊道和栖息地、减少洪水所带来的灾害、保护水质、改善气候、教育公众、以及为其他基础设施提供场地，同时具有美学、休闲、通勤、历史文化廊道保护等功能"②。

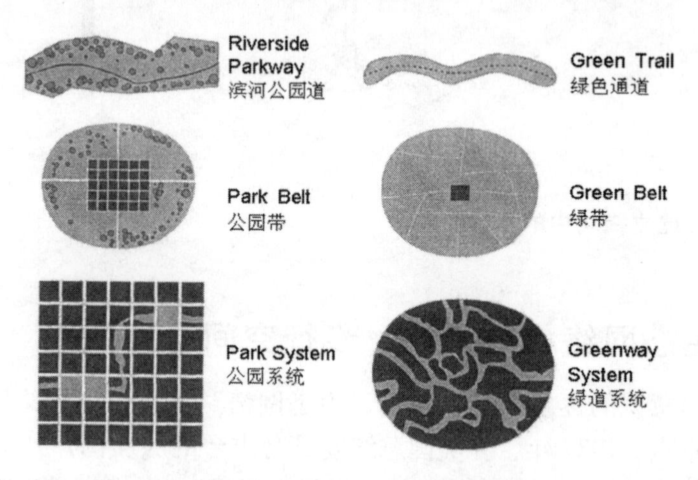

图5－34　绿道系统的类型③

在英国，汤姆·特纳(Tom Turner）是绿道网络的规划者、提倡者和推进者。1991年，特纳为伦敦提出了《绿色战略报告（A Green Strategy Report)》，推荐了一种采用多层次网络叠合的体系。其中所叠合的网络层包括了：步行道网络；自行车道网络；生态廊道网络，等（图5－35）。特纳建议为伦敦建立一个步行的网络以此联系整个伦敦地区的开放空间④。

---

① 刘滨谊，余畅．美国绿道网络规划的发展与启示．中国园林．2001（6）：77－81
Little，Charles E. Greenways for America. Baltimore and London：The Johns Hopkins University Press，1990.

② 韩西丽，俞孔坚．伦敦城市开放空间规划中的绿色通道网络思想．新建筑．2004，（5）：7－9

③ 图5－34来源：Tom Turner. Greenway planning in Britain：recent work and future plans. Landscape and Urban Planning. US Census Bureau. 2005（in press）

④ Tom Turner. City as Landscape：A Postmodern View of Design and Planning. London：E & FN Spon. 1996. 202－203

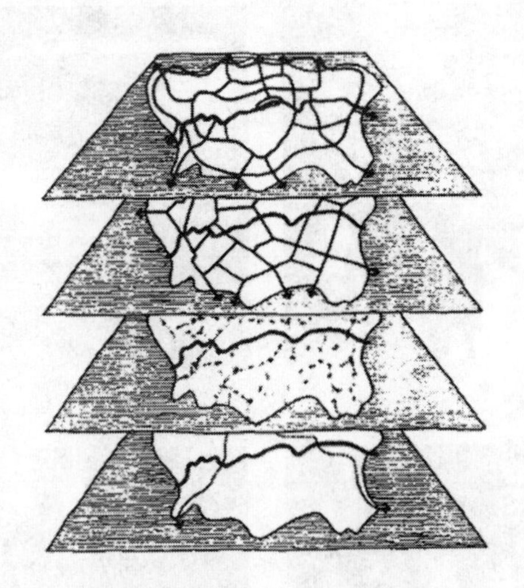

图5-35　生态网络叠加的规划模式①

在生态网络中开始注重步行空间系统的时候，城市旧城、历史街区、文化地区的复兴和发展中也越来越注重步行空间的质量。力图为人们提供安全、舒适、富余趣味的休闲空间，已经成为现代商业文化区域最关注的内容。从图5-36哥本哈根的街道变迁图中，我们不难看出这种回归的渴望。

5.5.6　游憩规划再度转变，综合意义得以拓展

5.5.6.1　走向综合的、可持续的游憩规划

在环境保护、可持续发展、文化竞争的背景下，规划思想的转变也影响到游憩规划的转化。相比起前一时期中对游憩经济效益的关注，1990年代后的游憩规划中明显表现出可持续的、更综合的规划倾向。这个时期虽然也仍然关心游憩的经济效益，但是，**经济目标已不再是游憩规划的主要目的。规划中开始出现更多的公益性倾向，开始全面关注游憩的生态、社会等影响，力图通过游憩发展来完善城市结构、保护城市生态、美化城市环境、提高生活质量、增加社会效益和经济效益等等。**

在新的时期，旅游规划开始强调其为可持续发展所做出的贡献②。

1991年，美国旅游规划学家Edward Inskeep出版了《旅游规划：一种集成

① 图5-35来源：Tom Turner. City as Landscape：A Postmodern View of Design and Planning. London：E & FN Spon. 1996. 202

② 本段主要引用自：范业正，刘锋．国外旅游规划研究进展及主要思想方法．地理科学进展，1998. 17（3）：86-92

（a）1880 年

（b）1960 年

（c）1968 年

（d）2000 年

图 5－36　哥本哈根的街道变迁①

的和可持续的方法》，认为旅游规划、开发、管理的目的是让其自然和文化资源不枯竭，不退化，并维护成一种可靠的资源，作为将来永远不断利用的基础。1995 年 4 月联合国教科文组织、环境计划署和世界旅游组织共同召开了由 75 个国家和地区 600 余名代表出席的“可持续旅游发展世界会议”，会议通过了《可持续旅游发展宪章》和《可持续旅游发展行动计划》，确立了可持续发展的思想方法在旅游资源保护、开发和规划中的地位，并明确规定了旅游规划中要执行的行动。“可持续发展的基本原则，是在全世界范围内实现经济发展目标和社会发展目标相结合。”《行动计划》指出，“以可持续发展为原则，通过以下几个方面制定旅游发展规划：

（1）提倡总体规划；

（2）制定政策，加强旅游与其他重要经济部门的相互配合；

（3）制定长期资金计划，尽可能地与总体发展目标保持一致；

（4）寻找激励因素，组织促销活动；

（5）制定监督、评价工作计划与实施过程的方法。

---

① 图 5－36 来源：［丹麦］扬·盖尔，拉尔斯·吉姆松. 新城市空间. 何人可，张卫，邱灿红 译. 何人可 校. 北京：中国建筑工业出版社，2003. 11

5.5.6.2 当前西方游憩规划发展的趋势概述

根据斯蒂芬·F·米库(Stephen F. McCool)和迈克尔·E·帕特森(Michael E. Patterson)对世界游憩规划发展趋势的研究，当前游憩规划发展存在着以下一些重要的趋势①：

(1) 游憩规划从解决一些常规的问题，到越来越需要解决许多棘手的问题与麻烦；

(2) 针对日常游憩、旅游活动和保护区域的规划之间的联系越来越密切，而且规划的社会、政策目标更为突出；

(3) 规划中越来越注重规划的方法与过程；

(4) 在游憩区的规划中越来越考虑整体的保护内容；在保护区的规划中也适当引入可行的游憩方案；

(5) 规划由简单化的、以容量为指标的模式向管理方法转化，以更好地达到理想的社会与生物环境状况；

(6) 对公众参与规划的思想与方式的转变；公众参与不再仅是短暂咨询、居中调节、大众教育的作用，而是建立信任、长期合作的基础；

(7) 游憩规划的决策从以某些“标准”为基础，向游憩的实际需求转化，对个人的需求状况考虑更为周到。

总的看来，新时期的游憩规划已经脱离了就游憩论游憩、就规划论规划的简单思想，**开始走向综合、务实的道路，规划越来越强调生态环境和社会方面的责任，强调社会公平，也开始注重规划的方法与技巧。**

5.6 小结

对可持续发展的游憩综合效益的重视和积极利用，标志着西方游憩规划已逐步走向成熟。至此，游憩规划历经了以下一些转折：

(1) 游憩发展的关注点从关注游憩空间的提供→整体综合的社会协调发展。

(2) 游憩发展的目标从满足卫生需要→美化需要→功能需要→经济发展需要→生态环境、社会文化、经济发展的良性互动。

(3) 游憩空间建设模式从孤立公园绿地建设→结合自然、文化遗产、商业空间、公共场所和步行道路体系的整体网络。

(4) 规划依据从依靠标准→根据需求、资源条件和力图引导的游憩类型方

---

① Stephen F. McCool and Michael E. Patterson. Trends in Recreation, Tourism and Protected Area Planning [A]. Gartner, William C. (Editor). Trends in Outdoor Recreation, Leisure and Tourism [C]. Cambridge, MA, USA: CABI Publishing, 2000: 111-119.

向共同决定。

（5）规划由关心部分人→关心每一个人。

（6）规划决策从自上而下→自上而下与自下而上相结合，鼓励多方参与、考虑相关者利益、注重多赢途径。

（7）规划技术从简单的建筑设计手段→通过现代科学手段，进行综合的资源分析。

西方游憩规划的发展给我们许多的启示与思考。除了其在思想上为我们看待游憩提供了良好的借鉴、在游憩规划方法、手段上给我们相关的启示之外，在整个推动城市游憩发展的过程中，我们也不可忽视相关的城市策略与措施的推动力、不可忽视游憩教育的重要意义。游憩规划的发展是一个与经济社会制度发展密切相关的内容，它要实现人们的理想，却也必须脚踏实地地完成一个又一个的任务。

西谚云“条条大路通罗马”。没有同样的道路，但是可以走向共同的未来，即全人类安居乐业，享有良好的生活环境。

——1999，北京宪章

第6章　西方当前游憩规划的体系构成与重要规划类型研究

在对西方游憩发展的历程与思想有了一个大体全面的了解之后，本章将研究的目标集中到了当前的西方游憩规划上。西方游憩规划与景观建筑学共同成长，发展至今已百年有余。他们在大众游憩的规划方面所积累的经验中，有许多值得我们学习和借鉴的思想和方法。但是，由于我国对西方游憩规划的研究不多、其中一些重要的规划类型在我国至今仍然没有相关的介绍，而且现有的介绍也更多是从景观学方面进行的，因此，笔者认为有必要对西方当前规划的体系构成和重要规划类型进行更深的介绍、分析，为更直观地表达这些规划的过程和方法，本章将多采用“案例分析（Case Study）”的方式，希望能够从他们的相关实践中，填补我国在西方游憩规划研究方面的空白，寻找到值得我们学习和借鉴的思想和方法。

6.1　西方当前游憩规划的体系框架构成

“规划”的本义，乃是对复杂事物发展的预先谋划。从这个意义上看，通过某种方式来解决问题、达到“事物发展”的目标是“规划”最重要的任务。因此，当问题不同、所需要达到的目标不同之时，谋划的关注点和谋划的方式会有所不同，规划的类型也就会有所不同。

游憩本身涉及面广、牵扯因素多，因此，对游憩发展的谋划本身也会有不同的目的和侧重点，而与游憩相关的规划也会具有不同的类别。从现有的规划体系来看，**西方当前的游憩发展并没有企图依靠单独的一个两个规划来解决游憩面临的所有问题，而是通过一个致力于多种目标的规划体系，通过多种类型的规划协同作用，由不同的规划着重解决不同的重点问题，来综合改善城市的游憩条件、提高人们的生活质量。其中有涉及到游憩内容的综合性策略与规划、有直接针对游憩问题的相关规划、也有与游憩具有重要联系的其他专项规划，它们共同构成了丰富的规划体系。**如表6-1所示。

值得专门指出的是：从西方游憩规划的发展趋势来看，一方面，综合性的城市整体发展策略对城市游憩的关注越来越多，而多数“专题规划”的涉及面也日趋综合。今天，无论是针对游憩的空间、设施还是其他某种特定条件的规划，都会融入对生态、社会环境等问题的关注。综合性已经成为当前游憩规划系统中诸多规划类型所共有的特征。

西方与游憩相关的规划系统构成　　表6-1

类　型	相关政策/规划举例
涉及游憩内容的综合性规划	区域协调战略 地区发展战略 城市总体规划 城市复兴计划 精明增长策略 ……
以游憩为主要目标的专项规划	户外游憩规划（Outdoor Recreation Plan） 开放空间规划（Open Space Plan） 游步道系统规划 游憩活动计划 旅游规划……
涉及游憩内容的其他专项规划	公共空间规划 绿地系统规划 文化产业规划 交通发展规划 社区发展计划 ……

接下来，本书将从林林总总的游憩规划类型中选择最具有代表性的一些类型案例，主要是综合性规划和专项规划、来对西方游憩规划进行更深入的分析和研究。

6.2 着眼于实现整体社会理想的城市综合性发展策略和规划

游憩是城市的一项基本功能，也是直接影响人们的生活质量、表现地方文明程度的最重要因素之一，因此，城市的综合性发展策略和相关规划中一般都会包含部分与城市游憩发展相关的内容。今天，随着游憩对城市生态、文化、社会、经济发展各方面的影响越来越大，游憩在城市综合性发展策略和规划的地位也越来越重要，甚至成为协调地方整体生态、文化、商业的重要方法。

在这类综合性的发展策略和规划中，对游憩的考虑也同样表现得宏观而且

综合，它们多会成为实现一个整体而综合的目标（如：增强城市活力、提高城市吸引力等）的重要手段；或是作为对现实存在的、宏观问题（如：社会认同感不强、环境资源破坏）的解决方法，其特点在于综合性和全局性，表现为：

（1）全面采用综合的分析与思考方式，形成综合的结论，并采用综合的手段来解决问题；

（2）为达到综合目标，强调物质空间规划与其他社会政策之间的相互协调；

（3）顾及游憩空间与自然资源条件、景观状况、经济发展、人民需求的整合；

（4）解决方法多以具体的原则性政策为主；

从规划的整体思路来看，一般说来，这种综合性发展策略和规划多数都先根据经济社会发展中需要提高的方面，树立明确的综合发展目标（其中涉及：经济、社会、生态等诸多方面，这些目标中也包括要解决的问题）。在规划过程中，通过将目标逐步细化，并分析影响这些目标实现的现实因素，来寻求可能的政策或规划途径。然后再制定实施保障的措施。**从整个规划的流程来看，采取的是一种：（1）提出目标→（2）分析目标→（3）矛盾梳理→（4）政策规划→（5）实施保障的过程。**因为这些社会目标中必然涉及提高人民游憩生活质量的内容，因此，规划中也就必然会有对地方游憩发展所采取的政策和规划手段（包括空间的和非空间的）。日本1982年的《东京都长期规划》正是采取这种方式的典型案例。

另外，随着文化对城市发展的影响越来越大，在城市综合发展的策略与规划中，也开始重视通过促进具有文化内涵的游憩活动、建设文化设施等方法来提高人民的生活质量、发展城市文化产业、增强城市游憩竞争力、提高社会认同的规划，相关的措施同样包括空间与非空间的内容。英国伦敦完成的2004年伦敦市长（Mayor of London）系列规划正是其中重要的案例。

6.2.1　案例：1982年日本《东京都长期规划》

基于把“人际交流不够灵活、市民连带感不够坚强的大城市东京”，建设成为“安居乐业的城市、朝气蓬勃地生活的城市、值得称为故乡的城市”；使每个城市居民都“希望安居落户”，感到“值得安居落户”；进而能够让市民引以为豪的目的，1982年后，东京根据相关的研究制定了“东京都长期规划：家园城市，东京——迈向21世纪”的远景规划。

《东京都规划》首先分析了城市发展所面临的主要课题，同时就如何克服这些困难，建设理想的东京进行了构思和具体描绘，这些描绘包括了人们未来的生活状况和城市面貌，并针对不同的地区的具体情况进行了相关分析，最后提出规划的基本蓝图，并推出系列政策以促进这个规划的实施（图6-1）。而游憩的良性发展，渗透在规划思想的方方面面。

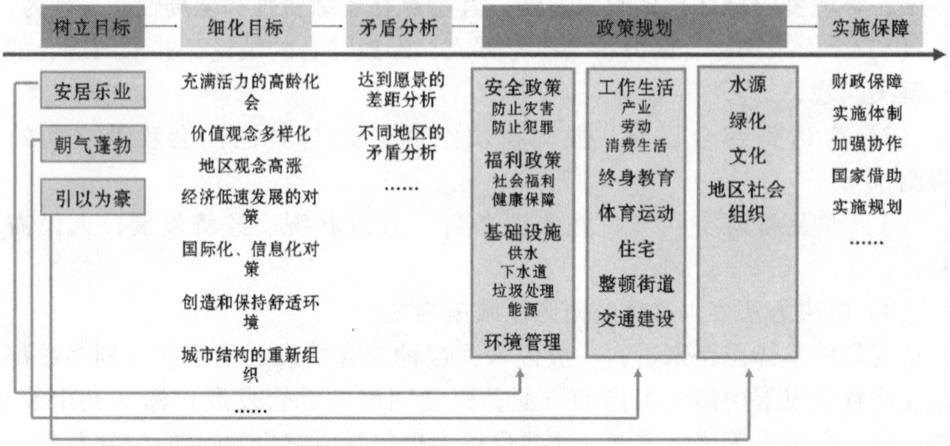

图6-1　东京都规划的规划框架图①

在促进城市整体发展的目标下，《东京都规划》以综合的手段与方式对城市游憩方向引导、游憩空间建设等方面进行了深入分析，并结合游憩空间的建设，综合解决生态环境保护和防灾等相关问题。其中对于“充满活力的高龄化会”、“学习型社会建设与体育运动促进”、“以水网和绿化构成的优美环境系统”以及“游步道系统规划等方面”，至今仍然值得我们学习。

1. 东京都老龄化社会发展构想

在东京都规划中，老龄化社会问题被视作未来城市发展的最重要的新变化之一。东京都规划在经过了相关舆论调查后，将老龄化社会的理想分为三个方面：方便生活的城镇、充实的生活和优越的社会福利。并从地区建设、与亲人生活、健康、工作和娱乐五个层面进行了交叉分析，得出了一个相对全方位的社会构架（图6-2）。这个构想对于面临老龄化的我国诸多迈向老龄化的大城市而言，也可以有相当的借鉴意义。

2. 学习型社会建设与体育运动促进

建立学习型社会与对市民体育运动的促进，同样是日本东京都规划中的重要内容。

东京都长期规划中，将教育的长期发展目标定为：给市民创造终身学习的机会；改善教育内容和方法，达到丰富多彩的学校教育目的；振兴私立学校；中学生能够按照个性和愿望进行选择；扩大大学公开讲座，为市民敞开大学之门；重视残疾人的教育；提倡男女平等教育；家庭、学校、社会共同

① 图6-1来源：笔者根据东京都规划思想绘制

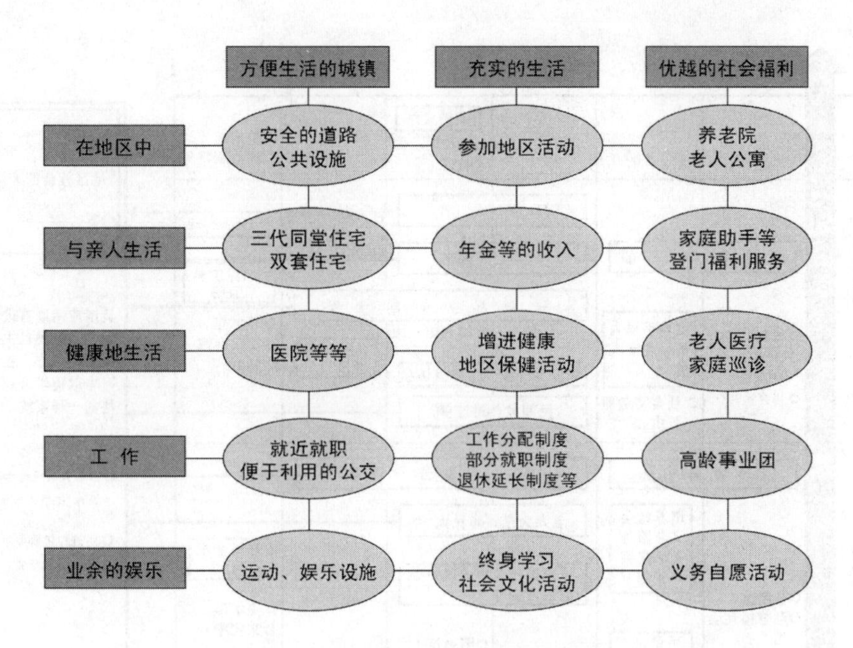

图6－2　实现富有活力的高龄化社会措施构架①

创造一个使得青少年能够全面发展的社会。并根据这些目标采取了推进终身教育、充实学校教育、各方面协调共同营造青少年健康成长环境等各项措施，如图6－3所示。

为满足人们闲暇时间内的体育运动和娱乐生活，规划将市民终身享受体育运动和娱乐生活的乐趣、市民可以随时就近进行轻松的体育和娱乐活动作为目标，提出了相关设施、服务与倡导策略。

3. 以水网和绿化构成的优美环境系统

为建构舒适的生活居住环境，东京都对城市的水网和绿化网专门进行了规划。规划认为：城市的河流及绿化不仅给市民带来滋润和慰籍，也适合于开展体育、娱乐活动，同时对防止灾害、防止城市无序蔓延也有一定的作用，通过河流和绿化的网络，可以建立良好的城市结构。因此。在东京都规划中，提出了“使东京遍布流水和绿化网”的目标，并结合地形，将海、街道、森林、丘陵、山地和岛屿六个部分进行了划分，修建并增建公园和绿化空间，使得整个网络能够成为市民开展体育运动和娱乐运动的场所。在原有的森林地区，武藏野一带，建设武藏野森林公园。如图6－4，图6－5所示。

在城市中，为使市民能够有良好的自然环境，更是强调除了要保护现有树木草坪之外，还需要对公共设施、以及住宅周边的每一块空间进行绿化，使城市中的绿化能够尽可能的扩大，以满足环境和防灾要求。

① 图6－2来源：［日］东京都厅生活文化局国际交流部外事科．东京都长期规划：家园城市、东京——迈向21世纪．日本时报社 译．东京都厅生活文化局国际交流部外事科，1984.5

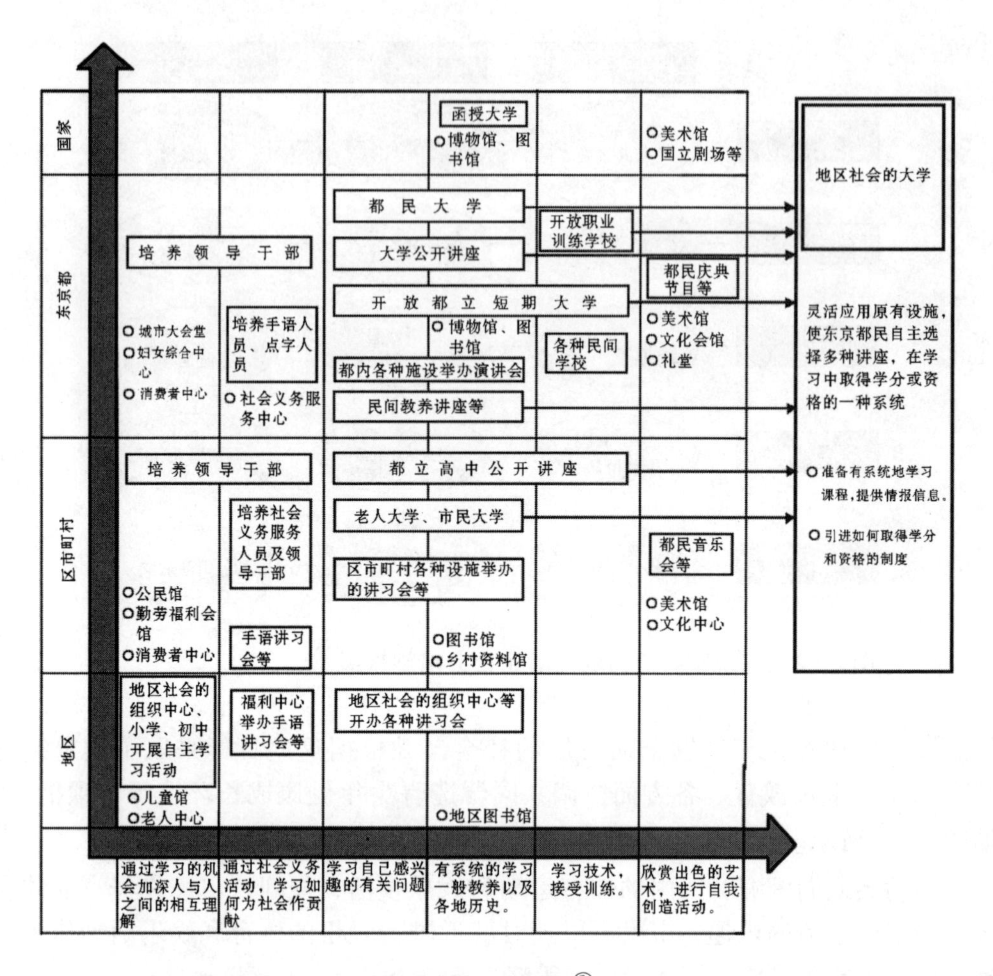

图6-3　终身学习体系与地区社会的大学结构[①]

4. 游步道系统规划

为串联丘陵地区、市区街道、沿海公园、古迹和河流，东京都规划了相关的“游步道”系统。这个系统包括了武藏野路、首都自然人行道、历史文化散步道、绿化道和自行车道在内的5种道路，道路之间相互联系，形成一个连接诸多城市公园、自然森林公园、历史文化景点和诸多娱乐设施的景观网络系统。使得不同的点和面，由相互交织的线构成的网络联系在一起，形成一个完整的自然环境和历史文化网络（图6-6）。

“游步道”的提出，为人们认识、利用和发扬自然历史文化资源带来了一种新的模式，它适用于运动、交流和发展的线性区域，强调将相关自然和文化资源整合为一个系列，并强调用系统的方式来研究、保护、管理和利用。人们

---

① 图片来源：［日］东京都厅生活文化局国际交流部外事科．东京都长期规划：家园城市、东京——迈向21世纪．日本时报社 译．东京都厅生活文化局国际交流部外事科，1984. 103

在风景优美而文化丰富的景观游步道上行走，无论在时间和空间序列中，都能够更加有利于感受自然与历史。

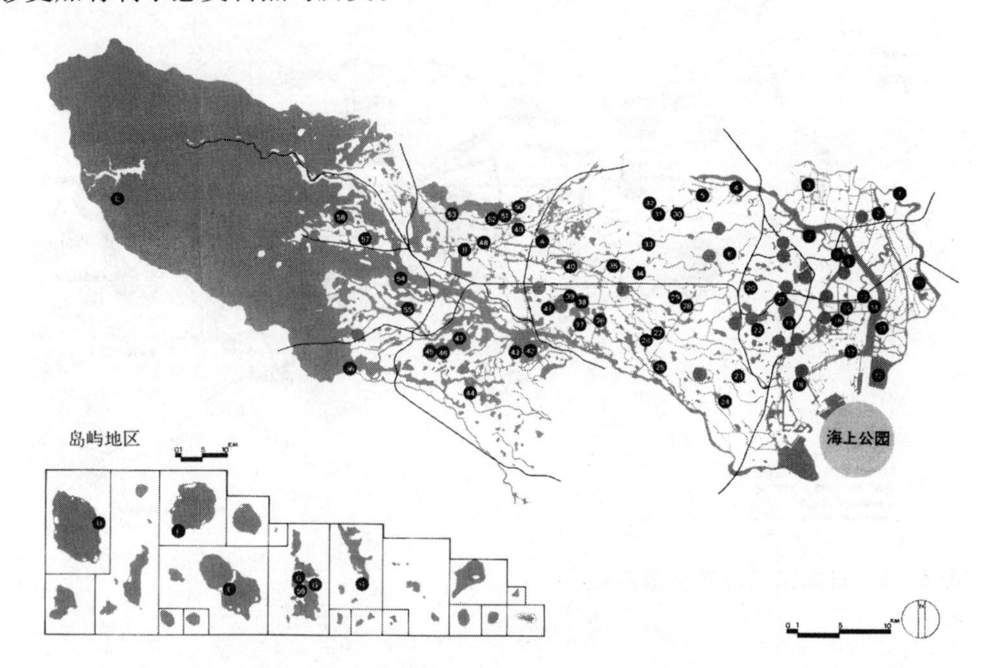

图 6－4　东京都水源与绿化网的配合及公园整建计划①

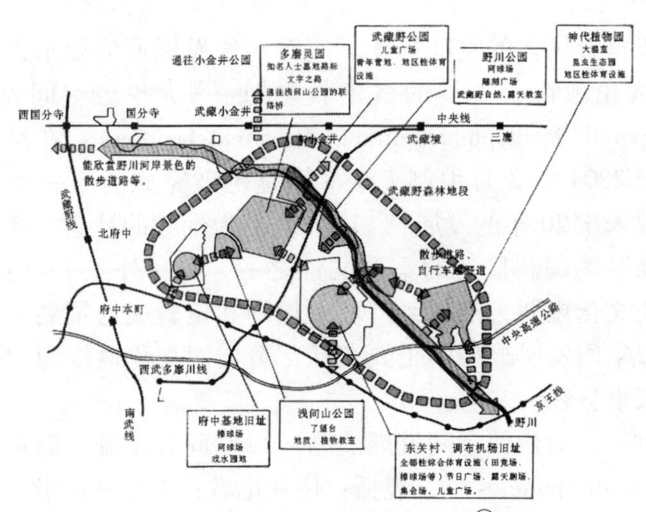

图 6－5　“武藏野森林”的整建设想②

---

① 图 6－4 来源：［日］东京都厅生活文化局国际交流部外事科．东京都长期规划：家园城市、东京——迈向 21 世纪．日本时报社 译．东京都厅生活文化局国际交流部外事科，1984. 147～148

② 图 6－5 来源：［日］东京都厅生活文化局国际交流部外事科．东京都长期规划：家园城市、东京——迈向 21 世纪．日本时报社 译．东京都厅生活文化局国际交流部外事科，1984. 143

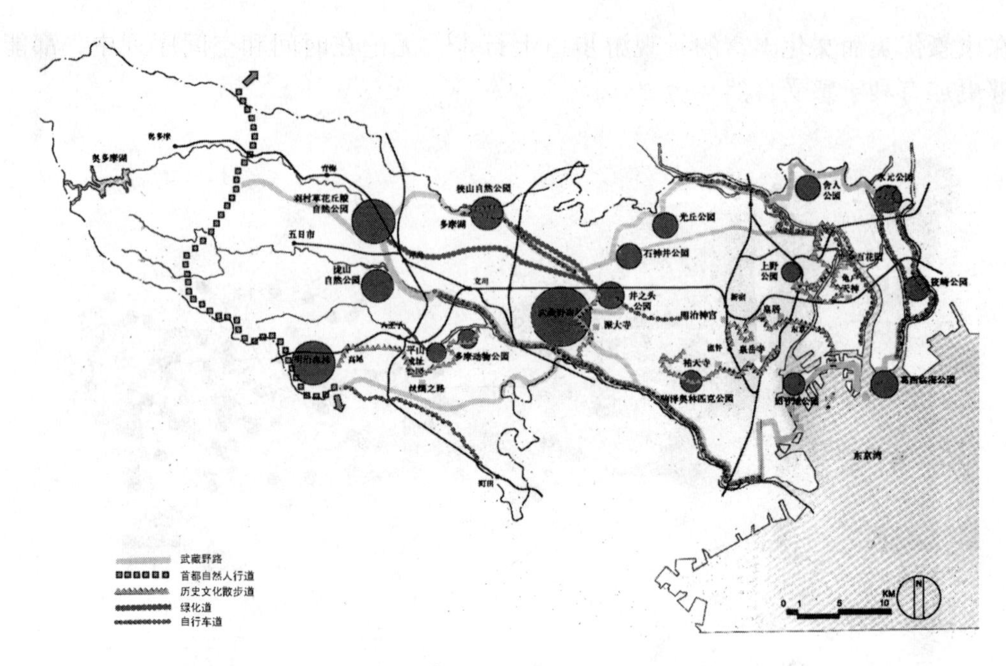

图 6-6　日本东京都游步道系统①

6.2.2　案例：2004 年伦敦市长（Mayor of London）系列规划②

为了进一步整合伦敦的空间资源，应对新的发展形势要求，增强伦敦的城市竞争力，由大伦敦市长主持的《伦敦规划——大伦敦空间发展战略（The London Plan：Spatial Development Strategy for Great London）》在经过了长达 4 年的努力之后，于2004 年 2 月编制完成。这是伦敦完成的第一个法定战略性规划，以指导伦敦未来 20 年的发展③。这个以“为伦敦的社会、经济和环境建构一个综合的框架”为编制目的的重要文件之一，与另外三个重要的专项规划，包括：伦敦市长文化规划、伦敦经济发展规划和伦敦交通规划一同出世。游憩成为了本次城市空间发展战略的重要关注部分，而文化也作为一个重要的内容被提上伦敦的议事日程。

《伦敦规划——大伦敦空间发展战略》以空间为基础，确定了四个方面的“政策主题（thematic policies）”，包括：住在伦敦；工作在伦敦；联结伦敦；享

---

① 图 6-6 来源：笔者根据：[日] 东京都厅生活文化局国际交流部外事科．东京都长期规划：家园城市、东京——迈向 21 世纪．日本时报社 译．东京：东京都厅生活文化局国际交流部外事科，1984. 109 ~ 110. 底图绘制。

② 如无特殊说明，本段内容主要参考自：Greater London Authority. The London Plan：Spatial Development Strategy for Great London. London：Greater London Authority，2004

③ 参考：王英，郑德高．专题研究．国外城市规划，2004. 19（3）：79

受伦敦（Living in London，Working in London，Connecting London，Enjoying London），基本上对应了雅典宪章的居住、工作、交通、游憩四个方面（从这里也可以看出《雅典宪章》所提出的四大功能，对今天的城市空间发展仍有重要的意义）。其中，涉及游憩的"享受伦敦"，以消费、文化与体育、旅游以及公共环境为主要考虑对象的主题成为一项重要的内容。

"享受伦敦"规划的目的非常明确：提高市民生活品质，并通过它来提高城镇中心的质量、增强休闲与文化对城市的贡献；使伦敦更具吸引力、成为具有良好设计品质的绿色城市。因此，伦敦规划强调"设立相关的政策措施，使人们能够通过这里的文化、购物、体育运动、旅游和开放空间，来获得多种类型的机会，享受伦敦带来的美好生活"。而其关注点与采取的措施包括了：

（1）对城镇中心的关注：增强城镇中心的活力，建立城镇中心的分级网络，增强它们的零售业和休闲价值（图6－7）；

图6－7 伦敦城镇中心网络建设①

（2）对文化和体育运动的关注：发展并提高伦敦的艺术与文化品质，发展体育设施；

（3）对伦敦旅游发展的关注：发展游客相关的住宿与服务设施增强伦敦的游客接待能力；

（4）提高伦敦的开放空间环境质量：充分发掘伦敦开放空间的价值，保护并发展伦敦绿带，管理城市开放土地（Metropolitan Open Land，简写为MOL），对开放空间加以特别保护，实施开放空间战略，在开放空间中渗透生态与自然保护的理念、提高郊区的可达性并改善城市边缘地区的景观面貌、促进伦敦的农业繁荣，等等。

---

① 图片来源：the London Plan：134

游憩其中所采取的、值得借鉴的措施包括：

重要景观区域的控制：伦敦规划制定了伦敦城市面貌保护框架，包括了对伦敦的全景、河流景观、小城镇景观、以及一些重要的线性景观进行了保护；制定相关的城市面貌保护政策；出台评估建筑设计给城市面貌带来的影响的技术手段；对一些标志性的视觉通廊进行景观保护（图6－8）。

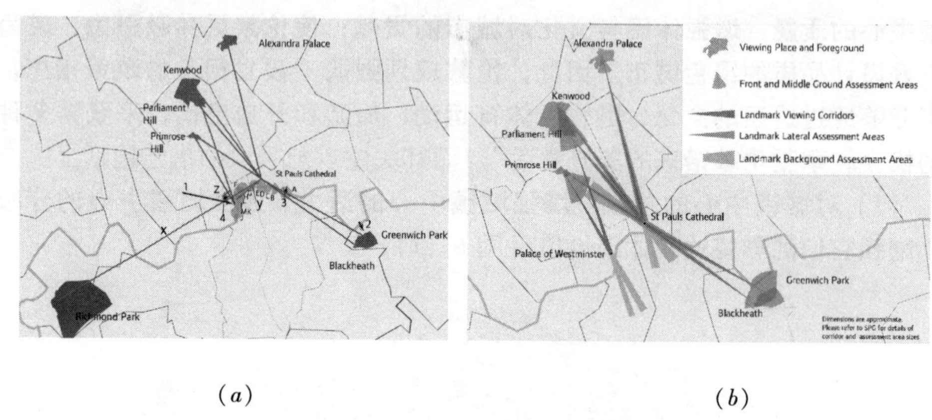

(*a*) (*b*)

图6－8 伦敦城市面貌保护框架（*a*）与标志性的视觉通廊景观保护（*b*）[①]

重视旅游发展：对于与文化密切相关的旅游活动，伦敦规划中确定了保持原有旅游景点并发展新旅游景点、扩大旅游接待能力的决定。以吸引更多的游客并满足伦敦市民自身的游憩需求。

自然环境和文化遗产资源的整理与控制：此外，提高伦敦的环境质量也成为"享受伦敦"的重要内容之一。新伦敦规划对城市的自然环境和人文环境进行了整理，对城市河网、自然景观和人文景观进行了相应的防灾和游憩利用的规定（图6－9）。

图6－9 蓝色水系网络规划（左）开放空间网络规划（中）与复兴区域（右）[②]

① 图片来源：the London Plan：191－192
② 图片来源：the London Plan：196，143

多种类型的城市文化空间建设措施：在伦敦规划中，分层次提出相关的文化策略（Cultural Strategy）、并通过文化发展促进地方全面复兴是一个重要思想。规划中明确提出并确立了文化策略，相关措施包括：

（1）对**战略文化区域**（Strategic Cultural Areas）及其相关环境进行鉴定、保护与增强；

（2）指定并发展**文化区**（Cultural quarters）；

（3）在适当的地点发展伦敦中心地区、城市边缘、以及市镇中心的**夜间娱乐活动**，并通过相关措施，如：将其划为"娱乐管理区"来控制其影响；

（4）支持市长的**"艺术百分比（Culture Percent）"**计划，并在主要的混合功能的发展项目中鼓励艺术与文化设施的建设。

其中，"战略文化区域"是伦敦作为一个国际城市的文化标志，它包含了一系列具有国际影响力的文化机构，如：博物馆、美术馆、剧院等，这些内容多数也是伦敦主要旅游吸引物。规划将格林威治河两岸、Wembley等在内的8个地区列为这样的战略文化区，并明确指出：应当对这些区域及其相关的环境进行保护，并且加强。

文化是一种"创造性产业"，而"文化区（Cultural quarters）"就是为这个产业的工作者提供居住和工作空间的相对集中的区域。在伦敦规划中，文化区被看作"地方更新的触发点（trigger for local regeneration）"，成为艺术活动的集聚的地区。由于文化与创造活动对传统地区来说最有价值，它们将带来地区更新和功能的混合，因此，规划将对此进行不懈的支持，并从经济支持和文化事业发展上给予相应的优待。另外，周边城镇中心的边缘附近也是设置文化区的适宜地段。

区域及次区域的文化设施对城市中心和周边城镇的中心地段都非常重要，它为伦敦的年轻人提供了广泛的交流活动机会。伦敦规划将文化设施的建设作为城镇中心更新的一个重要部分，而这些新的文化资源将成为分布在伦敦中心之外的、新的旅游吸引物。

夜间娱乐活动具有重要的经济效益，是伦敦作为世界城市身份的象征，人们对夜间娱乐活动也有了越来越大的需求。但因为城市夜生活牵扯到许多方面的问题，特别是干扰问题，因此，对夜间娱乐活动开展的区域需要进行认真的研究，并通过相关的法律来减少这项活动的负效应，如：噪声影响、酗酒等等。

提倡优秀设计以提高城市文化品味，并制定相关设计准则："优秀的设计是达到所有目标的重要条件"，新伦敦规划对一般性和特殊建筑设计制定了相关的设计准则。其中，一般性的准则分为"建设一个紧凑城市"的准则和"促进建筑与设计达到世界级水平"的准则两个方面；特殊建筑设计准则主要针对高层建筑、超大规模建筑群、以及建筑遗产和景观等特殊建筑建筑物的规定。

其中，建设紧凑城市的准则包括：建筑设计应当对土地最高效地加以利用；创造或加强公共领域；提供或加强混合功能；功能合理；经济耐用；安全；尊重地区的环境、特色和社区；易于建造和辨认；具有视觉吸引力并带给人们舒适、鼓舞与快乐的感受；尊重自然环境；尊重历史遗产等。

促进建筑与设计水平的准则包括：对伦敦公众领域品质的提高；提高社区的参与程度；积极采用竞标的方法选择设计者；对重要地段讲究设计的引导；此外，伦敦政府将拟定并执行相应的伦敦设计准则，并为提高城市街道和空间的面貌和氛围实行伦敦公共领域战略。

6.3 着眼于单方面或多方面游憩条件改善的各类型专业规划

对更具有针对性地解决游憩的空间、设施、环境保护与游憩利用的平衡、获得相关的经济效益等问题，西方游憩规划中发展出了一系列专业规划的类型。有时候，为使得资源保护、景观美化和游憩需求能够协调一致地发展，一些地区可能同时采取几种类型的游憩规划，来解决若干不同问题。游憩专业规划的种类较多，名称也各有不同，如：国家公园系统规划、户外游憩规划、旅游发展规划，等等。由于开放空间、户外游憩、绿地系统等规划在许多时候具有必然的相关性，因此，也有一些综合了两种或几种目的和内容的规划，如：开放空间与游憩规划（Open Space and Recreation Plan，简称 OSRP 规划①）；土地与水资源保护兼游憩规划（The Land and Water Resources Conservation and Recreation Plan）等。本书在此选择其中一些具有典型性的类型来加以分析。

6.3.1 开放空间规划（Openspace Plan）

良好的场所是游憩活动发生的必要条件之一。开放空间规划正是解决这种活动场所问题的重要规划。但开放空间规划的意义却远不止在游憩方面。它搭建的是游憩与生态环境保护之间的桥梁。

6.3.1.1 “开放空间”的涵义

“开放空间，Open Space”尽管与“公共空间，Public Space”在表达的意思上有一定的重叠，但现代规划中所谈的开放空间往往涉及面更广、内容更丰富，与城市生态和文化的结构更加密切（图 6-10）。

---

① 如：新泽西州环保局（New Jersey Department of Enviromental Protection）的绿亩行动（Green Acres Program）中，OSRP 规划就是其中重要的手段。参见：www. nj. gov/dep/greenacres

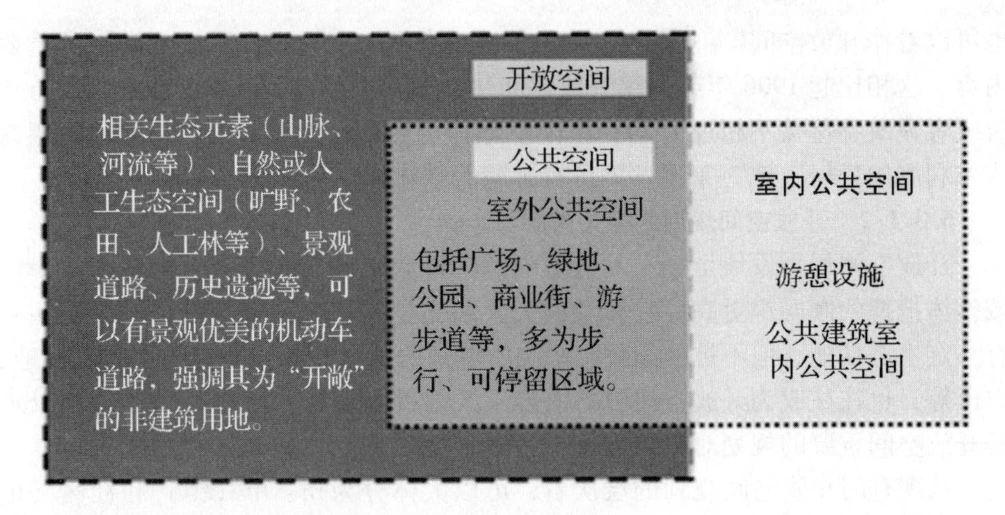

图 6－10　开放空间和公共空间的区别与联系①

从开放空间规划的理论来看，现代开放空间规划的理论较早见于奥姆斯特德的景观设计理念中。1870 年，奥姆斯特德发表了一篇题为“公园与城市扩展（Public Parks and the Enlargement of Towns）”的论文，把公园、园道及规划过的住宅小区（或卫星郊区）等几个概念联系在一起，认为一个管理运行良好的城市主要花园（main garden）可以成为城市发展提供一个发展的中心，利用相关的干线（trunk line）可把它与城市建成区及预定规划区连接起来，这些路径最终将导向规划的住宅社区，成为所谓的“开放型城市郊区（open town suburb）”。此外，该文章还揭示了城市化与文化进步之间的密切联系，表现在学校、艺术品、组织化和商业化的休闲娱乐、劳动分工、交通的迅速发展、通讯、公用事业、公共卫生和建筑机械化的全面进步上②。这标志着开放空间体系规划的理论最初成型。

开放空间的观念从奥姆斯特德发展而来，在认识上有了较大的提高，从现有的开放空间规划来看，多数的开放空间采用了广义的概念。

开放空间被认为是：“没有被高强度、集中开发来作为居住、商业、工业和公共事业的土地。它的土地可以是公有，也可以是私有的。它包括了农业与林业用地，未被开发的海岸线，未被开发的风景区域，公共公园以及保护区。它也包含了如湖泊和海湾在内的水体。被定义为‘开放空间’的土地，部分有赖于它的周边环境。一片空地或是一片小湿地可以成为一个大城市中的开放空间；在周边都已经完全被开发的时候，一条供步行或自行车通行的狭窄廊道或道路

① 图片来源：笔者绘制。

② 参考：曹康．奥姆斯泰德的规划理念——对公园设计和景观设计的超越．http：//top1．nease.net/urban/.

也可以看作开放空间”①。此外，文化与历史资源，也被视作开放空间中的重要内容。这相比起1906年英国《开放空间法》的定义，“围合或者开敞；没有建筑或者建筑物覆盖不超过1/20；整个空地作为花园、游憩、废弃物堆放等用途或未利用的任何土地”来说，更具有游憩的意味。

6.3.1.2 开放空间规划的相关内容与步骤

开放空间规划发展至今，对自然资源的涉猎范围逐步扩大，而对于整个区域整体把握的倾向也更高。它涉及面大大超出了国家公园系统的范畴，一些具有一定生态功能、但不被国家公园系统所重视的地方，如：普通的山地、林地、农田等，也往往成为开放空间中的内容。人们可能进行“游憩”的路径与景观是开放空间重要的规划对象。

从现有的开放空间规划的层次看，可以大体分为州、市（镇）和社区（地段）3个层次，不同的层次有不同的侧重方面。**开放空间的规划步骤大体包含如下10个**②：

（1）确立负责人；

（2）对自然资源列出清单，内容包括：

1）已经指定的开放空间，包括国家、州、地方所确立的自然控制区域和已经约定俗成的本地区域；

2）已经为公众所用的绿色开放空间，但没有被制定为保护区域的地方。如：高尔夫球场、棒球场、射击俱乐部区域、宿营地；

3）被专家确认为独一无二的或者值得保护的区域；

4）不适于建设和发展的地方，如：湿地、潮汐区、沙砾区；

5）常规应当保护的区域，如：内陆湿地、冲积平原、蓄水层；

（3）对开放空间按照功能进行分类：

1）自然资源保护区域，对独一无二的和脆弱的动植物栖息地、野生动物走廊、岸栖动物缓冲区等；

2）室外游憩区域，包括：公园、游戏场地、海滩、游步道等；

3）资源管理区域，包括：农田、林地、养鱼场；

4）公民健康与安全保护区，包括洪泛区、湿地、无法建设区域、具有约束的发展区、土壤含水区域；

（4）对社区形象和设计具有特殊意义的空间用景观廊道或绿色道路组织起来，相关空间包括：

---

① 该定义主要参考纽约州开放空间规划的相关定义。引用自：NEW YORK STATE’S OPEN SPACE CONSERVATION PLAN 2002. http://www.dec.state.ny.us/website/opensp/2002/FnlCharpter1_OSP.PDF。2002：7.

② Jim Gibbons. Ten Steps In The Development Of An Open Space Plan：Open Space Fact Sheet #2. http://www.scseagrant.org/scnemo/pdf/statewide_fs.pdf/openspace2.pdf

1）周边区域、社区前后和附近的场地、城市广场、绿色道路、与未来发展相关的开放空间；

2）历史与考古遗址，如：战争遗迹、历史建筑物和区域、历史地区、市镇历史绿化区等等。

（5）确立开放空间发展的系列目标；

（6）按照具体情况确定保护的优先级；

（7）对如何保护地区的可行性进行经济投资的预算与规划；

（8）对每一块具有特征的土地进行信息存储，包括土地的所有者、可能遇到的障碍和该地区所具有的特色。

（9）与规划中所涉及到的土地所有者进行专门的联系。使利益相关者能够参与进来，寻求他们的意见、讨论并最终达到共识；

（10）组织公众参与的讨论与报告会。

6.3.1.3　开放空间规划的指导思想与相关策略

开放空间发展的指导思想与大致策略①包括：

1. 充分合理地利用各种可利用的土地

由于土地的缺乏成为了西方国家开放空间发展最大的障碍，因此，合理地改造和综合利用各种可以利用的土地，就成为一种有效创造开放空间的重要方法。一些原先没有被注意的空间，被改造成为了新的开放空间。如：街道、公路、滨水地区和其他一些具有公共功能的空间。

2. 适当运用多种开发管理模式

包括主要的3种模式：纯粹的“公共部门途径（public approach）”，由城市政府提供新的公园，或者是对现存的一些公园进行改造，政府拨款，公园建成后归政府管理；“公私合作模式（public/private coventure）”，即公共部门保留公园的所有权并为之负责，但是私人部门通过捐赠、捐助等方式，协同管理公园的发展；以及“以市场为导向的公众模式（market-oriented civic model）”，它依靠公共部门和私人部门之间在公园管理和发展方面长期的合作，利用非营利性质的等来建设公园和开放空间。

3. 广泛的合作

开放空间的成功，不仅依赖于好的规划和设计的合理实施，也依赖于在公园项目的投资和管理过程中，公共部门和私人部门持续不断的支持和参与。大部分成功的合作，都包括了政府、商家和一些慈善基金会，以及一些非营利合作伙伴和私人团体。其中，公共部门需要负起相应的领导和协调者角色，而广泛的社区参与、建立与非盈利组织和私人合作伙伴关系，是保障公共空间得以良性发展的重要条件。

---

① 本部分主要引用和参考自：任晋锋．美国城市公园和开放空间发展策略及其对我国的借鉴．中国园林，2003（11）：46－49

6.3.1.4　案例：克利夫顿公园镇（Town of Clifton Park）[1] 开放空间规划

克利夫顿公园镇的开放空间规划，是比较具有代表性的一个城镇一级的开放空间规划。

克利夫顿公园镇的这个规划一直都是在多方参与的情况下完成的。首先，作为一种信息的"输入（input）"，在公众参与的情况下，讨论了如下议题：

（1）克利夫顿公园镇开放空间自然资源的现状。对相关资源的保护情况进行分类与摸底，寻找问题所在。

（2）对该开放空间规划的"理想状况"思考；

（3）群策群力，寻找可能的解决方法与途径；

（4）对提高开放空间保护的思考；

在此基础上，规划对整个区域的现有自然和历史资源条件状况进行了全面的统计与分析，绘制生态与水资源地图；游憩区域、绿化道路地图；文化与历史资源分布图；农业资源分布图。这些地图将相关资源的条件落实到空间之上。寻找资源间彼此联系的路径，形成概念草图。

进行投资分析，并再次采用公众参与的方式进行规划方案改进。反复修改，直到完成。规划的整体结构和结果大致如图 6－11 所示：

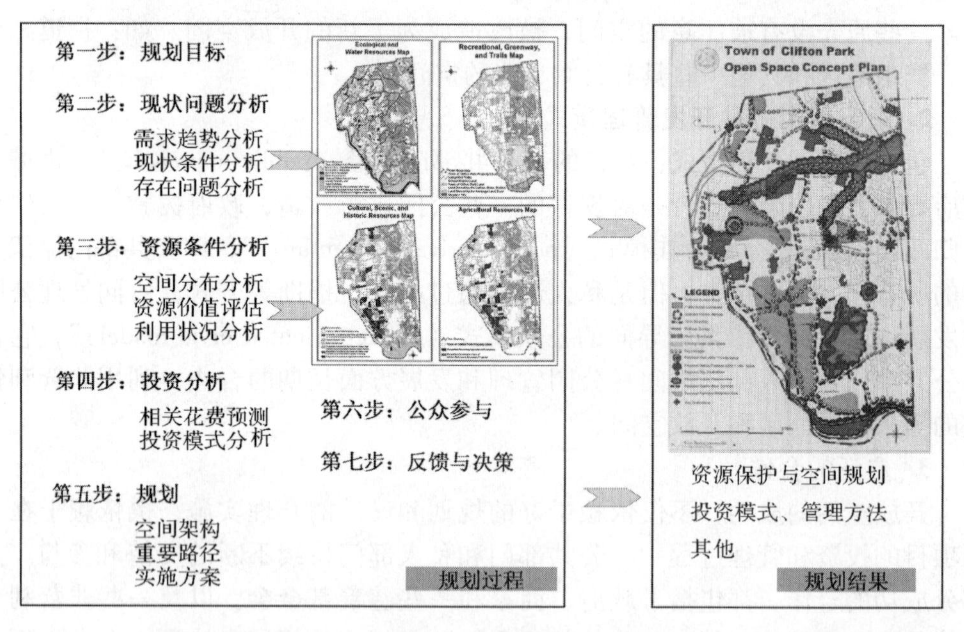

图 6－11　开放空间规划的决策程序——以克利夫顿公园镇开放空间规划为例[2]

① 克利夫顿公园镇（Town of Clifton Park）是位于纽约州东部萨拉托加郡（County of Saratoga）的一个城镇。

② 图片来源：笔者根据 Town of Clifton Park. Clifton Park Open Space Plan 2002.. 绘制

6.3.1.5　案例：新英格兰地区的绿道网络规划

作为开放空间的类似规划形式，绿道网络规划（或称为绿色通道规划、生态网络规划）是西方经常采用的、与生态环境和游憩联系密切的规划类型。

“新英格兰地区具有优良的生态网络规划传统，走在美国的前列”①。英格兰地区的绿道网络规划目的在于建立一个相互连通的多层次的绿道网络，将地区层次、市级层次、场所层次的绿道网络连接起来（图 6-12）。为新英格兰地区人民提供更多的游憩机会；维护和改造环境质量；通过适当的旅游活动促进经济增长②。该项规划有五步来完成③，即：

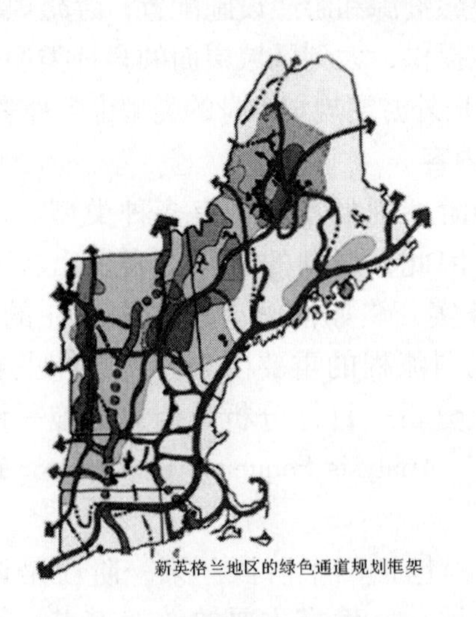
新英格兰地区的绿色通道规划框架

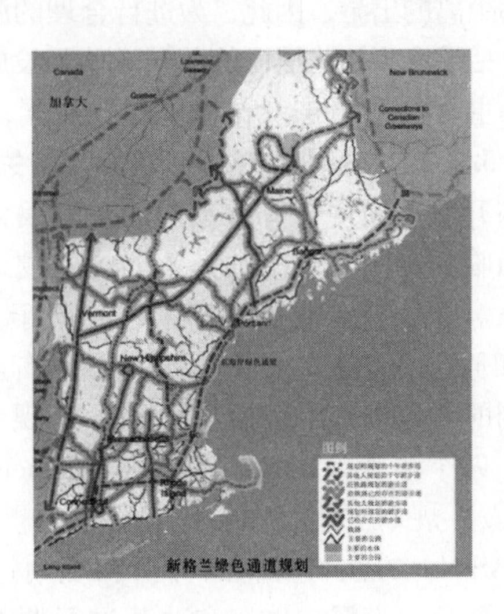

新格兰绿色通道规划

图 6-12　新英格兰地区绿道规划④

（1）全面清查每个州已存在的绿色通道；

（2）研究当前每个州和全地区的规划；

（3）考察现存网络的之间的缺口，寻求相应的联络方案；

（4）制定各分项规划；

（5）形成每个州和全地区的绿道网络规划。

---

① 王海珍．城市生态网络研究——以厦门市为例：[硕士学位论文]．华东师范大学资源与环境科学学院．2005.8

② 刘滨谊，余畅．美国绿道网络规划的发展与启示．中国园林，2001（6）：77-81

③ 刘东云，周波．景观规划的杰作 ——从“翡翠项圈”到新英格兰地区的绿色通道规划．中国园林，2001.（3）：59-61

④ 图片来源：刘东云，周波．景观规划的杰作 ——从“翡翠项圈”到新英格兰地区的绿色通道规划．中国园林，2001.（3）：59~61

6.3.2 游憩规划

“游憩规划”是一种较为笼统的说法，在具体的条件下，它可能被称为“户外游憩规划（Outdoor Recreation Plan）”、“游憩与休闲规划（Recreation and Leisure Plan）”、“休闲规划（Leisure Plan）”等等，其所涉及的范围可小到一个社区，也可大到整个国家，多数情况下关注于合理配置户外游憩资源、提高地方游憩系统的品质、缩小人们的游憩需求与相关资源与设施供给之间的差距，为人们提供更好的游憩生活质量。因为游憩规划中所考虑的人们的户外活动涉及日常游憩、也涉及远距离的出游，因此，为进行合理的游憩资源和游憩设施配置，游憩规划的类型也包括了小到社区层面的游憩场地和设施提供，大到区域层面的多种类型。因为面临的主要问题不同、所关注的层次不同，户外游憩规划本身的类型也多种多样。

6.3.2.1 游憩规划的规划流程与相关内容

与开放空间规划有所不同的是：因为游憩规划本身具有多种类型、而不同类型面临的和需要解决的是不同的问题，因此，规划的流程也表现出各不相同的特色。随着现有的规划越来越趋向于务实，“如何解决现实中存在的问题”和“如何达到既定的目标”成为了左右规划流程的重要因素。从总体上看，游憩规划的大致内容中一般都会包含“现状分析—目标分析—相关措施—评估与实施”四个步骤。PASOLP（The Products’ Analysis Sequence for Outdoor Leisure Planning）规划法是其中的代表。

PASOLP 方法将游憩的分析和规划过程包括四个阶段：第一阶段是调查分析，对资源、市场、体制和改革进行调查评估，确定主要的游憩需求；第二阶段是明确游憩发展的目标；第三步进行整体规划，包括物质性空间规划和其他非物质性的政策措施；第四步是对发展的影响评估（图 6-13）。

根据曼纽尔·鲍德-博拉、弗雷德·劳森的《旅游与游憩规划设计手册》，游憩总体规划的主要阶段包括①：

(1) 考察不同的地方机构在游憩设施的建设和财政方面所发挥的作用，并同时考虑其各自的发展目标；
(2) 地区游憩潜在需求的预测；
(3) 分析现有的资源和游憩产品在环境价值、功能及规划中存在的问题；
(4) 替代性产品的发展；
(5) 优先游憩区的设想，要考虑需求、主要问题、可开发资源，并确定相应的游憩产品的特征；

① 下面内容引用自：［英］曼纽尔·鲍德—博拉，弗雷德·劳森. 旅游与游憩规划设计手册. 唐子颖，吴必虎 等译校. 北京：中国建筑工业出版社，2004. 208

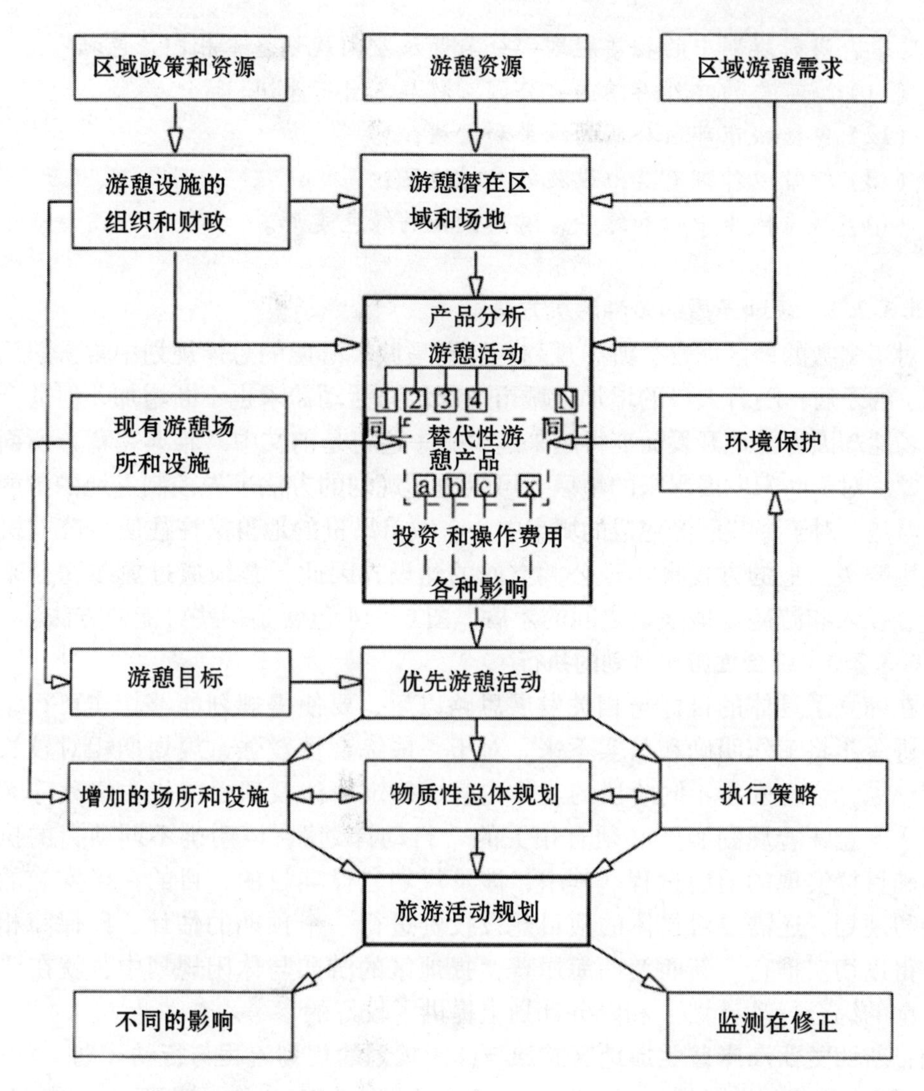

图 6-13　游憩的 PASOLP 程序①

(6) 开发规则；

(7) 实施策略，规划的协调和财务预算；

(8) 资源保护，采用环境政策控制环境风险、改善濒危的、和受污染地区的环境；

(9) 影响评价（从公众利益、地方经济、环境等方面）；

(10) 监测和持续规划：这是一个重要的问题，涉及到检测观察台的建立，尽量使用卫星影像和计算机图像技术，给出使用和发展的范围。

① 图片来源：[英] 曼纽尔·鲍德-博拉，弗雷德·劳森. 旅游与游憩规划设计手册. 唐子颖，吴必虎 等译校. 北京：中国建筑工业出版社，2004. 207

其中，游憩规划中的物质规划部分与开放空间规划基本相同，包括：

（11）城市中的户外游憩区：公园、河岸、自行车道；

（12）包括城市郊区公园的绿带和设施；

（13）绿带以外拥有其他设施的乡村地区；

（14）联系城市中心和绿带，游憩设施的绿色走廊。

6.3.2.2 场地矛盾的多种解决方法

对于多数的地区而言，游憩规划、特别是城市游憩的总体规划中常常遇到一个棘手的矛盾：随着人口的增加，城市内部游憩活动需求也不断增加，但适合游憩的场地却因为土地开发而变得越来越少——这正是前文中《雅典宪章》所面临的问题。对于尚未发展起来的地区，可以通过规划的方法事先控制土地的游憩用途；但是，对于那些已经建成的城市中心，城市昂贵的地价又往往使得公共机构无法用购买土地的方式来实现公共空间的建设，因此，必须通过更多途径来解决资金投入和游憩场地缺乏之间的矛盾。图6-14包含了一些可能的方法。

6.3.2.3 综合性游憩规划的执行

在确立了具体的目标与相关发展思路以后，要使得规划能够切实可行，还需要进一步将工作明确和落实下来。对于一些综合性较强、规划期相对较长的游憩规划，合理安排不同阶段的工作内容、确定所涉及项目的优先级秩序尤为重要。这意味着规划实施必须有相关的“行动计划”，以明确不同项目的执行顺序和目标实现的前后过程。其中，涉及规划建设项目的、目的在于实施的相关游憩规划，还需要对具体的项目建设投资进行一个预期的估计，以保障相关工作得以切实推行。新西兰西海岸普兰提地区的游憩与休闲规划中，就在“针对目标的综合行动计划”和财务计划上提供了较好的参考。

案例：新西兰西海岸普兰提地区游憩与休闲规划的规划流程与行动计划①

新西兰西海岸普兰提地区（Western Bay of Plenty District）是新西兰发展得最快的地区之一，随着越来越多的人到这个地区居住、越来越多的游客和度假者到此旅游，这个地区原有的游憩空间面临了越来越大的压力，在一些假日的高峰期，一些海滩的游憩空间扩张到了正常的四倍。人们对游憩空间和设施的需求逐步增加。

在这样的情况下，普兰提地区委员会（Western Bay of Plenty District Council）开始着手进行游憩与休闲规划（Recreation and Leisure Plan）。规划通过对现状影响因素和社区需求的分析，确定了该规划所需要达到的相关目标，并根据这些目标，规划了6项重要的战略措施。而后，又对这些战略措施的实施进一步划定了优先等级和分期发展的计划（表6-2）。为保障规划的经济可行性，在行动计划中规划对10年的资金运作方式进行了细致的计划（表6-3）。整体

① 本段如无特殊说明参考并引用自：Western Bay of Plenty District Council. District Recreation and Leisure Plan 2002. 2002.

形成了如图 6－15 的规划思路与图 6－16 的规划流程。

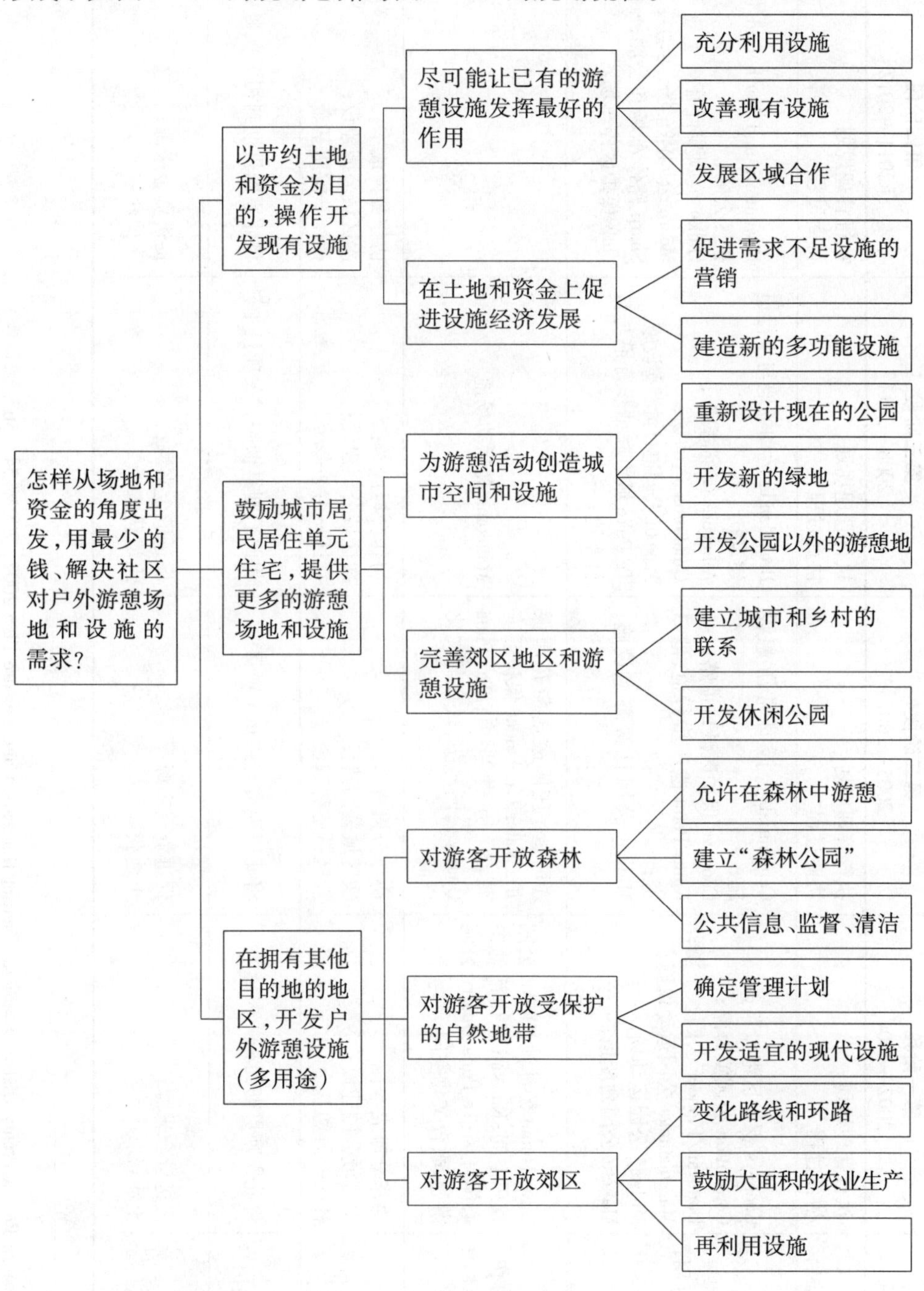

图 6－14 从场地和资金角度出发解决游憩需求矛盾[①]

① 图 6－14 来源：［英］曼纽尔·鲍德－博拉，弗雷德·劳森. 旅游与游憩规划设计手册. 唐子颖，吴必虎等译校. 北京：中国建筑工业出版社，2004. 206

新西兰西部湾普兰提地区游憩与休闲规划的项目进程安排行动计划表① **表 6-2**

	第一阶段 [2002—2004]	第二阶段 [2005—2007]	第三阶段 [2008—2011]	第四阶段 [2011—2012]
措施 1： 保障设施安全、健康、适当	执行管理规划 协商过程	执行管理规划 协商过程	执行管理规划 协商过程	执行管理规划 协商过程
措施 2： 保障公共设施基本可用，具体项目顺序建成	Cooneys 保护区港口路； Coronation 公园滨海路； Donovan/Pioneer 公园娱乐场； Maramatanga 公园运动设施； Midway 公园运动场； Maketu 公园划船道；……	Centennial 公园日常游憩设施； Cooneys 保护区港口道路； Kauri Point 遗产步行道、港口道； Midway 公园日常游憩设施； ……	Broadlands 运动场地与步行道建设； Albacore 街滨海路 ； Omokoroa 运动场； Maketu 公园道日常游憩设施； Te Puke 城市联结步行道与自行车道；……	Bowentown and North End 保护区公厕； Haiku 公园步行道； Moore 公园停车场、运动场； Sharp 路停车场和公厕；Surf club 保护区停车场；
措施 3： 委员会与社区共同协作，提供并发展游憩与休闲设施	Dave Hume 游泳池；Haiku 公园娱乐空间；Katikati 室内活动中心体育场；Te Puna Quarry 公园游憩、教育文化空间。	Athenree 庄园故居与花园保护；Water Catchment 保护区滨海路、历史步道；Te Puna Quarry 公园游憩、教育与文化空间。	Matakana 岛运动场地	
措施 4： 郊区游憩休闲机会提供	协作分摊成本； 次区域公园建设； 社区—游憩基金	协作分摊成本； 次区域公园建设； 社区—游憩基金	协作分摊成本； 次区域公园建设； 社区—游憩基金	协作分摊成本； 次区域公园建设； 社区—游憩基金
措施 5： 自然与文化遗产值保护	将此原则贯彻到相关项目中	将此原则贯彻到相关项目中	将此原则贯彻到相关项目中	将此原则贯彻到相关项目中
措施 6： 当前和未来游憩资源的安全保障	促进资金来源； 土地获取	促进资金来源； 土地获取	促进资金来源； 土地获取	促进资金来源； 土地获取

① 表格来源：Western Bay of Plenty District Council. District Recreation and Leisure Plan 2002，2002. 54 – 56

表6-3 **发展资金计划**

所有类型	2003	2004	2005	2006	2007	2008	2009	2010	2011	2012	总计
运营花费		78 230	111 250	143 945	190 002	247 648	306 245	329 225	355 005	413 215	2 174 765
折旧		55 537	77 881	95 448	116 748	142 623	173.040	188 190	203 018	242 702	1 295 187
资本支出	1 996 300	1 042 560	1 208 260	1 375 463	1 726 563	1 721 263	1 223 330	1 391 780	1 933 790	3 680 869	17 300 178
总花费	**1 996 300**	**1 176 327**	**1 397 391**	**1 614 856**	**2 033 313**	**2 111 534**	**1 702 615**	**1 909 195**	**2 491 813**	**4 336 785**	**20 770 129**
资金流											
利率(运营成本)		133 767	189 131	239 393	306 750	390 271	479 285	517 415	558 023	655 917	3 469 951
专用储备	150 000								149 000		299 000
其他收入	15 000			60 000		15 000	12 500		70 000	30 000	202 500
税(资本费用)	18 500	14 000	3 000	10 500	3 000	13 000	3 000	3 000	26 000	10 000	104 000
折旧费用	151 500	120 000	25 000	50 000			12 500		60 000	40 000	459 000
募捐	1 661 300	908 560	1 180 260	1 254 963	1 723 563	1 693 263	1 195 330	1 388 780	1 628 790	3 600 869	16 235 678
所有资金	**1 996 300**	**1 176 327**	**1 397 391**	**1 614 856**	**2 033 313**	**2 111 534**	**1 702 615**	**1 909 195**	**2 491 813**	**4 336 785**	**20 770 129**

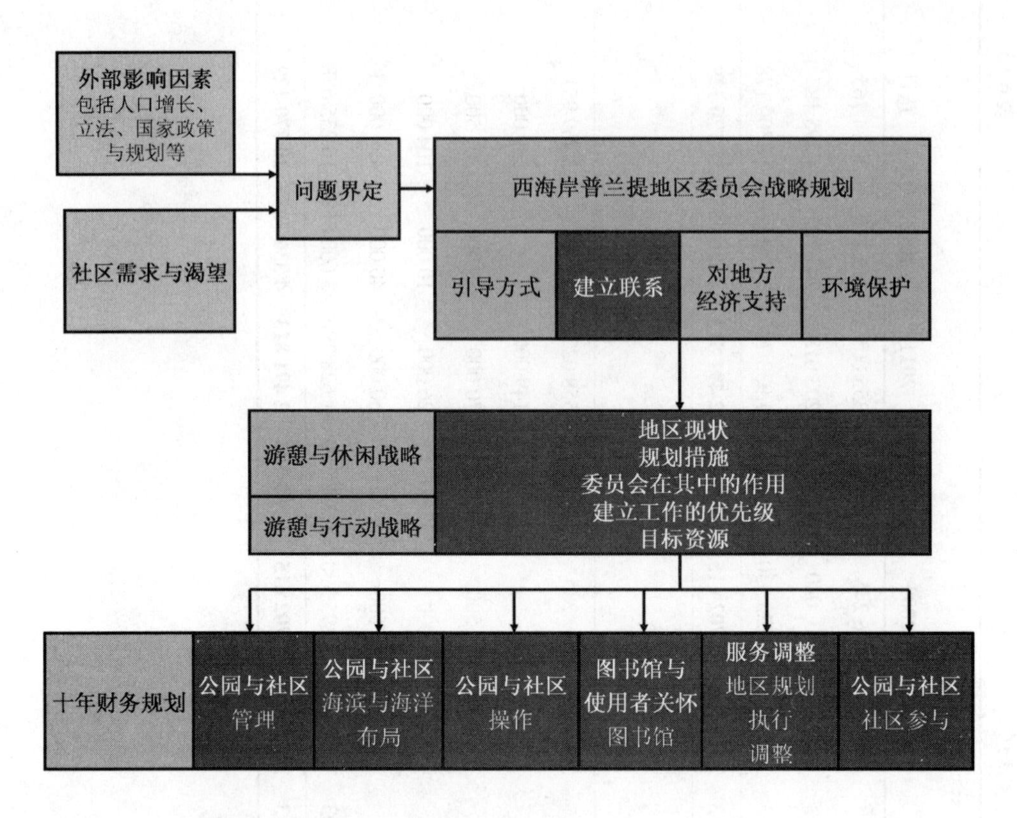

图 6－15　西海岸普兰提地区战略规划框架①

6.3.3　SCORP 规划

SCORP 规划是户外游憩规划的一种特别的形式。

前面在第 5 章中已经提到：SCORP 规划是美国州户外游憩综合规划（Statewide Comprehensive Outdoor Recreation Plan）的缩写形式，它是户外游憩规划的一种较为典型的代表；已经成为美国各州用以指导游憩发展的重要规划类型。这种以“州”为主要级别的规划，捆绑了国家的“土地与水资源保护基金（Land and Water Conservation Fund，简称 LWCF）”，支持各州、各地方政府在规划、获取、发展并管理公园和开放空间的工作，旨在更广阔的空间范围内与开放空间、自然资源之间达到协调，并通过对人们的游憩需求设施预测，来规划相关游憩设施与条件的布局。因为 LWCF 基金本身最关注的在于生态资源空间保护，因此，SCORP 规划往往与开放空间规划、生态保护规划等一起进行，成为形式综合的规划类型。

---

① 图 6－15 来源：Western Bay of Plenty District Council. District Recreation and Leisure Plan 2002, 2002. 68

6.3.3.1　SCORP 规划过程与规划框架

SCORP 规划过程强调公众参与，整个规划过程中大体包含了如下阶段①：

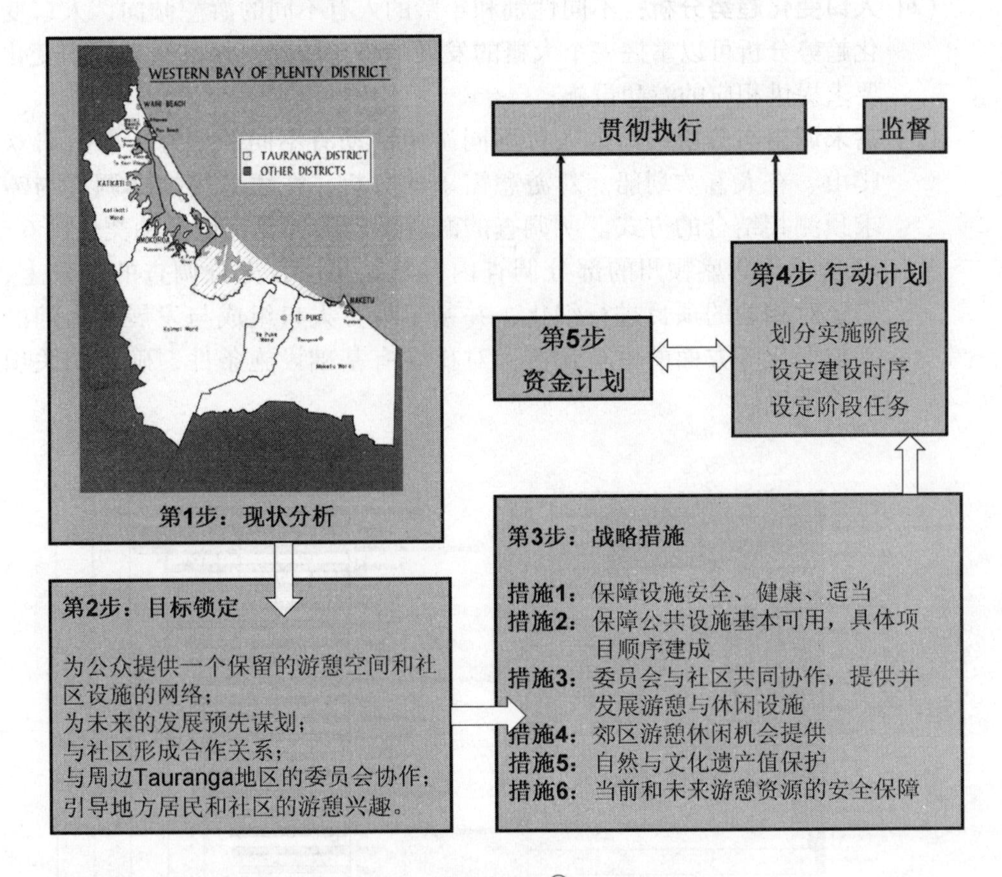

图 6－16　普兰提地区游憩与休闲规划流程②

（1）公众参与当前和将来游憩活动的开发决策；

（2）经过对专题、资源评价、设施、意愿和问题的研究、对需求和机会的研究，精心设计政策方案；

（3）公众对方案的评价；

（4）初步方案计划（考虑公众观点）；

（5）通过州级管理官员提出管理计划和年度行动计划。

6.3.3.2　SCORP 规划中几种重要的分析

为使得 SCORP 规划能够切实在保障资源的前提下满足人民的游憩需求，SCORP 中需要进行一些基础的调查和分析。其中最中重要的包括：

---

① 引用自：［英］曼纽尔·鲍德－博拉，弗雷德·劳森. 旅游与游憩规划设计手册．唐子颖，吴必虎 等译校．北京：中国建筑工业出版社，2004. 208

② 图 6－16 来源：笔者根据该规划整体流程绘制

（1）**现有资源与土地分析**：根据资源与土地情况，确定需要保护的地区和游憩发展的地区；

（2）**人口变化趋势分析**：不同性别和年龄的人有不同的游憩倾向，人口变化趋势分析可以掌握一个大概的发展趋势与情况，并根据人口的变化要求提供相应的游憩设施；

（3）**需求调查与分析**：每个人对不同游憩活动有不同的偏好，有人喜欢爬山、有人喜欢划船。对游憩需求的分析，往往采用抽样调查与需求预测相结合的方式。所调查的游憩活动的种类有许多种类。图6-17所示为华盛顿州的部分调查内容与结果。在充分调查的基础上，需要对相关的项目进行细化，并基于地方人口组成与发展、人们的兴趣变化等方面的进行预测。对比现有基础设施条件，确定相关项目的设置。

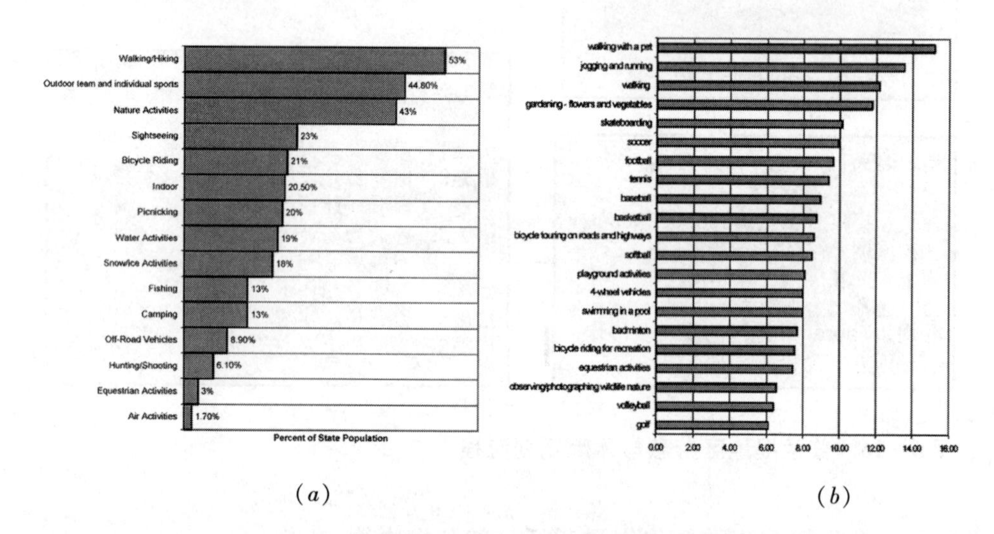

(*a*)　　　　　　　　　　(*b*)

图6-17　华盛顿州居民对不同类型游憩活动的参与程度（*a*）与户外运动类型（*b*）[①]

（4）**分区状况评价**：由于州一级的规划，面临着一个大的区域的不同地区的不同实际状况，在**SCORP**规划中，较为广泛地采用了分区分析的方法，来根据不同地区的情况制定相关的政策与措施方案。形成每个地区可以单独操作的方案体系，但在总体上进行调控和管理。另外，分区分析还有利于寻找出矛盾存在的焦点，可以根据分析的结果，选择最需要改善的地区开展工作（图6-18）。

---

① 图6-17来源：An Assessment of Outdoor Recreation in Washington State：A STATE COMPREHENSIVE OUTDOOR RECREATION PLANNING（SCORP）DOCUMENT 2002～2007. Interagence Committee for outdoor recreation，2002：6，8.

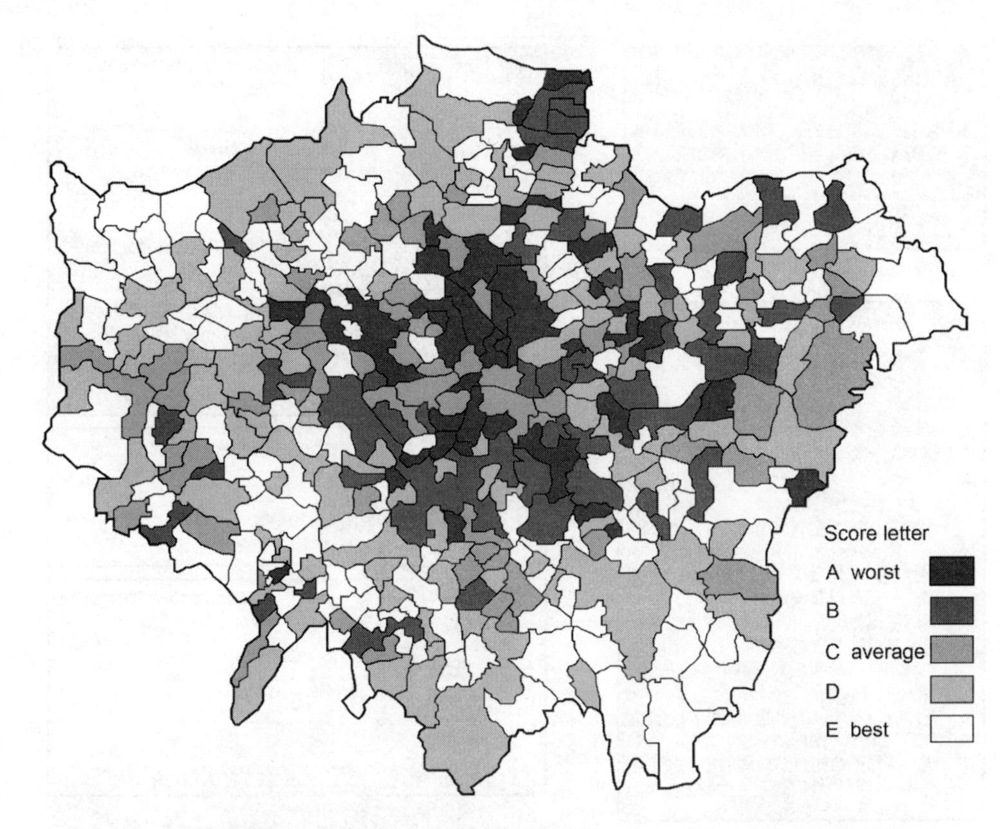

图 6-18　通过对不同片区游憩发展状况评分的方法，确定主要工作的重点①

6.3.3.3　案例：2002 年明尼苏达州 SCORP 规划②

明尼苏达州 2002 年的 SCORP 规划是美国 SCORP 规划的一个较为典型的案例。从整体规划的框架来看，规划采用了：确定指导思想→设定规划目标→按照规划目标分析现状→寻找从现状达到目标的措施的过程。如图 6-19 所示。

6.3.3.4　案例：规划执行的责任分配与协作——爱达荷州 SCORTP 规划③

由于区域游憩发展的涉及面广、为实现规划的整体目标所需要共同协作的机构与部门也很多，如何能够使得多方协调的执行过程顺利完成非常重要，需要在规划政策方面提供多方面合作的基础。爱达荷州的 SCORTP 规划在游憩规划执行方面的政策规划无疑具有值得我们学习的地方。

---

① 图 6-18 来源：Veal，A. J. Leisure and Tourism Policy and Planning. Cambridge，MA，USA：CABI Publishing，2002：136

② The Minnesota Department of Natural Resources. Enjoying and Protecting Our Land & Water：Minnesota’s 2003 ~ 2008 State Comprehensive Outdoor Recreation Plan 2002.

③ IDAHO STATEWIDE COMPREHENSIVE OUTDOOR RECREATION AND TOURISM PLANNING：ASSESSMENT AND POLICY PLAN. 1998. IDAHO RECREATION & TOURISM INITIATIVE. HTTP：//WWW. IDOC. STATE. ID. US/IRTI

图 6-19　明尼苏达州 2002 年 SCORP 规划框架①

在爱达荷州的 SCORTP 规划中，“如何使得这么多游憩和旅游方面的合作组织与机构能够、而且必须为未来协同工作”成为规划一个重要的考虑方面。因此，在对其游憩资源、空间系统、人口发展与游憩需求等方面进行系统分析之后，**爱达荷州 SCORTP 规划提出了 15 条具体的发展目标。然后通过目标的细化，使每条目标都对应于若干条细化的具体内容。在此基础上，将这些细化内容与所有相关机构和组织的功能进行对照，确定在每个实施细节中的管理与执行机构的具体分配与相互协调。这种做法使得不同的机构在明确自身职责的目标、范围以及合作伙伴，都起到了良好的作用。整个执行过程被系统地分配到位，较好地回答了复杂的综合性规划中“执行目标、谁来执行、怎么执行”的问题。**如图 6-20 所示。在爱达荷州的相关“合作伙伴”的目录中，包括了相关的国家管理机构、基金会、研究机构、社会协会和服务部门等等，这些机构与部门在整个地区游憩发展中各司其职。

① 图 6-19 来源：笔者根据 Enjoying and Protecting Our Land & Water: Minnesota's 2003 ~ 2008 State Comprehensive Outdoor Recreation Plan 2002. 绘制

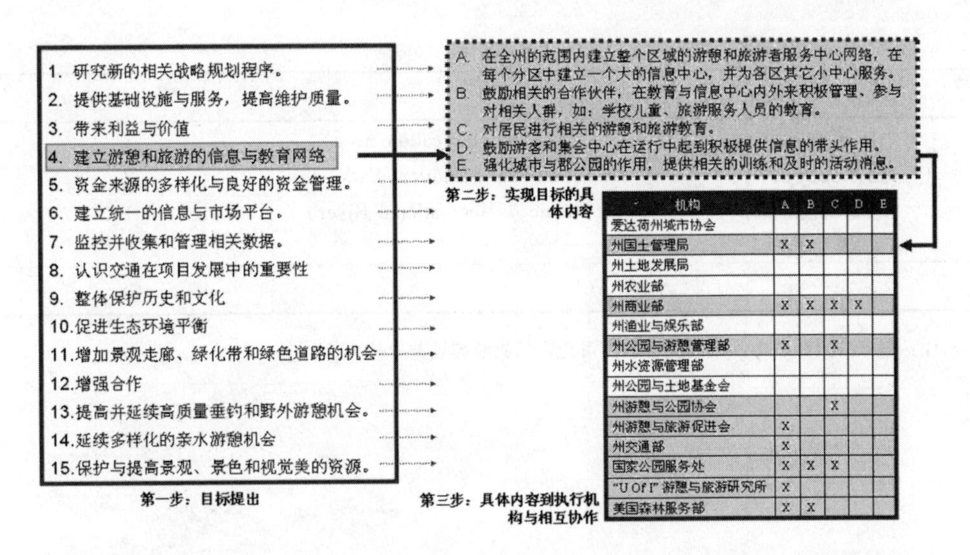

机构	A	B	C	D	E
爱达荷州城市协会					
州国土管理局	X	X			
州土地发展局					
州农业部					
州商业部	X	X	X	X	
州渔业与娱乐部					
州公园与游憩管理部	X		X		
州水资源管理部					
州公园与土地基金会					
州游憩与公园协会			X		
州游憩与旅游促进会	X				
州交通部	X				
国家公园服务处	X	X	X		
"U Of I" 游憩与旅游研究所	X				
美国森林服务部	X	X			

图 6-20　爱达荷州“提出目标→目标具体化→责任分配与协作”模式举例①

6.3.4　案例：在多项专业规划共同引导下的游憩发展：纽约州游憩规划体系研究

纽约州的游憩规划，是一个多方位、立体的系统。包括了国家公园体系规划、开放空间规划与 SCORP 规划等相关规划的内容。在州的下一级，不同的市镇和郡，也根据这些规划框架的精神，根据自身的情况进行了下一层次的规划。

6.3.4.1　纽约州国家公园体系的建立

为保护重要的历史和自然资源，纽约州建立了相关的国家公园系统。这个系统由内容丰富的诸多类型的“国家公园”的成员组成（表 6-4），而其中的“风景走廊”，如：Appalachian National Scenic Trail，客观上起到了空间串接的作用（图 6-21）。

纽约国家公园系统相关内容②　　表 6-4

类　型		数　量
国家风景走廊	(National Scenic Trail)	2
国家纪念碑	(National Monument)	5
国家历史遗址	(National Historic Site)	9
国家遗产走廊	(National Heritage Corridor)	1
国家纪念物	(National Memorial)	3
国家海滩	(National Seashore)	1

① 图 6-20 来源：笔者根据爱达荷州 1998 年的 SCORTP 规划绘制

② 表格数据来源：http：//data2. itc. nps. gov/parksearch/state. cfm？st = ny。

续表

类　型	数　量
国家游憩地　（National Recreation Area）	1
国家历史公园　（National Historical Park）	2
风景游憩河流　（Scenic & Recreational River）	1
其　他	3
总　计	28

注：国家公园体系中不同的内容，其可允许的旅游容量差异较大。

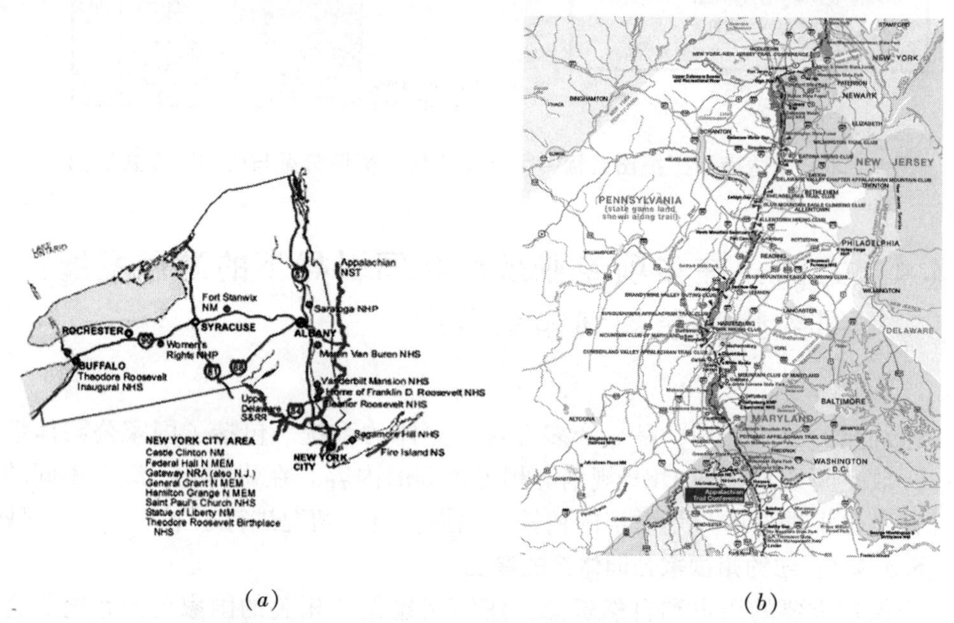

（*a*）　　（*b*）

图6－21　纽约州国家公园系统（*a*）与Appalachian国家风景走廊一段（*b*）[1]

6.3.4.2　纽约州开放空间规划

“纽约人民的生活质量和特色，有赖于我们生活的这片土地的质量和特色。我们的山、湖、河流、森林和海滨，我们的自然景观，城市公园和历史遗迹资源，影响到我们游憩的方式，长期影响我们的经济，决定我们是否能够有清洁的空气和水，支撑着包括我们在内的生物网络，并影响到我们对自己的认识和

① 美国Appalachian国家风景走廊，北起缅因州的BAXTER州立公园的Katahdin山顶，一路南下穿越新罕布什尔州、佛蒙特州、马萨诸塞州、纽约州、新泽西州、宾夕法尼亚州、马里兰州、西维吉尼亚州、维吉利亚州、田纳西州、北卡罗来纳州等诸多地区，最后到达乔治亚州的Amicalola Falls国家公园，在Springer山顶结束。全长2 174英里，为步行道路，成为美国东部徒步旅游的重要线路。

图6－11来源：（*a*）图：http：//data2. itc. nps. gov/parksearch/state. cfm？ st = ny.

（*b*）图：http：//data2. itc. nps. gov/parks/appa/ppMaps/ATmap%2Epdf.

对其他纽约人的看法”①。

纽约州的开放空间规划，就是为了提高“这片土地的质量和特色”、提高人们的生活环境质量而进行的。在纽约州如此发达的地区，该规划还是划出了大面积的开放空间区域，来作为整个地区水土、生态环境的控制与保护区，并提供游憩的机会。联系这些大片的“面”的，是许多绿色的“线”：包括“绿色道路（Greenway）”和“游憩道路（Recreationway）”。线与面的联系与串接，将纽约州的整个大的开放空间与生态环境骨架表现得相当清晰（图 6－22）。

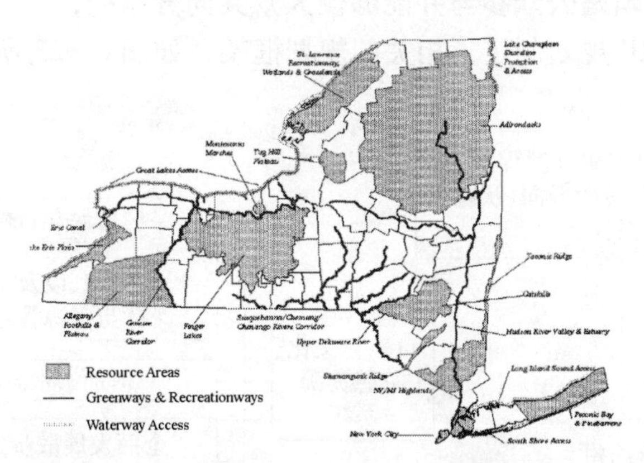

图 6－22　纽约州开放空间系统结构图②

6.3.4.3　纽约州 SCORP/FEIS（州综合户外游憩规划）规划③

在开放空间规划的基础上，纽约州制定了 SCORP 规划。

由于纽约州的 SCORP 规划中专门加入了相关的“环境影响评价陈述——Final Generic Environmental Impact Statement”的内容。因此以综合而成的“SCORP/FEIS”规划方式进行发布。

纽约州的 SCORP 规划由纽约州公园、游憩与历史保护办公室（New York

---

① NEW YORK STATE’S OPEN SPACE CONSERVATION PLAN 2002. http：//www. dec. state. ny. us/website/opensp/2002/Final_ Intro_ OSP. PDF. 2002. 1. 原文为：
The quality and character of the lives of the people of New York depend upon the quality and character of the land on which we live. Our mountains，lakes，rivers，forests and coastline，our natural landscapes，urban parks and historic resourcesshape the way we spend our leisure time，affect the long term strength of our economy，determine whether we have clean air and water，support the web of living things ofwhich we are a part，and affect how we think about ourselves and relate to other NewYorkers.

② 图片来源：NEW YORK STATE’S OPEN SPACE CONSERVATION PLAN，2002. 291

③ 如无特殊注明，本段内容主要参考自：New York State Office of Parks，Recreation and Historic Preservation. Final Statewide Comprehensive Outdoor Recreation Plan and Final Generic Environmental Impact Statement for New York State 2003. OPRHP. New York：Bureau of Resource and Facility Planning NYS Office of Parks，Recreation and Historic Preservation，2002－11－20

State Office of Parks，Recreation and Historic Preservation，简写为OPRHP）负责，为州的相关政策提供方向，并完善地方的游憩与保护功能。早在1998年，纽约州制定了一轮SCORP规划，并取得了一定的效果。2002年，纽约州进行的新一轮2003~2007年度规划，更成为了未来几年游憩资源的保护、管理与发展的指导性文件。该规划的制定中包含了三个重要的原则：

（1）规划必须是整体而且连续的；

（2）规划必须是综合的；

（3）规划必须是公众参与并能够使大众共同分享的，

纽约州SCORP规划制定了相关的规划框架，如图6-23所示：

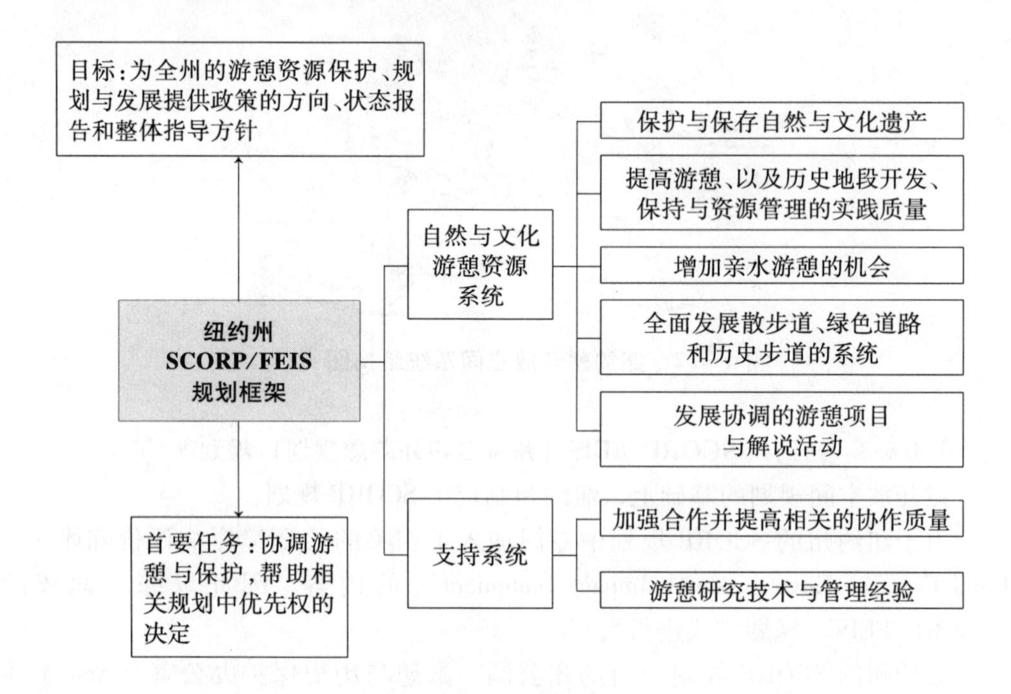

图6-23 纽约州2003年SCORP规划框架[①]

规划执行的过程，包括了由建立资源清单→综合分析与预测→形成规划→规划执行的四个大体步骤。最后引入相关的环境影响评价体系，对游憩活动可能的环境影响进行了评判。而整个过程中都渗透了相关的公众参与的内容。

对人们游憩需求的数据进行收集，主要由纽约州公园、游憩与历史保护办公室负责，这项工作延续至今已经有25年。在这些数据的基础上，结合人口发展的趋势，可以大体预测未来的游憩需求走向。

在基础调查与预测的基础上，采用GIS方式，将需求的程度绘制在整个州

① 图6-23来源：笔者根据Final Statewide Comprehensive Outdoor Recreation Plan and Final Generic Environmental Impact Statement for New York State 2003绘制

的图上，形成明确的空间图示。叠和生态空间与传统空间等相关系列，形成整体的要素框架（图6－24）。

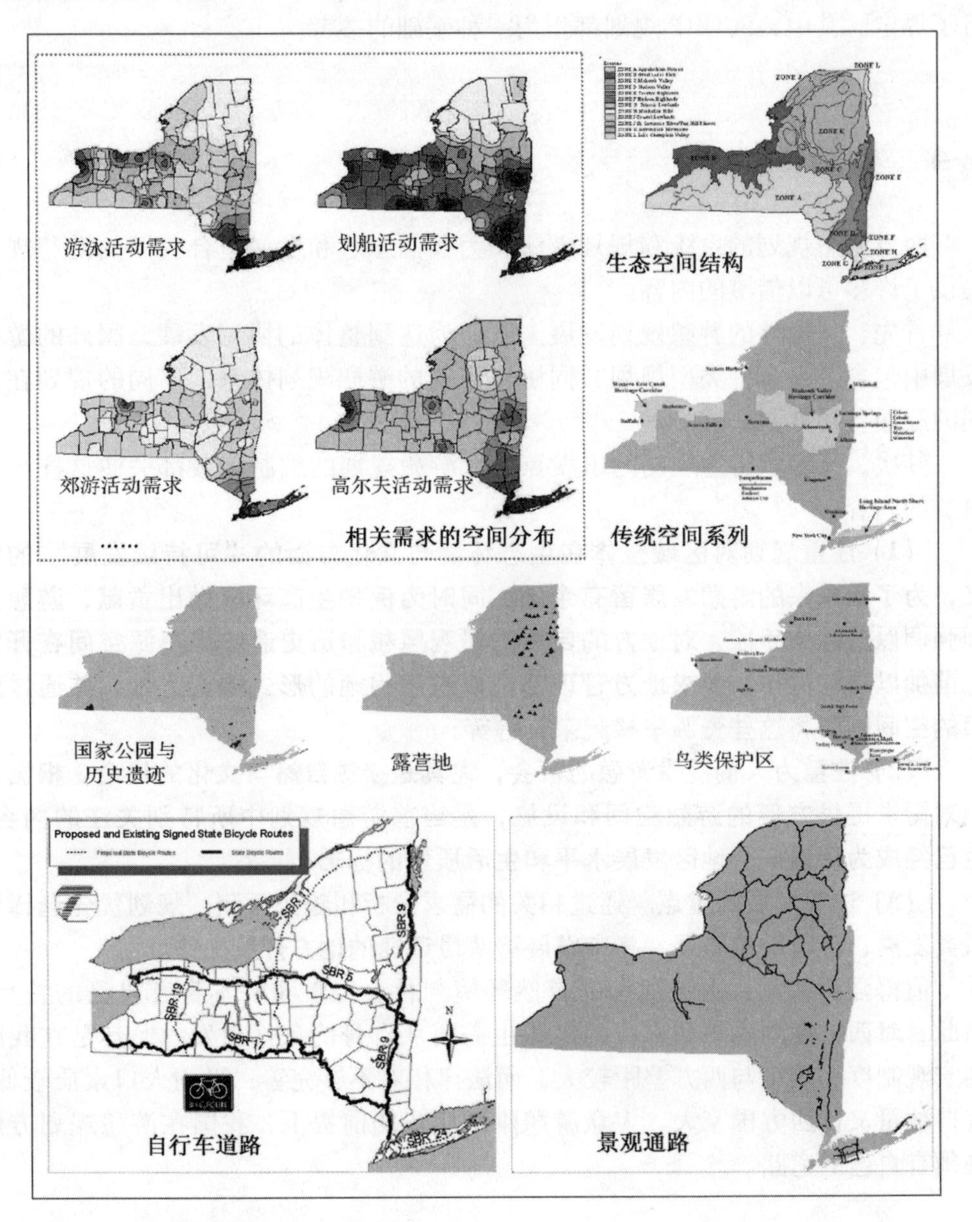

图6－24　与空间相关的要素分析①

为使得相关的规划内容形成一个整体的、具有优先等级的体系，以确保在实施过程中能够及时准确地作出判断，纽约州SCORP规划设定了相关的等级框

① 图片来源：Final Statewide Comprehensive Outdoor Recreation Plan and Final Generic Environmental Impact Statement for New York State 2003

架。对纽约州公园、游憩与历史保护办公室（OPRHP）与环保局（Department of Environmental Conservation，简称 DEC）在相关政策操作中应当遵循的等级进行了界定。其中，SCORP 规划都作为一种基础的参考。

6.4 小结

西方游憩规划的系统和规划方法，为我们思考和发展适合我国的游憩规划提供了许多可以借鉴的内容。

首先，从国外的游憩规划发展来看，为达到整体的协调发展，国外的游憩发展中包含了由多种类型规划共同协作组成的游憩规划体系，不同的规划在不同的层面各司其职。

其次，从多数游憩规划的出发点看，游憩规划的编制多数都关注这样 3 个重要的内容：

（1）注重规划对区域整体在生态环境与文化方面的“可持续发展”的意义，为了给未来的游憩发展留有余地、同时为保护生态环境做出贡献，游憩规划强调以游憩为手段，对地方的自然的景观风貌和历史遗迹等资源空间在开发之前加以提前保护，要求地方管理部门以游憩用地的形式购买土地，并通过游憩的空间网络将这些资源串接起来，等等；

（2）注重为人们提供游憩的机会，尤其是接触自然与文化的机会。根据人们对需求提供方便的游憩空间和设施，是当前游憩规划中所特别关注的内容，也已经成为衡量一个地区发展水平和生活质量的标志；

（3）注重发展的重点。通过相关的需求分析和趋势预测，规划优先选择最需要发展、环境敏感脆弱、将来发展势头最迅速的地方开展工作。

值得强调的是：由于我国的自然环境与社会经济条件本身有自己的特点，因此，对西方规划思想和方法的借鉴也需要从自身的条件出发。尤其是在我国的宏观制度和政策与西方差距较大，而法律相对不够完善，平均人口素质较低、人口数量又比西方国家大、大众游憩刚刚起步的前提下，我国在游憩规划方面必须有自己的道路。

第四篇

我国游憩发展的宏观策略与规划方法研究

游憩对城市提出了更高的要求，也推动着城市的进步；它是城市的一种基本功能，也是对城市产生综合影响的力量；它可能是造成城市问题的缘起，也可能是解决地方矛盾与问题的钥匙。面对大众游憩的兴起与快速发展，我们的城市必须作出灵敏的回应。而针对当前游憩发展面临的种种问题、以及在不远的将来就会出现的诸多困境，我国的游憩发展必须有明确的、有远见的发展策略，也必须有相应的规划方法。针对我国城市普遍存在的问题，通过对游憩、城市要素和内在联系的分析，本篇归纳并总结了若干具有实用价值的游憩策略与思考方法，希望能够为我国的游憩发展提供一些参考的依据，起到抛砖引玉的作用。

就中国来说，要全面解决当前的城市问题，不能停留在20世纪以来零散的理论与方法，还要探索新途径。

——吴良镛①

① 吴良镛．吴良镛学术文化随笔．北京：中国青年出版社，2002．49

第7章 我国城市游憩发展的综合战略研究

7.1 城市游憩发展决策遵循的基本原则

从我国现状出发，游憩发展决策的原则最根本的有：**公益性原则、综合性原则、科学性原则。**

7.1.1 公益性原则

城市游憩的发展，其根本目的是为了引导一种健康文明的生活方式、使人在游憩中得到自身能力与素质的提高、并感受生活的美好与幸福，即所谓“创造高质量的生活”和“充分发展”。为了使社会上所有的人，穷人和富人、男人和女人、老人和儿童都能够尽可能地获得“高质量的生活”并“充分发展”，城市有义务为每个人提供基础的物质和精神环境条件。当“和谐社会”成为今天发展的重要依据之时，如何使社会的每一分子都能够获得符合人们基本需要的游憩机会，更是城市游憩发展中所必须考虑的问题。——我们必须认识到：城市游憩方面的决策所主要关心和考虑的，应当是如何更好地结合现有的条件，引导人们进行明智的闲暇活动选择，并为人们提供健康、欢乐而富于教育意义的游憩机会。因此，“公益性”必须成为城市游憩发展决策的出发点与立足点。

从国外的经验来看，随着“人的发展”在休闲中愈来愈受到重视，生态价值观、可持续发展观日渐深入人心，许多发达国家和地区在游憩的管理与规划中越来越重视相关游憩政策与项目能够给公众带来的实惠，积极采用各种方式来拓宽为人们提供公益性游憩选择的领域，也因此出现了越来越多的非营利性机构和自愿者组织。在西方游憩规划思想发展的历史上，“公益”最初是少数精英人物的一种社会理想，而今却因其回归本真的理念获得了人们广泛的理解与支持，并在城市的游憩中实实在在地发挥了巨大的作用。

在我国，受经济发展水平所限，游憩场所的运转不可能完全依靠国家、政府等公共部门的投入。因此，为了达到灵活有效的营运，我国多数的游憩地和游憩项目（包括一些重要的国家风景名胜区）有许多都尝试采取了承包经营（或称为“特许经营”）的模式来加以运作，这本来是一种打破原有的“大锅饭”式的僵化模式、调动管理者积极性、更好地发挥资源效益的积极措施，但在一部分的地区，却由于其中诸多关系尚未厘清、法律法规亟待完善，造成了很多地方的过度商业化、过度市场化、过度公司化的情况，“利润的最大化”

成为一些游憩地发展和游憩项目运转的根本出发点。这些由金钱来作为统率的游憩开发，常常可以弃生态文化环境保护于不顾、弃多数老百姓的需求于不顾、弃道德和诚信于不顾；而更可悲的是：许多急功近利的行为，却常常因为操作者的无知，破坏了资源却又血本无归，结果是"赔了夫人又折兵"。在前面第3章中曾描述过的诸多现实问题中，有很多就是由于这样的目光短浅的"唯利是图"而造成的。

事实上，由经济利益驱动而产生的资源破坏和精神文化污染已经在一定程度上造成了对游憩健康发展的影响。而一旦公众部门也欣然屈从于经济目的，游憩的破坏性也就会越来越烈。这样，"为公众利益说话"的城市游憩决策更需要强调公益性的原则。**——摆正"钱"的位置，这一点在今天尤为重要。游憩可以带来经济效益，但相比起许多其他的方面，如：生态、环境、幸福来说，金钱应当适时地让步。必须明确：金钱不是游憩发展的主要目的，更不是社会进步的最终目标（图7-1）。**

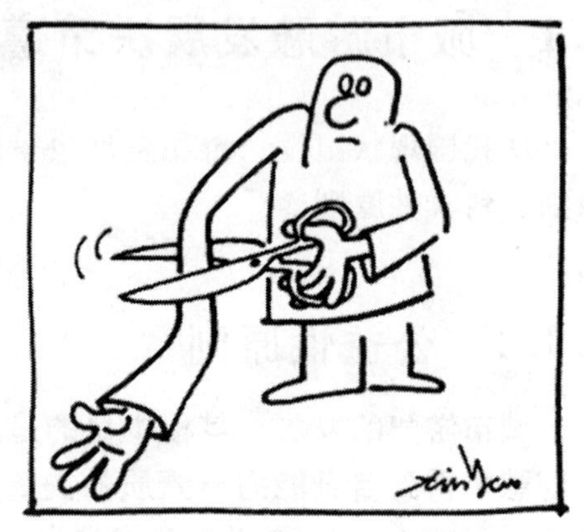

图7-1　除了知道把握时机以外，一生中最重要的事就是要知道应该在什么时候放弃好处[①]

另外，我国的非营利性机构和组织远未成熟，在游憩的迅猛发展之中，许多需要扶植但没有经济利益的公益性事情应当由谁来完成，成为了一个重要的问题。城市政府本身既要扮演好决策者的角色，又需要扮演好守夜人的角色，还需要直接承担部分公益性责任、在公共事业方面进行合理的投入。作为决策机构和管理机构，政府在游憩发展中一个值得重视的功能在于通过相关的政策、引导并组织各种社会力量共同致力于为公众利益服务之中。值得专门说明的是：**由于游憩本身就是一支强大的经济力量，因此，在多数的情况下，游憩的发展是可以与经济利益兼顾的。强调公益性原则，不是说不要经济收益，而是倡导经济收益应当在环境友好、为大众（不是仅仅为少数人）提供切实的服务、提高公众福利和游憩机会的基础上来获取。"公益性"要摆正钱的位置，但不是一味排斥经济收益，而是要避免因为盲目追求经济收益而造成的对社会和环境的负面影响。**这样，即便是营利性的机构，也可以通过某些合适的政策途径引导到为公众服务的队伍中来。"公益"不仅应当成为贯彻在政府的游憩发展决策中的原则，也应当成为参与整个城市游憩发展的、所有机构与团体的、共同遵循的工作准则。

---

① 图7-1来源：郑辛遥．除了知道把握时机以外，一生中最重要的事就是要知道应该在什么时候放弃好处．解放日报，2003-06-30

7.1.2　综合性原则

由于游憩本身是一个复杂的巨系统，它的发展有其自身的规律，而影响游憩的因素、以及游憩本身所能够产生的影响都不是单纯的，而是多方面的、综合的，因此，当游憩已经成为我国大众生活的重要组成部分的时候，游憩决策中的“综合性原则”至关重要。在思考的方式上，由于城市游憩系统本身是由许多要素组合而成的，各种要素之间本身具有内在的关联，因此，游憩发展的目标设置、分析思考都应当是审慎、综合、系统化的，强调“系统分析”。而在具体的措施设置方面，为达到某种既定的目标，可以采取的手段往往不是单一的，一系列不同手段之间常常又具有互补的作用（图 7－2）。因此，要使得城市游憩能够得到持续的发展，采取的措施应当是“多管齐下”的。反过来，在游憩发展之中，一个简单的措施所产生的影响往往也不是单一的。因此，游憩发展的决策中应当重视相关政策措施的综合效应，通过巧妙选择游憩发展的措施，达到“一举多得”的效果。综合性原则贯穿在基础分析、目标制定、措施采用效果评估的整个过程之中。认识并重视游憩的综合性，是进行相关决策的前提条件。

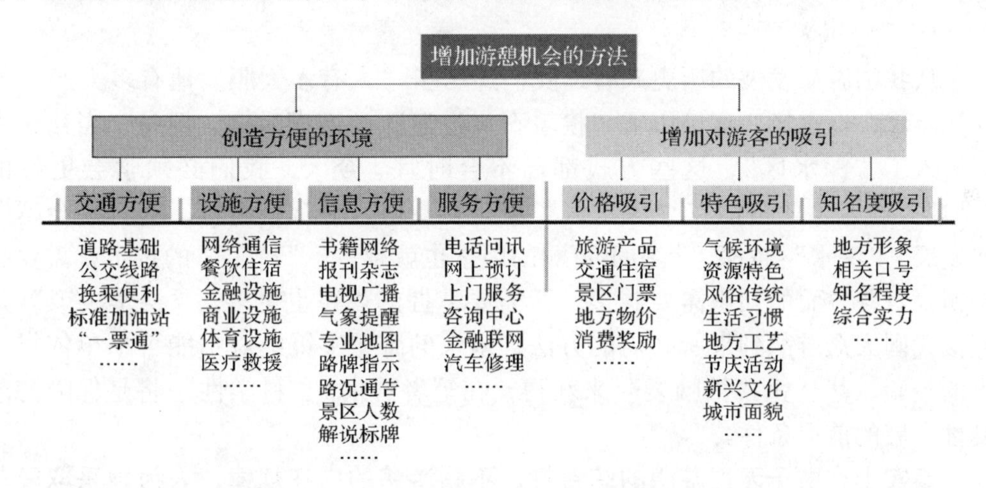

图 7－2　为达到既定的目标而采取的手段往往不是单一的[①]

7.1.3　科学性原则

要使得“城市游憩”这样一个综合复杂的事物能够得到良性运转，除了有综合性的眼光之外，决策本身需要蕴涵许多的智慧和技巧。而要想保障相关的

---

① 图 7－2 来源：笔者绘制。

决策真正地达到预期效果，必须由科学来保驾护航。科学性原则是城市游憩发展所需要遵循的最重要原则之一。

一个值得每个决策者注意的问题就是：单凭“好心”不一定能办成“好事”。从我国游憩发展过程中所获得的教训、以及西方城市游憩规划思想发展的趋势来看，科学性正是当前游憩发展决策中必须遵循的一个基本原则。

在博士论文《建立完善中国国家公园和保护区体系的理论与实践研究》中，杨锐曾经对西方和我国国家公园发展的历程进行过深入的分析，从他所得出的结论来看，“对科学重视不够是美国等国家在其国家公园发展史上最大的教训”①；而在我国，资源管理中的“保护不科学、规划不科学、决策不科学的现象”同样“不胜枚举”②。这些不科学的决策，常常弄巧成拙、好心办坏事。因此，要对一个开放复杂的巨系统进行有效的引导，必须“定性与定量相结合、理论与实践相结合、多学科知识相结合、多学科专家相结合、宏观研究和微观研究相结合以及人的思维与信息技术相结合”③ 地进行研究。从理论和实践来看，决策的过程越科学，正确决策的概率就越大。

从我国游憩发展的历史来看，我们经历了“人有多大胆、地有多大产”的狂热年代，也曾经一度经历了“摸着石头过河”的懵懂时期，但是，当社会发展进入了“深水区”，这些方式都已不合时宜。今天，我们必须学会更好的“造船”技术，才可能在“深水区”中走得更好、更远；而且，随着社会越向前发展，“深水”越深，其中不可测的因素也就越多，“造船”的技术就需要越高明，对各方面的知识需要越多，所需要掌握的规律也更多。“科学决策”是迎接我国大众游憩到来所必需的方法，未来的游憩决策绝对不能再单单依靠过去的经验、甚至凭“拍脑袋”来获得，在笔者看来，“科学性”将是保障游憩良性发展的前提条件。

事实上，由于无视游憩的综合性、不顾游憩的内在规律，人为地采取简单化的方法，对不同的问题采用简单的方式草草处理，历来都有深刻的教训。

从我国城市游憩发展的历史实践中看，由于缺乏对游憩的综合性考虑、不顾本身存在的客观规律，我们曾经尝过许多的苦头，但直至今日，也不乏这样的案例：在 2005 年 11 月的“河南文化遗产日”中，决策部门为了让更多群众

---

① 杨锐．建立完善中国国家公园和保护区体系的理论与实践研究．［博士学位论文］．北京：清华大学建筑学院，2003（04）：124

② 同上。

③ 同上。

参与到“遗产日”活动中去，在整个河南省免费开放了67处景点，为了达到“不折不扣地免费开放”的效果，除河南博物院外多采取了“绝不能限制参观人数”的办法。这种让每个人都能够“享受文化大餐”的“好心”确实给河南的人民带来了一次文化体验的机会，据相关报道，当天有460万名游客如潮水般涌到这些景点，从总的看来是有积极意义的，但对一些人流拥挤的景点(特别是在世界遗产地龙门石窟)，汹涌的人潮险些酿成了悲剧（图7-3，图7-4)。虽然这次活动的初衷是好的，但为了证明这个活动是“免费”的，是的的确确为大众带来接触文化机会的，主办者简单地采用了一种“不限制参观人数”的方式，却犯下了一个不小的错误：在短时间内将大量人流集中吸引到少数结合环境容量有限的、需要加强保护的遗产区域，其结果势必造成景点的极度拥挤和景区破坏，“好心”差点出了事，参观者对此也不可能满意。事实上，从人们在网上所发的帖子和讨论内容来看，凡经历了这样一次体会的人都是心有余悸的，人们讨论更多的是拥挤，记忆最深刻的也是拥挤，以致于在不少的一部分人中，具体的遗产的文化意义已不是主流的讨论内容——当然我们也可以反过来说：这样也能让人们对文化遗产日记忆深刻、并在未来做出明智的选择。但其实要达到同样的教育的效果完全还有许多别的方法与途径；不同景点之间本身存在巨大差异，因此也不宜采用相同的政策来一刀切地对待。诱人的“大餐”需要根据“原料”的不同而选择不同的“烹饪方法”。

(*a*)　　　　(*b*)

图7-3　“河南文化遗产日”中开封市的龙亭公园内的拥挤情况[①]

① 图片来源：左图：“河南文化遗产日”游人如潮. http：//news. sina. com. cn/s/p/ 2005-11-26/16428412114. shtml.

右图：http：//news. sina. com. cn/s/p/2005-11-26/ 15308411830. shtml. 2005-11-26

(*b*) 万佛洞北侧山的铁护拦被挤倒

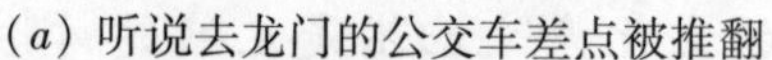

(*a*) 听说去龙门的公交车差点被推翻　　(*c*) 在拥挤中跨越篱笆和栏杆的人群

(*d*) 龙门入口处的“盛况”　　(*e*) 等候中的大队人马　　(*f*) 奋力控制局面的警察

图 7-4　“河南文化遗产日”的免费和不限人数的政策造成龙门的极度拥挤①

7.2　城市游憩决策中的基本思考方法

游憩决策中的思考方法类似于其他城市发展决策中的方法，在笔者看来，如下 4 条对我国当前城市游憩决策最为重要：

(1) 系统分析，重点把握；

(2) 浪漫创想，科学探索；

(3) 巧妙思考，博采众长；

(4) 区别对待，细节关怀。

---

① 图 7-4 来源：(*a*)、(*e*) 图：河南省首届世界文化遗产日，盛况空前啊. http：//club. tjinfo. com/2527/ShowPost. aspx. (*b*)、(*c*)、(*f*) 图：文化遗产日过后的恐惧——再叙现场目击. http：//bbs. ly. ha. cn/dispbbs. asp? boardid = 6&id = 748402&star = 1&page = 1. (*d*) 图：首届河南文化遗产日：五十万游客“跃”龙门. http：//www. yuntaiw. com /bbs/dispbbs. asp? boardID = 34&ID = 15685&page = 1.

7.2.1　系统分析，重点把握

面对纷繁复杂的综合性问题，如何着手进行分析本身是一个很值得探讨的事情。从一些复杂科学的研究经验来看，系统分析、重点把握是其中比较有效的方法。

对于城市游憩这样一个复杂的巨系统，系统分析旨在通过：（1）对系统的整体宏观把握；（2）对不同系统要素的分析；（3）对各要素内部或者要素与之间相互关系的梳理，以达到对这个复杂事物的条理化的清晰认识。季羡林曾经提出："东方哲学思想重综合，就是'整体概念'和'普遍联系'，即要求全面考虑问题"[①]。这里的"整体概念"，正是对系统的整体把握，而"普遍联系"则恰恰是对相关要素的分析及其相互关系的梳理。

面对复杂问题，另外一个重要的方法就是"重点把握"，即：在系统整体分析的基础上要注意抓主要线索、主要矛盾。这种被誉为"牵牛鼻子"的办法往往可以不太费力地牵出整头"牛"，是一种事半功倍而且行之有效的方法。——"规划者不能将他们的精力用在整个都市区域，重要的是要找出那些通过他们的工作能带来显著变化的区域"[②]。

在进行了系统分析、对城市游憩的系统状况了然于胸之后，要真正开始着手解决城市游憩中纷繁复杂的问题，就必须注意问题的轻重缓急。**由于受到资金、资源、空间、人力条件等各种客观因素的限制，游憩决策中必然会面临取舍。只有注重在综合分析的基础上突出重点矛盾，权衡不同要素的重要程度来决定其在决策中所处的优先等级，确定在资金和人力投入上的力度，才可能使得有限的条件发挥出最大化的作用来。不讲求重点的面面俱到、或是平均主义都是不可取的。**

从管理学的角度来看，决策中所选择的重点一般包括以下的 4 个环节[③]：

（1）对实现最终目标具有关键意义的环节；

（2）在整体中最为薄弱，产生瓶颈作用的环节；

（3）有特殊发展优势，能够带动全局发展的环节；

（4）在整体或局部中能够发挥出"引导"优势的环节。

"系统分析"，保证了对游憩系统的切实了解，是游憩决策的基础；而"重点把握"，保证政策措施能够击中要害，解决最关键的问题，投入较低的成本取得最佳的效益。

---

① 吴良镛．人居环境科学导论．北京：中国建筑工业出版社，2001. 103

② 吴良镛 等．京津冀地区城乡空间发展规划研究．北京：清华大学出版社，2001. 116

③ 参考：李兴山．现代管理学．北京：中共中央党校出版社，1994. 201

7.2.2 浪漫创想，科学探索

对每个人而言，游憩是一种寄托了浓浓的希望与情感意味的东西，因此，除了理性之外，游憩中也带有很深的感性成分；对于城市来说，游憩功能无疑是城市四大功能中最富于希望与情感的一项，因此，相比起其他方面，游憩的决策与规划中也会具有更多的浪漫色彩。**这里提出的“浪漫创想”指的是一种基于“愿景”（美好的目标）与“创新”相互结合的思维方式；而“科学探索”则是将科学贯穿于整个过程、特别是通过脚踏实地的科学分析和反复求证，使科学在“梦想成真”的过程中扮演重要角色的一种方式。**“浪漫创想，科学探索”在游憩决策中具有极为重要的意义。**一个能够打动人心的决策，往往在于其很好地回答了一个问题“该政策或者规划执行后将最终达到怎样的效果”，并能够寻找到通达这个令人满意的效果的、切实可行的途径。**

1999年，美国规划师协会杂志（JAPA）将年度优秀论文奖授予了 Michael Neuman 的论文“规划是否还需要规划方案？（Does Planning Need the Plan）”，该文章通过对美国规划的历史发展的剖析，针对现实存在的、规划由“方案（plan）向方法（process）转移”的认识，提出了不同的观点。而 Neuman 所总结的、规划方案之所以能够经久不衰的原因，最重要的一条，就是它具有“梦想的力量”。正是这种力量，激起人们的情绪，唤起希望，并鼓舞行动。使得规划“将过去的、现在的和将来联系起来，并将其写成希望中的历史。一个规划方案也是一段历史，一个有关某个地方的故事”①。Neuman 明确指出：“当人们眼前的景象改变的时候，人们头脑中对事物的看法也将有所改变。对景象的描绘使得规划方案具有了改变人们意识的能力，并因此使得规划方案能够在改革中起到中介的作用”②。**城市游憩发展决策的一个重要目标就是通过可行的“愿景”塑造，以统一大众的意志，心往一处想、劲往一处使，使其针对的对象朝着众望所归的“理想”方向发展。**

对我国当前的游憩发展而言，游憩决策之中能够带有一些浪漫的色彩是非常必要而且有益的。今天，在许多实际的游憩规划项目之中，一个很大的问题出在许多规划和决策者本身就缺乏热情与激情上，以至于最后出来的是太多机械地对规范和准则照搬照抄、缺少灵魂的规划文本。这些规划“从目录上看，该考虑的都考虑了，面面俱到，但深入分析起来备感深度不够，缺少特色”，厚厚的一摞，却多是信息的采集与罗列、“按照规范，各方面资料对

① Michael Neuman. Does Planning Need the Plan? . Journal of the American Planning Association, 1998. 64（2）

② 来源同上。

号入座"[1] 而已。**好的规划，尤其是与人的情感密切相关的游憩规划，当然首先必须是科学的、理性的，但在笔者看来，它也必须同时是有思想、有希望、有感情、甚至是有"诗意"的。**规划绝对不能是见人数扩大了 2 倍、就把设施面积也扩大 2 倍了事。决策中应当有切实而美好的目标，能够带给人希望的力量。

在进行《天津城市空间发展战略》研究的过程中，对天津城市南北两片湿地的保护与发展，吴良镛先生曾用这样的一句话来描述他所提出的浪漫愿景："城南城北皆春水，但见群鸥日日来"[2]。城市与湿地和谐共生、人与自然欢乐共处的场景跃入人们的脑海中，形成一种美好的共识。在这种浪漫愿景的引导下，结合天津的生态格局保护、水资源保护和城市游憩发展的需求，天津市湿地公园建设的建设思想被提了出来，并在后来的推进中被细化为许多具体的湿地保护与发展项目[3]。湿地的生态、景观、文化和游憩等综合功能在人们积极的行动中得到了越来越多的重视，湿地公园的建议也在后来的论证中得到采纳，成为城市发展中"一举多得"的一项重要措施。

另外，"浪漫创想"中还必须强调创新。历史的车轮向前滚动，眼前常常会有未曾见过的风景。处于这样一个承上启下的转折时期中，我们面临着瞬息万变的世界和盘根错节的问题，同时也有无数新的机遇需要把握。许多问题与思想是在新的社会和经济形势下产生出来的，没有可以借鉴与仿效的先例，因此，要为未来确立美好的目标，就必须有创新的思想；要洞察纷繁复杂的问题，必须有创新的方法；而要想解决所面临的问题，也必须寻找创新与技术；……**对游憩发展而言，无论在体制、管理、建设、服务、技术、还是在规划的各个方面，创新都是非常重要的——它无处不在。**

事实上，缺乏"创新"的精神已经成为困扰我国当前游憩发展的最重要问题之一。在我国诸多的游憩地和旅游区建设项目策划中，策划者的"创意"对一些项目投资来说常常是决定生死的大事情。而创新不够、项目普遍雷同，已经成为我国许多地方和项目缺少特色、缺乏活力、庸俗无聊、无人问津的最主要症结所在。前些年，我国出现了主题公园的大面积败落，其中的原因很多，"在建设数量和建设规模上求多贪大、规划建设缺乏市场意识、市场营销手段陈旧乏力等等，但这些都不是主要原因。题材趋同化、主题创意缺乏独特个性和

---

① 吴承照．现代城市游憩规划设计理论与方法．北京：中国建筑工业出版社，1998. 165

② 注：这是吴良镛先生借用杜甫诗作《客至》的前两句"舍南舍北皆春水，但见群鸥日日来"来描述湿地对城市环境的作用

③ 2005 年，天津市政府在天津周边的湿地之中选择了 8 块湿地，进行了更进一步的详细规划。对湿地的保护与利用，由一种共同的"愿景"引导，逐步纳入了人们的实际行动之中

商业感召力等这些先天性缺陷，是导致这个利润空间巨大且能带动一方经济迅速发展的朝阳产业难以立地的最大祸根"①。同样，在节日活动组织、工艺商品设计、服务特色等方面，由于缺乏创新精神，各地互相抄袭、相互雷同的现象极为严重；而管理与体制上缺乏创新精神，更容易导致管理僵化、运行不畅、效率低下、人们积极性不高的问题。

当然，浪漫的、创新的精神是必须建立在科学的基础之上的。"愿景"有如远方高处的一个理想的国度，从现实出发到达那里，过程中需要跋山涉水、披荆斩棘。除了毅力之外，科学正是这个路途中最重要的工具，它能够帮助人们逢山开路、遇水搭桥。因此，尽管"科学性原则"已经在前文中有所提及，但接下来仍需要针对游憩决策过程来分析"科学探索"。

如果没有理想，人们就会慵懒、得过且过；而当理想太过缥缈、遥远、依靠现有力量基本无法到达之时，人们也会倦怠而失去斗志。因此，根据现实的能力与条件、科学地确定这个理想的目的地，是非常关键的第一步。描绘愿景，的确需要想象力，但决不是"人有多大胆、地有多大产"的幻想空想，它既要有足够的浪漫精神，又必须根据实际情况，有严格的逻辑推理，建立在科学的基础之上。**"愿景"最大的特点在于"可行"，因此"浪漫"必须来源于现实基础；"创新"必须强调科学的方法，"不应为了一时的激情，一种时尚，一个艺术的念头而蛮干到底"②。**

游憩决策的过程本身必须是科学的，科学也将贯穿游憩决策整个过程的每个部分。根据创新和科学的精神，游憩规划与决策的过程大体应当包含：系统分析、愿景引导、创新思考、小心求证、风险规避等系列相互交叉渗透的流程。这些流程在其整个过程中具有各自不同的重要意义，而科学性则体现在整个流程中的各个方面：确立愿景之前，需要先进行系统分析与重点把握、对现实有一个客观的了解；在初步确立了几种可能的发展目标之后，需要用科学进行多番分析比较，以确保能够有最优化的选择；在寻找解决问题的思路和方法的过程中，需要借助科学的手段与方法来获得巧妙的求解；在创新地提出了相关措施之后，必须以科学来进行小心的求证、并做好规避风险的措施准备；而在规划或政策的执行中，还需要通过科学的监测手段来获得反馈和监督。如图 7－5 所示。

需要强调的是：为保障设想的可行性，小心的校核与论证的过程都是反复而且极为重要的。在确定了目标愿景之后，决策的整个流程就需要进入一个多方求证和评估的阶段，需要依据科学的原则，从环境、文化、社会、经济等方面来综合研究和评估方案的可行性和可能产生的相关影响。这个环节中的任务，一方面是必须以实事求是的态度来纠正一些超过实际能力的"过位"或者"过

① 刘汉洪．谁来策划中国旅游．http：//finance. sina. com. cn/g/20040412/1607714112. shtml. 2004－04－12

② ［德］G·阿尔伯斯. 城市规划理论与时间概论．吴唯佳 译．北京：科学出版社，2000. 5

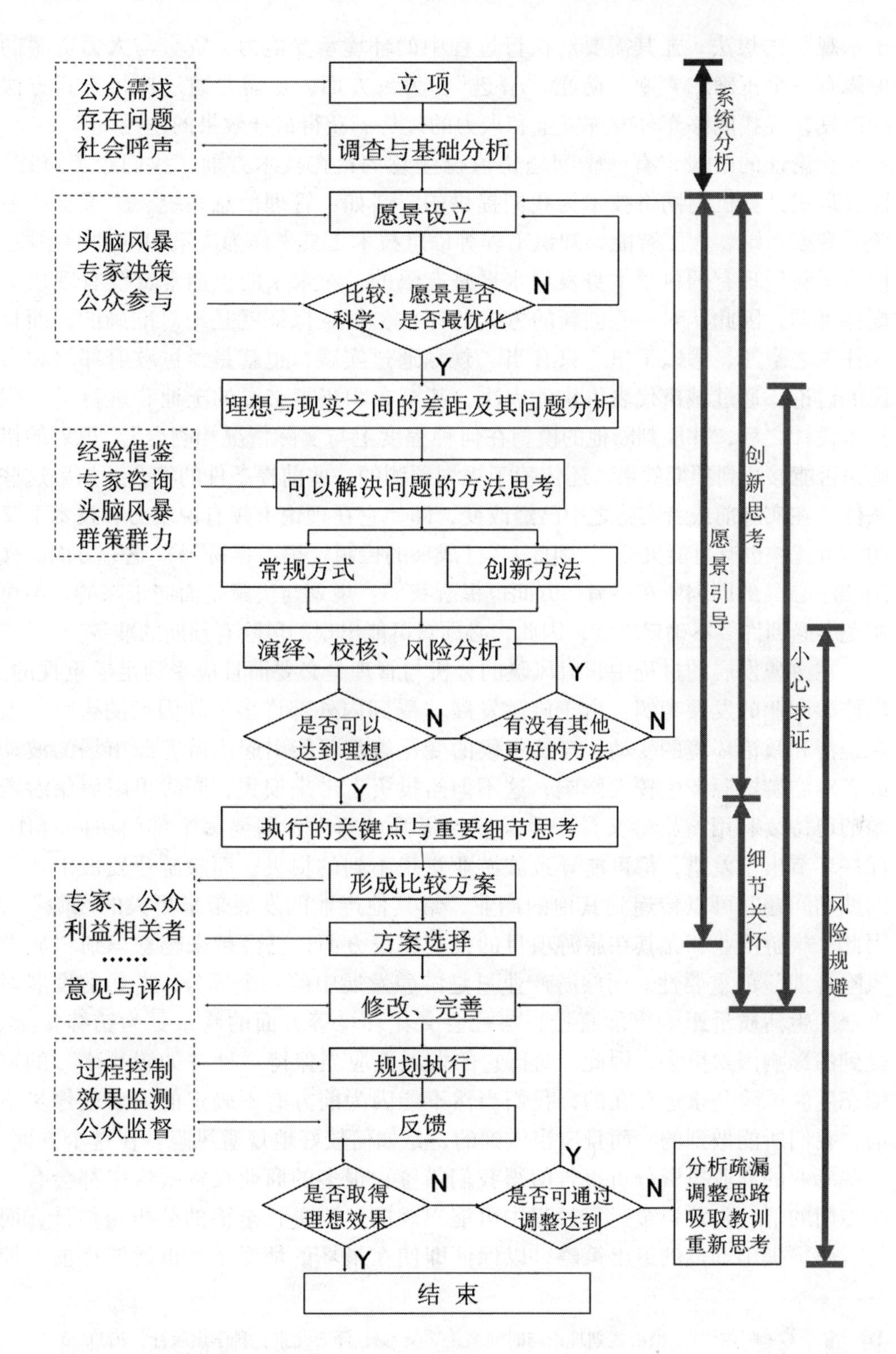

图7－5 兼顾创新与可行性的游憩决策过程

于乐观”的想法，尤其需要对执行过程中的环境承受能力、资金与人力资源的保障有一个正确的判断、防止“冒进”；另一方面，也需要通过执行方式方法的改良，寻找能够充分发挥资金和人力的优势、获得最佳效果的途径。

在论证的阶段，有一个问题是值得注意的：在技术方面，我们今天可以、而且运用计算机与网络技术为我们提供的、诸如：管理信息系统、决策支持系统、专家系统、人工智能、知识工程等信息技术工具来作为决策中的辅助手段。但由于我们现有的科学本身发展水平是有限的，对未来的预期常常没有现成的规律可循，因此，对一些创新的方式的评估，很难保证就是绝对准确的，而且往往失之毫厘、谬以千里。只有当“规划通过实践，也就是经过政府部门和市民的讨论，通过城市代表机构的表决，甚至在购买了必要的土地和进行了工程技术设计之后，才能判断他的模型在何种程度上与实际情况相吻合”。规划的措施是否能够达到预期效果，还依赖于规划预测的一些前提条件的符合。如果这些条件“在实施前或者实施之中已经改变，即使它在理论上颇有说服力、技术上又切实可行，也有可能失败”。因此，“‘成功的控制’很不容易”①。这一方面是强调“小心”的原因所在；另一方面也提醒我们：规划与决策是面向未来的，不可避免会遇到许多不确定因素，因此，必须对可能出现的风险有预期的准备。

在游憩发展的过程中，对风险的分析与管理是必要而且应受到足够重视的。以旅游产业的发展为例：由于旅游发展“受到内外部许多未知因素的影响，宏观经济和政治环境的变动、自然气候的变化等都可能引起旅游客源市场的波动或者对旅游资源产生较大影响，这不但给投资者带来损失，同时也阻碍旅游资源的可持续利用；旅游又是一个关联性极强的行业，需要多个部门协同合作，任一环节出了差错，都可能导致旅游业意想不到的损失；而旅游业发展中产生的波动问题又可以传递到其他的产业，给其他产业的发展带来更大的风险”②，因此，旅游产业、尤其在旅游项目的投资建设方面，已经越来越意识到“旅游风险管理”的重要性。而旅游产业只是游憩发展中的一个部分，游憩的发展对大众的生活质量影响更加直接、与社会文化环境等方面的联系更为错综复杂、受到的影响因素更多，因此，对待它的发展更应当保持一种“如履薄冰”的审慎态度。风险是永远存在的，我们当然不能因为前方有不确定的因素就停步不前，我们所能做到的、而且应当做到的，是如何较好地规避风险。在这个方面，一些专业的商业投资分析报告值得我们借鉴：很多的商业投资报告中都会有一个专门的部分来对资金运行过程中可能出现的风险进行全面的分析与估计，而且，必须提出资金的退出策略，以保证即使在最坏的情况下，也能够将损失控

---

① ［德］G·阿尔伯斯. 城市规划理论与时间概论. 吴唯佳 译. 北京：科学出版社，2000. 15

② 徐红罡，李丽梅. 区域旅游发展中的风险分析和管理. 保继刚，钟新民，刘德龄. 发展中国家旅游规划与管理——“发展中国家旅游规划与管理国际研讨会（桂林）”［会议论文集］. 中国旅游出版社，2003. 67－68

制在可承受范围内。类似的方法可以借鉴到城市游憩的规划与政策中来。现实之中，游憩中可能发生的“风险”大体包括两个方面：一方面是外部条件的变化或不足，导致游憩在发展过程中遭受挫折；另一方面则是由于对游憩发展所造成的影响估计不足，从而产生了对环境、社会、文化等方面的破坏。因此，游憩发展过程中的风险规避，既要考虑游憩自身发展可能遇到的风险、也需要充分考虑游憩活动与建设中可能对外界产生的相关影响；需要建立相关的预警机制，及时预报问题的出现，准备好有力的措施排除经常可能出现的风险。

总的说来，**良好的游憩决策既需要热情和创新的精神与勇气、树立美好而切实的目标，也需要通过科学的、脚踏实地的工作来实现这个梦想。“浪漫创想，科学探索”，正是使得游憩决策能够明智、优化、可行的基本保障。**

7.2.3 巧妙思考，博采众长

游憩的决策，不只是一个简单的“1+1=2”的计算题，它面对纷繁复杂的头绪、需要有技巧地、聪明地处理不同要素之间的相互关系，使整体协调进步的同时能够使得各方面利益得到充分的保障，以获得多赢、“一举多得”、“四两拨千斤”的效果，实现“1+1>2”的本质上的飞跃。**为了更好地把握与利用游憩的综合效益、使得科学的游憩发展决策最终能够达到“用力甚寡而见功多”[①] 的目的，就必须强调“巧妙”二字。**

要想“用力甚寡”，一方面必须讲求重点，在寻找解决途径的思考过程中筛选出其中最为重要或是急迫的问题，另一方面，也必须敏锐把握其中的关键因素和线索、根据实际条件找准解决问题的突破口；而要想“见功多”，必须更好地把握和发挥游憩的综合效应。由于游憩是影响当前城市发展中的一项“核心要素”，因此，**游憩决策要真正“巧妙”，就必须要运用好这个“核心要素”。游憩的决策，一方面必须满足其作为“城市基本功能”的需要，另一方面也应当充分发挥其作为“城市发展动力”的特长。**在规划与城市布局的时候，应当重视对游憩空间与设施的考虑、对人们游憩需求的考虑；而在处理与游憩相关问题的时候，也应当考虑采取尽量巧妙的做法，充分发挥出游憩作为“发展动力”的重要意义。此外，当城市发展中遇到一些“两难”问题的时候，不妨考虑引入游憩因素，游憩或许正是解决问题的手段与答案。

“巧者，合异类共成一体也”[②]。由于游憩本身是一个综合效益很强的系统，因此，无论决策的主要关注点在哪个方面，都需要对其他相关的条件和影响有所考虑。游憩的各个方面多存在着一定的内在联系，因此，一个方面的发展常常可以“借用”其他方面的力量，来达到共同改善的目的。一般来看，需

---

① 《庄子·外篇·天地第十二》

② 吴良镛. 人居环境科学导论. 北京：中国建筑工业出版社，2001.103

要综合集成、协调一致的“异类”主要包含这样的三个：

（1）游憩的经济影响及其利用（偏重产业）；

（2）游憩的文化、教育、社会影响及其利用（偏重社会）；

（3）游憩的空间、资源、设施需求及其利用（偏重物质形态）。

城市游憩条件的改善在经济方面最直接的效果就是提升周边土地价格，从而带来良好的经济效益。因此，将资金投入到改善城市的游憩环境上，往往可以达到“四两拨千斤”的效果，从而为解决一些棘手的问题提供经济上的支持。

上海卢湾区近淮海路的太平桥地区，正是采用“引入游憩空间→提升土地价值→进行综合运作”的方法来达到解决城市旧区改造的难题的案例①。太平桥原是一片亟待改造的旧居住区，由于居民密度大，动迁费用昂贵，令政府“伤透脑筋”。2004 年，太平桥地区采用了绿地建设带动的整体综合开发方式，先投资 8 亿元用于绿地建设的动迁和建设费（其中，区政府出资 3 亿元、市政府补贴 2 亿元、参与地块综合开发的香港瑞安集团出了 3 亿元），建成了 4.2 公顷的太平桥绿地。绿地建成之后，随着周边地区土地价格提升与联动开发，开发商因房价上升增收 24 亿元，而区政府也得到了近 10 亿元的税收（图 7－6）。——对游憩空间的投资不仅能提高环境质量、也能获得良好的经济效益。这一点早在伦敦建设“摄政公园”的时就已得到证实，而今又一遍遍地得到了印证。

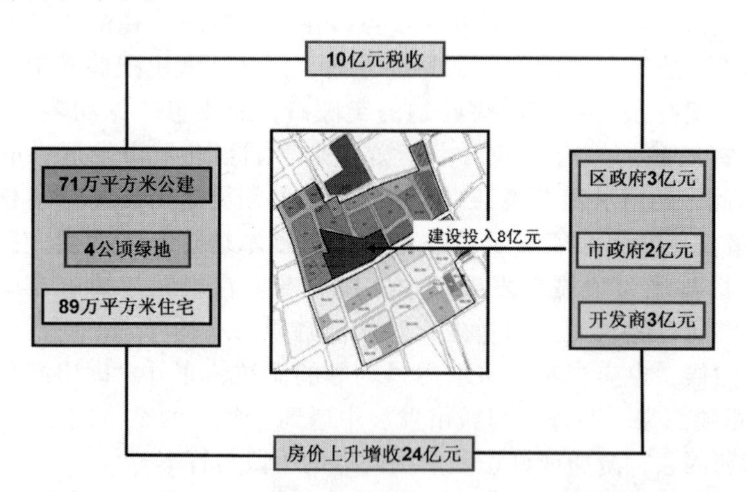

图 7－6　上海太平桥地区以绿地建设带动的综合改造模式示意②

在历史地段的复兴中，游憩因素的引入也同样能够达到良好的综合效果。

---

① 关于天津太平桥地区的案例主要参考并引用自：天津市规划院．天津绿色家园规划（天津市城市绿化系统建设规划）．天津市规划局提供。

② 图片来源：天津市规划院．绿色家园规划（演示文档）．天津市规划局提供。

我国历史地段的保护大致经历了三个阶段："第一阶段只注重建设，而忽视了保护，造成大量'建设性破坏'；第二阶段因没有明确保护与建设之间的关系，造成保护阻滞了建设；第三阶段开始注意保护与经济建设的结合"①，而游憩正是这个"保护与经济建设"的结合点、是今天所倡导的"积极保护"中最重要的手段。随着"城市复兴"理念的形成，游憩已经越来越成为一个协调历史地段保护与利用、激发历史街区的活力的方法。老街区的建筑文化遗产为现代城市保留下一片具有独特"场所精神"和历史感受的空间，因为人在其中能够获得别具一格的"文化体验"，老街区变成游憩地就显得自然而然。当游憩在历史地段中有效发挥出其文化与经济作用时，一种全面的、欣欣向荣的情况就出现了：老建筑在人们的游憩需求中得到了保护与修缮、并由于新文化功能的注入而获得新生；人们从游憩中获得知识、体验、快乐和满足；游憩消费使商家赚得盆满钵盈，而街区的保护与环境改善也因此获得了持续的资金支持。这种思路在今天城市复兴的战略中得到了广泛采纳。

当然，要想真正做到"用力甚寡而见功多"并非易事，到底是"事半功倍"还是"事倍功半"，取决于决策者的能力、经验、方法、甚至是突然迸发的灵感与思维。要想避免那些仅仅是"耍小聪明"、或者"弄巧成拙"的情况出现，更多地获取"巧妙"的思路，其结果又要保证是有效可行的，这种要求绝不是凭着个人或者一个小集体的力量能做到的。今天的"方案征集"、"头脑风暴"、"专家系统"、"多学科结合"等群策群力的模式，正是弥补个人或少数人的经验或知识面不足、更好地保证决策建立在科学的、富有经验与智慧的基础之上的方法。俗话说："三个臭皮匠，抵个诸葛亮"，好的决策应当是集思广益、博采众长的。在民主的氛围之中，管理者、工作人员、专家学者、执行者、NGO 组织、社区、利益相关者和普通老百姓，都可以参与进来，针对决策提出自身的意见和建议。在充分讨论、思维碰撞之中，人们往往能更多地发现问题，并在科学、稳妥、可行的基础上，产生出许多绝妙的主意。

7.2.4　区别对待，细节关怀

前文中已经提到：如果无视事物之间的相互差别和各自的内在规律，简单地采取一刀切的做法，就会违背游憩的综合性和科学性原则，导致"好心却办了坏事"的结果。这是游憩决策中格外需要注意、而在我国的实际操作中却常常被忽略的一点。由于游憩决策面临的对象复杂多样，存在着本质上的差异；而且在不同的目标层次和不同的具体情况中，问题不同，具体需要考虑的重点

---

① 郑光中，张敏．北京什刹海历史文化风景区旅游规划——兼论历史地段与旅游开发．北京规划建设，1999（2）：11－15

也不一样，因此，**要有针对性地采取措施解决问题达到目的，必须“具体问题具体分析”、因地制宜。在分析思考的过程中，要寻找其中的规律（共性），也必须看到对象区别于其他的特征（个性），采取区别对待的方法。**

就我国的现状看，“一刀切”问题的产生，有一个值得深思的根源在于：**由于游憩资源地区建设的规划与设计指导标准中有很大部分采用的是普遍的、纯粹技术性的指标或者城市建设式的管理规范，而无视地段本身的文化、生态、地貌等相关特征，结果造成了许多资源破坏的现象。**

例如：道路本来是非常有特色的景观元素，有许多在历史上乃至今天也都是人们重要的游憩空间。但今日，在我国广袤的大地上，东部的路与西部的路、穿越新区与历史街区的道路、穿越城市与穿越风景区的道路……几乎都已达到统一。道路设计师和工程师们并不关心自己是在哪里修路，心中只有技术的标准与规范，宽度、坡度、转弯半径、路面做法……，而这些标准，许多是为了满足快速、大量的汽车交通运输而制定的。但对一些生态、文化较为敏感的生态资源、风景区和历史街区来说，快速、大量的汽车交通并不是道路的主要价值，如果不考虑相关的社会、文化、生态、景观的影响，而单以这些标准来进行建设，虽然符合了“技术”的要求，产生的却往往是破坏性的结果。

如果说一些自然风景区的道路还有望通过景观改造和绿化来加以弥补的话，对一些历史地段所动的手术就几乎是不可挽回的了。当尺度亲切的小巷被拓成车来车往的宽阔街道，当历史街区也按照城市建设标准中所规定的道路间距打上格网，当儿童玩耍的那些弯曲而具有丰富宽窄变化的青石板路变成了畅快笔直的沥青大道，历史的一切也就所剩无几了。一些“规划设计规范”和“技术手册”在带给人们方便和快乐的时候也成为了毁灭旧城的帮凶。根据今天依然广泛沿用的《城市道路交通规划设计规范 GB 50220—95》要求，城市道路交通综合网络规划需要对方案“作技术经济评估”，却恰恰忽略了道路规划也应当进行环境和社会影响方面的评估。在“基于技术科学的”道路速度、宽度和路网密度的规范要求下、在以“满足交通需求”为根本出发点的前提下，有的“保护规划”几乎就成为了“破坏规划”，许多最有布局特色的历史片区也没有逃过此劫。事实上，采用普遍的、纯粹技术性的指标或管理规范，无视自然与社会文化的相关特征，正是导致了今天“新造城运动”① 的一个重要原因所在。

---

① 注：新造城运动“是一哄而起、不可阻挡的，它是‘打破一个旧世界，建设一个新世界的’，它是强制的，又是充满激情的。但这是和平年代里一场笑容满面的走向新生活的城市建设运动，也是一场中国人一往情深的现代化运动”。但它的结果，却是相当“刺目”的，城市的文化个性，在这场运动中遭受了一场浩劫。冯骥才先生将“新造城运动”的特征归纳为四点：一、无个性，缺乏文化支点；二、模仿，相互抄袭；三、功能主义，按照功能强制性地划分；四、粗鄙。在“新造成运动”中，规划作为一种硬性规定，带来了致命性的破坏。（以上参考并引用自：冯骥才．思想者独行．石家庄：花山文艺出版社，2005. 10－17）

另外还有一个经常碰到的、也容易影响决策效果的因素，在于决策与执行过程中的诸多“细节”。现实中，有很多的情况是整体思路、政策方向本身并不差，而操作之中却由于对细节的忽略而造成了许多的问题。有了雄韬伟略的战略思想，却缺乏精益求精的执行措施；有了林林总总的各类管理规章制度和规划文本，却缺乏实实在在的落实、推动与反馈。所谓“细节决定成败”。“事实表明，越是复杂的行当，政策法规就越是要求包括细节。另外，越是走向法制社会，包含明确细节规范的法规政策就越是重要”[①]，在决策过程中，对一些可能产生的、执行中的关键点和细节，必须有确切的把握，不能马虎。

在前些年曾轰动一时的《细节决定成败》一书中，作者汪中求先生曾列举了许许多多的案例来探讨细节对于个人发展和企业管理的重要意义。而在城市规划与决策的过程之中，细节，尤其在执行过程中的落实的细节措施，也同样具有“决定成败”的意义。北京市绿化隔离地区建设过程初期阶段中，政策目标际收效之间的差距，就是一个很好的例子，如表7－1所示。

北京绿化隔离地区建设过程中的政策与实际情况的差距[②]　　表7－1

原有政策	实际情况
政府出面将实施绿化乡村的土地征为国有，再划给集体经济组织。	
由乡或村组建房地产项目开发公司，以房地产开发带动绿化隔离地区的绿化工作	绿化带来的产业结构内部调整和转型所吸纳的原土地上农民的就业极为有限
市财政对于在绿化隔离地区内进行绿化的补偿是每亩5000元，从绿化后的第二年开始，连续3年每年每亩补贴120元	养护费和绿色产业的收益对于安置农民就业、安置农民回迁和搬迁企业微乎其微。绿化隔离地区的农民很多都面临回迁困难和依靠每月领取补助过活
绿化建设用地面积在100亩以上的，允许有3%～5%的用于与绿地相适应的建设项目	乡村组织很难找到合适的绿色产业项目

绿化隔离带政策，本身是解决乡村人口的就业问题、使划定在绿化带中的农民在失去耕作土地之后能够在未来依然有持续的经济来源的一种措施，其出发点是好的；而所设想的以地产和相关的建设项目为经济带动的方式本身也是一个可以解决问题的不错的思路。但是，后来遇到的情况却说明了一件事情：由于政策执行的过程中缺乏相应的专业项目引导，对乡村组织“寻找绿色项目”的执行过程没有更好的措施推动，从而引起了后面的系列连锁反应。如果

① 汪中求．细节决定成败．北京：新华出版社，2004

② 根据：仲长远．失地农民失去了什么？．北京统计，2004（4）：24－25

能够结合相关的项目引导、专业支持，或成立专门的项目服务机构，为这些乡村的组织拓宽获得信息的途径，可能情况就会有很大的改观。因此，除了具有可操作性的政策之外，政府部门还需要对政策的实施过程中的一些环节进行“细节”上的考虑，并进行实时的监控。

7.3 推动我国当前城市游憩发展的十大战略方针

针对当前的城市面临的急需解决的问题，根据前文中的理论研究和笔者参与的相关实践总结，本书将城市游憩健康发展的政策措施分为六个基本的方面：**空间保障、设施建设、服务发展、文化推进、活动引导和发展支持**，并根据相关问题的重要性和急迫性，归纳了十条具体的战略方针（图7－7），这些战略共同作用、互为补充，推动城市游憩协调发展①。

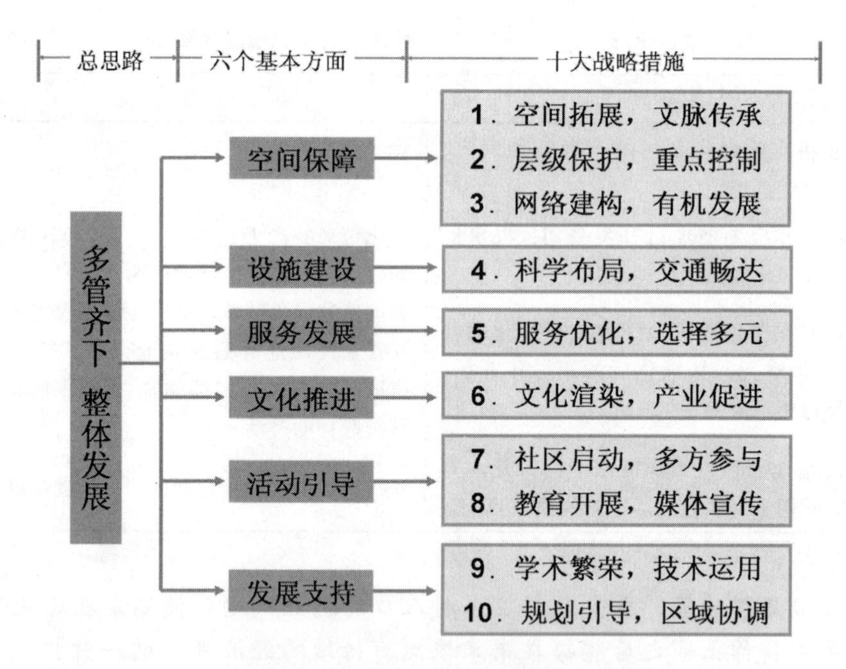

图7－7 促进城市游憩健康发展的综合性战略方针②

① 注：这十条战略是笔者针对我国当前城市游憩普遍存在的问题而提出的、具有一定的普遍适用性的措施，但需要强调的是：它们虽可以被视为城市游憩发展中参考的重点，但在绝对不能将其当作“所有措施”，在不同的情况下，应当根据所面临的问题加以具体分析。

② 图片来源：笔者绘制。

7.3.1　空间拓展，文脉传承

在快速城市化的进程中，随着人口的增加、人们游憩需求的增加，我国多数城市原有游憩空间已经无法满足人们的游憩活动需求。城市内部和近郊区的公共空间不足、风景名胜区人满为患成为当前游憩发展中迫在眉睫的问题，势必要求对城市的游憩空间进行相应拓展。

从多数的情况来看，当前的游憩空间的拓展大致应集中在如下四个区域中：

（1）人口较为密集的城市中心地段和建成区；

（2）城市蔓延与扩张的边缘地带；

（3）城市内部或郊区具有一定游憩资源条件的区域；

（4）重要风景名胜区的周边地区。其中：

1）空间拓展重点之一：人口较为密集的城市中心地段和建成区

在一些人口较为密集的城市旧有的建成区中，由于人口数量增加、或原有建设标准较低等原因，居住拥挤、绿地公园少、公共活动空间严重缺乏，成为城市生活中的一大顽疾，而由于旧区本身又往往涉及一系列纷繁复杂的、敏感的、甚至是棘手的社会问题，要进行改造多数困难重重。但从“以人为本”和“建设和谐社会”的目的出发，居住在这些拥挤区域的市民也和其他地区的居民一样，应当具有享受游憩生活的基本条件。因此，如何更科学、更和谐地将游憩系统引入拥挤的旧区，本身是一个值得深入研究的课题。通过相关的规划与研究，选择合适的地段来拓展人口密集区域的游憩空间，提高已有游憩空间的利用率和环境质量，必须成为我国今天城市规划和建设中的一个重要目的。

2）空间拓展重点之二：城市蔓延与扩张的边缘地带

在城市化快速推进的过程中，城市的蔓延与扩张对边缘地带的蚕食力量是惊人的，这种情况导致了城市的景观生态条件恶化，而城市游憩空间也距离人们越来越远。从今天西方游憩规划的发展历程的研究结果看，将城市边缘地区作为重要游憩空间加以保护，一方面可以兼顾城市的景观、生态和游憩，另一方面也成为控制城市蔓延、提高城市周边土地效率的良好的方法。因此，城市应当采取积极的手段，有计划地在城市边缘和近郊区进行游憩空间的拓展，抢在钢筋混凝土的浪头来临之前，将属于大众的游憩空间提前控制起来。西方的一些城市甚至在一、两百年前就在郊野为后人做好了大公园的准备，我们也应当以此为榜样，将眼光放得更长远一些。

3）空间拓展重点之三：城市内部或郊区具有一定游憩资源条件的区域

在城市内部或郊区，往往会有一些先天性的资源条件，如：河流、湿地、丘陵和具有丰富历史文化遗产的地区，因其具有与其他一般地段所不同的景观和文化特色，恰恰符合了游憩活动中寻求“体验”的要求，因此成为了城市发展中的重要财富。对这些地段加以积极保护、拓展其游憩的功能，一方面可以

为人们提供更多的休闲场所和选择、缓解现有风景区的人流压力，另一方面，由于这些地段多是城市的生态环境与历史文化的关键区域，是生物多样性和文化多样性的特殊体现，因此利用游憩来保护这些地段，更重要的是保护了城市的脉络、并创造出更丰富有趣的城市特色景观与文化。我国古代的许多名城，正是突出强化了这些特殊资源条件的特点、并经过人们的游憩活动，积淀了大量“情感与文心”的结果。而今，这些资源却在城市的大规模快速发展过程中被草草处置，那种“天人合一”、“情景交融”的传统而细腻的追求早被城市的发展大潮冲得无影无踪。城市因此变得毫无特色：河流被拉直、河道整体硬化、小山头被推平、湿地被填平、老街区被拆除，在人类今天强大的“技术力量”之下，这些重要的资源面临着从未有过的灾难。对这些地区特色的保护常常是“抢救式”的、是迫在眉睫的。将这些空间拓展为游憩之用，正是充分利用资源条件和游憩的综合效益来达到多赢的方法。

4）空间拓展重点之四：重要风景名胜区的周边地区

对景区周边进行适度的游憩性（非建设性）拓展，一方面可以扩大景区的容量、为使更多的人能够饱览我国的名山大川提供条件，另一方面也可以在一定程度上减少景区周边的建设对核心景区的环境资源影响。

随着我国旅游和游憩人数的不断增长，我国许多重要风景名胜区所面临的游客和环境容量的压力将继续增加。对于一些极为知名、而又景观独特的重要风景名胜区来说，游览人数不会因为其他景区的存在而减少，今天困扰我国大众游憩发展中的景区景点的拥挤问题，在未来还将更为严峻。因此，根据自身的具体情况进行适度拓展，是解决我国景区拥挤的燃眉之急、并为未来着想的重要举措。重要风景名胜区的拓展，还有一个重要的意义在于减少景区周边建设对核心资源的影响。今天，在我国许多大中城市的周边、特别是一些重要的风景名胜的周边，已经兴起了一个别墅和“旅游地产”的建设浪潮。房地产商大作“山水文章”，造成了许多景区及景区周边的城市化倾向。许多风景名胜区失去了应有的周边环境条件，淹没在新的建筑的丛林之中。而我国许多风景名胜区本身缺乏核心区、缓冲区和控制区的划分与保障，更是纵容了这种对公共资源的破坏与影响。扩展风景区的范围，或将景区周边的土地同样作为游憩之用，可以在一定程度上缓解周边建设对景区的直接压迫，保障核心资源有一个良好的、景观资源存在的土壤。

要拓展新空间，也要传承并创造新的文化。在我国所独有的“人化山水，文化山水，诗画山水，情化山水”的游憩文化特征之下，对游憩空间的拓展，也应注重其对文脉的传承意义。这一点对我国历史文化名城的建设尤其重要。一方面，我们需要对历史文化的物质和非物质遗产保护，整理并挖掘城市潜在的文化内涵；另一方面，也需要在继承的基础上加以积极利用与发展，创造出新的城市文化。

案例：对建设济南鹊华历史文化公园的思考①

济南城北郊一带，曾是旧时的风景名胜之地。这里，鹊山和华不注山隔黄河相望，碧湖青影，林木茂盛，为人称赞。尤其到了唐、宋之际，群贤毕至，留下了许多题咏的诗篇。李白曾诗赞华不注山“兹山何峻秀，绿翠如芙蓉。……含笑凌倒景，欣然原相从”②；而曾巩则赞鹊山“泺水飞绡来野岸，鹊山浮黛入晴天”③。至元代，赵孟頫作《鹊华秋色图》（图 7-8），画卷之中，“华山尖耸清秀，鹊山漫圆平远，遥遥相对；两山间，前后左右水木明瑟，小舟往还，薄雾霭霭，芦荻水草，茅舍渔村，一幅幽静清丽的秋色”，乾隆皇帝亲笔题写‘鹊华秋色’于引首，使“鹊华共得美名，形成一种最具特色的济南典型景观之一”④，城北繁荣一时，留下了深厚的文化积淀。

图 7-8　赵孟頫《鹊华秋色图》⑤

至明代之后，由于许多方面的原因，尤其是小清河的淤塞，造成了鹊华一带大面积水域的变迁，景观环境由沧海变为桑田，原来为人们津津乐道的昔日美景一去不返，出现了“山寺尽毁，游者绝少”的冷清气息⑥。

鉴于鹊华所处的空间位置及其所积淀的文化底蕴，2002 年，在进行济南城市总体规划的咨询讨论中，吴良镛先生借鉴唐长安大明宫坐落于龙首原、正南面向终南山子午谷的轴线，以及唐洛阳城的宫殿正南面向龙门伊阙的轴线的方式，对济南城的发展提出了新的构想：济南城若能南依千佛山，北望临近黄河

---

① 本案例主要参考并引用自：
吴良镛．借“名画”之余晖 点江山之异彩——济南“鹊华历史文化公园”刍议．中国园林，2006（1）：2-5
吴良镛．济南“鹊华历史文化公园”刍议后记．中国园林，2006（1）：6
赵夏．鹊华景观及济南北郊水景的历史变迁．中国园林，2006（1）：7-10.（本段落中的历史文化资料和诗句皆转引自此。）

② （唐）李白．《昔我游齐都》

③ （宋）曾巩．《鹊山亭》

④ 赵夏．鹊华景观及济南北郊水景的历史变迁．中国园林，2006（1）：7-10

⑤ 图 7-8 来源：吴良镛先生提供。

⑥ （清）施润章．《旋遇山先生集书》卷十二

的鹊、华二山，形成新的轴线，作为城市的“双阙”，重新组织城市的空间结构与形态，将形成新的一个富有文化韵味的城市山水格局（图7－9）。

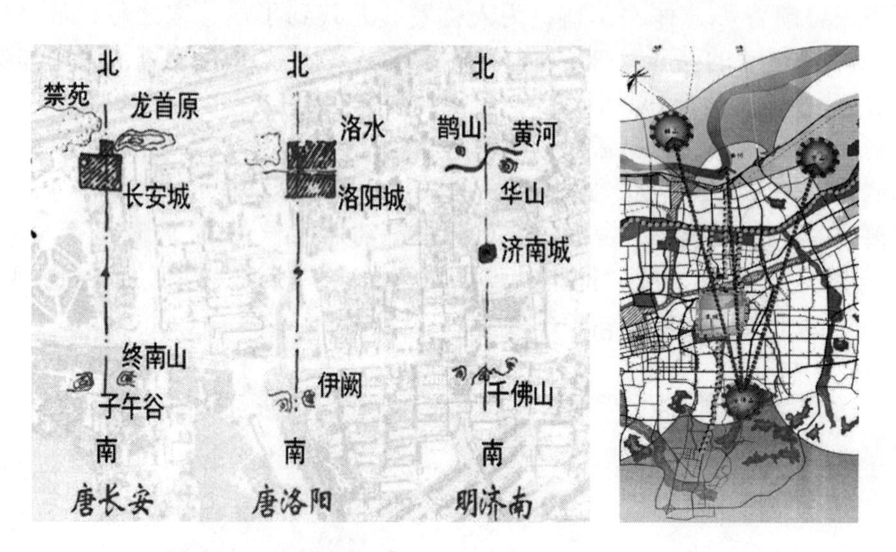

图7－9　济南山水格局构想图[①]

2005年，为提高小清河的防洪能力，济南准备清挖北湖一带的湿地。新的可能性与历史的渊源交汇，给城市的发展带来了一个新的机遇。吴良镛先生敏锐地意识到：该计划的实施，可使鹊华昔日景观重现，“历下八景之一的‘鹊华烟雨’图景，有望日后再次成为济南的风景‘绝胜之处’”，因此，城市应该“及时抓住机会”、“进行整体的考虑，不能坐失良机”[②]。他撰文指出：如果把这一地段，“至少是华、鹊二山，以及从二山之间穿流而过的黄河及其周边地段，建设成一个大面积的‘历史文化公园’”，将为城市创造一个日常也可以达到大型的游憩园林，在保护与改善生态环境的同时，体现出济南“城以山川湖泉胜”的自然与文化特色（图7－10）。

吴良镛先生对鹊华历史文化公园的提议与思考，是在继承前人文化的基础上建设新游憩空间、创造新文化的一个典型的例子。这里面能够给人的启示是相当多的。**对于城市的历史文化积淀，应当进行深入系统的研究与分析，重新发现其中的意义，从而得到新的规划设计灵感；在城市的发展中，山水文化的内涵、地方历史文化的文脉，都有许多值得挖掘的地方，这是“东方心灵”区别于西方精神的所在；而对待传统山水人文景观的态度，“不是复旧，更不是复古，而在于萌生新的创作之理念，使之更富文化内涵，别具一格”**[③]。

① 图7－9来源：吴良镛先生提供。

② 吴良镛．借“名画”之余晖 点江山之异彩——济南“鹊华历史文化公园”刍议．中国园林，2006（1）：2－5

③ 吴良镛．济南“鹊华历史文化公园”刍议后记．中国园林，2006（1）：6

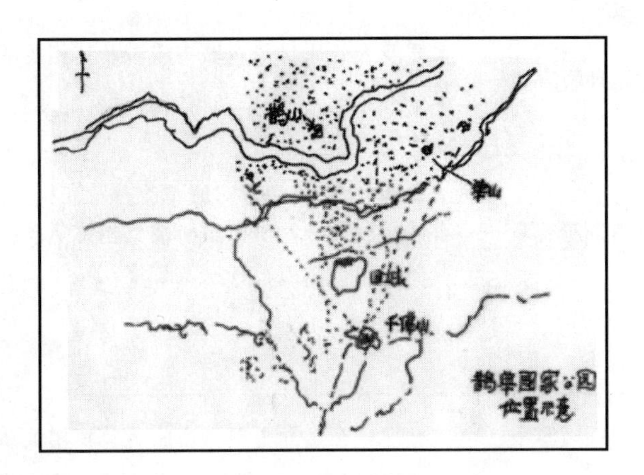

图 7-10　鹊华历史文化公园位置示意[①]

7.3.2　层级保护，重点控制

今天的中国正处于一个“关键发展期，同时又是矛盾凸显期”[②]，这个时期的经济社会发展和城市化进程很容易产生出种种威胁生态环境和文化资源的问题。对资源的破坏正成为影响我国未来游憩发展的重要因素。因此，在发展之中对景观生态与历史文化资源进行保护，是一个极为重要的内容。

但是，**强调“保护”，并不是“一刀切”的对资源环境不允许有任何改变、任其自生自灭。保护不等于不发展，而是要循序渐进、科学合理地发展；是在环境影响可以接受的前提下的对资源进行有限度的利用；是在对整体综合的把握前提下，更好地发挥游憩的生态、文化、经济等综合效益，减少游憩负面影响的巧妙的、良性发展。**资源的类别不同，“可接受的改变极限”（Limits of Acceptable Change，LAC）不同，环境容量会有较大的差异；资源风格和内容不同，能够给人带来的体验及其所具有的“游憩机会类别”（Recreation Opportunity Spectrum，ROS）不同，所需的设施情况也不一样。根据具体的资源条件，确定其可以作为游憩之用的强度，是广泛运用于西方的游憩资源管理中的、用于解决资源保护与利用问题的方法（图 7-11）。在进行宏观和整体决策时，决策者虽然不可能对每项具体资源的状况做到明察秋毫，但根据资源的类别和总体情况，确定其允许建设程度却是极为必要的。**保护与利用应当有一个层级的观念。层级保护的方式，可以保证敏感的核心资源不受破坏；而一些相对不太敏感的资源，又能够在保护的前提下得到合理的利用，为人们提供更多的游憩机会和选择。**

---

① 图 7-10 来源：吴良镛先生提供.

② 杨桃源，杨琳. 构建和谐社会需消除目前所存的不和谐因素. 瞭望周刊，2005-02-24

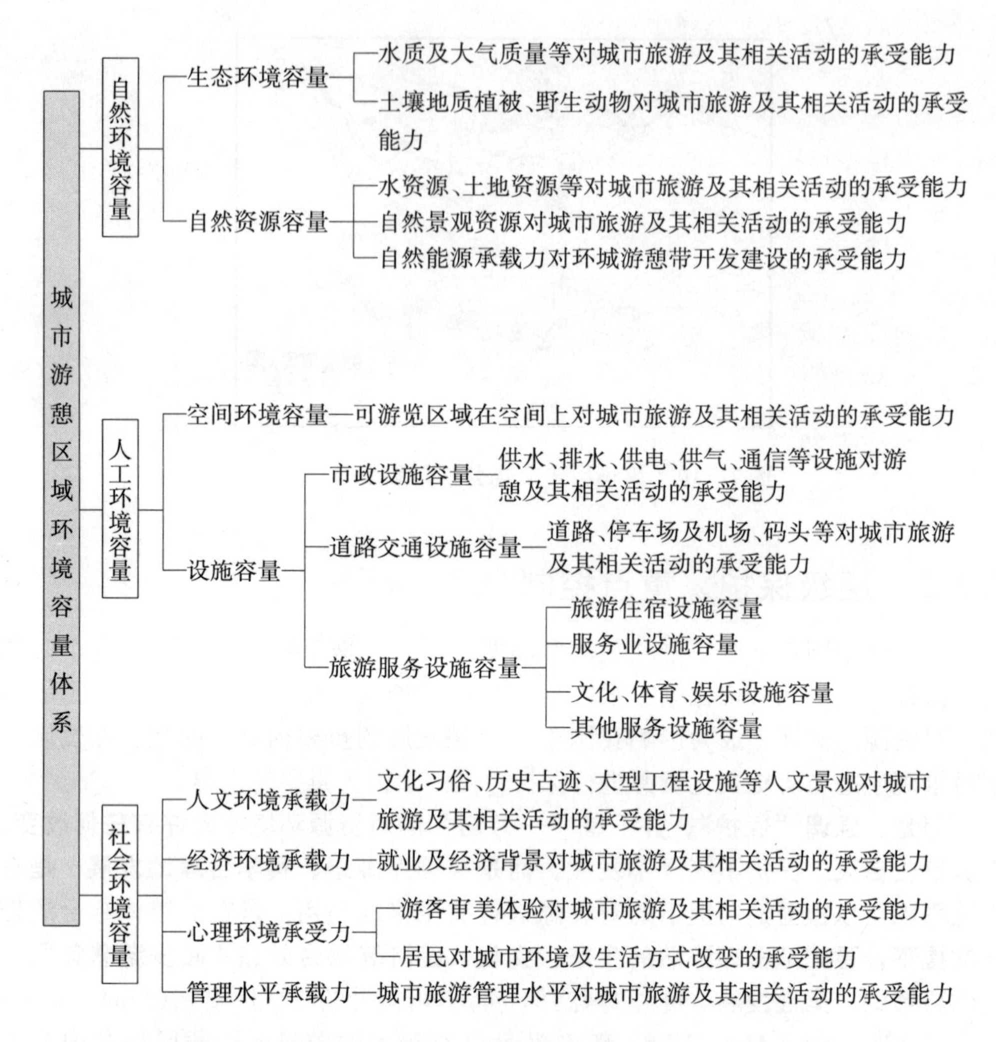

图 7-11　在确定资源保护和利用程度中所需要考虑的环境容量体系①

在层级保护的前提下，对以下一些地区，仍需加以重点控制：

（1）生态环境和社会文化的特别敏感和脆弱的地区；

（2）自然景观和历史文化的精华所在；

（3）城市发展最容易破坏的资源地段；

（4）对城市游憩发展具有战略意义的区域。

重点控制一方面是确保城市的关键生态资源、文化资源不会在快速城市化的浪潮中遭受破坏，让城市始终能够把持城市最珍贵的“家底”；另一方面，也是在几个最关键的环节控制住城市整体格局，为城市保留游憩发展所必须的

① 图 7-11 来源：杨锐．风景区环境容量初探——建立风景区环境容量概念体系．城市规划汇刊，1996（6）：12-15

空间和资源条件。

最佳的保护与控制是提前进行的。我们不能等到破坏了再进行保护和控制；而是应当赶在开发尚未到来之前，就已经进行了预先的准备。城市的游憩空间系统应当在城市扩张的浪潮到来之前就未雨绸缪，做好打算。如果等到城市已经发展起来以后再想在密密匝匝的城区中开辟出一片空地，困难就会增加许多。

案例：天津城市空间发展战略中的层级保护与重点控制①

2004年，为保障城市的发展能够更好地适应新的经济社会环境的发展需要，满足新时期的城市功能要求，天津市在着手新一轮的总体规划修编之前开展了对城市空间发展的战略研究工作。清华大学在其中所完成的相关报告，是从城市总体层面对城市游憩空间加以"层级保护"和"重点控制"的典型案例。

1）资源层级保护

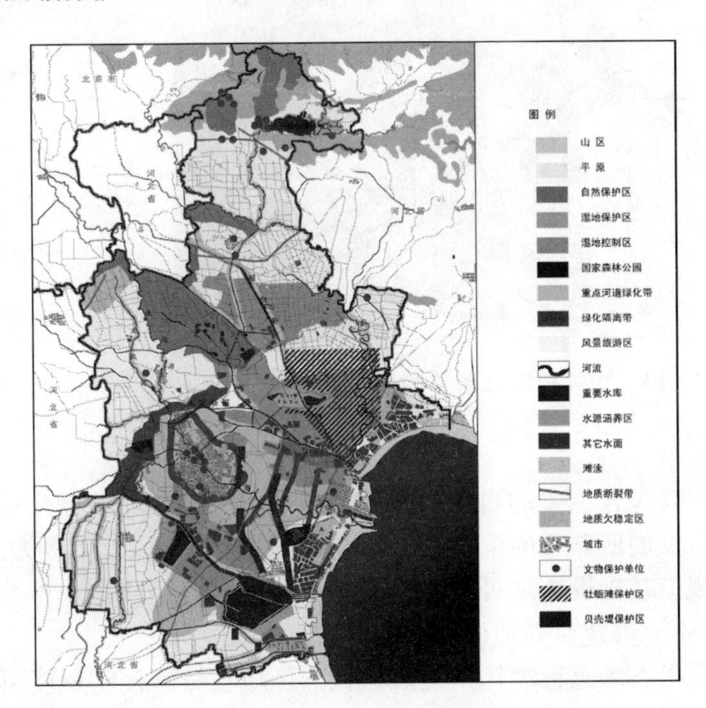

图7－12　天津城市资源与发展控制条件

对游憩资源的层级保护必须建立在对城市整体资源和条件进行梳理的前提下。这个过程需要对具体的城市自然和历史资源进行分类（图7－12），并对具有保留价值的自然资源和城市近郊空间进行分级归纳（图7－13），从中确定禁建区、限建区、控制区，以区分不同的游憩利用可能（图7－14）。

① 本案例的主要内容均参考并引用自：清华大学建筑学院建筑与城市研究所．天津城市空间发展战略研究，2004. 其中各图如无特殊说明，均由笔者绘制。

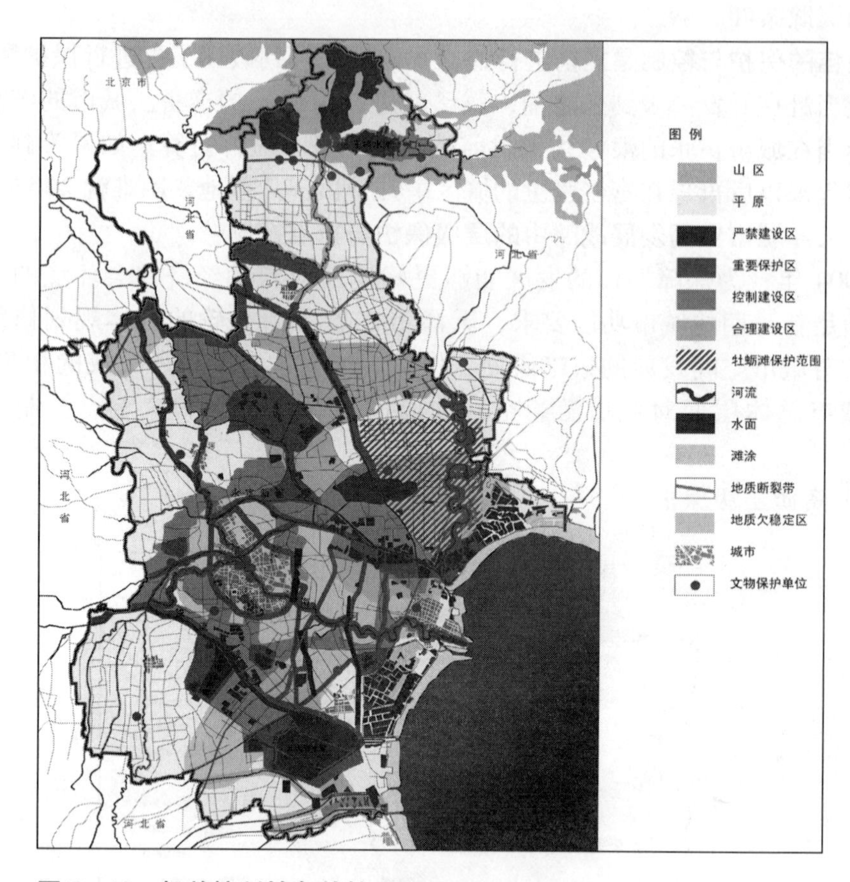

图7-13　相关控制性条件梳理

其中：

禁建区主要包含主要的自然保护区、风景名胜区、环城绿化带、城市周边最容易被城市发展所破坏的生态脆弱区域。在禁建区中，除了极为少量的必要、小尺度、小规模基础设施之外（如：小型观测站和科研点、小型公共厕所、少量道路等），不允许建设其他形式和功能的建筑物。

限建区是生态敏感程度比禁建区稍低的区域。尽管控制程度不像禁建区那样严格，限建区中的建设量和建设内容也必须有明确的规定。限建区中应该突出生态和景观功能，强调绿化和景观设计。该区域中不允许出现工业，一般情况下也不应出现规模化的居住建筑，该区域中可以允许少量的、小规模的体育设施和文化设施，少量旅游设施，尽量将这些区域引导成为大片的自然景观和休闲游憩场所。在限建区中的建设需通过生态环境容量的论证，否则不予批准。

控制区是针对一定的、大面积的生态空间进行建设控制的区域。控制区中一般都现存有比较多的、具有一定的重要性的生态元素，在天津，这些元素主要表现为中小型湿地较为集中的大片区域。控制区中需要控制建设的规模在个相当小的范围内，并确保其中的建设、农业活动遵循生态的原则。控制区中也

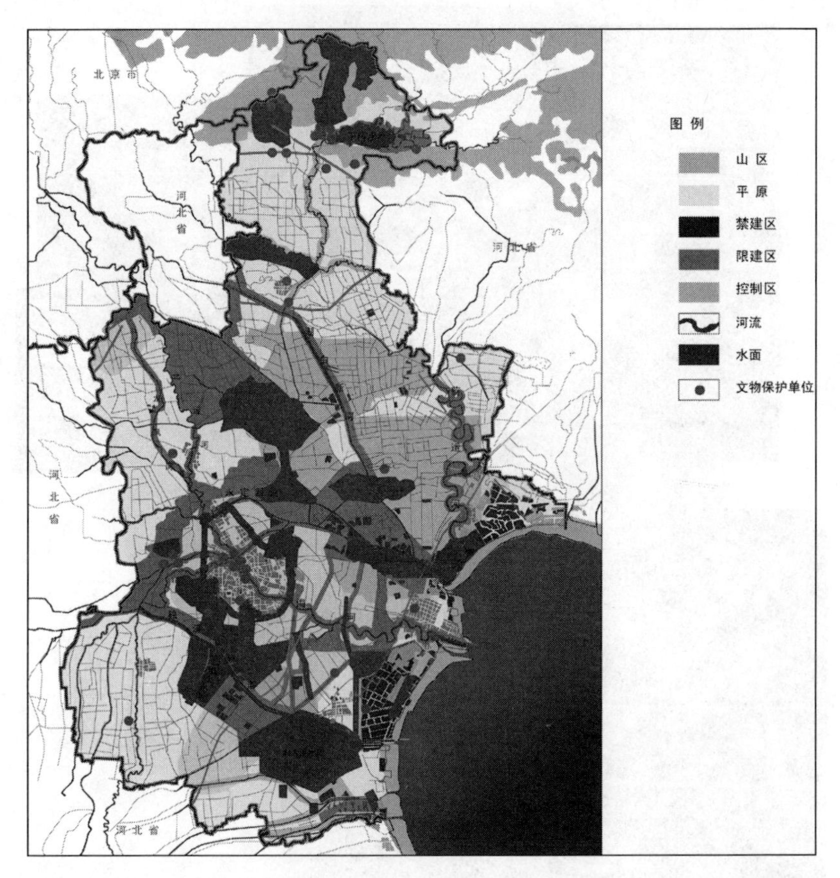

图7-14　绿色空间的可利用程度分级——生态文化资源保护与利用的平衡

要求保留原有自然环境要素不被人为破坏，通过人的活动也可以对其原有的生态条件和景观面貌进行适当改善。

2）重点区域控制

在层级保护的前提下，对城市的一些重点区域还需要加以特别的控制，以进一步确保城市精华的资源不受破坏、并使人们的游憩活动空间能够在未来的发展中得以保障。

湿地是天津整个城市生态环境最为敏感和脆弱的地区，同样也是城市水韵文化的重要体现（图7-15）。“大片的湿地是大自然给天津的恩赐，也是天津最大的景观特色”①。湿地不但是“水景”的一种特殊形式，还由于其中聚集的多种动物和植物群落而创造出鲜活的自然情境。在合理保护和规划的前提下，湿地有望为天津区别于其他多数大都市的景观空间，成为城市最可骄傲的特色。

① 引自：吴良镛先生天津空间战略中期汇报的相关文件。

图 7－15　湿地景观是天津区别于我国其他大城市的最大特色

天津市古海岸变迁留下一系列滨海古泻湖，形成了黄港、七里海、北大港等浩淼水面。决口洼地造就了大黄堡、黄庄、团泊等大片洼淀湿地。2002 年湿地调查显示，全市湿地总面积 1 718 平方公里，占全市国土面积的 14.43%。其中，天然湿地 1 337 平方公里；人工湿地 381 平方公里①。天津重要的湿地之中包含了国家级海岸自然保护区之一的“天津古海岸及湿地自然保护区”、有丰富的动植物资源的“团泊洼鸟类自然保护区”、以及具有“为水禽提供了必要的栖息地的和繁殖地”的“大港古泻湖湿地自然保护区”等等。其中：天津古海岸及湿地自然保护区是 12 个国家级海岸自然保护区之一②，由贝壳堤、牡蛎滩和七里海湿地组成。其中，滨海平原贝壳堤海岸遗址是沧海桑田的真实记录，是海陆变迁的重要产物和佐证，被称为“天然的博物馆”，是国际间合作研究海洋学、地质学、地理学、气象学、湿地生态学的典型地区之一。这里积淀的

① 数据来源：天津城市规划设计院．天津湿地保护规划．天津市规划局提供。

② 刘洪滨．中国海洋和海岸自然保护区．海洋地质与第四纪地质，1999（1）

贝壳堤与美国圣路易斯安那州贝壳堤、南美苏里南贝壳堤并列是世界三大贝壳堤之一，在国际第四纪地质研究中占有重要位置①。而七里海沼泽湿地则是退海后形成的古潟湖洼，是地古海岸生态系统主要保护区域，它为深入研究几千年来的海陆变迁和自然生态环境演变保留下一块实验场所，同时，该湿地将成为国际间合作研究海洋学、古生物、古地理、古气候和湿地生态学较为著名的典型地区之一”。历史上的七里海地域辽阔，水肥草美，鱼蟹丰盛，鸟类群集。“无堤的天然潮白河由北向南缓缓流过直接入海，河水随着渤海的潮水而涨落”。“七里烟波”、“潮河银练”成为清光绪《宁河县志》所载“宁河八大胜景”中的两个②，成为这一带富有文化的景观现象。

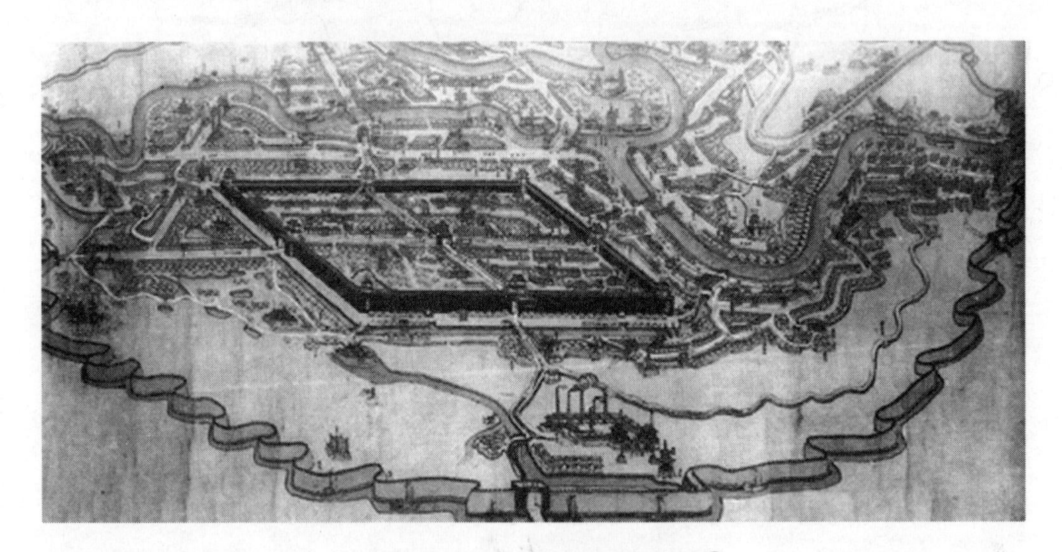

图7-16　“城在水中，水绕城郭”的天津卫城水环境图③

天津城市的发展也与它周围的水密切相关。天津建卫之初，作为北方的“河海要冲”，具有“城在水中，水绕城郭”的特殊城市风景（图7-16）；水，孕育了天津的历史与文化，更串起了天津从古至今的历史脉络④；也正因为水的存在，天津至今的地名中仍然充满了许多水灵灵、湿漉漉的地名。水文化蕴

① 刘家宜．中国天津古海岸与湿地自然保护区植物区系的研究．河南科学，1999（6）

② 参考：吕绍生．论七里海的生态修复．www. qilihai. cn.

③ 图7-16来源：天津老城风貌．http：//news. sina. com. cn/c/2003-05-26/14171100742. shtml.

④ 根据天津门户网站 http：//www. tianjin-window. com/tianjin-window/gb/outline/outln-3. htm 的介绍：天津地区的形成始于隋朝大运河的开通。唐中叶以后，天津成为南方粮、绸北运的水陆码头。宋金时称“直沽寨”，元朝改称“海津镇”，是军事重镇和漕粮转运中心。明永乐二年（1404年）筑城设卫，称“天津卫”。17世纪以来，天津地区经济、社会有了进一步发展，城市规模不断扩大。1860年被辟为通商口岸，工业生产和口岸贸易额仅次于上海，成为当时中国的第二大工商业城市和北方最大的金融商贸中心。可以看出，天津的发展与河运和海运有着巨大的联系。

育了祖祖辈辈的天津人，并得以渗透在津门文化之中，成为留存在城市历史之中的深刻记忆。

而今，天津的湿地却面临着重重威胁：湿地面积大幅度减小、生态功能退化；人工化倾向严重，生物多样性指数成下降趋势；湿地与城市相互交融的景观已经消失殆尽。

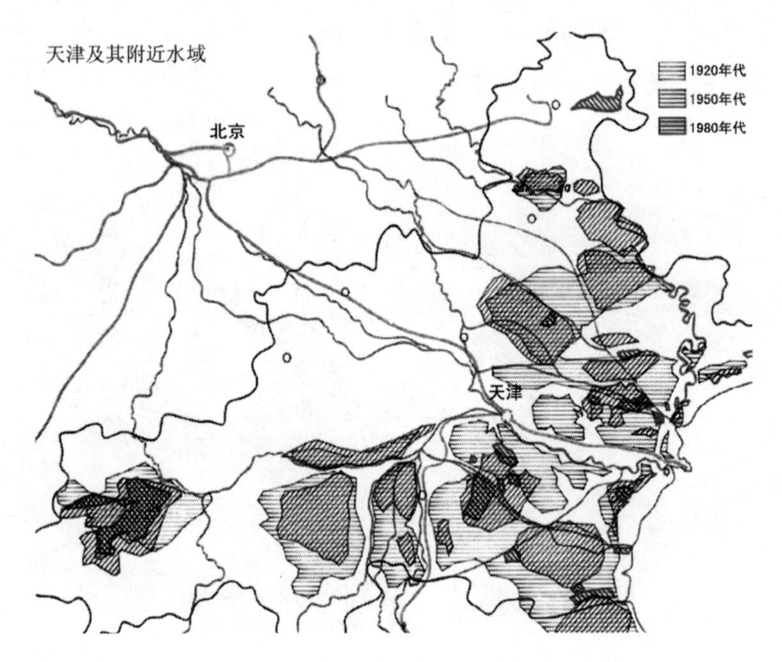

图 7－17　天津及其周边地区湿地水体演变示意图①

较 20 世纪 50 年代，天津今天的湿地面积已经减少了一半（54.7%），如图 7－17所示，其中市区湿地面积下降 80%。同时，大部分湿地蓄水能力退化，甚至有的干涸②。湿地的减少带来了生态的变化。与 20 世纪 60 年代相比，天津市芦苇产量下降 50% 左右，淡水鱼类减少 30 种，鸟类减少 20 种，一些珍禽如鹈鹕、鸳鸯、白尾海雕等罕见或未见，自然银鱼、河蟹、中华绒螯蟹绝迹③。除近年来气候连续干旱外，湿地的分隔、海洋与海岸的隔离、人类不合理的开发利用（如，上游森林植被的破坏、建坝修库拦截、城市建设的填埋、水体污染等）以及湿地管理机构与制度不健全、保护和恢复措施不到位，导致了湿地生产力和生态功能的萎缩，严重影响了湿地的可持续发展。

① 资料来源：清华大学建筑学院建筑与城市研究所．京津冀北地区城乡空间发展规划研究·天津专题组报告，2002

② 许宁．天津湿地现状及其保护利用对策分析．海河水利，2002（6）

③ 同上。

除以上所涉及的湿地之外，蓟县自然资源出众，景观独特，历史文化资源精彩丰富，是天津北部自然景观和历史文化的精华所在；近城市周边地区，由于城市的扩张，最容易受到城市发展的破坏；天津旧城的街巷格局和遍及大街小巷的古迹文物，更是深刻地表现出“华洋杂处”的城市景观特色风貌和津门文化的魅力。因此，天津区域特别需要加以重点控制的地段总体上包括了：天津南北湿地区域、蓟县、天津城市周边的绿化与湿地范围、天津辖区内的密集河网、以及旧城的历史文化核心区。

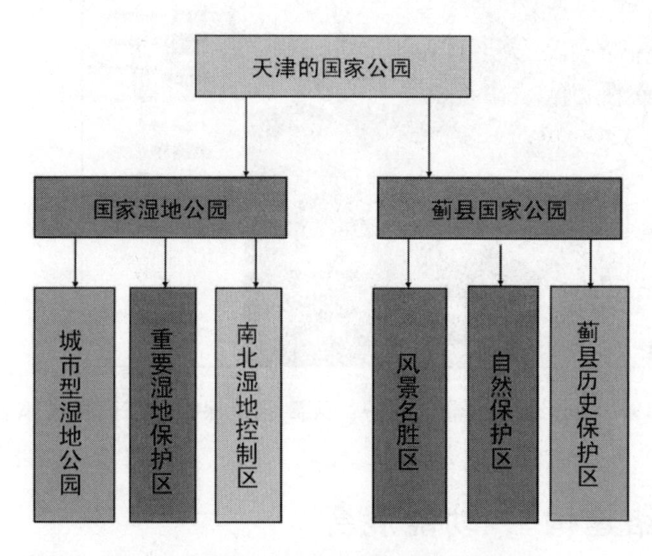

图7-18　天津国家公园体系及其相关内容

统筹思考以上因素，研究建议将天津城区南北两片大型的湿地、蓟县的自然人文资源设为大型的国家公园（图7-18），以便于进行高标准的系统保护，涵养并利用天津的自然生态精华，为天津乃至周边地区提供良好的游憩选择；在城市周边，特别是近城的湿地区，应当结合城市周边绿化带的建设，划定城市周边的绿化公园和风景名胜区，改善城市周边生态环境、提供市民近郊游憩场所、控制城市的蔓延；城市内部则以海河为链，形成天津城重要的风景与文化游憩带，并结合天津的旧城及杨柳青等重要文化场所，构筑天津城市核心历史文化游憩区。如图7-19所示。

在《天津城市空间发展战略》的研究中，层级保护和重点控制始终是综合城市生态保护、历史文化资源保护、以及城市游憩发展的指导思想。这个方法不仅对天津适用，也可以推广到每个城市的发展中。对自身的资源进行详细的梳理、把握最核心的要素并确定相关的可建设程度，是城市统筹全局以达到保护与利用的最佳效果的方法。它解决的不仅仅是游憩作为城市基本功能的问题；也同时保障了整体的生态格局。

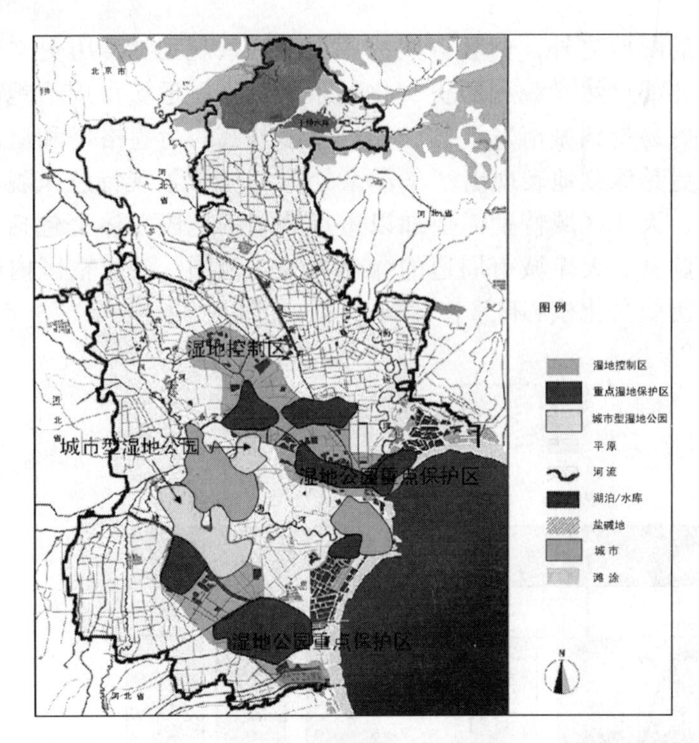

图 7－19　核心地段的重点保护：天津湿地保护区与蓟县国家公园

7.3.3　网络建构[①]，功能混合

从城市景观生态学的研究成果来看，建立与城市自然生态有机结合的、相互联系的绿色生态廊道，是维持城市景观生态过程及格局的连续性和完整性、实现人类生态环境可持续发展的重要条件，是达到斑块（Patch）－廊道（Corridor）－基质（Matrix）良好结合的途径。**对游憩的空间而言，“网络”不仅仅具有景观生态学方面的意义，它还复合了文化、商业、交通等综合功能。西方城市游憩空间的规划思想发展至今，无论在区域、市域、市区哪个层面上，网络化都已经成为城市游憩空间规划的核心手段。——从已有的经验来看“游憩空间网络”是保障每个居住在城市之中的人都能够轻而易举地进入城市的游憩体系之中、方便地享用城市为他们提供的快乐与幸福的最佳途径。**

在市域、区域或者更大的空间层面上，游憩网络用“风景道路”的形式，联系着重要的旅游的客源地和目的地，是旅游发展的核心区域，也是地方形象的重要窗口；而在市区层面，这张多层叠合的网联系着整个城市的每个角落，与人们的生活息息相关。**游憩网络，将城市游憩空间中的点、线、面结合在了**

① 注：除了城市的游憩空间网络系统这样的“硬件”之外，城市的综合“游憩网络”还应包括信息网络系统和服务网络等“软件”形式。本段中的“网络建构”主要涉及游憩实体空间网络的建设。有关信息网络和服务网络的内容，将融合在后文中的“服务优化，选择多元”中谈及。

一起，它串起了城市中最精华的景观生态资源、最值得珍惜的历史文化记忆、最受人欢迎的城市广场、最富有创意的文化核心区域、最具人气与特色的商业区、最优雅舒适的自行车道和步行道。它的建设本身是城市文明进步的象征，也意味着城市对每个市民生活水平的深切关怀。

城市游憩空间网络中主要应当叠合的层次主要包括以下五个方面：

（1）城市水网；

（2）城市绿地网络；

（3）城市历史文化地区及新兴的文化地区；

（4）城市商业网络；

（5）城市风景道（包括机动车与非机动车道路），尤其是步行道路系统。

而从网络建构的方法来看，因为生态资源、历史文化资源等空间是基本固定不变的，因此，更多的情况下可以考虑**建设步行道系统（同时也包括绿地）将生态与文化资源、商业区串接在一起（图7－20）。**

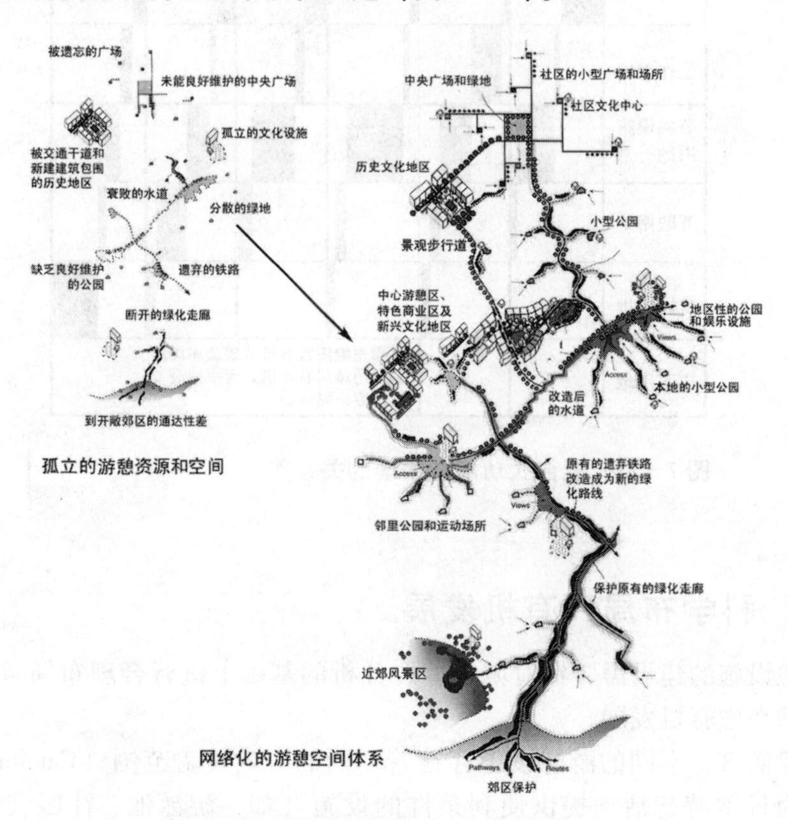

图7－20　城市游憩空间的网络化建构①

① 图7－20来源：黄鹤．文化规划：运用文化资源促进城市整体发展的途径：［博士学位论文］．北京：清华大学建筑学院，2004.142. 有改动。

在建构城市游憩空间网络的同时，我们也应当在不同的土地利用类型中更全面地渗透“混合”的思想。“一个纯粹的居住区中有可能出现一个作家的工作地点，一个纯粹的工业区中也有可能有清洁管理工们的居住地点”①。即便是专门为某种功能而划定的地块，该功能也往往只能是成为一种“主要”形式。随着人们闲暇时间的增加、随着人本意识的增强，游憩已经越来越多地渗透到不同的功能用地之中，而这种混合，正是巧妙发挥游憩的综合效益的方法所在（图7-21，图7-22）。因此，在规划与建筑设计时，应当充分考虑到如何使人们的复合需求能够通过空间功能的相互混合而得到满足。

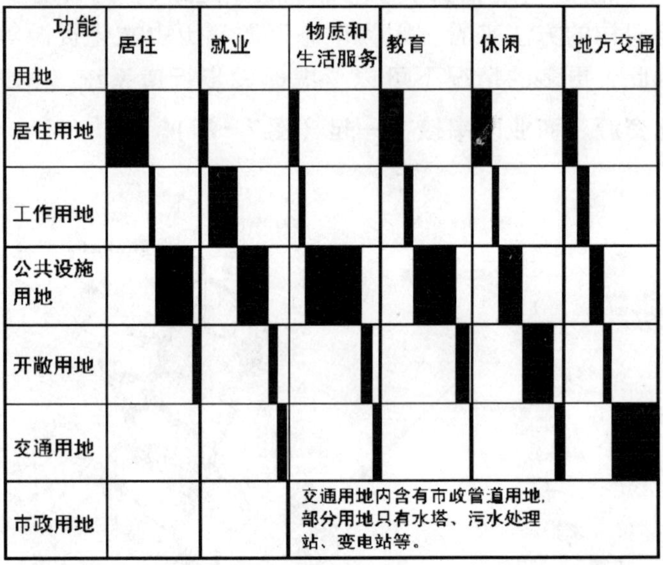

功能 用地	居住	就业	物质和生活服务	教育	休闲	地方交通
居住用地						
工作用地						
公共设施用地						
开敞用地						
交通用地						
市政用地			交通用地内含有市政管道用地，部分用地只有水塔、污水处理站、变电站等。			

图7-21　混合式功能与用地的关系②

7.3.4　科学布局，有机发展

游憩设施的建设需要在对城市综合分析的基础上进行合理布局、并结合已有的条件考虑有机发展。

一般而言，不同的游憩设施存在着不同的有效覆盖范围（Catchment），一些主要为日常游憩活动提供便利条件的设施（如：游泳池、社区文化站等），

① ［德］G·阿尔伯特.城市规划理论与实践概论．吴唯佳 译．薛钟灵 校．北京：科学出版社，2000.168

② 图7-21来源：［德］G·阿尔伯特.城市规划理论与实践概论．吴唯佳 译，薛钟灵 校．北京：科学出版社，2000.168

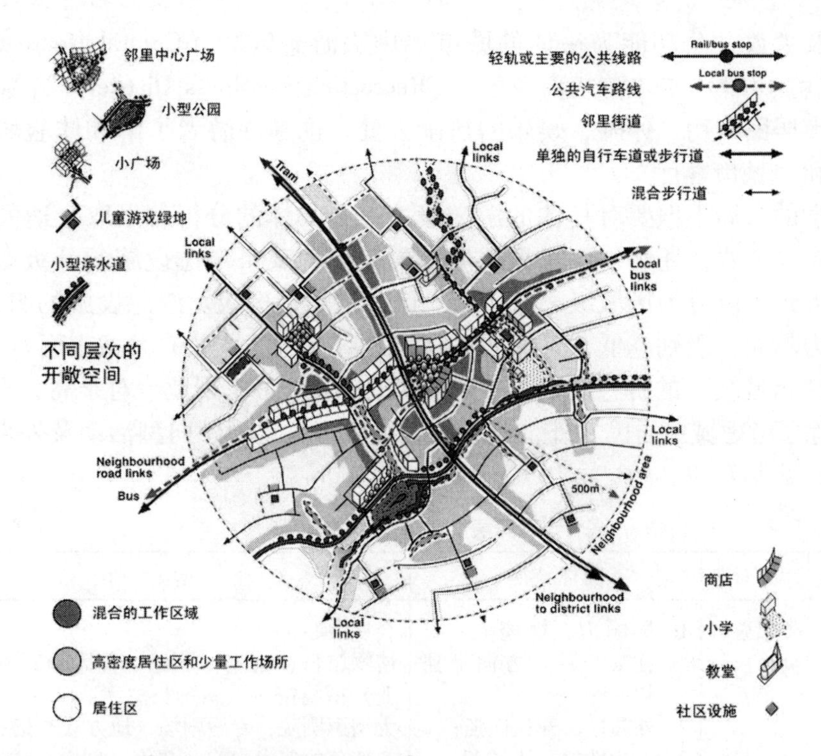

图 7－22　混合发展的空间模式①

因其吸引力会随着居住距离的增加而迅速减小（图 7－23），需要更多考虑均匀的、分散布局的方式；而一些服务于非日常游憩活动（或者旅游）的设施（如：城市博物馆、大型剧院、展览馆等），其吸引力与自身的内在条件、知名度、地位、特色等密切相关，而与出行的距离关系不大，因此，这类设施可视具体情况来确定实际选址与布局。今天，越来越多的地方为提升城市的形象、拉动地方的游憩消费、突出城市的整体吸引力和影响力，对大型的、非日常游憩设施采用了集中建设的模式，形成了集商业、文化、体育、娱乐、餐饮、旅馆、

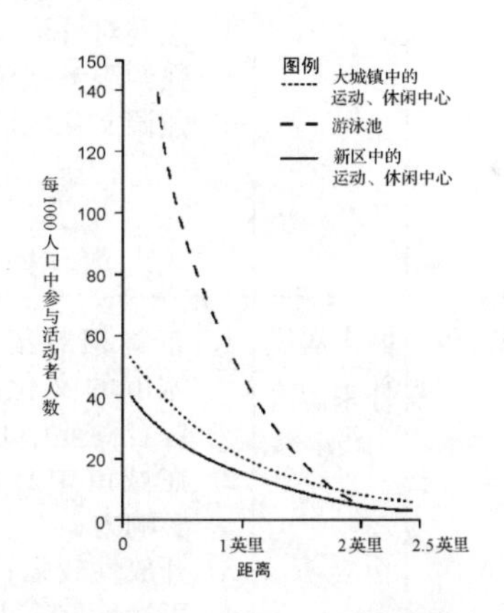

图 7－23　运动休闲游憩设施影响力随距离的变化情况②

① 图 7－22 来源：黄鹤．文化规划：运用文化资源促进城市整体发展的途径：[博士学位论文]．北京：清华大学建筑学院，2004. 141．原载：Urban Task Force．Towards an Urban Renaissance．London：Taylor & Francis Group plc，1999. 66

② 图片来源：Hall，Colin Michael．Geography of Tourism & Recreation：Environment，Place & Space（Second Edition）．Florence，KY，USA：Routledge，2001. 45

会展以及少数办公功能为一体的城市“中央游憩区”（Central Recreation District，简称CRD）或“游憩商务区”（Recreation Bussiness District，简称RBD），成为城市居民购物、休闲、娱乐的热闹去处，也是旅游者了解和体验城市特色的窗口和“城市客厅”。

科学的布局不但要对具体的游憩设施进行具体的分析、采取合适的集中或分散的布局方式，还必须注意根据城市的具体情况来考虑设施的分级布置。游憩设施大致可以分为区域级、城市级、区县级和社区级。游憩设施的级别越高，其影响力越大；级别越低，其实用性越强。对一些区域性的大城市而言，“区域级”与“市域级”的游憩设施在一定程度上是重合的，因此，对于高级别设施的建设，除了考虑城市居民之外，还不能忽视城市大规模外向型活动及外来旅游者的需求，见表7－2。

不同层次游憩设施的差别 **表7－2**

级别层次	服务对象	具体特征	典型类别
区域级	外来游客 城市居民	1. 影响力、规模大，或在某个特定方向上独树一帜； 2. 外向性、开放性强； 3. 可达性好，人流量大，外来游客较多； 4. 强调对外形象； 5. 强调服务提供； 6. 强调文化内涵	会展中心； 博物馆群；大型博物馆、美术馆；专题（行业）博物馆； 大型影剧院；专题剧场；地方戏专场；代表地方特色的艺术中心、文化（创意）产业基地； 大规模旅馆区和度假区； 大型高尔夫球场；滑雪场； 具有独到风格的大型休闲娱乐场所； 知名度较高的大规模主题公园； 著名商业区；特色商业区； 具有较大知名度的餐饮中心； 可举办规模运动会的体育中心……
城市级	城市居民 外来游客	1. 布置相对集中，形成城市的文化、娱乐或综合商业中心； 2. 在城市中具有一定的影响力； 3. 开放性较强； 4. 可达性好，人流量大	城市图书馆； 小型博物馆；植物园；动物园；海洋馆； 儿童乐园、青少年宫、人民文化宫； 城市休闲娱乐综合体；城市体育馆； 游乐场；水上乐园； 大型商场；精品购物街；特色小吃街； 中小型度假村……
区县级	区县居民	1. 具有与自身人口相适应的规模； 2. 主要为本地居民提供文化、体育与休闲活动场所	区县级图书馆； 区县级体育馆、文化馆； 休闲娱乐中心； 区县级休闲购物区……
社区级	社区居民	规模较小； 多为日常活动设施； 近便，步行可达	社区老人活动室； 小规模社区图书馆； 居民健身场地与相应健身器材……

近年来，随着游憩空间与设施建设越来越热，这样一种矛盾更加突出：一

方面，由于原先的建设思想存在问题，或者是因为规划设计不合理、管理经营不善，使得一些游憩设施建设后利用率低、甚至难以为继；而在许多原有的游憩场所和设施并没有得到充分利用的同时，另一方面，新的、雷同的东西却又不断兴建起来。这种情况造成了重复建设和土地资源、人力物力的巨大浪费。因此，就城市游憩空间与设施的规划建设而言，强调“有机发展”非常重要。当群众反映缺乏游憩广场的时候，应当先看看原有的广场是不是因为一棵树都没有、让人无法停留；当筹划新的展览馆之前，应当看看原有的一些展览馆是不是因为资金扶持力度不够，变成了长期的“家具销售厅”；而当人们感到缺少文化设施时，也需要看看原有的文化设施是不是因为选址缺乏合理规划，交通不便，可达性差，降低了市民利用和享受文化的机会。换句话说：在考虑进行新的游憩空间与设施建设前，应当先考虑如何提高现有游憩空间与设施的利用率，尽可能地将已有的条件用足用好，对原有空间和设施不尽如人意的地方进行相应的改造、改善，提高经营管理和服务水平，在此基础上再进行新设施的建设。如图 7－24 所示。

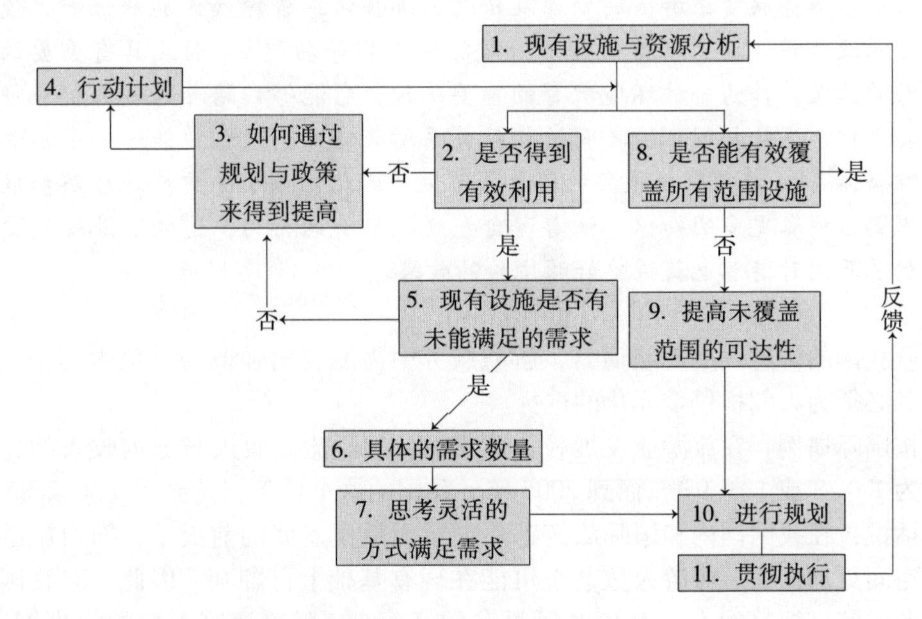

图 7－24　游憩空间与设施规划建设的有机思考流程①

7.3.5　服务优化，选择多元

人们对游憩内容的选择很大程度上依赖于与之相关的服务提供，而人们在

---

① 图片来源：笔者根据 Veal，A. J. Leisure and Tourism Policy and Planning. Cambridge，MA，USA：CABI Publishing，2002. 142. 绘制，有改动。

游憩活动中所能获得的体验效果，也在很大程度上与服务水平密切相关。提高服务的质量，不但是游憩作为“第三产业”发展本身必须加以重视的；而且，通过“改善服务”这种“软件”式的提升，还能够在一定程度上巧妙弥补城市游憩资源、空间、设施等“硬件”方面的不足。由于游憩活动本身涉及面极广，因此，要想达到真正的“服务优化”，就需要进行多方面细致而周到的考虑。游憩方面的服务囊括了交通、餐饮、娱乐、购物、解说、住宿、信息提供等诸多方面的内容，需要在发展中加以系统、综合的规划与思考。

不同服务类型的改善能够为游憩的发展带来不同的益处。例如：交通服务条件的改善为弥补城市游憩“硬件”的不足起到了重要的作用。对于一些居住密集、公共绿地缺乏、而一时又无力改善的地段，可以考虑为居民专门提供一条便捷的交通线路、使居民能够方便地到达周边的公园绿地；而如果城市能够有效改善市区到郊野的大型绿地的交通条件，就更能促进城市环城游憩带的形成。游憩的解说服务具有以简单多样的方式给参与者提供基本信息和导向服务、帮助人们了解并欣赏旅游区的资源及价值、加强游憩资源和设施的保护、使人们对资源及其科学和艺术价值能够有较深的理解等功能①，因此具有重要的教育层面的意义。作为一种环境教育的重要手段，它能够“培养人们理解和评价人及其文化、生物物理环境之间的相互关系所必需的态度和技能……是寓教于乐的综合体”②。游憩解说服务的改善，可促使人们在娱乐中更好地理解和欣赏资源内涵，获取更多的知识，让游客自觉规范自身的行为，达到资源得到更好地保护、而同时游客也获得更好的体验的效果。

就我国的游憩发展现状而言，游憩服务中需要突出强调的一项内容是：游憩服务必须为人们提供多元化的选择。

按国际惯例，在旅游业发展较为成熟时，国际旅游收入与国内收入的比例大致为1 ∶ 8或1 ∶ 9③，而到2005年，我国的这个比例仅达到了1 ∶ 2.25④。换句话说：在我国国内和国际旅游都将继续大规模发展的前提下，国内旅游的发展空间更加巨大、旅游人数甚至可能在现有基础上再翻翻。因此，对我国诸多在今天就已拥挤得令人头疼的风景名胜区而言，随着游览人数的规模增大，

---

① 本段参考并引用自：吴必虎，金华，张丽．旅游解说系统的规划和管理．旅游学刊，1999(1)：44－46

② 吴必虎，高向平，邓冰．国内外环境解说研究综述．地理科学进展，2003.22 (3)：327－334

③ 中国旅游行业研究报告．http：//www. allchinadata. com/Report/InduReport/report_ travel. asp，2002

④ 注：根据国家统计局的统计，我国2005年全国旅游外汇收入292.96亿美元，国内旅游收入达到5286亿元。以上数据来源：中国旅游网．2005年我国全年旅游业各项统计情况．http：//www. cnta. gov. cn/32-lydy/2005/2005lytj. htm.

其面临的压力还会继续增加。我们必须对这样的情况采取相关的措施，未雨绸缪。在空间方面，前文中已经谈到了一个措施——“空间拓展”，而在服务方面，理想的方式则是通过提供多元化的选择来进行游客的分流。

为人们提供多元化的游憩选择，可以更好地利用现有的资源，达到“有机”发展的目的；而由于游客的分流是出于每个人自身的爱好和自愿，因此在心理上比强制性的分流方式更容易让人接受一些。

从服务上看，要达到多元化的选择，最重要的方式就是给人们提供丰富、及时的信息。除一些经典的景区景点外，如果人们还能够方便地了解很多其他资源的情况，就会在进行游憩选择的时候避开最拥挤的地方，选择其他一些投合自己胃口的景点；而如果能够在人流出行较多的节假日提供及时准确的、有关于景点景区拥挤情况、道路交通情况的信息通报，就可以使人们及时做出相应的调整，使大众出游更加理性、而人流则在宏观层面得到更合理的分配，减少那种少数景点人满为患、而很多地方门可罗雀的情况。为达到这样的目的，**一方面应设法建设一系列专门提供全方位信息咨询服务的“游客中心”（Visitor Center，简称VC）和“游客问讯中心”（Information Center，简称IC）；另一方面，也应当积极通过先进的信息技术，来建造一个覆盖面广、内容丰富、及时准确的信息介绍、发布、提醒和交流的平台。**

在美国，“游客问讯中心”（Information Center）和“游客中心”（Visitor Center）是两个不同的概念。“游客问讯中心”多指一些景区景点为完善自身的游客服务而设置的服务机构，在景区的入口附近设置的信息与服务提供场所，它的内容包括了对景点游览线路及历史景观特色等相关内容的介绍、常常会安排相关的陈列展览，也出售一些纪念品；而“游客中心”则是城市综合游憩服务的窗口。在西方发达国家中，“游客中心”的功能并不仅仅局限于旅游业自身。它提供的是多种社会性的公益服务，除了为人们提供丰富而实用的信息、做好游客的参谋、营造“宾至如归”的轻松氛围，显示城市的好客度之外，“游客中心”还承担了解决游憩过程中的许多实际问题、帮助处理游憩中遇到的诸多矛盾的功能。可以说，“游客中心”是一根串连起游憩者、服务提供商、相关管理部门的线索，它在为游客提供咨询与信息服务的同时，也起到了为本地居民排忧解难、为企业宣传推广、为管理部门及时反馈信息的功能。对于城市而言，游客中心的质量，“将成为衡量城市文明程度的标准之一，也是现代城市功能的一种体现”①。

---

① 郑杨．城市旅游休闲服务网络的建设——美国旅游咨询服务的考察与思索．旅游学刊，1998.13（2）：34－37

7.3.6 文化渲染，产业促进

游憩与文化密不可分。**随着城市间文化竞争的日益激烈，在游憩中培养大众的文化观念、并发展艺术和技术结合的游憩产业，已经成为城市迈向黄金时代的必由之路。**

要培养大众的文化观念，就需要增加市民提供接触文化艺术的机会，创造有文化氛围的城市环境、着力对环境进行文化和艺术方面的渲染。柏拉图曾经说过："我们必须寻找一些艺人巨匠，用其大才美德，开辟一条道路，使我们的年轻人由此而进，如入健康之乡；眼睛所看到的，耳朵所听到的，艺术作品，随处都是；使他们如坐春风如沾化雨，潜移默化，不知不觉之间受到熏陶，从童年时，就和优美、理智融合为一"①。而创造一个充满文化和艺术韵味的环境，本身是一个涉及媒体、教育、社区以及诸如设施建设、建筑与景观设计、文化产业等在内的全面的、伟大而且细致的工作。

为了增加市民接触文化艺术的机会，**需要用艺术来改善市民日常所接触的物质空间环境。**这首先是对城市、建筑、景观、室内、家具、工业产品设计提出了一个新的艺术的要求，在达到功能之上，需要求其"艺境"、求"美感"——也正是这种需要，使得具有创意的"设计行业"具有强大的生命力。其次，增加文化艺术的接触机会也是对设施的要求，包括展览馆、博物馆、图书馆、美术馆、画廊、音乐厅、戏院等在内的公共文化设施，以及类似陶艺屋、酒吧、茶馆性质的文化休闲娱乐设施，应当在人们的文化生活中起到更大的作用，而这些设施的分布、规模、是否方便到达等因素，都成为影响接触机会的重要问题。同样，增加接触艺术的机会，也意味着**人们接触的非物质空间需要融入更多的文化艺术成分。**电视节目、网络内容、广播等重要的媒体，需要增加相关节目中文化艺术的含量、加大文化艺术节目的数量，或提高现有文化节目的质量。并针对不同人群的爱好，研究人们喜闻乐见的形式，使"文化艺术"始终能够在人们的生活中发挥潜移默化的作用。

要使文化在城市的综合竞争力中有一席之地，对文化产业的扶持必不可少。

对城市而言，"文化产业"本身是一个综合的概念，大致包括了图 7－25 中所示内容：

文化产业的发展，需要有政策、有资金、有环境、有人才。"从整体上看，我国文化产业仍处于起步、探索、培育、发展的初级阶段，与发达国家相比差距很大。具体表现为文化产业发展很不充分，总量规模偏小，市场机制不完善，文化产业的发展速度和效益都需要有一个较大的提高"。我国文化部因此发出了

① ［古希腊］柏拉图．理想国．郭斌和，张竹明 译．北京：商务印书馆，1986

《文化部关于支持和促进文化产业发展的若干意见》，并提出了发展文化产业的主要措施包括：1. 推动国有经营性文化单位改革；2. 逐步放宽市场准入政策；3. 积极整合文化资源；4. 用高新技术提升文化产业竞争力；5. 实施“走出去”的发展战略；6. 扶持发展具有示范性、导向性的重点文化产业项目；7. 加快社会化的现代流通组织建设；8. 抓好文化产业人才培养工作；9. 创造良好的文化市场环境；10. 切实加强知识产权保护工作；11. 加强文化产业理论和政策法规研究。并对“加强对文化产业工作的领导”提出了相关的建议①。

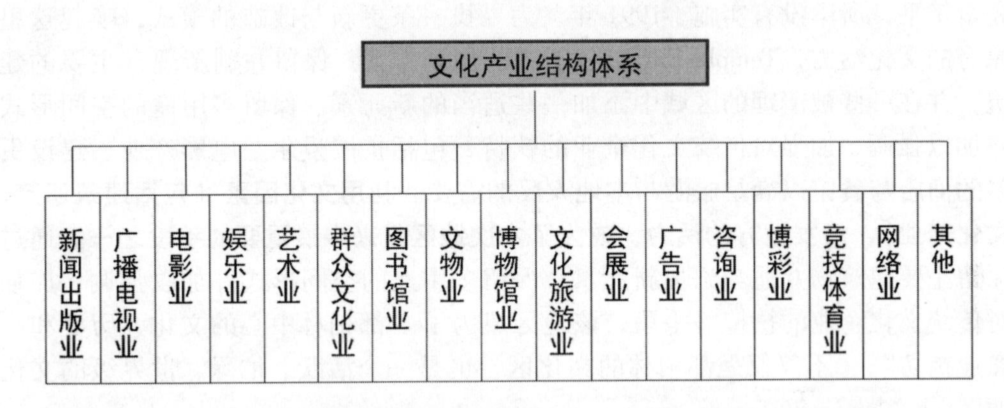

图7－25　城市文化产业结构体系图②

“任何事物都具有两面性，文化产业也不例外。它在开拓文化市场，使文化产品的生产和消费社会化的同时可能为追逐最大经济利益而牺牲社会效益；它在大批量生产文化产品满足大众需求的同时可能把一种文化风格普遍化，从而压抑和抹杀人的自由个性；它在融入世界文化产业体系促进文化开放的同时可能为外来文化冲击民族文化打开方便之门，它在引进一些优秀文化精神产品的同时，可能把西方一些腐朽落后的价值观念和生活方式也带进来”③。文化产品的生产和消费过程，往往会出现一些经济效益和社会效益分离的情况，而且是依靠市场机制无法调节的，因此，**文化产业发展中必须重视政府的管治**，通

① 本段主要参考和引用自：中华人民共和国文化部．文化部关于支持和促进文化产业发展的若干意见．http：//tancheng. gov. cn/whj/prog/list. asp？id＝138 2004－10－08
另外，该文件中还指出，影响文化产业发展的主要问题包括六点：一是对发展文化产业的重要性、紧迫性认识不足，思想观念不能适应社会主义市场经济体制的发展要求。二是经营性文化产业混同于公益性文化事业，脱离市场，缺乏活力。三是文化产业政策不完善，立法层次低，统计指标体系不健全，专门人才缺乏。四是文化体制改革滞后，产业结构调整乏力，社会化、市场化程度低。五是部门分割、行业垄断和地区封锁现象严重，难以形成统一开放、竞争有序的市场体系。六是文化产品科技含量较低，创新能力不足，竞争能力不强。

② 图片来源：王琳．中国大城市文化产业综合评价指标体系研究（节选）．http：//www. china. org. cn/ch-whcy/5. htm，2002－01－25

③ 王永章．关于我国文化产业深入发展的几点思考．中国文化报，2003－03－04.

过主动变革传统的管理体制，来构建科学的管理体制度基本框架①。

案例：都柏林 Temple Bar 新城市结构规划中渲染文化氛围的措施

都柏林 Temple Bar 的《2004 城市结构规划》② 是营造地区文化氛围、为人们提供文化接触机会、促进地方文化发展的一个很有趣的例子。

Temple Bar 区域是上个世纪末利用文化进行城市复兴的成功案例③。它占地 14 hm^2，位于都柏林利菲河（River Liffey）南岸。这个原有的历史区域在都柏林 20 世纪初的“新的经济繁荣”——工业化发展中逐步衰败，甚至计划要将其完全铲平，所幸没有实施。1991 年，为寻找一条更新与改造的模式，唤起这里原有的文化活力，Temple Bar 出台了新的规划方案：保留并刷新现存主要的建筑，并在一些被清理的区域中添加一些适当的新元素、保留多用途的空间形式并加以强调、加强对传统文化企业的扶持，包括扩展爱尔兰电影产业、建设更多的商店与餐馆以满足旅游与本地人民的需要。**利用文化因素（包括建筑遗产、文化产业）、焕发地方的活力，成为了本次地区复兴中最重要的手段之一。**通过保留主要建筑物并适当添加新元素、保留多用途的空间形式并加以强调、加强对传统文化企业的扶持等手段，该地区成为了“都柏林中心的文化、历史和小商业街坊”；“不仅仅是都柏林的文化区，也是一个活跃、忙碌、世界级的文化地区”④（图 7 -26）。

1991 年的规划设计方案为 Temple Bar 地区带来了繁荣；而 2004 年为未来所做的“城市结构规划”的研究又将这个地区推上了一个新的台阶。

在一般人看来，沿着 1991 年规划的方向发展，Temple Bar 地区已经发展成为一片非常繁荣的文化地区了，这里似乎没有太多可以再“提高”和“规划”的内容。但出乎意料的是：2004 年的这个“城市结构规划”，却恰恰又将文化提升到了更为重要的高度。而其最重要的思想，则是**通过对地区软环境的改善与提高，有效增强文化氛围，进一步提高人们在其中的文化感受。**相比起来，**1991 年的规划更强调用城市设计的手法来对物质空间进行改善、对老建筑进行**

---

① 胡熠．文化产业发展与管理体制创新：［硕士学位论文］．福建：福建师范大学，2002. 中文摘要 P3

② 参看：Howley Harrington Architects with Alan Sherwood and Dorothea Burger. A FUTURE FOR TEMPLE BAR：Urban Framework Plan 2004
http：//www. temple-bar. ie/media/download/UFP_ 2004. pdf. 2004

③ 参见：［英］肯尼斯·鲍威尔. 城市的演变——21 世纪之初的城市建筑．王珏 译．北京：中国建筑工业出版社，2002. 58 -65Temple Bar 网站：http：//www. temple-bar. ie
蔡奕旸，胡庆峰．回归城市的设计——都柏林的特普吧区复兴工程评论．规划师，2002. 18 (9)：66 -70

④ 引用自：Temple Bar 网站：http：//www. temple - bar. ie. 原文为分别：“a cultural，histo ric and small business neighbourhood in the heart of Dublin”、“not only Dublin’ s Cultural Quarter，but a lively，bustling and cosmopolitan area”

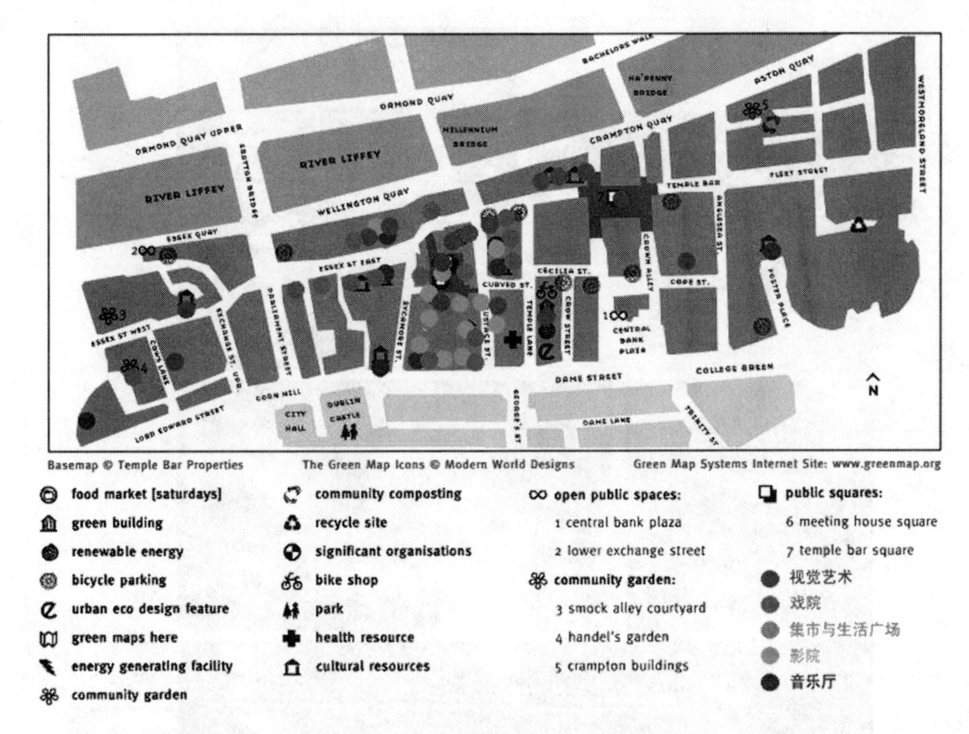

图 7-26　爱尔兰 Temple Bar 文化区域图①

文化利用，并根据原有的条件发展一些文化的产业；而 2004 年的规划则更多地采用文化管理、活动等方面软性的手段，它使得“每个在 Temple Bar 漫步的人，都能够深切体会这里的富饶、活泼、多变、令人惊讶”②（图 7-27）。

在 Temple Bar 地区的这个新规划采取了许多相关的方法来达到对环境的文化渲染，其中有许多值得所有需要将文化作为重要支柱的地区借鉴的思想和方法。具体包括③：

1. 提高地方文化机构对自身角色和文化责任的认识：新规划采取了相关的措施，使得 Temple Bar 地区的文化中心和相关机构的人员清楚地认识到，他们的身份具有为 Temple Bar 的文化作出贡献的责任——毕竟，他们也希望 Temple Bar 能够保持活力、受人欢迎。

---

① 从图中可以发现：这里集中了很多的中小型文化设施，多数老建筑都被赋予了新的文化功能，而街区原有的广场，也成为了改造之后的文化集聚空间
图 7-26 来源：底图参见：http：//www. temple-bar. ie/flash/gmaptbp. htm；
相关文化资源位置参见：http：//www. temple-bar. ie/flash/maptbp. htm

② 原文为：Walking through Temple Bar should be a rich，vibrant，diverse and surprising experience.

③ Howley Harrington Architects with Alan Sherwood and Dorothea Burger，A FUTURE FOR TEMPLE BAR：Urban Framework Plan 2004.
http：//www. temple-bar. ie/media/download/UFP_ 2004. pdf. 2004

图 7－27 Temple Bar 的街头艺术与艺术作品与广场文化活动①

2. 鼓励开展公共文化活动。到 Temple Bar 地区参观游览的人每天都成千上万，因此，在这里开展的公共性文化活动，都将拥有大量潜在观众，规划鼓励这种公共性文化活动的开展，为人们提供更多的机会，参与到相关的节庆活动或其他性质的文化活动中。

3. 成立文化顾问小组：为了使得艺术家们的工作能够受到鼓励、相互协作、彼此协调，地区发展的顾问组中吸纳一些自由的艺术家进入，从他们的角

① 图片来源：Howley Harrington Architects with Alan Sherwood and Dorothea Burger，A FUTURE FOR TEMPLE BAR：Urban Framework Plan 2004.
http：//www. temple-bar. ie/media/download/UFP_ 2004. pdf. 2004

度来对地方的事务提出建议和意见。

4. 在 Temple Bar 的主要区域——从主要的广场到码头到商店的橱窗到主要的街道——**发起更为活跃、新鲜、常常更新、富于创意、甚至引发争论的公共艺术运动**，并将这些公众艺术活动反映到地图上。

5. 组织更多的公共演出节目，通过增加“文化事件”的数量，来提高人们对 Temple Bar 的“文化中心”的认识。

6. 鼓励所有的酒吧与旅馆实施诗歌、爵士乐、美术展览等相应文化活动。

7. 将营销与广告融入所有的艺术中心。

8. 以宽容之态接纳并鼓励各种类型的文化，如：街头卖艺的文化、野蛮的文化、异域的少数民族文化。

9. 更为重要的，是**使得文化的发展能够让人们看见，要不拘于小节，在需要的时候扩大文化中心的规模。**

7.3.7　社区启动，多方参与

社区有两个含义：它一方面是城市最基本的行政单位，是城市的细胞，承担着管理区内的社会、经济、生态、游憩的最基本职能。具有社会管理方面的责任。另一方面，社区又可被视作“社会成员生存生活、参与社会活动的基本场所，社区生活的好坏对社会成员有着切身的、直接的、利益影响”①，具有空间方面的意义。在保障人民生活幸福安康方面，社区——无论究其职能还是空间而言，都扮演了越来越重要的角色。**作为与人们的日常游憩和生活关系最为密切的空间和社会元素，它在老人的供养、游憩空间建设与维护、社区居民业余活动组织、文化生活引导、环境美化绿化等方面都显现出了强大的力量**。通过社区的基层组织机构，可以将信息传达给每个居民，把社会的温暖带给每个需要关怀的人。积极启动社区的功能，是提高人民生活水平的一种重要手段。

首先，社区是日常游憩空间与设施建设和维护的主体。社区内的游憩空间比离家有一定距离的公园对人们的日常游憩具有更重要的意义。根据人的活动规律，人们最多的室外游憩是在离家比较近的区域中实现的。退休以后的老人出游距离更小（图 7－28）。因此，社区是居民日常游憩活动最频繁的发生地，其空间质量的好坏、环境景观的效果、游憩设施的提供情况，与人们日常游憩的质量之间有极为密切的关系。我国现有的许多社区游憩空间的缺乏，正是导致很多人缺乏锻炼、整日呆在家里看电视的重要原因。社区有责任为居民日常游憩提供充足的空间和设施，并进行相应的维护。

第二，**社区是组织游憩活动和引导艺术生活的重要力量**。通过社区游憩活

① 祁海芹．我国社区教育运行体系研究：[硕士学位论文]．上海：华东师范大学，2004. 22

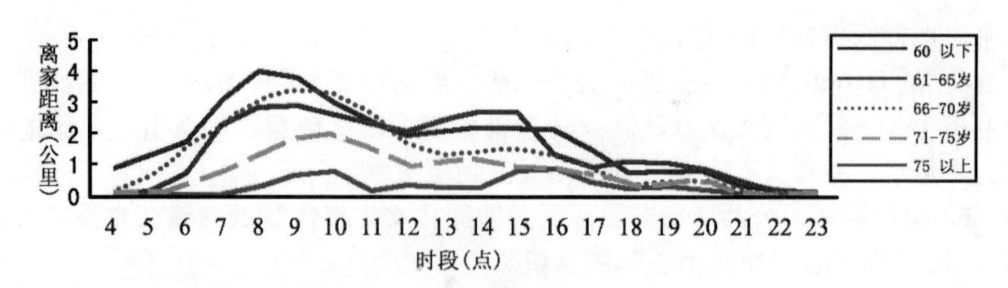

图7-28　北京老人离家游憩的距离曲线图[①]

动的组织，居民们可以获得许多廉价或者免费的学习、交流和外出游玩的机会，并与地方的文化、艺术有更多的接触。通过对居民们的愿望和需求的调查汇总，社区可酌情举办一些讲习班、学习班和培训班，提高人们的艺术才能、生活技能，并为社区居民及时送上所需的职业技巧；通过社区的有效组织和对外联系，居民可以常常有一些“从家门口到目的地”的短途旅游机会；社区可以出面联系并组织居民到城市的博物馆、美术馆、展览馆等参观游览、或观看文艺演出，这对于开拓人们的视野、提高艺术修养大有裨益；到了节假日，还可以举办社区联欢活动，使得整个社区中其乐融融。

第三，**社区是社会养老的重要方式**。随着人口的老龄化比例逐步升高、我国面临着日趋严峻的养老问题[②]。社区养老，正逐步成为我国养老的最主要方式之一，也是解决我国老年人游憩问题的最根本出路。

社区养老是一种“以社区为载体，以社区基层组织为主导，发挥政府、社区、家庭和个人多方面的力量，充分动员社区中财力、物力和人力资源，为老年人的安老、养老提供全方位的支持，使老年人能够按照自己的意愿，继续留

① 图片来源：孙樱，陈田，韩英．北京市区老年人口休闲行为的时空特征初探．地理研究，2001. 20（5）：544

② 我国人口老龄化和养老趋势大致如下：

中国是世界上老年人口最多的国家，约占世界老年人口的1/5。2000年底以来，我国60岁以上老年人口每年平均以3.2%的速度增长，到2004年已经达到1.36亿，占总人口比重的10%以上，进入人口老龄化国家的行列。预计到本世纪中叶，60岁以上老年人将达4亿左右，届时，每四个人中就有一个老年人。由于我国人口基数之大，因此，未来将面临的高龄人口之多是前所未有的。与此同时，我国社会经济结构在这些年中面临巨大的“转型”，传统的家庭养老的基础受到动摇。随着“父母在，不远游”的传统观念被打破，家庭养老面临一系列新问题，传统的家庭养老已逐渐不适应人口老龄化发展的需要。家庭规模的日趋缩小，核心家庭、空巢家庭、老年人家庭将日益增多，从中国的经济、政治、文化传统和老年人及家庭的经济承受力来说，要保证老年人安度晚年，不论现在还是将来，走家庭养老和社会养老相结合的道路，是解决中国养老问题的一条出路。目前，中国的养老体系正顺应我国社会、经济和人口结构的变化，在家庭养老和社会养老双轨并存的总体构架下，逐步向社会养老过渡

以上资料参考并引用自：台恩普．中国老年人的家庭养老及社区养老服务

http：//www. cnca. org. cn/include/content5. asp? thing_ id = 10530

在家中，留在熟悉的环境中，和亲人们、熟悉的邻居、朋友们一起安度晚年"① 的赡养方式。社区将为老年人的生活提供必要的服务，如办老年饭桌、送餐、家庭病床、料理家务等；依托社区的服务中心，还可以为居民提供"日间照料中心"即"托老所"的服务等等②。社区对老人生活上的关心与照顾解除了家庭的后顾之忧，同时也为老人游憩提供了更好的条件：通过参与社区的活动，老年人之间有了更多相互接触与交流的机会、有了更多的朋友，这可以使老人们摆脱子女不能常在身边的孤独与寂寞，提高社会生活的质量；社区还可以为老人提供专门的活动场地和设施条件，根据老人的需求组织相关的外出活动、举办相关的生活培训（大的社区还可以酌情开展社区教育），提供相关的社会信息，等等。作为与老年人生活最贴近的社会服务提供者，社区在提高老年人的游憩质量方面扮演了越来越重要的角色。

第四，**社区是建立学习型社会的基础**。社区是人们生活栖息之所，同样也是学习、成长和交往的大学校。每个人都会受到来自社区的各种影响，儿童、青少年、成年人、老人都能够在社区教育中获益。在发展社区教育的过程中，许多国家经过探索，已经形成了一些值得借鉴的模式，诸如美国的社区学院、英国的社区计划学习网、日本的公民馆，以及发展中国家的社区学习中心、社区流动学校等形形色色的社区学院（校），等等。**社区教育成为现代国际教育的一种普遍现象和趋势③。在美国制定的 21 世纪四大发展战略中，其中之一就是通过将社区建成一个大课堂来造就一个学习型的社会④。而学习型社区的确立，正是学习型社会的基础。**

最后，**社区是公众参与的组织者与引导者**。社区是推动游憩发展的基层组织，同样是进行科学决策所必须依靠的力量。游憩决策与规划的最终目的本来是为公众的切身利益服务的，但由于我国游憩决策在很多时候完全依靠领导拍板、采取的多是自上而下的方式（图 7－29），因此，还存在着"面子工程"、"政绩工程"泛滥、而踏踏实实为老百姓谋福利的事情却少人问津的情况。为避免社区居民——这个相关政策的最终服务者和游憩空间的最终使用者——被排挤到决策的过程之外，使游憩发展切实能够"以人为本"，决策过程中的公众参与非常重要。

但是，公众参与在我国却面临着人口数量大、而且大多数人还未养成积极参与公共事务习惯的实际问题。对于一些影响面较广的决策，片面强调"参与

---

① 台恩普．中国老年人的家庭养老及社区养老服务．http：//www. cnca. org. cn/include/content5. asp? thing_ id = 10530

② 岳瑞芳．解决中国老龄化问题 社区养老将成新趋势．http：//www. china. org. cn/chinese/renkou/692260. htm 2004. 10 - 29

③ 胥英明．中国主要社区教育模式研究：［硕士学位论文］．保定：河北大学教育系，2000. 3 - 4

④ 杨颖东．社区学院：21 世纪中国高等教育值得努力的一个方向：［硕士学位论文］．上海：华东师范大学，2004. 21

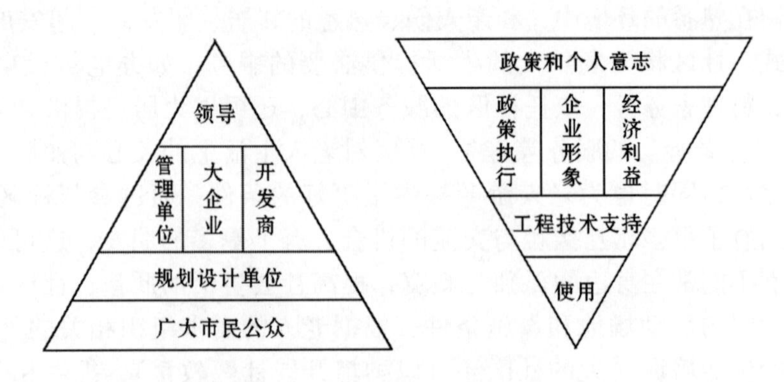

图 7－29　我国现有的不合理的公共空间决策机制①

人数”的结果往往会流于表面，效果甚微。要真正使得利益相关者能够愿意加入公众参与的行列之中，发挥自身的优势，并能够清晰而且积极地表达自己的思想，这本身就有许多工作要做。西方的许多游憩规划者甚至需要进行一些诸如如何与人攀谈、营造良好的谈话氛围、取得人们信任、并能够让他们充分阐述其个人观点的技巧培训。而为了更好的吸引人们的注意、让更多的人愿意参与进公共事务中来，西方社区规划中甚至已经开始强调参与的“趣味性”②。今天，人们已经意识到：要更合理地组织公众参与，而不是一味苛求“每人参与”，“要保证社区的所有阶层参与社区规划。这通常比参与人数多更重要”③。在我国，作为最基层组织的社区是公众参与的关键的因素。社区可以配合决策部门的需要，发动并组织居民、让代表不同利益的各方和不同的阶层都能够畅所欲言，集中民意；另外，作为最贴近人民生活的组织，也可以根据居民现实生活中遇到的各种具体问题，就社区及周边环境的建设提出非常具体的政策建议，使得城市决策能够更多地惠及到每个人。

社区启动对于我国游憩发展具有至关重要的意义。但从现实情况看，相比国外社区的游憩和文化发展，我国社区在资金、参与人数、活动场地等方面都有很大的差距（表 7－3）。这样的情况下，要使得人们的游憩在各个方面都能够得到切实改善，单单依靠社区的力量是不够的。除社区之外，政府、企事业单位、个人、NGO 组织等也应当加入进来，共同形成“众人拾柴火焰高”的局面。

---

① 图片来源：王鹏．城市公共空间的系统化建设．南京：东南大学出版社，2002. 165

② 注：在尼克·沃特斯所著的《社区规划手册》中，对如何吸引社区公众愿意参与到规划决策之中、如何使人们最终形成统一的意志等等，进行了详细说明。为了营造公众参与的良好氛围，社区规划“需要幽默，允许的话，尽可能采用一些漫画、笑话和游戏的形式”。（以上参考并引用自：［英］尼克·沃特斯. 社区规划手册．卢建波 等译．北京：科学普及出版社，2003. 15）

③ ［英］尼克·沃特斯. 社区规划手册．卢建波 等译．北京：科学普及出版社，2003. 16

北京朝阳区和美国蒙特立公园市的街区文化站比较①　　表 7-3

	朝阳区街道	蒙特立公园市
社区人口	5 万左右	5 万左右
室内面积	平均 50	平均 4 000
团队	2	8
活动人次	平均 900	平均 300 000
经费来源	政府拨款	政府拨款、社会赞助
政府拨款	平均 2 万人民币	平均 60 万美元
室外活动场地	几十至几百平方米的健身园	标准体育场、灯光篮球场、露天剧场

我国新建的住宅小区大都有相应规模的游憩空间和配套设施，物业管理部门担当了社区游憩空间与设施维护、社区活动组织等的角色，资金主要来源于物业费②。因此，社区的游憩空间设施的维护、文化活动的组织、老人的照顾等都有相对的保障③。相比而言，一些历史遗留下来的、建设标准本身非常低、游憩空间不足、缺乏统一管理、人员混杂、家庭收入不高的老居住区，面临的问题就大多了。一般说来，要对这类社区进行改善，基本上要先确立一个职责明确的社区管理和服务机构，通过各种渠道——包括市场化手段筹集资金，再根据具体的条件，对社区的绿化和游憩空间加以整改、并适时地组织相关的活动、根据居民的需求提供各种服务。这其中，无论是资金投入、社区服务、还是活动组织，都需要多方面的热情参与。一方面，出于“游憩是城市基本功能”的前提条件、以及“让服务惠及穷人”的人道精神，城市政府有责任出台相关的政策措施，并采取直接投资的方式来引导和改善当前的社区状况。从当前的情况看，各城市可以先采取相关措施，对不同的社区进行摸底和分类，再

① 马惠娣，张景安. 中国公众休闲状况调查. 北京：中国经济出版社，2004. 198. 原载：李龙吟. 美国社区文化之我见. 北京晨报. 2000-09-07

② 在这类采用了“物业管理”制度的社区中，居民游憩活动质量的关键在于物业服务的规范化、人性化，需要物业公司真正负起为业主服务的责任、贴心地为居民的生活着想。由于物业组织的文化活动水平与物业管理者的素质密切相关，因此，在社区不但需要对物业服务质量、物业费的使用情况进行监督，还需要对物业管理者进行相关的培训。

③ 我国的新建住宅小区中也存在着一些问题：尽管相关的规范确定了小区建设的绿化率、基础配套设施等相关指标，但对小区究竟应当提供何种“游憩”功能却并未有确切的规定和说法，结果出现了许多小区的绿地仅仅为了满足绿化率而存在、绿地不能上人，而供人们活动的公共空间面积不足、居民们依然没有获得足够游憩活动场所的情况。由于建设项目在实施过程中缺乏监管，因此开发商盖了房子赚了钱、环境建设却一拖再拖的情况时有发生；还有的小区配套设施在建成之后被挪为它用，名存实亡；……这些情况的出现，显示出我国住宅小区建设的规范制度中还有一些需要改进的内容；而加强对小区建设过程和建设后的监管，也是与人们游憩质量相关的、必须注重的方面。

根据不同社区的不同状况，确定相关的政策和政府资金的投入力度。由于游憩是具有一定经济效益的活动，因此，初期的人道主义式的、非盈利性的资金投入，也可以通过采取灵活的经营措施、使其在后来的发展中能够达到自给自足，让相应的资金发挥出更大的作用来。另一方面，来自社会的福利和慈善捐款、相关社会组织的志愿活动，也能够给社区游憩发展带来勃勃生机。在物业费和政府的资金投入之外，社会的捐助给社区带来了更为宽广的资金来源，而更多热心的组织和参与者的共同参与，也使得社区的服务更为周到。

案例：格雷士港社区基金①对社区活动的支持

1994 年，华盛顿的格雷士港社区的居民自发成立了“格雷士港社区基金会”，其工作目的在于利用地方的许多捐款来提升社区的品质、使格雷士港地区长期受益。只要是出于对格雷士港地区进行改善的目的，任何人都可以在该基金会立一个永久或暂时的专项基金。捐赠者可以以自由基金（unrestricted fund）的形式，将捐款交给基金会、由基金会根据需要进行合理利用，也可以以不同程度的定向基金的形式②对社区中某个专门的方面进行改善提高。此外，除资金的捐助以外，基金会还鼓励地方居民投入他们的“时间、技能”，积极参与到共同建设美好社区的活动中来。

“格雷士港社区基金”强调一种“要想健康发展，社区应当整体协作”③的精神，针对社区面临的问题和发展需要，基金更多地关心如何改善社区中的一些社会问题和文化发展，资金主要投向了这样的几个方面。包括：

1. 青少年与家庭基金（Youth & Families Fund）：由于种种原因，格雷士港社区中有许多儿童和青少年遭受着被人辱骂、冷落和贫穷之苦，许多孩子的成长缺乏稳定的家庭环境。而许多家庭中也面临着各种难题，并非一般的慈善机构能够解决。格雷士港社区为此专设了相关的基金项目，专门用于协同各个方面，解决青少年与家庭面临的这种种问题。

2. 艺术与文化基金（Arts & Culture Fund）：支持当地艺术与文化群体的发展，为地方非营利的、直接有益于当地居民的艺术与文化、教育、人道主义、社区发展机构设置社区补助（Community Grants），以促进地方文化事业的繁荣；

---

① 格雷士港社区基金，英文为 Grays Harbor Community Arts & Culture Fund。本案例参考自该基金会（Grays Harbor Community Foundation）的网站：http：//www. gh-cf. org/arts_ &_ culture. htm.

② 根据定向程度的不同，定向基金包括了这样三种方式：
Area-of-Interest Funds，是对资金的使用指定一个大体的方向，如：青少年、教育、艺术等；
Designated Funds，是对资金的使用指定一个明确的范围和内容，如：作为奖学金；Donor-Advised Funds，是根据捐赠者的意见，按照捐赠者的意愿，进行专款专用。
其中，Area-of-Interest Funds、以及 Designated Funds 所指定的资金投向包含在格雷士港社区基金的主要投入方向上，而 Donor-Advised Funds 则根据捐赠者的意见来进行个别使用

③ 原文为：To be healthy，a community must be whole

丰富社区文化生活，支持社区文化活动。这笔基金发挥了效果，使得“每一个喜爱音乐、戏剧、艺术、舞蹈、文学或历史的人都可以证明，格雷士港的艺术与文化开展得活泼而健康”①（图7－30）。

图7－30　由格雷士港社区艺术与文化基金资助的“第七街区儿童夏季戏剧活动”②

3. 地方奖学金（Scholarship Funds）：设置地方奖学金以鼓励当地学生学习；

格雷士港社区基金，为社区的健康发展和文化繁荣带来了新的气息，也给我们带来了新的启示。今天，在我国的绝大多数社区中，“社区服务”的概念还停留在：公共设施设备的日常运行维护、清洁卫生、绿化养护、社区安全与秩序维护等方面。而在西方的一些发达国家，“社区服务”已经越来越强调为改善“生活品质”和促进“人的发展”提供条件。除了社区教育、社会养老等手段外，“格雷士港社区基金”的案例告诉我们：社区还可以在解决社会问题、促进文化生活方面扮演积极的角色。“社区启动”的意义不仅仅在于今天所说的“物业管理”，它需要更多地对人的发展、对社会文化有所贡献。

7.3.8　教育开展，媒体宣传

马丁·路德曾经说过这样的一句话：“一个国家的繁荣，不取决于它的国库之殷实，不取决于它的城堡之坚固，也不取决于它的公共设施之华丽；而在于它的公民的文明素养，即在于人们所受的教育，人们的远见卓识和品格的高下。

① 引自：格雷士港社区基金会网站：http：//www. gh-cf. org/arts_ &_ culture. htm. 原文为：“As anyone interested in music，theater，art，dance，literature or history can easily attest，the arts and culture are alive and well in Grays Harbor.”

② 图片来源：格雷士港社区艺术与文化基金2002年年报. http：//www. gh-cf. org/images/Annual Report 2002 for web. pdf. 摄影：Kevin Hong.

这才是真正的利害所在，真正的力量所在”①。教育对于整个国家而言，是具有至关重要的意义的。前文中曾经分析过：在我国当前游憩发展所面临的矛盾中，最基本也最尖锐的问题来自于人们对幸福和游憩认识存在误区、国民普遍缺乏游憩的技巧。鉴于此，要使得人们能够树立正确的游憩观、掌握良好的生活技巧，倡导良好的游憩风气，在宏观的层面上所需要考虑的最重要的措施，是对大众意识的引导。其中教育必不可少。这也是社会整体氛围营造中极为重要的环节。

在导致我国大众精神的困惑中，教育的错位和缺失是其中非常重要的事情。所谓“百年大计，教育为本”，教育不但对“个人”的生活质量和发展影响巨大，也对整个国家和民族有深刻的影响。除了知识方面的获取，从游憩角度来看，人格教育、闲暇教育、终身教育都必不可少。

1）人格教育

人格修养是东方传统的游憩活动中非常强调的内容，是促使人得以充分发展的重要条件。今天，当“素质教育”成为中国教育改革的主要内容之时，人格教育也必须成为其中的核心和灵魂。我国著名教育家蔡元培在20世纪初期就曾经提出了“尚自然，展个性”的教育理念和“思想自由，兼容并包”的办学思想，将德、智、体、美、世界观，五方面的协调发展作为健全人格教育心理思想的主要内容，同时也是健全人格培养的主要途径②。这一思想至今仍有强大的生命力。“在某种意义上说，……健全人格的塑造是个人素质在质上的飞跃，学生不仅要成为知识才能的拥有者，而且还是精神富有、心理健康、生活幸福的人”③。

人格教育中需要注重的方面大致包括如下三个方面④：

1. 内部心理和谐发展。即使得个体的需要和动机、兴趣和爱好、智慧和才能、人生观和价值观、理想和信念、性格和气质都向健康的方向发展。

2. 能够正确处理人际关系，发展友谊。即在人际交往中显示出自尊和他尊、理解和信任、同情和人道等优良品质。

3. 能把自己的智慧和能力有效地应用到能获得成功的工作和事业上。在学习和工作中勇于创造、善于创造，能够走向成功，能够体验到成功的愉悦并形成新的兴趣和动机等。

针对我国现阶段人格教育所存在的“重理论灌输，轻实践引导”、“注重教师的主导性，忽视学生的主体性”、“人格教育内容缺乏层次性”、“学科渗透教

---

① 何宗思．中国人格病态批判．北京：中国社会出版社，2003.1

② 何俊华，蔡元培．健全人格教育心理思想的研究．［硕士学位论文］．石家庄：河北师范大学，2002

③ 崔波．中美青少年人格教育比较研究．［硕士学位论文］．太原：山西大学，2004

④ 同上。

育不足”和“人格教育方法缺乏创新，难以适应变化日益加速的现代社会”的问题，未来人格教育必须注意教育方法的改革。努力使教育：从物化走向人化，从灌输走向对话，从限制走向解放，从分离走向融合①。

2）闲暇教育（休闲教育）

我国的游憩发展经历了一个艰苦的过程。人们对游憩的长期不重视，加上仍然存在的一些传统偏见，使得我国的闲暇教育至今仍几乎是一片空白。虽然我国的大众游憩趋势是在近些年来才开始显现出来的，但闲暇教育的缺乏却已经开始影响我国的游憩发展，随着人们闲暇时间的增加，闲暇教育的缺乏会影响到我国持续健康发展的大局，因此，国家必须对闲暇教育加以重视，并大力推进其在各个层次的开展。

从游憩的角度来看，闲暇教育（休闲教育）是最直接对人们的游憩思想与技能进行教育的一种类型。“休闲教育是提升个人生活质量的整体活动，促进个人和提升休闲的价值、态度和目的的过程；休闲教育增进个人在休闲过程中自觉、自促的能力，帮助个人决定闲暇在个体生活中的地位，增进个人对自我的认识；建立个人需求、价值、技能与休闲的关系并体会休闲经验，协助个人评价休闲行为与个人生活与目标关系的过程；休闲教育还是激发个人潜能以提高生活质量的最佳途径”②。它以“提高、充实人的精神境界”为目的，“传授人们利用闲暇时间的技能、技巧，树立科学的闲暇观念，从而使其个性得以充分自由地发展，成为一个有理想、有道德、有文化、有纪律的、精力充沛、生活愉快的社会公民”③。

闲暇教育的开展，有三个值得重视的环节④，包括：“树立正确的教育目标”、“开展闲暇生活的科学研究和宣传指导”和“拓宽闲暇教育渠道”。而教育的内容则应当立足于三个方面来有序进行：1. 闲暇知识的教育；2. 闲暇能力的养成；3. 闲暇意识和闲暇价值观教育。

3）终身教育

由于知识更新速度加快，某一种教育机构或教育形式都不可能一次性地解决人们终身所需要的知识和技能。只有通过终身学习，才能使人的知识系统得以不断更新，适应并积极推动社会经济不断发展。教育应成为终生持续不断的经历。从游憩的角度来看，终身教育对达到人的“自我实现”、特别是提高老

① 崔波．中美青少年人格教育比较研究．［硕士学位论文］．太原：山西大学，2004

② 马惠娣．休闲：人类美丽的精神家园．北京：中国经济出版社，2004. 95

③ 张新平．关于闲暇教育的几个问题的思考．教育研究，1987（2）：44－50

④ 同上。

年人的生活质量有很大的帮助。学习是维持老年人智力水平、达到“老有所学、老有所乐”的途径。

社区教育是终身教育的一种重要模式。在“社区启动”的内容之中，一个很重要的方面就是广泛开展社区教育。社区的教育模式可以与学校教育之间互相补充，为人们提供了更多的、更便捷的获取知识的途径。随着老龄化问题成为中国面临的重要问题之一。老年人的教育需要社会提供更多的机会。“从目前的情况及已有的经验看，社区教育是解决老龄人口的终生学习、缓解老龄人口的学习需求与社会供给之间矛盾的最重要、最有效的途径”①。国家应当在这样的基础上进行进一步的强化、支持、调整与监督。

社区教育的发展应当注意以下方面的内容②：

1. 加强政府统筹，推动社区教育发展；
2. 加速实体建设，防止社区教育泛化；
3. 多种模式共存，互惠互利共荣；
4. 加速队伍建设，实现社区教育工作专业化；
5. 加强研究交流，全面普及社区教育

“加强对闲暇的宣传是闲暇教育过程的开始，是推动闲暇教育实施的重要环节”③。而在“闲暇的宣传”之中，媒体显然是一个必然途径。“休闲的形式、解释和取向是在文化中学会的。传播这一文化的一般手段是通过社会建制、大众传媒、经济市场以及渗透于整个社会制度内的基本常识来行使的”④。相比别的教育形式，由于媒体的覆盖面大、传播快速、受众面广，因此，在对于大众意识进行引导方面，媒体是比其他各种手段都要迅速而且奏效的手段。

几年以前，笔者在北京两广路南法源寺边对这里的历史文化保护街区进行调研的时候，曾遇到过这样的一幕景象：居委会得到了“上头”拨的一笔款项，用于改善旧城的居住环境。于是，居委会的管理者商量了一下，就买了大量的奶黄色油漆让这里原来的灰色砖墙穿上了“新装”。为使这些建筑看上去更美，人们还特意为这奶黄色的墙面涂上翠绿的腰带，许多人都来参加劳动。大家一边刷墙、一边唱歌，展现出一派忙碌而快乐的景象（图7－31）。

居住环境看上去干净了，居住在里面的人高兴了，但在那些为保护北京的

① 胥英明．中国主要社区教育模式研究：［硕士学位论文］．保定：河北大学，2000. 10
② 同上，P. 28～33
③ 罗华．大学生闲暇及闲暇教育现状的抽样调查及对策研究．［硕士学位论文］．重庆：西南师范大学教育科学院，2004. 45
④ ［美］约翰·凯利．走向自由——休闲社会学新论．赵冉译．昆明：云南人民出版社，2000. 272

图7-31　自己动手，“美化”家园①

旧城风貌和历史遗存到处奔走呼吁的专家学者们却大失所望：青砖灰瓦的北京四合院民居已经完全变样、而居民们的“好心美化”最后却把整个街区的历史记忆都抹煞了。这次，破坏古城风貌的不是对旧城大拆大建唯利是图的开发商，而正是生活在其中的普通居民！

这个场景给我留下了深刻的印象。人们追求居住环境的干净整洁是不可质疑的。但要很好地引导这种需要却并非易事。在我国，一些历史文化名城或重要文物的破坏，常常是因为大众对这些文物的价值、对保护的重要性一无所知而造成的；而大众审美的误区，也正是许多庸俗的游憩产品存活的温床。因此，对大众意识进行必要的引导是非常紧迫而必要的，而媒体正是影响和改变大众意识的最有力武器。

法国著名社会心理学家古斯塔夫·勒庞(Gustave Le Bon，1841~1931）在他著名的大众心理学著作《乌合之众：大众心理研究》一书中指出：“心理群体一旦形成，它就会获得一些暂时的然而又十分明确的普遍特征”，而“思想和感情因暗示和相互传染作用而转向一个共同的方向，以及立刻把暗示的观念转化为行动的倾向，是组成群体的个人所表现出来的主要特点”。大众意识具有的巨大力量，在不同的诱因下，会走向不同的方向。在巧妙的影响下，人们也会树立起崇高道德行为的典范，会使得群体具备一种“即使最聪明的哲学家也难以望其项背”的美德②。媒体的这些特点使得媒体在游憩的引导中显得格外重要。要想营造出积极健康的城市游憩氛围，必须通过各种媒体手段来共同引

① 图片来源：笔者摄影。

② 引自：http：//www. lib. hstc. edu. cn/zdkc/xlx/dzts/whzz/dyj. htm。原载：[法] 古斯塔夫·勒庞. 乌合之众：大众心理研究. 冯克利 译. 北京：中央编译出版社，2001

导大众的意识。

媒体引导是进行社会闲暇教育的重要方式，具体内容涉及到方方面面，包括：人的世界观和价值观的引导、实用科学知识的传授、对游憩的正确认识和态度的树立、利用闲暇时间的技巧、艺术兴趣的培养、创新意识的培养等等。值得强调的是：**媒体的引导必须注意方法和技巧**。从大众心理学研究的结果来看，"给群体提供的无论是什么观念，只有当它们具有绝对的、毫不妥协的和简单明了的形式时，才能产生有效的影响"①。群众所易于接受的，是"形象化"的方式，而不是滔滔不绝的道理和逻辑推理。因此，很多的道理"必须经过一番彻底的改造"，变得通俗易懂，才能为群众所接受。"优秀作品"可以"鼓舞人"，但很重要的是作品应当"喜闻乐见"。另外，很多大众的意识来源于"暗示"。"一种观念经过了彻底的改造，使群体能够接受时，它也只有在进入无意识领域，变成一种情感——这需要很长的时间——时才会产生影响，其中涉及到的各种过程"②。因此，要使得正确的游憩得到大众的自觉选择，除了正面宣传，还需要提供一个长期的、"耳濡目染"的环境。这将是一个长期性而且复杂的工程，要最后形成全社会认同的健康的游憩方式，必须做好"打持久战"的心理准备。

7.3.9 学术繁荣，技术运用

游憩的良性发展，离不开背后深入而扎实的基础研究。游憩与休闲学科的繁荣，将是未来游憩决策和规划的最直接支持。西方诸多国家的游憩调查与研究在二战之后就已蓬勃兴起，并为国家和城市的发展提供了强有力的支持。例如：**纽约 2003 年的 SCORP 规划，是在相关部门积累了 25 年相关游憩供给与需求调查的数据基础上完成的，而我国如果要准备做一个类似的规划，却根本连一年的数据都无法拿出来！**我国的游憩研究刚刚起步，游憩基础调查方面更几乎是一片空白。国家每年进行的旅游统计，也只是在近几年才充实了一些国内旅游内容，而且在笔者看来，其中一些抽样结果也还存在许多的问题。无论是对人的游憩活动的规律、心理学研究，还是对城市与游憩关系的研究、游憩与经济关系的研究，我们都还远远不够，更缺乏指导游憩发展的方法，因此，在大众休闲浪潮来到之际，对游憩的深入调查与基础研究，是学术研究中必须注重的一个方面。

游憩方面的基础研究，必须摆脱目前这种单以旅游为研究目标的主流做法，

---

① 图片来源：笔者摄影。

② 引自：http：//www. lib. hstc. edu. cn/zdkc/xlx/dzts/whzz/dyj. htm。原载：[法] 古斯塔夫·勒庞. 乌合之众：大众心理研究 . 冯克利 译 . 北京：中央编译出版社，2001

着眼于一个更大的范围，建立一个更为广义的游憩研究框架；在现有的、以社会学和哲学为基础的休闲研究基础上，也必须更加注重游憩与城市之间的生态、空间、经济、文化方面的全面结合。

根据游憩所涉及的相关内容，广义的游憩研究内容大体应当包括以下的三个主要的方向：

1. 个人游憩活动及闲暇引导；
2. 游憩的文化、经济、社会影响及其利用；
3. 游憩的空间、资源、设施需求及利用。

这些研究是建立在基础性游憩哲学、历史和游憩方式等研究的前提之下进行的。三个方向本身互相关联；都需要建立在扎实的基础性研究之上（图 7－32）。

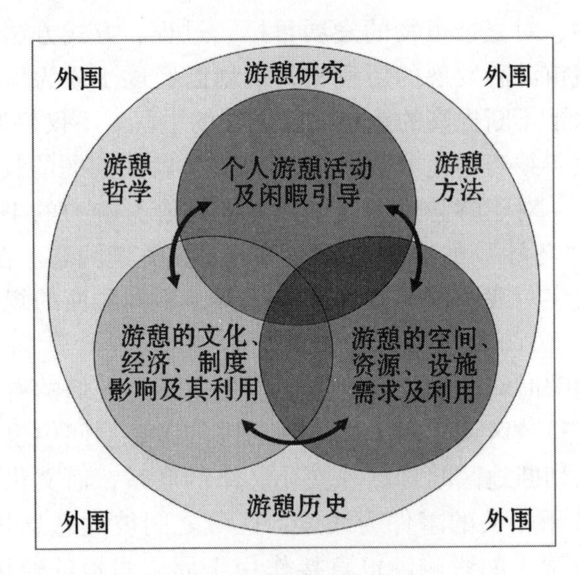

图 7－32　全面的游憩研究框架①

进行学术研究的目的是为了更好地指导实践。游憩的发展对技术提出了更多而且更高的要求。从我国目前的情况来看，为新的游憩需求研究解决的技术、以及将现有的成熟技术运用到游憩方面都具有重要的意义，它将极大地改善我国游憩发展和管理的状况，促进游憩的整体发展，并解决发展中遇到的诸多矛盾。例如：系统化地运用网络技术，可以为更好地为出行者提供信息服务。尤其在节假日，如果人们能够及时的了解相关景区景点的拥挤情况，就能够更好地做出目的地的选择，使得整体的人流具有自我调节的功能，减缓过于拥挤地区的压力、并给一些资源好而游客数少的地方分流客源；有意识地运用监控和数据传输工具，通过实时监控和资料的积累，景点管理者可以更容易了解并掌

① 图片来源：笔者绘制。

握景点所能够承受的实际客流量，更科学地决定相关的管理方法；如果能够研制出适用于旧城街巷的小型而灵巧的交通设备，就可以从根本上解决旧城内部交通的问题，避免因为引入目前的车辆交通而打破旧城的尺度、肌理与格局。

要使得新的技术更好地运用到游憩中，游憩研究者与管理者必须有广阔的知识面，也必须有更多的专业人士加入到游憩技术研究的阵营中来。因此，在“学术繁荣，技术运用”中，同样需要强调“多方参与”，强调多种专业人士的互补与协调。

7.3.10 规划引导，区域协调

凡事预则立，不预则废。“规划”正是人们在对整体发展状况进行科学判断的基础上进行的、对复杂事物的发展目标、过程、方式方法的思考和行动建议。在西方现代城市游憩发展的历程中，规划已经逐步成为保障城市游憩健康发展、人民生活水平不断提高的重要而且必要的手段。不仅仅如此，“规划是一种利用科学方法改善技巧的艺术”①。它必须注重解决问题的技术，更是一门需要积极创新的艺术。对于游憩这种复杂而具有综合影响力的事情，规划中需要具有“聪明”与“巧妙”的成分，要有重点、抓关键问题。在后面的章节中，本书将有更多的文字对我国游憩规划发展体系、不同层面的规划方法与技巧进行深入探讨。

最后，随着闲暇时间的增加和交通工具的进步，人们的游憩范围已经远远不止在居住的城市行政区域之内，而本地居民的游憩空间中也常常不乏外地游客，行政区划无法切断地区间自然和文化脉络的联系，而文化资源往往又与历史上一脉相承的若干相关的事件为线索，区域之间彼此息息相关，不可分割；游憩不仅对城市有很大的影响，也直接作用于周边腹地的经济、社会、文化、生态等等方方面面，需要寻求相互间的公平、并协力促成共同的发展和繁荣。因此，无论从繁荣市民的闲暇生活还是从发展地方旅游业，都不能孤立地只看自己，“区域协调”是当前游憩发展中应当重点考虑的内容。

在我国一些经济相对发达的地区，随着小汽车逐步进入家庭，人们的出行距离越来越远。根据笔者在2004年底进行的“北京市民自驾车旅游调查”② 结果显示，北京市民的大众自驾车出游的距离平均在250公里左右；而半数以上驾车者的最远出行距离都达到或者超过了450公里（图7－33）。换句话说，随

---

① ［德］G·阿尔伯斯. 城市规划理论与时间概论. 吴唯佳 译. 北京：科学出版社，2000. 5－6

② 2004年10月长假前夕，为配合北京总体规划修编的步伐，笔者进行了一次名为“北京市民自驾车旅游调查”的活动，对北京的432名驾车者进行了深入的调查，获得了第一手的数据资料。其中425份问卷为清华建筑学院2002级2班全体同学利用周末休息时间完成的。在此感谢他们为这项研究所做的工作，也感谢参与填写调查问卷的所有北京市民

着汽车行业的发展，人们的周末游憩和假日出行都将是一种牵动区域的交通、经济、文化的行为。根据“北京市民自驾车旅游调查”的结果，从北京驾车到天津和河北旅游的人数已经占到受访者总数的 49.3% 和 66.7%。这个数据足以说明天津和河北已经成为了北京人重要的休闲游憩地，是北京市游憩发展中不可忽视的重要领域。此外，到山西、山东的旅游者占受访者的 24.1%，22.5%，而超过 10% 以上的人也驾车到过河南、内蒙古、辽宁等地区。因此，要想使得一个城市的居民能够有高质量的游憩生活，单纯依靠一个城市是不够的，必须把眼光放到更广阔的范围中，考虑区域的协调。

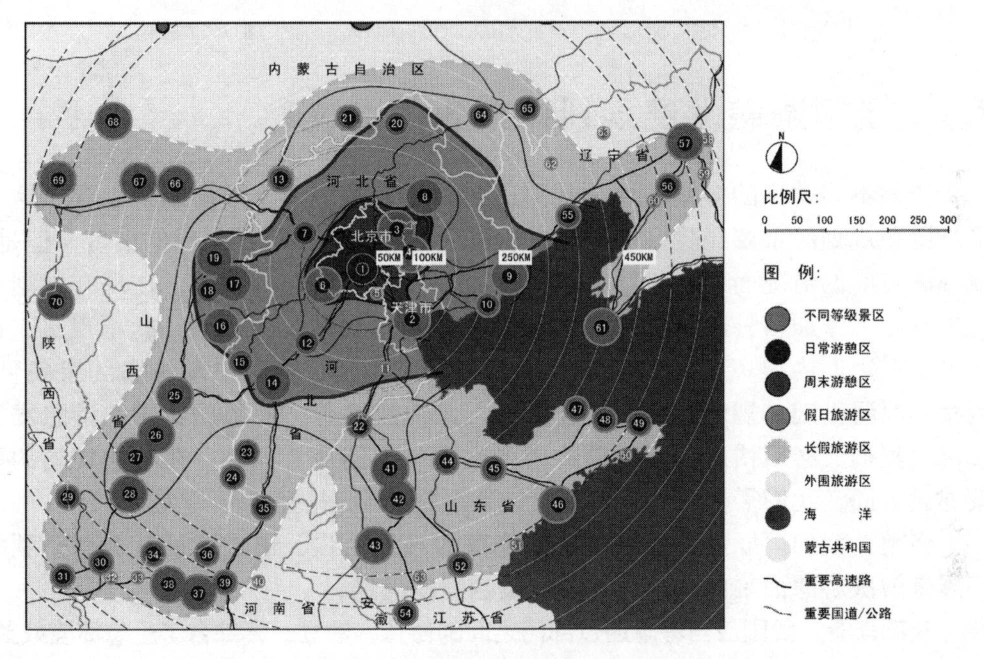

图 7-33　北京自驾车旅游所涉及的区域范围[①]

① 图片来源：笔者根据“北京市民自驾车旅游调查”结果绘制

规划的本质就是整体考虑，宏观上相互调节和调控，它的基础是关心人，它的方法就是寻找各种合适的途径。

——P. 盖迪斯①

第8章 适宜我国游憩发展的规划体系建构与方法探讨

8.1 我国游憩发展规划体系建构建议

依靠不同类型的多项规划来共同达到对游憩发展的全面控制与引导，这是国外游憩规划的重要经验。这样的规划体系对于我国来说是很好的借鉴，但是，就我国目前的情况而言，要想完全照搬国外的游憩规划的系统，在现有规划系统的基础上增加多种规划类型来达到西方游憩规划系统的效果，既不现实，也不可能在短期内得以实现。**中国有自己特殊的国情，也面临着许多约束条件，包括：科研基础、规划力量、资金条件、人力条件等。而根据我国的游憩发展状况，我们又必须快速地对当前的诸多问题作出回应。**因此，在游憩规划的系统建设方面，我们需要根据现有的具体情况进行合理的创新。笔者建议：

当前，我们可以考虑更好地利用现有的规划力量、通过对已有规划类型的拓展来解决游憩面临的几个最重要、最急迫的问题；

长期来看，我国应当考虑通过部门之间的协作，建立一套综合了生态环境效益、历史文化保护、社会经济效益，并结合空间、社会、市场等多个层面在内的专注于游憩的综合性"游憩规划"体系。从相对发达的地区开始，游憩应当逐步成为我国城市规划中必不可少的规划内容和规划门类。这是未来游憩规划发展的必然趋势。

8.1.1 当前：结合已有规划，渗透游憩内容

在城市化快速发展和居民游憩需求迅速提高的状况下，游憩空间缺乏、城市发展对游憩资源的破坏、对潜在游憩空间的蚕食已成为我国城市发展和现在大众游憩发展中最尖锐的矛盾。因此，作为我国游憩规划的现阶段最紧要的任务之一，需要着力解决城市游憩空间和设施缺乏问题、保护游憩资源。

但是，就我国目前的情况看，城市的游憩功能被片段地分割到不同的规划

① 张京祥．西方城市规划思想史纲．南京：东南大学出版社，2005. 171

类型和项目中，现有的多数规划，包括：土地利用规划、风景名胜区规划、旅游规划、绿地系统规划等等，都只照顾到游憩系统中的一个局部，已有的规划之间没能形成一个相互之间密切关联的体系，很多情况下是各说各的话、各干各的事。缺乏能够对这些方面进行总体把握的规划类型。由于相关专项规划多由不同的部门委托制定，规划本身有自己明确的专业目标，而且多数不以本地居民的游憩为主，如：绿地系统规划更侧重于城市的生态结构，对游憩方面虽有涉猎，但往往只是简单地为相关绿地寻找功能出路，而实际居民的生活是否方便、可达性如何、安全性怎样等问题却不是考虑的重点①（图 8-1）；与游憩密切相关的旅游规划则往往由地方旅游局、旅游开发公司等委托，一般强调“以市场为导向”，虽然也有“经济、社会和环境效益可持续发展”的指导方针，但主要关注的还是“外来旅游者”、关注旅游区和景点本身，往往缺乏与城市整体空间、城市生态等方面的关联思考，对地方居民的日常游憩着力不多。

图 8-1　城市中的“绿化飞地”②

---

① 注：今天，在我国一些大城市的绿地系统规划中，尤其是对城市中心地区的绿化规划是与人们的游憩密切关联的。如：天津的《绿色家园规划》就提出了“3、5、3、10”的规划目标，即：城市居民由任意点出发，300 米内有街头绿地，占地 1 000 ~ 2 000 平方米；500 米内有公共绿地，占地 3 000 ~ 10 000 平方米；3 公里内有市、区级公园，占地 10 000 平方米以上；10 公里内有大型风景区。其目标建立在“以人为本”基础上的，强调市民和城市绿化系统之间的互动性，强调人的参与性。为在现代化都市生活的市民提供亲近自然、接触自然的感受。（以上数据与资料来源：天津市规划院. 天津绿色家园规划（天津市城市绿化系统建设规划）. 天津市规划局提供。）绿色系统规划涉及了游憩规划中最重要的空间内容。但是，由于游憩本身还涉及非绿化的公共空间、文化设施、游憩服务、特色商业及相关产业内容，最重要的是涉及人们活生生的生活，因此，绿地系统规划从今天来看并不能作为游憩规划的全部来看待。

② 图片来源：笔者摄影。

注：这是北沙滩桥附近的京昌高速路边绿化带。作为北京由北向南插入城市的“绿地系统”的重要部分，这里种植了大量的杨树，但这种为了绿化而绿化的“绿地系统”，没有考虑城市景观、更没有考虑周边居民的游憩需求。树种单一、无人管理，久而久之杂草丛生、垃圾满地，存在极大的安全隐患，形成了即使在白天也无人敢问津的城市“绿化飞地”。附近的居民缺乏游憩活动空间，但也不敢到这样的绿化带中停留。这无疑是当前“绿地规划”缺乏城市游憩功能方面考虑的一个佐证。

针对这种“游憩没人管”的情况，我国**当前应当选择并适当拓展某几种相关规划的内容，使之与游憩密切结合，并综合已有相关规划的优势，加强不同规划的相互联系，以共同发挥对游憩空间的保护与配置作用。就近期而言，考虑在一些原有的、相对成熟的规划类型（主要包括绿地系统规划、历史保护规划、城市旅游规划和总体规划等）中加入游憩的综合思想，对原有的规划内容和关注范围进行拓宽，解决游憩面临的当务之急，不失为对付当前困境的良好选择。而这样的扩展，除了能够为现有的规划弥补功能空缺之外，还将为未来梳理出一套完善的游憩规划体系做一些铺垫和试验。**我国现有的、各种层次的、与游憩相关的规划类型见表8-1。

与游憩功能密切相关的规划类型与具体相关内容　　表8-1

层次划分	重要相关规划	相关规划说明
区域层面	区域旅游协作规划（区域旅游发展规划）	区域层面的游憩活动，主要表现为跨行政区域的旅游，因此，区域旅游协作规划以及区域旅游发展规划，是区域层面游憩规划所包含的最主要内容。甚至可以这样说：区域层面的游憩规划基本等同于区域层面的旅游协作规划与发展规划。 区域层面的旅游规划，最重要的问题在于通过何种具体的政策措施来达到多赢的合作目的（包括合作各方在环境、社会、文化、经济等方面的多赢），推动区域合作的步伐、促进本地区旅游的开展、并吸引更多外部游客来到该区域范围中旅游。因此，“如何达到协作”是区域游憩规划最重要的内容，“协作规划”是重要的参考依据。而发展规划则在协作的基础上，注重通过整个区域联合形成的品牌优势和旅游产品，达到更高的发展水平
	区域级生态规划	游憩活动客观上要求良好的景观环境条件，这与地区的生态资源条件息息相关。区域级的生态规划，一方面为游憩提供了发展的资源依据，另一方面也勾勒出了可供游憩发展的区域限制条件和区域开放空间的大致格局
	区域城镇体系规划	区域的城镇体系规划描绘了区域城镇层级结构和城市之间的相互关系，这对于建构区域的服务网络、信息网络等具有重要的意义。一般说来，关于区域旅游产品的高级别的服务核心可以考虑设置在级别较高的城市和以旅游作为主要产业的城市中，然后依照不同的层级设置相关的服务网点，并建构整个区域的产业链
	区域交通规划	加强交通联系是发展区域旅游的必要条件。对区域交通规划的掌握是区域旅游资源整合与产品开发的重要前提

续表

层次划分	重要相关规划	相关规划说明
市域层面	城市旅游总体规划	旅游规划在旅游资源的保护与开发、旅游市场、旅游网络与基础设施建设等方面具有重要的意义。市域层面的游憩规划中，将包括城市旅游总体规划中的许多内容。由于我国多数的城市旅游规划对地区外来游客考虑更多，因此，城市游憩规划与旅游规划还是有很大的差别。在进行游憩规划的时候，需要更多考虑本地居民的生活质量提高的需求，同时拓展有关游憩与生态环境、社会、文化等方面相互结合、相互促进的内容
	城市总体规划	城市总体规划涉及面广，包容性强，在很多的方面都是地方游憩规划重要的依据。市域范围内的生态保护、土地利用、城乡关系、产业、人口等各种内容，与游憩的开展情况密切相关
	市域生态绿地系统规划	涉及城市游憩的空间格局与自然资源条件，是游憩空间结构与自然生态环境、绿化等最直接的依据
	城市交通规划	大众游憩路径、游憩机会获得的基础条件与规划依据
市区/建成区层面	市区总体规划、土地利用规划	在市区和建成区的层面上，城市总体规划和土地利用规划决定了市区可能具备的游憩网络空间条件，同时也影响到整个城市的特色与景观风貌。对市区和建成区层面的游憩规划至关重要
	市区绿化规划	对于人口居住相对集中的市区和建成区来说，绿化是城市中重要的生态区域，同时也是人们最主要的游憩场所。在市区层面上，绿化规划与游憩规划在空间上的有较大部分是相互重叠的。因此，对于进行过绿化规划的城市，按照绿化规划的内容，可以大体构建这个层面上的大开放空间格局。当然，有一些绿化规划是纯粹从城市生态与景观的角度出发，会因为对游憩功能的忽略而出现分配不均衡、不同部分之间游憩空间接触机会相差较大的情况，这需要在游憩规划的网络形成中加以修正
	城市历史文化区域保护规划	对市区层面来说，历史文化区域的保护规划，较全面地制定了历史关键区域的保护措施、体现了对相关历史遗产的保护，同时也是对游憩资源不被毁损的一种保障。历史文化区域的保护规划，是影响到城市形象、并对本地居民的休闲购物和文化娱乐活动、以及外来游客旅游观光购物等具有重要意义的规划方式
	城市商业空间发展规划	商业空间历来是人们游憩的重要场所，同时，特色商业和文化商业的发展有助于城市提高文化形象并吸引购物旅游。商业可以结合城市的历史文化资源保护，还常常提供人们得以交往和交流的步行街等空间场所，是游憩空间中重要的组成部分

续表

层次划分	重要相关规划	相关规划说明
市区/建成区层面	文化规划	文化规划包括了社会文化发展、文化产业发展、文化活动策划等“软规划”，也同时具有相关文化设施与项目、文化产业空间格局等方面的“硬规划”。由于文化本身与游憩息息相关，因此，文化规划对于游憩来说，也提供了规划在社会层面和设施空间等层面的重要依据
地段/景区层面	风景名胜区规划、景区景点详细规划、风景园林规划与设计	风景名胜区的规划与风景园林设计，是我国传统的景区规划和景观设计的重要方式。这个层面的规划将最直接影响与人们游憩活动相关联的环境景观效果，直接控制地段内可以容纳的活动人数、活动方式和具体活动范围。它必须解决人们在游憩活动过程中与生态环境之间直接接触所产生的影响问题，也必须考虑通过创造优美的景观效果，为人们提供养眼舒适、心旷神怡的游憩效果
	历史文化街区（地段）保护规划，城市设计	由于游憩具有文化社会功能，因此可以成为地方旧城保护与复兴的重要手段与方法。在地段与景区的层面，通过游憩与文化手段来促进复兴，已经成为诸多历史地段得以有效保护并利用的途径。因此，特别在历史文化区域，地段与景区的历史文化街区保护规划、城市设计与游憩规划必须有很好的融合，才能够最终达到保护与复兴的目的
社区层面	居住区规划	居住区规划，最直接影响人们的日常游憩质量。社区内建筑和绿化空间如何布局、游憩设施和空间如何分配、景观设计状况如何等等，充分体现了住区生活质量和品位。因此，居住区规划对人们的生活来说至关重要
	社区文化发展规划	除空间之外，社区的文化活动必不可少，尤其在高龄化趋势逐渐严重的城市中，社区在老人和儿童的游憩生活里扮演了重要的角色。社区同时也是为人们提供接触文化和游憩机会的最重要推动力量之一

在这些林林总总的规划类型中，总体规划是一个非常重要的角色。总体规划在处理游憩活动的发展所引发的各种问题、协调多种关系、促进人居环境质量与人民生活水平的提高、根据经济的发展阶段适时确定地方产业的地位与作用、增加城市的亲切感、凝聚力和活力、提高城市的综合形象，等等方面有重要的意义。从前文曾阐述的国外规划中不难看出，作为城市四大功能之一的“游憩”，在许多发达国家与地区的城市的发展战略和城市总体规划中占据了重要的位置。因此，为顺应未来综合可持续发展的趋势与需求，城市应当、而且必须在其最核心的规划类型——也就是城市总体规划中——将这种发展的意志表达出来。笔者为此特别提出：**为城市建立一个包容了生态、文化、商业等相关内容的综合性游憩空间网络，应当成为我国城市（尤其是大城市和经济发达**

地区的城市[①]）总体规划的必要成果。这是现代社会发展和经济产业发展趋势的客观要求，也是实现“和谐社会”目标的重要途径。

8.1.2　长远：设立专项规划，保持相对灵活

从长远的角度来看，将游憩设立为一种具有综合性的专项规划是非常有益的。专项规划因为其所具有的专业特性，可以看到在其他规划中看不到的内容、有针对性地解决一些专业的问题。同时，游憩规划也可以根据具体规划目标来保持规划内容的相对灵活性。由于规划所面临的不同的层面、不同的对象会存在不同的问题，因此，在解决问题的时候需要考虑不同的要素和重点，采用不同的方法来因势利导地解决问题。

从相关的游憩规划内容与层次的划分来看，游憩规划大体可以分为四个层面，包括：区域层面、城市层面、社区层面和地段/景区层面[②]（图8-2）。其中，区域层面、城市层面、社区层面是人居环境中“五大层次”中的三个重要的内容。对人们的游憩活动范围而言，这三个层次是当前规划所能够而且应当涉

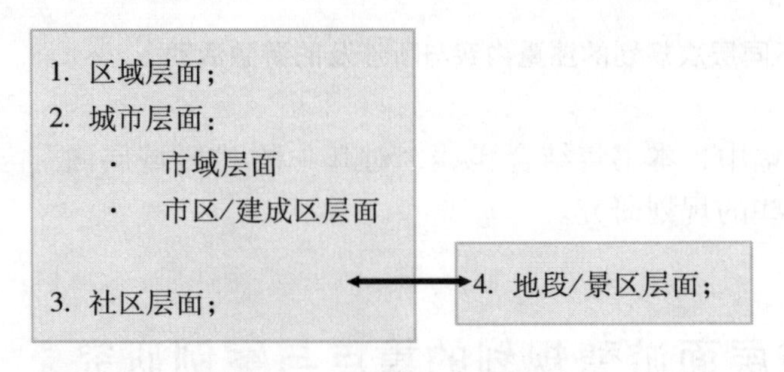

图8-2　游憩规划相关的四个层面[③]

---

① 一般说来，城市越大、涉及到旧城保护、生态要素保护的内容越多、经济越发达的地区，游憩的重要性和需求就越高，因此，将游憩作为总体规划中一个重要内容可以更好地与城市中的各种其他要素相结合；而如果城市较小、涉及文物保护、生态要素等内容少，或是经济相对不发达、游憩发展相对滞后，游憩需求不高，可以适当选择专项游憩规划的方法，来促进和发展地方的游憩，并通过游憩的发展为地方的各个方面造福。

② 在不同的游憩规划和旅游规划研究著作中，对游憩规划的层次划分也各有不同。如：吴承照在他的《现代城市游憩规划设计理论与方法》一书中，就将规划的层次划为了三类，包括：居住区、城区、城市地区（包括郊区）。认为居住区游憩规划侧重于具体的社区游憩计划和社区游憩空间规划，直接影响居住区形态和绿地规划。城区游憩规划侧重于各类游憩设施（体育、文化、公园等）的空间布局，促进城市半网络结构的形成。郊区游憩规划立足于郊区资源与环境特征，以完善城市游憩系统结构为目标，规划设计一些大型游憩空间如主题公园、度假地、风景游憩地、水上乐园等。

③ 图片来源：笔者绘制。

及的内容。其中“城市层面”包含了市域与市区/建成区的两个子层面，大致可用于区分居民的日常游憩和周末游憩。此外，由于游憩的特殊性，一些景区景点是游憩容易集中的地区，也往往是自然和文化资源都比较敏感和重要的地区，因此，在三个层面之外，针对游憩可专门设置面向地段景区的层面，以突出对重点资源的重点关照。

值得说明的是：游憩规划的这四个层面并没有明确的界限。“地段/景区层面”尤其如此，其范围可以比区域还大；也可以比社区还小。因此，应当根据具体情况进行具体分析。此外，从一般情况来看，规划所关注的范围越大，对旅游等相对低频率、但经济相关性强的游憩活动关注就越强，功利相关性越强；而规划关注的范围越小，对日常生活中高频率的游憩活动关注就越强（除专门的风景旅游区规划外），功利相关性越弱（图8-3）。因此，对不同对层面，需要解决的问题和采取的措施也是不相同的。

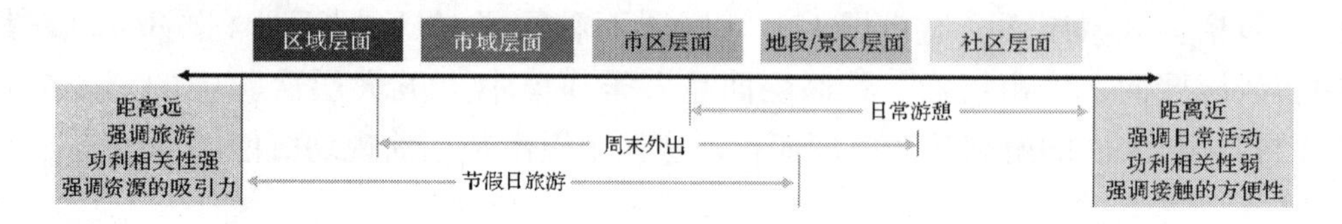

图8-3 不同层次规划的注重内容与所涉及的游憩活动①

在后面篇幅中，本书将结合实践，对其中的“区域层面”与“城市层面”进行更深入一些的规划研究。

8.2 区域层面游憩规划的重点与案例研究

这里所指的“区域”是一个“跨行政区域”的概念，可以是若干个省份、或是相邻或具有某种密切关系的若干城市而组成。由于人们在区域层面上的游憩突出表现为跨地区的旅游活动，因此，这个层次的游憩规划带有一种“区域旅游规划”的性质，更多考虑人们跨地区旅游所涉及的方方面面。

8.2.1 意义与目标

近些年来，我国越来越重视区域协作的研究。因为只有通过区域的统筹，才能够充分发挥各个地方的优势，有效减少不良竞争与重复建设，促进经济整体发展。同样，在区域的旅游方面，“……有了科学的发展规划，才能够充分发挥旅游资源的优势，创造出适合市场需求、具有比较优势的产品，实现旅游促

① 图片来源：笔者绘制。

进社会经济的全面发展”①。但是，我国多数的“旅游发展规划主要是依据行政区划的范围制订的，一个城市制订一个城市的总体规划，一个县（区）制订一个县（区）域的发展规划，虽然在一些规划中也考虑了周边地区的旅游资源和产品，但是多从竞争的角度采取应对策略，而很少从联合的角度整合资源。实际上，一个行政管理机构也不可能来整合别人的资源。所以，尽管规划上提及了，也很难实现，这样做的结果，虽然看起来在这个行政区内资源和产品的开发、产业布局有合理性，强调了数量的‘多’，品种的‘全’，而在更大区域的范围内看，则会出现重复建设，布局失衡，造成相互抵消、形不成比较优势”②。因此，有必要在跨行政区域的级别，对区域游憩进行更为全局、整体把握，我国的区域游憩规划应运而生。

从区域整体的可持续发展出发，区域游憩规划具有如下规划目标：

8.2.1.1　协同资源保护，减少重复建设

“资源保护”，是可持续发展的基础，它包括了自然资源与历史文化资源的保护。之所以需要在“区域”的层面进行协同保护，是由游憩资源空间的特点而决定的。从自然的生态与文化资源来看：自然的景点往往是以山脉、水域等元素为主的系统（如：北京西南的十渡风景区，与河北野三坡风景旅游区就处于拒马河流域上下游的关系），而文化资源往往又与历史上一脉相承的若干相关的事件为线索（如贯穿诸多省市的长城），这些旅游资源和因此产生的旅游线路不以行政区划为界，彼此息息相关，不可分割。行政区划无法切断地区间自然和文化脉络的联系。对于相互关联的自然和文化系统，单独某个行政区划的行动常常无法独善其身——正如河流的上游如果修坝截流，下游即便再努力，也难以保住美丽自然的河流景色一样。在发展旅游业的过程中，各地往往只看到局部和眼前的经济利益，忽视整体和长远的经济效益、环境效益、社会效益，对自然景观、历史文物古迹等原生性旅游资源破坏严重，特别是对景区生态和旅游环境的污染与破坏，严重影响了旅游业的可持续发展。通过区域的总体把握，可以打破地方本位主义观念和条块分割现象，统一规划，合理利用，兼顾长远利益与近期利益、地方利益与区域整体利益，使开发、利用与保护相结合。可以说，对整个区域的统筹与协调是真正地达到“自然生态保护”和“文化生态保护”的必要条件。

对于一些需要大规模投资的基础设施、娱乐设施项目，区域统筹是提高资源与资金的利用效率、减少各地蜂拥而上重复建设的必然选择。大型基础设施项目牵扯的往往不止一个地区，只有通过区域协调才能使其真正的发挥对于整个区域的作用；而相关娱乐设施项目的建设，也必须通过合理的安排与布局，避免类似“西游记宫”遍地开花的那种情况再次出现。

---

① 张广瑞，京津冀区域旅游合作发展的新起点．首都经济，2003.（11）：12

② 张广瑞，京津冀区域旅游合作发展的新起点．首都经济，2003.（11）：12

8.2.1.2 促进经济协调，缩小贫富差距

区域的“经济协调”一词包含了多层次多方面的内容，旅游的区域协作是其中一个不可忽视的部分。一方面，旅游活动弱化了行政区划的概念，其所涉及空间范围随着游客的流动而向周边延伸、渗透，本身就带有地区之间相互协调和联络的趋向，更容易达成区域协作的可能；另一方面，旅游协作为整个区域带来了可预见的发展优势，由于旅游本身所具有的综合效应，使得地区与地区之间更容易寻找到受益的平衡点。因此，旅游更容易成为促进地区协作的重要内容。

纵观近年来国内协作的相关案例，如：泛珠三角“9+2”区域协作、长三角区域协调等，大都采取了“经济合作，旅游先行”的方式。国家之间的经济合作也往往多以旅游为先导。旅游合作协议总是双方或多方协作进程中最早签署的几个协议之一。旅游协作往往是区域经济协调的“先遣队”的角色。

在区域经济协调之中，很重要的一个内容就是要兼顾社会和经济的和谐发展。“当财富分配出现落差后，会引发社会的不稳定，在发展区域经济的同时也要注重财富公平，要注重同步发展。行政与经济发展、社会公平间的矛盾，是制约未来整合成功的重要因素”①。在这个方面，旅游再次担任了重要的职责。许多的案例告诉我们：如果能够正确引导旅游开发的方式方法，旅游可以实现在不破坏资源的情况下，为许多地方带来脱贫致富的契机，缩小区域的贫富差距。旅游甚至被列为我国西部许多地方经济发展的最重要手段之一。

8.2.1.3 方便游客出行，增加游憩选择

能否为人们提供良好的游憩机会，是城市游憩功能是否完善的标志。但从人们游憩活动的范围来看：一个地区的居民的游憩活动范围远不止在该地区的行政区域之内，而这个地方旅游点接待的也同时会有本地和外地游客。因此，无论从繁荣市民的游憩生活还是发展地方旅游业，都不能孤立地只谈论一个地区。

“根据已有研究，城市居民向外出游多数集中在近距离内。50公里内占有市民出游机会的60%左右；一部分外来游客对市外的目的地选择，主要集中在距城市250公里内，距城市中心250~300公里以内的环城游憩带空间，是城市居民出游活动密度最大的地区”②。尽管交通工具在不断进步，人们的出游能力也越来越强，但中短途旅游还是频率最高的类型。也就是说，人们的出游频率最高的范围就是在本地与临近的省市之间。因此，区域协调可以更好地为人们的提供方便，拓宽他们在区域中旅游的选择范围，使地方居民更好地感受旅游的快乐；同时也能够吸引更多的周边游客源，促进地方的旅游业发展。

---

① 引自：两会聚焦：区域经济如何协调发展．人民日报海外版，2005-03-12．注：引用部分为牛文元的讲话。

② 吴必虎．大城市环城游憩带（ReBAM）研究——以上海市为例．地理科学，2001．21（4）：354-359

8.2.1.4　形成区域优势，带动旅游发展

通过跨行政区的统筹与规划，构建互补的旅游网络，通过相关的合作与政策措施，利用更大范围的资源、人才、交通、服务、资金、技术、信息等方面的优势，通过整个区域的合作，形成区域在生态、线路、品牌等方面的整体优势，是区域旅游协作的重要目的。

根据相关的研究，“聚合（Clustering）”与“网络（Networking）”是欧洲旅游的成功的重要因素。这两个因素对于我国也非常重要。旅游网络的构建，可以使得地方的旅游扬长避短，建设互补的旅游产品群，以充分发挥区域资源优势。相关的旅游景区整体运作，不但丰富了旅游资源的种类和数量，可避免单个景区存在的资源单调薄弱、产品结构单一的致命缺陷；各个景区的优势资源联合开发，可以提高旅游产品的质量；利用资源种类与数量的优势，可以开展多种形式的旅游活动，丰富旅游活动内容，扩大旅游活动的时间，获取更佳的经济效益。

通过整体设计，凸显区域总体的旅游特色，以形成有竞争力的市场优势；联合宣传推销，突出区域的旅游形象，形成整体品牌优势。旅游圈的构建，有利于在旅游交通、饭店等设施建设、景观开发建设、旅游产品开发、宣传促销、管理机构设置、工作岗位设置等方面进行统一规划、合理布局和资源优化配置，有利于资源共享，降低成本，提高效益。

8.2.2　关键问题与核心因子

在跨行政界线的区域层面，协作成败的最关键问题在于是否能够具有“达到多赢的政策途径”。从多数的实际情况来看，“以市场为导向的经济发展，使得原有区域合作的基础（计划经济配置区域资源）逐渐淡化，利益的多赢成为区域合作的最大难点”①。因此，可以说，“达到多赢的政策途径”是保证区域游憩规划得以顺利实施的关键因素。

在此基础上，为能够最终实现规划目标，区域游憩规划中应当特别注意以下几个核心因子：

资源空间：对生态环境因素和历史文化因素的保护与关注，是保证整个区域生态环境不被大众旅游破坏、而旅游又能够得以可持续发展的重要前提。“资源空间”的意义包括了相关的自然资源与文化资源在空间上的分布。在区域角度，以下几类地区尤其值得专门考虑：1. 重点旅游区；2. 生态极为脆弱的地区；3. 现有发展模式对环境产生负面影响的区域（包括由于游憩造成破坏的区域，以及非游憩原因造成破坏的区域）；4. 生态曾经遭到破坏，但试图进行修复的区域；5. 具有巨大潜力的旅游资源区域；6. 旅游资源相对密集区域；

① 吴唯佳. 加强区域统筹，促进北京城市发展中的区域协调. 北京规划建设，2004. 4：55－56

7. 在行政区域界线周边的重要生态区域和旅游区域。

旅游市场：全面包括区域内的本地旅游、国内旅游和国际旅游市场。以本地旅游和国内旅游为主。

区域交通：特别需要注意以下几点：1. 交通的快速与可达性；2. 不同交通工具换乘的便捷性；3. 从一个景点到附近其他景点的方便性；4. 一些特殊情况下的特殊交通方式考虑（如：骑马、划船等）；

相关政策：着眼于区域整体可持续发展的政策措施。注意政策制定中的多方参与，根据实际情况确定多赢的战略措施。

8.2.3 规划的途径与方法

由于我国国情的特殊性，我国的国内旅游发展有自身的特点，它正处于一个特殊的发展阶段，并且面临着西方国家从未遇到过的问题。因此，在我国的区域游憩规划中，我们可以借鉴国外的一些优秀的规划经验与规划手段——正如前面第6章所介绍的那些方法——却不能完全照搬照抄。针对我国的具体问题，笔者借鉴国内外的一些有益经验，研究并尝试归纳出以下一些方法，大致可以成为促进我国区域游憩整体良性发展、并且各方都能够从中获益的手段。当然，这些方法只是对我国一些普遍问题的回应。在具体的规划条件下，应当本着具体问题具体分析的态度，通过深入分析、创新思考和严谨的论证，寻找对当时情况更为适合的方法手段。

重点资源整合：包括对区域生态环境要素、历史文化要素的分布与脉络梳理，这些脉络将成为串接相关资源的重要线索；通过整体规划完善整个区域范围内的旅游布局，整合跨地区的旅游资源、资金、人才，以形成新的、更有实力的旅游产品，推动整个地区的旅游大发展；

核心区域协作：一方面，谨慎选择具有特定的生态、文化联系关系的区域作为核心协作区，保证相关核心资源能够得到整体的保护；另一方面，考虑将那些景点相对集中、有一定交流基础的交界区域作为核心的协作区，成为区域旅游“一体化”的试点区和示范区，在该区域中尝试消除多种人为造成的阻碍，成功后全面推广；

市场网络构建：形成覆盖全区域的、相互连通、反应迅速、具有统一标准的市场与信息网络，是使得游憩产业结构和产业组织进行市场化整合的重要内容，市场网络可以推动要素的地区间流动，实现统一的区域市场，迅速、有效地调配市场的人、财、物，为每个地方的居民提供高质量的服务；

相关项目合作：要达到“共赢”，互惠互利的项目合作必不可少。小到进行从业人员的培训，大到地区之间主要交通枢纽的规划和区域级重大旅游工程项目的选址、投资和经营管理，都会牵涉到多方的利益。尤其在大项目中利用资本手段达到实质的风险共担、利益共享，是带动各方积极性的重要方法。如何能够广泛地在小项目上促进合作，并在大项目设置上达到多赢，是推进区域旅游合作顺利进行的重要前提；

地方差异挖掘：“不识庐山真面目，只缘身在此山中”。一个地方的风俗特色与文化精髓究竟在哪里，不跳出小范围、不以更为宏观的视野来判断，往往无法把握准确。在区域层面来强化地方的特色差异，更容易寻找到每个地方能够区别于其他地方的优势和长处，合理规避由于特色相仿或项目雷同而带来的市场竞争和分割，打破每个地区规划的“大而全”、“小而全”的思想，避免区域内的雷同建设和恶性竞争，进行差异化定位，在谋求整体利益最大化的同时获得各个地方利益最大化，形成整体互补又个性鲜明的旅游产品；

旅游线路设计：旅游线路的规划与设计将有效引导游客去向，平衡冷热景点、带动地区协调发展；

交通联系引导：通过跨行政区域的规划与分析，进行合理的交通布局，解决现存的、由于旅游引发的交通问题和地区之间旅游交通联络不畅的问题，串接不同旅游区域以更好地发挥地方旅游的长处，如果条件允许，可跨区域对开一定线路的专线旅游车；

管理体制建构：通过对区域旅游管理方式的研究和可操作管理体制的建构，形成跨行政区域对旅游管理方式的共识，并推动其在实际操作中的实施，加强合作中的发展、监督、反馈、调整过程；

合作进程推动：通过相关行动计划，演绎区域旅游合作的进程出来，以达到整体和局部旅游发展的最终目标。

8.2.4　需要注意的问题

8.2.4.1　寻求“多赢”必须以更为宽广的视角来进行

旅游的区域合作，不能仅仅将眼光局限于从旅游人数、旅游收入等传统的旅游统计指标来看待合作效果。对于合作的各方，如果眼光都只盯着合作能够带来的旅游人数和旅游收入的增加量，而这个增加量又要能够相对均衡，而且可以满足每一方的理想，难度是相当大的。所谓“不患多寡患不均”，有时候，即便合作能够为各方都带来这些指标的攀升，但如果攀升得不够均衡，这边快了那边慢了，也会影响到合作方的积极性。由于各方的资源条件、经济状况大不相同，因此，反映到旅游的指标上，要使得各方均衡，完全在这些数据上寻求“多赢”，本身就是非常困难的。

但是，如果以更为宽广的视角来看待合作，抱着地方可持续发展的理想来思考合作，“多赢”的效果是完全可以通过努力达到的。跳出部门的条块划分，将建设“和谐社会”作为地方发展的目标，事情就变成了如何通过建立良好的合作关系来获取自身发展的外部支持。在这样的视角下，事情本来更为重要的一些方面，如：通过合作可以带来一些重要区域的生态保护联动、建立整个区域的生态保护网络，给整个区域的每个地方带来新鲜的空气、干净的水源和良好的气候环境；通过合作可以改善整个区域的交通可达性、为各地老百姓都提供更好的游憩机会、促进整个地区的文化发展与交流、带动每个地方相关的就业、缩小贫富差距；通过合作可以减少地方对娱乐设施与项目的盲目投资、明确旅游特色方向、提高人们对地方的关注程度；通过合作以更为丰富的旅游产品系列来共同开拓国内与国际旅游市场；等等。这些方面才是地方发展最应当重视的、根本性的问题。促进旅游的区域协作，无论从环境、文化、市场等方面来说，都应当进行更为综合而全面的考虑，以寻求多赢的途径，这才是真正的"统筹城乡发展、统筹区域发展、统筹经济社会发展、统筹人与自然和谐发展、统筹国内发展和对外开放"的"五个统筹"应当具有的态度。

因此，寻求多赢应当以更为全局和整体的视角来进行思考；另外，为避免部门分割状况下的"政绩"因素阻碍，建议区域旅游合作协议可以由地方的综合行政管理机构牵头，而以旅游部门出面签署，使得协议能够更多考虑整体利益而并非单纯的旅游效益。

8.2.4.2　协作政策要从具体可操作的基础方面落实并逐步推进；

从我国许多所谓区域旅游协作的实例看，很多地方都签署过区域合作协议，但往往以一种合作的"意象"形式而告终。缺乏具有可操作性的实质性内容，是我国地区旅游协作政策中的一个普遍问题。为实际推动区域的旅游协作，必须注重协作政策的具体可操作性。在前面"区域游憩规划的途径与方法"中，本书列举了许多可以根据实际情况进行选择的、目标明确而且具有可操作性的方法，其目的就是为了将合作真正落实下去。此外，为了逐步推进协作的进程，各方应当共同协商制定相关的协作规划，为未来的合作前景描绘蓝图，并确定合作推进的步骤。

8.2.4.3　自上而下与自下而上的结合

自上而下的政策制定是促进区域协作最重要也最明确的手段。从国内外的经验来看，在区域旅游合作获得成功的案例中，"非常重要的做法就是区域内的各级政府主动拆除制约旅游发展的藩篱和障碍，创造一个良好的旅游发展的大环境"①。自上而下的政策手段，目标明确，统领全局，具有良好的号召与示范作用。同时，培养自下而上的合作需求也不可忽略。非政府组织之间、民间团体之间、相关企业甚至个人与个人之间跨区域的交流与合作，也是区域协调的重要推动力量、主要实践者和受益者。例如：各地区生态保护者协会、民间工艺品生产厂商之间如果能够相互联合与协作，就很有可能在推动生态旅游区域保护、区域民间文化挖掘和旅游纪念品生产方面发挥出重要的作用。可以说，只有自上而下与自下而上的结合，才可能形成真正的利益相关、休戚与共的实质性合作。

---

① 张广瑞．京津冀区域旅游合作发展的新起点．首都经济，2003．(11)：12

8.3 案例：京津冀区域旅游协作的途径与方法

区域协作包含了多层次多方面的内容，旅游的区域协作是其中一个不可忽视的部分。在2004年编制完成的北京总规修编的区域协调研究中，旅游的区域协作成为了其中一个重要的子课题。本案例作为区域协调的一个部分，旨在从京津冀区域旅游协作的重重问题中，寻找突破的方法——或者说，是寻求多赢的方法、以及能够促进协调的行之有效的政策途径。

8.3.1 寻找区域旅游协作中的多赢途径

8.3.1.1 多赢成为了京津冀区域旅游协调的关键问题

京津冀是我国旅游相对发达的地区之一，彼此之间旅游往来的数量也相当庞大，很早就已出现区域旅游合作的萌芽。从1987的第一次“京津冀区域旅游合作研讨会”至今，各种地区间旅游交易会、旅游合作协议、旅游宣传层出不穷。但是，京津冀的旅游协作仍然停留在“形式单一、规模有限、参与不足、随意性强的较低层次上”①，缺乏实质性的发展，并在许多方面存在着意见的分歧。

区域旅游协作是区域经济协作的重要内容之一，就是因为旅游在区域协调中肩负着“探路”和“带路”两个方面的作用。旅游协作道路上的矛盾，折射着整个区域协作中面临的问题。在地区财政必然各自独立、京津冀经济发展水平存在较大差距的背景条件下，阻碍旅游协作发展的原因，基本类似于阻碍区域经济协作的原因。旅游之所以肩负着“探路”和“带路”的作用，是由于旅游本身所具有的综合效应，使得地区与地区之间更容易寻找到受益的平衡点。如果实质性的旅游合作发展都无法实施，区域经济的协作更只能停留在口号上。因此，寻找旅游合作的突破口，可能能够为整个区域合作寻找到新的途径；分析解决旅游合作方面的问题，可能成为其他方面合作发展的借鉴。“规划师的部分作用就是在于从大处着眼疏通各个政治实体之间的关系”②，在区域层面，通过游憩规划来试探疏通各个政治实体之间的关系的途径，是非常重要的内容，而寻找多赢的途径成为关键问题。

8.3.1.2 寻找多赢的思考视角

在区域经济发展、旅游业发展存在较大差距的前提下探讨旅游协作，京津冀三方本身就处于不同的起点上。北京是河北和天津的主要客源地，而河北和天津的游客在北京的旅游中只占较小的比重，因此，如果单纯用旅游人数、旅

---

① 张广瑞，李德，宋子千．关于京津冀区域旅游合作发展的思考．旅游调研，2004．2：39－45

② ［美］约翰·M·利维．现代城市规划．张景秋等译．北京：中国人民大学出版社，2003．107

游收入来衡量合作的成效，那么京津冀三方的合作结果显然是不均衡的。这也是造成京津冀合作过程中，“多数的情况是河北、天津一直在努力推动合作进程，但北京却没有积极的响应”① 的重要原因。但是，如果能够将协作的放到整个北京的可持续发展的背景下进行综合思考，不简单地以短期的旅游人数和收入作为衡量标准，这样就会得出新的答案，会发现区域协作同样是北京旅游持续健康发展的必然选择。

一方面，北京现有的旅游面临可持续发展的内在压力，解除压力需要区域携手。北京多年以来一直依靠少数知名景点吸引游客，给北京和周边许多具有很好资源价值的景点造成了一种“屏蔽”效应。走入“大众旅游”阶段后，游客规模与环境承载力冲突成为北京面临的非常棘手的问题，景区的拥挤破坏了地方本来已经非常脆弱的景观和生态，也在很大程度上影响人们的休闲质量；“旅游挤出效应”日益显现。尽管北京近年也发掘了许多新的景点，但对旅游需求的增长来说还远远不够，因此迫切希望改变这种状况，释放出更多景点的潜力，以缓解大众旅游带来的生态环境和社会文化影响。京津冀的整个区域的旅游资源囊括了从山水到文化的各种层面，通过多方合作，共同铸造“全方位”的旅游大盘，解除现有的屏蔽效应，效果会比单枪匹马要好许多。换一个角度，如果北京能够为自己解除这种效应的结果，也自然而然地解除了对河北、天津的屏蔽效应。区域合作将是解决北京自身旅游问题的重要方式，其结果也将对三方都大有裨益。

另一方面，在区域范围内有效疏导游客是未来旅游更大发展的重要前提。无论从我国旅游发展的趋势、2008 年奥运会的需要、北京旅游业未来发展目标看，未来北京游客数量都将有大幅度的提升。为减少游客给北京的环境社会带来的负面影响，疏导游客是一个关键因素，它是保证游憩质量的重要条件，也是未来吸引游客的重要前提。从交通条件、资源空间分布、疏散成本和人们的心理承受力和消费承受力看，周边地区是北京旅游疏散的必然选择。

此外，区域协作将给北京带来新的旅游发展契机。在未来交通、信息更加便捷的情况下，“北京”的概念将成为一个基点，而更多的内容会扩展到“大北京”或“大大北京”中去。2008 年奥运在北京举办，客观上也要求北京除了要当“世界知名旅游城市”之外，还应担当一个旅游中心的角色，成为联系中国北方更多省市的、更大圈层的、实质性的旅游合作联盟的中心、旅游服务和信息中心。加强北京在区域旅游中的核心地位，也是扩展地方旅游潜力的必要手段和举办奥运会的客观要求。

可以说，区域旅游协作对北京旅游发展具有重大意义，合作势在必行(图 8-4)。

---

① “廊坊分歧”折射“京津冀一体化”隐忧. 领导决策信息，2004.（12）：20

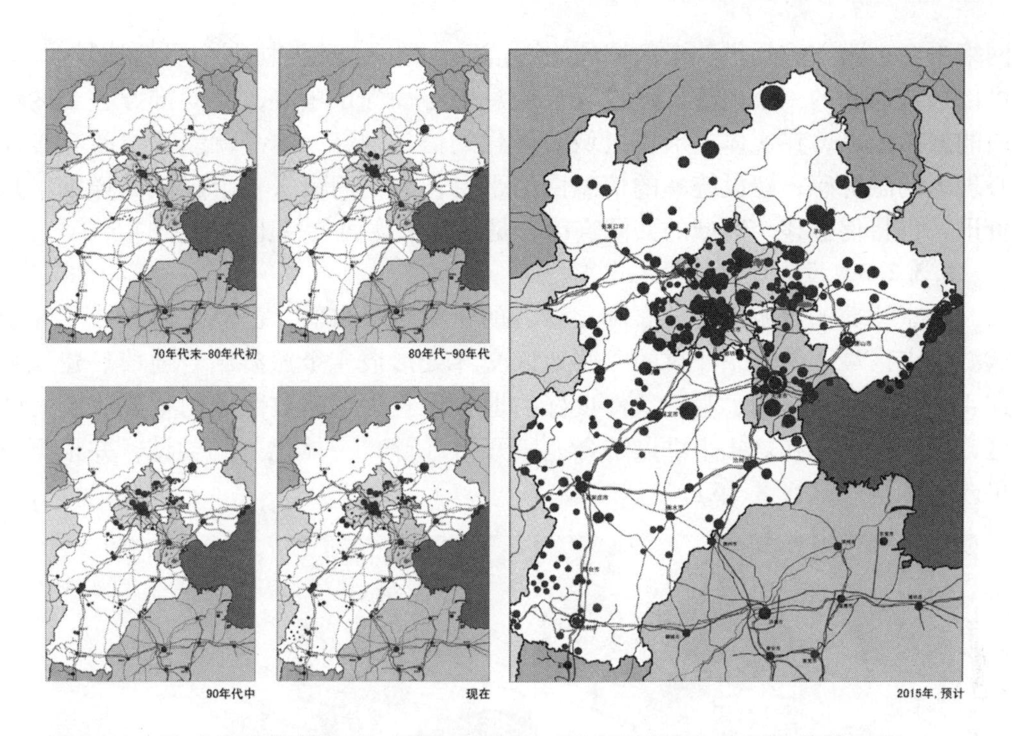

图 8-4　从“月明星稀”到“满天星斗”：通过区域协作共同繁荣的过程

8.3.2　目前情况下可以考虑相互协调的内容

8.3.2.1　在行政方面解除藩篱

这是一种自上而下进行协调的方式，也是诸多地区实行区域协调所采用的最直接而且有效的方法。对于京津冀地区，行政方面解除藩篱，需要从推进未来整体经济协调的角度考虑。政策措施必须切实可行，互惠互利。由旅游部门牵头，可以尝试签署具体的合作政策，迈开协调的脚步，如：

- 实现本地居民在区域内旅游的优惠政策，架构区域内便捷的旅游交通体系；
- 推动区域旅游资源的联合开发与交通、通信、宣传方面的集团化经营，在合适的情况下，考虑在区域范围内开放旅游企业经营权限，取消企业经营的属地限制；
- 进行旅游人才的联合培养和认证，统一区域内的旅游工作人员考核标准，发展一批跨行政界限的旅游工作人员；等等。

在行政方面解除藩篱，需要特别注意每个政策执行的细节。如：落实相关政策的负责与监督机构、相关资金来源、明确每项政策将给各地带来的影响，等。政策的制定需要各方一起坐下来抱着共同促进的态度进行多次协商。

8.3.2.2　建设旅游信息网络

在各主要城市和景区景点设立京津冀联合旅游信息中心，构建统一的信息网络平台，为游客提供整个区域的旅游信息，是区域旅游协调中目标比较明确、可以很快启动的一个内容。建设联合信息中心和问讯中心，共同推荐整个区域内的旅游产品，在实体上形成区域一体化的信息网络，本身就能够给游客带来心理上的融合感；建设统一的信息网络平台，为人们带来整个区域的详细信息资讯，也将促进整个区域的共同宣传，是花费低廉而效果比较理想的方式。

8.3.2.3　设置重点协调区域

从京津冀的旅游资源分布和旅游者的密集情况来看，已经大体形成了8个旅游重点区域，并在京津冀的一些地区交界处形成4个旅游结合地段。建议将这4个相互关系密切、基础条件良好的地方设置为京津冀区域的重要旅游协作区，可以考虑先在这4个重点结合地段开始进行“一体化”的尝试，并根据效果改进和推广（图8－5）。

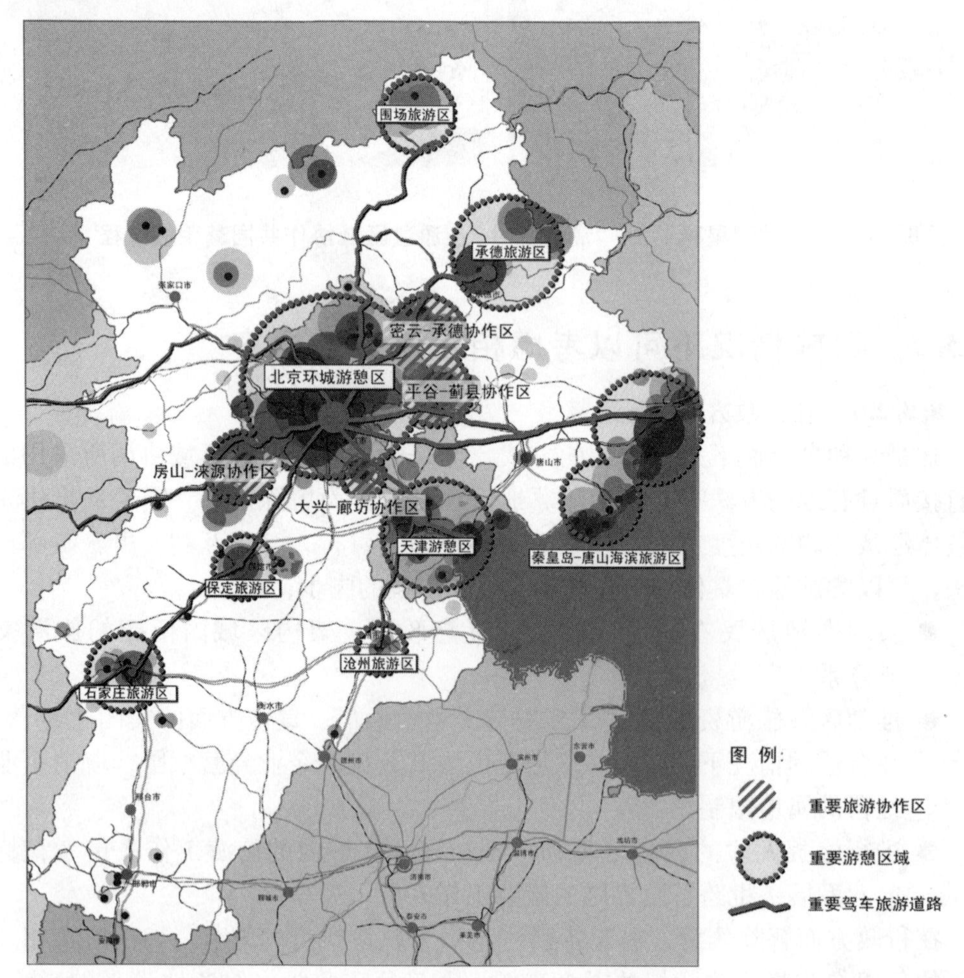

图8－5　京津冀旅游重要协作区、游憩区和主要交通路线①

① 图片来源：笔者绘制。

在试点范围内，可以考虑采取一些鼓励相互融合的措施。如：

- 建设该区域内不同景点之间快速连接的道路系统；
- 取消该区域内的道路收费；
- 在该区域内试行特殊的优惠的通讯收费方式；
- 适度采用优惠的联票方式和“一票通”式的交通联合营运方式；
- 对整体区域内的景区景点环境容量监测，并实现区域内信息互通，引导客流景点选择；等等。

8.4　城市层面游憩规划的重点与案例研究

相比起区域层面，人们在城市层面的游憩活动更频繁，表现为周末和节假日的短途旅游，频率相对较高，人数更多，对生态环境的影响也更直接。对于一些旅游城市来说，它将同时涉及到城市的外来游客与本地市民的游憩需求，因此，需要对这两个方面进行更好的协调。

8.4.1　规划目标

在市域层面，游憩规划的目的非常明确：

一方面，游憩作为城市的基本功能，是人民生活的基本需求。因此，规划必须解决地区游憩发展中所面临的相关问题，满足人民日益增长的游憩需求，为本地居民的游憩和地方旅游发展创造良好的物质和政策条件；

另一方面，游憩也是地方发展的重要推动力量，因此，游憩规划需要考虑如何充分利用游憩的综合效益，促进地方整体——包括生态、文化、社会、经济发展之间的相互协调，带动地区全面进步。

8.4.2　市域层面规划应当注意的要素

为了达到以上两个方面的目的，市域层面的游憩规划有许多方面的注意因素。前面第 7 章中的发展战略中已经对多数因素有所涉及。这里仅就市域层面和市区层面的区别，简单地提出这样几个方面的需要考虑的问题：

- 利用大众游憩需求，优化城市空间格局；
- 寻求资源保护与地方居民游憩利用的平衡；
- 引导游憩健康发展方向，带动文化产业进步。

其中，空间结构的问题是解决市域整体生态保护与培育、增加人民“游憩机会”问题的关键。就我国目前的城市化发展速度而言，确立城市游憩空间结构相当重要，它受到来自生态环境、历史保护、资源状况、交通条件等等因素的影响，而实际上，确定了游憩的空间结构，也就大体将城市生态格局确定下来。

在此基础上，规划需要注意一些核心因子，包括：

- 远近郊区的游憩资源与空间结构；
- 市域交通结构："从单项因素考虑，通达性（accessibility）是确定土地价值的最大因素"①，城市中心与郊区的交通联系状况，在很大程度上决定了城市远近郊区游憩发展的能力。而交通布局的变化，也会给城市周边的游憩地区带来利好或灾难。
- 城市相关游憩产业；
- 游憩发展与相关社会发展政策。

8.4.3 市区/建成区层面规划应当注意的要素

在实际操作中，市区会比市域层面有更多具体而细致的工作。由于市区是人们居住最为密集而涉及日常游憩活动频率更高的区域，所以这个层面的游憩规划，更强调人们游憩机会的必要性与内容的多样化，也更注重文化质量的高低。其中所涉及的关键问题包括了以下一些内容：

游憩机会提供与游憩方向引导：一个城市的游憩功能究竟如何，一定程度表现为这个城市是否能够根据人们的游憩需求来提供充足的、质量较好的游憩机会。对于人类聚居的核心区域——市区和建成区来说，考查大众的游憩需求、通过相关的规划和政策来保证人们的游憩机会，是市区层面游憩规划的必然面临问题。大众的游憩需求，是"量"的概念、是"质"的概念，同时也是市场的概念。而良好的游憩机会提供，则关系到人民生活中所获得的幸福和快乐的程度。对于城市的管理者而言，**对需求方向进行引导，包括通过设施建设、氛围渲染等手段引导人们自觉选择更有益于"人的发展"的游憩类型，将使社会受益无穷**。

市区游憩空间网络建构：空间网络在市区的层面具有重要的意义。一方面，空间的分布本身决定了居住在城市不同区域的居民所能够获得的游憩机会与游憩质量。另一方面，游憩空间结构本身是直接与城市的生态功能、景观特色、文化脉络密切关联的，因此，把握市区游憩空间结构，也就把握了城市居民的生活质量和市区的生态、景观和文化功能。

文化氛围营造：包括在物质和非物质方面增加人民接触文化的机会（详见第7章中的相关内容）。

---

① ［美］约翰·M·利维. 现代城市规划. 张景秋等译. 北京：中国人民大学出版社，2003. 124

8.5　案例：北京近郊“国家公园”战略思考

随着城市化进程的推进，我国的城市——尤其是大城市的近郊已经日益成为生态历史环境保护、游憩需求增长和交通发展的矛盾交点。本案例通过对北京近郊“国家公园”战略的分析与思考，试图提供一条以大型郊野公园建设来解决城市近郊矛盾的思路①。

8.5.1　背景：北京空间发展战略与近郊四大公园的提出

2003年，在由首都规划委员会主持的“北京空间发展战略研究”项目中，清华大学建筑与城市研究所在空间发展战略中提出了“国家公园”的战略思想和规划概念，在相关部门和规划单位中引起了一定的反响，而部分媒体报道也使这个概念在公众中传播开来（图8-6）。

图8-6　2003年北京城市空间发展战略研究提出的“国家公园战略”②

① 本课题在研究过程中得到了北京市社会科学院历史所尹钧科研究员、北京大学环境学院历史地理研究所岳升阳副教授的帮助，在此特表示感谢。

② 图片来源：清华大学建筑学院建筑与城市研究所. 北京空间发展战略课题组报告. 2003. 笔者绘制

“国家公园”之议，其实可追溯到2001年。鉴于香山公园附近土地被蚕食的现象较为严重，清华大学建筑与城市研究所曾建议海淀区政府将西北郊一带辟为国家公园，以提高整体的管理水平、保护水平并提供良好的游憩空间。根据城市发展的情况，本次北京空间发展战略研究中将公园的范围扩大，建议在城市大致的西、北、东、南四个方向分别建设一个国家级公园。其中：

西北郊历史文化公园：以北京西北郊丰富的历史人文资源和西山风景区的自然景观资源为基础。范围内包括了颐和园、圆明园、香山公园及其周边景点、温泉及其周边景点。区域内历史文化特色突出，人文与自然山水交相辉映，是北京自然与人文结合的精华之所①。

北郊森林公园：位于北京城市中心区正北，军都山脉南麓，以现有昌平县境内的大羊山自然保护区为基础，扩大到银山塔林、蟒山森林公园，形成由山地向平原延展的森林公园。

东郊游憩公园：结合温榆河、潮白河的河道、沿河风景带和绿化带，融合顺义、通州郊区的农业用地，结合水上运动项目，共同构成以滨水游憩、康体、农业体验为主题的游憩公园。

南郊生态公园：以南海子麋鹿园、大兴农业观光园、半壁店森林公园等为现有的基础，形成北京南部城市型生态公园。

设定“国家公园”，一方面是为强调公园的级别，高级别的公园可以用高级别的要求来进行保护；另一方面，虽然这些区域中除了一些森林公园和自然保护区外，多数的地方都已介入了大量的人类活动，范围内有农田、苗圃、树林、河流、湿地、村庄，有郊野景观和田园风光。但对北京城市来说，它们依然具有比较重要的生态环境功能和历史文化意义。这些公园一方面可以保护北京周边现有的生态环境与历史遗产，以避免城市近郊生态与历史文化在城市的扩张和快速郊区化过程中受到破坏；另一方面可以发挥公园的游憩功能，为市民提供陶冶情操、接触自然、感受历史文化的机会。对照美国“国家公园及保护区体系”②，这四个公园可以大体划分到国家历史公园、国家休闲地等类型中。

8.5.2 当前城市发展中的相关矛盾分析

“国家公园”战略的提出，是与北京城市发展过程中面临的许多矛盾不可

① 西北郊历史文化公园的范围基本上以2001年清华大学建筑与城市研究所向海淀区政府建议的范围为准。

② 以美国的国家公园及保护区体系为例：整个体系包括了国家公园、国家保护区、国家保留地、国家纪念物、国家历史地段、国家历史公园、国家休闲地、国家战场、国家海滨、国家湖滨、国家军事公园、国家野外与风景河流、国家河流、景观路、国家战场公园、国家风景路、国际历史地段、国家战地地段等多种类型（摘自：杨锐．建立完善中国国家公园和保护区体系的理论与实践研究：[博士论文]．北京：清华大学，2003．247－263）。

分的。城市规划必须正视许多新的问题，并且必须有预见性地提出应对的方法。

8.5.2.1　经济背景：经济社会加速发展，消费结构升级转型

近年来，北京的经济发展已经进入了一个新的阶段：2001年，北京市人均GDP为3 084美元；到2004年，统计显示的人均GDP已经达到了4 300美元。从国内外经济发展的经验看，一个地方在人均GDP达到3 000美元之后就会进入一个经济高速增长的时期——北京的发展也印证了这一点。但经济的高速发展、交通机动化进程加快的同时，可能导致城市环境恶化的因素也随之增加。在这样的背景下，经济的增长所显现出来的正面和负面情况有目共睹：一方面，人民生活有了质的飞跃，对生活质量的要求与日俱增；但另一方面，交通拥堵、环境污染、生态破坏、资源浪费等种种城市问题也凸显在我们的面前。芒福德在20世纪40代曾批判性地指出“四大爆炸”，即人口爆炸、郊区爆炸、高速公路爆炸和旅游地爆炸的现象，而今在北京正以非常尖锐的方式显示出来。

8.5.2.2　生态问题：都市空间连绵扩张，近郊生态岌岌可危

近郊区对城市的生态环境具有重要意义①。但随着不断摊开的“城市大饼”的蚕食，北京郊区生态平衡遭到极大破坏。近20年，北京的人口增长主要发生在城市近郊，最大量的住宅建设也发生在近郊区②，城市大饼越摊越大，破坏了城市生态系统中人与自然的平衡，造成土地资源的极大浪费③。河道污染、土地沙化、热岛现象等在近郊的城市化过程中格外突出。如何维持近郊生态、控制城市连绵发展，成为北京城市发展中备受关注的话题。

城市的发展与蔓延改变了北京郊区的环境变迁，也给京郊文化遗产的保护带来了问题。从现代遗产保护的原则来看，保护历史古迹，不单是要关注文物自身，还需要对其相关的自然、社会文化环境进行整体保护。而今，从卫星遥感图审视海淀西北的皇家园林的集聚区域，我们遗憾地发现：在西北郊许多重要的历史园林周边，已经集聚了较大的建设量，原来“京西稻作景观与园林景观交融的文脉特征”④ 早已荡然无存。

---

① 从近郊区的植物覆盖类型来看，尽管有相当大的部分是以农田为主，但相比起人工建设的区域，农田也还能够起到一定的生态效益。相关研究显示，在北京城和近郊区八个区县（包括：东城区、西城区、崇文区、宣武区、朝阳、海淀、丰台、石景山）的“建成区493.9 km^2范围内，现有园林植被每年可释放氧气295万吨，吸收二氧化碳424万吨，蒸腾水量4.93亿吨，蒸腾吸热107 396亿千焦，并在减尘、减菌、减噪和吸收有毒气体、净化空气等方面发挥了良好的效益……原属于近郊区的朝阳、海淀、丰台、石景山4个区园林植被产生的综合生态效益量化数据占这8个区生态效益总量的92%”。以上内容参考：陈自新，城市大园林——现代城市园林发展的必由之路. 中国园林，2001.（5）

② 参见第3章中的相关数据。

③ 宗跃光. 城市景观生态规划中的廊道效应研究——以北京市区为例. 生态学报，1999. 19（2）：145－150

④ 岳升阳. 从如诗如画到含英咀华——海淀中关村地区功能的演进. 北京规划建设，2003.（1）：85－87

8.5.2.3 游憩问题：游憩需求大幅增长，城市游憩矛盾突出

随着经济的发展与闲暇时间的增加，北京大众游憩需求不断增长。建城区内公园、绿地等游憩空间严重不足的弊端越来越明显。大量居民在节假日涌向市郊，相关调查显示：北京“市民和外来游客对旅游目的地郊外和周边具有浓厚的兴趣”，“北京市民99%以上希望到郊区旅游，其中近74.78%的市民已经到郊区旅游”①。郊区游憩的开展，在推动游憩消费的同时也造成了许多城市问题。北京近郊一些知名景点，由于承受着市民游憩与外来旅游者的双重压力，常常人满为患。景区拥挤、道路拥挤、游客过多而产生的环境破坏成为伴随北京游憩发展的日常话题。

1）郊区项目开发混乱

随着大众游憩需求增长，利欲熏心的开发商们开始在郊区行动，导致郊区的游憩项目开发混乱。一度的高尔夫球场热潮之后，北京郊区又开始了滑雪场建设的浪潮，这些建设往往一拥而上，多数啃蚀山头、毁林建雪场，有很大的水土流失隐患②。在北京郊区“环城游憩带”逐步形成的时候，重复建设、破坏生态的问题越来越突出，一些本应让市民共享的空间变成了少数人的奢侈消费场所，普通大众体验自然的空间越来越远。

2）老龄化带来全新课题

北京城市老龄化也给城市游憩发展带来了新的课题。2004年，北京市60岁以上的老年人口188万，占全市总人口的14.6%③，由于历史和政策的原因，北京老龄化率仍在快速上升中④；20年后北京市60岁以上老人所占人口比例达到25%⑤；到2030年，老年人口比例将超过1/3，跻身于世界人口老龄化最严重的城市行列⑥。相关的研究表明：发展老年旅游可以有效提高老人的生活质量。除了物质方面，老年人需要更进一步的社会关怀⑦。外出旅游则是一种很好的“精神和心理的福利”⑧。随着北京居民家庭条件的改善、人们整体健康状态的提高、生活观念进步，更多老人愿意进行适当的短途旅行。为此，城市需要提供更多距离适中的大型休闲游憩区域来为分布广泛而人数众多的老龄群体

---

① 贡保南杰．北京郊区游业发展战略——北京旅游圈带研究．北京第二外国语学院学报，2004.（1）：44

② 耿振淞．北京滑雪场面临生态考验．北京青年报，2003－03－31.

③ 注：由于计划生育政策和人口预期寿命延长的双重作用，预计今后的50年，老年人口还将以年均3.2%的速度递增，以上数据来源：北京人口20年后三成是老人居住人口已达1 492.7万. http：//news. sina. com. cn/c/2005－02－25/02195194803s. shtml. 2005－02－25．原载：北京娱乐信报.

④ 张格华．老人保健成为社会焦点．生活时报，2001－10－9

⑤ 数据来源：企业年金何时突破政策瓶颈 相关法规将出台．北京青年报，2003－03－24

⑥ 北京市老龄协会．迎接人口老龄化挑战的战略构想．人口与经济，1999.（3）

⑦ 余颖，张捷，顾朝林，任黎秀．老年旅游者的出游行为决策研究．旅游学刊，2003. 18（3）

⑧ Graham M. S Dann. Senior tourism. Annals of Tourism Research，2001. 28（1）：235－238

提供游憩的便利。近郊很自然地成为了主要的空间选择。

3）交通成为发展瓶颈，自驾车出游问题重重

游憩的发展也在考验北京的交通系统。除景点自身吸引力外，外出的便利程度成为影响人们游憩质量的重要因素。公共交通是普通老百姓和绝大多数老年人出游的依靠。北京郊区的公交系统还远未能达到人们的要求。在节假日，通往郊区重要风景点的公交线路常常拥挤不堪。由于速度慢、准时性差、换乘次数多、可达性差等原因，减少了人们与自然接触的机会。

与公交相对应的是私人小汽车的快速增长，它促使自驾车“成为京郊旅游的主要交通方式”[①]，其中“84.5%的有车族将近郊作为游憩的最经常选择”[②]，郊区旅游蓬勃发展。值得注意的是：北京的自驾车旅游，是在“全市道路90%以上达到交通饱和”[③] 的基础上兴起的，在来去自由的同时也造成了严峻的城市问题：交通拥堵、停车问题严峻、噪声污染、空气污染……，向“汽车社会”转变过程中，北京正在付出环境和社会的高昂学费。

8.5.3 近郊：北京城市诸多矛盾的焦点

北京的经济社会在不知不觉间已开始了深层次的变化，规划不能对此无动于衷。对以上诸多矛盾进行冷静的分析，我们不难发现：郊区——尤其是近郊区——正处于发展的十字路口，已日渐成为现有经济发展背景下的、城市许多重要矛盾的焦点。但是，由于郊区同时又是集“控制城市蔓延、保护城市生态景观、完善城市游憩功能”为一身的重点地段，因此也是机遇之所在。

北京近郊的“国家公园”战略是一种新的尝试，它虽然还需要通过多方努力才可能逐渐完善，但究其自身，却不失为“一举多得”的、解决矛盾的途径。

8.5.4 国家公园：具有特殊景观价值与生态文化意义的空间

认识这些公园的资源价值，同样是确定“国家公园”战略的前提。根据刘易斯的“环境廊道”理论，由水、湿地、复杂多变地形中包含一个地区85%～90%的自然与文化资源[④]。而汤姆·特纳也提出了通过“坡度，海拔，植被，水

① 北京市旅游局政策法规处. 2003年北京市旅游局调研成果综述. 旅游调研，2004.（2）：47

② 数据来源：根据笔者进行的“北京自驾车旅游调查报告”（2003-10）整理。

③ 李松编辑制作. 堵车，北京的难言之隐. http：//www. bj. xinhuanet. com/dc/dczt. htm

④ 参考：Philip H. Lewis，Jr.，Tomorrow by Design：A Regional Design Process for Sustainability. John Wiley & Sons，1996.

源，地质，建筑物的年代以及其他的人文景观"等客观条件来判断地方资源价值的方法①。用这样的理论对北京周边地质地貌、山形水势、植被特征和历史文化进行梳理，可以发现：这四大"国家公园"所在区域正是北京近郊最具有景观价值与生态文化意义的空间范围。

西北郊历史文化公园：从地质上看，处于北京西北郊的山区－平原交界带与永定河、北运河流域的交界带；地貌类型变化多样②；水文地质复杂，地下水资源丰富。历史上，"海淀山后"曾经是一片天然湖泊，明朝《帝京景物略》记载："水所聚曰淀。高粱桥西北十里，平地出泉焉……为十余奠潴。北曰北海淀，南曰南海淀"③。丰富的水源滋润了玉泉山下的稻田，由于水质清纯，稻米醇香味美，被清朝政府诏为"御稻"④，《日下旧闻考》将其描绘为"十里稻畦秋早熟，分明画里小江南"。尽管今天的西北郊已难觅"水乡"意境，但这里仍然是湿地保护的重要地段，它"处于北京市西北的上风上水方向，……环境质量直接影响到市区的大环境"⑤。

西北郊还是北京历史遗迹和文物最为集中的地区。在香山脚下、青龙桥村旁和北大校园内都发现过新石器遗物或遗址，北大燕园遗址距今约5000年，已有定居生活的景象。而真正永久性的自然村落则可上溯至两千多年前的战国、西汉时期⑥。历史上这一地区的香山、玉泉山、万寿山与静宜园、静明园、清漪园、圆明园、畅春园被统称为"三山五园"，形成我国最具代表性的皇家园林体系。此外，星罗棋布的大小寺庙、金章宗的八大水院、八旗键锐营的屯兵习武场所、碑刻、古塔、墓葬等等，都生动地描绘出了一幅幅古代社会生活的场景。

北郊森林公园：位于京北军都山森林－平原交界带。军都山属燕山山脉，其南麓是北运河和潮白河流域的交界之处，地貌多变，地下水文状况复杂。今天，从沙河水库、温榆河往北、过小汤山、一直到山脚下都还保存着比较好的

---

① Tom Turner. Landscape Planning and Environmental Impact Design (2nd Edition). Taylor & Francis Group, UCL Press, 1998.

② 西山一带具体地貌类型包括：火岩类中山、花岗岩类低山、碳酸盐类低山、火山岩类低山、碎屑沉积岩类低山、碎屑沉积岩类丘陵、土质洪积扇、砾土洪积扇、高位冲积平原、低位冲积平原、近代河床及漫滩等。这里中山指绝对高度大于800米的山区、低山指绝对高度小于800米的山区、丘陵指相对高度小于200米的山区起伏地带。以上地貌类型分类根据北京市计划委员会国土处、北京市测绘院在1990年编制、测绘出版社出版的《北京市国土资源地图集》中的"地貌类型"图中的分类。

③ ［明］刘侗，于奕正著．孙小力校注．帝京景物略．上海：上海古籍出版社，2001

④ 详见：王同祯．水乡北京．团结出版社，2004．33－34．

⑤ 杨宁．中关村需健康湿地来相伴．中国网：
http://www.china.org.cn/chinese/huanjing/506853.htm．原载：科技日报，2004－02－27

⑥ 资料来源：岳昇阳．"一山两园"地区的改造与旅游开发．北京市海淀区科学技术委员会网站，2002．(10)

农业景观，特别是大片花卉基地和树种繁育基地，给这里带来了独特的风景。再向北的浅山区和山区，森林茂盛，雄浑壮美，是联系十三陵风景区与慕田峪风景区的重要环节。

北郊一带书写了早期北京城市发展的历史：早在秦朝之时，军都山脚下、现在的芹城一带就有了城池的建设。东魏的军都城，从龙虎台搬迁到小汤山南部，继而又搬到东新城和西新城，后来唐朝的燕州、辽代的西易就是在这里建设起来的。此外，区域范围内的“银山塔林”是国家级文保单位。

东郊游憩公园：位于北京东部温榆河与潮白河的“两河流域”，是北京东部重要的生态区。这里的生态状况不仅关系到周边居民的生活，也影响到河北与天津的水环境质量。区域内河道交错、阡陌纵横，乡村风味浓郁；树木茂盛、已形成了大片的密林景观；其中的汉石桥湿地，有茂密芦苇荡和丰富的生物类型，具有京郊平原独有的荒野湿地景观。

东郊游憩公园范围较广。通惠河－北运河段，这是京杭大运河进出北京的重要河段，也是我国古代水利工程与南北交流的标志。此外，其北部区域、顺义范围内有独特的农业文明：明朝上林苑“良牧署”设于顺义西北，掌管牧养马、牛、羊等，以供皇家需用。在今顺义之北、潮河西岸有一系列的村庄称为卷（圈），如官志卷、马卷、良正卷、南卷等，正是由明朝牲畜圈谐音而来。附近的衙门村，则是明良牧署衙门所在地。温榆河东岸两汉渔阳郡所属的安乐县城，遗址尚存。

南郊生态公园：北京南郊的地貌以冲积平原、洼地为主，是永定河冲积扇的前缘，为古卢沟河流经之地。区域内河道纵横，“北有凉水河、小龙河、南有凤河，清流潺潺；一亩泉、苇塘泡子、团泊、五海子、卡伦圈等湖沼，波光粼粼，泉源密布”，“四时不竭，汪洋若海”[①]，自古就是“垂柳依依，荻花瑟瑟，麋食泽草，欧鹭翔集”的自然湿地，草木茂盛，因此才能有麋鹿这一“湿地的奇见物种”存在和繁衍。

辽金时期，南郊一带就是帝王们围猎的场所，元、明、清之际又发展成皇家御苑。清朝南苑占地210平方公里，是当时北京城（约62平方公里）的3倍。“南囿秋风”成为著名的燕京十景之一。历代帝王修建猎苑，除了行围打猎之外，另外一个重要功能在于域养禽兽，种植果木，被称为我国古代的“自然保护区”和“野生动物园”。时至今日，这里晾鹰台、团河行宫遗址尚存，麋鹿苑中保留了少量的海子，“悠悠鹿鸣”意境犹在，成为北京城南重要的生态文化景观（图8－7）。

总言之，**北京四大公园囊括了近郊最重要的生态节点，在整体生态环境中具有举足轻重的作用**。该范围内地貌类型多样，资源丰富，景观各具特色。同

---

① 邸永君. 南苑史话. 中华文史网：
http：//www. qinghistory. cn/qinghistory/history/Index. aspx? id＝1 281&articleid＝6 369

时，这里集中了大量城市发展和人类活动的历史遗迹、延续着具有地方特色的农耕文明、有些历来就是人们游憩的重要空间。这些自然与文化资源的基础，是建设“国家公园”的前提条件，也是未来发挥公园生态作用、文化作用和游憩功能的最佳支持。

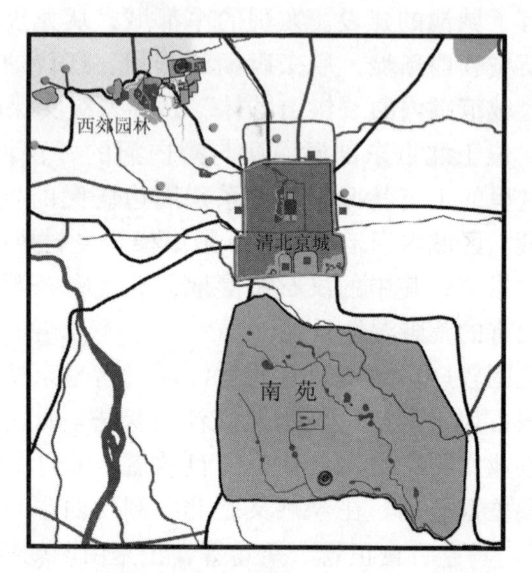

图 8－7　清北京城与西郊园林、南苑之间的位置与大小关系比较①

值得说明的是：除了良好的资源基础外，这几个国家公园的选址还考虑到所在区域的发展情况和人口基础：西北郊历史文化公园位于海淀中关村科技园区附近；东郊游憩公园环绕于北京东部发展带上的通州、顺义，与朝阳区比邻；南郊生态公园附近有亦庄和大兴；北郊森林公园则服务于住宅建设集中的昌平。相比起来，这些发展迅速、人口众多的区域更容易在城市发展中受到破坏。如：东部发展带上的顺义与通州，如果没有绿地的调节，随着人口规模的继续扩大和工业的引入，非常有可能发展联片，成为明日的“大饼”。

8.5.5　国家公园：完善城市功能、强化城市布局特色、发挥综合效益的多赢途径

国家公园是一个“一举多得”的战略。它大致具有如下的功能：

8.5.5.1　提供市民游憩选择，增加自然休闲空间

“游憩”是城市的四大基本功能之一，北京游憩发展中出现的许多捉襟见肘的现象暴露了城市功能的不足与滞后。值得注意的是：北京的游憩发展还仅

① 图片来源：笔者绘制。

仅处于大众化游憩的初期，未来还将有更大幅度的提高。城市有必要为大众提供一些完全福利的、或者低功利化的体验自然的场所，来满足城市居民的游憩需求。一般来说，城市近郊的公园，往往都会成为城市之外的、重要的、市民生活空间。国家公园使得居住在城市每个地方的人都能够不太费力地获得离开城市喧嚣、感受人与自然、人与历史文化之间的和谐共生。

8.5.5.2　改善区域生态环境，有效阻止城市蔓延

生态功能是大型公园的最重要功能之一。通过设立大型公园，可以最直接保护重要生态地段，避免城市扩张的侵蚀；通过良好的公园教育与引导，增加人们的环保意识、减少人们的活动对核心生态区域的影响；通过公园的经济收益，提供绿化与环境保护的经费。

除了绿化之外，有效避免城市的蔓延对北京来说至关重要。除了中心大团之外，北京还需要对周边建成区的扩张进行必要的控制。四个国家公园所处的区域，正是城市扩张迅速、保护与建设之间矛盾突出、生态受到威胁最大的地方，生态保护急迫而且必要。“利用自然廊道（河流、植被带、公园绿地、农田等）来限制这种无节制的摊大饼发展”是被实践证明的有效方法。为避免绿化地区在经济发展中被各种各样的理由所蚕食，绿化必须有其相应的功能，仅仅限制建设而不加以利用的结果，往往在事实上成为未来的“备留发展用地”。建设国家公园，是对绿化赋予游憩功能的最合适、而且有效的办法。在四周都是园林的基础上，北京城中心大团与四周的卫星城就像众星拱月一般镶嵌在浩阔的绿野中。

8.5.5.3　延续北京历史文化、强化城市布局特色

保护历史古迹，不能单关注文物自身。大型国家公园的建设是使得文物及其原生环境得到整体性的、系统保护的手段，让历史的景观在时间上得到延续。另外，国家公园的确立，还可唤起大众对这些相互关联、互为系统的文化体系的认知。通过人们的游憩活动，让这些相关的知识系列串连在一起，寓教于乐，形成历史保护与环境保护的共识，让北京的历史的精髓在大众思想中传承下来。

从更大的范围看，“幽州之地，左环沧海，右拥太行，北枕居庸，南襟河济，诚天府之国”。北京就是在这样的大景观格局下建立起来的。根据中国的传统文化观念，我国建都有“择中”原则，所谓“古之王者，择天下之中而立国；择国之中而立宫；择宫之中而立庙”①。北京城原来的格局，就是按照这种哲学思想来布置的。由于现代城市的发展和扩大，原有城市构图被淡化，需要以更宏观的视野，来进一步发展中国传统的城市构图文化理念。在现有自然地理条件基础上，结合历史条件，结合现有北京中轴线的历史构图并延长原有构图，国家公园使得北京在城市构图上有了区别于世界其他任何大城市的独特面貌②。此外，以自然环境的大量保护来体现城市的独特面貌，较之通过大量建

---

① 《吕氏春秋·慎势》

② 吴良镛先生原话

筑实体的建设更易奏效也更节约资源，符合现代的绿色城市、自然城市（nature city）的规划思想，是一种“避实就虚”的建设大首都的方法。“无为而无不为”，在对自然的顺应中，使自己的目的自然而然地得到实现。“大直若屈，大巧若拙，大辩若讷”。国家公园战略将以更现代的观念、集约的方式，更经济实惠地为首都建设作出贡献。

8.5.6 发挥公园效益所需要注意的方面

国家公园的综合效益需要有相关的保障才能得以较好的发挥。从现有的情况看，以下一些内容是国家公园建设和发展中必须注意的：

1. 完善公园的管理体制：对我国国家公园及其保护区体系而言，“管理的不到位是产生诸多矛盾与问题的根源”①。从管理方面入手是保证国家公园正常启动、并在未来的发展过程中得以持续进步的重要条件。由于国家公园的范围多跨区县，因此，必须确立相应的管理体制和政策条件以避免在建设之初就是一盘散沙。国家公园的建设必须结合专家的智慧，强调公众参与，而且从开始就确立相关的监督措施。

2. 处理好公园与土地利用、社区利益的相互关系：国家公园的范围内包含了河流、湖泊、森林、荒地等重要的生态景观要素，但也有大量的田野、村镇等用地。公园的建设必须慎重考虑与这些功能的共处关系，兼顾地方的近期利益和城市发展的长远利益。

3. 注重绿化的实际生态效果和景观水平：为提高国家公园的生态效益，必须注意科学的绿化方法，要重视增加绿地面积的数量，又要重视提高绿地的质量和水平。除了发挥植物的最佳城市生物过滤器的作用外，国家公园的绿化也需要注重绿化的景观效果，达到生态、社会、经济和景观效果的最佳结合。将国家公园建成现代园林绿化与休闲旅游相结合的精品。

4. 强调大型项目建设中的生态与历史保护原则：在国家公园的区域内和区域附近，本身存在一些重要的、已经规划的建设内容。如：海淀山后的中关村园区、顺义新区等等。这些建设项目将引来大量的人流、车流、物流，会启发更多、更大量的配套设施与住宅建设，并最终导致该地区景观的完全改变。对于这样无法回避的大型重点项目，应注意先规划、后建设，不规划、不建设的原则，严格控制规划建设区域周边的附加建设，制止新的城市区域蔓延；强调生态优先和历史环境的延续，讲求建筑群体和单体设计、景观设计的美学原则。

5. 加强国家公园内游憩项目的管理：国家公园的游憩功能是显而易见的，但在国家公园中开发具体的游憩项目，还是必须按照生态与文化的原则来进行，

---

① 杨锐. 建立完善中国国家公园和保护区体系的理论与实践研究：[博士论文]. 北京：清华大学建筑学院，2003：96

相关活动的开展必须以生态为前提，强调自然、健康、文化、教育的特点，注重环境容量的控制，避免城市化倾向。

6. 注意交通条件的改善及道路景观的建设：国家公园的建设需要相关配套设施的支持。交通设施不完善、可进入性较差，会使城镇居民宁可“舍近而求远”。因此，要实现国家公园的游憩功能，必须注意交通条件的改善。从环境保护的角度来看，应当更多地提倡公交、自行车等交通工具，这可以通过积极发展公共交通、建设专门的自行车风景道来达到吸引人的目的。考虑到社会经济发展，国家公园也有必要为自驾车旅游作充分的准备。另外，以自助为特征的游憩发展将给城市郊野景观提出更多要求，除了优美的风景区，还需要优美的路途景色。因此，对通达国家公园的道路、以及公园内的道路都需要考虑景观效果。

总之，“国家公园”战略是一项对北京城具有重要意义的综合工程，它需要综合的手段与方法，给我们带来的也是多方面的综合效益。事实上，这项战略建议得到了多方面的认同，并在北京城市新一轮的总体规划修编中得到采纳，这本身就是一种良好的信号。尽管北京“国家公园”战略，是针对北京的现实矛盾提出来的、通过综合集成的分析形成的、一举多得的城市发展的策略。但仍希望其思考方法或许对于其他城市的发展能有所裨益。

8.6　小结

面对当前游憩发展中存在的种种矛盾，规划必须做出快速的反应。根据我国的矛盾与现实，本章对我国游憩规划体系的建构提出了建议。当务之急，游憩规划当前应当考虑的是利用现有的规划力量、通过对已有规划内容的拓展来解决游憩面临的两个最重要问题——满足游憩需求、保护游憩资源；而为了更好地发展和引导游憩、发挥游憩的综合效益，从长远来看，我国应当根据需要、确立综合性“游憩规划”的地位，使其逐步成为我国城市规划体系中的重要内容。从规划的层面上看，游憩规划大体可以划分为4个层面：区域、城市、社区和地段/景区。由于不同地区、不同层面需要解决的问题和重点有所不同，因此，游憩规划的建构也需要保持一定的灵活性。

此外，本章对区域层面和城市层面对游憩规划进行了更深一步的探讨。并以京津冀区域旅游协作和北京近郊“国家公园”战略为例，对我国当前矛盾较为突出的区域旅游协作和城市近郊发展进行了深入的研究。提出以“多赢”为出发点，以行政手段、信息网络建构和重点协调区域设置为主要方法的区域旅游协作模式和大园林建设为主要方式的郊区发展方法。希望本章的相关思想能够对我国游憩规划的建设起到抛砖引玉的作用。

我们的目标是
建设可持续发展的宜人的居住环境

——吴良镛①

第9章 结论 ——科学运用游憩综合效益，推动人居环境整体发展

9.1 游憩是我国当前和未来经济社会发展面临的重要课题

游憩是人进行放松和休息的生理需要，也是促进个人进步与发展、感受生活幸福快乐的重要途径；它是城市需要满足的“四大功能”之一，也是衡量人民生活品质，彰显地方发展水平，影响城市空间结构、经济、环境、社会、文化等各方面发展的重要因素。

在基本解决人民温饱、总体进入小康社会的中国，游憩已逐步成为人民生活中不可缺少的内容。但是，由于对游憩的发展缺乏有准备的头脑，我国大众游憩在迅速发展之初就开始出现了诸多的困惑。在经济社会深刻转型的背景下，如何看待游憩、怎样应对游憩中出现的问题、如何引导游憩向有利于整体协调的方向发展，成为当前人居环境研究中的重要内容，也成为了国家发展和城市决策中不可忽视的重要因素。

随着经济社会的继续进步，在可预计的未来，我国的大众化游憩还会有更大、更快的发展。对此，我们必须有清醒的认识和充分的准备。相比起西方发达国家和地区，由于我国人口众多、人均占有的资源低、人口的素质还有待提高，因此，当大众游憩迅速发展起来之后，我国将面临更多更复杂的问题。

笔者认为：游憩是我国当前和未来发展中一项不可忽视的重要课题，相关的机构、组织、部门、企业、个人都应当加以高度重视。

---

① 吴良镛．人居环境科学导论．北京：中国建筑出版社，2001．扉页

9.2　游憩是推动人居环境综合健康发展的“核心要素”

随着大众化的游憩需求的增长，人居环境建设的内容和方式也开始逐步升级。游憩不单是经济社会发展的产物，同时也是推动社会变革的重要因素，是可以利用的、促进人居环境综合健康发展的伟大资源。通过对游憩的科学引导和巧妙利用，游憩发展能够有效改善地方的生态环境状况、促进地方经济的繁荣和产业升级、解决人口就业、促进人际和谐、提高国民素质、改善地方形象……在提高人民生活质量、积极建设“和谐社会”的同时提升国家的综合竞争力。

因此，看待游憩应当有这样的两个视角：

1、游憩是我国经济社会发展到现阶段必然产生的一种需要，为使人民能够过上更幸福美好的生活，人居环境的建设与发展应当满足这种需求。游憩是人居环境应当具备的基本功能。

2、游憩同时也是对经济社会产生巨大影响的力量，因此人居环境的建设应当科学合理地利用游憩的这种影响力，在满足基本功能需求的同时，推动人居环境的发展。游憩是一种促进发展的重要资源。

9.3　游憩综合效益的发挥必须寻求科学的途径

但是，我们也必须看到：游憩是一把“双刃剑”，“如果高水平地引导并推动游憩的发展，它可以提高环境质量与宜居水平；反之如处理不好，它可以是一种破坏的力量”①。要使它正面的效益得以充分发挥而负面影响受到抑制，就必须掌握其中的规律，寻求科学的途径。

——在我国，由于缺乏关于游憩发展的起码数据、不了解人们的需求、对未来的发展还缺乏充分的认识、游憩研究依然相当薄弱，因此，对游憩发展的多数决策还是单凭“拍脑袋”获得的。随着人们对游憩需求的提高和游憩影响力的不断扩大，这种情况已经暴露出越来越多的问题。我们需要经验，也更需要掌握科学。只有依靠科学、掌握了更好的方法，我国的游憩才可能更好、更健康地发展。

因此，在未来，寻找游憩发展的科学的途径将是游憩和休闲研究的重要关注点。科学，是保障游憩良性发展的前提。

---

① 这是吴良镛先生在笔者博士学位论文评语中的话。

9.4 我国游憩发展必须立足于民族文化的繁荣

文化是游憩的内涵。而内外兼修、广大和谐、情景交融的文化精神更是我国传统游憩中的精髓。

但是，在一种全球化的、文化竞争的语境下，我国的民族文化并未发挥出其应有的影响力来，反而在发展中暴露出重重危机。当西方学者们正努力从东方文化的传统精髓中挖掘宝藏的时候，形成讽刺性强烈对比的是：中华的儿女、"龙的传人"们却快要忘了本。当我们的媒体铺天盖地地宣传着时尚、刺激、惊心动魄的西方娱乐方式，当星巴克的咖啡馆开在标志北京市井文化的什刹海的牌楼旁边，当偌大的中国沦为西方建筑师的"试验场"，当民族工艺品因为缺乏创新、制作拙劣、大批量廉价复制而陷入降价竞争的尴尬境地，……我们不禁要问：那些"含有医治现代社会疾病的许多有用的东西"的东方文化的优秀传统哪里去了？我们富有生气的、诗意的"东方心灵"哪里去了？我们的民族文化究竟该如何自省？民族的文化又该如何继承与繁荣？

这些问题中似乎有许多的必然和无奈，但从人们的游憩活动出发、引导并发扬民族文化传统却是当前所必须采取的方法。从某种意义上看，大众游憩的方向，正是民族文化发展的主要方向；游憩积极健康向上发展，也是促进民族文化不断发展壮大的强大动力；游憩是文化的推动力量、引导力量，而文化也是游憩发展的基石。——今天，随着全球地区间文化竞争的日益加剧，要使民族能够更加自信、自立，游憩发展必须立足于民族文化的繁荣。这有赖于全社会的共同努力、有赖于民族的共识。

9.5 其他·散记

在本书行将结束之时,我不禁联想起林语堂先生笔下的闲暇生活来。在他轻逸而近乎愉快的哲学中，表达了一种饱含洒脱、睿智而幽默的生活态度、以及人类对自然与文化之美的朴素情感。而林老先生笔下那精彩的"人生的盛宴"，正是由消闲的生活——也就是我们一直在探讨的游憩——铸就。

人生的盛宴，这真是一个再好不过的比喻了。

在我们现实的生活中，要使得一场高层次的宴席令人满意，宴席的组织管理者、宴会厅的地点和环境、厨师的手艺、服务人员素质等等也都很重要。每个人都知道，好的宴席是必须提前做许多准备工作的，组织者必须十分重视这项工作、真正下功夫去做这项工作。首先，我们需要大体知道有多少人前来赴宴，其中有多少老人、多少儿童，他们口味如何，对饮食是否有特殊的禁忌，他们能够为这顿宴席支付多少钱，他们能够接受多远的距离来赴这场宴席，等等，并根据这个确定宴会的地点和具体的安排。做菜的原料需要绿色的、无污染的；菜品的搭配要注重营养之间的互补与均衡；菜量最好比较适中，以减少浪费。如果要求再高一些，某道菜可能是很有文化内涵、或者在一些地方有独特创新的，宴会的过程中或许会进行一些小的活动来活跃气氛。其次，宴会厅的空间条件应当是好的，环境本身是优美舒适的，切忌将200人安排在只能容纳100人的餐厅中同时用餐。第三，要有好的厨师，他们需要了解使菜肴保持营养同时更美味的相关技巧；第四，服务要周到，除了满足基础的服务功能、礼貌待人、想人所想、反应快速之外，高层次的服务是有自身的文化的，服务也是一道风景……此外，赴宴的人自身很重要，他起码要有好的胃口，能分辨菜品的好坏，也知道宴席上的一些规则讲究。只有如此，这场宴席才能是最终令人满意的。

对照来看，城市游憩这场“人生的盛宴”的道理也是如此。人们对这场“盛宴”显然有着极高的期待。而要使得城市游憩要能够达到人们心目中的成功的效果，必须做很多准备工作。首先，城市的管理者、规划者和建设者需要了解地方人民的游憩需求，知道不同人的不同游憩活动喜好和需要，知道不同游憩活动所涉及的空间范围，并根据这个来进行具体的硬件和软件方面的游憩专项规划。城市为人们提供的游憩活动是丰富多彩的、类型互补的，但其导向性必需是积极的、健康向上的；如果可能，许多游憩活动应当是富有文化的。其次，游憩活动的空间质量、设施设备条件应当是好的，不同类型游憩点的位置选择需要在其相应的可达范围内；游憩空间应当是景观优美的，并有足够容量。第三，游憩方面的工作者需注意相关的技巧。他们所提供和向人们展现的东西应当是令人喜闻乐见和易于接受的。第四，相关服务的运营商要切实从人性化的角度考虑，提供全面而周到的服务……此外，每个人也应当具备基本的休闲学知识，通过游憩来达到健康、快乐、学养、创新、发展、和谐的目标。

纵观全文，本书研究的主要方面正是：

为什么要注重这场盛宴？（绪论）

人们对这场盛宴的期望是什么？（第1章　游憩的理想与理想的游憩）

这场盛宴将涉及哪些方面的内容？（第2章　人居环境中的游憩系统与游憩空间）

我们当前工作的问题在哪里？（第3章　我国游憩发展面临的问题与困惑）

别人是怎么做这个工作的？（第4章　《雅典宪章》的启示；第5章 西方近现代游憩规划试想的历史嬗变；第6章 西方当前游憩规划的体系构成与重要规划类型研究）

以及：**我们该如何做好这些工作？**（第7章　我国城市游憩发展的综合战略研究；第8章 适宜我国游憩发展的规划体系建构与方法探讨）

——“今天我们的探索可能还只是一个开始，一个寄期望于人类在总目标上协调行动的开始，一个在某些方面改弦易辙的伟大的开始”①。

① 引自：北京宪章。

参考文献

国内文献（包括国内翻译出版的国外论著）

[书籍/论文集部分]

[1] 吴良镛．人居环境科学导论．北京：中国建筑工业出版社，2001

[2] 吴良镛．广义建筑学．北京：清华大学出版社，1989

[3] 吴良镛．世纪之交的凝思：建筑学的未来．北京：清华大学出版社，1999

[4] 吴良镛．吴良镛学术文化随笔．北京：中国青年出版社，2002

[5] 吴良镛．城市规划设计论文集．北京：北京燕山出版社，1988

[6] 吴承照．现代城市游憩规划设计理论与方法．北京：中国建筑工业出版社，1998

[7] 吴必虎．区域旅游规划原理．北京：中国旅游出版社，2001

[8] 吴志强，吴承照．城市旅游规划原理．北京：中国建筑工业出版社，2005

[9] 于光远．论普遍有闲的社会．北京：中国经济出版社，2004

[10] 马惠娣．休闲：人类美丽的精神家园．北京：中国经济出版社，2004

[11] 马惠娣．走向人文关怀的休闲经济．北京：中国经济出版社，2004

[12] 马惠娣，张景安．中国公众休闲状况调查．北京：中国经济出版社，2004

[13] 俞晟．城市旅游与城市游憩学．上海：华东师范大学出版社，2003

[14] 王鹏．城市公共空间的系统化建设．南京：东南大学出版社，2002

[15] 马建业．城市闲暇环境研究与设计．北京：机械工业出版社，2002

[16] 清华大学建筑与城市研究所．城市规划理论·方法·实践. 北京：地震出版社，1992

[17] 许浩．国外城市绿地系统规划．北京：中国建筑工业出版社．2003

[18] 张京祥．西方城市规划思想史纲．南京：东南大学出版社，2005

[19] 郝娟．西欧城市规划理论与实践．天津：天津大学出版社，1997

[20] 陈晓彤．传承·整合与嬗变——美国景观设计发展研究. 南京：东南大学出版社，2005

[21] 孙施文．城市规划哲学．北京：中国建筑工业出版社，1997

[22] 任军．文化视野下的中国传统庭院．天津：天津大学出版社，2005

[23] 汪德华．中国城市规划史纲．南京：东南大学出版社，2005

[24] 董鉴泓．中国城市建设史．北京：中国建筑工业出版社，1989

[25] 中国建筑史编写组．中国建筑史．北京：中国建筑工业出版社，1986

[26] 北京建设史书编辑委员会．建国以来的北京城市建设（内部资料），1986

[27] 沈玉麟．外国城市建设史．北京：中国建筑工业出版社，1989

[28] 郦芷若，朱建宁．西方园林．郑州：河南科学技术出版社，2001

[29] 方可．当代北京旧城更新——调查·研究·探索. 北京：建筑工业出版社，2000

[30] 余志森．美国通史（第4卷）：崛起和扩张的年代 1898～1929. 北京：人民出版社，2002

[31] 海默．中国城市批判．武汉：长江文艺出版社，2005

[32] 冯骥才．思想者独行．石家庄：花山文艺出版社，2005

[33] 陈鲁直．民闲论．北京：中国经济出版社，2004

[34] 胡伟希，陈盈盈．追求生命的超越与融通——儒道禅与休闲．昆明：云南人民出版社，2004

[35] 宗白华．艺境．北京：北京大学出版社，1999

[36] 林语堂．人生的盛宴．长沙：湖南文艺出版社，1988
[37] 林语堂．吾国与吾民．北京：宝文堂书店，1988
[38] 张锡生．中华传统道德修养概论．南京：南京大学出版社，1998
[39] 张海焘 编．中国哲学的精神 冯友兰文选．北京：国际文化出版公司，1998
[40] 申荷永．中国文化心理学心要．北京：人民出版社，2001
[41] 孙文昌，郭伟．现代旅游学．青岛：青岛出版社，2000
[42] 李天元．旅游学．北京：高等教育出版社，2002
[43] 喻学才．旅游文化．北京：中国林业出版社，2001
[44] 姜奇平．体验经济——来自变革前沿的报告．北京：社会科学文献出版社，2002
[45] ［马来西亚］冯久玲．文化是好生意．海口：海南出版公司，2003
[46] 张锡生．中华传统道德修养概论．南京：南京大学出版社，1998
[47] 张传有．西方智慧的源流．武汉：武汉大学出版社，1999
[48] 保继刚，钟新民，刘德龄．发展中国家旅游规划与管理——“发展中国家旅游规划与管理国际研讨会（桂林）”会议论文集 北京：中国旅游出版社，2003. 67 ~ 68
[49] 张鸿雁．城市形象与城市文化资本论——中外城市形象比较的社会研究．南京：东南大学出版社，2002
[50] 中国社会科学院“社会形势分析与预测”课题组．2005 年中国社会形势分析与预测（社会蓝皮书）．北京：社会科学文献出版社，2005
[51] 刘笑敢．庄子哲学及其演变．北京：中国社会科学出版社，1988
[52] 柴毅龙．畅达生命之道——养生与休闲．昆明：云南人民出版社，2005
[53] 胡大平．崇高的暧昧：作为现代生活方式的休闲．南京：江苏人民出版社，2002
[54] 刘海粟．刘海粟美术文选．上海：上海人民美术出版社，1987
[55] 余秋雨．文化苦旅．上海：东方出版中心，2003
[56] 吴承明，董志凯．中华人民共和国经济史 第 1 卷（1949 ~ 1952）．北京：中国财政经济出版社，2001. 53 ~ 54
[57] 肖冬连，谢春涛，朱地 等．求索中国——“文革”前十年史．北京：红旗出版社，1999
[58] 樊天顺，李永丰，祁建民．中华人民共和国 国史通鉴 第二卷（1956 ~ 1966）．北京：红旗出版社，1993
[59] 丛进．曲折发展的岁月．郑州：河南人民出版社，1989
[60] 林蕴晖，范守信，张弓．凯歌行进的时期．郑州：河南人民出版社，1989
[61] 王同祯．水乡北京．北京：团结出版社，2004
[62] ［宋］朱熹 注．四书五经（上册）论语章句集注．天津：天津古籍书店，1988
[63] ［宋］陈直 编著．养老奉亲书．陈可冀，李春生 订．上海：上海科学技术出版社，1991
[64] 王守仁 撰．王阳明全集（上）·传习录. 上海：上海古籍出版社，1992
[65] ［魏］何晏等注，［宋］邢昺疏，［唐］唐玄宗注，［宋］邢昺疏．十三经注疏·论语注疏. 上海：上海古籍出版社，1990
[66] ［清］吴雷发，说诗菅蒯．［清］何文焕，丁福保 编．历代诗话统编（第五册）．北京：北京图书馆出版社，2003
[67] ［清］徐增．而庵诗话．清诗话（上）．上海：上海古籍出版社，1982
[68] ［清］张潮．幽梦影．段干木明 译注．合肥：黄山书社，2005
[69] ［清］沈复．浮生六记．南昌：江西人民出版社，1980
[70] ［南朝梁］刘勰．《文心雕龙》

[71] [清] 石涛.《苦瓜和尚画语录》

[译著部分]

[72] [美] 路易斯·芒福德.城市发展史——起源、演变和前景.倪文彦，宋俊岭 译.北京：中国建筑工业出版社，1989

[73] [英] 曼纽尔·鲍德-博拉,弗雷德·劳森.旅游与游憩规划设计手册.唐子颖，吴必虎等译校.北京：中国建筑工业出版社，2004

[74] [美] 克里斯·库珀 等着.旅游学——原理与实践.张俐俐 等译.北京：高等教育出版社，2004

[75] [美] 约翰·M·利维.现代城市规划（第五版）.张景秋 等译.北京：中国人民大学出版社，2003

[76] [德] G·阿尔伯斯.城市规划理论与实践概论.吴唯佳 译.北京：科学出版社，2000

[77] [英] 埃比尼泽·霍华德.明日的田园城市.金经元 译.上海：商务印书馆，2000

[78] [日] 东京都厅生活文化局国际交流部外事科.东京都长期规划：家园城市、东京——迈向21世纪.日本时报社 译.东京：东京都厅生活文化局国际交流部外事科，1984

[79] [英] 肯尼斯·鲍威尔.城市的演变——21世纪之初的城市建筑.王珏译.北京：中国建筑工业出版社，2001

[80] [丹麦] 扬·盖尔.交往与空间.唐人可 译.北京：中国建筑工业出版社，2002

[81] [丹麦] 扬·盖尔,拉尔斯·吉姆松.公共空间·公共生活.北京：中国建筑工业出版社出版，2003

[82] [英] 凯文·林奇.城市意象.方益萍 等译.北京：华夏出版社，2001

[83] [英] 凯文·林奇.城市形态.林庆怡等译.北京：华夏出版社，2001

[84] [美] I. L. 麦克哈格.设计结合自然.芮经纬 译.北京：中国建筑工业出版社，1992

[85] [日] 芦原义信.外部空间设计.尹培桐 译.北京：中国建筑工业出版社，1985

[86] [英] 尼克·沃特斯.社区规划手册.卢建波 等译.北京：科学普及出版社，2003

[87] [美] 克莱尔·库珀·马库斯,卡罗琳·弗朗西斯.人性场所——城市开放空间设计导则（第二版）.俞孔坚，孙鹏，王志芳 等译.北京：中国建筑工业出版社，2001

[88] [加] 简·雅格布斯.美国大城市的生与死.金衡山 译.南京：译林出版社，2005

[89] [美] 马斯洛.动机与人格.许金声等译.北京：华夏出版社，1987

[90] [美] 马斯洛.（陈维正 译）.谈谈高峰体验.林方 主编.人的潜能和价值.北京：华夏出版社，1987

[91] [美] 马斯洛.存在心理学探索.林方 译.昆明：云南人民出版社，1987

[92] [美] 马斯洛.自我实现的人.北京：生活·读书·新知 三联书店,1987

[93] [美] 霍夫曼 编著.洞察未来：马斯洛未发表过的文章.许金声 译.北京：改革出版社，1998

[94] [美] 弗洛姆，[日] 铃木大拙，[美] 理查德·马蒂诺.禅宗与精神分析.王雷泉，冯川译.贵阳：贵州人民出版社，1998

[95] [日] 铃木大拙.禅与生活.北京：光明日报出版社，1988

[96] [美] 弗兰克·梯利.伦理学.北京：中国人民大学出版社，1987

[97] [美] 弗洛姆.占有还是生存.关山 译.北京：三联出版社，1989

[98] [英] 伯兰特·罗素.幸福之路.曹荣湘，倪莎 译.北京：文化艺术出版社，1998

[99] [美] 凡勃伦.有闲阶级论.蔡受百 译.上海：商务印书馆，1997

[100] ［美］杰弗瑞·戈比. 你生命中的休闲. 康筝 译. 昆明：云南人民出版社，2000

[101] ［美］托马斯·古德尔,杰弗瑞·戈比. 人类思想史中的休闲. 成素梅，马惠娣等 译. 昆明：云南人民出版社，2000

[102] ［美］约翰·凯利. 走向自由——休闲社会学新论. 赵冉译. 昆明：云南人民出版社，2000

[103] ［澳］克里斯·库珀，［英］大卫·吉尔布特 等. 旅游学——原理与实践. 张俐俐，蔡利平 主译. 北京：高等教育出版社，2004

[104] ［加］斯蒂芬 L. J. 史密斯. 游憩地理学：理论与方法. 吴必虎 等译，保继刚 校. 北京：高等教育出版社，1992

[105] ［美］J·曼蒂,L·奥杜姆着. 闲暇教育理论与实践. 叶京 译. 北京：春秋出版社，1989

[106] ［美］查尔斯·P·金德尔伯格,布鲁斯·赫里克. 经济发展. 上海：上海译文出版社，1986

[107] ［法］弗朗索瓦·佩鲁. 新发展观. 张宁，丰子义 译. 北京：华夏出版社，1987

[108] ［德］厄恩斯特·冯·魏茨察克，［美］艾墨里·洛文斯,亨特·洛文斯. 四倍跃进：一半的资源消耗创造双倍的财富. 北京大学环境工程研究所，北大绿色科技公司 译. 北京：中华工商联合出版社，2001

[109] ［印］阿玛蒂亚·森. 以自由看待发展. 任赜 等译. 北京：中国人民大学出版社，2002

[110] ［美］贝尔·丹尼尔. 资本主义文化矛盾. 赵一凡 等译. 北京：三联书店，1989

[111] ［美］B·约瑟夫·派恩,詹姆斯·H·吉尔摩. 体验经济. 夏业良，鲁炜 等译. 北京：机械工业出版社，2002

[112] ［美］米切尔·J·沃尔夫. 娱乐经济. 黄光伟 译. 北京：光明日报出版社，2001

[113] ［美］阿尔文·托夫勒. 第三次浪潮. 朱志焱 译. 北京：商务印书馆，1982

[114] ［英］J. D. 贝尔纳. 科学的社会功能. 陈体芳 译. 上海：商务印书馆，1982

[115] ［美］马斯洛. 动机与人格. 许金声等译. 北京：华夏出版社，1987

[116] ［美］蕾切尔·卡逊. 寂静的春天. 吕瑞兰，李长生 译. 长春：吉林人民出版社，1997

[117] ［美］斯图尔特. 你也能快乐生活. 张宝钧 译. 北京：北京出版社，2003

[118] ［澳］黄有光. 经济与快乐. 大连：东北财经大学出版社，2000

[119] ［美］米奇·阿尔博拇. 相约星期二. 吴洪 译. 上海：上海译文出版社，1998

[120] ［前苏联］柯斯文. 原始文化史纲. 张锡彤 译. 北京：生活·读书·新知 三联书店,1957

[121] ［美］马歇尔·伯曼,一切坚固的东西都烟消云散了——现代性体验. 徐大建 译. 北京：商务印书馆，2003

[122] ［意］贝纳多·罗格拉. 古罗马的兴衰. 济南：明天出版社，2001

[123] ［美］肯尼斯·弗兰姆普敦. 现代建筑：一部批判的历史. 张钦楠 等译. 北京：生活·读书·新知三年书店,2004

[124] ［英］李约瑟. 中国古代科学思想史. 陈立夫译. 南昌：江西人民出版社，1999

[125] ［古希腊］柏拉图. 理想国. 郭斌和，张竹明 译. 北京：商务印书馆，1986

[126] ［美］罗伯特·T·埃尔森. 时代生活丛书编辑. 美国时代生活版·图文第二次世界大战史——战争中的美国. 戴平辉 译. 北京：中国社会科学出版社，2004

［学术论文］

[127] 黄鹤. 文化规划：运用文化资源促进城市整体发展的途径：［博士学位论文］. 北京：清华大学建筑学院，2004

[128] 杨锐．建立完善中国国家公园和保护区体系的理论与实践研究：[博士学位论文]．北京：清华大学建筑学院，2003
[129] 戴代新．景观历史文化的再现：游憩为导向的历史文化景观时空物化：[博士学位论文]．上海：同济大学建筑与城市规划学院，2003
[130] 王海珍．城市生态网络研究——以厦门市为例：[硕士学位论文]．上海：华东师范大学资源与环境科学学院，2005
[131] 吴伟．旅游系统规划控制原理及其对城市绿地系统规划的影响：[博士学位论文]．上海：同济大学，1997
[132] 楚义芳．旅游的空间组织研究：[博士学位论文]．天津：南开大学，1989
[133] 杨兆萍．旅游地域系统及开发研究：以新疆维吾尔自治区为例：[博士学位论文]．北京：中国科学院地理科学与资源研究所，2000
[134] 楼嘉军．上海娱乐研究（1930～1939）：[博士学位论文]．上海：华东师范大学，2004
[135] 王家胜．关于我国增加教育投入的若干问题研究：[硕士学位论文]．大连：大连理工大学，2001
[136] 崔波．中美青少年人格教育比较研究：[硕士学位论文]．太原：山西大学，2004
[137] 胥英明．中国主要社区教育模式研究：[硕士学位论文]．保定：河北大学教育系，2000
[138] 祁海芹．我国社区教育运行体系研究：[硕士学位论文]．上海：华东师范大学，2004
[139] 杨颖东．社区学院：21世纪中国高等教育值得努力的一个方向：[硕士学位论文]．上海：华东师范大学，2004
[140] 何俊华．蔡元培健全人格教育心理思想的研究：[硕士学位论文]．石家庄：河北师范大学，2002
[141] 莫修权．滨河旧区更新设计——以漕运为切入点的人文理念探索：[博士学位论文] 北京：清华大学建筑学院，2003
[142] 朱文一．空间·符号·城市：一种城市设计理论：[博士学位论文]．北京：清华大学建筑学院，1992
[143] 张洁．美国闲暇教育的发展及启示：[硕士论文]．石家庄：河北大学教育学院，2000

[期刊资料]
[144] 梁鹤年．城市理想与理想城市．城市规划，1999（23），7：18～21
[145] 吴良镛．《中国建筑文化研究文库》总序（一）——论中国建筑文化的研究与创造．华中建筑，2002，20（6）：1～5
[146] 吴良镛．借“名画”之余晖 点江山之异彩——济南“鹊华历史文化公园”刍议．中国园林，2006（1）：2～5
[147] 吴良镛．济南“鹊华历史文化公园”刍议后记．中国园林，2006（1）：6
[148] 赵夏．鹊华景观及济南北郊水景的历史变迁．中国园林，2006（1）：7～10
[149] 吴必虎，董莉娜，唐子颖．公共游憩空间分类与属性研究．中国园林，2004（3）：48～50
[150] 仇保兴．国外城市化的主要教训（续）．国外城市规划，2004，28（5）：8～19
[151] 仇保兴．19世纪以来西方城市规划理论演变的六次转折．规划师，2003（11）：5～10
[152] 陈雪明．美国城市规划的历史沿革和未来发展趋势．国外城市规划，2003，18（4）：33
[153] 吴志强．《百年西方城市规划理论史纲》导论．城市规划汇刊，2000（2）：9～18

[154] 张翰卿．美国城市公共空间的发展历史．规划师，2005，21（2）：111～114
[155] 俞孔坚，吉庆萍．国际“城市美化运动”之于中国的教训（上）——渊源、内涵与蔓延．中国园林，2000，16（1）：27～33
[156] 刘滨谊，余畅．美国绿道网络规划的发展与启示．中国园林，2001（6）：77～81
[157] 韩西丽，俞孔坚．伦敦城市开放空间规划中的绿色通道网络思想．新建筑，2004（5）：7～9
[158] 范业正，刘锋．国外旅游规划研究进展及主要思想方法．地理科学进展，1998，17（3）：86—92
[159] 任晋锋．美国城市公园和开放空间发展策略及其对我国的借鉴．中国园林，2003（11）：46～49
[160] 刘东云，周波．景观规划的杰作——从“翡翠项圈”到新英格兰地区的绿色通道规划．中国园林，2001（3）：59～61
[161] 黄艳．论对历史城市环境的再创造——从柏林到巴塞罗那．规划师，1999，15（2）
[162] 孙峰华，王兴中．中国城市生活空间及社区可持续发展研究现状与趋势．地理科学进展，2002，21（5）：491～499
[163] 吴必虎，金华，张丽．旅游解说系统的规划和管理．旅游学刊，1999（1）：44～46
[164] 吴必虎，高向平，邓冰．国内外环境解说研究综述．地理科学进展，2003，22（3）：327～334
[165] 吴必虎．大城市环城游憩带（ReBAM）研究——以上海市为例．地理科学，2001，21（4）：354～359
[166] 吴唯佳．加强区域统筹，促进北京城市发展中的区域协调．北京规划建设，2004（4）：55～56
[167] 张广瑞，李德，宋子千．关于京津冀区域旅游合作发展的思考．旅游调研，2004（2）：39～45
[168] 郑杨．城市旅游休闲服务网络的建设——美国旅游咨询服务的考察与思索．旅游学刊，1998，13（2）：34～37
[169] 俞孔坚，段铁武，李迪华，彭晋福．景观可达性作为衡量城市绿地系统功能指标的评价方法与案例．城市规划，1999，23（8）：8～11
[170] 吴承照，曹霞．景观资源量化评价的主要方法（模型）——综述及比较．旅游科学，2005，19（1）：32～39
[171] 李昆仑．层次分析法在城市道路景观评价中的运用．武汉大学学报（工学版），2005，38（1）：143～147
[172] 牛学勤，赵中旺，李向国．AHP模型实用过程中若干问题的考虑．石家庄铁道学院学报，1999，12（6）：19～22
[173] 宋小冬，钮心毅．再论居民出行可达性的计算机辅助评价．城市规划汇刊，2000（3）：18～22
[174] 孙施文，周宇．城市规划实施评价的理论与方法．城市规划汇刊，2003（2）：15～20
[175] 梁鹤年．城市理想与理想城市．城市规划，1999，23（7）：18～21
[176] 毛其智．从健康住宅到健康城市——人居环境建设断想．规划师，2003，19：18～21
[177] 陈苹苹．美国国家公园的经验及其启示．合肥学院学报（自然科学版），2004，14（6）：55
[178] 王宝君．从《雅典宪章》到《马丘比丘宪章》看城市规划理念的发展．中国科技信息，

2005（8）：204，212
[179] 程方炎，贺雄．从人本主义到人本主义的理性化——雅典宪章与马丘比丘宪章的规划理念比较及其启示．城市研究，1998（3）：23～26
[180] 吴缚龙，李志刚，何深静．打造城市的黄金时代——彼得·霍尔的城市世界．国外城市规划，2004，19（4）：1～3
[181] 林家彬．日本国土政策及规划的最新动向及其启示．城市规划汇刊，2004（6）：34～37
[182] 单皓．二战后美国城市的发展．城市规划，2003，27（6）：72～80
[183] 王朝晖．"精明累进"的概念及其讨论．国外城市规划，2003（2）：33～35
[184] 顾兴斌．论英国中产阶级的形成、发展与作用．江西社会科学，1995（11）：63～68
[185] 北京市统计局研究所．人均GDP3000美元后北京市社会经济发展趋势分析．北京联合大学学报，2003，17（1）：109～112
[186] 姜奇平．国民幸福总值：八小时之内和之外的价值机会——全面小康"待发现价值"的分布．信息空间，2004（7）：82～88
[187] 胡志坚，李永威，马惠娣．我国公众闲暇时间文化生活研究．清华大学学报（哲学社会科学版），2003，18（6）：53～58
[188] 王琪延，石磊．北京市城市居民休闲状况分析．科学对社会的影响，2004（3）：48～50
[189] 贡保南杰．北京郊区旅游业发展战略——北京旅游圈带研究．北京第二外国语学院学报，2004（1）：44
[190] 孙樱，陈田，韩英．北京市区老年人口休闲行为的时空特征初探．地理研究，2001，20（5）:544
[191] 李晓超，闾海琪，刘冰．冷静看待人均GDP达到1 000美元．北京统计，2004（4）：20～21
[192] 北京市统计局研究所．人均GDP3 000美元后北京市社会经济发展趋势分析．北京联合大学学报，2003，17（1）：109～112
[193] 沈爱民．闲暇的本质与人的全面发展．自然辩证法研究，2004，20（6）：96
[194] 季相林．人的全面自由发展与闲暇时间．当代世界与社会主义，2003（6）：98～102
[195] 邢媛，蔡萍．休闲——实现人的全面发展的有效途径．中共山西省委党校学报，2004，27（3）：10～12
[196] 莫彤，邓颖，李新民．中西方园林游憩观的发展及比较分析．高等建筑教育，2003，12（6）：90～92
[197] 罗桂环．中国古代的自然保护．北京林业大学学报（社会科学版），2003，2（3）：34～39
[198] 陈雪明．美国城市规划的历史沿革和未来发展趋势．国外城市规划，2003，18（4）：33
[199] 董波．美国国家公园：起源、性质和功能．黑龙江水专学报，1996（2）：69
[200] 刘锋，施祖麟．休闲经济的发展及组织管理研究．中国发展，2002（2）：47～49
[201] 郑光中，张敏．北京什刹海历史文化风景区旅游规划——兼论历史地段与旅游开发．北京规划建设，1999（2）：11～15
[202] 杨锐．风景区环境容量初探——建立风景区环境容量概念体系．城市规划汇刊，1996（6）：12～15
[203] 宗跃光．城市景观生态规划中的廊道效应研究——以北京市区为例．生态学报，1999（3）：145～150
[204] 清华大学房地产研究所，五合国际．2005中国高档别墅产品形态及发展趋势报告．中国

地产蓝图，2005（9）：38
[205] 叶清．风景旅游区应自然化．北京联合大学学报，2001，15（1）：37
[206] 李湘洲，王伟．旅游人造景观建筑刍议．新建筑，2000（6）：24～26
[207] 蔡奕旸，胡庆峰．回归城市的设计——都柏林的特普吧区复兴工程评论．规划师，2002，18（9）：66～70
[208] 岳升阳．从如诗如画到含英咀华——海淀中关村地区功能的演进．北京规划建设，2003，(1)：85～87

[相关报告/规划案例]
[209] 清华大学建筑学院建筑与城市研究所．青岛市中山路商贸旅游区改造规划，2001
[210] 清华大学建筑学院建筑与城市研究所．北京城市空间发展战略，2003
[211] 清华大学建筑学院建筑与城市研究所．山东临沂城市空间发展战略报告，2003
[212] 清华大学建筑学院建筑与城市研究所．天津城市空间发展战略报告，2004
[213] 清华大学建筑学院建筑与城市研究所．北京总体规划修编（区域研究部分），2004

国外文献
[书籍/论文集部分]
[214] Urban Task Force. Towards an Urban Renaissance. London：E & FN SPON. Taylor & Francis，1999
[215] Peter Hall. Cities in Civilization. New York：Pantheon Books，1998
[216] P. Hall，Cities of Tomorrow，Oxford，U. K，and Cambridge，Mass：Blackwell，Blackwell，1988
[217] Patrick Geddes. City Development：a Study of Parks，Gardens and Culture Institutes. A Report to the Carnegie Dunfermline Trust. Edinburgh：The Riverside Press，1904
[218] G odbey G. Recreation，Park and Leisure Services. W. B. Saunders，Philadelphia，PA. 1978
[219] Fred Lawson，Manuel Baud-Bovy. Tourism and Recreation Handbook for Planning and Design. Oxford；Boston：Architectural Press，1998
[220] Patmore J A. Recreation and Resources，Oxford：Basil Blackwell，1983
[221] B. G. Boniface，C. P. Cooper. The Geography of Travel and Tourism，Heinemann，1987
[222] Torkildsen，G. Leisure and Recreation Management. London，UK：Spon Press，1999
[223] Veal，A. J. Leisure and Tourism Policy and Planning. Cambridge，MA，USA：CABI Publishing，2002
[224] Hall，Colin Michael. Geography of Tourism & Recreation：Environment，Place & Space. 2nd edition. Florence，KY，USA：Routledge，2001
[225] Clayne R. Jensen，Jay Naylor. Opportunities in Recreation and Leisure Careers. Lincolnwood，IL，USA：NTC/Contemporary Publishing Company，1999.
[226] Richard Broadhurst. Managing Environments for Leisure and Recreation. London：Routledge，2001
[227] Cooper，et al. Tourism：Principles and Practice，2nd edition. New York：Addison Wesley Longman Ltd，1998
[228] Philip Lewis. Tomorrow by Design：A Regional Design Process for Sustainability. New York：

John Wiley & Sons, 1996

[229] Smith, Stephen L. J. Tourism Analysis, 2nd edition. Essex, England: Longman Group Ltd, 1995

[230] Gunn, Clare A. Vacationscape: Designing Tourist Regions, 2nd edition. New York: Van Nostrand Reinhold, 1988

[231] Gunn, Clare A. Tourism Planning, 3rd edition. Washington, DC: Taylor & Francis, 1994

[232] Conway, H and D Lambert. Public Prospects: Historic Urban Parks Under Threat. London: The Garden History Society and The Victorian Society, 1993

[233] Comedia and Demos. Park Life: Urban Parks and Social Renewal London: Comedia and Demos, 1995

[234] Department of the Environment. People, Parks and Cities and Greening the City both. London: HMSO, 1996

[235] Environment, Transport and Regional Affairs Committee. Town and Country Parks. London: Stationery Office, 1999

[236] Secretary of State for the Environment, Transport and the Regions. The Government' s response to the Twentieth Report from the House of Commons Environment, Transport and Regional Affairs Committee-Report on Town and Country Parks London: Stationery Office, 2000

[237] Haining, R. Spatial Data Analysis in the Social and Environmental Sciences. Cambridge: Cambridge University Press, 1990

[238] McHarg. Design with Nature, New York: Natural History Press, 1969

[239] Argyle, M. The Social Psychology of Leisure, Penguin Books, London, 1996

[240] Goodale, T. and Goodbey, G. The Evolution of Leisure, Venture Publishing, State College, PA, 1988

[241] Parker, S. The Future of Work and Leisure, MacGibbon and Kee, London, 1971

[242] Herman Bryant Maynard, Jr. , and Mehrtens, Susan E. The Fourth Wave: Business in the 21st Century, San Francisco: Berret Koehler Publishers, 1996

[243] Angus Maddison. THE WORLD ECONOMY: A MILLENNIAL PERSPECTIVE. OECD PUBLICATIONS, 2001

[244] V. H. Hildebrandt, P. M. Bongers, etc. The relationship between leisure time, physical activities and musculoskeletal symptoms and disability in worker populations. In: International Archives of Occupational and Environmental Health. Publisher: Springer-Verlag Heidelberg, 2000

[245] Richard Florida. The Rise of the Creative Class: And How it' s Transforming Work, Leisure, Community, and Everyday Life. New York: Basic Books, 2004

[246] Angus Maddison. THE WORLD ECONOMY: A MILLENNIAL PERSPECTIVE. OECD PUBLICATIONS, 2001

[247] Belknap, R. K. , J. G. Furtado, R. R. Forster, and H. D. Blossom, Three Approaches to Environmental Resources Analysis. Washington, D. C. : The Conservation Foundation, 1967

[248] Richard Wilhelm, C. G. Jung. Secret of the Golden Flower: A Chinese Book of Life. New-York: Routledge, 1999

[249] [日] 江幡潤．文京区の散歩道．東京都：三交社株式会社，昭和50年

[250]　［日］西村幸夫．都市保全计画：歴史・文化・自然を活かしたまちづくり．東京大学出版会 2004

［期刊文献］

[251]　Michael Neuman. Does Planning Need the Plan?. Journal of the American Planning Association，1998，64（2）

[252]　Stanky，G. H. ，S. F. McCool，and G. C. Stokes. Limits of Acceptable Change：A New Framework for Managing the Bob Marshall Wildness Complex. Western Wildlands，1984，10（3）

［相关报告/规划案例］

[253]　WTO. Tourism Highlights Edition 2003，2003

[254]　NEW YORK STATE'S OPEN SPACE CONSERVATION PLAN 2002，2002

[255]　New York State Office of Parks，Recreation and Historic Preservation. Final Statewide Comprehensive Outdoor Recreation Plan and Final Generic Environmental Impact Statement for New York State 2003. OPRHP. New York：Bureau of Resource and Facility Planning NYS Office of Parks，Recreation and Historic Preservation.

[256]　Town of Clifton Park. Clifton Park Open Space Plan-2002，2002

[257]　An Assessment of Outdoor Recreation in Washington State：A STATE COMPREHENSIVE OUTDOOR RECREATION PLANNING（SCORP）DOCUMENT 2002-2007. Interagence Committee for outdoor recreation，2002

[258]　the authority of the Arizona State Parks Board. Arizona Statewide Comprehensive Outdoor Recreation Plan，2002

[259]　The Texas Parks and Wildlife Department. The Land and Water Resources Conservation and Recreation Plan. Texas State Publications Clearinghouse，2002

[260]　Western Bay of Plenty District Council. District Recreation and Leisure Plan 2002，2002

[261]　The Minnesota Department of Natural Resources. Enjoying and Protecting Our Land & Water：Minnesota's 2003～2008 State Comprehensive Outdoor Recreation Plan 2002.

[262]　IDAHO STATEWIDE COMPREHENSIVE OUTDOOR RECREATION AND TOURISM PLANNING：ASSESSMENT AND POLICY PLAN，1998.

[263]　New York State Office of Parks，Recreation and Historic Preservation. Final Statewide Comprehensive Outdoor Recreation Plan and Final Generic Environmental Impact Statement for New York State 2003. OPRHP. New York：Bureau of Resource and Facility Planning NYS Office of Parks，Recreation and Historic Preservation. 2002

后　记

本书是在我的博士论文基础上撰写而成的。

记得刚读博士之初，导师吴良镛先生曾与我聊起治学，谈起做学问的过程是一种“如鱼饮水，冷暖自知”的体验。这话对当时仍在“为赋新词强说愁”的我而言，无疑还是有些“似有所感”的触动的，但毕竟未曾亲身经历过，因此虽将其记下、并刻成一枚闲章时时想起，实际上却远未能感同身受——直到真正进行论文写作的那一天。对我而言，这个过程与其说是完成了一篇论文，不如说是完成了一次致力于人生哲学思考、中西文化洞察、专业知识拓展、思考能力提升的修练，也是一次深刻感受师恩、亲情和友谊的心灵洗礼。那段时间似短暂也似漫长，其间多少次花开花落，有豁然开朗的快乐也有无所适从的忧伤。……千万感激不知从何谢起，且借清风了表心意。

毕业以后，面对的是千头万绪的工作。但随着到过的地方越来越多，看到的东西越来越多，却突然意识到：博士论文的写作仅仅是一生治学的开始，而学校则更多是锻炼治学方法的地方。无论是城市还是农村，无论是工作还是生活，有这样多现实的问题需要去观察、思考和解决；也有这么多闪光的智慧需要更深刻地去挖掘、提练和推广。凡是有心去解决一些现实的矛盾、让人们（也包括自己）过上更和谐的生活、做一些与既有习惯不相同的事情的人，无所谓何时何地，都需要更深刻地思考与学习。而这样学习，却比论文要求得更严谨、更踏实、也更富有挑战性和创新性。这或许就是清华交给每个学生的“猎枪”吧。实践之中，更让我体会那种“冷暖自知”的感受。

欲说还休。

……

落日留霞知我醉，长风吹月送诗来。

谨以此文，感谢每个帮助和关心我的人。

王珏

2008－4－12

附录一 休闲宪章
Charter for Leisure[①]

一、导言

根据世界人权宣言（第27条）的精神，所有的文化与社会都在一定程度上承认人们具有休息和休闲的权利。其中，个人自由与选择是休闲的核心要素，因此，每个人都可以自由选择相关活动并获得相应的体验，这些活动中的许多内容都对个人和社都将具有重要的意义。

二、条款

1. 只要游憩活动与本国国民的社会道德规范相融合，所有人都有进行游憩的基本人权。所有的政府都有责任承认并保护这种公民的权益。
2. 为提高生活质量而为游憩提供条件是与卫生和教育同等重要的内容。各国政府应当确保公民能够有类型多样的休闲途径、并获得最高质量的游憩机会。
3. 每个人的最佳休闲与游憩方式是因人而异的，因此，政府应保证提供相应的途径，使人民获得相关知识与技能来对休闲体验进行优化。
4. 个人可利用休闲的机会来自我实现、发展人际关系、提高社会共融、促进社区发展与文化认同，并提高国际间的理解与合作、提高生活的质量。
5. 政府应当通过保护国家的自然、社会和文化环境，来保障未来可获得的休闲体验。
6. 政府应当保证对专业人员的培训，以帮助每个人获得相关的技巧，发现与发展他们的才干，拓宽它们的休闲与游憩的机会。
7. 公民应当能够从各种渠道了解有关休闲的本质和游憩机会的信息，这些信息可增长他们的知识，并对地方和国家的相关决策能够有所了解。

---

① 原始资料来源：世界休闲组织网站：http：//www. worldleisure. org/。中文版本，笔者译。本宪章由世界休闲理事会于2000年7月核准通过。其最初版本于1970年被国际游憩联合会采纳，并曾经在1979年进行过修订。

8. 教育机构应尽其所能教育人们以休闲的本性和重要性、以及如何将这样的知识融入个人的生活模式中。

(English Version)

(Approved by the World Leisure Board of Directors, July 2000. The original version was adopted by the International Recreation Association in 1970, and subsequently revised by its successor, the World Leisure and Recreation Association in 1979.)

Introduction

Consistent with the Universal Declaration of Human Rights (Article 27), all cultures and societies recognise to some extent the right to rest and leisure. Here, because personal freedom and choice are central elements of leisure, individuals can freely choose their activities and experiences, many of them leading to substantial benefits for person and community.

Articles

1. All people have a basic human right to leisure activities that are in harmony with the norms and social values of their compatriots. All governments are obliged to recognise and protect this right of its citizens.
2. Provisions for leisure for the quality of life are as important as those for health and education. Governments should ensure their citizens a variety of accessible leisure and recreational opportunities of the highest quality.
3. The individual is his/her best leisure and recreational resource. Thus, governments should ensure the means for acquiring those skills and understandings necessary to optimize leisure experiences.
4. Individuals can use leisure opportunities for self-fulfilment, developing personal relationships, improving social integration, developing communities and cultural identity as well as promoting international understanding and co-operation and enhancing quality of life.
5. Governments should ensure the future availability of fulfilling leisure experiences by maintaining the quality of their country's physical, social and cultural environment.
6. Governments should ensure the training of professionals to help individuals acquire personal skills, discover and develop their talents and to broaden their range of leisure and recreational opportunities.
7. Citizens must have access to all forms of leisure information about the nature of

leisure and its opportunities, using it to enhance their knowledge and inform decisions on local and national policy.

8. Educational institutions must make every effort to teach the nature and importance of leisure and how to integrate this knowledge into personal lifestyle.

附录二　雅典宪章
Town-Planning Chart[①]

一、定义和引言

城市与乡村彼此融会为一体而各为构成所谓区域单位的要素。

城市都构成一个地理的，经济的，社会的，文化的和政治的区域单位的一部分，城市即依赖这些单位而发展。

因此我们不能将城市离开它们所在的区域作单独的研究，因为区域构成了城市的天然界限和环境。

这些区域单位的发展有赖于下列各种因素：

（1）地理的和地形的特点气候，土地和水源；区域内及区域与区域间之天然交通。

（2）经济的潜力自然资源（包括土壤、下层土，矿藏原料，动力来源，动植物）；人为资源（包括农工业产品）；经济制度和财富的分布。

（3）政治的和社会的情况人口的社会组织，政体及行政制度。

所有这些主要因素集合起来，便构成了对任何一个区域作科学的计划之唯一真实的基础，这些因素是：

（1）互相联系的，彼此影响的。

（2）因为科学技术的进步，社会政治经济的改革而不断的变化。

自有历史以来，城市的特征，均因特殊的需要而定：如军事性的防御，科学的发明，行政制度，生产和交通方法的不断发展。

由此可知，影响城市发展的基本因素是经常在演变的。

现代城市的混乱是机械时代无计划和无秩序的发展造成的。

二、城市的四大活动

居住、工作、游息与交通四大活动是研究及分析现代城市设计时最基本的分类。下面叙述现代城市的真实情况，并提出改良四大活动缺点的意见。

---

① （1933 年 8 月国际现代建筑学会拟订于雅典，清华大学营建学系 1951 年 10 月译，原名《都市计划大纲》。原译文中的“recreation”被译作游息。）

三、居住是城市的第一活动

（一）现在城市的居住情况

城市中心区的人口密度太大，甚至有些地区每公顷的居民超过 1 000 人。

过度拥挤在现代城市中，不仅是中心区如此。因为 19 世纪工业的发展，即在广大的住宅中亦发生同样的情形。

在过度拥挤的地区中，生活环境是非常不卫生的。这是因为在这种地区中，地皮被过度的使用，缺乏空旷地，而建筑物本身也正在一种不卫生和败坏的情况中。这种情况，因为这些地区中的居民收入太少，故更加严重。

因为市区不断扩展，围绕住宅区的空旷地带亦被破坏了，这样就剥削了许多居民享受邻近乡野的幸福。

集体住宅和单幢住宅常常建造在最恶劣的地区，无论就住宅功能讲，或是就住宅所必需的环境卫生讲，这些地区都是不适宜于居住的。比较人烟稠密的地区，往往是最不适宜于居住的地点，如朝北的山坡上，低洼、潮湿、多雾、易遭水灾的地方或过于邻近工业区易被煤烟、声响振动所侵扰的地方。

人口稀疏的地区，却常常在最优越的地区发展起来，特享各种优点：气候好，地势好，交通便利而且不受工厂的侵扰。

这种不合理的住宅配置，至今仍然为城市建筑法规所许可，它不考虑到种种危害卫生与健康的因素。现在仍然缺乏分区计划和实施这种计划的分区法规。现行的法规对于因为过度拥挤，空地缺乏，许多房屋的败坏情形及缺乏集体生活所需的设施等等所造成的后果并未注意。它们亦忽视了现代的市镇计划和技术之应用，在改造城市的工作上可以创造无限的可能性。

在交通频繁的街道上及路口附近的房屋，因为容易遭受灰尘噪声和嗅味的侵扰，已不宜作为居住房屋之用。

在住宅区的街道上对于那些面对面沿街的房屋，我们通常都未考虑到它们获得阳光的种种不同情形，通常如果街道的一面在最适当的钟点内可以获得所需要的阳光，则另外一面获得阳光的情形就大不相同，而且往往是不好的。

现代的市郊的因为漫无管制的迅速发展，结果与大城市中心的联系（利用铁路公路或其他交通工具）遭受到种种体形上无法避免的障碍。

（二）根据上面所说的种种缺点，我们拟定了下面几点改进的建议

住宅区应该占用最好的地区，我们不但要仔细考虑这些地区的气候和地形的条件，而且必须考虑这些住宅区应该接近一些空旷地，以便将来可以作为文娱及健身运动之用。在邻近地带如有将来可能成为工业和商业区的地点，亦应预先加以考虑。

在每一个住宅区中，须根据影响每个地区生活情况的因素，订定各种不同的人口密度。

在人口密度较高的地区，我们应利用现代建筑技术建造距离较远的高层集体住宅，这样才能留出必需的空地，作公共设施娱乐运动及停车场所之用，而且使得住宅可以得到阳光空气和景色。

为了居民的健康，应严禁沿着交通要道建造居住房屋，因为这种房屋容易遭受车辆经过时所产生的灰尘、噪声和汽车放出的臭气、煤烟的损害。

住宅区应该计划成安全舒适方便宁静的邻里单位。

四、工作

（一）叙述有关工商业地区的种种问题

工作地点（如工厂、商业中心和政府机关等）未能按照各别的功能在城市中作适当的配置。

工作地点与居住地点，因事先缺乏有计划的配合，产生两者之间距离过远的旅程。

在上下班时间中，车辆过分拥挤，即起因于交通路线缺乏有秩序的组织。

由于地价高昂，赋税增加，交通拥挤及城市无管制而迅速的发展，工业常被迫迁往市外，加上现代技术的进步，使得这种疏散更为便利。

商业区也只能在巨款购置和拆毁周围的建筑物的情形下，方能扩展。

（二）可能解决这些问题的途径

工业必须依其性能与需要分类，并应分布于全国各特殊地带里，这种特殊地带包含着受它影响的城市与区域。在确定工业地带时，须考虑到各种不同工业彼此间的关系，以及它们与其他功能不同的各地工的关系。

工作地点与居住地点之间的距离，应该在最少时间内可以到达。

工业区与居住区（同样和别的地区）应以绿色地带或缓冲地带来隔离。

与日常生活有密切关系而且不引起扰乱危险和不便的小型工业，应留在市区中为住宅区服务。

重要的工业地带应接近铁路线、港口、通航的河道和主要的运输线。

商业区应有便利的交通与住宅区及工业区联系。

五、游息

（一）问题概述

在今日城市中普遍地缺乏空地面积。

空地面积位置不适中，以致多数居民因距离远，难得利用。

因为大多数的空地都在编僻的市外围或近郊地区，所以无益于住在不合卫生的市中心区的居民。

通常那些少数的游戏场和运动场所占的地址，多是将来注定了要建造房屋的。这说明了这些公共空地时常变动的原因。随着地价高涨，这些空地又因为建满了房屋而消失，游戏场等不得不重迁新址，每迁一次，距离市中心便更远了。

（二）改进的方法

新建住宅区，应该预先留出空地作为建筑公园运动场及儿童游戏场之用。

在人口稠密的地区，将败坏的建筑物加以消除，改进一般的环境卫生，并将这些清除后的地区改作游息用地，广植树木花草。

在儿童公园或儿童游戏场附近的空地上设立托儿所、幼儿园或初级小学。公园适当的地点应留出公共设施之用，设立音乐台、小图书馆、小博物馆及公共会堂等，以提倡正当的集体文娱活动。

现代城市盲目混乱的发展不顾一切的破坏了市郊许多可用作周末的游息地点。因此在城市附近的河流、海滩、森林、湖泊等自然风景幽美之区，我们应尽量利用它们作为广大群众假日游息之用。

六、交通

（一）关于交通与街道问题的概述

今日城市中和郊外的街道系统多为旧时代的遗产，都是为徒步与行驶马车而设计的；现在虽然不断的加以修改，但仍不能适合现代交通工具（如汽车电车等）和交通量的需要。

城市中街道宽度不够，引起交通拥挤。

现在的街道之狭窄，交叉路口过多，使得今日新的交通工具（汽车电车等）不能发挥他们的效能。

交通拥挤为造成千万次车祸的主要原因，对于每个市民的危险性与日俱增。

今日的各条街道多未能按着不同的功能加以区分，故不能有效的解决现代的交通问题。这个问题不能就现有的街道加以修改（如加宽街道、限制交通或其他办法）来解决，唯有实施新的城市计划才能解决。

有一种学院派的城市计划由“姿态伟大”的概念出发，对于房屋、大道、广场的配置，主要的目的只在获得庞大纪念性排场的效果，时常使得交通情况更为复杂。

铁路线往往成为城市发展的阻碍，它们围绕某些地区，使得这些地区与城市别的部分隔开了，虽然它们之间本来是应该有便捷与直接的交通联系的。

（二）解决种种最重要的交通问题需要几种改革

摩托化运输的普遍应用，产生了我们从未经验过的速度，它激动了整个城市的结构，并且大大的影响了在城市中的一切生活状态，因此我们实在需要一个新的街道系统，以适应现代交通工具的需要。

同时为得准备这新的街道系统，需要一种正确的调查与统计资料，以确定街道合理的宽度。

各种街道应根据不同的功能分成交通要道，住宅区街道，商业区街道，工业区街道等等。

街道上的行车速率，须根据其街道的特殊功用，以及该街道上行驶车辆的种类而决定。所以这些行车速率亦为道路分类的因素，以决定行为快车辆行驶之用或为慢车车辆之用，同进并将这种交通大道与支路加以区别。

各种建筑物，尤其是住宅建筑应以绿色地带与行车干路隔离。

将这种种困难解决之后，新的街道网将产生别的简化作用。因为藉有效的交通组织将城市中各种功能不同的地区作为适当的配合以后，交通即可大大减少，并集中在几条主要的干路上。

七、有历史价值的建筑和地区

有历史价值的古建筑均应妥为保存，不可加以破坏。

（1）真能代表某一时期的建筑物，可引起普遍兴趣，可以教育人民者。

（2）保留有不妨害居民健康者。

（3）在所有可能条件下，将所有干路避免穿行古建筑区，并使交通不增加拥挤，亦不使妨碍城市有机的新发展。

在古建筑附近的贫民窟，如作有计划的清除后，即可改善附近住宅区的生活环境，并保护该地区居民的健康。

八、总结

（一）以上各章的总结与说明

我们可以将前面各章关于城市四大活动之各种分析总结起来说：现在大多数城市中的生活情况，未能适合其中广大居民在生理上及心理上最基本的需要。

自机器时代开始以来，这种生活情况是各种私人利益不断滋长的一个表现。

城市的滋长扩大，是使用机器逐渐增多所促成——一个从工匠的手工业改成大规模的机器工业的变化。

虽然城市是经常的在变化，但我们可以说普遍的事实是：这些变化是没有事先加以预料的，因为缺乏管制和未能应用现代城市计划所认可的原则，所以城市的发展遭受到极大的损害。

一方面是必须担任的大规模重建城市的迫切工作，一方面却是市地的过度的分割。这两者代表了两种矛盾的现实。

这个尖锐的矛盾，在我们这个时代造成了一个最为严重的问题：

这个问题是使我们急切需要建立一个土地改革制度，它的基本目的不但要满足个人的需要，而且要满足广大人民的需要。

如两者有冲突的时候，广大人民的利益应先于私人的利益。

城市应该根据它所在区域的整个经济条件来研究，所以必须以一个经济单位的区域计划，来代替现在单独的孤立的城市计划。

作为研究这些区域计划的基础，我们必须依据由城市之经济势力范围所划成的区域范围来决定城市计划的范围。

（二）城市计划工作者的主要工作

城市计划工作者的主要工作包括：

（1）将各种预计作为居住、工作、游息的不同地区，在位置和面积方面，作一个平衡的布置，同时建立一个联系三者的交通网。

（2）订立各种计划，使各区依照它们的需要和有机律而发展。

（3）建立居住、工作的游息各地区间的关系，务使在这些地区间的日常活动可以最经济的时间完成，这是地球绕其轴心运行的不变因素。

在建立城市中不同活动空间的关系时，城市计划工作者切不可忘记居住是城市的一个为首的要素。

城市单位中所有的各部分都应该能够作有机性的发展。而且在发展的每一个阶段中，都应该保证这种活动间平衡的状态。

所以城市在精神和物质两方面都应该保证个人的自由和集体的利益。

对于从事于城市计划的工作者，人的需要和以人为出发点的价值衡量是一切建设工作成功的关键。

一切城市计划应该以一幢住宅所代表的细胞作出发点，将这些同类的细胞集合起来以形成一个大小适宜的邻里单位。以这个细胞作出发点，各种住宅、工作地点和游息地方应该在一个最合适的关系下分布在整个城市里。

要解决这个重大艰巨的问题，我们必须利用一切可以供我们使用的现代技术，并获得各种专家的合作。

一切城市计划所采取的方法与途径，基本上都必须要受那时代的政治社会和经济的影响，而不是受了那些最后所要采用的现代建筑原理的影响。

有机的城市之各构成部分的大小范围，应该依照人的尺度和需要来估量。

城市计划是一种基于长宽高三度空间而不是长宽两度的科学，必须承认了高的要素，我们方能作有效的及足量的设备以应交通的需要和作为游息及其他用途的空地的需要。

最急切的需要，是每个城市都应该有一个城市计划方案与区域计划、国家计划整个的配合起来，这种全国性、区域性和城市性的计划之实施，必须制定必要的法律以保证其实现。

每个城市计划，必须以专家所作的准确的研究为根据，它必须预见到城市发展在时间和空间上不同的阶段。在每一个城市计划中必须将各种情况下所存在的每种自然的、社会的、经济的和文化的因素配合起来。

附录三　技术、制度与闲暇：人类闲暇时间演变历史

一、闲暇时间的演变历史

综观人类闲暇历史，可以看到：在技术的影响下，人类的生产效率从狩猎采集→农业社会→工业社会→信息社会逐步提高，但是，闲暇时间却经过了历史上由多→少→更少→多的戏剧性变化。

在农业出现以前，野生生物资源是人类生活的重要来源。《淮南子·修务训》说："古者民茹草饮水，采树木之实，食蠃蛖之肉"，很生动地道出了远古人类的依靠采集和捕捞野生动植物作为食品的生存方式。在狩猎采集社会的人们，"比如澳大利亚土著居民和南非 Kung San 部落，他们每天只要花三四个小时用于工作、就可以满足他们的简单生活的物质需要了"[①]；而"南非卡拉哈里沙漠边缘布须曼族狩猎者和采食者在觅食方面花费时间的记录表明，每个布须曼族的成人每天用不了三小时就足以获得有丰富蛋白质和其他基本营养的食物，一名妇女在一天内可以搞到足够全家吃三天的食物"[②]，这个阶段，人们的工作与休闲朴素地混在一起。所以，有学者指出："要得到足够的闲暇时间，一共有两种方式，一是我们现代人的方式，不断制造更多的东西；再就是佛陀的方式，那就是满足于简朴的生活"[③]。

到了农耕社会，由于社会的阶级分化，生产力水平低下，人们劳动时间明显增加，闲暇时间比采集社会大大减少。因为农业耕作的季节性规律，人们还能够具有一定的闲暇时间。随着劳动工具的改良，人们的劳动时间也出现了一定程度上的减少。这个阶段中，由于剩余劳动的出现，使得一些人完全摆脱了体力劳动而组成闲暇时间较长的群体，在一些地方，统治阶级甚至将闲暇作为的特殊权利和地位标志，"摒绝劳动不仅是体面的，值得称赞的，而且成为保持身份的、礼俗上的一个必要条件"[④]。

工业革命带来了机器生产。虽然机器更大地提高了人们的生产能力，但是，由于当时的机器生产还不具有"自动化"的能力，而且资本集中在少数人的手

---

① ［美］杰弗瑞·戈比. 你生命中的休闲. 康筝　译. 昆明：云南人民出版社，2000：34

② 吴承照. 现代城市游憩规划设计理论与方法. 北京：中国建筑工业出版社. 1998：16.

③ ［美］杰弗瑞·戈比. 你生命中的休闲. 康筝　译. 昆明：云南人民出版社，2000：34

④ ［美］凡勃伦. 有闲阶级论. 蔡受百　译. 上海：商务印书馆，1997.

里，许多失去土地的农民不得不劳动更长的时间来获得生存，“工人劳动时间每天达15～17小时，没有假期”[①]。用“水深火热”来形容当时工人的生活状况一点不为过。直到“1866年，世界劳工协会第一届代表大会以8小时工作制作为国际公认运动的一个重要内容，1868年，美国国会通过了8小时工作制法令”[②]，工人才获得了起码的喘息。可以说，工业革命前期是劳动时间大增、而闲暇时间过度压缩最严重的阶段。

随着工业技术的进步，许多种类的物质生产不再主要依赖于人们的工作时间，大机器生产在一定程度上替代了人的劳动，于是很多人解放出来，有了越来越多的休闲时间，但同时也使得失业越来越成为令人头疼的问题。这个时期，英国著名哲学家伯特兰·罗素（Bertrand Russell，1872～1970）曾经努力地向人们传播他的“快乐哲学”——一种被戏称为“懒惰哲学”的工作与休闲方式。在罗素的言论中，如果能够继续减少每个人的工作时间，就可以创造出新的更多的就业机会，所生产出来的物质不会减少，而且穷人和富人都将有更多的精力去体验生活的美好和幸福[③]。在那个年代，罗素所提出在职者“平均每天只工作4个小时”（年工作1 460小时）的“畅想”如今已经在一些北欧的国家中得到实现。现在，世界上多数的国家和地区，平均每周工作时间已不到40小时（年工作时间2 085小时）。

世界主要国家劳动者1998年工作时间比较 **附录表1**

国家	工作时间（小时）	国家	工作时间（小时）
荷兰	1 389	澳大利亚	1 641
挪威	1 428	爱尔兰	1 657
英国	1 489	加拿大	1 663
法国	1 503	丹麦	1 664
意大利	1 506	日本	1 758
奥地利	1 515	巴西	1 841
德国	1 523	阿根廷	1 903
比利时	1 568	西班牙	1 908
瑞典	1 582	秘鲁	1 926
瑞士	1 595	委内瑞拉	1 931
美国	1 610	哥伦比亚	1 956
芬兰	1 637	智利	1 974

数据来源：Angus Maddison. THE WORLD ECONOMY：A MILLENNIAL PERSPECTIVE. OECD PUBLICATIONS，2001：347.

工作时间的普遍减少使得多数国家和地区呈现出一种“休闲化”的生活趋

① 吴承照. 现代城市游憩规划设计理论与方法. 北京：中国建筑工业出版社. 1998：16.

② 吴承照. 现代城市游憩规划设计理论与方法. 北京：中国建筑工业出版社. 1998：17.

③ 参考：［英］伯兰特·罗素. 幸福之路. 曹荣湘，倪莎 译. 北京：文化艺术出版社. 1998.

势来。上世纪70年代中期，西方一些政府承认闲暇是与工作同等重要的人生组成部分，并且闲暇生活的良性运行是社会富有的一个标志①。

"60、70年代以来，西方发达国家大众闲暇问题突出"②，比如：相对较短的劳动时间和良好的福利政策使得欧洲人相对"懒散"。以德国为例，"一个世纪前的德国社会是有休闲时间的劳动社会，而现在是有劳动时间的休闲社会"，闲暇时间的增加甚至使"很多德国人已经不知道什么叫做'勤劳'了"③。

如今，"普遍有闲"的趋势逐渐显现，这种大众化的"闲"，在影响到个人生活的同时也使得经济与社会发生了许多深刻的变化。例如：比欧洲人"勤劳"的美国人，有1/3的时间用于休闲，有2/3的收入用于休闲，有1/3的土地面积用于休闲。在近100年的时间内，美国劳动者的工作时间减少了1 000多小时。其间生活必需品消费占总消费的比例下降了60个百分点，而休闲娱乐业成为美国消费中增长最快的内容，其比重已占到社会总消费的67%。休闲已成为美国第一位的经济活动④。比美国人"勤劳"的日本人，在1990~1998年仅仅8年的时间内，将就业者的年工作时间由1 951小时下调到了1 758小时，一口气下降了近200小时（附录表1）。

二、"普遍有闲"与社会变革

辨证地说，"普遍有闲"一方面是社会变革的结果；一方面又是推动变革的重要因素。

从社会变革的因素来看，可以说，"技术是发展的驱动力量"，但技术对人类的影响"从来不是以简单或主宰的方式进行的"⑤。闲暇时间变化的历史轨迹就可以充分说明这一点。许多相关的因素，包括制度、文化、阶级状况、宗教信仰等等都对社会起到了或多或少的影响。

从社会变革的过程来看，美国学者阿尔文·托夫勒（Alvin Toffler）早在1980年就提出了人类发展的"三个浪潮"的理论，其中，第一次浪潮是农业革命，人类从原始的渔猎时代进入以农业为基础的社会；第二次浪潮是工业革命，人类从工业文明的崛起到工业化社会；第三次浪潮是由于信息技术等方面的巨大发展而带来的变化。第三次浪潮引发了知识经济这一全新的经济形态，改变

---

① Patmore J A. Recreation and Resources, Oxford：Basil Blackwell. 1983：3-6

② 吴承照. 现代城市游憩规划设计理论与方法. 北京：中国建筑工业出版社. 1998：16.

③ 资料来源：德国人为度假最肯花钱. http：//www. campus-germany. de/chinese/4.136.451.html.

④ 姜奇平. 国民幸福总值：八小时之内和之外的价值机会——全面小康"待发现价值"的分布. 信息空间. 2004（7）：82-88.

⑤ Sir Peter Hall. Cities in Civilization. New York：Pantheon Books. 1998：945.
原文为：The driver, as so many times before in this long history, is technology…. But it will not drive, indeed never has driven, in any simple or determinist way.

了以往社会的一些基本规则。资本性质、生产方式、就业方式、速度以及价格形成在第三次浪潮中都发生了巨变①。今天的世界状况，正是这“第三次浪潮”开始产生影响的结果。从历次浪潮的影响看，第一次浪潮对今天的影响渐渐减少；而第二次浪潮余波未平，这次浪潮“植根于物质和‘人’的至高无上的权利，它强调竞争、自我保护和消耗，导致了今天的许多问题，如：污染、垃圾处理、犯罪、家庭暴力和恐怖主义”；而已经初露端倪的“第三次浪潮对发展的均衡性和可持续性予以了高度的重视。在这次浪潮日益显露棱角之时，我们开始对一些问题，如：历史保护、生命的意义、多方合作等越来越关注”②。

社会的变革也影响到城市，著名城市学家彼得·霍尔(Peter Hall) 在《城市文化（Cities in Civilization)》一书中指出：世纪之交，随着新经济形式的兴起和社会的变革，城市也面临着新的变化。一方面，科技是推动城市发展的驱动力量。而今，这项变革世界的科技力量是信息技术的革命。随着这个新技术的逐步推广，越来越多的人从商品制造的行业中转到信息传播与交换的领域中来，并通过这个方面的工作为社会创造了新的、大量的价值。信息技术的硬件设施逐步发展，带来了数字化的革命，并引发了多媒体技术的革命。新的城市将在未来的城市时代中崛起。另一方面，从对于世界发展的推动作用看，更为重要的力量是相关技术的广泛应用对人们的工作、生活、出行等方面带来的一系列的变化，而这些运用和再创新往往是最初的发明家们始料未及的。信息技术革命对世界的影响，来自于它提供了知识和信息的不断更新发展的条件、使得技术创新与将创新付诸实践两者得到不断积累和相互反馈。这项技术广泛运用在我们的金融、医疗、商业、通信、教育、娱乐、广告等等领域，使人们的生活因此大为改观③。

生产技术提高、物质不断丰富、工作时间减少、生存条件改善、信息获取方便……巨大的社会变革造就了“普遍有闲的社会”，这些变革使“休闲”摆脱了少数人“独享”的状况而成为大多数人可以得到的生活内容。“大众化的休闲”成为了多数国家——特别是人口众多的中国——在发展中必须正视的问题。从多数的推测结果看，未来人们的闲暇时间还会继续增加。换句话说，休闲的问题还会更加重要。

反过来，“普遍有闲”也在一定程度上推动了社会的变革。

首先，“闲”促使人们对“人”本身进行重新认识，人们开始关心自身的生活质量，产生强烈的对快乐和幸福的追求，并力图通过闲暇时间内的活动来感受快乐和幸福。与之相伴而来的是生活方式方法、经济产业结构的巨大变化。

---

① 参考：[美] 阿尔文·托夫勒 第三次浪潮. 朱志焱 译. 北京：商务印书馆，1982。

② 参考：Herman Bryant Maynard, Jr. , and Mehrtens, Susan E. The Fourth Wave: Business in the 21st Century, San Francisco: Berret Koehler Publishers, 1996.

③ Sir Peter Hall. Cities in Civilization. New York: Pantheon Books. 1998.

为休闲而服务的经济、尤其是基于“体验”而带动的经济，将成为重要的产业内容，因为，“对我们来说，体验已经变成一个寻求自我发现与自我定义的征途”①。其次，为了获得更好的生活，人们对物质、精神、环境、社会等方面的要求“水涨船高”。对于多数地区，经济要发展，人民收入要增加，物质产品还需要进一步丰富；精神文化产品地位越来越重要；早期无视生态环境的破坏性增长留下了污染的恶果，对人们健康生活的影响越来越大，迫切需要改变现有状况以达到真正可持续发展的目的；社会发展中的许多问题，如：地区发展的不平衡问题、教育问题、心理健康问题、犯罪等等，在大多数人对生活要求提高的时候凸显出来，成为发展过程必须考虑的事情。

在这样的情况下，闲暇一方面作为社会变革的结果，一方面也成为了推动社会变革的重要力量之一。从某种意义上说，闲暇推动的社会变革，更直接的方式是通过带动生活质量提高，从而引起对生活环境要求提高，继而促进社会变革。当然，闲暇只是促使人们生活水平得以提高的一个重要方面，并非完全的因素，因此，严格地讲，闲暇是促进人类社会进行综合而全面变革的重要因素之一。

① ［美］托马斯·古德尔，杰弗瑞·戈比．人类思想史中的休闲．成素梅，马惠娣等 译．昆明：云南人民出版社．2000：240.

附录四　西方城市文化发展趋向研究

这是一个不断变化的世界。“综观城市发展史，可以看到，城市化的速度日益加快，城市逐步演化成高度复杂的政治、经济、文化实体和社会实体”①。社会政治、经济结构的变化，生产力的发展，使城市的进化具有了许多新的特征。人们价值观的演变，社会科学，自然科学的飞跃进步，也对城市的研究产生了深刻影响。

近年来，一些发达国家和地区已经越来越注意将文化作为地方发展的重要内容来对待，对此进行分析和归纳，也许可以为我国的城市发展带来新的启示。

一、西方近现代城市发展中对文化的重视

工业革命之后，西方近现代对城市的研究，是与其城市化的过程相伴随的，对文化发展的认识，也在不断的发展演变过程中。一些对城市的理论的有益探索——如：对城市结构模型的探求、技术主义的理论与试验、从邻里单位到社区的发展、城市交通的发展与规划、城市美化运动和城市设计运动的兴起、公园建设与自然保护运动的逐渐发展、历史遗产保护运动的发展、区域规划理论、环境的挑战与生态运动、全球战略，等等——延续至今，为城市的健康发展做出了很大的贡献。

从近现代西方城市发展的大致历程看，人们对文化问题的重视程度随着城市化的推进不断地提高。对文化与城市之间的关系的看法，经历了由单纯的物质形态的关注向全面综合角度转化的过程。与城市相关的一些文化运动，随着历史的进步也在不断进步：“城市美化运动”作为“美国城市规划的先导之一”，虽然因为“对解决城市的要害问题帮助不大”、“装饰性的规划大都是为了满足城市的虚荣心，而很少从居民的福利出发，考虑在根本上改善布局的性质”等原因，效果有限②，但它的兴起依然反映了人们对美好环境的渴望与追求。而此后发起的城市设计运动，更注重将体形环境设计放在环境的社会经济、文化、技术和自然条件等各个方面中加以考虑。人们对城市文化的研究除了从视觉艺术角度继续探索之外，许多研究涉及到心理学、生态学、人类学、符号学等更广泛的领域。而以1933年《雅典宪章》和1964年《威尼斯宪章》为代表性文件的国际历史遗产保护运动，则在文化遗产保护方面做出了

---

① 清华大学建筑与城市研究所. 城市规划理论·方法·实践. 北京：地震出版社，1992.

② 同上。

卓越的贡献。

近现代历史的发展过程，也是人们对文化进行了不断发现和再认识的过程；对城市文化方面的关注，正逐步被推向新的高潮。

联合国教科文组织（UNESCO）是将文化作为可持续发展中一项重要内容的主要倡导者之一。早在1982年，联合国教科文组织在“世界文化政策大会”中就已经明确把人文－文化发展纳入全球经济、政治和社会的一体化进程，并把推动文化发展当作各国政府面临新世纪所应当做出的承诺；1997年，联合国教科文组织出台《联合国世界文化发展10年：1988～1997》，进一步提出要促进经济－政治－文化的融合，此后的1998年，在斯德哥尔摩举行的“促进发展的文化政策”会议制定了行动方案（Action Plan on Cultural Policies for Development），“敦促世界各国设计和出台文化政策或更新已有的文化政策，将它们当作可持续发展中的一项重要内容”①。此外，许多国际组织和机构也开始出台相关政策，并利用不同的手段敦促和支持文化发展，如：意大利政府与世界银行合作利用特殊的信贷方式来支持遗产保护和地方文化发展②。这样的背景促使许多国家审视和思考自己的文化，并采取积极的行动来推动。

从目前的情况看，许多在文化方面已经“引领世界”的国外发达城市依然积极采取各种方法推动文化：制定地方文化政策；编制文化规划；在城市政策和空间规划中融入文化的内容；运用并加强文化的经济、社会、环境效益；多手段、多方面地将文化纳入城市发展中……其目的是耐人寻味的。

二、文化发展的目标：促进地区的全面进步

二战后，经济增长成为发展的主题。除却市场竞争这只“看不见的手”以外，另有一只“无形的手”在对人们的经济动机、行为产生更为持久的影响，最终塑造了不同地区经济发展的具体形式。这只“无形的手”，就是潜藏在经济过程背后的文化背景。人是“经济人”，更是“文化人”。对一个地区的发展过程来说，文化决不是可有可无的东西，佩鲁指出：“企图把共同的经济目标同它们的文化环境分开，最终会以失败而告终”，“如果脱离了它的文化基础，任何一种经济概念都不可能得到彻底的思考”③。

---

① 参考：李河. 以“创造性”的姿态面向未来——发达国家文化政策的主旋律（节选）. http：//www. china. org. cn/chinese/zhuanti/2004whbg/503924. htm. 2004－02.

② 该项目名称为“意大利文化与持续发展信贷基金（Italian Trust Fund for Culture and Sustainable Development，简称ITFCSD）”，详细资料请参看：ITALIAN TRUST FUND FOR CULTURE AND SUSTAINABLEDEVELOPMENT.
http：//siteresources. worldbank. org/INTCHD/Resources/itfcsd－rev. pdf.

③ 佩鲁. 新发展观. 北京：华夏出版社，1987. 165－166.

世界银行发布的《文化与可持续发展：行动架构》报告中这样来描述文化的作用："文化为当地发展提供新的经济机会，并能加强社会资本和社会凝聚力"①。文化与地方的城市发展、社会环境紧密联系。通过文化来综合地促进地区的经济、社会全面进步逐渐成为许多发达国家城市发展战略的重要部分。

从发达国家和地区文化发展的目标来看，有四个方面是比较突出的，包括：(1) 利用文化手段带动产业更新；(2) 利用文化产业发展促进社会和谐；(3) 利用文化资源促进城市复兴；(4) 创造文化优势提高地方影响力和竞争力。

（一）以文化发展推动产业更新

用文化促进产业更新无一例外是各国家和城市发展文化的目的之一。

一方面，文化本身具有的产业潜力在现代特殊的城市发展过程中日渐凸显。另一方面，文化本身具有特殊的经济潜力。文化产业的发展和地方文化品质的提高，都能够直接创造出新的经济价值。"一种新的力量——城市文化的力量正取代单纯的物质生产和技术进步而日益占据城市经济发展的主流"②。因此，利用文化促进产业更新，创造更多的经济价值，很自然成为了推进文化的目的。

文化产业对地方的经济的影响力虽然因城市不同而不同，但文化在城市中扮演的角色却是不可缺少的。对于一些国际性的大都市，文化艺术产业对地方的经济贡献已经足以左右整个城市的基础。而这些地区的文化产业更是城市发展中不可忽视的重要力量。如：文化艺术在纽约的经济发展中扮演着极为重要的角色，根据美国艺术联盟（Alliance for the Arts）对纽约1995财政年度的相关调查，文化艺术行业对纽约的直接和间接经济影响总量达到了134亿美元。因此，纽约市政府的文化事务部提出的工作目标之一就是"提高文化对于经济活力的贡献度"③。

另外，由于现代社会产业发展已经到了以文化为主导的新阶段，对文化艺术领域具有相当可靠而且可观的"投资回报率"，这一点成为许多城市和地方不惜巨资投入文化行业的重要原因。1995年纽约市文化艺术方面的投入为9 100

---

① 文化与可持续发展：行动架构的英文为：Culture and Sustainable Development：a framework for action；参考：李河. 以"创造性"的姿态面向未来 ——发达国家文化政策的主旋律（节选）. http：//www. china. org. cn/chinese/zhuanti/2004whbg/503924. htm. 2004－02

② 吴缚龙，李志刚，何深静. 打造城市的黄金时代——彼得·霍尔的城市世界. 国外城市规划. 2004，19（4）：1－3

③ 参考：杨荣斌 陈超. 世界城市文化发展趋向——以纽约、伦敦、新加坡、香港为例（节选）. http：//www. china. org. cn/chinese/zhuanti/2004whbg/503891. htm. 该数据源自"艺术对纽约市与纽约州经济影响力"调查研究报告。在134亿美元中：非营利性机构产生的经济影响为32亿美元；商业性剧院产生的经济影响为10亿美元；商业性艺术美术馆产生的经济影响为8.23亿美元；影视片制作产生的经济影响为34亿美元；旅游者消费产生的经济影响为25亿美元；直接经济影响25亿美元。共计134亿美元。

万美元，产生的年税收为投入的2.43倍，达2.21亿美元①。艺术不但为生活质量带来了显著的改善，也为地方的经济富足做出了贡献。正如彼得·霍尔所预言,城市的历史由第一阶段的“技术-生产创新（technological-productive)”向第二阶段的“文化-智能创新（cultural-intellectual)”转化、再迈入第三阶段的“文化-技术创新（cultural-technological)”；“当前新的文化工业正成为城市发展的新动力和创新方向”②。对文化的投资，扮演的是对“新兴潜力产业”的投资的角色，因此回报丰厚。

（二）以文化发展促进社会和谐

文化具有产业、经济的特性，在精神和社会方面也具有非凡的影响力。利用文化的发展来促进社会和谐，是发展文化的重要目的之一。一方面，借助文化的精神力量，可以更好地发挥教育作用、促进科学技术传播、提高国民文化自觉、提高民众道德修养和文化素质、引导地方文化认同、营造健康的社区人文环境……，从而促进社会的和谐；另一方面，一个产业的兴起和发展，也会在政治、社会结构方面产生新的影响，利用文化发展，可以解决许多原有社会问题。例如：文化发展能够提供的就业岗位数量大、相关人员的收入也较高。美国1994年完成的一项“非盈利艺术事业对美国经济影响”的研究对1991~1993年美国非盈利艺术机构对经济产生的作用进行了调查，结果显示：美国非盈利艺术机构共提供了130万的直接就业岗位，而这些机构每消费10万美元，就可以产生4个全职就业岗位③。2001年的“大华盛顿都市区文化艺术对经济影响调查”结果也显示：文化艺术是华盛顿重要的就业领域之一。大华盛顿都市区域的非盈利艺术与文化组织共提供了近26 000个地方的全职工作岗位，超过了华盛顿法律行业工作的总人数，为地方居民带来了大约9亿美元的个人收入④。

（三）以文化发展促进城市复兴

“如果不单纯着眼于文化的美学方面，文化可以创造社会。它可以成为一个重要的焦点，使得城市复兴有效而且可持续发展。我们的工作在于寻找易于理解的、富于文化的、合乎伦理的途径（包括研究的方法），通过这样的方法，

① 杨荣斌 陈超. 世界城市文化发展趋向——以纽约、伦敦、新加坡、香港为例（节选）. http://www.china.org.cn/chinese/zhuanti/2004whbg/503891.htm.

② 吴缚龙，李志刚，何深静. 打造城市的黄金时代——彼得·霍尔的城市世界. 国外城市规划. 2004，19（4）：1-3.

③ 参考：Alliance for the Arts，The Economic Impact of the Arts on New York City and New York State - Executive Summary. http://hellskitchen.net/develop/news/alliance.html.
杨荣斌 陈超. 世界城市文化发展趋向——以纽约、伦敦、新加坡、香港为例（节选）. http://www.china.org.cn/chinese/zhuanti/2004whbg/503891.htm. 2004年2月

④ 资料来源：大华盛顿文化联盟网站，http://www.cultural-alliance.org/pubs/ecimpstudy2.html。

即便是地方最差的房子，都能够参与并塑造这个城市和地区的遗风"①。文化已经成为城市复兴中不可或缺的成份，文化是复兴的核心②。

在提升旧区的活力和品质、为地区发展赢得经济来源等方面，文化起到了至关重要的作用。一方面，利用地方的建筑遗产，结合文化产业和相关文化商业的发展，能够使得地方特色得以延续，并在经济、社会方面持续发展。另一方面，在失去活力的地方加强或引入文化旗舰项目，形成一个地区的新的文化地标，也是文化带动地方复兴的一种重要方法。一些世界著名的文化博物馆类建筑物，如：毕尔巴鄂博物馆、英国伦敦皇家歌剧院改建工程、巴黎左岸的国家图书馆等等，都是人们津津乐道的例证。

根据英国一项名为"文化对英国城市复兴的贡献：证据调查（The Contribution of Culture to Regeneration in the UK：a Review of Evidence）"的政府报告显示，文化在城市复兴中扮演至关重要的角色。该报告将文化在城市复兴中的用途分为三种"文化引导复兴（Culture-Led）、文化方面的复兴（Cultural Regen.）、文化并列于复兴（Culture & Regen.）"，并通过相关的城市复兴的案例证实：文化在物质环境、经济环境和社会环境方面都能够产生良好的效益，并促使复兴得以很好的执行，并最后获得好评③。

（四）以文化发展提高地方影响力和竞争力

文化在经济和社会上能够给地方带来很高的收益、能够提高地方的知名度并塑造良好的地方形象，因此，将文化看作提升地方竞争力的重要资源成为当前的一种普遍手段。如今，已经有越来越多的国家和城市将文化作为重要的产业进行扶持，以提高国际影响力并增强竞争力。如：2004 年，一份名为《伦敦：文化资本，认识世界级城市的潜力（London：Cultural Capital，Realising the potential of a world-class city)》的市长文化政策④出台，该文件将文化视作"伦

---

① Bob Catterall，1998. 转引自：London Metropolitan University，Graeme Evans and Phyllida Shaw. THE CONTRIBUTION OF CULTURE TO REGENERATION IN THE UK：A REVIEW OF EVIDENCE——A report to the Department for Culture Media and Sport.
http：//www. mmu. ac. uk/regional / culture / reports / Contributionofculturetoregeneration. pdf：60 - 61

② 参看：Department for Culture，Media and Sport. CULTURE AT THE HEART OF REGENERATION. http：//www. culture. gov. uk/NR / rdonlyres / e2pbs4 2ddx 3nsdm 4ovh6eva 5mv 4jfb7fglcre z6ybcxf2u2czr5rvovcrud2socwizbgxxft6xt3j7pwt22kjpn6jga/DCMSCulture. pdf. 2004 - 06

③ London Metropolitan University，Graeme Evans and Phyllida Shaw. THE CONTRIBUTION OF CULTURE TO REGENERATION IN THE UK：A REVIEW OF EVIDENCE——A report to the Department for Culture Media and Sport.
http：//www. mmu. ac. uk/regional/culture/reports/Contributionofculturetoregeneration. pdf. 2004 - 01

④ The Mayor' s Culture Strategy. London：Cultural Capital，Realising the potential of a world - class city. http：//www. london. gov. uk/mayor/strategies/culture/index. jsp.

敦的脉搏”，它是“伦敦的一个重要经济力量，是最具动力与快速增长的经济部分；文化也是旅游发展的源动力，是吸引国内国外游客的重要因素”，“它使资本的运作变得具有社会意义、经济意义”①。由于文化艺术对于城市发展的巨大推动力，新加坡于2000年3月提出了“复兴城市”计划——明确提出要将新加坡发展成为一个21世纪的“复兴城市”。该计划将文化艺术发展同经济发展紧密地联系起来，以增强国际竞争力，并将文化作为国内自身良好发展的基石。

三、文化发展的手段：多管齐下的综合策略

为推动文化发展，“仁者见仁、智者见智”，不同国家和地区都针对自己的具体条件和情况采用相应的手段，综合而言，主要包括以下几项：

（一）政府主导、综合发展的文化策略

政府的角色在保障文化发展，增强文化对地方和城市的促进能力方面极为重要。从多数发达国家的文化发展的经验来看，一方面，政府可以制定的相应的文化发展策略来促进文化发展，对文化设施进行投资和管理；另一方面，政府也应当监督文化的发展方向，保持其长久与地方的其他相关方面的协调。英国、日本、韩国、新加坡、香港的文化均在政府的大力引导下得以更加快速的发展。1995年，日本在《新文化立国：关于振兴文化的几个重要策略》的报告中，确立了21世纪的文化立国方略；韩国将知识密集型和高附加值的文化产业作为韩国重点发展的方向，力图“将文化产业培育成21世纪在韩国经济中起先导作用的国家基干产业”；香港在2000年提出了名为“香港无限”的文化发展战略，设定目标为把香港建设成为国际文化大都会，等等②。

由于自身具体条件和环境的差异，各国政府在文化发展的推动方向上不同，政策偏向也有所不同。但发展到今天，较多的地区开始采用综合性的文化政策，大体分为三个层面：在国际、国家或者区域的宏观层面，文化战略主要是在政策、原则、体制与合作方面进行引导，如“欧盟的文化政策框架”，推出对欧洲各国文化发展的、包括国家之间合作和相关发展原则③；在地方和城市的中

---

① The Mayor’s Culture Strategy. London：Cultural Capital，Realising the potential of a world - class city. http：//www. london. gov. uk/mayor/strategies/culture/index. jsp

② 资料来源：金元浦. 我国文化产业发展进入新阶段. http：//www. jinyuanpu. com/lanmu/articleshow. asp? id = 143

③ 李河. 以“创造性”的姿态面向未来 ——发达国家文化政策的主旋律（节选）. http：//www. china. org. cn/chinese/zhuanti/2004whbg/503924. htm. 2004 - 02

相关政策包括：① 历史回顾：文化政策和手段；② 立法、决策和行政机制；③ 制定文化政策的一般目标和原则；④ 文化政策发展方面的问题争论；⑤ 文化领域的主要法律条款；⑥ 文化资助；⑦ 文化体制和新的合作关系；⑧ 对创造性和参与性的扶持。

观层面，文化战略将综合而细致地对城市的文化遗产、文化产业等方面进行相关的规定与引导；在微观层面，一些社会团体和社区文化战略保证落实到相关的经费来源、文化活动计划中，是最直接保证群众参与文化活动的方式。只有如此，才能与城市的具体发展能够密切结合，并反映在具体的城市发展战略、城市空间规划以及城市设计的原则中。

“新伦敦规划（The London Plan）”与“伦敦市长文化策略”的结合，是城市采取综合手段全面促进文化发展的典型例子。这两个文件在 2004 年的 2 月与 4 月相继出台，相辅相成。前者保障城市空间、景观的文化品质、保护相关的自然与文化资源、并为市民提供相关的文化基础设施①；后者强调文化的社会层面影响、提升地方的文化地位、推动伦敦文化的创造性②。两个文件作为伦敦城市发展过程中重要的指导性纲领，分别在引导文化的物质空间和社会精神方面做出了重要的贡献。

（二）注重文化基础设施和旗舰（flagship）类项目的作用

文化基础设施建设，能够为城市居民提供新的参与和享用文化的场所，也能够为地方开拓出新的发展动力区域，改善地方形象；有的旗舰项目甚至可以带动整片地区的发展，发挥出地方的文化潜力。前文谈及的文化基础设施和旗舰类项目在城市复兴方面就发挥了很大的作用。

文化基础设施的建设，往往除了为市民提供参与文化的可能之外，也在实际上盘活了周边的游憩和商业、提升了地段价值、为整个城市带来了新的活力空间；一些涉及文化遗产的项目，更是可以利用这些遗产资源来进行文化方面的创新。因此，文化基础设施的建设，往往与文化遗产地区的保护与更新、地方文化商业复兴、地区文化促进策略和文化活动联系在一起。

值得注意的是：“旗舰”类项目，本身是因为其作为一个地方文化的标志、在文化地位和文化影响力方面具有“旗舰”的效果而成为旗舰的。旗舰是在文化上具有世界意义的项目，是对项目在艺术文化方面的世界地位的评述。在实践中，必须经过充分的可行性研究，以切实的论证为基础。我国一些地方建设的大型文化项目，投资巨大、体量巨大、造型怪异……不仅不是项目成为“旗舰”的必要因素，甚至是歧途。

（三）积极借助旅游发展的力量

从广义的文化旅游来看，“过旅游者的生活，旅行，那本身就是一种文化形式③”。旅游业因其本身是经济性、文化性、社会性等诸多方面的结合，对整个

---

① 参考：Greater London Authority. The London Plan：Spatial Development Strategy for Greater Londo. Greater London Authority，City Hall. http：//www. london. gov. uk/mayor/strategies/sds /london _ plan/lon_ plan_ all. pdf. February 2004

② The Mayor’ s Culture Strategy. London：Cultural Capital，Realising the potential of a world-class city. http：//www. london. gov. uk/mayor/strategies/culture/index. jsp.

③ ［法］罗贝尔·朗卡尔. 旅游和旅行社会学. 陈立春 译. 上海：商务印书馆，1997. 68

社会的经济、文化起着综合的作用，本身也是促进地方文化发展的重要手段。文化的经济价值，也有很大的一部分体现在旅游方面：文化旅游和旅游购物成为许多文化艺术商品价值得以实现的重要途径。如：根据相关统计，1997 年到美国国际游客中，有 7 800 万人属于“对美国的画廊、博物馆、国家公园、历史纪念地、文化与种族遗产地具有浓厚兴趣、喜好文化艺术品购物”的旅游者。他们在旅游期间的平均花费要远高于其他类型的旅游者，平均每人消费 1 784 美元左右，为美国带来了总共 140 亿美元的旅游和文化销售收入①。另据相关预测，未来对艺术、遗产或其他文化活动具有特殊爱好的游客数量将逐步增加，文化将成为促成人们外出旅游的五大原因之一②。

借助旅游的力量来发展文化，从而达到经济、社会、生态环境的多方面获益是一种常用的方式，很多城市复兴中就是利用文化旅游来增强地区商业和艺术的活力。对发展旅游也有许多不同的手段，如：结合地区游憩需求、制定开放空间规划（Open Space & Recreation Plan）；提倡对地方原有历史文化内涵的相关保护与开发研究；注重节庆活动。突出节庆活动的宣传和影响，通过大规模节庆活动提高地方文化生活品质和知名度，吸引更多文化旅游者；通过城市与城市之间的协作带动不同旅游商品的流通与销售等等。

（四）多管齐下保障资金投入

一个国家与地区对文化的重视程度往往能够通过该地区的文化政策与资金投入反映出来。一般说来，为促进地方文化发展，不同国家与地区在文化方面的投资的力度都不小。

表：不同政府对于城市文化艺术的投入比较（单位：美元）

		新加坡 1998/1999	伦敦 1997/1998	纽约 1998	维多利亚（澳）1997/1998	格拉斯哥 1997/1998	香港 1997/1998
人口（百万）		3.86	6.67	7.33	4.56	3	6.62
政府投资（百万）	·运行投资	16.98	429.09（包括 2.15 亿美元的国家彩票投入）	142.49	39.70	33.14	97.28
	·基本建设	43.73	135.44（完全由国家彩票资助）	50	7.67	12.34	
	·共计	60.71	564.53	192.49	47.37	45.48	97.28

① The National Governors Association Center for Best Practice. Issue Brief: How States Are Using Arts and Culture to Strengthen Their Global Trade Development. http://www.nga.org/center/divisions/1, 1188, C_ ISSUE_ BRIEF%5eD_ 5271, 00. html. 2003-05-06

② 引自：美国国家艺术机构协会（National Assembly of State Arts Agencies）网站. 文化旅游涵义. http://www.nasaa-arts.org/artworks/cultour.shtml

续表

		新加坡 1998/1999	伦敦 1997/1998	纽约 1998	维多利亚（澳）1997/1998	格拉斯哥 1997/1998	香港 1997/1998
人均投入（元）	·包括基本建设投入	15.63 (20.43)	84.64	26.26	10.39 (24.61)	15.16	
	·不包括基本建设	4.3 (8.73)	64.33	19.44	8.70 (11.78)	11.05	14.69 (29.39)

注：本表格数据由黄鹤整理。其中空缺为缺乏信息，表格中带括弧的是2001/2002年度数据。政府投资中不包括博物馆、遗产保护和图书馆的支出。

巨额的投入必须考虑资金保障。为保障文化保护与发展的资金，不同国家根据自己的情况采用了不同的方法。一般说来，单独依靠政府的力量是不够的。"多元化的资金保证（政府投入加上其他各种形式的社会资本、国家彩票）"成为促使地方文化繁荣的重要手段。

为鼓励文化遗产保护、社区文化发展和其他文化事业的开展，许多国家和地区政府出台了相关的资金政策以扶植地方文化发展。如：意大利出台了"文化可持续发展信贷基金（The Italian Trust Fund for Culture and Sustainable Development，缩写为ITFCSD）"政策，支持文化遗产的保护、提升与管理①；而纽约市则以"小额改善津贴（Small Capital Improvements Grants）"的形式刺激并推动不同社区的艺术发展②；在文化设施的建设上，香港政府采用公共与私人机构合作的方式，通过私人资金方案、合资企业、合伙公司、投资及特许经营等解决资金问题③；伦敦的文化资金投入中，政府投入是最主要的部分，其他的来源还有私营企业和基金会，以及彩票基金等等……此外，许多社区基金成为了不可忽视的力量，这些社区经费一旦能够得到有效使用，将使社区民众直接受益。

以华盛顿格雷士港社区艺术与文化资金（Grays Harbor Community Arts & Culture Fund）为例④："格雷士港社区基金会（Grays Harbor Community Foundation）"1994年由地方居民自发成立，其工作在于利用地方捐款来提升社区的品

① 参考资料：世界银行网，意大利文化可持续发展基金项目介绍，Financing Culture & Sustainable Development：Italian Trust Fund for Culture and Sustainable Development（ITFCSD），http：//siteresources. worldbank. org/INTCHD/Resources/itfcsd-rev. pdf

② 纽约市政府网站，http：//www. nyc. gov/html/dcla/html/funding/funding_ main. shtml

③ 参考：杨荣斌，陈超．世界城市文化发展趋向——以纽约、伦敦、新加坡、香港为例（节选），http：//www. china. com. cn/chinese/zhuanti/2004whbg/503891. htm. 2004－02

④ 格雷士港社区艺术与文化基金，英文为"Grays Harbor Community Arts & Culture Fund"。本案例主要参考并引用自：格雷士港社区基金会网站：http：//www. gh-cf. org/arts_ &_ culture. htm

质、使格雷士港地区长期受益。除捐助资金以外，基金会还鼓励地方居民以他们的“时间、技巧”参与到为建设美好社区的活动中来。针对社区的不同问题和需求，基金会将基金投向了不同的若干方面。如：设置“少年与家庭基金（Youth & Families Fund）”，为社区中家庭状况不好的孩子提供帮助，解决他们面临的难题；设置地方奖学金以鼓励学生学习；为非营利的、直接有益于当地居民的艺术与文化、教育、人道主义、社区发展机构设置社区补助（Community Grants）等。另外，为促进社区文化发展，支持当地艺术与文化群体的发展，保护与宣传地方历史文化，该基金会专门设立了艺术与文化基金，使得“每一个喜爱音乐、戏剧、艺术、舞蹈、文学或历史的人都可以证明，格雷士港的艺术与文化开展得活泼而健康”。

四、对中国城市文化发展的启示

世界发达国家和城市对文化的重视其实表现在更多的方面，由于篇幅所限不能一一列举。从这些国家和城市对文化的重视的原因和为促进文化发展所采取的方法来看，我们或许可以从中得到一些启示。

从文化发展的原因来看：

一方面，文化已经逐步成为许多大城市所依靠的、促进地方经济、社会均衡发展的重要力量，城市文化的地位对经济和综合竞争力的贡献已经渐渐凸显，新一轮的城市竞争会在不同的角度开展，而文化是其中最为激烈的部分之一；另一方面，文化也成为了完善城市功能、解决城市问题和矛盾的手段，成为医治城市的一剂良药和强壮城市的上好补品。文化是新时代的经济动力，它也是城市全面进步的支持。

从促进文化发展的手段来看：

自上而下的文化启动和自下而上的文化扩展是两个不同的角度。一方面，政府为主的引导和管治、制定高瞻远瞩的综合性文化政策与文化纲领、采取多管齐下的文化措施和经济支持是政府方面启动文化发展的重要方法，它是促进文化发展的引爆力量和保障文化得以按照良好意愿发展的重要前提；另一方面，从社区、社会团体甚至个人的文化需求出发，以个人的发展需要、创造力发挥和社区的品质提高为重要推动力量，在城市不同的小范围区域内逐步开展文化活动，增加文化在人们生活中的比重，扩大文化在微观层面影响，可以达到使人们最终从文化中受益的方法。

无论是自下而上还是自上而下，“综合性”都是发展中必须重视的方面，保护文化、发展文化和利用文化是整个过程中相辅相成的三个方面，而谈论文化更是不能脱离具体的地方资源条件、经济状况、社会环境因素、城市空间发展来孤立对待。只有从综合的角度看待文化、以综合的手段对待文化，文化才有可能最终成为城市可持续发展的促进力量。